Limbeck. Verkaufen.

»Beim Kunden gefühlten Nutzen zu generieren und dafür den richtigen Preis zu erzielen – das ist die Quintessenz des Tuns und Handelns eines jeden Verkäufers. Wie das geht, können Sie im LIMBECK nachlesen.«

Dr. Peter Schwab
Member of the Board, voestalpine AG

»Verkaufen ist einfach! Was aber viele vergessen ist, dass es auf die Kleinigkeiten ankommt. Limbeck gelingt es, den Unterschied zwischen Wichtigem und Unwichtigem näherzubringen und damit mehr Fokus auf die Dinge zu haben, auf die es beim Verkaufen wirklich ankommt.«

Tom Fux
Geschäftsführer und Präsident, Toyota Deutschland GmbH

Martin Limbeck

LIMBECK. VERKAUFEN.

DAS STANDARDWERK
für den VERTRIEB

GABAL

Externe Links wurden bis zum Zeitpunkt der Drucklegung des Buches geprüft. Auf etwaige Änderungen zu einem späteren Zeitpunkt hat der Verlag keinen Einfluss. Eine Haftung des Verlags ist daher ausgeschlossen.

Ein Hinweis zu gendergerechter Sprache: Die Entscheidung, in welcher Form alle Geschlechter angesprochen werden, obliegt den jeweiligen Verfassenden.

Bibliografische Information der Deutschen Nationalbibliothek

Die Deutsche Nationalbibliothek verzeichnet diese Publikation
in der Deutschen Nationalbibliografie; detaillierte bibliografische Daten
sind im Internet über http://dnb.d-nb.de abrufbar.

ISBN 978-3-86936-863-4

Lektorat: Christiane Martin, Köln | www.wortfuchs.de
Umschlaggestaltung: Martin Zech Design, Bremen | www.martinzech.de
Autorenfoto: Philip Reichwein, Landshut
Satz und Layout: Das Herstellungsbüro, Hamburg | www.buch-herstellungsbuero.de
Druck und Bindung: Salzland Druck, Staßfurt

5. Auflage 2023

Printed in Germany

www.gabal-verlag.de
www.gabal-magazin.de
www.facebook.com/Gabalbuecher
www.twitter.com/gabalbuecher
www.instagram.com/gabalbuecher

PEFC
PEFC/04-31-2251

PEFC zertifiziert
Dieses Produkt stammt aus nachhaltig bewirtschafteten Wäldern und kontrollierten Quellen.

www.pefc.de

Ich widme dieses größte Buch meines Lebens …

… allen guten Verkäufern dieser Welt,
die immer noch besser werden wollen;

meinen großartigen Mentoren,
von denen ich so viel lernen durfte;

den vier Menschen,
die das Glück meines Lebens sind:

meinen Eltern Geli und Alois,
meinem Sohn Chris,
meiner Frau Andrea.

Inhalt

Vorwort
von Prof. Dr. Dr. h.c. mult. Hermann Simon 12

Teil I: Deine Einstellung

Das Wichtigste in Kürze 16

1. Was heißt Verkaufen? 19
   1.1 Der Verkäufer von heute 19
   1.2 Internet und Verkaufen 25
   1.3 Einstellungssache 29
   1.4 Die Glaubenssätze des guten Verkäufers 35
   1.5 Verkaufen und Spiritualität 40

2. Was für ein Verkäufer bist du? 44
   2.1 Sei ehrlich zu dir selbst 44
   2.2 Deine Werte 51
   2.3 Deine Motivation 58
   2.4 Dein Typ 63
   2.5 Hunter und Farmer: Die Typen 69
   2.6 Farmer und Hunter: Voneinander lernen 74
   2.7 Täter – Opfer – Retter 76
   2.8. Sei ehrlich zu deiner Company 79
   2.9 Erfolgsfaktoren von Verkäufern: Fleiß – Disziplin – Ziele 81
   2.10 Dankbarkeit 89
   2.11 Zu Geld kommen 93

3. Deinen Kunden wertschätzen 97
3.1 Ehrlichkeit 97
3.2 Vorurteile 100
3.3 Was bedeutet der Kunde für dich? 103

Teil II: Deine Fähigkeiten

Das Wichtigste in Kürze 108

4. Wie organisierst du dich? 111
4.1 Selbstmanagement für Verkäufer 111
4.2 Die Datenbank lieben lernen 116
4.3 Digitale Hilfsmittel zur Kommunikation 120

5. Wie kommunizierst du mit deinem Kunden? 123
5.1 Emotionale Intelligenz 123
5.2 Manipulation als positiver Begriff 129
5.3 Pacing und Leading 132
5.4 Priming 136
5.5 Reziprozitätsprinzip 141
5.6 Das Metamodell der Sprache 144
5.7 Hinhörkompetenz 149
5.8 Fragekompetenz 156
5.9 Storytelling 165
5.10 Netzwerken 168

6. Wie entwickelst du dich weiter? 173

Teil III: Deine Marke

Das Wichtigste in Kürze 180

7. Warum du eine Marke brauchst 183

8. Wie positionierst du dich? 187

9. Wie kommst du rüber? 196
9.1 Jedes Gespräch ist ein Verkaufsgespräch 196
9.2 Wie in der Öffentlichkeit auftreten 200
9.3 Wie persönlich auftreten 207
9.4 Welches Outfit wählen 219
9.5 Wie am Telefon auftreten 224
9.6 Wie im schriftlichen Kontakt auftreten 229
9.7 Wie im Netz auftreten 231

Teil IV: Deine Strategie

Das Wichtigste in Kürze 238

10. Deine Märkte kennen 241
10.1 Up to date bleiben 241
10.2 In den Mokassins deiner Kunden gehen 247

11. Dein Medium wählen 250
11.1 Türklinke 250
11.2 Messen 255
11.3 Telefon 258
11.4 Analoges Netzwerk 260
11.5 Soziale Netzwerke 262
11.6 Akquise geht überall 265
11.7 Die beste Kombination 267

12. Deinen Kunden erkennen 270
12.1 Kunden lesen 270
12.2 Nach »Face Communication« 273
12.3 Nach Kaufmotiven 277
12.4 Nach Sprachmuster 284
12.5 Nach Farben 289

Teil V: Deine Methoden

Das Wichtigste in Kürze ... 296

13. Wie kommst du ran? ... 299
13.1 Grundsätzliches zur Neukundenakquise ... 299
13.2 Grundsätzliches zur Telefonakquise ... 303
13.3 Das Handwerkszeug der Telefonakquise ... 310
13.4 Bevor du den Hörer in die Hand nimmst ... 323
13.5 Wie du den Entscheider erreichst ... 327
13.6 Wie du den Einstieg schaffst ... 337
13.7 Wie du mit Einwänden umgehst – Techniken ... 344
13.8 Wie du mit Einwänden umgehst – nach Typen ... 352
13.9 Wie du den Termin festklopfst ... 358
13.10 Die kleine Potenzialanalyse zum Schluss ... 362
13.11 Wie du auf Messen akquirierst ... 366
13.12 Wie du im Showroom akquirierst ... 377
13.13 Wie du Social Media nutzt ... 380

14. Wie kommst du rein? ... 384
14.1 Das erste Treffen – Vorbereitung ... 384
14.2 Grundsätzliches zum Verkaufsgespräch ... 393
14.3 Die BAP®-Technik ... 407
14.4 Die Bedarfsanalyse ... 422
14.5 Die Nutzenargumentation ... 434
14.6 Die Nutzenargumentation nach Ansprechpartner ... 445
14.7 Die Einwandbehandlung ... 452
14.8 Der Elevator Pitch ... 472
14.9 Die Verkaufspräsentation ... 478
14.10 Das Preisgespräch ... 500
14.11 Die professionelle Nachbereitung ... 525

15. Wie bleibst du drin? ... 530
15.1 Grundsätze der Verhandlungsführung ... 530
15.2 Farbtypengerechte Verhandlungsführung ... 544
15.3 Verhandeln mit Buying-Centern ... 549

15.4 Das Angebotsmanagement ... 557
15.5 Abschlusstechniken ... 565

16. Wie steigst du aus? ... 584

17. Wie bleibst du dran? ... 589
17.1 Langfristige Kundenbindung ... 589
17.2 Umgang mit Fehlern und Reklamationen ... 601
17.3 Empfehlungen ... 613

18. Remote Sales ist gekommen, um zu bleiben (Zusatzkapitel)
18.1 Grundsätzliches zu Remote Sales
18.2 Technische Voraussetzungen
18.3 Vorbereitung auf Online-Calls
18.4 Kleidung, Körperhaltung und Sprache vor der Webcam
18.5 Video-Calls souverän führen
18.6 Umgang mit technischen Herausforderungen
18.7 Die Zukunft des Verkaufens ist digital und persönlich

Das Zusatzkapitel **(zum Download)** »Remote Sales ist gekommen, um zu bleiben« finden Sie auf unserem GABAL eCampus. Lesen Sie, warum die Zukunft des Verkaufens digital und persönlich ist und wie Sie Remote Sales als Vertriebskanal etablieren.

https://gabal-ecampus.de/downloads/course/zusatzkapitel-zum-buch-limbeck-verkaufen-von-martin-limbeck

Statt eines Nachworts: Der R-A-U-S-S®-Test ... 634

Anhang

Literatur ... 641
Stichwortverzeichnis ... 644
Der Autor ... 649

Vorwort

von Prof. Dr. Dr. h.c. mult. Hermann Simon

Es gibt Themen, die sind so alt wie die Welt, doch die Arbeit an ihnen hört niemals auf. Dazu zählt der Austausch von Waren zwischen Menschen und Organisationen ebenso wie die Einigung über den angemessenen Preis für eine Ware oder eine Dienstleistung. Das richtige und kluge Pricing bildet einen entscheidenden Erfolgsfaktor, wenn es darum geht, ein Produkt oder einen Service attraktiv sowie den Erwerb sinnvoll und nützlich erscheinen zu lassen.

Doch der gute Preis allein reicht nicht aus, um als Anbieter Markterfolge zu erzielen. Es bleibt, insbesondere im Business-to-Business-Markt, der Mensch als Erfolgsfaktor. Er muss in der Lage sein, zu verdeutlichen, welche Wertschöpfung beziehungsweise welchen Nutzen sich ein Kunde mit seinem Budget und seiner Investitionsentscheidung erschließen kann. Das war schon immer eine Herausforderung für Verkäufer – und diese Herausforderung ist nicht leichter geworden.

Dafür gibt es viele Gründe, ich nenne hier nur einige: Moderne Informationstechnik – Stichwort »Digitalisierung« – sorgt für globales Einkaufen mit grenzenlosen Preisvergleichen. Die zunehmende Transparenz von Kosten- und Preisstrukturen hat dem harten Verhandeln »hinter dem Komma« Tür und Tor geöffnet. Es wird häufig nicht mehr über den Preis, sondern über die dem Anbieter zugestandene Marge verhandelt. Preferred-Supplier-Listen des Einkaufs grenzen die Zahl von Anbietern bereits im Vorfeld ein, und diese müssen sich dann trotz bestehender Rahmenverträge zusätzlich oft noch Preisauktionen stellen.

Hinzu kommen komplexere Einkaufsstrukturen in den Kundenunternehmen mit zahlreichen Impulsgebern, Einflussnehmern und Entscheidern, die das sogenannte Buying-Center bilden. Scharfe nationale und internationale Compliance-Regeln schränken Handlungsspielräume darüber hinaus deutlich ein. Es soll alles schneller gehen, doch die Prozessketten sind trotz IT durchaus länger geworden.

Steht der Vertrieb heute also mit dem Rücken zur Wand? Nein! Das beweisen die Erfolge der Unternehmen, die es immer wieder schaffen, für ihre Dienstleistungen und Produkte adäquate Preise und Margen zu erzielen und im Markt oder sogar im Weltmarkt als etablierte Anbieter oder Hidden Champions zu bestehen.

Dabei helfen ihnen Menschen wie Martin Limbeck, die sich seit Jahrzehnten ambitioniert und erfolgreich dem Verkaufen verschworen haben. Seine Praxiserfahrung und die von ihm gesammelten und erarbeiteten Methoden und Systeme sorgen dafür, dass viele Menschen im Vertrieb adäquates Handwerkszeug an die Hand bekommen, um sich den aktuellen und zukünftigen Verkaufsprozessen professionell stellen zu können. Reine Rhetorik oder Tricks und Kniffe allein helfen heute nicht mehr. Kompetente Menschen im Vertrieb benötigen eine jeweils individuelle Mischung aus Instrumenten und Verhaltensweisen, um ihre Märkte und Kunden erfolgreich bedienen zu können.

Martin Limbeck hat sein neues Buch als umfassendes Standardwerk zum Nachschlagen angelegt, um Antworten auf alle Fragen erfolgreicher Marktbearbeitung im Vertrieb zu geben. Vom Erstkontakt über die Vorbereitung, die Gestaltung des Verkaufsprozesses und der konkreten Verkaufssituation bis hin zum verbindlichen Abschluss und zum systematischen Aftersales reicht die Kette der methodischen Hinweise und praxiserprobten Hilfen.

Entscheidend für Limbeck ist dabei, dass gutes Verkaufen nicht auf einer »Technik«, sondern auf der richtigen inneren Haltung, einem soliden Selbstbewusstsein und hoher Wertschätzung des Kunden basiert, also auf einem Menschenbild, das den Ansprüchen einer humanen Wirtschaft im Detail und der spezifischen Situation Rechnung trägt.

Es wird schwierig sein, relevante Fragen rund um das Verkaufen zu finden, auf die dieses Buch keine kompetente Antwort gibt. Das muss aber auch der Anspruch einer als Standardwerk konzipierten Publikation sein, wie sie Martin Limbeck hiermit vorlegt.

Ich wünsche allen Leserinnen und Lesern eine nützliche und erfolgsfördernde Lektüre!

Prof. Dr. Dr. h. c. mult. Hermann Simon

TEIL I

Einst

Deine

ellung

Das Wichtigste in Kürze

1. Was heißt Verkaufen?

Gibt es das Verkaufen überhaupt noch, heute, wo Geschäfte global abgewickelt werden, der Transparenz keine Grenzen gesetzt sind und eh alles übers Internet läuft? Es hat sich viel verändert in unserer Welt, nur eins nicht: Gute Verkäufer werden immer noch gebraucht. Und zwar dringender denn je (vgl. Kap. 1.1). Wer als Verkäufer gut ist, kann auch das Internet zu seinem Vorteil nutzen (vgl. Kap. 1.2). So viel sich auch verändert hat, eines gilt immer noch: Ohne die richtige Einstellung geht im Verkauf gar nichts (vgl. Kap. 1.3). Und die kriegen Sie nur, wenn Sie mit Ihren Glaubenssätzen klarkommen (vgl. Kap. 1.4). Und selbst wenn Sie Spiritualität für Eso-Kram halten: Es lohnt sich für Sie, sich mit dem Thema zu beschäftigen (vgl. Kap. 1.5).

2. Was für ein Verkäufer bist du?

Selbsterkenntnis ist der erste Schritt zum erfolgreicheren Verkaufen. Nur wenn Sie sich jeden Tag hinterfragen, haben Sie jeden Tag die Chance, sich zu verbessern. Wenn nicht, werden Sie automatisch schlechter (vgl. Kap. 2.1). Schon gewusst? Mit bewusst gelebten Werten steigern Sie Ihren Wert als Verkäufer (vgl. Kap. 2.2). Was noch zu Ihnen als Megaverkäufer gehört, ist Ihre Motivation. Die, die wirklich funktioniert, kommt von innen und von Ihnen – da heißt es: daran arbeiten (vgl. Kap. 2.3). Es lohnt sich auch, wenn Sie wissen, was für ein Typ Sie sind, weil Sie besser mit sich klarkommen (vgl. Kap. 2.4 und 2.5). Und weil Typsache kein Schicksal ist, eröffnen sich den Fleißigen zusätzliche Möglichkeiten (vgl. Kap. 2.6). Der gute Verkäufer erkennt auch, wann er in Spielchen hineingezogen wird, die er nicht gewinnen kann, und weiß, wie er da rauskommt (vgl. Kap. 2.7). Der weiß auch, dass Ehrlichkeit gegenüber seinem Unternehmen auf verschiedenen Ebenen gut ist (vgl. Kap. 2.8). Er steckt seine Energie in die Bereiche, die ihn wirklich voranbringen (vgl. Kap. 2.9). Dabei helfen ihm zwei grundlegende innere Klärungen (vgl. Kap. 2.10 und 2.11).

3. Deinen Kunden wertschätzen

Erfahren Sie, warum Ehrlichkeit gegenüber dem Kunden sich auf lange Sicht immer auszahlt (vgl. Kap. 3.1), warum Sie ohne Vorurteile besser verkaufen (vgl. Kap. 3.2) und was jeder Kunde für den guten Verkäufer bedeuten kann (vgl. Kap. 3.3).

1. Was heißt Verkaufen?

1.1 Der Verkäufer von heute

Verkaufen? Heute? Wo Geschäfte über Ländergrenzen und Ozeane hinweg stinknormal geworden sind? Wo alles übers Internet läuft? Digital, prozessoptimiert, supereffizient: Braucht es da noch »Verkaufen«? Und: Geht das überhaupt noch?

Es ist schon richtig: Nichts hat sich in den letzten 50 Jahren so dramatisch verändert wie das Verkaufen und der Verkäufer als solche (vgl. Kap. 12.3). Es gibt inzwischen eine Menge von Dingen, die kaufen die Leute nur noch im Internet. Da denkt keiner mehr auch nur darüber nach, ob er dafür in einen Laden gehen soll. Da braucht kein Mensch mehr einen Verkäufer. Erklärungen? Dafür gibt es Youtube-Videos. Vorzüge zum Konkurrenzprodukt? Dafür gibt es Vergleichsseiten. Erfahrungswerte? Dafür gibt es die Bewertungen der Nutzer.

Der Trend hält auch noch an: Heute kaufen Sie Ihre Wurst vielleicht noch im Supermarkt an der Theke bei der Aushilfsverkäuferin. Die Metzgereien mit der Fachverkäuferin sind eh schon verdrängt. Und morgen wird es so sein, dass Sie Ihre 100 Gramm Mortadella online bestellen und eine Stunde später vom Delivery-Service in Empfang nehmen.

Für andere Dinge jedoch werden die Menschen auch morgen noch in den Laden gehen. Gerade bei den komplexen Geschichten sind Verkäufer wichtiger denn je: Wenn Sie Produktionsmaschinen ausstatten oder Spezialtreppen anbieten, dann braucht der Kunde den Verkäufer noch viel mehr als früher. Auch wenn es dafür eine ganz andere Art von Verkaufen als früher braucht mit einer neuen Art von Verkäufern. Und die werden gerade händeringend gesucht von den Unternehmen. Solche Verkäufer können ihr Dasein neben dem Internet absolut erfolgreich gestalten.

Ich bin deshalb zutiefst davon überzeugt, dass Verkäufer auch in Zukunft gebraucht werden. Sogar dringend. Allerdings – und das ist die Einschränkung – nur die guten. Die mit der richtigen Einstellung, die mit den richtigen Fähigkeiten, die mit der richtigen Strategie, die mit den richtigen Methoden. Die mittelmäßigen oder schlechten Verkäufer, also die, die im Herzen nur Verteiler oder Berater sind, die braucht tatsächlich bald keiner mehr.

Der gute Verkäufer aber wird für sein Unternehmen noch wertvoller als früher: Er ist dessen Überlebensversicherung. Gerade und erst recht im Zeitalter der Digitalisierung. Unternehmen werden sich nur halten können, wenn sie ihren Vertrieb ordentlich aufstellen. Wenn sie richtig gute Leute rausschicken. Sonst gehen sie im gnadenlosen Preiskampf eines immer globalisierteren Marktes unter. Was macht den Unterschied zwischen dem gefühlten Einheitsangebot, bei dem der Kunde nur nach dem Preis entscheidet, und dem Premiumangebot, das den Kunden emotional überzeugt? Der Verkäufer!

Limbeck-Tipp

Ein guter Verkäufer ist in Zeiten des Internets nicht weniger, sondern mehr wert als früher. Umso wichtiger ist es, dass Sie ein guter Verkäufer werden und bleiben: Ihre Kunden sind heute aufgeklärter und mündiger. Deshalb müssen Sie sie noch besser durch den Verkaufsprozess führen, damit Ihre Kunden sich für Sie, Ihre Angebote, Ihre Dienstleistungen entscheiden können.

Um ein guter Verkäufer zu werden und zu bleiben, wird der gute Verkäufer manches anders, besser oder zusätzlich machen müssen als bisher.

Die Vorbereitung

Wenn ich früher als Verkäufer mit dem frisch geschlüpften silbernen Klapp-Motorola RAZR im Gepäck zum Kunden gegangen bin, dann war das, als würde ich ihm ein Geheimnis überbringen. Da gab es noch kein Internet, er wusste nicht, wie dieses neue Ding aussah und wie es zu bedienen war. Wenn ich ihm heute ein neues Handy vorlegen wollte, hätte der Kunde sich lange vor meinem Besuch das Produktvideo angeschaut, 128 Bewertungen dazu gelesen und sich schon die technischen Daten heruntergeladen. Wenn er dann noch Fragen hätte, würde er punktuell und viel tiefer als früher bohren – und eine kompetente Antwort erwarten.

Und selbst wenn es ein Geheimnis gäbe, das ich ihm zuflüstern könnte: Kaum wäre ich zur Tür hinaus, würde er googeln, ob das auch stimmt Das heißt, der Kunde ist wesentlich aufgeklärter und mündiger als vor zehn Jahren.

Deshalb kommt Ihrer Vorbereitung eine noch größere Bedeutung als früher zu (vgl. Kap. 13.1). Ein Fachidiot, der seinen Kunden totquatscht, sollten Sie immer noch nicht werden. Doch die Basis, die Sie als Verkäufer heute haben müssen, ist viel größer. Denn was haben ein Verkäufer und ein Baumeister gemeinsam? Sie fangen beim Bauen nicht beim Dach, sondern beim Fundament an. Der Ingenieur braucht dafür Ziegel oder Beton, der Verkäufer solides Fachwissen. Diese Basis sieht der Kunde nicht auf den ersten Blick. Doch wehe, sie ist nicht da, wenn Sie ihm das fertige Haus zeigen!

Die Optik

Was der Kunde dagegen sofort sieht – sowohl beim Haus als auch bei Ihnen –, ist die Optik. Das ist beim Haus etwa der Schnitt der Zimmer, der ordentliche Putz und die neue Heizungsanlage. Bei Ihnen ist es Ihre persönliche Art und Weise. Das war gestern so und das wird auch morgen so sein. Deshalb finden Sie in diesem Buch viele Empfehlungen rund um die Einstellung (vgl. Kap. 1.3), die Persönlichkeit (vgl. Kap. 2) und die Positionierung als guter Verkäufer (vgl. Kap. 7).

Diese Optik bekommt der Kunde allerdings nur dann zu sehen, wenn Sie direkt mit ihm zusammenkommen. Das passiert bei ganz vielen Produkten und Dienstleistungen heute aber nicht mehr. Oder zumindest nicht ganz am Anfang. Den ersten Eindruck muss also die Internetseite hergeben (vgl. Kap. 9.7). Die Website ist Ihre vorgelagerte Visitenkarte und mindestens so wichtig wie Ihre reale Visitenkarte – die Sie übrigens immer noch brauchen (vgl. Kap. 9.3).

Die Prioritäten

Neben dem Anspruch der Kunden hat sich auch die Geschwindigkeit geändert. Wie war es früher? Sie sind erst mal zum Kunden hingefahren, haben eine Bedarfsanalyse gemacht, sind wieder zurückgefahren, haben die Sache an die Fachabteilung gegeben und dann mit der Schneckenpost Ihr Angebot rausgeschickt. Das konnte Tage oder sogar Wochen dauern. Und es war völlig okay (vgl. Kap. 12.3).

Wenn heute ein Kunde eine Anfrage schickt, will er das Angebot gestern haben. Die Taktung hat rasant zugelegt, selbst unter Kollegen: Kürzlich mailte mir ein Bekannter, auch Trainer, montags eine Kooperationsidee zu und schickte am Donnerstag eine Schimpfmail hinterher: Ich sei ein arroganter Sack! Warum ich ihm nach zwei Tagen immer noch nicht geantwortet hätte?

Die Beschleunigung macht es heute Verkäufern schwerer denn je, Prioritäten zu setzen und nicht unterzugehen. Es ist schlicht nicht mehr möglich, auf jedes Pferd zu setzen: Es sind einfach zu viele. Das heißt, Sie müssen heute viel mehr kanalisieren, welche Anfragen sinnvoll sind und welche nicht (vgl. Kap. 4.1).

Die Strategie

Das heißt auch, dass Sie nicht mehr weitermachen sollten wie bisher. Machen Sie sich einen Kopf darüber, mit welchen Strategien Sie langfristig erfolgreich sein können. Mit »Team Selling« zum Beispiel. Das ist ja schon oft versucht worden und hat nicht funktioniert, weil Neid, Streit um Provisionsanteile und so weiter auftreten. Das wird sich ändern! Wir werden in vielen Branchen nicht darum herumkommen, weil die Produkte immer komplexer werden. Und manche werden Sie nur noch im Verbund mit anderen vernünftig verkaufen können – weil mehr Spezialisierung notwendig ist, als einer alleine bewältigen könnte.

Mein Geschäft mit Verkaufstrainings hat sich zum Beispiel komplett verändert: Die Buchungszyklen sind wesentlich kürzer geworden, dafür werden die Projekte immer größer. Unser Blended-Learning-Angebot mit Zusatzangeboten hat das klassische Zweitagesprogramm abgelöst. Wir machen auch viel mehr Consulting und Interimsmanagement.

Zwar zählt am Ende aller Tage immer noch, dass Sie als Verkäufer mit dem Kunden eine Vereinbarung treffen. Und ich bin sicher, dass Sie auch morgen noch am Auftragswert und an der Marge gemessen werden. Nur: Für den Weg dahin brauchen Sie heute mehr Flexibilität in Ihrem Verkaufsstil. »Consultative Selling« und »Key Account Management« spielen eine immer größere Rolle (vgl. Kap. 15.3). Das ist ein ganz anderes Verkaufen als bei Onkel Erwin in den seligen Siebzigern. Sie brauchen einen Atem wie Lance Armstrong – mit oder ohne Doping.

Das merke ich auch an mir: Ich hatte zum Beispiel neulich einen Kunden, bei dem ich so oft wie nie zuvor in meiner ganzen Verkäuferkarriere für einen Auftrag angetanzt bin. Das ist ein Großkonzern in Holding-Struktur. Die einzelnen Holding-Geschäftsführer haben jeder ungefähr 30 Unternehmensgeschäftsführer – lauter regionale Fürsten. Nicht der Holding-Chef entscheidet, sondern alle zusammen. Da ist Vertrauensaufbau ein Riesenthema. Und bei 30 Köpfen können Sie sich vorstellen: Das braucht Zeit.

Früher als neuer Hardseller hätte ich bei so einem Projekt die Geduld verloren.

Doch ich habe gelernt, dass Prozesse eben dauern. Das sind neue Qualitäten: bei aller Abschlussorientierung nicht den Blick für das zu verlieren, was der Kunde braucht.

Die Bedarfsanalyse

Den Kunden im Fokus zu halten, fällt immer schwerer, gerade weil die Digitalisierung alle überrollt. Viele Unternehmen beschäftigen sich vor lauter Schreck nur noch mit internen Prozessen anstatt mit dem Kunden. Nur die, die ihre Hausaufgaben gemacht haben, gewinnen gerade. Besuchen Sie dazu meinen Youtube-Kanal, wo Sie auch zu diesem Thema ein Video finden (http://bit.ly/limbeck-verkaufen). Am besten, Sie abonnieren ihn direkt.

Und das ist meine Empfehlung für alle: Fokussieren Sie sich auf das, was am wichtigsten ist. Den Kunden.

Noch viel mehr als früher müssen Sie als Verkäufer die Bedürfnisse Ihrer Kunden kennenlernen. Der Kunde erwartet, dass Sie wissen, was gut für ihn ist. Das heißt, mit einer guten Bedarfsanalyse steht und fällt nach wie vor Ihr Verkaufserfolg (vgl. Kap. 14.4). Und an diesem Punkt scheitern meiner Erfahrung nach viele Verkäufer.

Das mit der Bedarfsanalyse betrifft auch die Generation »Silver Surfer«. In 50+ steckt eine unterschätzte Käuferschicht. Die wollen keine Seniorenangebote und keine halben Portionen für den halben Preis. Die wollen – wie jede andere Zielgruppe – verstanden werden. Das ist Ihre Herausforderung als Verkäufer (vgl. Kap. 10.2).

Der Fleiß

So wie die Bedarfsanalyse als alte Verkäufertugend immer wichtig bleibt, gibt es da noch so eine »Immer-Tugend«: den Fleiß (vgl. Kap. 2.9).

Wenn der Tiefkühlkostfahrer um 17 Uhr seinen Laster abstellt, seine berufstätigen Kunden aber vorher nicht zu Hause sind, wird er keinen Umsatz machen; Zielgruppenmarketing hin oder her. Gerade in dem Bereich tun sich ganz neue Challenges auf. Der Trend ist ganz klar: »I like Genuss. SOFORT!« Wir sind nicht mehr bereit zu warten. Und das ist für viele Unternehmen eine Riesenherausforderung. Wenn die großen Anbieter die Blitzauslieferung vormachen, müssen die anderen halt nachziehen. Das funktioniert in Frankfurt, München oder Hamburg noch ganz gut, aber kriegen Sie das mal für Deggendorf, Buxtehude und Kleinkleckersdorf hin.

Das Sauberbleiben

Die Beschleunigung spüren Sie als Verkäufer nicht nur direkt, sondern auch indirekt: Auch die Kunden selbst stehen unter immer größerem Zeitdruck. Deshalb möchten sie vorher immer genauer wissen, warum sie mit Ihnen als Verkäufer einen Termin vereinbaren sollen. Solche Termine wie früher, bei denen man sich bei einem Kaffee einfach mal kennenlernt, bekommen Sie immer weniger. Das heißt, es wird immer wichtiger, gut vorbereitet in ein Terminvereinbarungsgespräch zu gehen (vgl. Kap. 13).

Das Internet hat übrigens noch eine Herausforderung verstärkt: Immer sauber arbeiten! Täglich neue Bewertungsportale für Unternehmen, für Dienstleistungen, für Arbeitgeber und so weiter machen Ihr Tun so transparent wie noch nie: Kununu, Jameda, Tripadvisor, Yelp und wie sie alle heißen. Es spricht sich also viel schneller und in viel größeren Kreisen herum, wenn Sie nicht korrekt abliefern (vgl. Kap. 3.1). Klar können Sie das auch für sich nutzen: Wenn Sie gute Arbeit leisten, dann sagen Sie ruhig Ihren Kunden: »Ich freue mich über eine Bewertung auf Google.« Verkaufen Sie sauber und lassen Sie andere darüber reden!

Die Einstellung

Alles ist immer schneller getaktet. Und zwar in allen Bereichen. Machen wir uns nichts vor: Das ist belastend! Ich habe mich früher schon mal über Burnout lustig gemacht. Ich bin eben so ein Hochdrehzahlverkäufer. Aber ich sehe ja, dass es vielen Menschen schwerer fällt, mit den ständigen Neuerungen mitzugehen. Immer mehr leiden darunter.

Einer meiner Kunden, ein Elektrogroßhändler, hat auf seiner Website inzwischen eine Unzahl an Apps und Solutions. Der Chef dort sagt mir: »Gerade hat mir wieder ein Verkäufer um die 50 gekündigt, weil er sagt, das Geschäft ist ihm zu heiß geworden. Zu viele Innovationen.« Das hat aber nichts mit dem Alter zu tun, sondern viel mehr mit der Einstellung: Ich kenne Verkäufer Anfang 60, die die ganzen Neuheiten richtig spannend finden.

Die Einstellung und der Wille, auf dem Laufenden zu bleiben, sind der Schlüssel zum persönlichen Verkaufserfolg (vgl. Kap. 13 und 10.1). Und mal ehrlich: Das war auch schon so, als ich noch ein Jungspund war und Lampen verkauft habe.

Ja, Verkaufen geht heute anders. Doch es geht. Und wenn Sie Ihr Handwerk beherrschen, können Sie erfolgreicher sein denn je. Denn die Schere geht auf zwischen den guten und den schlechten Verkäufern.

Gehören Sie zu den guten! Dieses Buch sagt Ihnen, wie.

AUF EINEN BLICK

- Schlechte Verkäufer werden zukünftig nicht mehr gebraucht, gute umso mehr.
- Die Anforderungen an den Verkäufer sind sowohl bei Geschwindigkeit, Organisation, Herausarbeitung der Werthaltigkeit als auch Qualität gestiegen.
- Neue Verkaufsformen und -kanäle eröffnen sich, während die Bedeutung von sauberer Vorbereitung, Bedarfsanalyse und Markenbildung noch steigt.

1.2 Internet und Verkaufen

Eines konnten schlechte Verkäufer schon immer gut: jammern. Und diese Kunst haben sie im Internetzeitalter noch perfektioniert. Denn wenn sie heute noch seltener den Preis kriegen, den sie erzielen möchten, dann haben sie endlich die perfekte Entschuldigung dafür: Das Netz ist schuld, weil der Kunde das Produkt dort immer irgendwo günstiger findet.

Mehr Preis

Klar gibt es Szenen wie diese: Der Kunde steht im Einzelhandel und zeigt dem Verkäufer auf dem Handy, dass die Schuhe online 100 Euro billiger angeboten werden. Und der Verkäufer muss mit den Schultern zucken, weil er im Laden keine Rabatte geben darf. Da brauchen Verkäufer tatsächlich eine höhere Frustrationstoleranz als früher.

Selbst dem B2B-Verkäufer geht das so. Zumindest wenn er ein Commodity-Produkt hat. Finanzierungen zum Beispiel: Der Kunde schaut tendenziell nur auf den angebotenen Zins und ein paar andere Konditionen. Ob er seinen Kredit von der Sparkasse, der Volksbank oder von der Commerzbank bekommt, ist ihm egal. Klar: Rein auf der Sachebene tut sich der Verkäufer mit der Argumentation schwer.

Und: Noch hängt es eben auch ganz einfach vom Produkt oder von der Dienstleistung ab, ob der Kunde online kauft oder nicht. Schönes Beispiel: Ich habe mir ein neues Angelboot gekauft. Kreisrund zum 360°-Angeln, aus Kunststoff, viele Fächer, ein Sitz, ein Motor. Das Produktvideo im Internet hat mir als Information gereicht. Ich habe online bestellt. Und so wie ich sind immer mehr Kunden bereit, über Amazon bei einem mexikanischen Händler oder über Alibaba direkt bei chinesischen Anbietern zu kaufen, wenn die ordentliche Bewertungen haben.

Mehr Angebot

Wer dagegen zum Beispiel Einkäufer ist und Drehteile braucht, der kauft noch nicht im Internet. Da recherchiert er höchstens, wer ihm das Richtige bauen kann. Oder wenn der Kunde für sein Unternehmen Aufzüge kaufen will: Auch dann sucht er nicht im Internet. Noch nicht.

Obwohl die Verkaufsportale für immer neue Bereiche wie Pilze aus dem Boden schießen: Portale zum Buchen von Flügen, zum Bestellen von Essen, zum Daten, zum Putzfee-Finden und so weiter. Gefühlt kommt jeden Tag ein neues dazu. Wahrscheinlich gibt es das auch bald für Drehteile und Aufzüge.

Selbst Dienstleister, die früher noch im Gespräch verkauft haben, werden jetzt immer häufiger gebeten, ihre Angebote schriftlich über Ausschreibungsplattformen abzugeben. Das gilt sogar für unsere Trainingsangebote: Noch nicht einmal die Personalabteilungen sprechen noch mit den Menschen. Sie wollen Konzepte in Powerpoint, die sie vorsortieren, bevor sie mit einem Trainer ins Gespräch kommen.

Mehr Kundenbindung

Früher haben sich Verkäufer oft auf ihrer »Kundenbindung« ausgeruht. Das kriegen heute auch immer mehr Onlineunternehmen hin. Meine Frau hat es ausprobiert: Da meldet sich der Outfitanbieter telefonisch. Ihr persönlicher Style-Coach namens Tina macht eine Bedarfsanalyse und stellt ein entsprechendes Paket zusammen. In dem Paket ist dann eine handgeschriebene Karte drin: »Liebe Andrea, liebe Grüße von Tina. Würde mich interessieren, ob es dir gefällt, was ich dir zusammengestellt habe. Solltest du noch weitere Wünsche haben, dann melde dich doch.« Genial.

Gut oder schlecht?

Wenn ich gefragt werde, ob ich die Entwicklung für gut oder schlecht halte, dann kann ich nur sagen: »Die Frage ist nicht, ob es gut oder schlecht ist. Es ist, wie es ist. Die Frage ist: Was will *ich* als Nächstes?« Die Entwicklung geht jedenfalls rasend schnell. Berechenbar ist sie schon lange nicht mehr.

Wenn Sie den Fachleuten glauben, dann laufen wir in fünf Jahren alle mit der Google®-Brille herum und in zehn Jahren mit der entsprechenden Kontaktlinse. Ist das gut? Ist das schlecht? Weder noch: Es ist die Wirklichkeit.

Limbeck-Tipp

In den Rückspiegel zu schauen und von der guten alten Zeit zu träumen, bringt nichts. Nur wer mitmacht, kann gewinnen.

Eines ist jedenfalls sicher: Die Schere zwischen billig und Premium geht durch die Transparenz des Internets immer weiter auseinander. Entweder Sie und Ihr Produkt sind etwas Besonderes oder Sie gehen in der Masse unter. Denn wenn Sie nicht klar als Premium erkennbar sind, sind Sie raus. Es gibt in den Weiten des Netzes immer jemanden, der Sie im Preis unterbieten wird.

Premium ist für mich: Das, was den Unterschied macht. Also: das Besondere an Ihrem Angebot. Und hallo: Das sind Sie als Verkäufer!

Heb dich ab

Kürzlich war ich bei einem Schweizer Luftfahrtkonzern und der Chef sagte zu mir im Briefing: »Herr Limbeck, bei uns kostet eine Technikerstunde Aviation 120 Euro. Die Inder bieten die Ingenieurstunde für 30 Dollar an.« Wenn es durch Globalisierung und Weltmarkt zu solchen Preisunterschieden kommt, müssen Sie schon sehr gut herausarbeiten, warum der Kunde seinen Helikopter lieber bei einem Schweizer Unternehmen reparieren lassen sollte als in Indien.

Und gerade wenn der Preis eine große Rolle spielt, kommt der gute Verkäufer ins Spiel. Der schafft es nämlich, nicht über den Preis zu verkaufen. Klar, das ist nicht einfach. Wenn es einfach wäre, bräuchten die Unternehmen auch keine Verkäufer. Eine Auftragsannahmemaschine würde reichen. Der Verkäufer ist derjenige, der dafür sorgt, dass der Kunde den Wert des Produktes oder der Dienstleistung erkennt – und kauft. Und er sorgt dafür, dass das nicht einmal passiert, sondern immer wieder.

Das geht zum Beispiel, indem Sie sich einen strategisch cleveren Kanalmix überlegen. So wie der Google-Commerce-Chef Sridhar Ramaswamy sagt: Mobil und stationär, online und offline werden immer mehr verschwimmen – entscheidend ist, dass Sie die richtige Mischung für sich (vgl. Teil III) und Ihr Angebot (vgl. Teil IV) finden. Und zwar ständig aufs Neue. Denn Internet ist nicht gleich Internet.

Das Netz und seine Zugangswege verändern sich ständig: Heute sinkt die Rate der User, die über Laptop oder PC einsteigen, kontinuierlich, während die mobilen Nutzungsraten durch die Decke gehen. Die Jugendlichen machen es vor, dass sich über ein Smartphone so ziemlich alles online regeln lässt. Und diesem Trend werden immer mehr Erwachsene folgen.

Das heißt, wer heute noch keine Seite im »Responsive Design« hat – die also sowohl am PC als auch auf dem Smartphone gut aussieht und funktioniert –, der kann nicht mehr von sich behaupten, im Internet wirklich präsent zu sein. Und die Entwicklung wird weitergehen.

Das ist gut! Denn wenn Sie vorne mit dabei sind, lassen Sie viele Wettbewerber hinter sich, die nicht hinterherkommen.

Nutze die Chancen

Das Internet ist voller Chancen! Besonders für den guten Verkäufer, der noch besser werden will. Denn es ist keine Einbahnstraße: Nicht nur Sie zeigen der Welt Ihr (hoffentlich) schönstes Gesicht, sondern auch der Kunde tut das. Sie können sich damit wesentlich besser auf Ihren Kunden vorbereiten.

Denn an einem hat sich nichts geändert: Neun von zehn Misserfolgen im Verkauf sind auf mangelnde Vorbereitung zurückzuführen. Das hat schon Heinz Goldmann in den 1950er-Jahren erkannt und das gilt noch heute. Angesichts der vielen Möglichkeiten, die es heute dafür gibt, ist es noch fahrlässiger als früher, es nicht zu tun (vgl. Kap. 13.1).

Aus all diesen Gründen betrachtet der gute Verkäufer das Internet als Freund statt als Feind.

AUF EINEN BLICK

- Das Internet ist ein Gamechanger, kein Verkaufskiller.
- Erfolg haben Sie dann, wenn Sie sich und Ihr Angebot besonders machen.
- Nutzen Sie dafür die Chancen, die Ihnen das Internet in der Darstellung und bei der Vorbereitung bieten.

1.3 Einstellungssache

Was ist die erfolgsentscheidende Fähigkeit im Verkauf? Hartnäckigkeit? Ausdauer? Leidenschaft? Begeisterung? Fleiß? Disziplin? Das Beherrschen von Fragetechniken? Keine Frage: All das sind wichtige »Zutaten«, um ein Verkaufsgespräch zum Abschluss zu bringen. Aber entscheidend für Ihren Erfolg sind weder die Techniken, die Sie gelernt haben, noch Ihre persönlichen Stärken. Entscheidend ist Ihre Einstellung.

Was denken Sie, bevor Sie den Hörer in die Hand nehmen, um zu akquirieren? »Freu mich drauf!« oder »Hoffentlich ist es bald vorbei!«? Wenn Sie es sportlich nehmen und sich freuen, garantiere ich Ihnen, dass Sie jede Menge Termine ausmachen werden. Wenn Sie sich winden, brauchen Sie gar nicht erst anzufangen. Die Anrufe, die Sie mit dieser Einstellung machen, sind reine Zeitverschwendung.

Gedanken schaffen Realität

Warum ist das so? Weil Gedanken die Realität formen. Das klingt für manche vielleicht zu »spiri-mäßig« (vgl. Kap. 1.5), das ist aber wissenschaftlich bewiesen. Unser Gehirn kann nicht unterscheiden zwischen dem, was real ist, und dem, was nur gedacht ist. Wenn Sie so wollen, nimmt das Gehirn jeden Gedanken für bare Münze. Bedeutet: Das, was wir denken, wird automatisch unsere Realität!

Sätze wie »Das schaff ich nicht!«, »Der Kunde ist eh schwierig« oder »Der hat noch nie bei uns gekauft« glaubt Ihr Gehirn genauso wie die Sätze »Der Kunde ist total easy«, »Ich wette, das Gespräch wird richtig gut« oder »Kein Thema, das schaffe ich mit links«. Und das, was das Gehirn glaubt, das setzt es um – indem es Ihr Verhalten so steuert, dass die Vorstellung in Erfüllung geht. Der Soziologe Robert K. Merton nennt diesen Mechanismus die sich selbst erfüllende Prophezeiung. Konkret bedeutet das: Ihre Gedanken bestimmen Ihre Ergebnisse.

Definition: Gedanken

Negative Gedanken – negatives Ergebnis.

Positive Gedanken – positives Ergebnis.

Gar keine Gedanken – gar kein Ergebnis.

Download: verkaufen.limbeckgroup.com*

Das gilt im Verkauf – und es gilt im ganzen Leben! Sie werden Ihr Mindset nicht los, wenn Sie Ihren Laptop zuklappen oder aus dem Auto aussteigen, um Feierabend zu machen.

Neulich, als ich im Flieger saß, stand drei Reihen weiter vorn ein stark übergewichtiger Mann auf – wie von der Tarantel gestochen – und wollte den Platz wechseln. Warum die hier so kurze Gurte hätten, regte er sich auf, so laut, dass ihn der halbe Flieger hören konnte. Na ja, wenn ich 150 Kilo wiege, dann muss ich mich nicht fragen, warum die Gurte *hier* so kurz sind. Sie sind *überall* so kurz. Mit dieser Einstellung, also der Erwartung, dass die ganze Welt sich an seine Körperfülle anpasst, wird das Leben dieses Mannes eine einzige Tortur.

Genauso ist es auch im Verkauf: Ihre Einstellung bestimmt Ihre Ergebnisse. Wenn Sie schöne Margen, begeisterte Kunden und das Selbstbewusstsein eines Cristiano Ronaldo haben wollen, dann achten Sie auf Ihre Gedanken! Programmieren Sie sich auf Erfolg (vgl. Kap. 1.4)!

*** An allen in diesem Buch so gekennzeichneten Stellen haben Sie die Möglichkeit, sich das Material von der angegebenen Website herunterzuladen. Dazu ist eine Registrierung erforderlich.**

Das Mindset für den Erfolg

So wie Sie jeden Morgen und jeden Abend Zähne putzen und so wie Sie regelmäßig trainieren, um Ihren Körper fit zu halten, brauchen Sie auch ein Training für Ihre Einstellung: Sie brauchen Mentaltraining. Täglich.

Das meine ich ernst: Ihre Gedanken auf Erfolg zu programmieren ist Ihr Pflichtprogramm als Verkäufer. Ihr Mindset ist nämlich geprägt von den Erfahrungen der Vergangenheit. Wenn sie nicht alle immer positiv waren, ist Ihr Mindset negativer, als es Ihnen nützt. Warum? Weil das menschliche Gehirn negative Erlebnisse viel leichter abspeichert als positive. Wenn Sie von Ihrem absoluten Wunschkunden abgeschmettert wurden, als Sie mal einen hohen Preis durchsetzen wollten, und jetzt wieder vor der gleichen Herausforderung stehen, wird Ihr Gehirn Ihnen einen Strich durch die Rechnung machen. Es wird limitierende Gedanken aktivieren. Da sagt dann der innere Kritiker: »Solche Preise sind unrealistisch« oder »Das zahlt kein Mensch« oder »Schuster, bleib bei deinen Leisten«.

Wenn Sie sich nicht angewöhnen, jeden Tag neue Gedanken zu haben, die Sie für den Erfolg öffnen, werden Ihre gewohnten, negativen Gedanken das Ruder übernehmen.

Limbeck-Tipp

Konditionieren Sie sich! Lenken Sie den Fokus auf die positiven Dinge. Machen Sie das JEDEN TAG.

Pflichtprogramm ist einmal täglich mindestens eins der folgenden zwei Rituale.

Das Abendritual

Wie oft kommen Sie abends nach Hause und etwas liegt Ihnen noch auf dem Herzen? Ein Kunde, der nicht gekauft hat, ein Gespräch das anders lief, als Sie es wollten. Obwohl Sie an dem Tag lauter Erfolge hatten, nagt diese eine Sache an Ihnen und macht Sie den ganzen Abend lang unzufrieden.

Um solche Endlosschleifen zu umgehen, beenden Sie den Arbeitstag, indem Sie bewusst eine positive Bilanz ziehen. Kaufen Sie sich ein schönes, leeres Notizbuch und lassen Sie jeden Abend den Tag Revue passieren. Einzige Regel: Sie dürfen nur positive Ereignisse aufschreiben. Selbstreflexion machen Sie ein anderes Mal. Bei diesem Ritual geht es nur um eins: dass Sie realisieren, was alles gut gelaufen ist.

Checkliste: Abendritual

Schreiben Sie jeden Abend sieben positive Dinge auf. Falls Sie glauben, Ihnen passiert nicht so viel Gutes an einem Tag, lassen Sie sich von den folgenden Kategorien inspirieren. Gehen Sie jeden Punkt durch und Sie werden beginnen, Ihren Tag mit anderen Augen zu sehen. Schon nach wenigen Tagen sind Sie einfach besser drauf. Schreiben Sie auf:

- Erfolge, die Sie heute oder an anderen Tagen hatten
- Dinge, die Sie besonders gut können
- Dinge, die Sie in einen guten Zustand bringen
- Dinge, die Sie begeistern
- Dinge, aus denen Sie etwas gelernt haben
- Dinge, an denen Sie drangeblieben sind
- Dinge, auf die Sie stolz sind
- Dinge, für die Sie dankbar sind
- Dinge, die Sie dieses Jahr noch erleben wollen
- Kunden, die Sie dieses Jahr noch anrufen wollen

Und so weiter und so fort. Es reicht übrigens, wenn Sie insgesamt sieben haben. Hauptsache: Sie fokussieren sich auf das Positive!

Sie wollen die Checkliste für sich anpassen? Kein Problem, gut so. Hier können Sie die Vorlage dafür herunterladen:

Download: verkaufen.limbeckgroup.com

Bringen Sie sich jeden Abend in einen guten Zustand. Das lässt Sie besser schlafen und morgens frisch und voller Tatendrang aufstehen.

Das Morgenritual

Es ist nicht wichtig, in welchem Zustand der Kunde ist. Wichtig ist, in welchem Zustand der Verkäufer ist. Wie bringen Sie sich in den richtigen Zustand, um einen erfolgreichen Tag zu starten? Mit der positiven Autosuggestion.

Suchen Sie sich einen Satz aus, der Sie so richtig motiviert. Ein Satz, der Sie glauben lässt, der heutige Tag kann nur der Hammer werden! Das kann sich so anhören:

- Heute ist mein Tag!
- Ich habe das beste Produkt auf dem Markt und werde heute neue Kunden dafür begeistern.
- Ich gewinne neue Kunden mit Spaß und Freude!

Bauen Sie am besten Ihren eigenen Satz. Das wirkt viel stärker als jeder übernommene Satz.

Checkliste: Morgenritual

- Aufwachen, in die Gänge kommen!
- Ihren persönlichen Motivationssatz aussprechen – und zwar laut und überzeugt!
- In einen großartigen Tag starten

Meine persönliche Affirmation lautet zurzeit: »Ich bin im Markt die kleinste Nummer, nämlich die Nummer eins. Und womit? – Mit Recht!«

Das mag überzogen oder arrogant oder größenwahnsinnig wirken. Aber wenn Sie sich bei Ihrem künftigen Kunden vorstellen, sagen Sie auch nicht: »Ich bin der drittschlechteste Verkäufer mit dem zweitbesten Produkt zum höchsten Preis.« Warum also sagen Sie sich selbst Sätze, die Sie runterziehen? Sagen Sie lieber das, was Sie hochzieht! Auch wenn es so noch nicht stimmt: Nur wenn Sie es glauben, kann das real werden.

Und wenn es Ihnen hilft, merken Sie sich: Es geht nicht darum, anzugeben. Es geht darum, sich in Stimmung zu bringen. Beeinflussen Sie sich positiv – und Sie werden die bestmögliche Version von sich selbst. Sie werden so gut, wie Sie sich das eben vorstellen. Also: Fangen Sie an zu träumen!

Die Kür

Und jetzt verrate ich Ihnen meinen Profitrick. Wenn Ihnen das Morgen- und das Abendritual regelmäßig gelingen, gehen Sie zum nächsten Schritt über: Achten Sie auf Ihre Gedanken bei jeder Gelegenheit, die sich Ihnen bietet. Egal, ob Sie auf dem Weg zum Kunden sind oder beim Einkaufen, mit Schatzi ausgehen oder die Nummer für den nächsten »Kaltanruf« wählen, mit Ihrem Chef sprechen oder mit Ihrem Sohn wandern: Treten Sie immer wieder gedanklich einen Schritt zurück und reflektieren Sie sich:

- Worauf fokussiere ich meine Gedanken?
- Wie spreche ich mit mir selber im inneren Dialog?
- Wie spreche ich mit dem anderen?
- Nutze ich die negative Sprache oder die positive?

Und dann erinnern Sie sich an Martin Limbeck:

L

Limbeck-Tipp

Egal, was Sie in einem Moment denken, bringen Sie sich in einen positiven Zustand!

AUF EINEN BLICK

- Die wichtigste Voraussetzung für Erfolg im Verkauf ist Ihre Einstellung.
- Denken Sie positiv! Jeden Tag!
- Programmieren Sie sich vor jedem Verkaufsgespräch auf Erfolg!

1.4 Die Glaubenssätze des guten Verkäufers

Ob der Kunde unterschreibt und ob Sie bei Ihren »Kaltanrufen« Termine vereinbaren können oder nicht, hängt stark von Ihrer Einstellung ab. Und die wird nicht nur von dem geprägt, wie Sie gerade zufällig drauf sind, sondern ganz stark von den Glaubenssätzen, die Sie prägen, obwohl sie Ihnen vielleicht gar nicht bewusst sind.

Was sind denn typische Sätze, die Verkäufern so durch den Kopf gehen, wenn sie den Hörer in die Hand nehmen oder beim Kunden durch die Tür treten?

- Ach, der Kunde ist schwierig.
- Der hat noch nie bei uns gekauft!
- Ich bin bestimmt wieder viel zu teuer.
- Der Markt ist einfach eng geworden.
- In meiner Region laufen meine Produkte einfach nicht.
- Meine Kunden kaufen eh nur noch über das Internet.
- Mit Großkonzernen habe ich immer Pech.
- Ich bin einfach nicht gut in der Telefonakquise.
- Der Wettbewerb ist einfach besser.
- Neukunden zu ködern liegt mir gar nicht.
- Geld macht eh nicht glücklich.
- Bestimmt gibt es ein Problem, das muss ich suchen.
- Hoffentlich fällt mir im rechten Moment eine Entschuldigung ein.
- Wenn ich Glück habe, dann kann ich die Aufgabe jemand anderem aufs Auge drücken.
- Vielleicht ist es möglich, aber sicher wird es schwierig.
- Der Kunde hat sich innerlich sicher eh schon für die Konkurrenz entschieden.

Die Sätze klingen wie unverrückbare Wahrheiten – sind aber alles, nur nicht das. Negative Gedanken wie diese verzerren nämlich die Wirklichkeit, weil sie einseitig das Negative an einer Situation betonen. Sie verallgemeinern, weil sie alles in den einen fiesen Topf werfen und so tun, als wäre nur das die eine Realität – die sich nicht verändern lässt.

Mit solchen Glaubenssätzen halten sich Verkäufer selbst davon ab, erfolgreich zu sein. Statt sich auf ihre eigenen Ziele zu fokussieren, machen sie sich zum Anwalt des Kunden. Statt sich die positive Zukunft auszumalen, die sie gerade dabei sind zu erschaffen, lassen sie in Gedanken die negativen Erfahrungen aus der Vergangenheit wieder aufleben.

Mit anderen Worten: Sie haben bereits vor dem Verkaufsgespräch entschieden, dass der Kunde nicht kauft. Folglich produziert ihr Gehirn nur noch Gedanken und Sätze, die den kommenden Misserfolg rechtfertigen (vgl. Kap. 1.3). So wird es aber nichts mit dem Verkaufserfolg!

Wenn Sie ein guter Verkäufer sein wollen, dann spüren Sie Ihre negativen Glaubenssätze auf und schmeißen Sie sie über Bord. Doch wie schaffen Sie das?

Negative Glaubenssätze hinterfragen

Beobachten Sie sich: Wann bemerken Sie bei sich eine negative Einstellung zu einem Kunden, einer Tätigkeit, zu Erfolg oder zu Geld? Packen Sie sie und schreiben Sie diesen negativen Satz auf. Zum Beispiel: »Ich habe immer Pech mit Großkonzernen.« Überprüfen Sie als Nächstes: Stimmt dieser Satz wirklich? Trifft das wirklich »immer« zu? Eins kann ich Ihnen nämlich garantieren: Kein einziger Glaubenssatz stimmt zu 100 Prozent. Solche Sätze sind nur Übertragung von Einzelerfahrungen auf die ganze Welt. Die Wirklichkeit bilden sie nicht ab. Stellen Sie also Ihre limitierenden Glaubenssätze auf den Prüfstand mit Fragen wie:

- Gilt das ohne Ausnahme?
- Gibt es Situationen, in denen das nicht zutrifft?
- Sehen das andere Menschen auch so?

Bei dem Beispiel mit den Großkonzernen fragen Sie sich also: »Wie oft habe ich wirklich mit Großkonzernen Pech gehabt?« Indem Sie sich selbst zum Nachzählen zwingen, erhalten Sie ein viel realistischeres Ergebnis: »Ich habe dreimal Pech gehabt mit Großkonzernen.« Dreimal? Und das soll »immer« sein? Sofort verliert der negative Glaubenssatz seine Macht und Sie sind wieder in einer Position der Stärke.

L

Limbeck-Tipp

Spüren Sie Ihre limitierenden Glaubenssätze auf und hinterfragen Sie sie: So nehmen Sie den negativen Sätzen die Kraft und geben sich selbst wieder Macht.

Positive Glaubenssätze aufbauen

Gute Verkäufer haben positive Glaubenssätze. Das bedeutet nicht, dass sie sich Misserfolge schönreden und alles, was ihnen widerfährt, durch die rosarote Brille sehen. Es heißt nur, sie denken positiv – also realistisch.

Ja, Menschen mit einem positiven Weltbild sehen die Dinge so, wie sie sind – weder einseitig positiv noch einseitig negativ, weder beschönigend noch abwertend. Sondern mit all ihren Risiken *und* mit ihren Chancen. Mit all den traurigen Seiten *und* den schönen. Mit all dem Frust *und* der ganzen Freude. Und sie entscheiden sich bewusst, ihren Fokus auf das Positive zu lenken, wenn es ihnen hilft.

Es ist nämlich Ihre Entscheidung, ob Sie Realist *und* Optimist sind oder Realist *und* Pessimist. Dreimal dürfen Sie raten, wer von den beiden Typen der bessere Verkäufer ist.

Was die zwei Typen unterscheidet, ist das Set an Glaubenssätzen, das sie sich schaffen. Wenn Sie sich für den Optimismustyp entscheiden, dann brauchen Sie positive Glaubenssätze. Die sind es nämlich, die Ihnen helfen, die positiven Aspekte des Lebens wahrzunehmen.

Positive Glaubenssätze für Verkäufer

- Ich bin mutig.
- Ich nehme mich mit all meinen Schwächen und Stärken an.
- Ich habe ein gesundes Selbstvertrauen und angemessenes Durchsetzungsvermögen.
- Ich nehme auch die kleinen Erfolge wahr und genieße sie.
- Mein Leben und mein Handeln sind sinnvoll für mich.
- Kritik haut mich nicht um, weil ich an mich selbst glaube – und bereit bin, mich ständig zu verbessern.
- Eine verfahrene Kundensituation? Ich mache das Beste daraus.
- Ich nehme Anerkennung wahr und nehme sie auch an.
- Angst vor der Zukunft? Habe ich nicht, weil ich auf meine Fähigkeiten vertrauen kann.
- Ich akzeptiere die Meinung anderer, auch wenn sie sich von meiner eigenen unterscheidet.
- Ich gehe meinen Weg voran.

- Ich suche nicht das Problem, sondern die Lösung.
- Statt an Entschuldigungen bastele ich lieber an einem Plan.
- Ich sehe nicht die Schwierigkeit, sondern die Chancen.

Download: verkaufen.limbeckgroup.com

Was sind Ihre Glaubensmuster? Wie sehr denken Sie positiv? Wenn Sie Ihre Erfolge steigern wollen, denken Sie künftig noch positiver, als Sie es ohnehin schon tun!

Neue Bilder für den Erfolg

Eine weitere Möglichkeit, sich auf Erfolg zu programmieren, ist, negative Vorstellungen durch motivierende zu ersetzen. Negative Bilder wirken nämlich wie negative Glaubenssätze.

Nehmen wir mal die klassische Aversion gegen Neukundenakquise. Sie können das Bild haben, dass Neukundenakquise anstrengend und zufallsgetrieben ist – oder aber Sie schauen auf die Fakten und entwickeln ein attraktives Bild davon. Das heißt nicht, dass Sie sich was vorlügen sollen, das heißt, dass Sie Ihr Bild nach der Wirklichkeit ausrichten.

So frage ich in meinen Seminaren immer wieder meine Teilnehmer:

»Wie viele Telefonate müssen Sie führen, um einen Kunden ans Telefon zu bekommen?«

Verkäufer: »10.«

»Wie viele Entscheidertermine machen Sie aus?«

Verkäufer: »Einen.«

»Wie oft müssen Sie den Entscheider sehen, bis er bei Ihnen kauft?«

Verkäufer: »Viermal.«

»Und was ist der normale Auftragswert, den Sie mit einem Kunden durchschnittlich machen?«

Verkäufer: »10 000 Euro.«

»Ok, dann ist jedes Nein, das Sie am Telefon bekommen, 1000 Euro wert. Und jeder Termin, bei dem ein Kunde nicht gekauft hat, ist 2500 Euro wert.«

An dieser Stelle sind die Teilnehmer verblüfft. Dabei ist das einfachste Mathematik.

Limbeck-Tipp

Sie brauchen nur den Aufwand auf den Auftragswert umzurechnen und schon bekommt Akquise ein anderes Bild: berechenbar, erfolgversprechend, lohnend.

Als guter Verkäufer suchen Sie aktiv nach solchen motivierenden Bildern. Sobald Sie merken, dass Ihre Stimmung schlecht wird und Sie nicht mehr an sich glauben, halten Sie inne und schalten im Kopf auf eine positive Vorstellung um.

Die 3-Sterne-Strategie

Was können Sie tun, um sich direkt vor dem Kundengespräch in einen guten Zustand zu bringen?

Stellen Sie sich vor, Ihr Kunde hat schon gekauft. Er hat Ihr Produkt oder Ihre Dienstleistung auch schon mehrmals eingesetzt und ist hochzufrieden. Jetzt sitzen Sie beide gemeinsam im 3-Sterne-Restaurant, in das er Sie eingeladen hat – voller Dankbarkeit, weil Sie ihn in seiner Entscheidungsfindung so gut unterstützt haben. Wofür würde er sich bedanken? Wie hat sich sein Leben verändert, seitdem er Ihr Produkt gekauft hat oder Ihre Dienstleistung bezieht?

Malen Sie sich also in den schönsten Farben aus, wie über Stunden ein Gang nach dem anderen aufgefahren wird – und einer ist köstlicher als der andere. Und Ihr Kunde strahlt die ganze Zeit, weil er mit Ihrem Produkt wirklich glücklich ist. Stellen Sie sich vor, wie er zum Dessert noch mal das Glas auf Sie und den Abschluss erhebt und Ihnen seinen Dank ausspricht. Je detaillierter Sie diese positive Endvision vor Ihrem inneren Auge zeichnen, desto besser wird Ihre Stimmung und desto sicherer Ihre Gesprächsführung.

Probieren Sie es aus! Und denken Sie daran: Es ist nicht wichtig, in welchem Zustand der Kunde ist. Wichtig ist, in welchem Zustand Sie sind! Nur wenn Sie an sich glauben, werden es auch Ihre Kunden tun.

AUF EINEN BLICK

- Negative Glaubenssätze spiegeln eine verzerrte Realität.
- Seien Sie realistisch: Denken Sie positiv!
- Ersetzen Sie negative Glaubenssätze und Vorstellungen durch positive – und Sie können nur erfolgreich sein.

1.5 Verkaufen und Spiritualität

»Jetzt dreht der Limbeck aber ganz schön ab«, höre ich immer wieder Seminarteilnehmer flüstern, wenn ich auf das Thema Spiritualität komme. Wahrscheinlich hätte ich das vor fünf oder zehn Jahren auch gedacht, wenn ich mich hätte reden hören. Aber ich entwickele mich ja weiter und dazu kann ich auch nur jedem anderen Verkäufer raten.

Ich würde mich als konservativ spirituell bezeichnen: Ich glaube nicht daran, dass wir alle schon mal gelebt oder unsere Familie beim Kartenspielen mit den Engeln gewonnen haben. Aber ehrlich: Wissen tue ich es nicht.

»Law of Attraction«

Was mich aber meine Lebens- und Berufserfahrung gelehrt haben: Es gibt Dinge zwischen Himmel und Erde, die einfach so sind, wie sie sind, und dazu gehört das »Law of Attraction«. Sie können von »The Secret« halten, was Sie wollen. Es ist auch nicht komplett mein Ding. Aber das Resonanzgesetz entspricht exakt meiner Beobachtung, dass jeder, wirklich jeder, das bekommt, was er verdient:

- das Leben, das er verdient,
- den Partner, den er verdient,
- die Familie, die er verdient,
- den Erfolg, den er verdient,
- den Chef, den er verdient,
- die Kunden, die er verdient.

Und welche Kunden haben Sie? Sind es die, die Sie sich vorstellen? Oder wünschen Sie sich andere?

Definition: »Law of Attraction«

Das »Law of Attraction«, auch »Resonanzgesetz« genannt, beschreibt das Phänomen, dass Gleiches Gleiches anzieht. Das bezieht sich insbesondere auf die Angleichung von inneren Vorstellungen und äußeren Lebensbedingungen.

Es postuliert, dass die beiden Welten Einfluss aufeinander haben. Deshalb kann auch die bewusste Änderung der persönlichen Einstellung zu den entsprechenden Veränderungen in der Umwelt führen.

Der Begriff wurde im Jahr 1877 in einem Buch der Okkultistin Helena Petrovna Blavatsky geprägt, gegen Ende des 19. Jahrhunderts von Prentice Mulford und Ralph Waldo Trine in das »New Thought Movement« integriert und 2006 durch den Film »The Secret« und das gleichnamige Buch der Drehbuchautorin und Produzentin Rhonda Byrne einem breiten Publikum bekannt.

Jetzt komme ich zum Punkt: Wünschen können Sie sich viel, doch eintreten muss es deshalb noch lange nicht. Da steigen dann viele aus und meckern: »Funktioniert ja gar nicht!« Kann es auch nicht, weil nämlich »Law of Attraction« nicht bedeutet, dass Sie sich darauf beschränken, Ihre Wünsche ans Universum zu senden. Es funktioniert nur, wenn Sie danach auch aktiv werden und Ihren Wünschen die Chance geben, Wirklichkeit zu werden.

L

Limbeck-Tipp

Setzen Sie sich hin und visualisieren Sie Ihre Wünsche: Machen Sie Ihre Bilder so konkret, dass Sie glauben, Sie könnten sofort hineinspazieren. Und dann richten Sie Ihr Handeln darauf aus!

Und halten Sie das Bild von der Verwirklichung Ihrer Wünsche fest: Wann immer Sie auf das Thema kommen, wann immer Sie etwas tun, was Sie diesem Ziel ein Stück näher bringen kann: Denken Sie an dieses Bild. Gehen Sie in Gedanken durch diese Welt, berühren Sie das, was da steht, riechen Sie den Duft dieser Vorstellung.

Das ist sinnvoll

Über das »Law of Attraction« hinaus haben sich bei mir noch ein paar weitere Überzeugungen entwickelt, die Sie spirituell nennen können: Ich glaube fest, dass jede Begegnung in meinem Leben einen Sinn hat. Selbst wenn der andere mich nervt oder ärgert, hat das sein Gutes für mich: Ich kann aus jeder Begegnung etwas für mich lernen. Und entsprechend dankbar kann ich durchs Leben gehen (vgl. Kap. 2.10).

Außerdem glaube ich daran, dass jeder von uns auf dieser Welt eine Aufgabe zu erledigen hat. Erst wenn er diese Aufgabe gefunden hat und auch annimmt, kann er ein erfülltes Leben führen. Meine ist es, Verkäuferseelen zu stärken. Was ist Ihre?

Daran können Sie glauben

- Das, was Sie vom Leben bekommen, ist das, was Sie verdienen.
- Wenn Sie Ihre Zukunftsvorstellung klar genug visualisieren und danach handeln, wird sie Wirklichkeit werden.
- Jede Begegnung in Ihrem Leben hat einen Sinn.
- Jeder hat in seinem Leben eine Aufgabe zu erfüllen.

Download: verkaufen.limbeckgroup.com

So gesehen ist Spiritualität kein »Eso-Kram«, sondern ein knallharter Faktor für Ihren Verkaufserfolg. Deshalb: Glauben Sie, woran Sie wollen. Aber wenn Sie etwas haben, woran Sie glauben können und das Sie stärker macht, dann werden Sie erfolgreicher verkaufen können.

AUF EINEN BLICK

- Sie verkaufen erfolgreicher, wenn Sie sich in einem großen Ganzen sehen.
- »Law of Attraction« heißt nicht »wünschen und warten«, sondern »vorstellen und danach handeln«.
- Finden Sie Ihren Sinn in dem, was Sie tun, und Sie werden es nicht nur lieber, sondern auch besser tun.

2. Was für ein Verkäufer bist du?

2.1 Sei ehrlich zu dir selbst

Schauen Sie sich an: Sind Sie der Verkäufer, der Sie sein möchten? Ein richtig guter Verkäufer mit sauberen Methoden, zufriedenen Kunden und super Zahlen? Wenn Sie zu dieser Frage heute aus vollem Herzen »Ja« sagen können, dann gratuliere ich Ihnen und möchte Sie auffordern, sich morgen die Frage noch einmal zu stellen. Und übermorgen noch einmal.

Wenn Ihnen schon die Frage merkwürdig vorkommt, dann haben Sie die zwei wichtigsten Grundregeln für gute Verkäufer noch nicht kapiert. Die erste heißt:

Du brauchst ein Ziel.

Ziele gehören zu *den* drei Erfolgsfaktoren im Verkauf (vgl. Kap. 2.9).

Die zweite – und die finde ich fast noch wichtiger, weil schwieriger einzuhalten – heißt:

Hinterfrage dich selbst.

Denn wenn Sie nicht wissen, wo Sie stehen, wie wollen Sie dann wissen, wie Sie dahin kommen, wo Sie hinwollen?

L

Limbeck-Tipp

Hinterfragen Sie sich als Verkäufer – und zwar jeden Tag!

Warum jeden Tag? Weil sich die Welt weiterdreht. Sie finden heute auf Ihrer persönlichen Verkäuferlandkarte keinen weißen Fleck, weil Sie erfolgreich alles machen, was Sie können und tun wollen? Das muss morgen nicht mehr so sein. Weiße

Flecken tun sich auch über Nacht auf. Ihre Konkurrenz wird anders, Ihre Kunden werden anders, Sie werden anders.

Sobald Sie aufhören zu fragen, wo Sie besser werden können, werden Sie automatisch schlechter.

> **Wo die Ehrlichkeit anfängt**
>
> Von einem bin ich felsenfest überzeugt: Ohne Ehrlichkeit wird aus Ihnen nie ein anständiger Verkäufer. Deshalb ist Ehrlichkeit aus meiner Sicht ein Verkäuferwert an sich. Und die fängt nicht da draußen irgendwo an: bei Ihrer Firma oder bei Ihrem Kunden. Ehrlichkeit denen gegenüber gehört dazu – klar. Den Anfang aber nimmt die Ehrlichkeit woanders: nämlich bei Ihnen selbst. Solange Sie bei sich selbst wegschauen oder sich belügen, wird das nichts mit der Weiterentwicklung zum guten Verkäufer. Seien Sie deshalb vor allem und als Erstes ehrlich zu sich!

Hinterfragen: ein Einstieg

Es gibt alle möglichen Modelle, mit denen Sie sich als Verkäufer in Ihren Eigenschaften und in Ihrem Handeln selbst analysieren und bewerten können. Ich will nicht sagen, dass es egal ist, was Sie da nutzen. Aber bevor Sie sich gar nicht hinterfragen: Fangen Sie mit irgendeinem Modell an, das Ihnen gefällt. Hauptsache, Sie fangen an. Meine Favoriten zur Basis-Selbstanalyse sind diese:

- der Werte-Check (vgl. Kap. 2.2)
- die Ermittlung des INSIGHTS-Typs (vgl. Kap. 2.4)
- die Verkaufstypeinordnung (vgl. Kap. 2.5)

Und wenn Sie bei einem Kunden ein komisches Gefühl beschleicht, halten Sie nach Beziehungsmustern Ausschau, die Sie unbewusst in eine ungute Ecke drängen (vgl. Kap. 2.7).

Für den Einstieg empfehle ich, einen Rundumschlag mit dem folgenden ausführlichen Test zu machen. Der berücksichtigt viele unterschiedliche Aspekte und bezieht auch eine Außensicht mit ein. Außerdem können Sie in der gleichen Tabelle Ihre Zielvorstellung zu jedem Punkt eintragen. Dann wissen Sie, wo Sie aktuell den meisten Optimierungsbedarf haben.

Übrigens: Machen Sie diesen Test ruhig immer wieder. Das muss nicht jeden Tag sein, noch nicht einmal jede Woche. Wiederholen Sie ihn jedoch nach einem Viertel- oder einem halben Jahr, allerspätestens nach einem Jahr. Tragen Sie sich in Ihrem Kalender einen festen Termin ein.

Selbst- und Fremdtest: Verkäufereigenschaften

Der Test besteht aus vier Schritten:

1. Gehen Sie selbst alle Punkte der Spalte 1 durch und tragen Sie bei jedem Punkt einen Wert auf der Skala von 1 bis 10 in Spalte 2 ein (1 = trifft gar nicht zu, 10 = trifft voll zu).
2. Geben Sie den Fragebogen an eine Person Ihres Vertrauens weiter, die Sie als Verkäufer kennt. Wählen Sie jemand aus, der Ihnen wohlwollend, aber nicht unkritisch gegenübersteht. Auch er gibt möglichst für alle Punkte eine Einschätzung ab (Spalte 3).
3. In der 4. Spalte geben Sie ein, wie wichtig Ihnen jeder Punkt ist (1 = sehr wichtig, 10 = gar nicht wichtig).
4. Am Schluss markieren Sie in der 5. Spalte, wo Sie bei sich Handlungsbedarf feststellen. Kennzeichnen Sie insgesamt höchstens drei Punkte auf die Art, sonst geht Ihnen Ihre Priorisierung verloren.

Heben Sie sich Ihre Testaufzeichnung auf, dann können Sie sich beim nächsten Mal kritisch mit Ihrem Fortschritt auseinandersetzen.

Eigenschaft / Verhalten	Wo stehen Sie? Selbsteinschätzung	Wo stehen Sie? Fremdeinschätzung	Wo wollen Sie hin?	Handlungsbedarf
Ich denke positiv.				
Ich handle mit Begeisterung.				
Ich handle im Einklang mit meinen Werten.				
Ich handle entschlossen.				
Ich handle konsequent.				
Ich handle selbstbewusst.				
Ich habe Selbstvertrauen.				
Ich bin zielstrebig.				
Ich bleibe zielstrebig.				
Ich freue mich an meinen Erfolgen.				
Ich bin ehrlich mir selbst gegenüber.				

Eigenschaft / Verhalten	Wo stehen Sie? Selbst-einschätzung	Wo stehen Sie? Fremd-einschätzung	Wo wollen Sie hin?	Handlungs-bedarf
Ich weiß, was ich kann.				
Ich weiß, was ich nicht kann.				
Ich bin ehrlich meinem Kunden gegenüber.				
Ich bin ehrlich meiner Company gegenüber.				
Ich arbeite strukturiert.				
Ich arbeite effizient.				
Ich arbeite effektiv.				
Ich denke nutzen- und lösungs-orientiert für meinen Kunden.				
Ich bin für meinen Kunden da.				
Ich denke langfristig für mich selbst.				
Ich bin einsatzbereit für den Erfolg.				

Eigenschaft / Verhalten	Wo stehen Sie? Selbsteinschätzung	Wo stehen Sie? Fremdeinschätzung	Wo wollen Sie hin?	Handlungsbedarf
Ich bin heiß auf den Erfolg.				
Ich bin einfühlsam gegenüber meinem Kunden.				
Ich bin risikobereit auf meinem Weg zum Ziel.				
Ich handle wie ein Unternehmer innerhalb meines Unternehmens.				
Ich bin authentisch.				
Ich bin rhetorisch stark.				
Ich bewege mich entschlossen Richtung Abschluss.				
Ich bin reaktionsschnell in allen Situationen.				

Datum: ______________________________

Wer hat die Fremdeinschätzung gegeben: ______________

Download: verkaufen.limbeckgroup.com

Was tun mit der Analyse?

Der alte Spruch »Schwächen schwächen und Stärken stärken« haut immer noch hin. Das heißt: Schauen Sie auf das, was Sie gut können, und suchen Sie nach Möglichkeiten, es noch besser zu machen. Und arbeiten Sie an Ihren schwächeren Stärken insoweit, dass sie nicht mehr ins Gewicht fallen.

Meiner Erfahrung nach gibt es jedoch bei manchen schwächeren Stärken einen Punkt, an dem Sie sagen müssen und dürfen: »Es ist, wie es ist.« Ich glaube nicht, dass Sie jedes Defizit wegbekommen.

L

Limbeck-Tipp

Wenn Sie eine Schwäche nicht wegbekommen, seien Sie mal lieb zu sich und akzeptieren Sie sich so. Nur: Machen Sie das Beste daraus und finden Sie heraus, wie Sie am besten mit der Schwäche umgehen.

Wenn Sie zum Beispiel selbstständig sind, können Sie für Ihre nicht ganz so starken Bereiche vielleicht jemanden einstellen. Wenn das nicht geht: Organisieren Sie sich so, dass diese Bereiche Ihren Stärken nicht im Weg stehen. Es gibt Tausende von Möglichkeiten dafür (vgl. Kap. 4). Die Gefahr ist nämlich, dass Sie sich hinter Ihrem Schwächenmanagement verstecken, um Ihre eigentliche Arbeit nicht zu machen. Wenn Sie zum Beispiel nicht so gut sind im Briefe- oder E-Mails-Formulieren, dann verbringen Sie Stunde um Stunde damit – und nehmen sich keine Zeit für die Kaltakquise mehr. In so einem Fall können Sie sich ein Arsenal an Textbausteinen zurechtzimmern: Damit können Sie Ihre Anschreiben schneller und trotzdem individuell gestalten. Und sich dann zügig wieder dem Gespräch mit dem Kunden zuwenden.

Das heißt, selbst wenn Sie die Schwächen, die Ihre ehrliche Selbstanalyse aufgezeigt hat, nicht wegbekommen, können Sie daraus immer noch etwas Gutes machen.

AUF EINEN BLICK

- Hinterfragen Sie sich als Verkäufer! Jeden Tag!
- Nur durch ehrliches Hinterfragen können Sie besser werden. Ohne werden Sie automatisch schlechter.
- Nicht alle Schwächen können Sie beseitigen: Das ist in Ordnung, solange Sie das Beste daraus machen.

2.2 Deine Werte

Es gibt Verkaufsgurus, die behaupten, es reicht für den Verkäufer, wenn er die Werte seiner Kunden kennt. Weil er sie dann leichter überzeugen kann. Das kann schon sein, dass das so ist. Aber es reicht aus meiner Sicht nicht, sich mit den Werten der Kunden auseinanderzusetzen.

Viel wichtiger in meinen Augen ist, dass Sie als Verkäufer sich über Ihre Werte im Klaren sind. Sie verkaufen damit nämlich nicht nur lieber und leichter. Auch Ihre Kunden kaufen lieber bei Ihnen. Warum das so ist, erkläre ich Ihnen jetzt.

Im Spannungsfeld

Als Verkäufer arbeiten Sie einerseits selbstständig und unter ungewöhnlich großer Freiheit. Andererseits werden Sie von allen Seiten mit Ansprüchen konfrontiert:

- Sie sollen Umsatz machen, um Ihren Chef zufriedenzustellen und Ihren Job zu sichern.
- Sie sollen Marge machen, um gut zu leben und Ihre Familie zu ernähren.
- Sie sollen Ihrem Kunden maximalen Nutzen bieten; schließlich ist er derjenige, der Ihr Gehalt bezahlt.
- Sie sollen Ihr Privatleben so pflegen, dass es Ihnen genügend Ausgleich bietet.

Gerade ehrgeizige Verkäufer nehmen alle diese Ansprüche für sich an und holen sich den Druck von außen nach innen.

Dabei ist es oft wie die Quadratur des Kreises, wenn Sie versuchen, all diesen Anforderungen zu genügen. Denn die knabbern sich gegenseitig an:

- Richtig Umsatz zu machen, bedeutet oft, auf ein Stück Marge zu verzichten.
- Genug Marge zu machen, heißt nicht selten, dem Kunden nicht den besten noch vertretbaren Preis zu bieten.
- Den maximalen Nutzen für den Kunden zu bieten, führt zu weniger Umsatz oder Marge oder Freizeit.
- Familie und Freunden Zeit zu widmen, heißt, dass Ihnen vielleicht ein Umsatz durch die Lappen geht, den Sie mit der nächsten Extrameile gemacht hätten.

Einer zieht also immer den Kürzeren. Ich hoffe, das sind nicht Sie! Wenn Sie es sind, haben Sie sich zum Spielball der Ansprüche gemacht. Einfach weil Sie sich Ihrer Werte nicht bewusst waren.

Was Werte ausmachen

Eigene Werte sind wie ein Kompass: Sie zeigen in jeder Situation die richtige Richtung an. Jeder, der einen Anspruch an Sie hat, will Sie in seine Richtung zerren. Wenn Sie keine Ahnung haben, wo Sie sonst hinsollen, lassen Sie das viel leichter mit sich geschehen. Und landen irgendwo, wo Sie gar nicht hinwollten.

Doch im Bewusstsein Ihrer eigenen Werte können Sie nicht nur mit den Ansprüchen der anderen besser umgehen. Denn das Coole ist: Die Ansprüche der anderen ändern sich auch. Weil Sie nämlich auf einmal andere Menschen anziehen, sobald Sie für sich klare Werte gefunden haben und die auch leben.

Das »Law of Attraction« (vgl. Kap. 1.5) gilt nämlich auch im zwischenmenschlichen Bereich: Sie ziehen die Menschen an, die zu Ihnen und Ihren Werten passen. Klar können Sie als guter Verkäufer auch an Menschen verkaufen, die ganz andere Werte haben als Sie. Das geht. Macht aber nicht so viel Spaß.

Gleich und Gleich

Ich kenne Verkäufer, die den ganzen Tag nur jammern, dass ihre Kunden sie dauernd hängen lassen, dass die nicht zahlen und überhaupt keinen Anstand mehr haben. Denen kann ich nur raten, mit dem Schimpfen aufzuhören. Die sollten als Allererstes darauf schauen, für welche Werte sie in ihrem Leben stehen. Und die für sich klarmachen. Dann wird sich auch ihre Kundschaft ändern.

Wenn die Werte Ihrer Kunden sich mit Ihren matchen, dann ist die Beziehung einfach besser. Dann kommen Sie in den Flow. Und je mehr solcher Kunden Sie haben, desto größer wird Ihr Kuchen. Ganz von allein.

L

Limbeck-Tipp

Kunden haben ein gutes Gespür dafür, ob Sie als Verkäufer Werte haben oder nicht. Deshalb ist es gar nicht notwendig, dass Sie dem Kunden demonstrativ von Ihren Werten erzählen: Wenn Sie sie haben, weiß er es eh.

Werte finden

Sie haben noch nie über Ihre Werte nachgedacht? Dann wird es Zeit. Doch selbst wenn Sie es schon getan haben: Tun Sie es immer wieder. Ich kann Ihnen aus eigener Erfahrung sagen, dass sich Werte im Laufe eines Lebens auch verändern können.

Wenn ich meine Werte von vor 25 Jahren und heute vergleiche, hat sich einiges getan: War für mich früher Erfolg in Form von Geldverdienen ein wichtiger Wert, ist der für mich in den Hintergrund getreten. Viel wichtiger geworden ist es mir, andere erfolgreich zu machen. Das gelingt mir auch und ich habe daran gemerkt: Werte zu haben und zu leben, zahlt sich immer aus. Denn durch den Erfolg der anderen werde ich selbst auch erfolgreicher.

Ein Wert ist dagegen bei mir auf Platz 1 gewesen und ist es immer noch: Das ist die Ehrlichkeit, und zwar nach allen Seiten: mir selbst gegenüber, meinen Kunden gegenüber, meiner Firma gegenüber. Deshalb steht in diesem Buch auch so viel dazu drin (vgl. Kap. 2.1, 2.8 und 3.1), denn ich glaube, dass dieser Wert Verkäufer auf lange Sicht am erfolgreichsten macht – nicht nur mich, sondern jeden Verkäufer!

Wie finden Sie nun die Werte, die für Sie richtig und wichtig sind? Die Werte, für die Sie jeden Morgen aufstehen möchten. Die Sie zu Höchstleistungen motivieren. Die Sie im Reinen sein lassen mit sich und der Welt.

Ich habe für Sie eine Liste mit möglichen Werten zusammengestellt, ohne Anspruch auf Vollständigkeit. Die können Sie auch downloaden unter verkaufen.limbeckgroup.com. Wenn Ihnen weitere Werte einfallen: Schreiben Sie sie dazu.

Werte klingen ja meistens gut. Es ist deshalb verführerisch, locker die Hälfte der Begriffe anzukreuzen. So viele Werte auf einmal führen Sie aber in die Beliebigkeit. Dann können Sie die Übung auch gleich sein lassen. Darum: Setzen Sie nur bei den fünf wichtigsten Ihren Haken! Nur durch diese Einschränkung erfahren Sie, was Ihnen wirklich wichtig ist.

L

Limbeck-Tipp

Wählen Sie Ihre Werte mit Bedacht. Wenn ich eines weiß, dann das: Alles, was Sie tun, kommt zu Ihnen zurück. Wählen Sie Ihre Werte deshalb so, dass Sie mit dem, was zurückkommt, auch gut klarkommen.

Übrigens: Wenn Sie es noch genauer wissen wollen, reduzieren Sie die Zahl Ihrer Werte auf nur drei. Umso besser können Sie sich danach ausrichten.

Schreiben Sie sich die ausgewählten Werte auf und bringen Sie das Blatt so an, dass Sie (und nur Sie) immer wieder darauf schauen. Das hilft Ihnen gerade in schwierigen Situationen, Ihren Kompass im Auge zu behalten.

Checkliste: Was sind Ihre Werte?

Wählen Sie aus den nachfolgenden Begriffen fünf (oder auch nur drei) aus, die Ihnen für Ihr Leben am wichtigsten sind. Lesen Sie dafür die Liste einmal ganz durch und setzen Sie Ihre Kreuze erst anschließend. Nehmen Sie sich genug Bedenkzeit, damit Sie wirklich Ihre zentralen Werte ermitteln.

A

- ☐ Abenteuer
- ☐ Abwechslung
- ☐ Achtsamkeit
- ☐ Agilität
- ☐ Aktivität
- ☐ Akzeptanz
- ☐ Andersartigkeit
- ☐ Anerkennung
- ☐ Anpassungsfähigkeit
- ☐ Anstand
- ☐ Ästhetik
- ☐ Aufgeschlossenheit
- ☐ Aufmerksamkeit
- ☐ Ausdauer
- ☐ Ausgeglichenheit
- ☐ Ausgewogenheit
- ☐ Authentizität

B

- ☐ Bedeutsamkeit
- ☐ Begeisterung
- ☐ Beharrlichkeit
- ☐ Berühmtheit
- ☐ Bescheidenheit
- ☐ Besonnenheit
- ☐ Bewusstheit
- ☐ Bindung

C

- ☐ Charme
- ☐ Coolness

D

- ☐ Dankbarkeit
- ☐ Demut
- ☐ Diskretion
- ☐ Disziplin
- ☐ Dominanz
- ☐ Durchsetzungsvermögen

E

- ☐ Effektivität
- ☐ Effizienz
- ☐ Ehrlichkeit
- ☐ Empathie
- ☐ Entscheidungsfreude

F

- ☐ Familie
- ☐ Fantasie
- ☐ finanzielle Unabhängigkeit
- ☐ Fitness
- ☐ Fleiß
- ☐ Flexibilität
- ☐ Fokus
- ☐ Freiheit
- ☐ Freude

G

- ☐ Gelassenheit
- ☐ Genauigkeit
- ☐ Genuss
- ☐ Gerechtigkeit
- ☐ Geschwindigkeit
- ☐ Geselligkeit
- ☐ gewinnen
- ☐ Glaube
- ☐ Glück
- ☐ Großzügigkeit

H

- ☐ Harmonie
- ☐ Hartnäckigkeit
- ☐ Herzlichkeit
- ☐ Hilfsbereitschaft
- ☐ Höflichkeit
- ☐ Humor
- ☐ Hygiene

I

- ☐ Idealismus
- ☐ Innovation
- ☐ Inspiration
- ☐ Integrität
- ☐ Intimität
- ☐ Intuition

J

- ☐ Jugendlichkeit

K

- ☐ Klarheit
- ☐ Klugheit
- ☐ konservativ sein
- ☐ Kontrolle
- ☐ Kooperation

- [ ] Korrektheit
- [ ] Kreativität
- [ ] Kühnheit

L
- [ ] Leichtigkeit
- [ ] Leidenschaft
- [ ] Leistung
- [ ] lernen
- [ ] Liebe
- [ ] Loyalität

M
- [ ] Mitgefühl
- [ ] Motivation
- [ ] Mut

N
- [ ] Nachhaltigkeit
- [ ] Neugier
- [ ] Neutralität

O
- [ ] Offenheit
- [ ] Optimismus
- [ ] Ordnungssinn

P
- [ ] Pragmatismus
- [ ] Präsenz
- [ ] Präzision
- [ ] Professionalität
- [ ] Pünktlichkeit

R
- [ ] Realismus
- [ ] Reichtum
- [ ] Respekt
- [ ] Ruhe
- [ ] Ruhm
- [ ] Rücksichtnahme

S
- [ ] Sauberkeit
- [ ] Schlauheit
- [ ] Schönheit
- [ ] Selbstvertrauen
- [ ] Sexualität
- [ ] Sicherheit
- [ ] Signifikanz
- [ ] Sparsamkeit
- [ ] Spaß
- [ ] Spiritualität
- [ ] Spontaneität
- [ ] Stärke
- [ ] Standfestigkeit
- [ ] Stille
- [ ] Struktur

T
- [ ] Tapferkeit
- [ ] Tatkraft
- [ ] Teamgeist
- [ ] Toleranz
- [ ] Transparenz
- [ ] Treue

Download: verkaufen.limbeckgroup.com

Der Wert von Werten

Eines möchte ich noch erwähnen: Wenn Sie Ihre Werte kennen, dann steigern Sie auch Ihren Wert als Verkäufer. Weil Sie nämlich nicht mehr bereit sind, sich unter Wert zu verkaufen, und das zahlt sich in barer Münze aus.

Sie glauben mir nicht? Probieren Sie es aus:

1. Beantworten Sie sich hier und heute die Frage, wo Ihre Schmerzgrenze beim Preis für Ihr Produkt liegt.
2. Schreiben Sie den Preis auf!
3. Anschließend arbeiten Sie Ihre fünf wichtigsten Werte heraus und richten Ihr Handeln eine Woche lang ganz bewusst danach aus.
4. Nach Ablauf der Woche stellen Sie sich die Preisfrage wieder: Ihre Schmerzgrenze wird höher liegen.
5. Und nach der nächsten bewusst wertorientiert gelebten Woche noch höher.

Je häufiger Sie das machen, desto weniger lassen Sie sich in Ihren Preisen drücken. Denn Werte schaffen Wert.

AUF EINEN BLICK

- Wenn Sie Ihre eigenen Werte kennen, können Sie mit den Ansprüchen, die an Sie gestellt werden, besser umgehen.
- Mit bewusst gelebten Werten ziehen Sie Menschen mit ähnlichen Werten an und können bessere Kundenbeziehungen aufbauen.
- Ihre Orientierung an Ihren Werten steigert Ihren Wert als Verkäufer.

2.3 Deine Motivation

Was unterscheidet den Profitennisspieler, der irgendwo auf Platz 200 der Weltrangliste dümpelt, vom Grand-Slam-Sieger? Alle Studien sagen es: Es ist der innere Antrieb. Und was für Sportler gilt, gilt doppelt für Verkäufer: Die haben nämlich nur dann Erfolg, wenn sie nicht nur sich selbst, sondern auch ihre Kunden begeistern können. Wenn Sie den Funken überspringen lassen können, dann verkaufen Sie selbst durchschnittliche Produkte und Dienstleistungen überdurchschnittlich gut. Wenn Sie das nicht können, verkaufen Sie nicht einmal erstklassige Produkte gut. Denn im Verkauf ist Begeisterung zwar nicht alles, aber ohne Begeisterung ist alles nichts.

Und diese Begeisterung können Sie nur verbreiten, wenn Sie selbst brennen. Wie große Studien, die auf INSIGHTS-Analysen von unzähligen Verkäufern und ihren Verkaufsergebnissen beruhen, zeigen: Die, die eine starke Motivation haben, sind erfolgreicher.

L

Limbeck-Tipp

Finden Sie heraus, was Sie im Verkauf zum Brennen bringt. Alles, was Sie zu Ihrem Erfolg sonst noch brauchen, ist nichts als Technik – und die können Sie lernen.

Was motiviert überhaupt?

Positive Motivation kommt immer aus einem »Warum« heraus. Das muss nicht gleich so etwas Gigantisches sein wie bei Jeff Bezos: Er hat bekanntlich Amazon nur deshalb gegründet und konsequent groß gemacht, weil er Geld für seine Raumfahrtvorhaben braucht. Und eines müssen Sie ihm lassen: Mit seiner großen Motivation hat er Großes geschaffen.

Viele Verkäufer sagen, dass es das Geld ist, was sie motiviert. Meine Erfahrung ist: Das funktioniert nur ein Stück weit, denn es ist ein Motivator, der nur von außen kommt. Einer, der von innen kommt, macht stärker.

L

Limbeck-Tipp

Innere Antreiber sind stärker als äußere, weil – wie die Psychologen sagen – die Befriedigung schon mit dem Tun kommt und nicht erst mit dem Ergebnis.

Der innere Antreiber kann durchaus mit Geld zu tun haben, wenn es Mittel zum Zweck ist: Freiheit zu haben zum Beispiel ist etwas, was Sie mit ausreichenden finanziellen Mitteln leichter hinkriegen als ohne. Sie fahren besser, wenn Sie sich über Ihre wahre Motivation bewusst werden.

Über meine eigene Motivation bin ich mir auch erst über die Jahre hinweg klar geworden: Früher habe ich gelacht über Sprüche wie »Ich will die Welt ein Stück besser verlassen, als ich sie vorgefunden habe«. Und wenn mir ein Teilnehmer nach dem Seminar gesagt hat »Mensch, Herr Limbeck, das war klasse«, dann habe ich das abgetan mit »Mag sein. Aber so dolle war es auch nicht«.

Heute ist das meine größte Motivation, wenn einer mir hinterher schreibt: »Dank Ihnen habe ich meinen Umsatz verdoppelt.« Das treibt mich an. Deshalb bin und bleibe ich ein Unternehmer, der eben mit seinem Team auch Verkaufs- und Management-Trainings macht.

Was motiviert dich?

Nur weil Sie Ihre Motivation noch nicht benennen können, heißt das nicht, dass Sie keine haben. Es ist Ihnen nur viel mehr geholfen, wenn Sie sie kennen. Deshalb schauen Sie hin: Irgendetwas lässt Sie morgens aufstehen, und ich hoffe, es ist nicht nur Ihre volle Blase. Das ist schon mal ein Punkt, an dem Sie ansetzen können. Ich habe Ihnen noch ein paar andere Fragen zusammengestellt, die Sie auf die richtigen Ideen bringen.

Checkliste: Was motiviert Sie?

Legen Sie sich Papier und Stift bereit und lassen Sie sich von den folgenden Fragen zum Nachdenken anregen.

- Was hat mich dazu gebracht, Verkäufer zu werden?
- Warum mache ich den Job?
- Was an dem Job mache ich besonders gut?
- In welchen Verkaufssituationen komme ich in den Flow?
- Was an dem Job macht mir besonders viel Spaß?
- Was an dem Job macht mich glücklich?
- Wann bin ich besonders zufrieden mit mir?
- Was an dem Job macht mich stolz?
- Was halte ich für wertvoll?
- Was kann ich der Welt zurückgeben?

Machen Sie sich Notizen dabei.

Zum Abschluss filtern Sie für sich aus Ihren Einfällen Ihre drei wichtigsten Antreiber heraus:

1. ______________________________
2. ______________________________
3. ______________________________

Download: verkaufen.limbeckgroup.com

Limbeck-Tipp

Ich sage immer: Wer lacht, verkauft. Vergessen Sie deshalb den Spaßfaktor bei Ihrem Motivationsmix nicht.

Schreiben Sie Ihre aus der Checkliste gewonnenen drei Punkte unbedingt auf – und zwar mit der Hand. Auch wenn Sie sonst nicht so der Mit-der-Hand-Schreiber sind: Es prägt sich einfach besser ein, wenn Sie Ihre Antreiber selbst niederschreiben.

Wie arbeitest du mit und an deiner Motivation?

Durchhänger hat jeder. Mein Spruch dazu ist: »Es gibt Tage, da bin ich gut drauf. Und es gibt Tage, da bin ich noch besser drauf.« Doch wenn Sie Ihre eigene Motivation kennen, können Sie über die Durchhängertage lachen. Weil Sie wissen, woran Sie sich aufrichten. Und auch den Nervenkitzel, unseren Schmierstoff »Kriege ich den Auftrag nur mit Abstrichen? Oder kriege ich ihn so durchgesetzt, wie ich ihn will?«, haben Sie besser im Griff, wenn Sie Ihr Warum immer im Blick haben. Denn dann brauchen Sie Ihren Kunden weder zu erdrücken noch zu erschlagen, sondern Sie überzeugen ihn von innen heraus. Ihre Motivation lässt Sie das Verhältnis von Preis und Leistung so gut darstellen, dass der Kunde sagt: »Wow, das kaufe ich.«

Ganz von allein bleibt Ihr Warum jedoch nicht auf Ihrem Radarschirm. Deshalb: Tun Sie was dafür, dass es in Sichtweite bleibt. Und zwar täglich.

L

Limbeck-Tipp

Machen Sie jeden Morgen Mentaltraining, um in gute Stimmung zu kommen.

Sie können sich Ihr eigenes Mentaltrainingsprogramm schnitzen. Oder Sie probieren zum Beispiel die 5-Minuten-Motivationsgymnastik, die mein Freund Alexander Hartmann empfiehlt. Egal wie Sie es machen: Hauptsache, Sie erinnern sich jeden Tag an das, wofür Sie brennen.

5-Minuten-Motivationsgymnastik nach Alexander Hartmann

Minute 1 bis 3:

Setzen Sie sich aufrecht hin.

Nehmen Sie sich ein Blatt und einen Stift.

Atmen Sie tief durch.

Schreiben Sie alle Ihre drei Antreiber nacheinander auf, und zwar insgesamt viermal!

Schreiben Sie ruhig und zügig, setzen Sie möglichst wenig ab.

Minute 4 bis 5:

Wählen Sie einen der drei Antreiber aus.

Schließen Sie die Augen.

Gehen Sie in Gedanken in den Moment hinein, in dem Sie erreicht haben, was Sie wollten.

Visualisieren Sie intensiv das Bild, riechen Sie, schmecken Sie, spüren Sie das Gefühl, das Sie in dieser Situation empfinden.

Baden Sie in dieser Erfahrung.

Nehmen Sie dieses Gefühl mit zurück, wenn Sie jetzt in Ihren Tag starten.

Download: verkaufen.limbeckgroup.com

Es gibt übrigens noch etwas, das die Kraft Ihrer Motivation fördert und bewahrt: Das ist die Dankbarkeit. Mehr dazu finden Sie in Kap. 2.10.

AUF EINEN BLICK

- Wer eine innere Motivation hat, verkauft besser.
- Wer seine Motivation kennt, kann sie bewusst einsetzen, um sich erfolgreicher zu machen.
- Machen Sie sich Ihre eigene Motivation klar, nutzen und bewahren Sie sie.

2.4 Dein Typ

Davon, dass es gut ist, seinen Kunden einschätzen zu können, haben die meisten Verkäufer schon mal gehört. Dass sie sich aber auch selbst einschätzen können sollten, wissen nicht so viele. Schade eigentlich! Denn wenn Sie wissen, was Sie für ein Typ sind, verstehen Sie, warum Ihnen manche Sachen leichtfallen und andere gar nicht. Das liegt nämlich nicht daran, dass Sie dümmer sind als die anderen oder fauler. Sondern dass Sie einfach nicht der Typ sind und in manchen Bereichen eben mehr investieren müssen, um sich zu verbessern. Kein Grund also, sich selbst fertigzumachen – es hilft Ihnen nämlich auch nicht beim Verkaufen, wenn Sie sich selbst nicht leiden können. Deshalb glaube ich, dass jeder Verkäufer sich über seine Persönlichkeit im Klaren sein sollte. Und das geht am besten mithilfe eines Diagnostiktools, z. B. mit INSIGHTS MDI®.

L

Limbeck-Tipp

Wenn Sie Ihren Typ kennen, können Sie viel netter mit sich sein.

Warum INSIGHTS MDI®?

Bereits vor 2500 Jahren hat ein Grieche namens Hippokrates sich erstmals Gedanken über die unterschiedlichen Typen von Menschen gemacht. Auch ihm fiel bereits damals auf, dass es verschiedene Verhaltensweisen gibt. Seither hat die Idee die Menschheit nicht mehr losgelassen. Heute gibt es am Markt unzählige entsprechender Diagnostiktools. Ich persönlich nutze am liebsten INSIGHTS MDI® (vgl. shop.limbeckgroup.com), weil

- es Aufschluss gibt, wie ich wirklich als Mensch bin, privat wie geschäftlich,
- ich darüber hinaus erfahre, wie ich in meiner adaptierten Rolle, also im Beruf bin,
- es das reine Persönlichkeitsprofil um eine Wertekomponente erweitert – und das finde ich unglaublich wichtig.

INSIGHTS MDI® lässt sich als Potenzialanalyse in verschiedensten Bereichen nutzen: bei der Einstellung genauso wie bei der Zusammensetzung von Projektteams und in der Führung. Eine große Rolle spielt es auch bei der Kundenführung (vgl. Kap. 12.5). Es ist ein nach DIN EN ISO 9126 zertifizierter Test.

Worauf beruht INSIGHTS MDI®?

Die Grundlage von Potenzialanalysen ganz allgemein bilden die wissenschaftlichen Arbeiten des Begründers der analytischen Psychologie C. G. Jung und des US-amerikanischen Psychologen W. M. Marston. Die Typologie des Letzteren wiederum war Grundlage für das DISG-Modell (vgl. Kasten »Definition: DISG-Modell«). Das zugrunde liegende Wertemodell – also persönlichliche Interessen, Einstellungen und Werte – geht zurück auf Arbeiten des Philosophen, Pädagogen und Psychologen Eduard Spranger.

Definition: DISG-Modell

Das DISG-Modell (im angloamerikanischen Sprachraum: DISC) beruht auf einer Typologie, die von William Moulton Marston stammt. Daraus entwickelte John G. Geier diesen sich selbst beschreibenden Persönlichkeitstest. Der soll Aufschluss darüber geben, wie eine Person eine jeweilige Lebenssituation wahrnimmt und darauf reagiert. Das Modell geht von vier Grundverhaltenstendenzen aus, die in der Regel in verschiedenen Anteilen bei jedem Menschen vorhanden sind. Die Anfangsbuchstaben der Tendenzen gaben dem Test auch seinen Namen:

- Dominant
- Initiativ
- Stetig
- Gewissenhaft (oder englisch: *conscientious*)

Das Modell wurde von verschiedenen Seiten weiterentwickelt, z. B. zu INSIGHTS MDI®.

Federführend bei der Entwicklung von INSIGHTS MDI® war Bill J. Brandstetter.

Anhand der Testergebnisse lassen sich Aussagen treffen zu

- dem Verhalten von Menschen,
- ihren natürlichen Verhaltenspräferenzen,
- ihren angepassten Verhaltenspräferenzen,
- ihren Motiven und Werten,
- ihrem persönlichen Antriebssystem.

Das INSIGHTS-Modell

Bei INSIGHTS gibt es vier Grundtypen, die in Farben übersetzt sind: den blauen, den roten, den grünen und den gelben Typ. Diese Grundtypen stehen in einer bestimmten Ordnung in einem Quadranten-Modell.

Links von der Mitte sind der Blaue und der Grüne verortet – das sind die introvertierteren Typen. Sie sind eher ruhig, beobachtend, konzentriert, tiefgründig, zurückgezogen, reflektierend, reserviert, vorsichtig, alles in allem also eher nach innen orientiert.

Rechts davon stehen die Extrovertierteren, also der rote und der gelbe Typ. Die sind eher gesprächig, involviert, gesellig, vielseitig, sehr offen, ausdrucksstark, umgänglich, sehr mutig, also nach außen orientiert.

Oberhalb der waagrechten Linie stehen der Blaue und der Rote: Das sind die sachlicheren Typen. Der Grüne und der Gelbe unterhalb der Linie sind die emotionaleren: Die entscheiden eher aus dem Bauch.

So ergeben sich für jeden Typ bestimmte Eigenschaften (Download: verkaufen.limbeckgroup.com). Eine Karte mit einer Kurzübersicht über die Farbtypen können Sie auch bei uns anfordern: kontakt@limbeckgroup.com.

	Introvertiert	Extrovertiert
Sachlich	**DER BLAUE** **Vorteile:** • vorsichtig • präzise • besonnen • hinterfragend • sehr formal • sachkundig • präzise • kompetent in der gesamten Ausstrahlung **Nachteile:** • schwierig • steif, gerade im ersten Kontakt • seine Fragen wirken kritisch und rücksichtslos • verliert sich leicht im Detail	**DER ROTE** **Vorteile:** • fordernd • entschlossen • willensstark • zielgerichtet • sachorientiert • sehr selbstbewusst • strahlt Entschlossenheit aus • liebt Herausforderungen • liebt Neues • stets zielbewusst • hohes Leistungstempo • kann andere Menschen gut beeinflussen **Nachteile:** • schlechter Zuhörer • wirkt arrogant • neigt zum Drängeln • Feedback ist ihm nicht wichtig
Emotional	**DER GRÜNE** **Vorteile:** • vertrauensvoll • ermutigend • mitfühlend • geduldig • entspannt • braucht etwas Zeit, aber wenn er eine Beziehung aufbaut, ist diese tief und dauerhaft • Naturtalent beim Hinhören **Nachteile:** • ist Neuem gegenüber sehr skeptisch • kann sich nur sehr schwer anpassen • strahlt wenig Begeisterung aus • nimmt Schwierigkeiten und auch »Neins« sehr persönlich	**DER GELBE** **Vorteile:** • umgänglich • enthusiastisch • überzeugend • redegewandt • offen • baut schnell Beziehungen auf • immer freundlich • gesellig • hat hohe Anpassungsfähigkeit • ist fantasievoll • sehr geschickt in seiner Präsentation **Nachteile:** • Nebensachen werden schnell zur Hauptsache • verliert schnell den Überblick • schweift gern vom Thema ab

Sie sehen: Jeder Typ hat seine Stärken und Schwächen. Es gibt also keine idealen Verkäufer-Farbtypen.

Noch dazu gibt es kaum Menschen, die nur ein Farbtyp sind. Bei INSIGHTS MDI® kommt ja noch dazu, dass zu den Eigenschaften auch das persönliche Wertesystem ermittelt wird. Das bewirkt, dass selbst Menschen mit exakt dem gleichen Farbmuster unterschiedlich ticken können.

Klar tun sich Verkäufer mit einem hohen Rotanteil leichter bei der Kaltakquise und die mit viel Gelb können leichter ihre Kunden begeistern. Das heißt jedoch noch lange nicht, dass sie sich auf diesen Lorbeeren ausruhen können. Das heißt nur, dass sie nun eine gute Erklärung dafür haben, warum sie das gut machen. Und noch viel mehr: Sie erfahren, wo sie Dinge noch besser machen können.

Was fängst du mit dem Testergebnis an?

Das ist aus meiner Sicht der Knaller, wenn Sie Ihr eigenes Persönlichkeitsprofil erkennen: Sie erfahren, wo Ihre aussichtsreichen Lernfelder sind und auch, wo nicht. Alles, bei dem Sie 50 Prozent und mehr erreichen, können Sie nämlich hochfahren. Alles andere nicht.

Das Spannende an INSIGHTS ist, dass nicht nur Ihr Basisverhalten ermittelt wird, sondern auch Ihr adaptiertes Verhalten, also inwieweit Sie selbst schon Ihre Entwicklung über Ihr Grundmuster vorangetrieben haben. Und wo echt noch was geht.

Ich zum Beispiel bin zu 100 Prozent rot und zu 89 Prozent gelb, grün und blau liegen ein ganzes Stück zurück. Warten gehört deshalb erst mal nicht zu meinen Stärken, dank INSIGHTS weiß ich aber, dass ich dort durchaus Potenzial habe. Und das zu nutzen, übe ich den letzten Jahren und auch aktuell: Ich habe einen Kunden, der ist nur grün. Der hat alle Zeit der Welt. So viele Meetings im Vorfeld eines Auftrags hatte ich noch nie, doch ich habe inzwischen gelernt, das auszuhalten.

Denn wenn Sie erst einmal wissen, dass zum Beispiel Kaltakquise für Ihren INSIGHTS-Typ ein Lernfeld ist, dann können Sie Ihre Schwierigkeiten damit viel leichter akzeptieren. Und gleichzeitig daran arbeiten.

Limbeck-Tipp

Ihren Persönlichkeitstyp zu kennen, heißt, dass Sie damit Ihre Lernfelder klar definieren können.

Nur eins gilt nicht: Ihren Farbtyp als Ausrede dafür zu nehmen, dass Sie dem oder jenem Kunden nichts verkaufen können, nur weil der halt ein anderer Farbtyp ist. Es ist nämlich nicht gesagt, dass immer nur die gleichen Farbtypen miteinander klarkommen. Im Gegenteil: Wenn sich zwei Hochrote treffen, dann knallt es erst einmal. Jeder will dem anderen beweisen, dass er den Größten hat. Das Gute ist: Wenn Sie in dem Moment von sich wissen, dass Sie so ein Roter sind, dann fällt es Ihnen viel leichter, dem Kunden den Sieg zu überlassen. Soll er doch den Größten haben – Hauptsache, Sie haben den Abschluss!

Das meine ich, wenn ich sage, dass Sie nur davon profitieren können, wenn Sie Ihre Lernfelder kennen.

Wenn allerdings die Analyse ergibt, dass Sie bei dem, was Sie beruflich tun, Ihr Basisverhalten überhaupt nicht ausleben können, dann wissen Sie endlich, warum Sie so unglücklich sind. Und wie Sie Ihren Job verändern müssen, um endlich erfolgreich zu werden.

AUF EINEN BLICK

- Jeder Verkäufer sollte wissen, was für ein Typ er ist.
- Er kann damit leichter sich selbst akzeptieren und seine Lernfelder erkennen.
- INSIGHTS MDI® hat sich als Diagnostik-Tool bewährt.

2.5 Hunter und Farmer: Die Typen

Schon viele haben versucht, eine Verkäufertypologie aufzustellen. Wie viele Typen dabei herauskommen, ist unterschiedlich: Laut Matthew Dixon und Brent Adamson in »Challenger Sales« sind es zum Beispiel fünf: Arbeiter, Wölfe, Problemlöser, Beziehungspfleger und Challenger (vgl. Kap. 10.2), bei den britischen Wissenschaftlern Lynette Ryals und Iain Davis sind es gleich acht: Experte, Jäger, Berater, Geschichtenerzähler, Vorleser, Kumpel und Angreifer.

Aus meiner Sicht reichen für die Einordnung genau zwei Grundtypen von Verkäufern: Früher habe ich sie die Jäger und die Sammler genannt. Heute nenne ich sie Hunter und Farmer, denn das trifft es noch besser.

Was ist ein Hunter?

Der Hunter-Typ rennt schon los, bevor er gedacht hat. Der ist schnell, der ist entschlossen, der ist auch mal Rambo. Immer auf Neukunden aus, immer auf dem Sprung. Dessen Lieblingsaufgabe ist Akquise, denn er liebt es, Neukunden zu schreiben. Er ist eher ein Adrenalin-Junkie, er genießt den spannenden Moment, in dem klar wird, ob hopp oder topp. Das Kuscheln mit Bestandskunden langweilt ihn entsetzlich. Überhaupt hasst er alles, was lange dauert: lange E-Mails, lange Präsentationen, lange Vorbereitung, lange Verkaufsprozesse. Dinge, die er nicht spontan durchziehen kann, findet er einfach anstrengend. Seine größte Gabe ist es, auf Menschen zuzugehen und unglaublich zielorientiert zu arbeiten.

Was ist ein Farmer?

Der reinrassige Farmer ist die Mutter Beimer unter den Verkäufern – und das meine ich positiv. Der sorgt für einen heißen Kaffee an kalten Tagen, hat immer ein offenes Ohr für seine Kunden und auch die Kollegen und ist ein wahrer Kümmerer. Seine Lieblingsaufgabe ist die Betreuung von Bestandskunden und bei denen Cross- und Up-Selling zu machen. Er löst super gerne für seine Kunden Herausforderungen, um sie so langfristig an das Unternehmen zu binden. Es ist ihm wichtig, eine gute Beziehung zum Kunden zu haben, er leidet persönlich, wenn das nicht so ist.

Neukundenakquise ist ihm dagegen ein Graus. Einfach so auf fremde Menschen zuzugehen, fällt ihm schwer. Er verkrampft dann schnell und merkt das auch. Deshalb baut er immer mehr innere Hürden gegen die Kaltakquise auf. Seine herausragende Begabung ist es, Nestwärme zu vermitteln. Beim Farmer haben Kunden das Gefühl, gut aufgehoben zu sein.

Hunter oder Farmer: Wer ist besser im Verkauf?

Wer besser ist, lässt sich so grundsätzlich nicht sagen, denn jeder der beiden Typen hat seine Stärken. Die kann und soll er auch einsetzen. Dafür ist es gut zu wissen, welcher Typ Sie sind. Machen Sie den Test!

Selbsttest: Sind Sie Hunter oder Farmer?

Sehen Sie sich die nachfolgenden Sätze und die Antworten dazu an: Welche entspricht am ehesten Ihrem Verkaufsstil? Notieren Sie die jeweiligen Punkte in der entsprechenden Spalte und zählen Sie sie am Ende zusammen. Die Auswertung finden Sie am Ende der Tabelle.

Download: verkaufen.limbeckgroup.com

	Hunter-Punkte	Farmer-Punkte
Sie schicken Ihrem Kunden mit der Rechnung eine firmengebrandete Pralinenschachtel und schreiben auch noch handschriftlich einen Gruß darauf. • Ja, so ähnlich mache ich das eh schon. (3 Farmer-Punkte) • Noch nicht, aber gute Idee. (1 Farmer-Punkt) • Nein, warum auch? Unterschrieben ist unterschrieben. (3 Hunter-Punkte)		
Sie schicken allen Kunden eine Weihnachtskarte. • Na klar. (3 Farmer-Punkte) • Nur denen, die letztes Jahr einen Auftrag erteilt haben. (1 Farmer-Punkt) • Nein, Weihnachten ist Privatsache. (3 Hunter-Punkte)		

	Hunter-Punkte	Farmer-Punkte
Sie rufen Ihre Kunden zum Geburtstag an. • Jawoll. (3 Farmer-Punkte) • Ich würde gerne, wenn ich die Zeit hätte. (1 Farmer-Punkt) • Nein. Ich nutze die Zeit lieber für Kaltakquise. (3 Hunter-Punkte)		
Sie danken dem Kunden nach Auftragserteilung für sein Vertrauen. • Natürlich, ich rufe ihn an, um ihm das zu sagen. (3 Farmer-Punkte) • Ich schreibe einen netten Satz in die Auftragsbestätigung. (1 Farmer-Punkt) • Warum sollte ich das tun? Schließlich kann er mir ja vertrauen. (3 Hunter-Punkte)		
Sie melden sich zum Jubiläum telefonisch beim Kunden: »Gratuliere, vor einem Jahr haben wir unsere Geschäftsbeziehung erfolgreich begonnen.« • Ja, und wie schön überrascht die oft sind. (3 Farmer-Punkte) • Nur wenn ich beim Kunden wieder Bedarf sehe. (1 Hunter-Punkte) • Nö, weil es grundsätzlich langweilig ist, Bestandskunden anzurufen. (3 Hunter-Punkte)		
Bei der Neukundenakquise legen Sie am liebsten sofort los. • Genau, spontan geht es am besten. (3 Hunter-Punkte) • Kann sein, doch oft google ich den Kunden noch schnell nebenbei beim Wählen. (1 Hunter-Punkt) • Niemals ohne Vorbereitung! (3 Farmer-Punkte)		
Wie lange haben Sie über Ihren Einstiegssatz nachgedacht? • Gar nicht. (3 Hunter-Punkte) • Ich habe mir einen überlegt, dann aber doch spontan was anderes gesagt. (1 Hunter-Punkt) • Den habe ich sorgfältig gewählt und stundenlang geübt. (3 Farmer-Punkte)		

	Hunter-Punkte	Farmer-Punkte
Ihre Vorbereitung auf ein Akquisegespräch dauert • höchstens 30 Sekunden. (3 Hunter-Punkte) • 1 bis 2 Minuten. (1 Hunter-Punkt) • mindestens 10 bis 15 Minuten pro Kunde. (3 Farmer-Punkte)		
Sie kriegen den Kunden • zur Not mit dem Kopf durch die Wand. (3 Hunter-Punkte) • auch mal mit einem Strategie-Wechsel. (1 Farmer-Punkt) • nach langem Beziehungsaufbau. (3 Farmer-Punkte)		
Sie als Verkäufer beim Kunden • geben immer Vollgas. (3 Hunter-Punkte) • fahren scharf an, aber bremsen auch mal für den Kunden. (1 Hunter-Punkt) • machen erst mal die Standheizung an. (3 Farmer-Punkte)		
Ihr Lieblingssatz beim Einstieg ins Neukundengespräch ist: • »Herr Kunde, Sie stehen auf meiner Wunschkundenliste ganz oben.« (3 Hunter-Punkte) • »Wollen wir uns nicht mal zusammensetzen und schauen, wo wir Ansatzpunkte finden, bei denen wir Ihnen langfristig etwas Gutes tun können?« (3 Farmer-Punkte)		
Ihr größter Wunsch als Verkäufer ist, • die Nr. 1 im Verkauf zu werden. (3 Hunter-Punkte) • den Kunden dauerhaft glücklich zu machen. (3 Farmer-Punkte)		
Ihre Zielliga ist • die Champions League. Und da schauen Sie, wie weit Sie kommen. (3 Hunter-Punkte) • die Bundesliga. Da einen soliden Nichtabstiegsplatz sichern, und wenn es ein bisschen höher geht, umso schöner. (3 Farmer-Punkte)		
Gesamtpunktzahl		

Auswertung

Hunter-Punkte

0–14 = Kaltakquise ist Ihre größte Herausforderung: Stellen Sie sich ihr (vgl. Kap. 2.6).

15–29 = Die Anlagen haben Sie, Sie brauchen nur noch Übung (vgl. Kap. 2 6).

30–39 = Gratuliere, Sie sind ein Hunter-Ass. Können Ihre Farmer-Qualitäten da mithalten?

Farmer-Punkte

0–14 = Ihre Farmer-Fähigkeiten haben noch viel Luft nach oben (vgl. Kap. 2.6).

15–29 = Schon nicht schlecht, aber da geht noch mehr (vgl. Kap. 2.6).

30–39 = Wow, Sie sind ein ausgeprägtes Farmer-Talent. Und wo liegt Ihr Hunter-Level?

Ein guter Verkäufer kann und soll sich nie mit dem zufriedengeben, was er schon kann (vgl. Kap. 6). Das geht in dieser Zeit des rasanten Wandels schon überhaupt nicht mehr. Ich bin davon überzeugt, dass jeder Verkäufer nicht nur Hunter oder nur Farmer bleiben muss. Egal von welcher Seite Sie kommen: Sie können Ihr Repertoire erweitern (vgl. Kap 2.6). Es wird Ihnen helfen, viel flexibler und souveräner mit Ihren Verkaufsstrategien zu spielen.

AUF EINEN BLICK

- Es gibt zwei Grundtypen von Verkäufern: die Hunter und die Farmer.
- Die Hunter sind heiß auf Kaltakquise, dafür schwach in der Pflege der Kundenbeziehung.
- Die Farmer können großartig Kunden an das Unternehmen binden, aber haben große Schwierigkeiten bei der Neukundengewinnung.

2.6 Farmer und Hunter: Voneinander lernen

Der Hunter hat Stärken, der Farmer hat Stärken. Gut so und doch kein Grund, sich darauf auszuruhen. Mein Credo: Jeder kann was von anderen dazulernen. Wer das nicht tut, bleibt vor seiner Lernzone stecken.

Es gibt auch einen guten Grund, sich zu entwickeln: Es zahlt sich aus, und zwar für beide Typen. Wenn Sie es schaffen, einen guten Mix hinzukriegen, haben Sie nie Saure-Gurken-Zeit im Verkauf. Als Farmer-Typ können Sie in Zeiten, in denen bei Bestandskunden nichts zu holen ist, Neukunden gewinnen. Und als Hunter-Typ können Sie Ihre Kunden langfristig aufbauen und gewinnen.

Geht das überhaupt?

Ganz ehrlich: Ein hundertprozentiger Hunter wird nie zum reinrassigen Farmer und noch weniger geht das umgekehrt. Heißt aber nicht, dass es gar nicht geht. Ein Stück weit kann jeder der beiden Typen sich vom anderen etwas abschauen.

Ich zum Beispiel bin als klassischer Hunter groß geworden. Mein Motto war lange »Neukunden, Neukunden, Neukunden«. Ich habe das von der Pike auf gelernt. Und habe mit den Jahren gemerkt, dass ich noch so gut sein kann: Immer neue Kunden an Land zu ziehen, ist und bleibt eine aufwendige Angelegenheit.

Das hat mich dazu gebracht, auch das Farmen zu lernen. Ich bin immer noch zu 70 Prozent Hunter, zu 30 Prozent jedoch farme ich inzwischen erfolgreich. Ich weiß also, dass es geht, das Lernen.

Meiner Beobachtung nach lernt der Hunter das Farmen leichter als der Farmer das Hunten – kann aber auch nur ein Glaubenssatz von mir sein. Genauso wie Talent von Fleiß geschlagen wird, wird die Typenfestlegung von Einstellung geschlagen.

Die Lernfelder

Das Hauptlernfeld für den Farmer ist die Abschlussorientiertheit, das ist seine größte Herausforderung. Eine weitere Hürde ist die unbedingte Loyalität gegenüber dem Unternehmen statt gegenüber dem Kunden. Weil ihm die Beziehung zum Kunden so viel bedeutet, tappt er immer wieder in die Falle und lässt sich ausnutzen. Das wird ihm als Teilzeit-Hunter nicht mehr so leicht passieren.

Der Farmer kann auf die Art den Kick kennenlernen, auch mal etwas allein hingekriegt zu haben, statt immer nur zu bearbeiten, was die anderen reinschleppen. So entwickelt er auch mehr Verständnis dafür, wie schwer das Hunten ist. Doch selbst wenn der Farmer nie ganz Hunter wird: Was er auf jeden Fall lernen kann, ist mehr Cross- und Up-Selling bei seinen Kunden zu machen.

Das Hauptlernfeld des Hunters ist die Geduld. Wenn der Kunde Zeit braucht, noch mal überlegen will – da wird sich der Hunter immer am Riemen reißen müssen, um nicht zu drängend zu werden. Er ist von Haus aus eben eher der Pushy-Typ, doch er kann das in den Griff kriegen. Genauso wie er lernt, sein Ego im Verkaufsgespräch etwas zurückzustecken, dem Kunden auch mal zuzuhören, mit Wiedervorlagen zu arbeiten, Kuschel-Calls zu machen und so weiter.

Belohnen kann er sich damit, dass er bessere Kundenbeziehungen aufbaut. Deshalb muss er nicht mehr so viel um neuen Umsatz kämpfen. Denn der Kunde denkt auch mal von selbst daran, ihn anzurufen, wenn er etwas braucht.

Was auch immer Ihr Lernfeld ist, Sie finden es in diesem Buch:

Hier lernt der Farmer dazu	Hier lernt der Hunter dazu
erfolgreiche Kaltakquise (vgl. Kap. 13) • Grundsätze der Neukundenakquise • Grundsätze der Telefonakquise • Terminvereinbarungsgespräch • auf Messen akquirieren • erfolgreich networken • Social Media für Neukundenakquise nutzen	**strukturierte Organisation** (vgl. Kap. 4) • Datenbank lieben lernen • Selbstmanagement für Verkäufer • digitale Hilfsmittel
Neukunden begeistern (vgl. Kap. 14) • erstes Treffen – Vorbereitung • Verkaufsgespräch • Einwandbehandlung • Bedarfsanalyse • Nutzenargumentation • typengerechte Argumentation • haptisches Verkaufen • Elevator Pitch / Speeddating • Preisgespräch • Verkaufspräsentation	**Auf Kunden einstellen** (vgl. Kap. 5) • Netzwerke, Small Talk, Vertrauen aufbauen • emotionale Intelligenz • Pacing & Leading • Priming • Reziprozitätsgesetz • Metamodell der Sprache • Zuhörkompetenz • Fragekompetenz

Hier lernt der Farmer dazu	Hier lernt der Hunter dazu
Abschlussorientierung (vgl. Kap. 15) • Verhandlungstechnik • Preisverhandlung • Verhandeln mit Buying-Centern • Angebotsmanagement • Abschlusstechnik	**Kundenbindung** (vgl. Kap. 17) • langfristige Kundenbindung • Reklamationen und Fehler • Empfehlungen

AUF EINEN BLICK

- Sowohl der Hunter als auch der Farmer können vom anderen lernen.
- Mehr Verkaufschancen nutzen durch ein breiteres Repertoire.
- Die Hauptlernfelder des Farmers sind Kaltakquise und Abschlussorientierung, die des Hunters Geduld und Zuhören.

2.7 Täter – Opfer – Retter

Als Verkäufer geraten Sie an die verschiedensten Kunden und Kundenkonstellationen. Damit sollten Sie klarkommen, auch indem Sie die Konstellationen erkennen. Dann können Sie nämlich entscheiden, wo Sie auf welcher Position mitspielen wollen. Und wo nicht.

L

Limbeck-Tipp

Seien Sie ein Verkäufer, der sich seiner Rolle bewusst ist, und nicht einer, der sich in Spielchen hineinziehen lässt.

Als ein Beispiel für ein Spiel, bei dem Sie als Verkäufer nur verlieren können, stelle ich Ihnen das Dramadreieck vor.

Das Dramadreieck

Ein Beispiel für diese klassische Konstellation ist die: Sie haben einen guten Freund. Ihre Frau hasst diesen Freund. Also verzichten Sie darauf, weiter mit dem um die Häuser zu ziehen, obwohl er weiter darauf drängt. Doch eines Tages haben Sie Stress daheim und gehen doch wieder mit. In dem Moment fühlen Sie sich als Opfer, Ihre Frau empfinden Sie als Täter, weil die nicht nett zu Ihnen war, Ihr Retter ist Ihr alter Kumpel.

Am nächsten Morgen erzählen Sie Ihrer Frau davon und sie zetert empört: »Aha! Hat er dich also rumgekriegt. Nur weil der Typ es nicht kapieren will, dass du mit mir eine glückliche Beziehung hast und er niemanden mehr hat, der mit ihm bechern geht!« Was passiert jetzt? Ihr vormaliger Retter wird in den Täter verwandelt, weil er Ihrer Frau den gemütlichen Abend zu zweit gestohlen hat: Damit steht sie als Opfer da. Und Sie müssen die Situation retten. Das heißt, die Rollen wechseln in diesem Dreieck munter hin und her. Und selten geht das Ganze auch nur für einen der Beteiligten gut aus. Jeder, der sich in eine solche Konstellation einmischt, kann nur verlieren.

Definition: Dramadreieck

Das Dramadreieck beschreibt ein zerstörerisches Beziehungsmuster, das sich aus den drei Rollen Opfer, Täter und Retter entwickelt. Es wurde als soziales Modell 1968 von Stephen Karpman in die Transaktionsanalyse eingeführt. Es führt dazu, dass die Beteiligten sich den Erwartungen unterwerfen, die mit ihrer Rolle verknüpft sind. Sie schieben sich die Rollen gegenseitig zu. Es gelingt ihnen nicht, aus den vorgefertigten Handlungsabläufen auszusteigen, solange diese Abläufe unbewusst geschehen.

Eine bildliche Darstellung finden Sie unter verkaufen.limbeckgroup.com.

Das Gleiche kann Ihnen bei Kunden passieren. Ich bin damals bei meinem ersten großen Kunden in so etwas reingerasselt: Die zwei Geschäftsführer machten mit mir einen Deal. Die Personalleiterin war bei den Verhandlungen nicht dabei – und fühlte sich als Opfer. Und dreimal dürfen Sie raten, an wem sie es ausließ? Sie suchte jede Chance, mir ein Schnippchen zu schlagen.

Als Verkäufer kommen Sie aus solchen Beziehungskisten nie heil raus, denn am Ende des Tages verbrüdert sich das Unternehmen immer lieber mit sich selbst als mit Ihnen als Außenstehendem.

Wie hältst du dich aus dem Drama raus?

Dazu brauchen Sie zwei Schritte: erstens das Spiel erkennen und zweitens aus dem Spiel aussteigen!

Um eine Dramakonstellation wahrzunehmen, brauchen Sie Aufmerksamkeit und Gespür. Dann genügen Ihnen kleine Anzeichen, dass irgendetwas faul ist. Werden Sie hellhörig, wenn

- Ihr Ansprechpartner nicht mehr zurückruft,
- er sagt, dass er sich das, was Sie besprochen haben, »noch mal überlegen will« oder
- er noch mal anfängt, Preise zu verhandeln.

Schauen Sie genau hin: Schmeißen sich da welche schon munter die Opfer-Täter-Retter-Bälle zu und einer davon fliegt gerade auf Sie zu?

Sobald Sie die Situation erkannt haben, können Sie sich bewusst entscheiden, nicht mitzuspielen. Sie fangen den Ball einfach nicht auf. In der Realität heißt das, dass Sie supergenau darauf achten, dass Sie immer alle Beteiligten mit ins Boot holen. Sobald Sie einen außen vor lassen, wird der das Drama erneut beginnen.

Befassen Sie sich mit solchen Rollengeschichten und Beziehungsmustern: Es hilft Ihnen, sich und Ihr Verhalten besser und bewusster wahrzunehmen. Und gegebenenfalls so zu verändern, dass Sie als Verkäufer nicht verlieren, sondern gewinnen.

AUF EINEN BLICK

- In gefährlichen Beziehungsmustern wie im Dramendreieck können Sie als Verkäufer nur verlieren.
- Bleiben Sie wachsam, um nicht in eine Rolle zu rutschen, die Sie nicht wollen.
- Die beste Methode: Holen Sie aktiv alle ins Boot, die bei Ihrem Deal etwas zu sagen haben.

2.8. Sei ehrlich zu deiner Company

Ich treffe jeden Tag Verkäufer, die nicht ehrlich sind zu ihrem Unternehmen. Nicht weil sie betrügen oder das Unternehmen abzocken – von denen will ich gar nicht reden, denn das ist nicht unehrlich, sondern kriminell. Unehrlich aus meiner Sicht sind die Verkäufer, die nicht hinter ihrem Arbeitgeber stehen. Die den Job machen, weil sich gerade nichts Besseres bietet oder weil sie einfach zu bequem sind, sich einen anderen zu suchen. Die lehnen sich in ihrem platt gesessenen Bürostuhl zurück und sagen: »Ich bin schon 20 Jahre da – warum soll ich mir noch ein Bein rausreißen? Wenn die mich loswerden wollen, dann muss das teuer werden.«

Das ist es, was ich unehrlich nenne.

Ehrlichkeit hat nämlich viel mit Ehrbarkeit zu tun. Und ein ehrbares Verhalten geht anders, als sich mit seinem Grundgehalt in die Hängematte des Unternehmens zu legen.

Limbeck-Tipp

Bleiben Sie Ihrem Unternehmen nichts schuldig. Sonst dürfen Sie sich nicht wundern, wenn Ihnen das auch etwas schuldig bleibt. Zum Beispiel Respekt.

Noch mehr Unehrlichkeit

Neben den Hängematten-Verkäufern gibt es noch zwei Verkäufertypen, die für mich nicht ehrlich handeln.

Das sind zum einen die, die zum Kunden schleichen und ihm am liebsten sagen würden: »Lieber Kunde, ich bin der mit dem zweitschlechtesten Angebot und der drittschlechtesten Company.« Das ist illoyal. Entweder sie finden an ihrem Unternehmen im Ganzen noch etwas Positives, damit sie mit dieser Positivität zum Kunden rausgehen können, oder sie finden nichts: Dann sollen sie aber auch so ehrlich sein und sich einen anderen Job suchen.

Zum anderen sind das die Verkäufer, die zu feige sind, um intern ehrliches Feedback zu geben darüber, was der Kunde will. Bevor sie einen Einlauf riskieren, halten sie lieber die Klappe. Auch wenn es Realität ist, dass die Unternehmen ihre Verkäufer zu wenig als Infoquelle nutzen: Von sich aus darauf zu verzichten, die Rückmeldungen aus dem Markt weiterzugeben, ist unehrlich. Denn so nimmt der Verkäufer dem Unternehmen die Chance auf Weiterentwicklung – und sägt damit auf lange Sicht an seinem eigenen Ast.

Wenn Ihr Unternehmen es dagegen schafft, mithilfe Ihrer Rückmeldung besser zu werden in Produkt und Leistung, dann machen Sie sich selbst das Verkaufen leichter.

Checkliste: Sei ehrlich zu deiner Company

- Ich gebe jeden Tag mein Bestes im Verkauf.
- Ich vertrete mein Produkt und mein Unternehmen aus vollem Herzen.
- Ich gebe Rückmeldungen aus dem Markt intern konstruktiv weiter.

Download: verkaufen.limbeckgroup.com

Mach dich intern groß

Ehrlich zu sein, hat etwas mit Selbstwertgefühl zu tun. Wer sich wegduckt, macht sich klein. Und wer sich selbst kleinmacht, der wird auch tatsächlich innerlich klein (vgl. Kap. 1.3).

Machen Sie sich deshalb innerlich groß, um ehrlich sein zu können. Was Ihnen dabei hilft, sind Werte (vgl. Kap. 2.2), Ziele (vgl. Kap. 1.3) – und Ehrlichkeit zu sich selbst. Und auch die Übung, die Sie bekommen, wenn Sie dauerhaft ehrlich gegenüber Ihrem Unternehmen sind, macht Sie größer. Nehmen Sie sich deshalb immer wieder die Checkliste zur Hand und prüfen Sie sich selbst: Sind Sie ehrlich zu Ihrer Company?

AUF EINEN BLICK

- Stehen Sie zu Ihrem Unternehmen.
- Seien Sie nach innen ehrlich, auch wenn es weh tut.
- Übernehmen Sie Verantwortung nicht nur für Ihre eigene Weiterentwicklung, sondern auch für die Ihres Unternehmens.

2.9 Erfolgsfaktoren von Verkäufern: Fleiß – Disziplin – Ziele

Alles wird anders im Verkauf. Nur eines bleibt: die Erfolgsfaktoren, die Verkäufer zu Topverkäufern machen. Seit ich mit dem Verkaufen angefangen habe, haben sie sich nicht geändert. Und schon lange vor mir ist kein Verkäufer langfristig erfolgreich geworden, der nicht diese drei Faktoren beherrscht: Fleiß, Disziplin und Ziele.

Limbeck-Tipp

Für die schnelle Nummer reicht Ihnen vielleicht einer der drei Faktoren oder auch nur ein bisschen Glück. Doch die schnelle Nummer ist auch schnell vorbei.

Wenn Sie richtig erfolgreich verkaufen wollen, und das nicht nur einmal, dann machen Sie sich besser mit den drei Faktoren gründlich vertraut. Denn kein Mensch wird zum Verkäufer geboren. Genauso wenig wie zum Nobelpreisträger, Bankvorstand oder Olympiasieger. Oder zum Taxifahrer, Hilfsarbeiter oder Hartz-IV-Empfänger.

Bei Spitzensportlern oder bei guten Handwerkern ist jedem klar: Diese Topleute erzielen ihre Erfolge nicht nur, weil sie Talent haben. Sondern auch, weil sie jede Menge Training hineingesteckt haben. Und das ist bei Verkäufern nicht anders: Denen fällt der Erfolg auch nicht in den Schoß, nur weil sie talentiert sind.

Fleiß

Daniel Coyle hat es in seinem Buch »Die Talentlüge« eindeutig beschrieben: Langfristig überholt der Fleißige immer das Talent. Denn welche Klavierlehrer bringen immer wieder die besten Schüler heraus? Die, die ihre Schüler nach einem Fehler in der dritten Strophe nicht am Anfang der Strophe noch mal anfangen lassen, sondern die, die ganz vorn anfangen lassen. Gnadenlos. Die Schüler, die in der Lage sind, das durchzuhalten, zeigen Fleiß. Und haben Erfolg.

Bis zum dritten Lebensjahr kristallisiert sich heraus, welches Talent Sie haben. Das macht 50 Prozent von dem aus, was Sie heute können. Der Rest, also die anderen 50 Prozent dessen, was Sie können, ist adaptiertes Verhalten: ein Verhalten, das Sie durch Lernen erreicht haben. 10 000 Stunden Übung brauchen Sie, um zum Meister zu werden – sagt der amerikanischer Psychologe Anders Ericsson. Und selbst das reicht in bestimmten Bereichen nicht aus, um ganz nach oben zu kommen.

Natürlich tun Sie sich leichter, wenn Sie Talent mitbringen. Und doch kenne ich viele Verkäufer, die nicht so talentiert sind, es aber trotzdem an die Spitze geschafft haben. Einfach weil sie superfleißig sind. Die geben Vollgas, und zwar jeden Tag – put the pedal to the metal. Die halten die ganzen 90 Minuten Spielzeit durch und hören nicht in der 85. Minute schon auf. Denn die wissen: Wer aufhört, bevor es vorbei ist, braucht sich nicht zu beschweren, wenn er verliert. Die absolvieren gewissenhaft ihre Trainingseinheiten und analysieren nach jedem Match, woran sie noch arbeiten müssen.

Wie geht Vollgasgeben im Vertrieb? Ganz einfach: Es heißt, die Extrameilen gehen. So hat ein guter Verkäufer aus meiner Sicht nur zwei Stühle: den im Auto und den beim Kunden. Mehr braucht er nicht.

Dann ist auch Akquiseerfolg einfach, denn der geht so: akquirieren, akquirieren, akquirieren. Und zwar jeden Tag (vgl. Kap. 13).

L

Limbeck-Tipp

Im Verkauf fressen nicht die Großen die Kleinen. Sondern die Schnellen fressen die Langsamen. Und die Fleißigen die Faulen.

Fleiß ist übrigens nicht nur, einfach mehr und immer mehr zu machen. Fleiß besteht auch darin, sich einen schlauen Plan zu machen (vgl. Teil IV) und sich gut zu organisieren (vgl. Kap. 4). Und Fleiß heißt, immer besser zu werden (vgl. Kap. 6). Wie viele Stunden sitzen Sie zum Beispiel jeden Tag im Auto? Viel Zeit, nicht wahr? Klasse! Das gibt Ihnen viel Zeit zum Trainieren: mit Hörbüchern, zum Lernen Ihrer Verkaufsargumente, als wären es Vokabeln, zum Stimmtraining und und und.

Auch wenn es hart klingt: Sie können niemals gut genug sein! Es gibt immer etwas, das Sie noch verbessern können. Lassen Sie sich nicht rechts überholen. Bleiben Sie fleißig.

Disziplin

Diszipliniert sein heißt, jetzt auf etwas zu verzichten, um später etwas Besseres zu bekommen. Dass Disziplin etwas mit Erfolg zu tun hat, hat der österreichisch-US-amerikanische Persönlichkeitspsychologe Walter Mischel schon in den 1960er-Jahren gezeigt: Er hat vierjährige Kinder allein in einen Raum vor einen Tisch gesetzt. Auf diesen Tisch hat er ein Marshmallow gelegt und gesagt: »Wenn du dieses Marshmallow eine Viertelstunde lang nicht isst, bekommst du ein zweites.« Bei Youtube gibt es jede Menge umwerfende Videos dazu, wie die Kinder mit dieser Aufgabe umgehen. Geschafft haben es nur die wenigsten.

Mischel und sein Team haben die beobachteten Kinder 20 Jahre später aufgespürt und verglichen. Das Ergebnis war mehr als eindeutig: Die wenigen, die das Marshmallow nicht angerührt haben, waren durch die Bank im Leben erfolgreicher. Sie hatten ihr Studium gut abgeschlossen, sie hatten die besseren Jobs und sie waren im Leben glücklicher. Und die anderen? Die waren hauptsächlich eines: sozialneidisch.

Disziplin ist also auch Talentsache. Die Ausrede »Ich bin halt nicht diszipliniert, da kann ich nichts machen« gilt jedoch nicht. Wie bei allen anderen Talenten gilt: Wer fleißig übt, der überholt über kurz oder lang den Talentierten.

L

Limbeck-Tipp

Auch Disziplin ist Übungssache.

Im Verkauf hat Disziplin ganz viel mit Dranbleiben zu tun. In manchen Branchen kommen gerade einmal zwei Prozent aller Vertragsabschlüsse bereits nach dem ersten Gespräch zustande. Wenn Sie den Kunden wollen, müssen Sie dranbleiben und über die volle Distanz gehen. Auch wenn dafür ein drittes, viertes oder zehntes Gespräch nötig ist.

Und das, wo ständig jede Menge Ablenkungen auftauchen: Anrufe, Mails, Chat-Nachrichten, Tweets, Posts, Kollegen, der Chef, die eigenen Gedanken etc. Diszipliniert sein heißt, diesen ganzen Ablenkungen zu widerstehen: das Mailprogramm für zwei Stunden auszuschalten, die Mailbox erst mittags abzuhören, sich die Kundentermine auf den Vormittag zu legen und so weiter.

Und diszipliniert sein heißt noch mehr, zum Beispiel montagmorgens aufzustehen, die Faust freudig zu ballen und zu sagen: »Ja, endlich Montag.« Und dann richtig Gas zu geben.

Helfen Sie Ihrer Disziplin ruhig auf die Sprünge (vgl. Kap. 4.1): Machen Sie sich selbst Termine für die Kaltakquise. Lassen Sie sich keine Ausreden durchgehen, wenn die Vorbereitung des nächsten Verkaufsgesprächs auf Ihrem Plan steht. Dulden Sie keinen inneren Widerspruch gegen die Aufgaben aus Ihrer Wiedervorlage. Pushen Sie sich mit passenden Aphorismen auf Ihrem Handy. Es gibt jede Menge Ideen dazu (vgl. Kap. 4).

L

Limbeck-Tipp

Disziplin heißt: Just do it. Quengele nicht rum, pack es an. Jeden Morgen. Jeden Tag.

Ohne Disziplin kommen Sie nicht weit. Denn es gibt immer Höhen und Tiefen. Produkte, die Sie gerne verkaufen, und Produkte, die Sie noch lieber verkaufen.

Kunden, die Sie mit offenen Armen empfangen, und Kunden, die Sie hochkant rausschmeißen. Und lassen Sie sich nicht erzählen, dass Sie nur Ihr Hobby zum Beruf machen sollen, damit Sie keinen Tag mehr arbeiten müssen. Das ist Quatsch. Ich liebe und lebe meinen Beruf und doch fühlt er sich oft genug nach harter Arbeit an. Meine Hobbys sind Eintracht Frankfurt und angeln – nur gibt mir dafür kein Mensch Geld.

Der Punkt ist der: Haben Sie den unbedingten Willen, der Sie immer weitermachen lässt? Der Sie morgens aufstehen lässt? Dieser Wille entsteht nur unter einer bestimmten Voraussetzung: Dass Sie Ziele haben, für die es sich zu kämpfen lohnt. Deshalb ist das der letzte der drei Erfolgsfaktoren.

Ziele

Die meisten Verkäufer bekommen von ihrer Company Ziele vorgegeben. Ein Stück weit müssen Sie sich damit auch identifizieren können, wenn Sie in Ihrem Job erfolgreich sein wollen. Nur: Die Ziele anderer werden Sie nie so brennen lassen, wie Ihre eigenen Ziele es können. Wenn Sie sich nicht Ihre eigenen Ziele klarmachen, nehmen Sie sich einen wichtigen Erfolgsmotor.

L

Limbeck-Tipp

Solange Sie keine eigenen Ziele haben, arbeiten Sie automatisch für die Ziele anderer.

So kommen Sie nie an ein eigenes großes Ziel, denn selbst wenn Sie sich mal eines vorgenommen haben: Über Nacht erreichen Sie das nicht. Großer Erfolg ist nun mal nicht leicht. Es reicht nicht, zwei Bücher zu lesen, einen Kurs zu besuchen und heute committet zu sein, damit morgen Tschakka-Tschakka-Time ist. Die meisten erfolgreichen Menschen, die ich kennengelernt habe, haben Jahre gebraucht, um den Durchbruch zu schaffen.

Um diese lange Zeit durchzuhalten, brauchen Sie große Ziele klar vor Augen. So konkret wie nötig, so offen wie möglich. Die eigenen Ziele nach der SMART-Formel zu formulieren, ist immer noch eine gute Idee:

- **S**pezifisch: Beschreiben Sie Ihr Ziel so genau und konkret wie möglich.
- **M**essbar: Stellen Sie messbare Kriterien zusammen, an denen Sie Ihren Erfolg messen können.
- **A**kzeptiert: Ihr Ziel muss sich wirklich gut anfühlen.
- **R**ealistisch: Sie müssen eine Chance sehen, Ihr Ziel zu erreichen.
- **T**erminierbar: Es gibt einen zeitlich definierten Endpunkt.

L

Limbeck-Tipp

Schreiben Sie Ihre Ziele auf, und zwar am besten mit der Hand: Das prägt sich besser ein.

Comitten Sie sich selbst ernsthaft auf Ihre Ziele, sonst haben sie keine Wirkung. Und machen Sie sich Bilder davon, wie es sein wird, wenn Sie ein Ziel erreicht haben. Baden Sie wohlig darin, damit Sie Ihren Erfolg bereits fühlen können.

Aus diesen Zielen können Sie einen Plan für Ihren Weg ziehen: Von dem Punkt, an dem Sie heute stehen, hin zu dem Punkt, zu dem Sie wollen. Und dann gehen Sie diesen Weg: Sie stehen jeden Morgen dafür auf, weil Sie zielorientiert sind. Sie lassen keinen Schritt aus, weil Sie fleißig sind. Sie erlauben sich keine Ausrede, weil Sie diszipliniert sind.

Und weil Sie wissen, dass große Ziele nicht über Nacht erreicht werden, können Sie nett zu sich sein, auch wenn Ihnen mal etwas danebengeht. Nur glauben Sie an Ihr Ziele und an Ihren Weg dahin.

Nehmen Sie sich zumindest einmal im Jahr die Zeit, sich über Ihre konkreten Ziele Gedanken zu machen und sie für sich festzuhalten.

Die großen Ziele – dein Warum

Über die Ebene der ganz konkreten Ziele hinaus gibt es Ziele, die noch viel tiefer gehen. Und die noch viel wichtiger sind, denn die wiegen den Preis auf, den Sie für Ihren Fleiß bezahlen. Denn eigentlich muss das Sprichwort nicht nur heißen: Ohne Fleiß kein Preis. Sondern auch: Ohne Preis kein Fleiß.

Denn wenn Sie im Beruf fleißig sind, kostet Sie das Zeit für andere Dinge in Ihrem Leben. Zeit für Ihren Partner, Ihre Kinder, Ihren Sport, Ihren Schlaf. Das geht zulasten Ihrer Familie und Ihrer Gesundheit. Sie bezahlen immer einen Preis für Ihren Fleiß. Um damit umgehen zu können, ist es entscheidend, dass Ihnen das, was Sie tun, diesen Preis auch wert ist.

Diese Ziele sind Ihre wirklich großen Bilder: Das, was Sie in Ihrem Leben erreichen wollen. Das, was Sie antreibt, die geschilderten konkreten Ziele zu erreichen. Aus welchen Gründen wollen Sie die erreichen? Was macht es für Sie so wichtig, an diese Ziele zu gelangen?

L

Limbeck-Tipp

Bei den großen Zielen geht es um Ihr persönliches Warum.

Stellen Sie die Fragen nach dem Warum

Die großen Ziele entstehen aus Ihrem persönlichen Warum heraus. Sie identifizieren Ihre Antriebsfedern durch Fragen wie diese:

- Warum stehen Sie morgens auf?
- Macht das, was Sie tun, Sinn?
- Wenn nein: Was würde für Sie Sinn machen?
- Was wollen Sie auf dieser Welt erreichen?
- Was wollen Sie ihr hinterlassen?
- Was tun Sie heute schon dafür?

Lassen Sie sich Zeit für die Antworten und denken Sie darüber nach. Nicht nur einmal, sondern immer wieder.

Download: verkaufen.limbeckgroup.com

Machen Sie Ihren Blick weit, denn Sie brauchen solche großen Ziele im Privaten wie im Geschäftlichen wie im Sozialen. Und: Seien Sie ehrlich zu sich, damit Sie wirklich bis zu Ihrem eigenen Grund vorstoßen (vgl. Kap. 2.1).

Vorbeugung gegen Burnout

Wenn Sie fleißig und diszipliniert arbeiten, dann arbeiten Sie meistens auch viel. Das ist die Voraussetzung für Erfolg. Doch gleichzeitig hat »viel Arbeiten« einen schlechten Ruf: Es soll zu Burn-out führen.

Burn-out ist tatsächlich eine ernste Sache. Nur glaube ich nicht, dass übermäßiger Fleiß und zu harte Disziplin die Ursachen sind. Viel zu arbeiten, macht nämlich nicht von Haus aus krank. Krank werden Sie erst, wenn Sie nicht wissen, wofür Sie das alles tun.

Das heißt, dass Ziele Ihre beste Vorbeugung gegen Burn-out sind. Dann gibt das Ganze für Sie Sinn. Wenn Sie sich an der richtigen Stelle fühlen und wenn Sie keinen Job, sondern einen Beruf haben, dann sind Sie nämlich freiwillig fleißig, freiwillig diszipliniert, freiwillig konzentriert. Nicht gezwungenermaßen anwesend und beschäftigt.

Wenn Sie Ihr aktueller Job nicht morgens mit Begeisterung aus dem Bett treibt, dann jammern Sie nicht darüber, dass Ihr Chef oder Ihre Kunden oder Ihre Mitarbeiter Sie in den Burn-out treiben. Suchen Sie sich einen Beruf, der Sie mehr interessiert. Einen, für den Sie sich gerne ein Bein ausreißen. Einen, in dem Sie sieben Tage die Woche rund um die Uhr arbeiten möchten.

L

Limbeck-Tipp

Erfolg ist freiwillig. Und jeder hat die Wahl.

AUF EINEN BLICK

- Erfolgsfaktor Nr. 1 ist der Fleiß, denn auf lange Sicht schlägt der Fleiß immer das Talent.
- Erfolgsfaktor Nr. 2 ist die Disziplin, denn Verkaufen heißt auch Durchhalten.
- Erfolgsfaktor Nr. 3 sind die Ziele, die Sie sich selbst setzen: groß genug, um Sie zu begeistern, und attraktiv genug, um Sie brennen zu lassen. Jeden Tag.

2.10 Dankbarkeit

Ich kenne Verkäufer, die fragen sich jeden Morgen vor dem Aufstehen: Kann ich mich wirklich motivieren? Warum soll ich aufstehen? Wie soll ich heute voll Energie den nächsten Kaltakquiseanruf starten? Wo ich doch gestern gar keinen Deal gemacht habe. Und vorgestern auch nicht. Und vorvorgestern auch nicht.

Wenn Sie sich solche Fragen lange genug stellen, schaffen Sie es, auch noch das letzte Fünkchen Ihrer Motivation totzutreten. Denn wenn Ihre Gedanken ständig um Ihre Misserfolge kreisen, können Sie sich irgendwann nur noch wie ein Loser fühlen. Und daran zweifeln, ob Sie überhaupt im richtigen Job sind.

Sind Ihre Motivationskiller dann wirklich Ihre Fehlschläge oder Ihr fehlendes Talent? Ich glaube, weder noch, denn meiner Beobachtung nach ist der Motivationskiller Nr. 1 dieses gebannte Starren auf das, was noch fehlt. Und nachdem ich das erkannt habe, ist mir auch klargeworden, wie Sie Ihre Motivation am besten fördern.

Denn es gibt viele Wege, sich selbst zu motivieren. Je nach Typ greifen unterschiedliche Methoden. Es gibt jedoch eine, die wirklich für alle funktioniert und die noch dazu extrem einfach ist. Es ist die Dankbarkeit.

Der Einwand, dass es nichts gibt, wofür Sie dankbar sein könnten, lasse ich Ihnen nicht durchgehen. Denn die Zahl der Möglichkeiten, dankbar zu sein, sind unendlich groß. Ich selbst bin schon dankbar, wenn ich morgens die Augen aufschlage, atme und keine Schmerzen habe. Das ist nicht selbstverständlich, sondern ein Glück für mich. Und für Glück bin ich dankbar.

Überlegen Sie jetzt mal, wofür Sie noch dankbar sein können: zum Beispiel für die Abschlüsse, die Sie schon in der Tasche haben. Für Ihre Erfolge der letzten Jahre oder Monate. Für die Kundenbeziehungen, die Sie aufgebaut haben. Für Ihre eigene Entwicklung.

Sie können auch dankbar sein für Dinge, für die Sie gar nichts tun oder leisten mussten: für Ihren Partner, für den leckeren Espresso, den Ihnen der Kunde angeboten hat, für das echte Lächeln der Bedienung gestern Mittag, für die ersten Sonnenstrahlen, dafür, dass diesen Morgen alle Ampeln grün waren, dafür, dass Sie in der Supermarktschlange vorgelassen wurden und so weiter und so fort.

Dankbarkeit macht glücklich

Es klingt nach Mutter Beimer, es ist jedoch wissenschaftlich erwiesen: Dankbarkeit macht glücklich. Ein dankbares Gefühl führt zur Ausschüttung von Glückshormonen. Eine Vielzahl von Studien und Untersuchungen haben es bewiesen: Dankbare Menschen sind weniger depressiv, leiden weniger unter Stress, sind zufriedener mit ihrem Leben und fühlen sich insgesamt wohler.

Dieses allgemeine Wohlbefinden und diese Zufriedenheit mit dem Leben führt auch dazu, dass dankbare Menschen besser mit Krisen, Stress – und mit deren Auslösern – umgehen. Für sie bedeuten Gedanken wie »Heute noch keinen Deal gemacht« keine katastrophale Niederlage oder keine vernichtende Kritik an der eigenen Person. Die reihen dies als einen Fakt unter vielen ein – unter vielen anderen positiven Fakten.

Dankbarkeit macht Sie also stärker und immun gegen negative Gedanken.

Dankbarkeit macht mehr PS

Doch macht die ganze Dankbarkeit nicht selbstgefällig? Geben sich dankbare Verkäufer nicht schneller zufrieden mit dem, was sie haben?

Meine Erfahrung ist: Überhaupt nicht. Als ich begonnen habe, täglich aufzuschreiben, wofür ich alles dankbar bin, hat sich mein Blick auf mein Streben nach Erfolg verändert. Ich habe realisiert, dass ich in meinem eigenen Konkurrenzdenken gefangen war. Ich hatte das Gefühl, die Nr. 1 sein zu müssen, anstatt das einfach nur zu wollen. Erst als ich schwarz auf weiß sehen konnte, was ich schon alles erreicht habe, und dafür dankbar sein konnte, musste ich nicht mehr höher, schneller, weiter – sondern fing an, es zu wollen. Denn wenn Sie etwas aus Zwang tun, dann kämpfen Sie und quälen sich. Wenn Sie etwas aus innerer Motivation heraus tun, dann spielen Sie.

Also: Seien Sie dankbar! Sie verlieren dadurch nicht Ihren Drive, sondern holen Ihren Drive mehr aus dem Wollen als aus dem Müssen. Damit ist die Chance auf Erfolg wesentlich höher. Und auch der Weg dahin ist angenehmer. Sie freuen sich aufrichtig auch über kleine Aufträge. Sie verstehen, dass wirklich jeder Auftrag gleich viel wert ist: nämlich das Vertrauen Ihres Kunden. Das stärkt Ihr Selbstvertrauen, den Glauben an sich und an die eigene Fähigkeit, auch schwierige Situationen zu meistern.

Wofür bist du heute dankbar?

Dabei ist Ihre eigene Dankbarkeit nichts, das Sie dem Zufall überlassen müssen. Sie haben Ihr eigenes Level selbst in der Hand, denn Dankbarkeit ist eine Sache der Aufmerksamkeit und der Übung.

Limbeck-Tipp

Wenn Sie Ihre Motivation trainieren wollen, tun Sie was für Ihren Dankbarkeitsmuskel!

Holen Sie Stift und Zettel heraus und machen Sie den Selbstversuch: Schreiben Sie alles auf, wofür Sie gerade dankbar sind. Lassen Sie den heutigen Tag noch einmal in Gedanken passieren und notieren Sie jede Kleinigkeit. Es gibt nichts, was zu unbedeutend ist, um dafür dankbar zu sein. Wichtig ist nur, dass Ihre Dankbarkeit echt ist. Schreiben Sie also nur Dinge auf, die Sie wirklich erfreut haben – nicht Dinge, über die Sie denken »Dafür könnte ich dankbar sein« oder noch schlimmer »Dafür sollte ich dankbar sein«.

Vergessen Sie über den vielen Kleinigkeiten auch die großen Dinge nicht. Klar dürfen Sie dankbar sein für große berufliche Erfolge: dass Sie den schwierigsten Kunden Ihrer bisherigen Laufbahn endlich geknackt haben, dass Sie drei Abschlüsse in Folge geschafft haben, dass Sie Ihre Laufgeschwindigkeit verdoppelt haben und so weiter und so fort.

Diese Übung können Sie immer machen, wenn Sie ein Motivationstief haben. Noch besser ist es, Sie machen sie jeden Tag. Präventiv.

Das ist zu Beginn noch ungewohnt und Sie müssen sich wahrscheinlich immer wieder selbst daran erinnern, es zu tun. Doch wenn Sie drei oder vier Wochen durchhalten, wird Ihnen die Dankbarkeit zur Gewohnheit werden. Sie nehmen dann automatisch mehr positive Dinge wahr, die Ihnen täglich passieren, Sie freuen sich mehr daran und sind besser drauf.

Sie können auch ein Dankbarkeitstagebuch anlegen. Das ist doppelt gut, weil Sie dann nicht nur die Erinnerung an Ihre aktuellen Dankbarkeitsmomente festhalten, sondern sich auch immer wieder an frühere Situationen erinnern, die Sie mit Dankbarkeit erfüllt haben. Und Sie können zusehen, wie die Zahl der Einträge in Ihrem Tagebuch wächst und wächst.

Sie werden übrigens auch besser schlafen, wenn Sie Ihren Blick so kurz vor dem Einschlafen auf die guten Dinge in Ihrem (Verkäufer-)Leben richten.

Nutzen Sie die Dankbarkeit als Ihren effektivsten Motivationshebel.

Das Dankbarkeitstagebuch

Legen Sie sich ein schönes Notizbuch zu und machen Sie daraus Ihr Dankbarkeitstagebuch. Geben Sie sich ruhig eine Mindestzahl von Dankbarkeitsmomenten vor: Unter zehn sollten es nicht sein. Das klingt viel, aber wenn Sie genau darüber nachdenken, fallen Ihnen garantiert noch viel mehr ein.

Dafür bin ich heute dankbar:

1. ______________________________
2. ______________________________
3. ______________________________
4. ______________________________
5. ______________________________
6. ______________________________
7. ______________________________
8. ______________________________
9. ______________________________
10. ______________________________
11. ______________________________

Download: verkaufen.limbeckgroup.com

AUF EINEN BLICK

- Dankbarkeit ist ein unterschätzter Schlüsselfaktor für Erfolg im Verkauf.
- Führen Sie ein Dankbarkeitstagebuch und Sie werden glücklicher und selbstsicherer.
- Je intensiver Sie Dankbarkeit empfinden, desto stärker sind Sie von innen motiviert.

2.11 Zu Geld kommen

Geld ist nicht alles – das höre ich immer wieder. Viel wichtiger, als viel Geld zu haben, sei es, im Leben Spaß zu haben. Gesund zu sein. Zeit für die Familie zu haben. Und so weiter und so fort.

Dazu sage ich: Stimmt! Sie können Geld weder essen, noch riecht es gut. Doch ohne Geld können Sie mit Ihrer Familie nicht verreisen, noch nicht mal auf den Campingplatz, Sie können Ihren Partner nicht zum Essen einladen, Sie können niemandem finanziell unter die Arme greifen. Und seien wir ehrlich: Auch die Gesundheit zu erhalten ist leichter, wenn das Konto gut gefüllt ist.

Aber wem sage ich das? Sie sind ja Verkäufer. Jeder, der sich für einen Vertriebsjob auf Provisionsbasis entschieden hat, will gutes Geld verdienen. Uns Verkäufern geht es nicht in erster Linie um Prestige, um Macht oder um Applaus. Das, was jeder Verkäufer will, ist, die Nr. 1 in seinem Revier zu werden. Und von seinem Job leben zu können, am besten sogar gut.

Kurz: Verkäufer haben nicht deshalb den Job des Verkäufers gewählt, weil sie kein Geld verdienen wollen. Im Gegenteil. Sie wollen gutes Geld verdienen. Nur: Viele Verkäufer schaffen das nicht. Und das liegt oft nicht nur an den verkäuferischen Fähigkeiten. Es steht ihnen etwas im Weg, und das ist ein harter Brocken: Es ist ihre innere Einstellung zu Geld, Wohlstand oder Reichtum.

Die Einstellung

Was denken Sie über Geld? Was denken Sie über reiche Menschen? Was denken Sie über Millionäre und Milliardäre? Ich frage Sie deshalb, weil Ihre Glaubenssätze über Geld und Reichtum bestimmen, welche Zahl am Ende des Monats auf Ihrem Abrechnungszettel steht.

Erinnern Sie sich an die Macht der inneren Einstellung (vgl. Kap. 1.3)? Das Gehirn kann nicht unterscheiden zwischen Gedanken und Realität. Daraus folgt: Das, was Sie denken, ist Ihre Realität. Haben Sie negative Glaubenssätze über Geld, dann stoßen Sie das Geld ab. Haben Sie positive Glaubenssätze über Geld, ziehen Sie das Geld an.

Ein anderer verbreiteter Glaubenssatz kommt sogar aus der Bibel: »Geben ist seliger denn Nehmen.« Gut gemeint, aber gefährlich! Sie können ja erst etwas geben, also Geld investieren für gute Zwecke, wenn Sie vorher Geld gemacht haben. Solange Sie aber denken, Geben ist seliger denn Nehmen, werden Sie nie dazu kommen, so viel Geld zu nehmen, dass Sie es für gute Zwecke geben könnten.

Der Glaubenssatz, der mich persönlich am meisten zum Grinsen bringt, ist aber nach wie vor: »Geld ist nicht wichtig.« Aha! Deswegen machen jedes Wochenende Millionen von Deutschen was wohl? Lotto spielen!

Mag sein, dass Geld ein Hygienefaktor ist. Doch wie es mit der Hygiene so ist: Jeder hat ein unterschiedliches Bedürfnis danach. Die einen waschen die Hände zweimal am Tag, andere zehn- oder zwanzigmal. Das ist in Ordnung, solange sich keiner beschwert, dass er zu wenig davon abbekommt. Und neidisch auf die schielt, die für sich mehr Hygiene zulassen.

Aber Vorsicht! Damit sage ich nicht: Denken Sie nur noch ans Geld.

Limbeck-Tipp

Wenn Sie mehr Geld haben wollen, als Sie im Moment haben, dann achten Sie auf Ihre Gedanken!

Checkliste: Ihre Gedanken zu Geld

Erlauben Sie sich, Geld zu verdienen. Entscheiden Sie sich für ein positives Mindset zu Geld und Reichtum. Sammeln Sie für sich bejahende Sätze wie zum Beispiel:

- Ja, ich darf in Wohlstand leben.
- Ja, ich darf Geld verdienen.
- Ja, ich glaube, dass Geld auch für gute Zwecke eingesetzt werden kann.
- Ja, ich darf mich an meinem Geld freuen.
- Ja, ich habe es verdient, viel Geld zu verdienen.
- ...
- ...

Ergänzen Sie diese Liste mit Ihren eigenen Glaubenssätzen zu Geld.

Download: verkaufen.limbeckgroup.com

Gut und doch nicht alles

Geld ist gut und wichtig. Es ist vollkommen in Ordnung, wenn Sie sich wünschen, in Wohlstand, Reichtum oder gar Prunk zu leben. Alles gut. Es gibt nur eine Situation, bei der Sie besser nicht ans Geld denken: die Verkaufssituation.

Wenn nur noch Geld in Ihrem Fokus steht, werden Sie nie ein Topverkäufer werden. Wenn Sie im Kundengespräch sind und in Gedanken schon Ihre Provision ausrechnen, dann sind Sie nicht mehr beim Kunden – und können den Auftrag knicken.

Ein wirklich guter Verkäufer konzentriert sich nicht auf die Provision – obwohl sein Lebensunterhalt davon abhängt. Das ist ein Widerspruch, den jeder Topverkäufer auszuhalten gelernt hat. Denn er weiß: Das Geld ist der »Er-folg«. Es ist die Folge und nicht der Anfang. Am Anfang steht der Abschluss, also die Leistung des Verkäufers, die dem Kunden hilft, sich zu entscheiden und Ja zu sagen. Erst wenn Sie den Abschluss gemacht haben, haben Sie Ihr Geld verdient. Darum sollte Ihr Fokus immer der Abschluss sein. Wenn Sie den gut machen, werden Sie immer genug Geld haben – mehr als Sie sich im Vorfeld hätten errechnen können.

Gutes Geld gut verdient

Bei aller Freude am Verkaufen und am Geld: Nicht jeder Abschluss ist ein guter Abschluss. Oder anders gesagt: Ich bin fest davon überzeugt, dass es nicht egal ist, wie Sie zum Abschluss kommen.

Als ich mit meinem ersten eigenen Verkaufsgebiet voll durchstarten wollte, musste ich feststellen, dass es da erst mal nichts zu holen gab. Denn mein Vorgänger war, bevor er die Firma verließ, alle Kunden noch mal systematisch angegangen und hatte sie gedreht. Alle, die keine Karteileichen waren, hatten für die nächsten 36 Monate unterschrieben. Ich kapierte: Aha, bevor ein Verkäufer geht, quetscht er sein Gebiet noch einmal richtig aus und nimmt ohne Rücksicht auf Verluste alles mit, was er kriegen kann, um zum Schluss noch eine hohe Provision rauszuholen. Dass er dann verbrannte Erde oder abgeerntete Stoppelfelder hinterlässt, ist ihm egal. Okay ist definitiv anders.

Genauso wenig okay ist für mich der Einmalverkauf. Wie der funktioniert? Überrumpeln Sie Ihren Kunden und lancieren Sie mit aggressiven Verkaufstechniken Produkte bei ihm, die er gar nicht braucht. Klar haben Sie erst mal die Provision in der Tasche. Aber die Chance, dass dieser Kunde jemals wieder bei Ihrem Unternehmen auch nur einen Cent lässt, ist eher gering. Solche Methoden sind alles andere als langfristig schlau.

Wer so arbeitet, zerstört sich im Endeffekt selbst. Der braucht sich nicht zu wundern, wenn nach einer Zeit nur noch eine große Leere übrig bleibt (vgl. Kap. 2.2). Den treibt die reine Geldgier und die führt zur Zerstörung der Kundenbeziehungen und des Vertrauens und letztlich auch zur Zerstörung der Selbstachtung, die ein guter Verkäufer braucht.

Gutes Verkaufen ist auf Nachhaltigkeit ausgelegt, also auf eine langfristige Zusammenarbeit mit dem Kunden. Es ist ein stetes Geben und Nehmen im ausbalancierten Verhältnis. Gute Verkäufer bleiben beim Verkaufen ehrlich, offen und direkt. Im Zentrum ihres Denkens stehen immer der Bedarf und die Bedürfnisse des Kunden. Und das Ziel eines guten Verkäufers ist immer eine Situation, aus der sein Kunde und er selbst als Sieger hervorgehen: der Abschluss, der dem Kunden die beste Lösung liefert und eine dauerhafte Kundenbeziehung begründet.

Und denken Sie dran: Was Sie geben, kommt zu Ihnen zurück (vgl. Kap. 1.5). Wer nur nimmt und nie gibt, wird nie erfolgreich sein.

AUF EINEN BLICK

- Wie viel Geld Sie haben, darüber entscheiden nicht Ihre Vorgesetzten, sondern Ihre innere Einstellung.
- Entwickeln Sie positive Glaubenssätze über Geld und Reichtum.
- Gut Geld verdienen geht nur mit gut verkaufen: Und da steht der Kunde und nicht die Provision im Fokus.

3. Deinen Kunden wertschätzen

3.1 Ehrlichkeit

Uns Verkäufern bieten sich ständig Abkürzungen. Der Gedanke »Das mache ich jetzt schnell« ist keinem fremd. Der schnelle Weg zum Erfolg ist auch echt verführerisch: kleiner Aufwand jetzt, großes Geld sofort. Bleibt nur noch eine Frage offen, und das ist die nach dem »Und dann?«.

Mit zunehmenden Berufsjahren ist mir die Antwort darauf immer klarer geworden: »Dann? Dann zahlst du drauf!« Auf lange Sicht kostet Sie nämlich der Auftrag, den Sie auf die miese Tour gemacht haben, mehr, als er Ihnen gebracht hat.

Deshalb ist mein Tipp ganz klar: lieber kein Auftrag als ein mieser Auftrag.

Der miese Auftrag

Manche glauben, ein mieser Auftrag ist nur einer, bei dem Sie sich mit dem Preis in den Keller haben zwingen lassen. Aus meiner Sicht ist ein Auftrag auch dann mies, wenn Sie dem Kunden etwas andrehen, was gar nicht seinem Bedarf entspricht.

Das ist selbst dann mies, wenn Sie das gar nicht absichtlich machen: Kann ja gut sein, dass Sie beim Abschluss wirklich glaubten, dass der Kunde Ihr Produkt braucht, obwohl das nicht so ist. Nur: Glauben heißt nicht wissen. Doch als guter Verkäufer stehen Sie in der Pflicht, sich wissend zu machen. Und das geht, indem Sie eine saubere Bedarfsanalyse beim Kunden machen (vgl. Kap. 14.4). Dann wissen Sie, was er braucht, und verlassen sich nicht auf Ihren Glauben oder auf Ihre Vermutung.

Absichtlich oder unabsichtlich am Bedarf des Kunden vorbei zu verkaufen, passt nicht mit Ehrlichkeit im Verkauf zusammen.

L

Limbeck-Tipp

Verkaufen Sie nur bedarfsgerecht, mit dem richtigen Preis-Leistungs-Verhältnis und einer guten Marge – oder lassen Sie es bleiben.

Gleichzeitig gilt: Wenn Ihr Kunde sich freut, aber Sie nichts verdienen, bleibt auch immer ein schaler Geschmack zurück. Ein guter Auftrag ist der, mit dem Sie sich und dem Kunden etwas Gutes tun. Das hat nicht nur etwas damit zu tun, dass auf dieser Welt alles zurückkommt (vgl. Kap. 2.2) oder dass menschliche Beziehungen über das Reziprozitätsgesetz funktionieren (vgl. Kap. 5.5). Das hat auch ganz handfeste Gründe.

Jeder wird es wissen

Mit Ehrlichkeit fahren Sie nicht nur heute gut, sondern auch morgen, weil Ihr Kunde Ihnen dann nämlich nicht nur den einen Auftrag gibt, sondern noch einen und noch einen (vgl. Kap. 17).

Selbst wenn Sie Produkte verkaufen, für die der Kunde nur ein einziges Mal Bedarf hat: Jeder Kunde hat Verwandte, Freunde, Nachbarn, Kollegen etc. Wenn er zufrieden ist, wird er es denen erzählen. Und wenn er nicht zufrieden ist, auch. Das heißt, hinter dem einen Kunden stehen viele weitere potenzielle Kunden. Und die kriegen Sie nur, wenn Sie mit dem einen gut und ehrlich umgegangen sind.

Die Zahl der potenziellen Kunden hinter dem einen hat sich in den letzten Jahren sogar exponentiell gesteigert: Soziale Netzwerke und Bewertungsportale lassen die Reichweite von Einzelerfahrungen explodieren, dadurch gibt es eine Transparenz wie nie (vgl. Kap. 1.2). Noch dazu wollen unzufriedene Kunden ihren Frust lauter und intensiver los werden als die zufriedenen: So kann Ihnen ein einziger Ausrutscher bei der Ehrlichkeit zum Verhängnis werden.

Limbeck-Tipp

Einmal ist keinmal? Nicht bei Unehrlichkeit, denn es kommt alles raus. Alles.

Es geht bei Ihrer Ehrlichkeit im Verkauf schon lange nicht mehr nur darum, dass Sie sich selbst am Abend im Spiegel in die Augen schauen können, weil Sie ehrlich geblieben sind. Doch schon das allein ist es wert: Der Verkäufer mit Werten ist langfristig immer der erfolgreichere (vgl. Kap. 2.2).

Ehrlich kommt rüber

So ehrlich, wie Sie Ihrem Kunden gegenüber handeln und denken, so ehrlich sollten Sie sich auch zeigen. Der Kunde hat nämlich eine tiefe Sehnsucht nach Ehrlichkeit und nicht nach Schleimerei. Er will vertrauen, und kaum etwas zerstört das Vertrauen mehr als das Gefühl, dass Sie es nicht ehrlich mit ihm meinen.

Das soll sich dann auch in dem wiederfinden, was Sie sagen: klare Meinungen, ehrliche Antworten, kein Um-den-heißen-Brei-Gerede. Wenn Sie innerlich gerade und ehrlich sind, dann sprechen Sie auch so – Ihr Kunde wird es Ihnen danken (vgl. Kap. 1.3).

Das ist auch das Ding, warum Sie sich im Umgang mit dem Kunden nicht verbiegen sollten: Je authentischer Sie auftreten, umso ehrlicher kommen Sie rüber (vgl. Teil III). Erfolgreiche Menschen bleiben sich selbst treu und anderen gegenüber ehrlich.

Die Dreieinigkeit des ehrlichen Verkäufers

1. Ich begegne dem Kunden mit innerer und äußerer Ehrlichkeit.
2. Ich verkaufe dem Kunden nur etwas, was er auch braucht.
3. Ich mache eine saubere Bedarfsanalyse, damit ich weiß, was er braucht.

Download: verkaufen.limbeckgroup.com

AUF EINEN BLICK

- Ehrliche Geschäfte sind die, bei denen sowohl der Kunde als auch Sie profitieren.
- Zur Ehrlichkeit gehört auch, dass Sie den Bedarf des Kunden gründlich analysieren.
- Durch die Transparenz, die das Internet schafft, verbreitet sich der Ruf jeglicher Art von Unehrlichkeit noch viel schneller und weiter als früher.

3.2 Vorurteile

(Vor-)Urteile bilden Sie sich auf zwei Arten: entweder Sie hören auf das, was andere über jemanden sagen, oder Sie wenden Ihre eigene Erfahrung mit Menschen auf denjenigen an. Beides ist im Verkauf kontraproduktiv. Ja, beides!

Denn beides führt dazu, dass Sie nicht mehr offen sind. Sie glauben, schon viel über den Kunden zu wissen, nur weil Sie ihn in eine Schublade stecken. Aufgrund dieses Glaubens filtern Sie ab diesem Moment auch alles, was Sie wahrnehmen: Das, was zur Schublade passt, bestärkt Sie in Ihrem Glauben, dass der Kunde »halt so ist«. Alle anderen Wahrnehmungen bewerten Sie als »nicht so wichtig«.

Doch der Kunde ist niemals eine Schublade und deshalb führt Sie eine Schublade immer auf den Verkaufsholzweg.

L

Limbeck-Tipp

Vorurteile sind etwas für Faule. Erfolgreiche Verkäufer dagegen sind fleißig – auch im Kopf.

Selbst gemachte Vorurteile

Auch wenn Sie selbst mit einer bestimmten Art von Menschen mehrfach schlechte Erfahrungen gemacht haben: Nur weil der nächste Kunde »so ähnlich« aussieht oder eine ähnliche Position hat, muss er noch lange nicht genauso sein. Also egal, ob Sie noch nie an jemandem mit Glatze oder an ein Vorstandsmitglied verkauft haben: Beim nächsten Kunden mit Freiluftkopfhaut oder beim nächsten Hierarchieüberflieger kann die Lage ganz anders aussehen. Außer Sie machen sich Ihre innere Einstellung vorher schon mit einem Vorurteil kaputt (vgl. Kap. 1.3 und 1.4).

Gerade wenn ein Kunde negative Vorurteile bei Ihnen auslöst, dann sagt das mehr über Sie aus als über den Kunden. Schauen Sie also in solchen Situationen genau hin, und zwar auf sich, wenn Sie merken, dass ein Kunde Sie triggert und miese Bilder in Ihnen entstehen lässt. Wo kommt das her?

Solche Fragen sind nicht angenehm, doch nur wenn Sie bereit sind, etwas über sich zu erfahren, kommen Sie weiter (vgl. Kap. 2.1). Denn dann haben Sie die Chance, zu lernen, damit umzugehen.

Auch in der Situation selbst eröffnet Ihnen die bewusste Wahrnehmung des Triggers einen Ausweg:

L

Limbeck-Tipp

Wenn bestimmte Eigenschaften eines Kunden Sie triggern, richten Sie aktiv Ihre Aufmerksamkeit auf andere Eigenschaften des Kunden, die Ihnen sympathisch sind.

So verhindern Sie, dass Sie ihn in eine negative Schublade stecken. Und das ist gut so, denn die mindert Ihre Verkaufschancen.

Und noch ein Punkt: Einem Menschen ohne Vorurteile zu begegnen, hat auch etwas mit Respekt zu tun. Es ist ein Wert schlechthin, dass jeder Mensch das zunächst verdient hat. Ein Verkäufer mit Werten hält sich daran – und wird dafür belohnt (vgl. Kap. 2.2).

Fremdbestimmte Vorurteile

Von gesellschaftlichen, rassistischen oder politischen Vorurteilen will ich gar nicht reden, denn es ist klar, dass Sie damit als Verkäufer nicht weit kommen: Sie verkaufen schließlich an Individuen und denen wird ein allgemeines Urteil nie gerecht.

Es gibt jedoch auch individuelle Vorurteile, die Ihnen weitergegeben werden: Wenn zum Beispiel Ihr Vorgänger im Verkaufsgebiet etwas über die Kunden dort erzählt – behandeln Sie es mit Vorsicht. Auch wenn er es Ihnen in der besten Absicht mitteilt: Jede, wirklich jede Information von einem Menschen über einen anderen ist subjektiv.

Wenn er Ihnen also erzählt, dass der oder jener Kunde »schwierig« oder ein »Geizkragen« sei, oder wenn er Ihnen väterlich auf die Schulter klopft und sagt »Bei dem oder dem brauchst du es gar nicht erst zu versuchen, Junge. Da ist eh nichts zu holen«, dann nehmen Sie alles zur Kenntnis, bedanken Sie sich und gehen Sie raus, um Ihre eigene Erkenntnis zu sammeln.

L

Limbeck-Tipp

Machen Sie sich immer selbst ein Bild, verlassen Sie sich nie auf die Urteile anderer.

AUF EINEN BLICK

- Vorurteile vernebeln Ihre Wahrnehmungsfähigkeit gegenüber den Kunden.
- Weder die fremden noch die selbst gemachten Vorurteile helfen Ihnen im Verkauf weiter.
- Machen Sie sich von jedem Kunden selbst ein Bild, verlassen Sie sich nie auf die Einschätzung anderer.

3.3 Was bedeutet der Kunde für dich?

Mit der Antwort auf die Frage, was der Kunde bedeutet, können Sie es sich einfach machen: Der Kunde bedeutet Umsatz. Umsatz bedeutet (hoffentlich) gute Zahlen und gutes Geld.

Einfach kann gut sein für den Erfolg, muss es aber nicht. Und in dem Fall ist es das nicht. Klar ist das Geld als Hygienefaktor wichtig (vgl. Kap. 2.11). Wenn keines da ist, ist es schlecht. Doch wenn viel da ist, heißt es noch lange nicht, dass alles gut ist.

Das heißt, wenn der Kunde Ihnen »nur« Geld bringt, verschenken Sie jede Menge Erfolgspotenzial. Doch genau in dem Punkt haben erfolgreiche Verkäufer nichts zu verschenken.

So viel mehr

Das Erfolgspotenzial steckt genau in den Kunden, die die meisten Verkäufer hassen: Es sind die sogenannten schwierigen Kunden. Denen, denen Sie nichts recht machen können. Denen, die trotz Bedarf nichts kaufen wollen. Denen, die den Preis ins Bodenlose drücken.

Ganz ehrlich: Es gibt keine schwierigen Kunden. Das, was sie schwierig macht, entsteht im Kopf, und zwar in Ihrem. Das heißt, Sie kriegen das Schwierige nur los, wenn Sie in Ihrem Kopf anfangen, etwas anders zu machen.

Genau dabei helfen Ihnen diese Kunden. Ohne sie werden Sie nicht besser werden. Sie bieten Ihnen eine großartige Gelegenheit, und dafür gebührt ihnen Ihre Dankbarkeit.

L

Limbeck-Tipp

Sobald Sie sich über »schwierige« Kunden nicht ärgern, sondern sie als Lernchance begreifen, werden Sie sofort souveräner.

Das Gefühl der Dankbarkeit lässt Sie mit sich und mit den anderen ganz anders umgehen (vgl. Kap. 2.10).

Jeder Kunde bedeutet für den guten Verkäufer also entweder eine Verkaufschance oder die Chance, noch besser zu werden. Zwei Hürden machen es dabei so schwer, gerade die letztere Chance zu erkennen und zu nutzen. Doch auch die können Sie überwinden.

Hürden meistern

Für das Einsteigen in das Verkaufsgespräch gilt immer: mit einer positiven Einstellung reingehen sowie dem Kunden mit Offenheit, Freundlichkeit und auf Augenhöhe begegnen. Kein Buckeln, keine Miesepeterei (vgl. Kap. 1.3), kein Vorurteil (vgl. Kap. 3.2).

Die erste Hürde zeigt sich, wenn sich herausstellt, dass Sie mit dem Kunden nicht so können, wie Sie wollen, und Sie merken, wie Sie sauer werden: An dieser Stelle stolpern Sie über Ihre eigenen Muster. Sie machen sich negative Gefühle, für die der Kunde nicht verantwortlich ist, sondern Sie. Wenn Sie jetzt in diesen Kreis einsteigen und den Kunden negativ sehen und behandeln, dann haben Sie schon verloren. Über die Hürde kommen Sie nur, wenn Sie sich dessen bewusst werden und aus dem Muster aussteigen (vgl. Kap. 2.1).

Ein weiteres Hilfsmittel kann in der Situation sein, dass Sie innerlich für Ihren Kunden Pluspunkte sammeln (siehe folgende Tabelle).

Wie sagte schon der alte Goethe: »Behandele die Menschen, wie sie sind, und sie werden schlechter. Behandele die Menschen, so wie sie sein könnten, und sie werden besser.« Geben Sie Ihrem Kunden die Chance, besser zu werden, indem Sie ihm Pluspunkte schenken. Damit hebeln Sie Ihre eigenen Trigger aus.

Die zweite Hürde taucht dann auf, wenn sich herausstellt, dass Ihr Kunde sich nicht fair verhält. So etwas gibt es, und da hilft nichts, außer die Geschäftsbeziehung zu beenden und sich neue Kunden zu suchen.

Das können Sie still und heimlich tun, weil Sie den Konflikt scheuen. Damit tauchen Sie unter der Hürde durch und zahlen nur drauf, weil Sie nichts aus der Situation mitnehmen. Sie haben sich weggeduckt.

Sie können über die Harmoniehürde aber auch drüberspringen und die Sache ansprechen. Damit bleiben Sie auf dem Fahrersitz und rutschen nicht freiwillig auf den Beifahrer- oder gar Rücksitz. Sie lernen, sich von Konflikten nicht abschrecken zu lassen, und nehmen so wertvolle Erfahrung für das nächste Geschäft mit.

Wie alles im Leben können Sie auch den Hürdenlauf trainieren: Irgendwann fliegen Sie darüber hinweg, als wären keine Hürden mehr da – immer dem Verkaufserfolg entgegen.

Pluspunktekonto mehren

Verkäufer verkaufen besser an Menschen, die ihnen sympathisch sind. Gerade wenn Ihnen ein Kunde auf den ersten Blick unsympathisch ist, sollten Sie aktiv Ihre Aufmerksamkeit auf seine Pluspunkte richten – denn die hat jeder. Was Ihnen sympathisch ist, hängt auch ein Stück weit von Ihrer persönlichen Interpretation ab. Daher prüfen Sie, ob Sie einen negativen Ausdruck nicht auch zugunsten des Kunden auslegen können.

Als negativ empfundene Wahrnehmung	Verwandelt in einen Pluspunkt
Der Kunde ist arrogant.	Der Kunde ist vorsichtig er braucht Zeit, um Vertrauen aufzubauen.
Der Kunde will nicht zuhören.	Dem Kunden fällt die Konzentration schwer, er braucht eine andere Ansprache.
Der Kunde unterbricht Sie dauernd.	Der Kunde steht unter Zeitdruck und braucht es noch mehr auf den Punkt.
...	...
...	...
...	...

Ergänzen Sie die Beispiele, die hier genannt sind, um weitere positive Interpretationen.

Download: verkaufen.limbeckgroup.com

AUF EINEN BLICK

- Jeder Kunde bedeutet nicht nur eine Umsatz-, sondern auch eine Lernchance.
- Sehen Sie stets beide Chancen.
- Gerade an den »schwierigen« Kunden können Sie am meisten lernen.

TEIL II

Fähig

Deine

keiten

Das Wichtigste in Kürze

4. Wie organisierst du dich?

Ohne eine gute Organisation können Sie heute als Verkäufer nicht mehr erfolgreich sein. Das fängt bei Ihnen selbst an: Ein Ziel, eine Strategie, ein Plan und vor allem Disziplin sind die vier Säulen für Ihr gekonntes Selbstmanagement (vgl. Kap. 4.1). Auch die Datenbank ist für gute Verkäufer ein unverzichtbarer Baustein im Erfolgsmodell geworden, vorausgesetzt, Sie haben die richtige Einstellung dazu (vgl. Kap. 4.2). Neue digitale Hilfsmittel eröffnen Ihnen auch in der Kommunikation mit Ihrem Kunden ganz neue Möglichkeiten (vgl. Kap. 4.3).

5. Wie kommunizierst du mit deinem Kunden?

Kaufen ist ein emotionaler Prozess, und die entsprechenden Emotionen Ihres Kunden wecken Sie über gekonnte Kommunikation auf allen Sinneskanälen. Die Grundlage für Ihre kommunikativen Fähigkeiten ist deshalb die emotionale Intelligenz (vgl. Kap. 5.1). Verkaufen heißt, den Kunden zu Taten bewegen, indem Sie ihn positiv manipulieren (vgl. Kap. 5.2). Techniken, die Sie dabei unterstützen, sind das Pacing und Leading (vgl. Kap. 5.3) sowie das Priming (vgl. Kap. 5.4). Erfahren Sie auch, von welcher besonderen Bedeutung in der Kommunikation mit Ihrem Kunden das Reziprozitätsprinzip ist (vgl. Kap. 5.5). Auf der sprachlichen Seite der Kommunikation verrät Ihnen das Metamodell der Sprache, wie Sie mit welchem Kunden erfolgreich sprechen (vgl. Kap. 5.6). Zur sprachlichen Kompetenz gehört dabei nicht nur das Beherrschen der Fragetechniken (vgl. Kap. 5.8), sondern auch die Fähigkeit des guten Hinhörens (vgl. Kap. 5.7). Für jeden Verkäufer essenziell ist das Beherrschen des Storytellings (vgl. Kap. 5.9). All die genannten Fähigkeiten kommen Ihnen auch zugute, um ein erfolgreicher Netzwerker zu werden (vgl. Kap. 5.10).

6. Wie entwickelst du dich weiter?

Ein Verkäufer, der heute noch so verkauft, wie er es gestern getan hat, kann spätestens morgen einpacken. Wie Sie den Zug in Richtung erfolgreiche Zukunft nicht verpassen, lesen Sie in Kap. 6.

4. Wie organisierst du dich?

4.1 Selbstmanagement für Verkäufer

Ein guter Verkäufer hat sich schon immer selbst gemanagt. Das war das Tüpfelchen auf dem i. Die Sahne oben drauf, wenn Sie sich noch ein bisschen erfolgreicher machen wollten.

Heute geht ohne vernünftiges Selbstmanagement gar nichts mehr. Außer jammern und untergehen vielleicht. Denn nicht nur die Ansprüche des Unternehmens an Sie sind gestiegen. Noch viel deutlicher gestiegen sind die Ansprüche Ihrer Kunden. Die setzen heute eine Reaktionsschnelligkeit als selbstverständlich voraus, von der früher keiner auch nur zu träumen wagte. So eine Geschwindigkeit kriegen Sie nur hin, wenn Sie richtig gut organisiert sind. Nur dann können Sie sauber, schnell und strukturiert arbeiten. Nur dann erreichen Sie heute noch hohe Abschlussquoten und langfristig zufriedene Kunden.

Wenn sich Ihr Selbstmanagement dagegen im Ziel-, Zettel- und Aufgabenchaos erschöpft, dann können Sie noch so fleißig sein: Erfolgreich werden Sie nicht. Denn Zeitnot, Termindruck, Hektik – all das führt zu Stress. Sie werden ungenau in Ihrer Arbeit, machen Fehler, liefern schlechte Ergebnisse ab, Ihre Unzufriedenheit wächst, Ihre Motivation leidet – eine einzige Abwärtsspirale.

Spätestens dann ist es dringend Zeit, dass Sie an Ihrem Selbstmanagement arbeiten – und wenn Sie es noch nicht können, dann lernen Sie es eben.

Limbeck-Tipp

Auch Selbstmanagement ist etwas, das Sie erlernen und üben können.

Das Selbstmanagementtraining ist immer wieder mühsam, doch es lohnt sich. Sie steigern damit sowohl Ihre Effektivität, indem Sie die richtigen Dinge tun, als auch Ihre Effizienz, indem Sie die Dinge richtig tun. Mehr von den wichtigen Aufgaben in kürzerer Zeit zustande bekommen – wenn das mal kein Versprechen ist, für das sich die Mühe lohnt!

Erfolgsformel: Selbstmanagement

Gutes Selbstmanagement macht mich:

Effektiv	Weil ich die richtigen Dinge tue.
Effizient	Weil ich die Dinge richtig tue.
Erfolgreich	Weil ich meine Ressourcen gezielt einsetze.
	Effektiv × Effizient = Erfolgreich

Download: verkaufen.limbeckgroup.com

Es geht dabei nicht nur um das Anwenden von Methoden und Techniken. Selbstmanagement hat auch viel mit Einstellung (vgl. Kap. 2.2) und den klassischen Erfolgsfaktoren wie Ziel, Fleiß und Disziplin zu tun (vgl. Kap. 2.9).

Die vier Säulen

Ein gutes Selbstmanagement steht auf vier Säulen:

1. dem bewusst gewählten Ziel,
2. der daraus abgeleiteten Strategie,
3. dem daraus abgeleiteten Plan für Monat, Woche und/oder Tag und
4. der Disziplin, sich an den Plan zu halten.

Sich Ziele und eine entsprechende Strategie zu erarbeiten, gehört zur Grundausstattung des guten Verkäufers. Dazu gibt es viel zu sagen, deshalb finden Sie diese Informationen in eigens geschriebenen Kapiteln (vgl. Kap. 2.9 und Teil IV). Der schlaue Jäger jagt schon lange nicht mehr jedem Hasen nach. Er hat sich vorher gut überlegt, welcher Hase die Anstrengung wert ist und wie er genau den erlegt.

Haben Sie erst einmal Ihre Ziele und Ihre Strategie glattgezogen, ergeben sich daraus automatisch die Prioritäten für Ihr Handeln von Tag zu Tag.

Ich halte eine Tagesplanung für unverzichtbar. Je nach Verkäufertyp und Verkaufsart ist zusätzlich eine Wochen- oder Monatsplanung sinnvoll. Finden Sie heraus, welche Kombi am besten zu Ihnen und Ihren Aufgaben passt.

Wichtig ist auf jeden Fall, dass Sie sich konsequent abends hinsetzen und Ihren nächsten Tag Schritt für Schritt durchgehen:

- Was steht an?
- Welche Aufgaben haben welche Priorität?
- Welche Reihenfolge ist sinnvoll?
- Gibt es äußere Umstände, die Sie berücksichtigen sollten?

Können Sie zum Beispiel Stauzeiten umgehen, indem Sie antizyklisch fahren? Zu welcher Tageszeit erreichen Sie Ihre Kunden am besten? Können Sie zeitfressende Tätigkeiten bündeln? So empfehle ich grundsätzlich, dass Sie nur zweimal am Tag Ihre Mails checken: mittags und abends. Nicht häufiger.

Machen Sie sich einen realistischen Plan, der Ihnen zum Beispiel Vorbereitungszeit für Gespräche gibt – samt den Sekunden davor, zum Durchatmen. Und bedenken Sie auch die Zeit für Ihre Nachbereitung.

Schreiben Sie sich Ihren Ablauf genau auf und sorgen Sie dafür, dass Sie den Plan im Blick behalten.

Limbeck-Tipp

Machen Sie Ihren Plan doch, wie Sie wollen: auf dem Smartphone, auf dem Tablet oder oldschool auf dem Notizblock. Aber machen Sie ihn!

Und dann kommt es auf die vierte Säule Ihres Selbstmanagements an: Ihre Disziplin beim Einhalten Ihres Plans. Damit steht und fällt Ihre Organisation. Keine leichte Aufgabe …

Eff-Eff-Killer

Ablenkung ist der Killer Nr. 1 für jede Form von effektivem und effizientem Arbeiten. Mit jeder Unterbrechung ist die Konzentration weg und damit die Voraussetzung, um gut und sauber zu arbeiten. Blöderweise lassen wir uns entsetzlich leicht ablenken. Das war schon immer so, und doch haben Internet und Smartphones die Lage noch erheblich verschärft: Sie locken ständig und überall mit immer neuen Meldungen, Mails, Spielen, Freundschaftsanfragen, WhatsApp-Nachrichten und so weiter. Soziale Netzwerke üben eine besondere Sogwirkung aus: Hier mal bei Facebook reingeschaut, dort das LinkedIn-Profil ergänzt, kurz den neuesten Tweet gelesen und schon sind die Gedanken total abgeschweift. Es braucht mehrere Minuten, bis Sie wieder in der Sache drin sind – nur um vom nächsten »Bing« oder »Dong« aufgeschreckt zu werden, mit dem sich eine neue Nachricht ankündigt.

Wer nebenher ständig Mails checkt, SMS oder Chat-Nachrichten beantwortet, ist abgelenkt. Und dann kommen noch die analogen Ablenker dazu, zum Beispiel in Form von Kollegen, die zum gemeinsamen Mittagessen auffordern.

So wichtig soziale Kommunikation ist: Wenn Sie sie ungefiltert auf sich einprasseln lassen, wirft Ihnen das jegliche Selbstmanagementvorsätze über den Haufen.

L

Limbeck-Tipp

Planen Sie sich Zeitfenster für die soziale Kommunikation ein, ob analog oder digital – und schalten Sie diese Ablenker in den anderen Zeiten konsequent aus.

Indem Sie sich selbst für WhatsApp, Facebook etc. Zeit einplanen, machen Sie es sich leichter, zu den anderen Zeiten Ihren Kopf frei davon zu halten.

Wenn sich der Plan ändert

Wenn sich der Plan ändert, bleiben Sie dennoch konsequent und diszipliniert dran und versuchen, so viel wie möglich von dem umzusetzen, was Sie sich vorgenommen haben. Dann ist es eben Plan B, der greift.

Es ist auch nicht schlimm, wenn Ihnen etwas dazwischenkommt. Wichtig ist nur, dass Sie im Nachhinein analysieren, wie es dazu gekommen ist, und daraus lernen, was Sie bei Ihrem nächsten Plan besser machen können.

Auf diese Art verbessern Sie Ihr Selbstmanagement kontinuierlich und können noch effizienter arbeiten. So reagieren Sie auch schnell auf aktuelle Veränderungen.

Tools, Tools, Tools

Die Auswahl an analogen und digitalen Tools zum Selbstmanagement ist gigantisch. Da sind die richtigen für jeden dabei. Doch funktioniert nicht jedes für jeden. Welche die richtigen für Sie sind, können Sie nur selbst herausfinden.

Probieren Sie deshalb diverse Tools aus und arbeiten Sie mit denen weiter, mit denen Ihnen die Arbeit Freude macht. Je leichter sich die Anwendung in Ihren Arbeitsalltag integrieren lässt, desto besser.

L

Limbeck-Tipp

Bei Selbstmanagement-Tools schlägt Einfachheit Komplexität.

Die Erfahrung zeigt, dass die Wahrscheinlichkeit, dass Sie auf Dauer mit einem Hilfsmittel arbeiten, mit dem Grad seiner Einfachheit deutlich steigt. Und nur so profitieren Sie wirklich davon.

AUF EINEN BLICK

- Durch Selbstmanagement steigern Sie Ihre Effektivität und Ihre Effizienz.
- Nur ein Verkäufer, der sich selbst gut managt, kann heute noch erfolgreich sein.
- Planen Sie jeden Tag entsprechend Ihren Zielen und halten Sie Ablenkungen konsequent draußen.

4.2 Die Datenbank lieben lernen

Viele Verkäufer haben ein gespaltenes Verhältnis zum ihrem CRM-System: Theoretisch wissen sie, dass es ihnen helfen kann. Praktisch aber sind sie von dem System genervt, und zwar aus verschiedenen Gründen:

- Es kostet Zeit.
- Es zwingt zu strukturiertem Arbeiten.
- Es macht ihre Arbeit transparent.

Deshalb pflegen sie ihre Datenbank mehr schlecht als recht. So tragen die Verkäufer selbst mit dazu bei, dass sie ihnen lange nicht so viel hilft, wie sie ihnen helfen könnte. Dabei holt sich ein guter Verkäufer jede sinnvolle Unterstützung, die er kriegen kann, um noch erfolgreicher zu sein. Und dazu verhilft ein CRM-System.

Denn eine gut gepflegte Datenbank ist heute eines der wichtigsten Hilfsmittel überhaupt. Gut strukturierte, umfassende Informationen sind die perfekte Grundlage für den cleveren Verkauf.

Eine Datenbank kann und soll keine verkäuferischen Fähigkeiten ersetzen. Die sind tatsächlich unersetzlich. Sie trägt jedoch enorm dazu bei, dass sich der gute Verkäufer auf das konzentrieren kann, was er am besten kann: verkaufen.

Damit er das CRM-System perfekt nutzen kann, helfen ihm seine drei verkäuferischen Erfolgsfaktoren: Ziele, Disziplin und Fleiß (vgl. Kap. 2.9). Gleichzeitig unterstützt ihn das System, diese Faktoren noch besser zum Einsatz zu bringen.

Ziele

In Datenbanken können Sie eine unendliche Flut an Informationen horten. Das ist toll und gefährlich zugleich: Sie finden alles, wenn Sie wissen, wonach Sie suchen. Nur wenn Sie nicht wissen, wonach Sie suchen, sind Sie verloren. Wenn Sie also Ihre Datenbank ohne Plan füttern, können Sie es vergessen, anschließend die Informationen für einen sinnvollen Plan rausziehen zu wollen.

Doch als guter Verkäufer haben Sie ja einen Plan entwickelt (vgl. Teil IV). Zum Beispiel wissen Sie, dass Sie Ihren Kunden spezifischere Angebote machen möchten. Daraus ergibt sich, dass Sie erfassen möchten, was Ihre Kunden aktuell kaufen und was nicht. Und aus welchen Gründen sie das tun.

Genau diese Daten sammeln Sie dann. Wenn Sie anhand Ihrer Daten feststellen, dass der eine Kunde immer nur Bioprodukte ordert, dann steigen Ihre Chancen, wenn Sie ihm mehr davon und weniger von Ihrem konventionellen Programm anbieten. Oder wenn er auf einmal anfängt, nur noch LED-Lampen zu bestellen, dann informieren Sie ihn mehr über Neuigkeiten in diese Richtung und ersparen ihm die Infoflut über Halogenleuchten.

Es ist eine der wichtigsten Aufgaben einer Datenbank im Vertrieb, die entscheidenden Daten über die Kunden zu sammeln, zu filtern und zu analysieren. Das Management von Kundenbeziehungen und Informationen ist für die gesamte Vertriebsbranche die Herausforderung der Zukunft. Je besser Ihre Datenbank, desto besser können Sie zielgruppen- und bedarfsorientierte Angebote machen.

L

Limbeck-Tipp

Eine Datenbank bringt Sie in Ihrer Strategie voran – wenn sie entsprechend gefüttert und ausgewertet wird. Deshalb ist es wichtig, dass Sie wissen, was Sie damit erreichen wollen.

Disziplin

Damit Ihre Datenbank gut ist und bleibt, braucht es von Ihrer Seite Disziplin: Sie können nur mit den Informationen arbeiten, die Sie auch eingegeben haben.

Wenn Sie also im Erstgespräch erfahren haben, mit welchen Maschinen Ihr potenzieller Kunde aktuell arbeitet, was ihn daran ärgert und wo er sich Verbesserung wünscht, tragen Sie es als erste Grundlage für die Bedarfsanalyse ein (vgl. Kap. 14). Oder wenn Ihr Bestandskunde beiläufig erwähnt, dass er nächstes Jahr mit seinem Betrieb umzieht und an neue Büroausstattungen denkt: Notieren Sie das! Oder wenn Sie das Datum seines Geburtstags erfahren und Sie seit Neuestem auf vermehrte Kundenbindung setzen (vgl. Kap. 17.1)!

Das erfordert tatsächlich Disziplin, nach dem Auflegen nicht gleich die nächste Nummer zu wählen, sondern erst die Notizen zu machen – komme, was da wolle. Doch diese Disziplin zahlt sich aus: Es geht Ihnen nichts mehr verloren und jeder Anknüpfungspunkt auf ein Neukunden- oder Zusatzgeschäft wird festgehalten.

Am besten terminieren Sie gleich die nächsten Schritte, die Sie aus den Informationen ableiten: den Anruf zum Geburtstag, das Nachhaken wegen des Angebots für die Ausstattungserneuerung etc.

Damit unterstützen Sie nämlich wiederum Ihre eigene Disziplin bei der Wiedervorlage: Die ist gut und sinnvoll mit den neuesten Informationen geplant und macht so mehr Spaß, weil sie mehr Erfolg verspricht.

Erleichtert wird diese Disziplin dadurch, dass Ihre Datenbank einfach zu handhaben und speziell für Vertriebszwecke angelegt ist. Schlaue Unternehmen achten bei der Auswahl und der Einrichtung auf diese Kriterien. Doch auch Sie selbst als Verkäufer können dazu beitragen, dass Sie Ihre Einträge so knapp wie möglich und doch so ausführlich wie nötig halten. So gelingt ein effizienter Umgang mit Datenbanken.

Zum Thema Effizienz haben viele Datenbanken inzwischen nützliche Funktionen zu bieten, die Ihnen das Leben leichter machen: So können Sie oft direkt aus dem CRM-System heraus telefonieren und sparen sich das Eintippen der Nummer.

Limbeck-Tipp

Nehmen Sie sich etwas Zeit, um die Funktionen Ihrer Datenbank zu erkunden. Viele davon haben das Potenzial, Ihnen Zeit zu ersparen: Probieren Sie sie aus und wählen Sie, was für Sie passt.

Dazu gehört auch, dass Sie in der Regel inzwischen auch über die mobile Version Ihre Daten von unterwegs aus eingeben können. Das spart Ihnen Zeit am Schreibtisch – oder vielleicht überhaupt den Schreibtisch. Denn Sie kennen ja meine Devise: Ein guter Verkäufer hat nur zwei Stühle – einen beim Kunden – vor Ort oder vor dem Bildschirm via Facetime oder Skype – und einen im Auto (vgl. Kap. 2.9). Wobei immer noch gilt: Je höher die Summen sind, um die es geht, desto mehr brauchen Sie den persönlichen Kontakt.

Fleiß

Zur guten Datenpflege gehört neben der Disziplin noch die dritte Verkäufertugend: der Fleiß.

Denn das beste CRM-System ist nur so gut wie seine Daten. Denn eines haben Daten mit uns Menschen gemeinsam: das Altwerden. Und bei Daten geht das noch viel schneller als bei uns. Die gute Nachricht jedoch ist: Mit guter Pflege bleibt Ihre Datenbank fit, gesund und hilfreich.

Nur braucht es dafür ein bisschen Fleiß von Ihrer Seite. Der Chef eines mittelständischen Unternehmens für Hebebühnen sagte mir kürzlich: »Wir haben 6000 Leute in unserer Datenbank. Aber keine Ahnung, ob die noch leben, geschweige denn noch Bedarf an Hebebühnen haben.«

Da hilft nichts, als regelmäßig fleißig sein und das System sauber halten. Das geht zum Beispiel, indem Sie ab und zu ein Postmailing machen und bei den Rückläufern nachrecherchieren. Oder Stück für Stück die Nummern in Ihrer Datenbank durchtelefonieren, die Sie schon länger nicht mehr genutzt haben und bei denen Sie sich nicht mehr sicher sind. So werfen Sie die Leichen raus und knüpfen auch gleich noch neue Kontakte.

L

Limbeck-Tipp

Datenhygiene gehört zur Datenbank wie Zähneputzen zu gepflegten Zähnen. Denken Sie an den Erfolg, den sie Ihnen bringt, dann macht sie sogar Spaß.

Denn mit einem verlässlichen Datenbestand in Ihrem CRM-System schaffen Sie sich Chancen und sparen Zeit.

Checkliste: Was macht den Umgang mit CRM-Systemen erfolgreich?

Es sind drei Kriterien:

- Sie wissen, welche **Ziele** Sie verfolgen und welche Daten Sie dafür brauchen.
- Sie gehen mit **Disziplin** an die Dateneingabe.
- Sie zeigen **Fleiß** bei der Datenpflege.

Das heißt, entscheidend sind:

Ziele **Disziplin** **Fleiß**

Kommt Ihnen das bekannt vor?

Download: verkaufen.limbeckgroup.com

AUF EINEN BLICK

- Nutzen Sie Ihr CRM-System gezielt entsprechend Ihrer Strategie.
- Ihre Disziplin bei der Dateneingabe ist entscheidend für Ihren Erfolg.
- Ihr Fleiß bei der Datenpflege zahlt sich aus.

4.3 Digitale Hilfsmittel zur Kommunikation

Die Möglichkeiten, um mit Ihren Kunden in Kommunikation zu treten, sind in den letzten Jahren unglaublich gewachsen. So unglaublich, dass mancher Verkäufer schon Angst bekommen hat, dass er dadurch ersetzt werden soll. Wenn er ein schlechter Verkäufer war, dann ist seine Angst durchaus berechtigt gewesen: Wenn er nicht mehr zu bieten hatte als das, was elektronisch übermittelt werden kann, dann wird er ersetzt werden (vgl. Kap. 1.1 und 1.2). Gute Verkäufer werden das nicht, denn sie bringen Persönlichkeit und Fähigkeiten in den Verkaufsprozess ein, die unersetzlich sind.

Die guten Verkäufer gehen deshalb positiv und souverän mit dem um, was die schöne neue Digitalwelt ihnen an immer neuen Hilfsmitteln zu bieten hat. Schlau eingesetzt, unterstützen sie erfolgreich das Verkaufsgespräch offline, online oder wo auch immer. Da gefühlt täglich neue Möglichkeiten dazukommen, möchte ich Ihnen Lust darauf machen, sie für sich auszuprobieren. Ein paar etablierte Beispiele führe ich hier auf.

Vor Ort beim Kunden präsentieren

Tablets zur Produktpräsentation sind bereits salonfähig geworden. Ihr Vorteil liegt nicht nur darin, dass Sie dem Kunden 360-Grad-Ansichten und Videos zum Produkt zeigen können. Ihr Kunde kann das Gerät selbst in die Hand nehmen und die Präsentation steuern. So beschäftigt er sich aktiv mit Ihrem Produkt, anstatt sich von Ihnen nur berieseln zu lassen. Das bindet ihn aktiv in das Verkaufsgespräch ein und kann so Ihre Abschlusschancen verbessern: Das haben auch Studien nachgewiesen.

Online interaktiv präsentieren

Wo Sie früher Produkteinführungen mit aufwendigen Roadshows begleitet haben, kann eine gut gemachte Online-Präsentation Ihre Kunden leichter und schneller erreichen. Der Vorteil liegt auf der Hand: Weder Sie noch Ihre Kunden müssen Zeit und Geld für die An- und Abreise investieren.

Doch ist es nicht damit getan, dass Sie einfach die vorbereiteten Folien und Filmchen ablaufen lassen. Der interaktive Anteil ist der eigentliche Clou bei der Sache – der, bei dem die Kunden in Kommunikation mit Ihnen gehen können. Die Teilnehmer brauchen Sie als ansprechbaren Verkäufer, sonst sind sie ganz schnell wieder weg. Deshalb bin ich nach wie vor überzeugt: Verkäufer werden durch solche Instrumente nicht ersetzt, sie holen sich damit nur sinnvolle Unterstützung.

Kunden, die Sie auf diese Art ansprechen konnten, können Sie danach immer wieder so kontaktieren und sie zum Beispiel mit einer Serie von Kurzvideos über Anwendungsmöglichkeiten informieren. Das bringt Ihnen mehr Aufmerksamkeit als der übliche Newsletter. Spielen Sie mit den Möglichkeiten und probieren Sie aus, was für Sie und Ihr Produkt am besten passt.

Auch Online-Seminare oder Webinare haben sich inzwischen bewährt, gerade wenn es um praktische Fragen geht: Wenn zum Beispiel Anwender so direkt Unklarheiten klären oder Fragen zu ihren praktischen Anwendungsschwierigkeiten stellen können, schaffen Sie einen super Draht zu Ihren Kunden, ohne dass Sie jeden Teilnehmer einzeln besuchen müssen.

In vielen Bereichen wird sich die hybride Kommunikation, also die Verschränkung aus virtuellem und direktem Kontakt, durchsetzen: So trainiere ich mit meinem Team sowohl mit vorbereitenden Videos auf meiner Online-Akademie (limbeck-academy.com) als auch vor Ort. Das ist die effizienteste Mischung für meine Kunden.

L

Limbeck-Tipp

In der gekonnten Mischung zwischen online und offline steckt für den Verkauf ein Riesenpotenzial. Prüfen Sie, welche Möglichkeiten es für Sie da gibt.

An ganz neuen Orten präsentieren

Es tauchen ständig neue Möglichkeiten auf, um mit digitalen Hilfsmitteln noch besser mit Ihren Kunden zu kommunizieren. So gibt es seit einiger Zeit sogenannte Beacons als Orientierungshilfe im Laden: Die winzig kleinen Sender lassen mithilfe der richtigen App auf dem Handy-Display Ihres Kunden Informationen erscheinen, wenn er den Raum betritt. Sie zeigen zum Beispiel an, ob ein bestimmtes Produkt vorrätig ist oder wo heute besonders spannende Angebote warten.

Und die gerade aufkommende Welle des Internets der Dinge wird mit Sicherheit weitere Kommunikationswege eröffnen – zum Beispiel, wenn der intelligente Tiefkühlschrank Ihrem Kunden ein Beratungsgespräch mit Ihnen zum gesunden Einkauf vermittelt.

L

Limbeck-Tipp

Es wird viel passieren, auch im Verkauf: Sie müssen nicht alle Trends mitmachen, aber Sie sollten alle kennen, damit Sie wissen, welche davon Sie voranbringen.

Die Entwicklung bleibt spannend. Bleiben Sie am Ball!

AUF EINEN BLICK

- Digitale Hilfsmittel eröffnen immer neue Möglichkeiten, um Ihre Kunden ansprechen zu können.
- Gehen Sie offen damit um und finden Sie heraus, welche für Sie passen und welche nicht.
- Bleiben Sie neugierig!

5. Wie kommunizierst du mit deinem Kunden?

5.1 Emotionale Intelligenz

Kaufentscheidungen werden zu 100 Prozent emotional getroffen und erst im Nachhinein rational begründet. Das haben neurowissenschaftliche Untersuchungen zweifelsfrei bewiesen. Auch während der Kunde noch mit Ihnen verhandelt, ist seine Entscheidung im Unterbewusstsein schon längst gefallen: entweder für Sie oder gegen Sie.

Wenn Ihnen das klar ist, dann wissen Sie auch, warum es nicht reicht, wenn Sie mit Ihrem Kunden auf rationaler Ebene kommunizieren. So kommen Sie nicht ran an seine Entscheidungsfreude. Da geht nichts ohne die emotionale Schiene.

Deshalb ist im Verkauf das Konzept der emotionalen Intelligenz so spannend.

Definition: Emotionale Intelligenz

Den Begriff haben 1990 die US-amerikanischen Psychologen John D. Mayer und Peter Salovey geprägt. Sie haben ihn auf der Basis der Theorie der multiplen Intelligenzen des Erziehungswissenschaftlers Howard Gardner entwickelt. Diese Theorie besagt nämlich, dass die klassischen Intelligenztests nur einen kleinen Ausschnitt von Fähigkeiten bewerten und dass es darüber hinaus noch weitere Talente zur Problemlösung gibt. Unter anderem eben die Fähigkeiten, die helfen, mit anderen Menschen gut umgehen zu können. Die emotionale Intelligenz zeigt sich dementsprechend an folgenden Kompetenzen:

- die eigenen und die Gefühle von anderen (korrekt) wahrnehmen
- diese Gefühle verstehen
- diese Gefühle beeinflussen

Wie die Auflistung im Kasten zeigt, bezieht sich die emotionale Intelligenz nicht nur darauf, den Kunden zu verstehen und zu lenken. Ein wichtiger Anteil ist, dass Sie sich zunächst selbst mit Ihren Gefühlen wahrnehmen, verstehen und beeinflussen. Die emotionale Intelligenz wirkt nämlich in beide Richtungen. Je besser Sie beide beherrschen, umso erfolgreicher können Sie beide einsetzen.

L

Limbeck-Tipp

Machen Sie sich mit dem Konzept der emotionalen Intelligenz vertraut. Es hilft Ihnen, bewusster mit Ihren eigenen Gefühlen und denen Ihres Kunden umzugehen. Und das steigert Ihren Verkaufserfolg.

Bei den Fähigkeiten, die mit emotionaler Intelligenz zusammenhängen, ist es übrigens genauso wie bei den anderen Fähigkeiten: Es gibt mehr oder weniger Talentierte. Den Ausschlag für den Erfolg am Ende gibt jedoch nicht das Talent, sondern der Fleiß. Denn auch soziale Kompetenzen können Sie üben. Umso wichtiger ist es, wie Sie das Üben angehen und dass Sie es dann auch tun.

Denn wann immer Sie bewusst mit anderen Menschen kommunizieren, ist das ein Fall für Ihre emotionale Intelligenz. Gerade und vor allem in der Verkaufssituation.

Gefühle wahrnehmen

Die Voraussetzung, damit Sie emotional intelligent handeln können, ist, dass Sie sich Ihrer Gefühle bewusst sind. Solange Sie nur aus dem Impuls heraus handeln, sind Sie gar nicht in der Lage zu überlegen, ob und wie Sie anders handeln könnten. Sie agieren aus dem Gefühl heraus und sind ihm unterworfen. Dabei sind Sie der Einzige, der Ihr Handeln ändern kann. Vorausgesetzt, Sie nehmen Ihren Zustand als Gefühl wahr und sind nicht Ihr Gefühl.

Diese Beobachtungsgabe für sich selbst können Sie trainieren. Zu Beginn empfehle ich Ihnen, Ihre Aufmerksamkeit zu schärfen, indem Sie Ihre Gespräche im Nachhinein betrachten (vgl. Trainingsprogramm, Teil 1, auch zum Download unter verkaufen.limbeckgroup.com).

Trainingsprogramm: Emotionale Intelligenz – Teil 1

Bereiten Sie ein Blatt mit zwei Spalten vor.

1. Setzen Sie sich eine Woche lang jeden Abend hin und listen Sie in der ersten Spalte die Gespräche auf, die Sie an dem Tag geführt haben.
2. Dann gehen Sie in Gedanken die Gespräche durch: Welche Gefühle haben Sie während der Unterhaltung durchlaufen?
3. Schreiben Sie Ihre Gefühle in die zweite Spalte.

Download: verkaufen.limbeckgroup.com

Wenn Sie in der Lage sind, Ihre eigenen Gefühle wahrzunehmen, dann ist es nur noch ein kleiner Schritt, auch die Emotionen Ihrer Kunden bewusst zu erfahren. Auch das lässt sich trainieren (vgl. Trainingsprogramm, Teil 2, auch zum Download unter verkaufen.limbeckgroup.com). Durch die Übung entwickeln Sie Ihr Einfühlungsvermögen: Sie spüren immer klarer, wie es Ihrem Gegenüber geht. Die Voraussetzung dafür ist, dass Sie zuhören, und zwar richtig (vgl. Kap. 5.7).

Trainingsprogramm: Emotionale Intelligenz – Teil 2

Bereiten Sie wieder ein Blatt vor, diesmal mit drei Spalten.

1. Setzen Sie sich eine Woche lang wieder jeden Abend hin und listen Sie in der ersten Spalte die Gespräche auf, die Sie an dem Tag geführt haben.
2. Dann gehen Sie in Gedanken die Gespräche durch: Welche Gefühle haben Sie während der Unterhaltung durchlaufen?
3. Schreiben Sie Ihre Gefühle in die zweite Spalte.
4. Jetzt richten Sie Ihre Gedanken auf Ihren Gesprächspartner: Welche Gefühle haben Sie bei ihm wahrgenommen?
5. Schreiben Sie seine Gefühle in die dritte Spalte.

Download: verkaufen.limbeckgroup.com

Wenn Sie das Trainingsprogramm komplett durch haben, dann sind Sie gerüstet für den nächsten Schritt: Dann machen Sie sich direkt im Gespräch Ihre eigenen Gefühle bewusst und auch die Ihres Gesprächspartners.

Was zum Beispiel hilft, damit Sie Ihre Beobachtung im Eifer des Gefechts nicht aus den Augen verlieren: Malen Sie sich ein kleines Symbol auf Ihren Notizblock. Mit der Zeit brauchen Sie diese Erinnerungsstütze nicht mehr, da wird es Ihnen zur Gewohnheit, auf Ihre Emotionen zu achten.

Gefühle verstehen

Sich der Gefühle bewusst zu werden, ist der Anfang. Diese Gefühle auch zu verstehen und zu akzeptieren, der nächste Schritt. Bei den guten Gefühlen fällt Ihnen die Akzeptanz nicht schwer, doch bei den negativen Emotionen ist das anders.

Dabei sind es besonders Emotionen wie Wut, Zorn und Angst, die Ihnen den Verkaufserfolg vermasseln können: Wenn Sie dem Kunden gegenüber aggressiv, pampig oder verschüchtert reagieren, sinken Ihre Abschlusschancen massiv. Verändern können Sie Ihre Reaktion jedoch nur, wenn Sie vorher wahrgenommen und akzeptiert haben, dass Ihre Emotion da ist. Sobald Sie diese Erkenntnis haben, steht Ihnen der Weg offen, ein anderes Verhalten zu wählen.

Es hilft Ihnen auch, wenn Sie die Auslöser für Ihre Emotion zu erkennen lernen. Wenn Sie wissen, was Sie triggert, können Sie sich selbst besser verstehen. Und Sie können die Situationen besser vorhersehen und innerlich gegensteuern. Schärfen Sie deshalb Ihre Aufmerksamkeit für die Trigger (s. Trainingsprogramm, Teil 3, auch zum Download unter verkaufen.limbeckgroup.com).

Trainingsprogramm: Emotionale Intelligenz – Teil 3

Bereiten Sie noch mal ein Blatt vor – wieder mit drei Spalten.

1. Setzen Sie sich eine Woche lang wieder jeden Abend hin und listen Sie in der ersten Spalte die Gespräche auf, die Sie an dem Tag geführt haben.
2. Dann gehen Sie in Gedanken die Gespräche durch: Welche Gefühle haben Sie während der Unterhaltung durchlaufen?
3. Schreiben Sie Ihre Gefühle in die zweite Spalte.

4. Jetzt richten Sie Ihre Gedanken auf den Moment, in dem ein neues Gefühl in Ihnen hochgekommen ist: Was war der Auslöser für Ihren Emotionswandel?
5. Schreiben Sie diesen Trigger in die dritte Spalte.

Download: verkaufen.limbeckgroup.com

Da auch Ihre Kunden auf Trigger reagieren, gehört zur Entwicklung der emotionalen Intelligenz auch das Erfassen von deren Reaktionsmustern. Trainieren Sie also das Erfassen (vgl. Trainingsprogramm, Teil 4, auch zum Download unter verkaufen.limbeckgroup.com). Denn so üben Sie Fingerspitzengefühl ein: Welcher Kunde reagiert auf welchen Reiz wie?

Trainingsprogramm: Emotionale Intelligenz – Teil 4

Bereiten Sie noch einmal ein Blatt mit drei Spalten vor.

1. Setzen Sie sich eine Woche lang wieder jeden Abend hin und listen Sie in der ersten Spalte die Gespräche auf, die Sie an dem Tag geführt haben.
2. Dann gehen Sie in Gedanken die Gespräche durch: Welche Gefühle haben Sie bei Ihrem Gesprächspartner wahrgenommen?
3. Schreiben Sie die Gefühle in die zweite Spalte.
4. Jetzt richten Sie Ihre Gedanken auf den Moment, in dem Sie dieses Gefühl wahrgenommen haben: Was könnte der Auslöser für die Veränderung gewesen sein?
5. Schreiben Sie diesen Trigger in die dritte Spalte.

Download: verkaufen.limbeckgroup.com

Gefühle beeinflussen

Wenn Sie wissen, wo die Gefühle, die Sie wahrnehmen, herkommen und Sie sie akzeptieren, dann können Sie auf den Fahrersitz wechseln: Sie lernen, mit Ihren Gefühlen und denen Ihrer Kunden umzugehen und sie zu steuern. Dazu finden Sie in diesem Buch viele Anregungen, sowohl was die Lenkung Ihrer eigenen Gefühle angeht (vgl. Kap. 1.3 und 2.3) als auch die Ihrer Kunden (vgl. Kap. 5.2 bis 5.10).

Wenn Sie Ihre emotionale Intelligenz einsetzen, dann arbeiten Sie mit Fingerspitzengefühl und Einfühlungsvermögen. Das führt dazu, dass sich Ihre Kunden Ihnen öffnen und Ihnen vertrauen. Das ist die hohe Kunst der empathischen Kommunikation. Das beste Beispiel dafür war Alfred Biolek, der als Talkmaster seine Gäste zum Reden gebracht hat, nur indem er ihnen vermitteln konnte: »Ich meine es gut mit dir.« Auf diese Weise ließen sie sich vertrauensvoll von ihm leiten, auch durch heikle Themen.

Sie spüren auch die Bedürfnisse Ihres Kunden auf die Art: Sie merken, wann er welche Kommunikation von Ihnen braucht, damit er sich bei Ihnen gut aufgehoben fühlt. Dazu kann auch eine Portion Humor viel beitragen.

L

Limbeck-Tipp

Bringen Sie Ihr Gegenüber zum Lachen. Wer lacht, der kauft.

Empathie schlägt Sympathie

Ob Sie einem Kunden von Haus aus sympathisch sind oder nicht, können Sie nur schwer beeinflussen. Was Sie dagegen trainieren können, ist Ihr empathisches Kommunikationsvermögen. Gerade wenn Sie nicht der Typ »Everybody's Darling« sind, ist mein Tipp: Arbeiten Sie in diesem Punkt konsequent an sich. Ich selbst gelte auch nicht als Sympathiegenie. Zum Ausgleich habe ich mein Einfühlungsvermögen und mein Fingerspitzengefühl intensiv trainiert. Das funktioniert, denn im Gespräch können Sie durch den Einsatz von Empathie Sympathie entstehen lassen. Ohne Empathie erlischt ein sympathischer Eindruck dagegen schnell.

AUF EINEN BLICK

- Was die emotionale Intelligenz ausmacht, ist das Vermögen, Gefühle wahrzunehmen, zu verstehen und zu beeinflussen – und zwar sowohl die eigenen als auch die des anderen.
- Diese Fähigkeiten sind entscheidend für die Steigerung des eigenen Verkaufserfolgs, denn Kaufentscheidungen sind zum größten Teil emotionale Entscheidungen.
- Sie können Ihre emotionale Intelligenz trainieren wie andere Fähigkeiten auch: Fleiß schlägt auch hier das Talent.

5.2 Manipulation als positiver Begriff

Manipulation hat einen schlechten Ruf: Jemanden zu beeinflussen, ohne dass er es merkt, gilt als unfair oder gar unethisch. Aber ist es das wirklich? Wenn Sie zum Beispiel ein scharfes Angelmesser kaufen, ist das nicht genauso fragwürdig? Schließlich könnten Sie damit entweder einen Fisch fachgerecht entschuppen oder Ihren Angelfreund verletzen oder sogar töten.

Klar ist Manipulation ein Instrument, dass Sie auch für unlautere Zwecke einsetzen können. Im Verkauf heißt das: Sie gehen nicht ehrlich mit Ihrem Kunden um, weil Sie ihn zu einer Kaufentscheidung bewegen, die ihm nichts Gutes bringt. Doch damit verlieren Sie meiner Erfahrung nach auf lange Sicht immer.

Wie das Angelmesser können Sie Manipulation jedoch auch als Mittel zum Zweck für eine gute Sache einsetzen: Wenn Sie nämlich auf den Kunden Einfluss nehmen, damit er das, was für ihn gut ist, auch kauft. Und in diesem Sinne tun Sie ihm mit Ihrer Manipulation etwas Gutes.

Genau genommen manipulieren alle Menschen jeden Tag bewusst oder unbewusst andere Menschen: Wenn die Damenwelt sich für die Herren hübsch macht, dann ist das nichts anderes als Manipulation. Es ist eine unterschwellige Einflussnahme und das funktioniert sehr gut. Selbst wenn Ihr Hund sich brav neben den Esstisch setzt und Sie nur bittend anschaut: Auch das ist Manipulation. Er möchte erreichen, dass Sie ihm – dem braven Hund – dann doch das Ende der Wurst geben.

Wenn Sie Ihrem Kunden eine wertschätzende Haltung entgegenbringen und ihm empathisch zuhören, ist dies auch bereits eine Form von Manipulation: Sie nehmen Einfluss auf ihn, um sein Vertrauen zu gewinnen.

Für mich ist positive Manipulation nichts anderes, als den anderen zu positiven Taten zu bewegen. Zum Beispiel den Kunden zu einer Kaufentscheidung zu bewegen, die ihm Nutzen bringt.

L

Limbeck-Tipp

Bewusst oder unbewusst: Im Verkauf manipulieren Sie Ihren Kunden. Wenn Sie sich Ihrer manipulativen Strategien bewusst sind, dann können Sie sie zielgerichteter und sauberer einsetzen.

Manipulative Kanäle im Verkauf

Alles, was ein Mensch wahrnimmt, nimmt Einfluss auf ihn. Das heißt, dass auch alle Kanäle für die positive Manipulation genutzt werden können. Im Verkauf sind es vor allem die Kanäle, die Sie in der direkten Kommunikation zur Verfügung haben. Das sind die nonverbalen und verbalen Wege, aber auch die systemischen Ansätze.

Die erfolgreichen Prinzipien, die ich Ihnen in diesem Buch vorstelle, funktionieren in aller Regel auf mehr als einem dieser Kanäle:

- So können Sie den Priming-Effekt sowohl auf sprachlicher, körpersprachlicher als auch systemischer Ebene nutzen (vgl. Kap. 5.4).
- Auch mit Pacing und Leading können Sie auf verschiedenen Ebenen Einfluss nehmen (vgl. Kap. 5.3).
- Über das Reziprozitätsgesetz bewegen Sie den Kunden ebenfalls auf allen Ebenen in eine beabsichtigte Richtung (vgl. Kap. 5.5).
- Selbst in der Hinhör- und Fragekompetenz finden sich manipulative Elemente auf mehr als der sprachlichen Ebene (vgl. Kap. 5.7 und 5.8).

Manipulation ist überall, ob Sie sie nun unbewusst oder bewusst nutzen. Hier nur ein kleines Beispiel für eine sprachliche Manipulation: Wenn Sie zu Ihrem Kunden sagen »Wir werden mit der Lieferung keinesfalls in Terminschwierigkeiten geraten«, dann bleibt bei Ihrem Kunden als Stichwort »Terminschwierigkeiten« hängen. Vielleicht hatte er vorher die Möglichkeit, dass sich die Lieferung verzögern könnte, gar nicht auf dem Schirm. Ihre Formulierung schreckt ihn auf – Sie haben ihn in eine negative Richtung manipuliert. Positive Manipulation ist in diesem Fall, wenn Sie sagen: »Wir werden mit der Lieferung pünktlich sein.« Ihr Kunde hört »pünktlich« und ist zufrieden.

Mentale Manipulation

Die aus meiner Sicht mächtigste Manipulation im Verkauf ist die, mit der Sie auf sich selbst Einfluss nehmen: Wenn Sie sich innerlich auf Ihr Ziel ausrichten, wenn Sie sich vorstellen, wie Ihr Kunde mit Ihrem Produkt glücklich sein wird, wenn Sie sich selbst pushen – das alles ist nichts anderes als mentale Manipulation an sich selbst.

Wenn Sie an Ihrer guten Einstellung arbeiten (vgl. Kap. 1.3), sich Ihre Umgebung positiv gestalten (vgl. Kap. 2.3), sich den richtigen Lese- oder Hörstoff reinziehen (vgl. Kap. 6), ein Dankbarkeitstagebuch führen (vgl. Kap. 2.10) und noch viele andere Tipps aus diesem Buch beherzigen, dann manipulieren Sie sich selbst zum Erfolg. Nennen Sie es mentales Training oder Selbstmanipulation – egal. So oder so hilft es Ihnen, zum besten Verkäufer zu werden, der Sie sein können.

AUF EINEN BLICK

- Menschen manipulieren sich laufend gegenseitig. Das ist auch im Verkauf so, entscheidend dabei ist Ihre positive Absicht.
- Manipulation läuft über alle Sinne. So bietet sich auch im Verkauf die Nutzung aller Kanäle an: die verbalen wie die nonverbalen, die mentalen wie die systemischen.
- Die Manipulation, die Sie im Verkauf am erfolgreichsten macht, ist die, mit der Sie sich selbst in eine positive Stimmung bringen.

5.3 Pacing und Leading

Wir alle wollen doch eigentlich nur eins: uns wohlfühlen mit dem Menschen, mit dem wir es gerade zu tun haben. Tief drinnen schlummert in jedem die Sehnsucht nach Harmonie. Das gilt auch und besonders für die Menschen, die etwas kaufen wollen.

Eine Kaufentscheidung fällt umso leichter, je harmonischer sich die Gesamtsituation anfühlt. Das heißt, dass Sie als Verkäufer mehr Aussicht auf Erfolg haben, wenn Sie die Voraussetzungen dafür schaffen, dass zwischen Ihrem Kunden und Ihnen so etwas wie Harmonie entsteht. Denn sobald Sie das erreicht haben, geht er gerne mit Ihnen mit, wenn Sie ihn durch den Verkaufsprozess führen.

Es gibt verschiedene Wege, um diese Harmonie zu erreichen. Eine der bewährten Methoden ist das Pacing und Leading.

Defintion: Pacing und Leading

Die Methode von Pacing (engl. für mitgehen) und Leading (führen) ist eine Kommunikationstechnik, die zum NLP gerechnet wird. Durch bewusste Angleichung des Verhaltens lässt der Ausübende beim Gegenüber ein Gefühl von Vertrauen entstehen. Anschließend geht der Akteur zu einem Verhalten über, das seine Ziele unterstützt, und das Gegenüber folgt dieser Führung unbewusst.

Der Grund, warum diese Methode funktioniert, ist folgender: Der Mensch ist ein soziales Wesen, das auf Kooperation ausgelegt ist (vgl. Kap. 5.5). Und diese Kooperationsbereitschaft signalisiert er, indem er sich an das Verhalten dessen anpasst, mit dem er gemeinsam etwas tun möchte. Das passiert vollkommen unbewusst: Menschen gleichen sich zum Beispiel im Gespräch an die Sprechweise und Lautstärke des anderen an. Sie nehmen die Körperhaltung ein, die der andere vormacht. Sie gleichen ihre Gehgeschwindigkeit an, wenn sie nebeneinander hergehen. Was da geschieht, ist ein natürliches Pacing.

Die Kanäle für das Pacing sind vielfältig. Beispiele sind:

- Körpersprache
- Mimik
- Stimme
- Sprache

Dieses Pacing ist ein wechselseitiger Prozess: Sobald ein Gleichklang erreicht ist und einer der beiden Kommunikationspartner eine neue Richtung einschlägt, wird ihm der andere mit großer Wahrscheinlichkeit folgen. Das Pacing geht in ein Leading über.

In die Verkaufswelt übersetzt heißt das: Durch die bewusste Angleichung an den Kunden schaffen Sie die Grundlage dafür, dass er Ihnen anschließend folgen möchte.

Pacing in der Praxis

Wenn Sie Ihren Kunden genau beobachten und sein Ausdrucksverhalten wahrnehmen, können Sie sich bewusst angleichen – oder, wie der Begriff meint, mit ihm in gleiche Schrittgeschwindigkeit kommen. Sie stellen einen Schulterschluss her. Ihr Kunde bekommt das Gefühl, dass Sie sich in seine Welt hineinbegeben und mit ihm in Harmonie gehen.

Limbeck-Tipp

Nehmen Sie sich ausreichend Zeit für das Pacing, damit Sie eine sichere Übereinstimmungsbasis bilden.

Ein bisschen Fingerspitzengefühl allerdings brauchen Sie beim Pacing schon: Wenn Sie versuchen, Ihren Kunden eins zu eins nachzuahmen, dann schießen Sie leicht über das Ziel hinaus. Wenn Ihr Kunde zum Beispiel die Angewohnheit hat, im Gespräch heftig mit den Armen zu fuchteln, fühlt er sich ziemlich sicher auf den Arm genommen, wenn Sie das auf einmal auch tun. Oder wenn er einen Dialekt spricht, der nicht Ihrer ist, und Sie versuchen es trotzdem – dann geht der Schuss nach hinten los.

Deshalb gilt auch bei dieser Technik: Übung macht den Meister. Wie, das lesen Sie weiter unten.

Leading in der Praxis

Wenn Sie mit dem Kunden ein gutes Pacing-Level erreicht haben, gehen Sie von der Spiegelung zur Führung über. So können Sie einen unsicheren Kunden über eine sicherer werdende Körpersprache in eine entschlossenere Haltung hineinführen. Oder ihn mit Ihrer Sprache von einer skeptischen Grundeinstellung gegenüber dem Nutzen Ihres Produktes zu einer positiven Bewertung führen. Dazu brauchen Sie keine ellenlangen Argumentationen oder Druckmittel – es geht rein um die Veränderung der emotionalen Wahrnehmung.

Die Werkzeuge

Im Prinzip lassen sich Menschen über jegliche Sinneswahrnehmung pacen und leaden. Damit Sie die vollständige Bandbreite für sich entdecken, gebe ich Ihnen mit dem »Denkzettel« etliche Beispiele (auch zum Download unter verkaufen.limbeckgroup.com). Wenn Sie in die Technik einsteigen, können Sie anhand dieser Beispiele Ihre Möglichkeiten nach und nach austesten. Werfen Sie immer wieder einen Blick auf das breite Spektrum, mit dem Sie arbeiten können. Mit dem Tun werden Sie auch immer weitere Optionen entdecken.

Denkzettel Pacing&Leading-Tools

verbal: Wortschatz Satzbau Satzlänge Stilebene Stimmlage Lautstärke Sprechgeschwindigkeit Tonhöhe	**nonverbal: Körperhaltung** Bewegungen Atemfrequenz Gestik Mimik
Identität: Selbstbild (zu erkennen z. B. in Sätzen, die mit »Ich bin …« anfangen) Bild von der Welt	
Typ: Wahrnehmungstyp (visuell, auditiv etc.) Farbtyp	

Download: verkaufen.limbeckgroup.com

Alles Übungssache

Um ein Gefühl für das Pacing zu bekommen, können Sie auch erst einmal allein für sich üben. Stellen Sie sich vor einen großen Spiegel und schauen Sie sich an. Dann schließen Sie die Augen und rufen Sie sich Ihren letzten Verhandlungspartner ins Gedächtnis: Wie saß er Ihnen gegenüber? Wie war sein Gesichtsausdruck? Wie seine Gestik? Wie sprach er?

Lassen Sie Ihre Augen noch geschlossen und ahmen Sie ihn in dem, was Sie beobachtet haben, nach. Fühlen Sie sich in diesen »fremden« Ausdruck hinein. Jetzt öffnen Sie die Augen und nehmen Sie wahr, wie Sie nun wirken. Und dann verändern Sie Ihre Haltung ganz langsam hin zu der, die in dieser Gesprächssituation gut gewesen wäre.

Spielen Sie dieses Spiel mehrfach sowohl für diese Situation als auch für weitere Anlässe durch. Sobald Sie sich sicher fühlen, gehen Sie in die ersten Echttests im Familien- und Freundeskreis. Dann sind Ihre Kunden dran.

Probieren Sie bewusst die verschiedenen Tools durch, damit Sie sich ein breites Repertoire erarbeiten.

Authentisch oder angepasst?

Sie als Verkäufer sollten immer authentisch bleiben – richtig. Auch wenn das nach einem großen Widerspruch klingt zu »Passen Sie sich Ihrem Kunden an«, ist es das nicht. Denn Sie haben innerhalb Ihres authentischen Auftretens einen breiten Spielraum. Das war mir früher auch nicht so bewusst: Ich habe beim Kunden grundsätzlich meine langen Beine ausgestreckt und mich eher leger auf den Stuhl gesetzt. Bis ich gemerkt hatte: Das kam nicht so gut. Und ich kann mich genauso authentisch sehr ordentlich auf einen Stuhl setzen, wenn mein Kunde in dem Punkt klare Vorstellungen hat.

Pacing kann Mut erfordern

Es kann passieren, dass Sie einen Kunden pacen und dabei zunächst das Gefühl haben, dass Sie zu weit gehen. Spüren Sie sich in die Situation ein – und vertrauen Sie auf sich.

Wenn Sie einen befehlsgewohnten Kunden mit einem hochhaushohen Selbstbewusstsein haben, kann die Verhandlung extrem herausfordernd sein. Wenn er in der dritten Angebotsrunde noch einmal alles umschmeißen will, dann müssen Sie sich darauf nicht einlassen. Geben Sie ihm dann auch mal klar Kontra und sagen Sie ihm: »Vertrauen Sie mir!« Mag sein, dass er zunächst zurückbellt: »Vertrauen? Einem Verkäufer?« Bleiben Sie cool. Ein kurzes »Schade« als Antwort genügt. Machen Sie nicht mehr. Die Chance ist groß, dass er nach zwei Tagen bei Ihnen anklopft und auf alles eingeht, was Sie anbieten. Weil Sie seine resolute Umgangsweise »gepacet« haben und er Ihre Führung akzeptiert.

AUF EINEN BLICK

- Die Technik von Pacing und Leading arbeitet mit dem menschlichen Grundbedürfnis, sich an den anderen anzugleichen, um gut mit ihm kooperieren zu können.
- Durch die bewusste Annäherung an die Verhaltensweisen Ihres Kunden fördern Sie bei ihm ein Gefühl des Vertrauens.
- Wenn Sie diese Vertrauensbasis erreicht haben, wird Ihnen der Kunde in Ihrem dann veränderten Verhalten hin zur Kaufentscheidung folgen wollen.

5.4 Priming

Heute schon geprimt? Was klingt wie eine Vokabel aus der StarTrek-Saga, ist im Verkaufsalltag ein wichtiges Instrument für Ihren Erfolg.

Definition: Priming

Der Begriff Priming stammt aus der Psychologie und wird auch mit Bahnung übersetzt. Er bezeichnet den Effekt, dass die Verarbeitung eines Reizes dadurch beeinflusst wird, dass ein vorangegangener Reiz bestimmte Gedächtnisinhalte aktiviert hat. Diese Aktivierung passiert unbewusst und auch die Auswirkungen, also die veränderte Einstufung des folgenden Reizes, ist dem Menschen nicht bewusst.

Kopfkino bahnt den Weg

Die Einzelverarbeitung von Reizen ist eine energie- und zeitintensive Angelegenheit. Bei den vielen Reizen, die ununterbrochen auf uns einprasseln, wäre es ein viel zu aufwendiges Verfahren, dafür immer einen neuen, komplexen Verarbeitungsprozess in Gang zu setzen. Deshalb zieht sich das Hirn auf andere Art aus der Affäre: Es sortiert vor, und zwar auf der Grundlage von Erfahrungen von früher. Jeder Reiz wird mit einer Erinnerung verknüpft. Diese Erinnerung erzeugt eine Erwartung, was als Nächstes passieren wird und ob das etwas Gutes oder etwas Schlechtes sein wird. Der Reiz, der dann folgt, wird automatisch vorbewertet.

Das geschieht vollständig unbewusst. Und ist doch wissenschaftlich eindeutig belegt, und zwar auf eine Weise, die uns immer wieder über uns selbst staunen lässt.

So hat der amerikanische Psychologieprofessor John A. Bargh in einem Experiment zwei Gruppen Studenten die Aufgabe gegeben, mit bestimmten Wörtern Sätze zu bilden. Die eine Gruppe bekam Wörter, die mit dem Alter assoziiert werden: Falten, vergesslich, Glatze etc. Die zweite Gruppe bekam neutrale Wörter. Anschließend maß Bargh heimlich das Gehtempo, mit dem die Studenten den Versuchsraum verließen. Das verblüffende Ergebnis: Die, die auf das Thema »Altern« geprimt waren, liefen deutlich langsamer als die, die sich mit neutralen Begriffen beschäftigt hatten – und sich anschließend normal schnell bewegten. Es reicht also schon, sich mit diesen Wörtern rund ums Alter auseinanderzusetzen, um sich älter zu fühlen und zu verhalten.

Dasselbe funktioniert übrigens auch in die positive Richtung: Allein schon der Gedanke an Sport macht Sie fitter (zumindest ein bisschen).

Die Wissenschaft hat verschiedene Priming-Arten definiert.

Priming-Arten

semantisches Priming: mit Wörtern bzw. ganzen Wortfeldern Assoziationen erzeugen

Response-Priming: mit schnell aufeinanderfolgenden Frage-Antwort-Ketten bestimmte Antworten bahnen

affektives Priming: mit Bildern, Musik, Gerüchen, Geschmack Emotionen hervorrufen, die »ausstrahlen«

mediales Priming: über Medien wie Zeitung, Radio, Fernsehen und vielfach konsumierte Themen eine Erwartungshaltung zum Beispiel in Bezug auf Dramen, Unfälle und Verbrechen prägen

Wie sehr die Macht des Primings wirkt, können Sie leicht an sich selbst testen mit einem Beispiel aus dem Bereich des Response Primings (auch zum Download unter verkaufen.limbeckgroup.com).

Selbsttest: Priming

Lesen Sie folgende Fragen so schnell wie möglich durch und geben Sie spontan die Antwort.

Frage: Welche Farbe hat der Schnee?

Antwort: ....

Frage: Welche Farbe hat die Wand?

Antwort: ....

Frage: Welche Farbe haben die Wolken?

Antwort: ....

Frage: Was trinkt die Kuh?

Antwort: ....

Die Antwort, die auf die letzte Frage in der Regel kommt, ist: .... (vgl. unten). Das ist natürlich falsch. Doch durch die Beschäftigung und das Priming auf »Weiß« ist Ihr Unterbewusstsein auf diesen Themenkomplex so vorbereitet, dass Ihnen zunächst das nächstliegende weiße und mit der Kuh assoziierte Getränk einfällt.

Die Antwort lautet Milch.

Download: verkaufen.limbeckgroup.com

Priming läuft in und mit jedem von uns ständig und täglich ab. Und Sie als Verkäufer können mit diesem Effekt arbeiten: Sie können ganz bewusst Reize setzen, die beim Kunden mit guten Erinnerungen assoziiert sind. Damit bereiten Sie für nachfolgende Reize einen günstigen Boden: Sie nehmen also Einfluss auf die Wahrnehmung Ihres Gegenübers.

Es gibt unzählige Möglichkeiten dafür. Ein paar davon stelle ich Ihnen hier vor. Lassen Sie auch Ihre eigene Fantasie spielen, wie es bei Ihrem Kunden gelingen kann, in den Gleichklang und dann in die Führung zu gehen.

Beispiel: semantisches Priming

Schon über Ihre Wortwahl stellen Sie ein Vertrauensverhältnis zu Ihrem Kunden her. Die richtige Wortwahl hängt zum Beispiel davon ab, welche Bedürfnisse Ihr Kunde hat. Darüber können Sie oft schon in der Vorbereitung einiges erfahren: Stammt Ihr Kunde aus einem fancy Start-up in der Kreativbranche oder aus einem traditionellen Familienunternehmen? In welcher Situation steckt er wohl? Es lohnt sich, wenn Sie sich vorab schon eine Liste an Schlüsselwörtern überlegen, auf die dieser Kunde wahrscheinlich anspringen wird, weil er damit positive Assoziationen verknüpft. Bauen Sie diese wiederholt in Ihr Gespräch ein.

So triggern Sie beispielsweise den Käufertyp »Sicherheit« mit Worten wie »Zuverlässigkeit« und »Solidität« besser als mit den Begriffen »kein Risiko« und »Innovation«.

Außerdem ist es grundsätzlich nützlich, wenn Ihre Geschäftspartner mit Ihnen Erfolg, Vertrauen und Loyalität assoziieren. Das passiert fast automatisch, wenn Sie diese Wörter oder verwandte Begriffe oft benutzen. Die anderen werden Sie unterbewusst mit diesen positiven Eigenschaften in Verbindung bringen, Ihnen vertrauen und etwas zutrauen.

Sobald Sie dann ins Gespräch kommen: Überprüfen Sie Ihre Annahmen. Decken sie sich mit dem, was Sie in der Bedarfsanalyse erfahren haben (vgl. Kap. 14.4)? Welche Begriffe verwendet der Kunde selbst? Greifen Sie seine positiven Begriffe wortwörtlich auf.

Limbeck-Tipp

Gutes semantisches Priming erfordert, dass Sie nicht nur reden, sondern vor allem gut hinhören – eine der Verkäufertugenden schlechthin.

Für eine positive Verstärkung Ihrer Botschaften sorgen auch Wiederholungen. Sie können die dreifache Wirkung Ihrer Message erzielen, wenn Sie ein Wort oder einen Satz mehrmals bringen. Dann verankert er sich tiefer im Bewusstsein. Die Werbung weiß längst, dass das funktioniert. Überprüfen Sie sich selbst: Sicher kennen Sie die Antwort auf die Frage: »Was wollt ihr denn?«

Achtung: Was für positive Begriffe gilt, gilt auch für die negativen – das Priming geht auch abwärts. Passen Sie deshalb auf, dass Sie negative Botschaften Ihres Kunden nicht wiederholen, sondern sie positiv drehen. Wenn Ihr Kunde also sagt: »Ich habe jetzt keine Zeit«, dann antworten Sie nicht mit: »Ach, Sie haben jetzt keine Zeit für ein Telefonat? Das ist aber schade.« In diesem Fall ist es viel besser, Sie sagen: »Sie nehmen sich also für die wichtigen Dinge Zeit? Das ist gut. Wann wollen wir dann heute noch konkret sprechen über das Produkt XY?«

Beispiel: Response-Priming

Stellen Sie im Gespräch Ihre Fragen so, dass Ihr Kunde möglichst durchgehend zustimmend und positiv darauf antworten kann. Sie bauen auf diese Weise eine Ja-Kette für Ihren Kunden auf. Seine Neigung und seine innere Bereitschaft, auch auf Ihre nächste Frage mit Zustimmung zu reagieren, wächst.

> Verkäufer: »Ihnen ist also wichtig, dass Ihre neue Heizung einfach in der Handhabung ist, nicht wahr?«
> Kunde: »Ja, genau.«
> Verkäufer: »Dass die Steuerung mit zwei Klicks auf neue Tageswerte einzustellen ist, kommt Ihnen also entgegen?«
> Kunde: »Sehr.«
> Verkäufer: »Wenn Sie das sogar von Ihrem Handy tun können, sodass Sie dafür noch nicht einmal mehr in den Keller gehen müssen, erst recht?«
> Kunde: »Ja, auf jeden Fall.«
> Verkäufer: »Was wird es dann für ein Gefühl sein, wenn Sie mit unserem neuen SmartHeat die Heizkosten endlich voll im Griff haben?«

Beispiel: affektives Priming

Priming-Papst John A. Bargh hat nicht nur das bahnbrechende Experiment mit den auf alt »geprimten« Studenten gemacht. Er hat auch nachgewiesen, dass Menschen empathischer und zugewandter aufeinander reagieren, wenn sie ein warmes Getränk in den Händen halten. So leicht und wirkungsvoll lässt sich ein positiver Eindruck herstellen.

Die Erkenntnis finde ich genial und wir haben sie bei uns sofort umgesetzt: Wir fragen die Kunden in unserem Office nicht mehr, ob sie Wasser oder Kaffee möchten. Stattdessen geben wir ihnen nur noch Tee oder Kaffee in den verschiedenen Variationen zur Auswahl. Die herkömmlichen Tassen mit Henkel haben wir komplett abgeschafft. Stattdessen drücken wir den Kunden formschöne Kaffeebecher in die Hand mit unserem Firmenlogo auf einer Filzbanderole drumherum. Die lassen sich so richtig schön umfassen. Und wenn der Kunde diesen warmen Becher umfasst und ihm der feine Duft der Latte macchiato in die Nase steigt, sehen wir ihm an, wie das Gefühl von Heimeligkeit, Entspanntheit und Freundlichkeit ihn durchströmt. Und unser Office und wir werden von dieser positiven Welle gleich mit erfasst.

AUF EINEN BLICK

- Beim Priming-Effekt bahnen die emotionalen Assoziationen auf einen ersten Reiz die Wahrnehmung des zweiten.
- Wenn Sie als Verkäufer bewusst einen positiven ersten Reiz beim Kunden setzen, dann schaffen Sie gute Voraussetzungen, dass er auch Ihre nächste Aktion positiv aufnimmt.
- Sie können Ihren Kunden semantisch, responsiv und/oder affektiv primen.

5.5 Reziprozitätsprinzip

Ich war einmal für ein Seminar in einem kleinen Hotel irgendwo in der Nähe von Fulda. Als ich ins Zimmer komme, sehe ich auf dem Tisch neben einem Körbchen mit frischen Erdbeeren ein Briefchen liegen:

> *Hallo Herr Limbeck,*
> *ich möchte mich kurz bei Ihnen vorstellen. Ich bin der Direktor des Hotels und möchte, dass Sie sich bei uns wohlfühlen, denn neben der Arbeit ist auch die Freizeit wichtig. Sie erreichen mich unter der Nummer 111.*
> *Des Weiteren haben wir uns erlaubt, wenn Sie Lust haben, Ihnen eine kostenfreie Massage anzubieten.*

Darunter seine Unterschrift – nicht aufgedruckt, sondern mit der Hand geschrieben.

Mir blieb regelrecht die Spucke weg und ich dachte: »Wow, die haben das Reziprozitätsprinzip begriffen.«

Definition: Reziprozitätsprinzip

Der Begriff Reziprozitätsprinzip stammt aus der Soziologie. Er besagt, dass Menschen, wenn sie etwas erhalten, einen Impuls verspüren, eine Gegenleistung zu erbringen. Sie fühlen sich dazu verpflichtet. Der Ethnologie zufolge ist dieses Phänomen weltweit in allen Kulturen zu beobachten und häufig auch gesellschaftlich als Norm anerkannt.

Wenn Sie von jemandem etwas geschenkt bekommen, einfach so, dann fühlen Sie sich in seiner Schuld. Und diese »Schuld« möchten Sie ausgleichen. Genau das ist Reziprozität.

Das Prinzip wird millionenfach im Verkauf angewandt: Denken Sie zum Beispiel an die Frau, die Ihnen auf dem Markt ein Stückchen vom handgemachten Ziegenkäse zum Probieren anbietet. Sie nehmen es und fühlen sich verpflichtet, ihr hinterher etwas davon abzukaufen. Oder an den Pflaumenwein, den Ihnen die freundliche Bedienung im China-Restaurant hinstellt, bevor sie die Rechnung bringt. Untersuchungen belegen, dass das Trinkgeld regelhaft höher ausfällt als ohne den kleinen Gruß vom Haus.

Dabei muss es noch nicht einmal etwas Materielles sein, mit dem der andere Sie verpflichtet. Überlegen Sie: Wen werden Sie auf Ihre nächste Party lieber wieder einladen? Die 19, von denen Sie nach Ihrem letztem Fest nichts gehört haben, oder die eine, die sich am nächsten Tag noch einmal bei Ihnen gemeldet hat, um sich zu bedanken?

Beim Reziprozitätsprinzip geht es nicht um die Größe des Gefallens. Es geht allein um die Tatsache. Und oft sind es die Kleinigkeiten, die den Unterschied machen. Das gilt ganz besonders für den Verkauf.

Limbeck-Tipp

**Freundliche Kleinigkeiten im Verkauf bedeuten nicht viel.
Sie bedeuten alles!**

Reziprozität im Verkauf

Es gibt kaum ein besseres Instrument zur Bindung, als wenn der Kunde sich Ihnen zu Dank verpflichtet fühlt (vgl. Kap. 17.1). Umso erstaunlicher ist es, wie wenige Verkäufer ich kreativ damit umgehen sehe.

Dabei gibt es unendlich viele Möglichkeiten und die meisten sind noch nicht einmal mit großem Aufwand verbunden. Stellen Sie beispielsweise bei Ihrem nächsten Treffen mit Ihrem Kunden nicht die üblichen Kekse auf den Tisch, sondern drei exquisite Pralinen oder hübsch angerichtetes Obst. Das ist nicht viel Aufwand, signalisiert Ihrem Kunden jedoch wesentlich mehr Aufmerksamkeit.

Oder – und das ist eines meiner Lieblingsthemen – rufen Sie Ihren Kunden nach dem abgeschlossenen Auftrag einfach mal an und erkundigen Sie sich, ob er zufrieden ist oder ob Sie ihm noch mit etwas helfen können. Bei uns bekommt jeder Kunde nach einem Seminar einen Brief oder sogar einen Anruf von mir. Und nicht wenige sind positiv überrascht, weil sie das von anderen Geschäftspartnern nicht kennen.

»Negative« Reziprozität

Wenn Sie das Nehmen-und-Geben-Spiel der Reziprozität gut spielen, dann gibt das beiden Seiten ein gutes Gefühl. Wenn Sie dagegen den Eindruck haben, dass Ihr Geschäftspartner nur nimmt und nicht gibt, dann erzeugt das schnell ein mieses Gefühl.

Stellen Sie sich vor, Sie sind mit Ihrer Frau in einem edlen Restaurant: feines Essen, feines Ambiente und entsprechende Preise. Dann lese Sie unten auf der Menükarte den Hinweis: »Bei Änderungswünschen erlauben wir uns, Ihnen 1,50 Euro in Rechnung zu stellen.« Und Sie fragen sich: Wie bitte? Auf den stolzen Preis noch 1,50 obendrauf zahlen? Da geht es nicht um den kleinen Aufschlag – das fühlt sich einfach nicht gut an. Selbst wenn Sie gar keinen Extrawunsch haben, bleibt der ungute Eindruck zurück, dass hier nicht großzügig mit Ihnen umgegangen wird. Eine Verpflichtung, wiederzukommen, spüren Sie daraufhin nicht.

Reziprozität kommt auch dann zum Zuge, wenn Sie in Preisverhandlungen gehen: Wenn Sie Ihrem Kunden zunächst einen hohen Preisanker setzen und ihm dann im Gespräch bei Details entgegenkommen, erzeugt das eine andere Art von Verpflichtung, als wenn Sie gleich am unteren Preisrand einsteigen (vgl. Kap. 14.10).

AUF EINEN BLICK

- Das Reziprozitätsprinzip beschreibt einen zutiefst menschlichen Trieb: Wenn Ihnen jemand etwas gibt, möchten Sie ihm dafür etwas zurückgeben.
- Diese innere Verpflichtung erhöht im Verkauf die Abschlusswahrscheinlichkeit.
- Es sind vor allem die scheinbaren Kleinigkeiten im Umgang mit Ihrem Kunden, die dieses Gefühl der Dankesschuld erzeugen.

5.6 Das Metamodell der Sprache

Das, was Ihnen Kunden sagen, führt oft nicht gleich dazu, dass Sie verstehen, was Ihr Kunde eigentlich meint. Das macht Verkaufen schwierig, denn wenn Sie keine oder eine falsche Vorstellung von seinem Bedürfnis bekommen, dann können Sie ihm nicht das anbieten, was sein Bedürfnis stillt.

Eine gute Erklärung, warum es nicht nur im Verkauf, sondern in der menschlichen Kommunikation so häufig zu Missverständnissen kommt, bietet das Metamodell der Sprache. Und es liefert den Ansatz, wie Sie als Verkäufer das Thema lösen können.

Definition: Metamodell der Sprache

Das von den NLP-Gründern Richard Bandler und John Grinder entwickelte Metamodell der Sprache besagt, dass Sprache sowohl eine Oberflächenstruktur als auch eine Tiefenstruktur hat. Die Oberflächenstruktur ist das, was ein Mensch sagt, die Tiefenstruktur das, was er damit meint. Durch die drei Mechanismen

- Tilgung,
- Generalisierung,
- Verkürzung

wird das Gemeinte so transformiert, dass das Gesagte nur noch schwer Rückschlüsse darauf zulässt. So entstehen laufend Missverständnisse, die die Kommunikation erschweren.

Das Metamodell basiert auf den Erkenntnissen der Transformationsgrammatik des US-amerikanischen Linguisten Noam Chomsky und den Postulaten des polnischen Sprachphilosophen Alfred Korzybski.

Wie Wahrnehmung Sprache formt

Jeder Mensch nimmt seine Umwelt auf individuelle Art und Weise wahr – geprägt durch seine Erfahrungen, seine Einstellung, seine Wahrnehmung und so weiter. Genauso formuliert er dann auch: Er spricht aus seiner Sicht auf die Welt heraus. Dabei tilgt er, er generalisiert und er verzerrt. Wie er das tut, ist abhängig von den sogenannten Metaprogrammen, die ihn und seine Sprache bestimmen.

Von diesen Metaprogrammen gibt es jede Menge, hier nur drei Beispiele:

- Ist er in seiner Motivation geprägt von einer Hin-zu- oder einer Weg-von-Haltung? Strebt er also zu einem Ziel hin oder will er weg von etwas, was ihm nicht gefällt?
- Ist sein Bezugsrahmen intern oder extern? Also bildet er seine Urteile und Entscheidungen aus sich heraus oder richtet er sich nach anderen?
- Strebt er nach Perfektion oder reicht ihm Optimierung?

Auch das, was ein Mensch hört, nimmt er durch den Filter dieser Metaprogramme wahr: Er ordnet, interpretiert und bewertet auf seine Weise.

Diese Verformung der Wirklichkeit passiert vollkommen unbewusst. Zwei Gesprächspartner können sich gegenseitig komplett in die Irre führen, ohne jegliche Absicht oder überhaupt eine Kenntnis darüber. Umso größer ist das Unverständnis auf beiden Seiten, wenn sich am Ende das Missverständnis herausstellt.

Ganz einfaches Beispiel: Ihr Kollege erzählt vom Urlaub und sagt: »Wir hatten die ganze Zeit Superwetter.« Sie verstehen unter »Superwetter« Sonnenschein und 28 Grad. Später lesen Sie, dass es in dem Urlaubsgebiet richtig stürmisch war, und denken, Ihr Kollege hat Sie angelogen. Dabei ist er Extremsegler und freut sich über die Herausforderungen bei starkem Wind.

Verstärkt wird das Missverständnispotenzial noch dadurch, dass es zeitaufwendig ist, eine umfassende Information zu geben. Daher fassen wir noch mehr zusammen, generalisieren, verkürzen – und das, was rauskommt, reicht für den Alltag in der Regel aus. Denn meistens genügt ein grobes, ungefähres Verständnis, um fürs

Erste weiterzukommen. Problematisch wird es erst, wenn es auf ein echtes Verständnis dringend ankommt: zum Beispiel, wenn Sie wirklich verstehen wollen, was Ihren Kunden antreibt. Und Sie gar nicht ahnen, dass Ihr Kunde nicht das meinen könnte, was Sie glauben, von ihm verstanden zu haben.

Der erste Schritt

L

Limbeck-Tipp

Erst wenn Ihnen die Missverständnisfallen bewusst werden, können Sie anfangen, sie zu umgehen.

Grundvoraussetzung ist immer, dass Sie als Verkäufer gut hinhören (vgl. Kap. 5.7). Ohne das geht es gar nicht.

Darüber hinaus sollten Sie so lange nachfragen, bis Sie wirklich ein gutes Verständnis erreicht haben – und nicht vorher aufhören. Leider tun viele Verkäufer genau das: Sie geben sich zu früh zufrieden. Sie glauben, dass ihr ungefähres Verständnis schon ausreichend ist und weitere Fragen nur Zeitverschwendung auf dem Weg zum flotten Abschluss sind. So bleiben sie auf halbem Weg zum Erfolg stehen und haben weder verstanden, was der Kunde wirklich will, noch hat der Kunde verstanden, was er wirklich braucht.

Denn das macht einen großen Teil des Erfolges aus: Dass Sie mit Ihren Nachfragen auch dem Kunden bewusst machen, was ihm bisher nicht bewusst war: sein wahres Bedürfnis. Jeder ist nämlich so stark in seiner Welt gefangen, dass er zum Teil nicht mehr erfassen kann, was ihn im Grunde bewegt. Erst die Fragen des Verkäufers machen ihm eine neue Sichtweise möglich.

Dazu, wie Sie richtig fragen, gibt das Metamodell gute Hinweise.

Mustersuche

Das Metamodell unterscheidet zwischen der Oberflächenstruktur eines Satzes (das, was wörtlich gesagt wird) und seiner Tiefenstruktur (das, was der Sprecher damit meint). Als erfolgreicher Verkäufer dringen Sie mit Fragen von der Oberfläche zur Tiefe durch, um wirklich zu verstehen, was der Kunde denkt, meint, fühlt – um ihm dann das passende Angebot zu machen.

Anhand von bestimmten Sprachkonstruktionen erkennen Sie das entsprechende Metaprogramm und damit die Stelle, an der Sie mit Ihren Fragen ansetzen sollten. Diese Muster führen Sie nämlich zu dem Mechanismus, der das Gemeinte auf dem Weg von der Tiefe an die Oberfläche verformt hat. Und wenn Sie den Mechanismus erkannt haben, wissen Sie, wie und wo Ihre Frage einhaken kann.

Prägen Sie sich die Muster gut ein, damit Sie sie schnell erkennen lernen.

Sprachmuster der Verformungsmechanismen

Tilgung: unspezifische Aussagen, Auslassungen, Nominalisierungen

- »Mag ich nicht.«
- »Das kostet zu viel.«
- »Ich bestehe auf Ehrlichkeit.«

Generalisierung: Sätze mit Verallgemeinerungsvokabeln wie nie, immer, jeder, alles

- »Haben wir probiert, funktioniert nie.«
- »Verkäufer ziehen einen immer über den Tisch.«
- »So etwas kaufe ich grundsätzlich nicht.«

Verzerrung: Mutmaßungen oder behauptete Kausalzusammenhänge, Vorannahmen

- »Von Verkäufern lasse ich mir nichts mehr aufschwatzen.«
- »Wenn Sie Ihr Produkt so anpreisen, ist etwas faul.«
- »Weiße Tische machen aggressiv.«

Download: verkaufen.limbeckgroup.com

Musterfragen

Wie haken Sie nun mustergerecht ein? Ich gehe mit Ihnen jeweils ein Beispiel durch.

Typisch für die **Tilgung** ist, dass wichtige Informationen fehlen, entweder weil sie weggelassen oder unspezifisch ausgedrückt werden. Ihre Aufgabe ist es, die Lücken zu erkennen und nach den entsprechenden Informationen zu fragen. Wenn Ihr Kunde beispielsweise sagt »Ich hatte schon genug schlechten Service«, dann hat er offensichtlich mindestens eine schlechte Erfahrung gemacht. Es fehlt eine Information dazu, was er als schlechten Service empfunden hat.

Was Sie brauchen, sind Informationen darüber, wie seine Positivvorstellung ist. Fragen Sie also: »Wie sieht für Sie guter Service aus?« Lassen Sie sich schildern, was Ihr Kunde sich erwartet – so konkret wie möglich.

Das Muster der **Generalisierung** erzeugt Totschlagargumente. Um hinter dieses Muster zu kommen, führen Sie Ihren Kunden auf die konkreten Vorfälle zurück, die ihn zu seiner Aussage gebracht haben. Wenn er Ihnen also sagt »Versuche, die wir im technischen Bereich machen, scheitern immer«, dann verallgemeinert er eine Einzelerfahrung. In seiner Wahrnehmung gibt es keine Ausnahmen. Führen Sie ihn auf die Ausgangserfahrung zurück, um die Generalisierung zu relativieren. So fragen Sie: »Aha, interessant. Wie viele Versuche haben Sie gemacht?«

Verzerrungen können auch unterschwellige Vorwürfe transportieren, die aus einer spezifischen Haltung heraus entstehen. Wenn Ihr Kunde zum Beispiel sagt »Sie können mir viel erzählen«, dann klingt eine Opferhaltung durch. Offensichtlich hat er sich in der Vergangenheit von einem Verkäufer zu etwas überreden lassen, was er später bereut hat, und gibt die Schuld dafür allen Verkäufern. In dieser Rolle gestaltet er sein Leben nicht mehr selbst und frei. Führen Sie Ihren Kunden wieder dahin zurück und damit in eine positive Empfindung. Und stellen Sie offensiv seine Vorannahme in Frage: »Wie kommen Sie darauf, dass ich Ihnen etwas aufschwatzen will? Ich habe ein tolles Angebot für Sie, das ich Ihnen im Detail erklären kann. Wenn Sie es in aller Ruhe geprüft haben und sich dafür entscheiden, freue ich mich.«

Es geschieht immer wieder, dass Sie bei Ihrem Kunden Muster entdecken, die dazu führen, dass er die Realität feindlich wahrnimmt. Die sind ihm nicht bewusst und wirken sich doch negativ und einschränkend auf sein Verhalten aus. An der Oberfläche lässt sich diese Wahrnehmung nicht verändern, wohl aber in der Tiefenstruktur. Gute Verkäufer machen das automatisch.

Jeder Kunde legt Ihnen im Gespräch so seine Muster und seine Weltsicht dar: Hören Sie deshalb genau hin, welche Wörter er verwendet. Sie legen die Überzeugungen seines Unterbewusstseins, also seine Metaprogramme offen, die ihn von dort aus lenken. Aus dieser Prägung heraus formuliert Ihr Gegenüber – und Sie können seine Wörter aus seiner Sicht heraus interpretieren und verstehen. Sie verschaffen sich und dem Kunden Klarheit.

Limbeck-Tipp

Mit Ihren gezielten Fragen anhand des Metamodells verschaffen Sie sich und dem Kunden nicht nur Klarheit über seine Bedürfnisse, sondern auch die Basis für sein Vertrauen und Ihren Auftrag.

AUF EINEN BLICK

- Das Metamodell der Sprache zeigt, dass bei dem, was Kunden sagen, durch Tilgung, Generalisierung und Verkürzung gemäß seiner Metaprogramme die wahre Aussage nicht zu erkennen ist.
- Durch die richtige Fragetechnik nähern Sie sich dem, was der Kunde meint, an.
- Dadurch schaffen Sie ein besseres Verständnis für seine Bedürfnisse – sowohl bei sich selbst als auch bei Ihrem Kunden.

5.7 Hinhörkompetenz

Wer nicht hört, was sein Kunde ihm sagt, der kann nicht wissen, was der Kunde braucht. Und hat damit seine Chance vertan, dem Kunden das Richtige zu verkaufen. Deshalb ist das Hinhören eine der wichtigsten Fähigkeiten eines erfolgreichen Verkäufers.

Ich sage ganz absichtlich nicht »zuhören«, sondern »hinhören«. Im Zuhören steckt ein »zu« – und das ist das Gegenteil von dem, was echtes Hören ausmacht. Wenn Sie nur zuhören, dann nehmen Sie zwar die Wörter des anderen auf. Doch diese laufen sofort durch Ihre innere Bewertungsmaschine, die Sie aus Ihren Überzeugungen, Erfahrungen und Erinnerungen gebaut haben. Heraus kommt das, was Ihren Erwartungen entspricht, und nicht das, was der Kunde wirklich von sich gegeben hat. Und das hilft Ihnen im Verkauf nicht weiter.

Echtes Hören geht deshalb nur mit Offenheit. Die ist Grundvoraussetzung für das Hineinhören in das, was der andere Ihnen sagt. Nur dann erfassen Sie nämlich über die Worte hinaus auch das, was dazwischen und drumherum vom Kunden rüberkommt. Und das ist jede Menge: Sie erfahren von seinen Gedanken und seinen Gefühlen, seinen Sichtweisen und Überzeugungen, seinen Bedürfnissen und seinen Ängsten.

Limbeck-Tipp

Hören Sie hin und nicht nur zu. Das erst macht den Erfolg.

Warum Hinhören den Unterschied macht

Wer mehr hinhört als redet, macht mehr Aufträge – das ist so. Ihre Bedarfsanalyse wird um Klassen besser, wenn Sie nicht nur gut und ausdauernd fragen, sondern auch richtig hinhören, wenn Ihr Kunde antwortet (vgl. Kap. 14.4). Wenn Sie richtig hinhören und nachfragen, haben Sie auch die Chance, zur Tiefenstruktur des Gesagten vorzudringen (vgl. Kap. 5.6). Damit legen Sie die eigentlichen Wünsche und Ängste Ihres Gesprächspartners frei.

Limbeck-Tipp

Gerade wenn Sie meinen, schon vorab zu wissen, was dieser Kunde will, dann konzentrieren Sie sich besonders gut auf das Hinhören, denn in solchen Situationen driften Ihre Gedanken noch leichter weg vom Kunden hin zum Angebot. Das ist an dieser Stelle der Verkaufskiller Nr. 1.

Das mit den besseren Verkaufschancen liegt jedoch nicht nur daran, dass Sie mehr über Ihren Kunden erfahren. Wenn Sie hinhören, fühlt sich Ihr Kunde von Ihnen auch ganz anders wertgeschätzt. Durch Hinhören machen Sie ihm klar: Er ist es, der im Mittelpunkt steht. Und das macht ein gutes Gefühl – die beste Grundlage für eine Kaufentscheidung.

Der Kunde fühlt sich auch verstanden, denn zum Hinhören gehört ja auch, dass Sie das, was er sagt, paraphrasieren und er Sie bestätigen kann (vgl. Kap. 14.3). Und wer sich verstanden fühlt, vertraut und kauft.

Und noch ein Punkt: Wenn Sie hinhören, wissen Sie auch, wann Sie genug geredet haben: Nämlich dann, wenn der Kunde sich schon entschieden hat. Ab diesem Moment können Sie seinen Entschluss durch Reden nur noch zerquatschen. Wenn Sie den Kunden jetzt noch mit weiteren Details zum Produkt oder zur Dienstleistung überschwemmen, fängt er doch glatt an, noch mal zu überlegen. Denn das Mehr an Informationen, das er gar nicht braucht, macht ihn nicht sicherer, sondern unsicherer.

Wie Hinhören geht

Hinhören klingt einfacher, als es ist, weil die meisten es nicht mehr gewöhnt sind. Sie hören zu und schalten gleichzeitig innerlich ab oder denken an etwas ganz anderes. So geht Hinhören jedoch nicht: Sie brauchen dafür immer eine große Portion Konzentration.

Die besten Voraussetzungen dafür zu schaffen, heißt also, die Störfaktoren möglichst rauszuhalten – und zwar die äußeren und die inneren. Zu den äußeren gehören zum Beispiel das bimmelnde Handy oder Telefon, der Kollege, der vorbeischaut, eine unruhige Umgebung und so weiter. Schaffen Sie, soweit es in Ihrer Hand liegt, eine ruhige Gesprächsumgebung mit wenig Ablenkung.

Ihre inneren Störfaktoren sind noch mächtiger: Müdigkeit, Stress, schlechte Laune, Ärger und so weiter beeinträchtigen Ihre Hinhörfähigkeit enorm. Es gehört zur guten Vorbereitung, dass Sie sich in einen guten mentalen Zustand versetzen, bevor Sie in das Kundengespräch gehen (vgl. Kap. 1.3).

Darüber hinaus lässt sich Konzentration auch üben, genauso wie die übrigen Elemente, die ich Ihnen jetzt vorstelle.

Das Grundprinzip des Hinhörens im Verkauf ist einfach: Machen Sie nicht sich selbst, sondern den Kunden wichtig. Stellen Sie ihn in den Mittelpunkt.

L

Limbeck-Tipp

Überlassen Sie Ihrem Kunden den Erfolg auf der Bühne, dann haben Sie den Erfolg beim Verkauf.

Viele Verkäufer glauben, dass sie den Kunden beeindrucken müssen: mit ihrem Produktwissen, mit ihrer Sprachfähigkeit und ihrer Redeausdauer. Dabei geht das Spiel umgekehrt: Der Kunde fühlt sich dann gut, wenn er Sie beeindrucken kann.

Und noch ein Grundprinzip: Beim Hinhören lassen Sie alle Wertung außen vor. Es ist nicht wichtig, ob Sie mit dem Kunden einer Meinung sind oder nicht. Wichtig ist, dass Sie seine Meinung akzeptieren. Es ist auch nicht wichtig, ob Sie ihn auf Anhieb sympathisch finden oder nicht. Wichtig ist, dass Sie ihn respektieren, so wie er ist. Schon allein dadurch bringen Sie Ihren Kunden zum Sprechen.

Wenn Sie übrigens das Gefühl haben, Ihr Kunde redet von allein und in diesem Moment gerne, dann lassen Sie ihn reden und hören Sie einfach hin. Lenken Sie nicht, bremsen Sie nicht – auch wenn es schwerfällt.

L

Limbeck-Tipp

Je mehr der Kunde redet, umso besser für Sie: Er steht gefühlt im Mittelpunkt und Sie kriegen mehr Informationen.

Hinhören zeigen

Der Kunde darf und soll mitkriegen, dass Sie wirklich hinhören. Das signalisieren Sie ihm sowohl durch Ihre Körperhaltung, Gestik und Mimik als auch durch kurze bestätigende Einwürfe wie »Ja« und »Aha«. Ihre Augen sind auf ihn gerichtet, Sie sind ihm voll und ganz zugewandt.

Noch tiefer geht sein Eindruck, dass Sie ganz bei ihm sind, wenn Sie in Ihren eigenen Worten wiedergeben, was Sie gehört haben. Und es sich dann von ihm bestätigen lassen, indem Sie ihn fragen: »Habe ich Sie richtig verstanden?« (vgl.

Kap. 14.3). Wenn er Ja sagt, wissen Sie, dass Sie richtig liegen, und er weiß das auch. Wenn er Nein sagt und Sie korrigiert: Dranbleiben, denn der Kunde schätzt Ihr Interesse – selbst wenn Ihr erster Versuch noch nicht ganz gepasst hat!

Sie vollenden Ihr Hinhören sowohl im Eindruck beim Kunden als auch im tiefen Verstehen durch das empathische, gezielte Nachfragen: um Missverständnissen vorzubeugen, um Lücken zu schließen, um wahre Bedürfnisse klar vor Augen zu führen. Oder auch einfach nur, um zu zeigen, dass Sie verstanden haben. Gerade bei den reinen Empathie-Signal-Fragen, die nicht auf Informationen zielen, tun sich Verkäufer oft schwer. Doch auch diese Fragen können Sie üben. Das heißt, zur Hinhörkompetenz gehört auch eine entsprechende Fragekompetenz (vgl. Kap. 5.8).

Empathie-Signal-Fragen

Sie zeigen Ihrem Gesprächspartner, dass Sie ihn nicht nur auf der sachlichen Ebene, sondern auch auf der emotionalen Ebene verstanden haben, indem Sie seine negativen Aussagen positiv wiederholen.

Beispiel:
Kunde: »Mit Ihren letzten Servicearbeiten bin ich gar nicht mehr glücklich.«
Verkäufer: »Was müssen wir tun, damit Sie wieder voll und ganz zufrieden sind?«

Oder:
Kunde: »Warum denken die anderen nie mit?«
Verkäufer: »Habe ich Sie richtig verstanden, dass Sie für Ihre Kollegen mitdenken müssen?«

Auch positive Aussagen können Sie mit positiven Rückfragen empathisch aufnehmen, um das positive Gefühl bei Ihrem Kunden zu verstärken.

Limbeck-Tipp

Machen Sie sich Notizen zu dem Gespräch – jedoch möglichst erst hinterher. Sonst knickt für den Moment Ihre Konzentration auf das Hinhören ein, Ihr Kunde spürt, dass Sie ihm nicht mehr folgen.

So setzt sich das Hinhören beim genauen Hinsehen aus den verschiedensten Elementen zusammen, die zusammengenommen den größten Erfolgsfaktor im Verkauf ergeben.

Jedes dieser Elemente ist wichtig und lässt sich üben: Für den Anfang nehmen Sie sich in jedes Gespräch genau eines davon als Schwerpunkt mit und setzen es ganz bewusst ein. Gehen Sie die Liste auf die Weise Stück für Stück durch (Hinhör-Elementekasten). So bekommen Sie ein Gefühl für jedes Element.

Der Hinhör-Elementekasten

- volle Konzentration auf den Kunden
- neben den Worten auch die Gestik, Mimik, Körperhaltung, Bewegungen, Stimmlage, Lautstärkeschwankungen und so weiter erfassen
- keine Ablenkung zulassen
- keine Bewertung vornehmen
- den Gesprächspartner über das ganze Gespräch hinweg innerlich akzeptieren
- nicht von Sprachmängeln oder -eigenheiten des anderen ablenken lassen
- nicht bereits an die eigene Antwort denken, während der Kunde noch spricht
- das Hinhören auch durch Körperhaltung, Mimik und Gestik erkennbar machen
- paraphrasieren und so das Verständnis bestätigen lassen
- nachfragen, bis alles klar ist

Download: verkaufen.limbeckgroup.com

Hinhören und verstehen

Was beim richtigen Hinhören hilft, ist, wenn Sie sich bewusst sind, mit welchem Ohr Sie gerade hören. Sie haben nämlich vier Ohren – zumindest in der Theorie des bekannten Kommunikationswissenschaftlers Friedemann Schulz von Thun. Er sagt, dass jede Aussage Ihres Gesprächspartners potenziell vier Ebenen hat. Und je nachdem, welcher Ebene Sie gerade den (unbewussten) Vorrang geben, kommt diese Aussage unterschiedlich bei Ihnen an – und oft so, wie Ihr Gegenüber es nicht gemeint hat.

Definition: Vier-Ohren-Modell

Bildlich gesprochen kann jeder eine empfangene kommunikative Botschaft auf vier Ebenen interpretieren:

- auf der Sachebene
- auf der Ebene der Selbstoffenbarung
- auf der Beziehungsebene
- auf der Appellebene

Das »Ohr«, mit dem der Hörer die Aussage aufnimmt, kann von der Intention des Sprechenden deutlich abweichen. Daraus entstehen Missverständnisse. Da dem Empfänger in der Regel nicht bewusst ist, mit welchem »Ohr« er gerade hört, sitzt er dann einem Irrtum auf, der nichts mit dem Sender zu tun hat.

Ihr Kunde sagt zum Beispiel: »Haben Sie den Wagen auch in Schwarz da?«

- Wenn Sie mit dem Sachohr hören, dann verstehen Sie, dass der Kunde einfach nur wissen möchte, ob Sie ihm das Auto in schwarzer Lackierung zeigen können.
- Mit dem Selbstoffenbarungsohr hören Sie, dass er eine besondere Produkterwartung hat.
- Das Beziehungsohr lässt Sie verstehen, dass er von Ihnen enttäuscht ist, dass Sie ihm das Auto nicht von sich aus in seiner Lieblingsfarbe gezeigt haben.
- Und mit dem Appellohr hören Sie: »Besorgen Sie mir sofort das Ding in Schwarz. Hopphopp.«

In einer simplen Frage kann also ganz schön viel Zündstoff stecken, wenn Sie sich auf dem falschen Ohr erwischen lassen.

Vorbeugen können Sie diesen Missverständnissen, indem Sie sich überhaupt erst einmal diese verschiedenen »Ohren« bewusst machen. Dann können Sie für sich nämlich aktiv überprüfen, mit welchem Ohr Sie gerade hören und ob das wirklich das richtige ist.

Sie können sich gleichzeitig auch auf das im Verkauf hilfreichste Ohr konzentrieren: das Selbstoffenbarungsohr. Der Kunde gibt mit jedem Satz viel über sich preis – wenn Sie ein offenes Ohr dafür haben.

Deshalb ist es auch so wichtig, dass Sie Ihren Kunden zum Reden bringen: Auch wenn es wichtig ist, was er Ihnen auf der Sachebene erzählt. Noch wichtiger ist es, was er Ihnen über sich erzählt, über seine Wünsche und Bedürfnisse. Und dass Sie gut hinhören …

AUF EINEN BLICK

- Hinhören bedeutet im Gegensatz zum Zuhören aufzumachen für das, was der Kunde sagt.
- Hinhören bedeutet größeren Verkaufserfolg, weil Sie mehr von Ihrem Kunden erfahren und er Ihnen mehr Vertrauen schenkt.
- Auch Hinhören ist Übungssache.

5.8 Fragekompetenz

»Wer nicht fragt, bleibt … ohne Abschluss.«

Und noch ein Spruch obendrauf: »Wer fragt, der führt.«

Das stimmt alles, doch es geht noch genauer. Ich sage: »Das Ziel bestimmt die Frage.« Das heißt, zum Erfolg kommen Sie nur mit Fragen. Und zwar mit gezielten Fragen: Es ist wichtig, dass Sie genau wissen, in welche Richtung Ihre Fragen führen sollen.

Es ist deshalb der wichtigste Teil Ihrer Vorbereitung, dass Sie Ihr Ziel für das Gespräch festlegen (vgl. Kap. 14.1). Denn sobald Sie Ihr Ziel kennen, wissen Sie auch, welche Fragen Sie wann gezielt einsetzen wollen – zumindest wenn Sie über die nötige Fragekompetenz verfügen. Dass zum Erfolg auch die Hinhörkompetenz gehört (vgl. Kap. 5.7), ist Ihnen sicher eh klar: Doch vor die Antwort hat der liebe Gott oder der gute Verkäufer die richtige Frage gestellt.

Durch die richtigen Fragen kriegen Sie alles, was Sie brauchen:

- Sie bekommen Informationen über die aktuelle Situation des Kunden, seine Zukunftspläne, seine Herausforderungen, seine Wünsche und seine

Meinung – wichtige Grundlagen für Ihre Bedarfsanalyse (vgl. Kap. 14.4) und auch die Pflege der weiteren Kundenbeziehung (vgl. Kap. 17.1).
- Sie steigern die Aufmerksamkeit des Kunden, denn wer antwortet, kann gedanklich nicht abschweifen.
- Sie bestimmen das Thema, über das Ihr Kunde ins Nachdenken kommt.
- Sie steigern die Sympathie: Gute Fragen wertet der Kunde als Respekt.
- Sie gewinnen Zeit. Während der Kunde antwortet, können Sie Ihre Taktik, Methoden und Techniken justieren und passende Argumente selektieren.
- Sie verringern die Tendenz, am Kunden vorbeizureden. Wenn Sie wirklich hinhören (vgl. Kap. 5.7), bleiben Sie eng bei seinen Vorstellungen.
- Sie verringern die Gefahr, Widersprüchliches zu sagen. Denn Sie führen einen sinnvollen Dialog mit dem Kunden, der Sie zielgerichtet weiterbringt.
- Sie reduzieren die Tendenz, Meinungsverschiedenheit zu generieren. Denn Fragen lockern immer auf, sie führen nicht zu verhärteten Standpunkten.

Sie bekommen das alles, weil Kunden grundsätzlich bereit sind, Ihnen all das zu erzählen – wenn Sie im richtigen Moment die richtige Frage richtig stellen. Und das können Sie, wenn Sie die Fragetechnik gut beherrschen.

Gewusst wie

Fragetechnik bedeutet, dass Sie

- mit der richtigen Haltung
- auf sinnvolle Art und Weise
- in der passenden Situation
- unter Berücksichtigung des nötigen Hintergrundwissens
- eine begründete Frage stellen.

Wie Sie dann mit der Antwort des Kunden umgehen, das finden Sie im Kapitel Hinhörkompetenz (vgl. Kap. 5.7).

Die Haltung

»Dürfte ich Sie mal was fragen …« – wenn Sie so beginnen, können Sie gleich wieder aufhören. Und ich sage Ihnen auch, warum: weil Sie mit so einer Formulierung sich in eine untergeordnete, unterwürfige Position setzen. Vielleicht kennen Sie meinen

Lieblingsspruch: »Einmal Hausmeister, immer Hausmeister.« Wenn Sie sich gleich am Anfang in die Dienerhaltung bringen, dann kommen Sie da nicht mehr raus. Wie soll mit einer solchen Eröffnung ein Gespräch auf Augenhöhe entstehen?

Sie haben etwas Gutes für Ihren Kunden, nämlich Ihr Produkt. Und er hat etwas Gutes für Sie, nämlich den Auftrag. Und so kommen zwei gleichwertige Partner zusammen, um ein Geschäft miteinander zu machen. Nur dazu dient Ihre Fragerei und nicht dazu, dass Ihr Kunde Ihnen damit einen Gefallen tut.

Mit dieser inneren Gewissheit treten Sie mit Ihren Fragen anders auf und kommen anders an. Dann finden Sie auch die richtige Formulierung und den richtigen Ton.

Checkliste: Fragehaltung annehmen

- Innerlich aufgerichtet?
- Klaren, freundlichen und selbstbewussten Ton gefunden?
- Formulierung befreit von »Kleinmachern« wie Konjunktiven?

Die Art und Weise

Fragen ist nicht gleich fragen. Es gibt viele Spielarten von Fragen und alle haben sie ihre Berechtigung – wichtig ist, dass Sie einschätzen können, in welcher Situation was angebracht ist. Dazu komme ich gleich noch.

Alle Spielarten lassen sich aus meiner Sicht auf genau drei Grundformen zurückführen: die geschlossene, die halb offene und die offene Frage:

- Geschlossene Fragen sind die, auf die der Kunde nur mit »Ja«, »Nein« oder mit »Weiß nicht« antworten kann. Mehr Spielraum ist nicht. Und die Antwort ist tendenziell kurz.
- Auf halb offene Fragen kann der Kunde mit bestimmten Sachinformationen antworten, zum Beispiel: »Wie viele Mitarbeiter haben Sie?« oder »In welcher Farbe gefällt Ihnen das Modell am besten?«
- Die offene Frage dagegen lädt zum Reden ein. Sie macht ein weites Feld auf, die Antwort kann auch lang ausfallen. Zu erkennen sind offene Fragen meist am W-Fragewort am Anfang: wie, was, wo und so weiter.

L

Limbeck-Tipp

W-Fragewörter sind gut – außer sie nötigen den Kunden zur Rechtfertigung: Verzichten Sie deshalb auf Fragen, die mit wieso, warum, weshalb beginnen.

Über die Wahl der Frageform hinaus gibt es fünf Grundregeln, die für alle Fragesituationen gelten. Die sind wie das Einmaleins: Die müssen einfach sitzen.

Die fünf Grundregeln des Fragens

1. **Fragen Sie kurz.** Bringen Sie es auf den Punkt. Wenn Sie den Kunden mit Monologen und langatmigen Fragen überhäufen, weiß er oft nicht, was Sie von ihm verlangen und wünschen.
2. **Fragen Sie verständlich.** Vermeiden Sie Begriffe, die der Kunde nicht kennt, zum Beispiel Fachwörter und interne Abkürzungen Ihres Unternehmens.
3. **Fragen Sie präzise.** Stellen Sie also die Fragen so genau wie möglich.
4. **Fragen Sie einstufig.** Vermeiden Sie Schachtelfragen, in denen Sie drei Themen gleichzeitig ansprechen. Welche Frage soll der Kunde Ihnen nun beantworten?
5. **Fragen Sie begründet.** Wenn der Kunde den Grund Ihrer Frage erkennt und versteht, wird er Ihnen gerne antworten.

Download: verkaufen.limbeckgroup.com

Die passende Situation

Je nachdem, wo Sie im Gespräch stehen, setzen Sie genau die Frageform ein, die Sie weiterbringt. Denn jede Form hat eine besondere Wirkung, die Sie Ihrem Ziel näher bringt – das Ihnen ja, wie gesagt, die Richtung vorgibt.

Am Anfang eines Verkaufsgesprächs brauchen Sie Informationen von Ihrem Kunden (vgl. Kap. 14.2). Ihr Mittel ist deshalb eindeutig die offene Frage, etwa:

- »Wie kann ich Ihnen helfen?«
- »Welche Vorstellung haben Sie von dem Service?«
- »Was ist Ihnen bei diesem Produkt besonders wichtig?«

L

Limbeck-Tipp

Wählen Sie zum Einstieg nie eine geschlossene Frage. Damit würgen Sie das Gespräch sofort ab.

Im Gesprächsverlauf sichern Sie immer wieder Ihr Verständnis ab. Dazu setzen Sie Klärungsfragen ein. Die sind vom Charakter eigentlich geschlossene Fragen, die dennoch zum Reden einladen, wenn die Antwort nicht »Ja« ist. Beispiele sind:

- »Habe ich Sie richtig verstanden, dass Sie mehr PS dem geringeren Spritverbrauch vorziehen?«
- »Meinen Sie damit, dass Ihnen die flexible Verfügbarkeit wichtig ist?«
- »Ist das richtig bei mir angekommen, dass Sie in Zukunft nur noch auf digitale Lösungen setzen wollen?«

Auch Gegenfragen sind ein gutes Instrument, um noch mehr Informationen herauszukitzeln:

- Kunde: »Ist das nicht ein bisschen teuer?«
- Verkäufer: »Wie wichtig ist Ihnen die Zeitersparnis?«

Nur Vorsicht: Durch Gegenfragen fühlt sich der Kunde schnell mit seiner Meinung als Person infrage gestellt. Darauf reagiert er abwehrend-aggressiv. Da Ihr Ziel der Aufbau von Vertrauen ist, formulieren Sie Gegenfragen nur mit Bedacht.

Wenn Sie sich dann langsam in Richtung Abschluss bewegen, dann kann bei einem unentschlossenen Kunden eine Alternativfrage weiterhelfen. Damit lassen Sie ihn wählen zwischen dem Besseren und dem Besten. Beispiele:

- »Bevorzugen Sie unser Spitzenmodell mit einer matten oder einer glänzenden Oberfläche?«

- »Möchten Sie die Anlieferung lieber gestückelt oder mit einem Mal?«
- »Soll Ihre neue Software die Home- oder die Office-Version sein?«

L

Limbeck-Tipp

Stellen Sie die Variante, die Sie selbst bevorzugen, an das Ende Ihrer Frage, denn das, was Sie zuletzt sagen, prägt sich besser ein.

Je näher es zum Abschluss geht, umso mehr tritt die echte geschlossene Frage auf den Plan, denn hier wollen Sie sich Schritt für Schritt die Zustimmung des Kunden abholen (vgl. Kap. 15.5). Formulieren Sie dabei Ihre Fragen so, dass der Kunde sie möglichst mit Ja beantworten kann. So führen Sie ihn in eine positive Frage-Antwort-Kette (vgl. Kap. 5.4). Beispiele:

- »Möchten Sie unseren Reinigungsservice vor Auslieferung ohne Berechnung nutzen?«
- »Passt es Ihnen, wenn ich Ihnen das Angebot bis morgen Abend schicke?«
- »Sie sagten, Sie legen viel Wert auf eine edle Ausstattung. Möchten Sie sich die entsprechende Noble Line anschauen?«

Manche Kunden tun sich mit klaren Entscheidungen schwer. Denen können Sie oft mit einer hypothetischen Frage auf die Sprünge helfen. Wenn Sie zum Beispiel sagen: »Mal angenommen, Sie erkennen hier und heute, dass wir das ideale Angebot für Sie haben, dann würden wir heute ins Geschäft kommen?« Der Kunde antwortet: »Ja, dann würde ich mir das schon überlegen.« Sie erwidern: »Was genau müssten wir denn dann überlegen?« Und so lassen Sie den Kunden selbst über seine inneren Hürden springen, ohne ihn unter Entscheidungsdruck zu setzen. Er führt sich selbst zum Ziel.

Sie sehen: Der Zweck heiligt die Frage. Überlegen Sie stets, wo Sie im Verkaufsprozess stehen und welche Reaktion Sie als Nächstes von Ihrem Kunden brauchen – dann wissen Sie, welche Frageform gerade die richtige ist. Eines gilt grundsätzlich: Sie gehen immer vom Allgemeinen ins Konkrete – und so sehen dann auch Ihre Fragen aus.

L

Limbeck-Tipp

Je konkreter und genauer Sie Ihre Fragen stellen, desto klarer wird Ihr Bild von dem Kunden und seinem Bedürfnis.

So entsteht im Laufe des Gesprächs ein Fragetrichter, der von der offenen über die halb offenen bis hin zur abschließenden bzw. geschlossenen Frage führt. Und der Kunde gar nicht mehr anders kann, als bei Ihrem Angebot zu landen.

Das nötige Hintergrundwissen

Die Qualität Ihrer Fragen hängt auch von Ihrem Kenntnisstand ab: Wenn Sie im Vorfeld schon die wichtigsten Eckdaten über Ihren Kunden recherchiert haben, können Sie schneller und gezielter auf die vielversprechenden Punkte zusteuern. Auch wenn Sie es mit der Vorbereitung nicht übertreiben sollten (vgl. Kap. 14.1) – ganz ohne geht es nicht.

Begründete Fragen

Ihr Kunde beantwortet Ihre Fragen dann bereitwillig, wenn ihm klar ist, warum Sie ihn das fragen. Wenn ihm das dagegen nicht klar ist, empfindet er Ihre Fragen schnell als aufdringlich und lästig. Er braucht also von Ihnen einen Begründung dafür. Deshalb ist es so wichtig, dass Sie sichergehen, dass er weiß, welcher Sinn dahintersteckt, wenn Sie immer weiter und weiter fragen. Stellen Sie also »begründete Fragen«, sobald Sie auch nur einen leisen Zweifel haben, ob Ihr Kunde den Beweggrund für Ihre Frage versteht.

Eine begründete Frage stellen Sie, indem Sie Ihrer Frage die Erklärung voranstellen. Beispiele sind:

- »Damit wir über das sprechen, was für Sie wirklich wichtig ist …«
- »Um festzustellen, ob unser Unternehmen der richtige Partner für Sie ist …«
- »Damit ich Sie richtig verstehe …«

Sie erreichen damit, dass der Kunde Ihre Frage einordnen, akzeptieren und beantworten kann. Das hilft Ihnen vor allem bei offenen Fragen. Spüren Sie selbst den Unterschied:

- nur offen: »Worauf legen Sie bei der Auswahl Ihres neuen Partners Wert?«
- offen und begründet: »Damit wir hier und heute nur das besprechen, was für Sie wichtig ist – worauf legen Sie bei der Auswahl Ihres neuen Partners besonders Wert?«

Doch auch bei geschlossenen Fragen oder Alternativfragen funktioniert die Methode hervorragend: »Damit wir die Unterlagen für Sie fertig machen – bekommen nur Sie diese oder das komplette Buying-Center?«

Rauf aufs Trainingsgelände

Wie jede Technik ist auch die Fragetechnik Übungssache. Und weil die Fragekompetenz so wichtig ist für Ihren Verkaufserfolg, lege ich Ihnen das Fragetraining ganz besonders ans Herz. Ihre Fragetechnik trainieren Sie am besten jeden Tag »on the job«. Falls Sie sich noch nicht gleich damit hinauswagen, finden Sie hier eine Startübung, mit der Sie Sicherheit gewinnen.

Trainingsstart Fragekompetenz

Bereiten Sie je fünf Fragen aus jeder Kategorie vor, die genau zu Ihrem Verkaufsalltag und zu Ihrem Produkt passen. Schreiben Sie sie auf und üben Sie sie, bis Sie sie aus dem Effeff beherrschen. Bis Sie sie auch dann parat haben, wenn Sie um drei Uhr nachts mit drei Promille aus dem Schlaf gerissen werden.

Fünf offene Fragen für Ihren Gesprächseinstieg:

____

____

____

____

____

Fünf Klärungsfragen für den Gesprächsverlauf:

____

Fünf Alternativfragen für dann, wenn es in Richtung Abschluss geht:

Fünf geschlossene Fragen für den Abschluss:

Fünf hypothetische Fragen für den zögernden Kunden:

Download: verkaufen.limbeckgroup.com

AUF EINEN BLICK

- Fragen ist eine verkäuferische Kernkompetenz.
- Es ist vom Zeitpunkt im Gespräch abhängig, welche Frageform die richtige ist. Drauf haben sollten Sie alle.
- Fragetechnik ist Übungssache.

5.9 Storytelling

Kaufentscheidungen sind eine emotionale Sache (vgl. Kap. 5.1). Deshalb reicht das rein sachliche Argumentieren als verkäuferische Strategie nie aus. Ein ganz direkter Zugang zur emotionalen Ebene sind Geschichten. Und darum ist das Storytelling ein mächtiges Instrument im Verkauf.

Wir lieben es

Menschen lieben Geschichten: erzählte wie geschriebene wie gezeigte. Sobald eine Geschichte in uns Gefühle auslöst, sind wir dabei: Wir sind aufmerksamer, involvierter und aufnahmebereiter – auch für die Informationen, die in der Geschichte enthalten sind. Auch unsere Kunden sind richtiggehend darauf gepolt, sich den Sinn hinter jeder Geschichte zu überlegen und die Parallelen zu ihrem eigenen Leben zu ziehen. So wirken Geschichten auch im Unbewussten nach, und Erkenntnisse reifen noch lange weiter.

Ich weiß nicht, ob dieser Automatismus daher kommt, dass das Zuhören und Zuschauen die urtümlichste Art des Lernens ist – jedenfalls funktioniert es bei jedem Kunden. Die einzige Bedingung ist, dass er das Gefühl hat, dass die Geschichte irgendetwas mit ihm selbst zu tun hat. Deshalb funktioniert nicht jede Geschichte für jeden Kunden gleich gut – und die Story vom Pferd gleich überhaupt nicht.

Der Andockpunkt, der bei Geschichten am besten funktioniert, sind Ängste und Sehnsüchte – also oft unbewusste Regungen von ganz tief drinnen. Geschichten können genau diese inneren Ebenen erreichen und sind deshalb so wirksam. Der Kunde kann sich gegen die Bilder, die durch eine Geschichte angeregt auftauchen, auch kaum wehren: Sie sind einfach da. Das ist das, was ich Storypower nenne.

Diese Bilder sind auf seiner geistigen Festplatte eingebrannt. Und Sie als Verkäufer können sie im Kopf des Kunden auferstehen lassen. Dafür brauchen Sie keine Hochglanzbroschüren, Videovorführungen oder animierten Präsentationen.

L

Limbeck-Tipp

Beim Storytelling ist weniger oft mehr: So tauchen im Kopfkino des Kunden eher dessen eigene Bilder auf und keine von Ihnen vorproduzierten. Und das ist das Ziel.

Die gute Story

Besonders wirksam ist Storytelling dann, wenn es darum geht, den Produktnutzen erlebbar zu machen: Dazu dienen Geschichten, die zeigen, wie es anderen Kunden mit dem Produkt ergangen ist, was sie darüber sagen, wie sie damit umgehen. Das können Sie erzählen. Sie können es aber auch mit Filmchen von Kunden zeigen. Erklärfilme, die als Storys aufgezogen sind, haben einen ähnlichen Effekt.

Die Klammer dabei ist immer der ähnliche Anwendungsbereich von Geschichte und Kunde. Solche Storys setzen also in Ihrer Schilderung bei den Kaufmotiven Ihres Kunden an.

Neben konkreten Beispielen von bereits zufriedenen Kunden können das auch als Geschichten erzählte »Was-wäre-wenn-Hypothesen« sein. So führen Sie Ihren Kunden in seinen Gedanken zu Ihrer Lösung, sodass er in seiner Vorstellung schon Ihr Produkt oder Ihre Dienstleistung nutzt und sich die Vorteile selbst ausmalt.

Beginnen Sie solche Storys mit: »Stellen Sie sich einmal vor, Herr Kunde …« Und fragen Sie Ihren Zuhörer zum Abschluss: »Welches Potenzial sehen Sie für sich in dem Angebot?« Diesen Part überlassen Sie ihm, sonst kommen Sie als Besserwisser rüber und zerstören das innere Bild beim Kunden.

Wenn Sie die visuellen Sinne und Emotionen Ihres Kunden gezielt ansprechen, steigern Sie seine Erlebnis- und damit seine Erinnerungsintensität. Aktivieren Sie vor allem die Bilder, die Ihr Gesprächspartner selbst im Kopf hat.

L

Limbeck-Tipp

Gerade wenn Sie gut und gerne Geschichten erzählen: Eine Story ist in der Regel genug. Lassen Sie dann wieder Ihren Kunden zu Wort kommen.

Die fünf Grundregeln des Storytellings

1. Die Story spricht den Kunden an.
2. Die Story ist plausibel.
3. Je mehr Sinne Sie ansprechen, umso besser.
4. Lassen Sie dem Kunden Raum für seine eigenen Bilder, legen Sie ihn nicht zu sehr fest.
5. Lassen Sie Ihren Kunden die »Moral aus der Geschichte«, also die Parallelen zu seiner Situation, selbst ziehen.

Download: verkaufen.limbeckgroup.com

Welche Geschichte für wen?

Das steht bei den Grundregeln für das Storytelling ganz oben: Die Story muss zur Situation des Kunden passen. Wenn Ihr Kunde kein Fußballfreund ist, dann erzählen Sie ihm keine Fußballgeschichte. Beim Start-up-Unternehmer brauchen Sie keine Geschichte von den Erfahrungen des Konzernvorstands zu bringen.

Auch bei der Art der Geschichte lohnt es sich, wenn Sie sich auf Ihren Kunden einstellen. Da geben die verschiedenen Systeme durchaus Hilfestellung: Was für ein NLP-Typ ist er zum Beispiel (vgl. Kap. 12.4)? Oder was für ein Farbtyp (vgl. Kap. 12.5)?

Wenn Sie im Vorfeld schon einen gemeinsamen Nenner mit dem Kunden gefunden haben, dann ist das ein idealer Anknüpfungspunkt für eine Geschichte. Wenn Sie noch nichts in der Richtung erfahren haben: Wählen Sie eine allgemeine Story.

Legen Sie sich einen Satz guter Geschichten an und üben Sie diese ein: Denn der Zauber von Storys entfaltet sich nicht nur über die richtigen Worte und Bilder, sondern auch darüber, wie Sie sie erzählen.

AUF EINEN BLICK

- Gutes Storytelling sorgt für Kopfkino bei Ihrem Kunden.
- Worte belehren, Beispiele reißen mit.
- Mächtige Bilder entstehen nicht durch viele, sondern durch wenige gut gewählte Worte.

5.10 Netzwerken

Über Netzwerke aller Art wird in der Verkaufswelt in den letzten Jahren viel gesprochen. Die Vorteile liegen auf der Hand:

- Sie treffen dort auf relativ einfache Art neue Leute.
- Sie treffen viele auf einmal.
- Sie treffen häufig die MANs – also die Menschen, die über die **M**ittel und die **A**utorität im Unternehmen verfügen und auch die sind, die die **N**otwendigkeit für die Entscheidung sehen (vgl. Kap. 13.5).

Bei allen Pluspunkten: Manche erzählen Ihnen, dass Sie sich damit ab heute die Kaltakquise sparen können und nur noch über Netzwerke neue Kontakte knüpfen. Da empfehle ich Ihnen, die Kirche im Dorf zu lassen. Grundsätzlich reicht ein Akquiseweg nie aus, Sie brauchen immer eine Palette. Netzwerke können deshalb vielleicht eine gute Ergänzung sein, ein kompletter Ersatz sind sie sicher nicht.

Und ich spreche absichtlich von »können«, weil es aus meiner Sicht stark von Ihnen, Ihrer Branche und Ihrem Produkt abhängt, ob Netzwerke Sie Ihrem Erfolg näher bringen oder nicht.

70 – 20 – 10

Was viele am Anfang nicht verstehen: Ein Netzwerk ist keine Tankstelle, zu der Sie hinfahren und nur absaugen. Den Fehler habe ich so oft beobachtet, dass die Leute zu schnell das Netzwerk für ihre Bedürfnisse nutzen wollen. Wenn Sie das so machen, dann sind Sie aus dem Netzwerk ganz schnell wieder draußen – selbst wenn Sie auf Empfehlung hineingekommen sind.

Wie Sie es besser machen, dazu hat der Social-Media-Experte Mike Sansone schon vor Jahren die 70-20-10-Regel aufgestellt. Sie besagt, welchen Anteil an Zeit, die Sie mit Menschen in einem Netz verbringen, Sie für welchen Schwerpunkt vorsehen sollten:

- In 70 Prozent Ihrer Zeit zeigen Sie Interesse an den anderen. Sie hören zu, fragen nach und unterstützen nach Kräften. Ihr Interesse muss dabei echt sein und nicht gespielt, denn Menschen haben ein feines Gespür dafür.
- 20 Prozent der Zeit dürfen Sie dafür nutzen, sich den anderen mit Ihrer Persönlichkeit darzustellen.
- Und nur 10 Prozent der Zeit über dürfen Sie andere fragen: »Mensch, könnten Sie mir mal helfen? Sie haben doch Kontakte da- oder dorthin.«

Die 10-Prozent-Karte sollten Sie auch nicht gleich am Anfang spielen. Ziehen Sie sie erst, wenn Sie richtig in dem Netzwerk angekommen sind. Das dauert mindestens zwei oder drei Treffen, bevor so etwas geht.

Das Motto ist »Erst geben, dann nehmen«, denn Netzwerke funktionieren rein auf Reziprozität (vgl. Kap. 5.5).

Bevor Sie also in ein Netzwerk einsteigen, überlegen Sie nicht nur, was es Ihnen bringt. Überlegen Sie auch, was Sie selbst einbringen können und wollen. Da gehört zum Beispiel Zeit dazu: Zeit, zu den Treffen zu erscheinen, Zeit, bei den Aktivitäten mitzumachen, Zeit, sich einzubringen, vielleicht mit einem Vortrag. Wenn Sie Ihr Know-how, Ihr Wissen einbringen, dann demonstrieren Sie damit Ihr Interesse an diesem Netzwerk und machen klar: Sie kommen nicht nur zum Saugen.

Wer darauf hofft, umgehend von einem Netzwerk zu profitieren, der wird enttäuscht werden. Der Aufbau von Kontakten kostet auch in Netzwerken Zeit.

Die richtigen Netzwerke heraussieben

Stellen Sie sich zuallererst diese zwei Fragen:

- Was soll mir das Netzwerk bringen?
- Wo bewegt sich meine Zielgruppe?

So grenzen Sie die Zahl der Netzwerke, die für Sie infrage kommen, schon mal deutlich ein. Und dann?

Dann hilft nur das TOTE-Modell, also ausprobieren, überprüfen, noch mal ausprobieren mit leichter Veränderung und gegebenenfalls sein lassen und was anderes probieren. Gehen Sie also ein- oder zweimal hin und fragen Sie sich dann: Hat es mir was gebracht? War es die Zeit wert? Wenn die Antwort »Ja« ist, machen Sie weiter. Wenn die Antwort »Nein« ist, probieren Sie das nächste Netzwerk.

Definition: TOTE-Modell

Das ursprünglich in der Kybernetik entwickelte Modell wurde 1960 von den US-amerikanischen Psychologen und Neurowissenschaftlern George A. Miller, Eugene Galanter und Karl H. Pribram auf die Psychologie übertragen. Es stellt das Muster für zielstrebiges Verhalten dar. Die Abkürzung steht für:

Test – **O**perate – **T**est – **E**xit

Im ersten Schritt wird der Zielzustand mit dem Ist-Zustand verglichen. Wenn es Abweichungen gibt, wird gehandelt, um dann wieder Ist und Soll zu vergleichen und gegebenenfalls mit der Handlung aufzuhören oder sie zu modifizieren.

Als klassisches Beispiel dafür gilt folgende Alltagssituation, bei der ein Mann ein Bild aufhängen möchte:

- **Test** auf den Soll-Zustand »gut eingeschlagener Nagel zum Aufhängen vorhanden«. Ist-Zustand: »Kein Nagel da«.
- **Operate:** Der Mann schlägt mit dem Hammer einen Nagel in die Wand.
- **Test:** Soll und Ist werden überprüft; ist der Nagel zum Beispiel noch nicht weit genug eingedrungen, erfolgt erneutes Hämmern.
- **Exit:** Soll = Ist. Der Nagel sitzt. Der Mann stellt das Hämmern ein.

Wenn Sie fünf oder sechs Netzwerke auf die Art durchhaben, ohne dass ein lohnendes dabei war: Vergessen Sie diese Netzwerkgeschichte und konzentrieren Sie sich auf Ihre anderen Kanäle.

Und dann?

Wie bei allen neuen Kontakten gilt auch für Netzwerke: Ein Kontakt allein reicht nicht.

L

Limbeck-Tipp

Vergessen Sie das saubere Nachakquirieren nicht.

Melden Sie sich zeitnah bei den Leuten. Am besten haben Sie schon eine klare Idee, was Sie mit den Kontakten anfangen wollen, bevor Sie sie knüpfen. Danach richtet sich nämlich, wie Sie sich noch mal melden. Denn Möglichkeiten gibt es genug.

Wenn ich zum Beispiel beim Fußball jemanden kennenlerne, dann mache ich direkt einen Telefon- oder Kennenlerntermin aus. Sie können sich auch mit einer netten Geste melden: einem kleinen Präsent, das mit Ihnen zu tun hat zum Beispiel. Oder Sie rufen ihn an, einfach so und noch ganz ohne Verkaufsabsicht. Nutzen Sie das Treffen als Anknüpfungspunkt und überlegen Sie sich, welche weiteren sich anbieten könnten, damit Sie die Beziehung festigen können.

Netzwerken geht immer

Wer beim Netzwerken nur an offizielle Netzwerke denkt, die auch Netzwerk heißen, der hat es nicht begriffen. Ein guter Verkäufer ist in jeder Lebenslage darauf gepolt, neue Kontakte zu knüpfen und sein eigenes Netzwerk immer weiter auszubauen.

Erst neulich plauderte ich mit einem Kunden, einem Vorstand, der sich gerade selbstständig macht. Schließlich sagte der: »Martin, ich muss los. Ich fahre zu einem Firmenjubiläum. Mit dem Geschäftsführer arbeite ich schon seit Jahren erfolgreich zusammen.«

Ich antwortete: »Super. Warum kenne ich den noch nicht?«

Er lachte und erwiderte: »Gute Frage. Pass auf, wir machen das so: Ich lade den mal zum Grillen ein und du kommst mit dazu. Einverstanden?«

Das ist Netzwerken pur.

AUF EINEN BLICK

- Netzwerken ist kein Ersatz für Kaltakquise, kann sie jedoch sinnvoll ergänzen.
- Welches Netzwerk für Sie gut funktioniert, hängt von Ihnen und Ihrer Branche ab. Im Zweifelsfall gilt immer: ausprobieren.
- Netzwerken geht wie Akquise immer und überall, dafür brauchen Sie nicht immer einen offiziellen »Networking-Event«.

6. Wie entwickelst du dich weiter?

Sie gehen nicht mit der Zeit? Dann gehen Sie mit der Zeit! Uralter Spruch und doch ist er aktueller denn je, auch und gerade für Verkäufer.

Ich war kürzlich bei einem Pumpenhersteller. Das Unternehmen hat früher bei Großanlagen mitgemischt und pro Kunde 2,5 Millionen Euro Umsatz gemacht. Das war ein reines Projektgeschäft, bei dem die Verkäufer vielleicht zwei Tage pro Woche draußen waren, und zwar immer bei Kunden, die sie kannten – die volle Farmer-Schiene. Heute ist der durchschnittliche Umsatz pro Kunde bei 25 000 Euro, und die gleichen Verkäufer haben fünf Termine zur Neukundenakquise am Tag. Wer aus dieser Verkäuferriege nicht veränderungswillig und weiterentwicklungsbereit war, ist schon lange weg vom Fenster.

Warum?

Der größte Weiterentwicklungshemmer ist das Gefühl von »Ich weiß schon alles«. Gerade wenn Verkäufer schon ein paar Jahre im Geschäft sind, macht sich leicht diese Stimmung breit. Dabei sehen sie großzügig darüber hinweg, dass alles sich jeden Tag ändert. Dass nichts bleibt, wie es ist. Wissen von heute ist morgen schon Wissen von gestern. Und das gilt sowohl für die Produkte als für die Kunden und dafür, welche Verkaufswege und -techniken bei denen funktionieren (vgl. Kap. 1.1).

Und auch der zweitgrößte Weiterentwicklungshemmer ist ein Gefühl, nämlich dieses: »Läuft doch. Meine Umsatzentwicklung ist okay.« Wenn Sie sich heute nicht für morgen startklar machen, dann ist Ihre Umsatzentwicklung morgen eben nicht mehr okay.

Warten Sie nicht, bis die Kurve nach unten geht – dann müssen Sie nämlich mit viel mehr Mühe und Energie die Entwicklung wettmachen, die Sie vorher versäumt haben. Der Torschützenkönig hört ja auch nicht auf zu trainieren, nur weil er einmal die Torjägerkanone überreicht bekommen hat. Im Gegenteil: Das ist für ihn Ansporn, noch härter zu trainieren.

Ich kann Ihnen aus eigener Erfahrung sagen: Manchmal steigt Ihr Umsatz auch so schnell, dass Sie Mühe haben, mit Ihrer Entwicklung hinterherzukommen. Wenn das passiert, ist es gefährlich: Dann steht Ihr Erfolg nämlich auf tönernen Füßen. Persönliches Wachstum braucht Zeit. Das ist wie bei einem Baum: Wenn die Krone zu schnell 30 Meter nach oben schießt, ohne dass die Wurzeln in ihrem Wachstum in den Boden mitkommen, hat der ganze Baum zu wenig Halt (vgl. Kap. 2.2).

L

Limbeck-Tipp

Achten Sie gerade bei schnellem Erfolg darauf, dass Ihre Wurzeln, also Ihre Persönlichkeit, mit dieser Entwicklung Schritt halten.

Weiterentwicklung ist übrigens keine Altersfrage: Ich kenne 58-jährige Verkäufer, die unglaublich entwicklungsfreudig sind, und 28-jährige, die ihren Kopf schon in Rente geschickt haben. Die eigene Entwicklung ist reine Einstellungssache (vgl. Kap. 3.1).

Deshalb kommt das 3 × 1 der Weiterentwicklung auch komplett ohne Altersangabe aus. Laden Sie sich diese Formel ruhig herunter als täglichen Reminder.

Das 3 × 1 der Weiterentwicklung

offen sein × neugierig sein × hungrig bleiben

Download: verkaufen.limbeckgroup.com

Wie du deine Entwicklung angehst

Bei der Entwicklung geht es dabei sowohl um Fachwissen als auch Persönlichkeit, beides ist wichtig. Wenn Sie sich in regelmäßigen Abständen hinsetzen und Ihre Ziele entwickeln: Überlegen Sie auch, welche Ziele Sie für Ihre Weiterentwicklung in diesem Zeitraum haben. Welchen Schwerpunkt wollen Sie diesmal setzen? Wo wollen Sie am Ende stehen?

Wie viel Zeit Sie in Ihre Entwicklungsarbeit stecken, ist Ihre Entscheidung. Als Maßstab kann ich Ihnen sagen: Ich persönlich investiere jedes Jahr ungefähr vier Wochen in Weiterbildung. Das ist eine ganze Menge und mit allem, was Sie neu erlernen, gehen Sie erst einmal durch das Kompetenzstufenmodell, doch meine Erfahrung sagt: Das zahlt sich aus.

Das Kompetenzstufenmodell

Die Kompetenzstufenentwicklung ist ein Modell aus der Entwicklungspsychologie. Es beschreibt die typische Entwicklung von der Unwissenheit zum Wissen.

- Zu Beginn steht die unbewusste Inkompetenz: Sie können es nicht, zum Beispiel ein gutes Verkaufsgespräch führen. Da Sie jedoch keine Ahnung haben, was Sie nicht können, belastet Sie dieses Unwissen auch nicht. Im Bedarfsfall wursteln Sie fröhlich drauflos.
- Auf der zweiten Stufe, der der bewussten Inkompetenz, ist Ihnen bewusst, dass es so etwas wie eine Methodik des Verkaufsgesprächs gibt und dass Sie sie nicht beherrschen. Das ist die kritischste Stufe, weil sie das meiste Frustpotenzial hat. Hier kommen Ihre Erfolgsfaktoren als Verkäufer ins Spiel, damit Sie dranbleiben.
- Der Lohn für das Durchhalten und konsequente Üben kommt dann auf Stufe 3, die Stufe der bewussten Kompetenz. Sie konzentrieren sich auf die Anwendung und immer gekonnter und erfolgreicher setzen Sie Ihre neuen Kenntnisse in die Tat um.
- Unmerklich gleiten Sie dann in die Stufe der unbewussten Kompetenz über: Sie denken gar nicht mehr darüber nach, sondern setzen Ihre Methoden intuitiv richtig ein. So wirken Sie in Ihrer Arbeit authentisch und souverän.

Es muss ja nicht immer das Seminar oder der Vortrag vor Ort sein, bei denen Sie auch noch die Reisezeiten dazurechnen müssen. Immer mehr Online-Angebote mit und ohne Berechnung geben Ihnen die Chance, sich weiterzubilden, wann immer Sie möchten. Auch wir stimmen unsere Trainingskonzepte immer dahingehend ab, dass sich Online-Anteile mit Anteilen vor Ort optimal ergänzen.

Welche Art der Weiterbildung Ihnen persönlich am meisten liegt, können Sie nur selbst herausfinden: Ob Sie sich lieber Videos auf iTunes oder Youtube ansehen,

Blogs oder Bücher lesen, Podcasts oder Hörbücher hören, Kurse oder Kongresse besuchen – die Zahl der Möglichkeiten ist riesig. Probieren Sie nach dem TOTE-Prinzip aus (vgl. Kap. 5.10), was für Sie funktioniert. Wenn Sie dabei immer ehrlich zu sich sind, erfahren Sie auch, was für ein (Lern-)Typ Sie sind (vgl. Kap. 1.4).

Selbstreflexion als Entwicklungsinstrument

Dass Sie immer wieder über sich selbst, Ihr Verhalten und die Reaktion der Kunden nachdenken sollten, ist ein wichtiger Baustein für Ihre Entwicklung. Nutzen Sie das auf jeden Fall. Mein Tipp jedoch: Übertreiben Sie es damit nicht. Es gibt Trainer, die empfehlen Ihnen, nach jedem einzelnen Gespräch in die Analyse zu gehen. Ganz ehrlich: Dann sind Sie ja nur noch mit sich selbst beschäftigt. Achten Sie also auf ein gesundes Maß. Und holen Sie sich immer wieder auch Impulse von außen.

Wer entwickelt wen?

Ich komme immer mehr zu der Überzeugung, dass jeder von uns in seiner Entwicklung ganz maßgeblich von seinem Umfeld beeinflusst wird. Das ist keine neue Erkenntnis, sie ist als die Fünf-Personen-Regel bereits seit Ende des letzten Jahrhunderts bekannt. Nur: Wie groß dieser Einfluss des Umfelds wirklich ist – das habe ich erst in den letzten Jahren wirklich verstanden.

Die Fünf-Personen-Regel

Der 2009 verstorbene US-amerikanische Motivationstrainer Jim Rohn sagte: »Du bist der Durchschnitt der fünf Menschen, mit denen du die meiste Zeit verbringst.« Er machte damit deutlich, wie stark das engste Umfeld Einfluss nimmt auf die Gedanken, Handlungen und letztlich auch auf den Erfolg des Einzelnen. Das Phänomen ist auch aus den Sozialwissenschaften bekannt und läuft dort unter dem Namen »Peer-Group-Effekt«.

Das heißt bildlich gesprochen: Wenn Sie im Saal immer der beste Verkäufer sind, sind Sie im falschen Saal. Wenn Sie sich nur mit Menschen umgeben, die nicht besser sind als Sie, dann werden auch Sie nicht besser.

Wie sieht Ihr Umfeld aus? Sind da Kollegen, Freunde, Mentoren, die Sie weiterbringen? Stehen Sie mit denen schon in regem Austausch?

Und wenn Sie feststellen, dass da mehr möglich ist, schauen Sie sich um: Wer macht etwas besser als Sie? Was können Sie von ihm lernen? Wie kommen Sie mit ihm in (engen) Kontakt?

Achten Sie also darauf, mit wem Sie sich umgeben: Wählen Sie die Menschen mit Bedacht und Ihren Zielen gemäß. Das heißt nicht, dass Sie alle anderen Verbindungen kappen müssen. Nur denken Sie daran: Die fünf, mit denen Sie in sehr engem Kontakt stehen, sind prägend für Ihre Entwicklung.

L

Limbeck-Tipp

Seien Sie wählerisch!

AUF EINEN BLICK

- Kein Verkäufer ist je so gut, dass er sich nicht weiterentwickeln kann, soll und muss, um erfolgreich zu bleiben.
- Bleiben Sie an Ihrer eigenen Entwicklung dran und probieren Sie die immer neuen Möglichkeiten der Weiterbildung für sich aus.
- Ihr enges Umfeld hat großen Einfluss auf Ihre Entwicklung: Suchen Sie sich deshalb die richtigen Menschen dafür raus.

TEIL III

Deine Marke

Das Wichtigste in Kürze

7. Warum du eine Marke brauchst.

Aus der unendlichen Masse der austauschbaren Angebote stechen Sie nur heraus, wenn Sie anders und besonders sind: eine Marke eben. Dazu lesen Sie das Kap. 7.

8. Wie positionierst du dich?

Ihre perfekte Positionierung ermitteln Sie aus einer Formel, die Ihre Ziele, die Wünsche Ihrer Kunden und Ihre Persönlichkeit einbezieht (vgl. Kap. 8).

9. Wie kommst du rüber?

Die perfekte Marke alleine nützt Ihnen nichts, wenn keiner sie kennt oder nicht die Richtigen sie kennen. Suchen Sie sich also die richtige Öffentlichkeit, in der Sie dann richtig auftreten (vgl. Kap. 9.1 und 9.2). Denken Sie stets daran: Sie wirken immer, ob Sie wollen oder nicht. Arbeiten Sie deshalb an Ihrer markentreuen Ausstrahlung und Körperhaltung, Ihrem Verhalten und Benehmen, damit Sie nicht irgendwie wirken, sondern genau so, wie es Ihren Zielen und der Situation entspricht (vgl. Kap. 9.3). Dazu gehört auch, dass Sie das richtige Gespür für Ihre Kleidung, Ihre Accessoires und zum Beispiel die Wahl Ihres Autos entwickeln (vgl. Kap. 9.4). Und wenn sich Ihre Wirkungsmöglichkeiten fokussieren, weil Sie am

Telefon Ihre Marke nur durch Stimme und Sprache transportieren – auch darauf sind Sie vorbereitet (vgl. Kap. 9.5). Übrigens: Auch alles, was von Ihnen in Schriftform bei Ihrem Kunden landet, hat eine Wirkung – lassen Sie es die richtige sein (vgl. Kap. 9.6). Widmen Sie ganz besondere Aufmerksamkeit Ihrem Auftritt im Netz: Google geht nicht mehr weg und Ihr Kunde wird Sie dort finden und hoffentlich nur mit einem markenkonsistenten Sieger-Fußabdruck (vgl. Kap. 9.7).

7. Warum du eine Marke brauchst

Globalisierung und Internethandel haben die Welt für Verkäufer in den letzten Jahrzehnten stark verändert. Es drängen immer mehr und immer neue Player auf den Markt und jeder will ein Stück vom Kuchen haben. Die Masse der Anbieter wird immer größer und dadurch wird es für den einzelnen Verkäufer immer schwieriger, von seinem Kunden gesehen zu werden. Selbst in kleinen Nischen tobt ein harter Konkurrenzkampf.

Stellen Sie sich vor, Sie sind schon immer Eierverkäufer auf dem Wochenmarkt: Bis vor ein paar Jahren hatten Sie nur den anderen Eierverkäufer und den zu hohen Cholesterinspiegel Ihrer Kunden als Konkurrenten. Heute würde Ihrem Kunden ein Klick reichen, um die Eier samt dem Speck vom Supermarkt direkt nach Hause geliefert zu bekommen – bequem und einfach. Es braucht also gute Gründe, warum er bei Wind und Wetter trotzdem vor die Tür treten und zu Ihrem Stand kommen soll.

Doch diese guten Gründe gibt es gerade heute sehr wohl. Denn auch Ihr Kunde sieht sich veränderten Rahmenbedingungen gegenüber. Im Gegensatz zu früher hat er Zugriff auf Informationsquellen ohne Ende: Er kann sich viel einfacher und schneller als früher über die Fakten und Meinungen zu einzelnen Angebote schlau machen – und das tut er auch. Dadurch braucht er keinen Verkäufer mehr, der ihm Auskunft über technische Details eines Produktes gibt. Empfehlungen aus Foren ersetzen die persönliche Beratung, Vor- und Nachteile in der Nutzung liest der Kunde auf Bewertungsportalen nach, laut einer Studie der Managementberatung Bain & Company von 2016 fällen 70 Prozent der Kunden ihre Kaufentscheidung noch vor dem ersten Kontakt mit dem Verkäufer.

Doch die Überfülle an Informationsangeboten hat auch eine Kehrseite für den Kunden: Er fühlt sich mit Angeboten, Botschaften und Aufforderungen bombardiert. Er weiß nicht, was die Urteile, Meinungen und Tipps wert sind, die er online einsammelt. Er hat keine Ahnung, welcher Weg der 1000 Optionen, die ihm Google ausgespuckt hat, wirklich für ihn passt. Er fühlt sich mehr verwirrt als geholfen. Er sehnt sich nach Orientierung. Und nach jemandem, dem er in diesem Chaos vertrauen kann.

Limbeck-Tipp

Kunden vertrauen im Zweifelsfall dem Vertrauten – wie den Marken, mit denen sie gute Erfahrung gemacht haben.

Deshalb führt aus meiner Sicht heute kein Weg mehr daran vorbei, dass Sie sich selbst zur Marke machen. Eine, die Ihren Kunden hilft, sich zurechtzufinden. Und Sie zu finden.

Markenmacht

Marken tun nichts anderes als vorverkaufen: Dem Produkt eilt ein Ruf voraus, der den Boden für die Kaufentscheidung bereitet. So ist das auch bei Verkäufermarken. Sie wirken, weil sie

- Sie von anderen Verkäufern unterscheidbar machen,
- einen besonderen Nutzen versprechen und begeistern,
- für Aufmerksamkeit und Wiedererkennung sorgen,
- Sie im Markt präsent machen,
- Ihrer Zielgruppe als Filter dienen,
- Ihren Kunden an Sie binden.

Ihre Wirkung hat also verschiedene Aspekte, die ich kurz im Einzelnen durchgehe:

Mit einer Marke unterscheiden Sie sich von anderen. In der unübersehbaren Menge der Verkäufer in Ihrer Branche stechen Sie heraus. So sind Sie nicht irgendein Maschinenverkäufer, sondern Sie sind der Verkäufer, der die beste Lösung anbietet. Sie sind nicht irgendein Versicherungsmakler, sondern Sie sind der, der seinen Kunden das fairste Angebot macht.

Ihre Marke drückt aus, welchen Nutzen Sie bringen. Wenn Sie für Edelausstattung stehen, dann wissen die Kunden, dass sie sich bei Ihnen auf hervorragende Optik und Qualität verlassen können. Wenn Sie für die stabilsten Tresorlösungen stehen, dann wenden sich Kunden mit hohem Sicherheitsbedürfnis an Sie. Wenn der versprochene Nutzen vom Kunden als hoch empfunden wird, dann sorgt Ihre Marke für Begeisterung.

Die Kombination aus Unterscheidbarkeit und Nutzen bringt Ihnen Aufmerksamkeit und einen hohen Wiedererkennungswert. Selbst wenn ein Kunde erst einmal doch nicht kauft oder aber nach Jahren wieder einmal kaufen möchte: Sie sind es, der ihm in den Sinn kommt, wenn er in die Richtung Kauf denkt.

Dass Sie in immer mehr Kundenköpfen mit Ihrem Markenversprechen verankert sind, verschafft Ihnen eine zunehmende Marktpräsenz. Wenn Sie nämlich konsistent bei Ihrer Markenkommunikation bleiben, baut die sich über die Zeit immer stärker auf. Die Kunden erinnern sich an Ihre Erfolge von gestern, sobald Ihr Name wieder fällt oder Ihr Markenzeichen aufscheint, und verschafft der Nennung so mehr Präsenz.

Eine gut auf- und ausgebaute Marke fungiert auch als Filter, denn sie sorgt dafür, dass Sie vorrangig die Kunden anziehen, die Sie möchten. Wenn Ihr vielversprechendster Kundenkreis die wohlsituierten Silver Surfer sind, dann sortieren sich die gestressten Familienväter und knapp bemittelten Studenten fast von selbst aus. Während Sie die anderen begeistern.

Das alles zusammen führt dazu, dass – wenn ein Kunde mit Ihnen eine gute Erfahrung gemacht hat – er sich bei der nächsten Kaufgelegenheit garantiert an Sie erinnert. So geht Kundenbindung. Das funktioniert dann besonders gut, wenn Sie diese Erinnerung frisch halten (vgl. Kap. 2.9). Wenn sich Ihr Markenzeichen bei ihm gut eingebrannt hat, genügen kleine Anstöße, die Erinnerung wieder wachzurufen.

Markenmacht der Erzählung

Wenn Ihr Kunde Ihre Marke kennt und schätzt, funktioniert auch Ihr Empfehlungsmarketing leichter. Ihr Kunde weiß ganz klar, wofür Sie stehen – und kann das so auch weitererzählen. Die positive Erzählung anderer über Sie ist eines der wertvollsten Akquiseinstrumente überhaupt.

Alles in allem gilt mein alter Spruch: Entscheidend ist nicht, wen du kennst, entscheidend ist, wer deine Marke kennt!

Ziele auf die Nr.-1-Marke

Wenn Sie in Ihrem Markt den Status erreicht haben, den Tempo, Tesla und Nutella haben, dann haben Sie es erst einmal geschafft: Dann sind Sie die Nr. 1 in Ihrem Verkäufersegment. Und auf nichts Geringeres sollten Sie zielen: Denn Menschen kaufen nach wie vor lieber von den großen Marken, den großen Namen, den Siegertypen. Für die Nr. 2 interessiert sich niemand.

Limbeck-Tipp

Denken Sie auch bei Ihrer Marke groß: Sie soll vermitteln, dass Sie der Beste für Ihren Kunden sind. Nichts weniger.

AUF EINEN BLICK

- In Zeiten von massenhaftem Angebot brauchen Sie eine Marke, um gesehen und unverwechselbar zu werden.
- Ihre Marke gibt Ihren Kunden eine klare Vorstellung, was sie von Ihnen erwarten können, und damit Vertrauen.
- Eine Marke macht auch Ihr Empfehlungsmarketing leichter, weil sie sich gut weitererzählen lässt.

8. Wie positionierst du dich?

Eine Marke ist das Vorverkaufsinstrument schlechthin (vgl. Kap. 7). Machen Sie sich deshalb als Verkäufer einen Namen. Warten Sie nicht darauf, dass es sich von selbst herumspricht, wie gut Sie sich auskennen. Der große Nikolaus P. Enkelmann hat einmal gesagt: »Sie sind weniger für Ihre fachliche Qualifikation bekannt als vielmehr für den Namen, den Sie sich gemacht haben, und den Ruf, der Ihnen vorauseilt.« Und Ihren Namen »machen« Sie nämlich im wahrsten Sinne des Wortes wirklich selbst. Es liegt in Ihrer Hand, Ihre Marke selbst aktiv zu gestalten.

Limbeck-Tipp

Ihre Marke machen Sie selbst. Ihr guter Ruf ist das, was automatisch folgt, wenn Ihre Marke funktioniert.

Die inhaltliche Expertise ist dabei nicht Bestandteil der Marke, sondern erst einmal Grundlage und Voraussetzung für Ihren Erfolg. Um eine Marke aufzubauen, brauchen Sie jedoch mehr.

Die Markenformel

Es sind drei Variablen, aus denen Sie das Produkt, Ihre Marke, wie über eine Formel ermitteln.

Die Markenformel für Verkäufer

Ihre Ziele × Wünsche Ihrer Kunden × Ihre Persönlichkeit
=
Verkäufermarke

Download: verkaufen.limbeckgroup.com

Am Anfang steht – wie immer – die Festlegung Ihrer Ziele. Legen Sie für sich fest, wofür Sie mit Ihrer Marke stehen wollen. Das hat naturgemäß viel mit Ihren eigenen Zielen zu tun, die Sie ja sowieso für sich entwickeln (Kap. 1.3).

Als zweite Variable folgen die Wünsche Ihrer Wunschkunden. Auf welches Versprechen springen sie besonders gut an? Ich glaube nicht daran, dass Sie als Verkäufer versuchen sollten, den Nordpolbewohnern die perfekte Tiefkühlung und den Beduinen eine gesunde Sonnenbräune als Nutzenversprechen aufzuschwatzen. Mit der Masche haben Sie weder als Verkäufer noch als Marke langfristig Aussicht auf Erfolg (vgl. Kap. 2.1). Schauen und hören Sie lieber genau hin, was die Kunden, die Sie sich wünschen, für sich selbst wünschen – bewusst oder unbewusst.

Die dritte Variable ist Ihre Persönlichkeit, denn die macht Ihre Marke erst wirklich zu etwas Besonderem. Sie selbst machen den Unterschied, den keiner sonst bieten kann. Sie sind einzigartig – und diese Einzigartigkeit hebt Sie von allen anderen Verkäufern ab.

Dabei kann und muss Ihre Marke nicht allen Menschen auf dieser Erde gleich gut gefallen. Entscheidender Maßstab sind nur Sie selbst, weil Sie sich in Ihrer Marke wohlfühlen, und Ihre Kunden, weil sie Ihre Marke schätzen. So kann der Verkäufer für Brautmoden leicht bei jeder Gelegenheit entzückt aufkreischen und seiner Kundin Sachen sagen wie: »Herzchen, noch nie hat irgendeiner Braut unter dieser Sonne ein Kleid so gut gestanden wie dieses dir. Du zarteste aller Rosen!« Ein Bräutigam würde bei so einer Verkäufermarke den Laden wahrscheinlich fluchtartig verlassen, doch die Braut samt Mutter und Schwarm der Freundinnen ist begeistert. Das Ziel der Markenbildung ist erfüllt: Sie sorgt für Begeisterung, Aufmerksamkeit und Wiedererkennbarkeit (vgl. Kap. 7).

Wie du deine Marke findest

Entsprechend der Markenformel klopfen Sie alle drei Variablen für sich ab und erarbeiten Sie für sich die jeweils drei wichtigsten Punkte.

Ziele: Die Kernfragen sind: Wofür wollen Sie bekannt sein? Was soll Ihrem Kunden einfallen, wenn er Ihren Namen hört? Was soll er mit Ihnen verbinden?

Wollen Sie sich zum Beispiel einen Namen als Kümmerer machen? Oder als Innovativer? Oder als Problemlöser? Oder als der, der für seinen Kunden das individuellste Angebot findet?

Das Ziel soll sich für Sie gut anfühlen und Ihnen gleichzeitig am Markt gute Chancen bieten. Verschaffen Sie sich dafür also eine gute Marktkenntnis (vgl. Kap. 10.1)

Wünsche Ihrer Kunden: Dafür müssen Sie sich klarmachen, wer in Zukunft Ihr Kunde sein soll. Überlassen Sie das nicht dem Zufall, sondern machen Sie es bewusst zum Teil Ihrer Strategie (vgl. Kap. 10.2). Denn eine Marke funktioniert nur dann bei den Richtigen, wenn Sie sie auf die Richtigen ausrichten. Und wer die Richtigen sind, bestimmen Sie.

Wenn Sie dann also wissen, wer Ihre Kunden sein sollen, dann überlegen Sie:

- Was wünschen die sich von dem, was Sie zu bieten haben, am meisten?
- Wo drückt der Schuh die Kunden, an die Sie in Zukunft verkaufen wollen, am stärksten?
- Welches sind die größten ihrer Sehnsüchte, die Sie stillen können?

Sind Sie zum Beispiel Eierhändler und wollen sich exklusivere Kundenkreise erschließen, dann kann es sein, dass diese Kunden statt der normalen Hühnereier lieber die von handmassierten Edelhühnern aus Hochlandhaltung oder auch eine Auswahl an Straußen- und Wachteleiern haben wollen. Dann ist das beste Versprechen die außergewöhnlichste und beste Auswahl an Eiern weit und breit. Am besten von Professor-Hahn-im-Korb persönlich empfohlen – dazu mehr im Kap. 17.3.

Ihre Persönlichkeit: Ihre Marke funktioniert umso besser, je mehr sie Ihnen auf den Leib geschneidert ist. Die zentrale Frage ist deshalb: Was passt zu Ihnen?

Das Was und das Wie, mit dem Sie Ihre Marke um Ihre persönliche Note anreichern, ist dabei breit gestreut. Da geht es darum,

- was Sie anziehen,
- welche Accessoires Sie nutzen,
- welches Auto Sie fahren,

- wie Sie von Angesicht zu Angesicht, im Netz und in der schriftlichen Kommunikation auftreten,
- wie Sie am Telefon auftreten.

Dazu gehören darüber hinaus Charaktereigenschaften und Verhaltensweisen, mit denen Ihre Kunden Sie wahrnehmen, zum Beispiel:

- Pünktlichkeit
- Zuverlässigkeit
- gute Umgangsformen
- Entschlossenheit
- Hartnäckigkeit
- Kreativität

Gehen Sie alle diese Punkte für sich durch. Bestimmt fallen Ihnen auch noch mehr ein. Und gleichen Sie auch Ihr Selbstbild mit dem Fremdbild ab, denn Sie selbst sind an Ihre Eigenheiten so gewöhnt, dass sie Ihnen gar nicht bewusst sind.

Limbeck-Tipp

Fragen Sie Ihre Frau, Ihre Freunde, Ihre Kollegen, welche persönlichen Merkmale typisch für Sie sind.

Die Punkte, die Sie für die Findung Ihrer Marke brauchen, sind in der Markencheckliste zusammengefasst (auch zum Download unter verkaufen.limbeckgroup.com).

Ihre Markencheckliste

Gehen Sie die einzelnen Punkte durch und versuchen Sie, genau drei Antworten zu finden. Sie sollten das Konzentrat ergeben, aus dem Sie dann Ihre Marke für alle Lebenslagen entwickeln können.

- Meine Ziele: Wofür möchte ich bekannt sein?
  1. ______________________________
  2. ______________________________
  3. ______________________________
- Die Wünsche meiner Kunden: Welche Versprechen locken sie am meisten?
  1. ______________________________
  2. ______________________________
  3. ______________________________
- Meine Persönlichkeit: Welche persönlichen Eigenschaften möchte ich hervorheben?
  1. ______________________________
  2. ______________________________
  3. ______________________________

Kurz gefasst lässt sich meine Marke so beschreiben:

____

Download: verkaufen.limbeckgroup.com

Wenn Sie diese Antworten gefunden haben, landen Sie bei Ihrer stabilen Verkäufermarke.

Machen Sie zum Schluss mit folgenden drei Fragen noch den ultimativen Markencheck:

1. Ist Ihre Marke unverwechselbar? Hat sie ein ausreichendes Maß an Einmaligkeit, das sie von allen anderen Verkäufermarken abhebt? Eine unverwechselbare Marke ist auch nicht kopierbar: Jeder, der es versucht, wirkt wie ein schlechter Abklatsch.
2. Ist Ihre Marke wiedererkennbar? Bleiben die einmaligen Eigenschaften ausreichend im Gedächtnis? Emotional aufgeladene Wahrnehmungen bleiben stärker haften als sachliche Informationen. Sorgen Sie dafür, dass Ihre Marke auch Gefühle auslöst.
3. Gibt Ihre Marke Ihren Kunden ein attraktives Versprechen? Testen Sie immer wieder ab, ob und wann Ihre Kunden leuchtende Augen bekommen.

L

Limbeck-Tipp

Eine Marke ist nur gut, wenn sie ein Unikat ist: Für Ihre perfekte Verkäufermarke kann es also nur einen geben, der sie verkörpern kann, und der sind Sie.

Kein Mensch ist perfekt

Kunden kaufen lieber von Menschen als von Abziehbildern. Deshalb darf und soll Ihre Verkäufermarke auch Ihre Menschlichkeit transportieren einschließlich der kleinen Fehler, die jeder Mensch hat. Versuchen Sie gar nicht erst, komplett stromlinienförmig zu sein, sondern zeigen Sie auch Ihre Ecken und Kanten. Sie wissen ja: Nur eine Null hat keine. Stehen Sie zu Ihren kleinen Schwächen, die machen Sie menschlich und authentisch.

Ja, und dann müssen Sie Ihre Marke nur noch mit Leben befüllen und dahin bringen, wo sie hingehört: zu Ihren Kunden.

Wie du deine Marke etablierst

Ihre Marke greift erst dann, wenn Sie sie ausreichend in den Markt und in das Bewusstsein Ihrer Kunden penetriert haben. Das ist keine Sache von Tagen oder Wochen, sondern eher von Monaten und Jahren. Deshalb ist es nie zu früh, mit der Arbeit an Ihrer Marke anzufangen.

Das Entscheidende auf dem Weg ist: Zeigen Sie Präsenz mit Ihrer Marke, und zwar so breit und intensiv wie möglich. Zumindest da, wo es Sinn macht.

Das können Social-Media-Kanäle sein oder die klassischen Fachzeitschriften, Newsletter, Sponsoring, Mitgliedschaften etc. In den folgenden Kapiteln finden Sie mehr zu den einzelnen Kanälen. Schauen Sie sich um und probieren Sie auch die immer wieder neu auftauchenden Möglichkeiten nach dem TOTE-Modell aus: test – operate – test – exit (vgl. Kap. 5.10).

Es gibt heute viel zu viele Kanäle, als dass Sie alle auf einmal bespielen könnten. Das muss auch nicht sein.

L

Limbeck-Tipp

Treffen Sie eine kluge Auswahl. Das Auswahlkriterium ist einfach: Seien Sie da, wo Ihre Kunden sind.

Das heißt: Tanzen Sie nicht auf allen Hochzeiten, dafür aber auf den richtigen und dort dann richtig. Denn Markenpräsenz hat auch etwas mit Häufigkeit der Kontakte zu tun. Steter Tropfen höhlt den Stein und gräbt sich ins Gedächtnis ein. Lassen Sie deshalb Ihre Kunden regelmäßig von Ihrer Marke hören.

Bleiben Sie an Ihrer Marke dran, denn auch hier zahlen sich Fleiß und Disziplin aus (vgl. Kap. 2.9).

Geschafft haben Sie es dann, wenn Sie zu Beginn eines Akquisegesprächs nur noch sagen müssen: »Hans Schmidt. *Der* Hans Schmidt.« Und Ihr Gesprächspartner nicht fragend schaut, sondern wissend nickt.

Für immer treu

Eine Marke lebt auch von ihrer Beständigkeit. Legen Sie deshalb viel Wert darauf, die Versprechen, mit denen Sie Ihre Marke aufgeladen haben, auch einzuhalten. Wenn Sie versprechen, der König der Luxus-Sportwagenhändler zu sein, dann stellen Sie auch nur die Premiumautos in Ihr Schaufenster. Denn wenn dort immer wieder auch mal der Familienvan oder der gebrauchte Kleinwagen zu sehen sind, dann ist Ihr Kunde verwirrt: Stehen Sie nun für Luxus oder doch für den grauen Alltag?

So machen Sie Ihre schöne Marke kaputt. Das ist ein Fehler, den ich ganz häufig beobachte. Eine Marke lebt davon, dass der Kunde das Versprechen kennt, dass Sie ihm bieten. Wenn Sie ihm Botschaften senden, die nicht zu diesem Versprechen passen, ist er verwirrt und glaubt Ihnen nicht mehr.

L

Limbeck-Tipp

Bleiben Sie Ihrer Marke treu, sonst wirkt sie nicht.

Das heißt nicht, dass Sie einmal Ihre Marke hinstellen und dann einstauben lassen sollen: Eine Marke braucht genauso eine Entwicklung wie Sie selbst (vgl. Kap. 6). Sie dürfen und sollen sie also über die Jahre verändern. Dafür gibt es nur eine Bedingung: Bleiben Sie bei aller Veränderung konsistent.

Die großen Markenträger machen es vor: Die Supermarktkette REWE verschob ihre Marke in den letzten Jahren von »gut und günstig einkaufen« auf »Frische einkaufen«. Oder schauen Sie Coca-Cola an: Die unterziehen ihre Marke auch in regelmäßigen Abständen einer Nachjustierung.

Das Gleiche gilt für erfolgreiche Persönlichkeitsmarken: Paradebeispiel ist Madonna, die es über Jahrzehnte geschafft hat, ihre Marke ständig weiterzuentwickeln. Oder Lady Gaga, bei der die Verwandlung selbst die Marke ist.

L

Limbeck-Tipp

Halten Sie Ihre Marke up to date und gleichzeitig unverwechselbar und wiedererkennbar.

AUF EINEN BLICK

- Ihre perfekte Marke ist das Produkt aus Ihren Zielen, den Wünschen Ihrer Kunden und Ihrer Persönlichkeit.
- Wählen Sie bewusst aus, welche Merkmale Ihre Marke ausmachen und wo Sie damit präsent sein sollten.
- Bleiben Sie Ihrer Marke treu in allem, was Sie tun.

9. Wie kommst du rüber?

9.1 Jedes Gespräch ist ein Verkaufsgespräch

Schlechte bis mittelmäßige Verkäufer ziehen sich morgens ihren Verkaufsmantel an, wenn ihre Stechuhr zu laufen beginnt, und legen ihn in dem Moment ab, wenn ihr Feierabend beginnt. Das ist ihr gutes Recht. Nur zu beschweren brauchen sie sich nicht, wenn es mit dem Erfolg nicht so klappt. Und wenn sie im Zuge des Wandels im Verkauf bald überhaupt nicht mehr gebraucht werden.

Gute Verkäufer können das gar nicht so machen: Denn die haben gar keinen Verkäufermantel. Für die ist ihr Verkäufersein wie eine zweite Haut. Und die legen sie nie ab (vgl. Kap. 1.3).

Deshalb klingt es für diese guten Verkäufer auch nicht wie eine Drohung, sondern wie eine großartige Überraschung, wenn sie von mir hören: »Jedes Ihrer Gespräche ist ein Verkaufsgespräch.«

Geben und Nehmen

Ein Verkaufsgespräch ist nichts anderes, als dass zwei Menschen darüber sprechen, dass der eine dem anderen etwas gibt und dafür etwas entgegennimmt. Und so gesehen führen alle Menschen jeden Tag viele, viele Verkaufsgespräche. Auch wenn sie es nicht bewusst tun.

Schon die Bibel berichtet vom angeblich ersten Verkaufsgespräch der Menschheit: Die Schlange verkauft Adam und Eva den Griff zum Apfel der Erkenntnis. Das war langfristig kein guter Deal, denn die Schlange hatte ja böse Absichten, was sich mit den Werten eines guten Verkäufers nicht verträgt (vgl. Kap. 2.2). Es endete also mit einem Storno. Funktioniert hat das Gespräch erst mal trotzdem.

Sie brauchen jedoch nicht so weit zurückzugehen, um in Ihrem Alltag Gespräche zu entdecken, die eigentlich Verkaufsgespräche waren:

- Haben Sie wegen der neuen Stelle mit der Personalchefin gesprochen? Dann haben Sie sich bemüht, Ihre Fähigkeiten und Kenntnisse gut zu verkaufen.
- Haben Sie mit dem Chef über mehr Gehalt gesprochen? Dann haben Sie geschickt darauf hingewiesen, wie gut Ihre Leistung ist.
- Sie haben mit dem jungen Mann an der Hotelrezeption nett geplaudert und ihm erklärt, warum er Sie als Stammkunden heute in die Juniorsuite upgraden soll.
- Haben Sie sich zum ersten Mal mit der attraktiven Brünetten von nebenan getroffen? Dann haben Sie hoffentlich ein unwiderstehliches Angebot geliefert.
- Und jeder Ehe ist vorausgegangen, dass Sie sich Ihrer Herzensdame gegenüber so erfolgreich verkauft haben, dass sie Ja gesagt hat.

Wenn der andere in Ihr Angebot einwilligt, hat er gekauft. Und Sie haben gut verkauft – bewusst oder unbewusst. Denn Verkaufen ist nichts anderes, als andere zu Taten zu bewegen.

Das hast du davon

Ein Verkaufsgespräch zeichnet sich dadurch aus, dass Sie Ihrem Gegenüber auf den Weg zu einer Entschlussfassung helfen, die gut für ihn *und* Sie ist. Je bewusster Sie das Gespräch angehen, umso wahrscheinlicher wird es, dass es für beide Seiten dieses gute Ende nimmt. Und das ist doch mal ein gutes Ziel, ganz egal ob Sie mit einem potenziellen Kunden, der Personalchefin, der Rezeptionistin oder mit Ihrer Angebeteten sprechen. Für einen guten Verkäufer geht es nie darum, den anderen über den Tisch zu ziehen oder ins Koma zu quatschen, sondern immer um das gute Ergebnis für beide Seiten.

Und glauben Sie nicht, dass es Gespräche gibt, die die Mühe nicht wert sind, als Verkaufsgespräch geführt zu werden: Meiner Erfahrung nach steckt in wirklich jedem Gespräch das Potenzial für ein gutes Ende.

Halbzeitpause im DFB-Endspiel zwischen Eintracht Frankfurt gegen Dortmund. Es steht 1 : 1, gleich geht es weiter. Alle Gemüter sind erhitzt. Ich rase gerade die Treppe wieder rauf, da packt mich einer an den Arm und ruft: »Mensch, Junge, dich kenne ich aus dem Fernsehen. Wir suchen gerade einen Verkaufstrainer. Wollen wir mal reden?«

Eigentlich wollte ich in dem Moment so schnell wie möglich an meinen Platz zurück: ja keine Minute vom Spiel verpassen. Doch was habe ich gesagt? »Klar, gerne. Hier ist meine Karte. Geben Sie mir Ihre? Dann melden wir uns gleich Anfang nächster Woche wegen eines Termins. Um wie viele Mitarbeiter geht es Ihnen denn?«

Aus dieser zufälligen Begegnung ist eine spannende geschäftliche Verbindung entstanden. Viele Empfehlungen folgten – bis zu einer Freundschaft.

Wenn Sie grundsätzlich in jedem Gespräch ein Verkaufsgespräch wittern, dann hat das nicht nur etwas damit zu tun, dass Sie alle Akquisechancen nutzen (vgl. Kap. 11.6). Es hat auch etwas damit zu tun, dass Sie Ihre Fähigkeiten nur dadurch verbessern, dass Sie sie bewusst üben (vgl. Kap. 2.9). Und zwar so oft wie möglich.

Die 10000-Stunden-Regel

Die 10000-Stunden-Regel stammt vom schwedischen Psychologen K. Anders Ericsson, der beobachtet hat, was Könner in ihrem Fach zu Könnern macht. Das war nämlich noch weit vor Talent und einer fördernden Umgebung der Umstand, ob derjenige bereit war, unendlich viel Zeit in das entsprechende Training zu stecken. Er hat auch festgestellt, dass das alles nur dann funktioniert, wenn dieses Training bewusst absolviert wird: nicht nebenher oder aus Versehen, sondern absichtlich und mit dem klaren Willen, etwas zu lernen.

Wenn Sie nun überlegen, wie viele Alltagsgespräche Sie als Verkaufsgespräche begreifen und als Training nutzen können, dann wissen Sie, welches Potenzial da für Sie drinsteckt.

Limbeck-Tipp

Wenn Sie bewusst jedes Gespräch wie ein Verkaufsgespräch angehen, vervielfachen Sie Ihre Trainingsmöglichkeiten – und damit Ihren Trainingserfolg.

Die Voraussetzung

Es gibt nur eine einzige Voraussetzung, damit Sie in dieses Training starten können: Es ist die Aufmerksamkeit, mit der Sie Ihren Alltag leben. Dann fällt es Ihnen leicht, die Situationen zu identifizieren, in denen sich ein (Verkaufs-)Gespräch anbahnt. Und mit der richtigen Einstellung ergreifen Sie die Gelegenheit beim Schopf und nehmen die Chance für dieses nächste Training wahr.

Der kurze Leitfaden hilft Ihnen, an die wichtigsten Punkte zu denken (auch zum Download unter verkaufen.limbeckgroup.com).

Leitfaden: Verkaufsgespräche im Alltag

1. Aufmerksam im Alltag sein
2. Gesprächssituationen erkennen und nutzen
3. Vor dem Gespräch in die richtige Energie kommen
4. Vor dem Gespräch Ihr Ziel klar ziehen
5. Im Gespräch in Führung gehen
6. Die richtigen Fragen stellen
7. Darauf achten, wie Ihr Gegenüber reagiert

Download: verkaufen.limbeckgroup.com

Nehmen Sie Ihr Training auch ernst, denn nur dann kommen Sie an Ihre Leistungsgrenze und erweitern die: Nur wenn Sie ein Gespräch bewusst als Verkaufsgespräch angehen, gehen Sie in einen anderen Energiezustand – weil es um etwas geht, weil Sie ein Ziel haben. Denn das gehört zum Verkaufsgespräch immer dazu und gibt ihm erst Pfeffer.

Limbeck-Tipp

Erst ein klares Ziel macht ein Gespräch zum Verkaufsgespräch. Und erst dann macht es wirklich Spaß.

AUF EINEN BLICK

- Gute Verkäufer sehen jedes Gespräch bewusst wie ein Verkaufsgespräch.
- Wenn Sie das tun, dann profitieren Sie doppelt: Sie gewinnen häufiger und Sie üben ständig.
- Mit diesem konsequenten täglichen Training wird Ihr vertrieblicher Verkaufserfolg noch größer.

9.2 Wie in der Öffentlichkeit auftreten

Die Frage ist nicht, ob Sie sich mit Ihrer Marke in der Öffentlichkeit präsentieren sollen, sondern wie. Denn Ihre Marke nützt Ihnen herzlich wenig, wenn keiner sie kennt.

Deshalb müssen Sie nach der Positionierung mit Ihrer neu geschaffenen Marke den nächsten großen Schritt gehen: den in die Öffentlichkeit, und zwar richtig.

Das fällt sowohl den Farmern als auch den Huntern nicht leicht, wenn auch aus unterschiedlichen Gründen. Den Farmern fehlt es oft am entsprechenden Mut, in dieses ungewohnte Licht zu treten. Sie machen sich unendlich viele Gedanken darüber, ob sie es richtig tun, ob sie es perfekt tun und ob es auch wirklich funktionieren wird.

L

Limbeck-Tipp

Für den Farmer gilt: Trauen Sie sich! Starten Sie Ihren Weg in die Öffentlichkeit lieber unperfekt als gar nicht.

Der Hunter dagegen macht sich eher nicht so viele Gedanken. Dafür tut er sich mit seiner spontanen Art oft nicht so leicht, seiner Marke treu zu bleiben.

Limbeck-Tipp

Als Hunter rufen Sie sich so oft wie möglich das in Erinnerung, wofür Ihre Marke steht. Und starten Sie durch!

Die richtige Öffentlichkeit finden

Bleibt nur die Frage: Wo finden Sie die passende Öffentlichkeit? Diese Frage haben Sie bei der Gestaltung Ihrer Marke schon mindestens zur Hälfte beantwortet: Da haben Sie nämlich festgelegt, wer Ihre Wunschkunden sind (vgl. Kap. 8). Und genau von diesen Kunden hängt es ab, wo die richtige Öffentlichkeit für Sie ist.

Es gibt nämlich unendlich viele Kanäle, Medien, Organisationen und so weiter, über die Sie in die Öffentlichkeit gehen können. Sie alle zu bedienen, ist einfach nicht machbar. Zumindest nicht für einen einzelnen Verkäufer, ja noch nicht mal für ein großes Team (Ähnliches gilt übrigens für die Akquise, vgl. Kap. 11). Das ist jedoch auch gar nicht nötig: Sie wollen ja schließlich nicht die ganze Menschheit, sondern »nur« Ihre Wunschkunden erreichen. Und die sind auch nicht auf allen Kanälen gleichzeitig unterwegs, sondern auf einer bestimmten Schnittmenge davon. Und da, wo diese Schnittmenge ist, da sind Sie richtig.

Bedenken Sie auch, dass Öffentlichkeit über die gezielt gewählten Kanäle hinaus überall ist:

- überall, wo Sie nicht unbeobachtet sind,
- überall, wo Sie absichtlich oder unabsichtlich als wiedererkennbare Person auftreten,
- überall, wo Sie sich über einen privaten, vertrauten Kreis hinaus äußern.

Limbeck-Tipp

Wann immer Sie vor die Haustür treten, sind Sie Botschafter Ihres Markennamens.

Für die schlechten Verkäufer klingt das wie eine Drohung, für die guten wie eine großartige Chance – das ist reine Einstellungssache (vgl. Kap. 1.3).

Womit du in die Öffentlichkeit gehst

Wenn Sie die richtigen Bühnen identifiziert haben, nehmen Sie wieder Ihre Markenbeschreibung zur Hand: Wofür stehen Sie?

In der Regel hat Ihre Marke fachliche Anteile, die Ihre Expertise zur Geltung bringen, und auch emotionale Anteile, die Sie als Mensch erkennbar werden lassen. Beides sollte sich auch in Ihrem öffentlichen Auftritt wiederfinden.

Für Ihre Kompetenz machen Sie am besten von sich reden. Und zwar durch Reden. Halten Sie Vorträge auf Fachveranstaltungen, auf denen Ihre Zielgruppe versammelt ist. Oder machen Sie sich wenigstens mit guten Fragen aus dem Plenum heraus bemerkbar. Schreiben Sie Gastartikel in Fachzeitschriften. Oder Sie heuern als Kolumnist bei Ihrer Regionalzeitung an und schreiben über die Alltagssorgen Ihrer Kunden und wie sie sie lösen können.

Für die menschlichen Werte, für die Sie stehen wollen, eignet sich zum Beispiel Sponsoring hervorragend: Soll Ihr Name Nähe und Vertrauen vermitteln, dann unterstützen Sie die Adventsfeier Ihrer örtlichen Nachbarschaftshilfe. Sollen Ihre Kunden Sie mit sportlicher Tatkraft verbinden, dann spendieren Sie der Jugendmannschaft Ihres Heimatvereins einen neuen Satz Trikots mit Ihrem Markennamen drauf.

Gehen Sie die Checkliste durch, welche Öffentlichkeit für Sie Sinn macht (auch zum Download unter verkaufen.limbeckgroup.com).

Checkliste: Meine Öffentlichkeitsarbeit

Gehen Sie diese Checkliste mit ihren Anregungen durch: Was kommt besonders gut bei Ihren Kunden an? Was davon passt zu Ihnen und Ihrer Marke? Ergänzen Sie spezifische Möglichkeiten für sich selbst. Aktualisieren Sie diese Checkliste in regelmäßigen Abständen – sowohl Ihre Kunden als auch Sie und Ihre Marke entwickeln sich schließlich weiter.

Öffentlichkeit	ist für mich geeignet		
	ja (welche)	später vielleicht	nein
Mitgliedschaft und persönliches Engagement in Kammern, Verbänden, Vereinen etc.	______ ______		
Vorträge im Rahmen von Veranstaltungen wie Messen, Organisationen etc.	______ ______		
Kolumnen in Tages-, Wochen- oder Fachpresse	______ ______		
den Medien als Interviewpartner zur Verfügung stehen	______ ______		
Pressemitteilungen an Redaktionen schicken	______ ______		
Forenbeiträge schreiben, in Gruppen und beruflichen Netzwerken zu Wort melden	______ ______		
Sponsoring von sportlichen, sozialen oder karitativen Unternehmungen	______ ______		
Herausgabe von Newslettern und Informationsschriften	______ ______		
Organisation eigener Veranstaltungen und Events	______ ______		

Öffentlichkeit	ist für mich geeignet		
	ja (welche)	später vielleicht	nein
eigener YouTube-Kanal	______________ ______________		
Social-Media-Auftritte (Facebook, Instagram, Google Plus)	______________ ______________		
Aktivität auf Twitter, WhatsApp, SnapChat	______________ ______________		
Engagement in beruflichen Netzwerken im Netz und analog	______________ ______________		
eigener Blog	______________ ______________		
eigene Podcast- und oder Vodcast-Reihe	______________ ______________		
eigenes Buch oder Mitautorenschaft	______________ ______________		
Download: verkaufen.limbeckgroup.com			

Und wie schaffen Sie es, dass Sie mit Ihrem Beitrag auf der gewählten Bühne auch wahrgenommen werden? In aller Regel sind Sie dort nämlich nicht allein, sondern es tummeln sich weitere Anbieter. Ihr Beitrag droht also in der Masse unterzugehen. Außer: Er hebt sich von der Masse ab. Und genau dafür ist Ihre Kreativität gefragt.

L

Limbeck-Tipp

Gestalten Sie Ihren Auftritt nicht so, wie alle es tun, sondern denken Sie sich etwas Besonderes aus, etwas besonders Witziges, Freches, Kluges, Herzenswarmes, Unkonventionelles – Hauptsache, es passt zu Ihnen und Ihrer Marke.

Ein tolles Beispiel für eine gelungene Aktion liefert ein mit mir befreundeter Autohändler: Er wollte sich eine neue Zielgruppe ins Haus holen, und zwar junge Familien mit kleinen Kindern. Für die Präsentation der neuen Kombimodelle in seinem Showroom hat er sich mit dem bekanntesten Kinderfriseur der Stadt zusammengetan. Der kam mit seinen Mitarbeitern und schnitt während der Präsentation den Kindern kostenfrei die Haare. Das hat hervorragend funktioniert – sowohl für den Autohändler als auch für den Friseur. Sogar die Lokalpresse hat von diesem ungewöhnlichen Event berichtet.

Für jede Marke gibt es den richtigen Kanal und die richtige Dosis. Und wenn Sie unsicher sind, wie viel gut ist: Seien Sie fleißig und machen Sie mehr.

L

Limbeck-Tipp

Fürchten Sie nicht zu viel Öffentlichkeit, sondern sparen Sie sich nur die falsche.

Die falsche Öffentlichkeit ist immer die, die nicht zu Ihnen bzw. zu Ihrer Marke passt. Es ist nicht tragisch, wenn Sie mal einen Kanal testen, von dem sich herausstellt, dass Sie damit Ihre Kunden gar nicht erreichen. Das gehört dazu (TOTE-Prinzip, vgl. Kap. 5.10). Doch wenn Ihre Kunden die falschen Signale von Ihnen erreichen, ist das schädlich.

Achtung: Öffentlichkeit!

Unweigerlich verbunden mit Ihrer steigenden Bekanntheit ist dies: Alles, was Sie öffentlich tun oder sagen, wird Ihrem Namen zugeordnet und mit Ihrer Marke abgeglichen. Und wenn es nicht zu Ihrer Marke passt, dann machen Sie viel von Ihrer investierten Arbeit kaputt.

Und wie gesagt: Öffentlichkeit ist überall. Auch abends auf der Messeparty und am Spielfeldrand am Wochenende: Wenn Sie sich da danebenbenehmen, dann schadet das Ihrer Marke.

Selbst wenn Sie gerade im Einzelgespräch mit einem Kunden sind: Wenn Sie sich ganz anders geben, als Ihre Marke suggeriert, und der Kunde sich irgendwie vor den Kopf gestoßen fühlt, dann wird er es weitererzählen. Gerade in Zeiten von Bewertungsportalen und sozialen Medien bekommt Ihre Marke so ganz schnell einen schiefen Klang.

Das heißt jedoch nicht, dass Sie perfekt in allem sein müssen, was Sie tun. Fehler sind menschlich und wirken oft sogar sympathisch, wenn Sie offen dazu stehen: Wenn die Februarausgabe Ihres monatlichen Newsletters mal ein bisschen verspätet kommt, dann sprechen Sie das aktiv an. Ihre Kunden werden es verstehen.

L

Limbeck-Tipp

Wenn Ihnen in der Öffentlichkeit mal ein Lapsus unterläuft: Entschuldigen Sie sich, stehen Sie zu Ihrem Fehler. Und machen Sie es beim nächsten Mal besser.

AUF EINEN BLICK

- Suchen Sie mit Ihrer Marke aktiv die Öffentlichkeit, in der Ihre Kunden Sie wahrnehmen.
- Alles, was Sie in der Öffentlichkeit tun, zahlt auf Ihre Marke ein: im Guten wie im Schlechten.
- Seien Sie kreativ bei der Wahl der Mittel, mit denen Sie für sich die richtige Öffentlichkeit schaffen.

9.3 Wie persönlich auftreten

Sie haben keine zweite Chance für den ersten Eindruck – das gilt ganz besonders für Ihren persönlichen Auftritt in der ersten Begegnung mit Ihren Kunden. Verwenden Sie deshalb viel Sorgfalt auf Ihren optimalen Auftritt.

Dafür gibt es einige Grundregeln, die Sie in diesem Kapitel nachlesen können. Darüber hinaus hängt ganz viel davon ab, wer Ihre Wunschkunden sind: denn bei ihnen brauchen Sie den guten Eindruck.

L

Limbeck-Tipp

Wer und was einen guten Eindruck macht, ist keine One-fits-all-Angelegenheit.

Wenn Sie Verkäufer für Landmaschinen sind, brauchen Sie ein anderes persönliches Auftreten, um bei Ihren Kunden anzukommen, als wenn Sie Innenausstattungen für Luxusyachten vertreiben.

So gestalten Sie Ihren persönlichen Auftritt aus einer Schnittmenge aus dem,

- was Ihre Kunden sich wünschen,
- was zu Ihrer Marke passt,
- womit Sie sich wohl fühlen.

Und es ist auch nicht damit getan, dass Sie sich ein einziges Schnittmuster überlegen. Auch innerhalb Ihrer Kundschaft gibt es Unterschiede und seien es nur individuelle Vorlieben. Sie brauchen dafür ein Repertoire an verschiedenen Abwandlungen, mit denen Sie immer noch sich selbst und Ihre Marke verkörpern und gleichzeitig unterschiedliche Kundentypen und -gruppen ansprechen.

Auf fünf Eckpfeilern steht Ihr gelungener Auftritt:

1. Ausstrahlung und Körperhaltung
2. angemessenes Benehmen
3. Verhalten
4. Stimme und Sprache
5. Äußeres

1. Ausstrahlung und Körperhaltung

Eine positive Ausstrahlung ist es, was den guten Verkäufer ausmacht. Das hat nichts mit Dauergrinsen oder einem Talent zum Witzereißen zu tun. Eine positive Ausstrahlung können Sie auch nicht aufsetzen oder spielen, Sie können sie nur entwickeln – und zwar, indem Sie an Ihrer Einstellung arbeiten (vgl. Kap. 1.3).

L

Limbeck-Tipp

Wenn Sie sich ehrlich auf Ihren Kunden freuen, ihm große Wertschätzung entgegenbringen und sich gleichzeitig Ihres eigenen Wertes bewusst sind: Dann haben Sie die richtige Ausstrahlung.

Dann ziehen Sie den Kunden an, weil Ihre Freude auf das Gespräch ansteckend ist. Weil Ihre Wertschätzung sein Vertrauen weckt. Weil Ihr Selbstbewusstsein Ihre Siegermentalität zeigt. Und Sie wissen ja: Kunden kaufen immer noch nur von Siegern.

Das heißt, wenn Sie die richtige Einstellung für sich gefunden haben, dann kommt Ihre Ausstrahlung ganz automatisch hinterher. Und nicht nur die: Sie brauchen sich auch über Ihre Körperhaltung keine Gedanken zu machen. Die ist nämlich einfach nur der Spiegel Ihrer inneren Einstellung.

Sobald Sie also innerlich überzeugt mit Wertschätzung und Selbstbewusstsein freudig auf Ihren Kunden zugehen, dann wird Ihre Körperhaltung positiv gespannt, aufrecht und zugewandt sein. Und zwar auf natürliche und authentische Art. Wenn Sie sich dagegen vornehmen, zum Beispiel möglichst lässig oder nie mehr mit verschränkten Armen dazustehen, dann wirkt das immer verkrampft und unsicher.

L

Limbeck-Tipp

Um Ihre Körperhaltung zu verbessern, denken Sie nicht an irgendwelche Schauspielanweisungen, sondern denken Sie an Ihre Einstellung.

Umgekehrt können Sie Ihre Körperhaltung als Warnsignal nutzen: Wenn Sie tendenziell Bewegungen der Unsicherheit oder der Überheblichkeit an sich selbst beobachten (vgl. Selbsttest: Ungünstige Körpersprache, auch zum Download unter verkaufen.limbeckgroup.com), dann können Sie bewusst in diesem Moment Ihre innere Haltung überprüfen und korrigieren.

Selbsttest: Ungünstige Körpersprache

In der Tabelle sind verschiedene körpersprachliche Signale aufgeführt, die für Ihren Kunden unangenehm sein können. Kennen Sie Ihre eigenen Muster, in die Sie verfallen, wenn Sie nervös, genervt oder gelangweilt sind? Ergänzen Sie sie.

Hinweise auf ...			
Unsicherheit, Nervosität	*Abwehr, Wut*	*Arroganz, Ungeduld*	...
unruhiger Stand	Hochziehen der Schultern	Reiben der Hände	...
Spielen mit einem Gegenstand	Ballen der Faust	Wippen mit den Füßen	...
fahriges Abnehmen der Brille	vor dem Körper verschränkte Arme	Trommeln mit den Fingern	...
Nägelbeißen	Versteifen im Oberkörper	Heben der Augenbrauen	...
Haltsuchen an Lehnen	verkrampftes Umfassen eines Gegenstandes	gedehntes, weites Nach-hinten-Beugen des Oberkörpers	...
Füße um die Stuhlbeine geschlungen	Beben	demonstratives Nach-hinten-Neigen des Kopfes	...
Füße eng nebeneinander gestellt	angespannt-ausweichendes Nach-hinten-Beugen des Oberkörpers	häufiges Ändern der Sitz- oder Standposition	...
Hand vor den Mund halten während des Sprechens	abgewandt gekreuzte Beine	mit den Händen ein Spitzdach formen	...

Hinweise auf …			
Unsicherheit, Nervosität	*Abwehr, Wut*	*Arroganz, Ungeduld*	…
häufiges Blinzeln	mit dem Finger auf den Gesprächspartner zeigen	mit den Augen rollen	…
…	…	…	…
Download: verkaufen.limbeckgroup.com			

2. Benehmen

Gerade in Zeiten der Digitalisierung können Sie sich positiv von vielen Ihrer Wettbewerber abheben, indem Sie sich angemessen benehmen können.

Ich sage ganz absichtlich »angemessen«, denn gutes Benehmen à la Knigge kann sowohl perfekt als auch total daneben sein: Es kommt ganz darauf an, mit wem Sie es zu tun haben. Draufhaben sollten Sie es jedoch auf jeden Fall, damit Sie flexibel reagieren können.

Ein Stück weit ist Ihr Benehmen auch von Ihrer Marke geprägt: Wenn Sie sich für die stilvolle Vermittlung von Premiumimmobilien einen Namen machen wollen, dann kann der angedeutete Handkuss Sie tatsächlich auszeichnen. Wenn Sie dagegen für die kernige Landmaschinen-Power stehen, dann wirken Sie damit deplatziert. Für das richtige Maß brauchen Sie einfach Fingerspitzengefühl.

Um einige grundlegende Benimmregeln kommen Sie jedoch aus meiner Sicht nie herum:

Das ist zum einen Pünktlichkeit. Die ist ein Ausdruck der Wertschätzung, die Sie Ihrem Kunden entgegenbringen: Seine Zeit ist genauso kostbar wie Ihre. Sie zu verschwenden, indem er auf Sie warten muss, ist ein Zeichen schlechten Benehmens. Wenn Sie sich strikt daran halten, dann gibt Ihnen das übrigens das Recht, die gleiche Pünktlichkeit von Ihrem Kunden zu erwarten – schließlich begegnen Sie sich ja auf Augenhöhe.

Darüber hinaus ist eine gewisse Höflichkeit immer ein Pluspunkt. Wenn Sie die branchenüblichen Rituale kennen und beachten, dann sorgt das für eine Verbundenheit: Sie zeigen damit, dass Sie vertraut sind mit den Regeln.

Limbeck-Tipp

Seien Sie immer einen Tick höflicher als Ihr Kunde – das fällt angenehm auf, solange Sie es nicht übertreiben.

Zu dieser Höflichkeit gehört zum Beispiel auch, dass Sie sich immer mit Vor- und Nachnamen vorstellen: Das wirkt persönlicher, denn Sie geben sich deutlicher zu erkennen. Höflichkeit ist im Grunde immer ein Ritual, dass Ihrem Kunden hilft, Sie einzuordnen und einschätzen zu können. Mit Ihrem Benehmen geben Sie ihm Hinweise, in welche Schublade er Sie stecken soll. Also suchen Sie sich mit Ihrem Benehmen Ihre Schublade aus: absichtlich eine, die für Ihre Ziele gut ist, oder unabsichtlich eine andere.

Auch Ihre Wertschätzung findet in der Höflichkeit Ausdruck: Wenn Sie sich beim Kunden auf dem Stuhl lümmeln, die Beine ausgestreckt, die Arme vor dem Oberkörper verschränkt, dann kommt das nicht lässig oder cool rüber, sondern uninteressiert und nachlässig.

Was Sie in Ihrem Benehmen erst richtig glänzen lässt, ist Taktgefühl. Das gibt nämlich Ihrer Höflichkeit über das Ritual hinaus den menschlichen Anstrich. So zeigen Sie, dass Sie bereit und fähig sind, sich in Ihren Kunden hineinzuversetzen: Sie beweisen, dass Sie seine Werte, Gefühle und Überzeugungen achten und in guter Absicht kommen. Ein gutes Taktgefühl hat viel mit emotionaler Intelligenz zu tun – und die lässt sich trainieren (vgl. Kap. 5.1).

Ein ganz besonderes Kapitel beim Thema Benehmen ist das Händeschütteln zur Begrüßung. Die körperliche Berührung ist ein wichtiges Element sowohl beim Vertrauensaufbau als auch bei der Einschätzung Ihres Kunden: Ihr Kunde rückt Ihnen durch den Kontakt unbewusst auch in seiner Beziehung näher. Und Sie erfahren über die Art, wie er Ihre Hand nimmt, einiges über seinen Typ und seine Erwartung.

Es lohnt sich deshalb, dass Sie sich dieses Ritual zunutze machen, indem Sie es ganz bewusst gestalten (vgl. Checkliste: Händedruck).

L

Limbeck-Tipp

Investieren Sie ruhig auch in eine Tube Handcreme und eine Nagelfeile: Ihre Hände gehören mit zum Aushängeschild.

Die Reihenfolge beim Händeschütteln

Den Höflichkeitsregeln nach geben Sie immer dem ersten Offizier zuerst die Hand und arbeiten sich dann die Hierarchiestufen nach unten. Über diese Regel setze ich mich bewusst hinweg: Für mich sind immer die Damen zuerst dran. Das ist eine persönliche Entscheidung, und dazu stehe ich auch, denn sie entspricht meinen Werten – meinen persönlichen »Limbeck Laws« (Vielleicht kennen Sie ja dieses Buch auch schon!?).

Wägen Sie solche Punkte für sich individuell ab – die Freiheit dürfen Sie sich nehmen.

Checkliste: Händedruck

Bedenken Sie mit Blick auf Ihre Kunden und Ihre Marke die folgenden Punkte:

- Reihenfolge: Fange ich beim ersten Offizier an oder bei den Damen?
- Wahl der Hand: Das ist in der Regel die rechte – bei meinen Kunden auch?
- Sinneswahrnehmung Hand: Sieht meine Hand gepflegt aus? Fühlt sie sich angenehm an?
- Druck: Welcher vermittelt bei meinen Kunden den richtigen Eindruck? Wenn Sie es mit Asiaten zu tun haben, kommt ein kräftiger Druck als ungehobelt rüber. In westlichen Kulturen gilt dagegen der lasche Händedruck als Zeichen der Schwäche und der Unentschlossenheit.
- Alternative Begrüßung, wenn ein Händedruck gerade nicht möglich ist: Welche Geste empfindet mein Kunde als wertschätzend? Ein Nicken, ein Winken?

Download: verkaufen.limbeckgroup.com

3. Verhalten

Das A und O für Ihr zielführendes Verhalten sind die schon angesprochene Wertschätzung sowie Ihr Selbstbewusstsein. Aus dieser Grundeinstellung heraus verhalten Sie sich

- **hilfsbereit:** Signalisieren Sie in allem, dass Sie Ihren Kunden unterstützen, die für ihn beste Kaufentscheidung zu treffen. Das tun Sie, indem Sie mit ihm geduldig die Schritte gehen, die er hin zu dieser Entscheidung braucht. Sie übertölpeln ihn nicht. Sie überfordern ihn nicht, Sie nehmen seine Wünsche und Bedürfnisse wahr und ernst;
- **beharrlich:** Wenn Sie nicht nach dem ersten oder zweiten vergeblichen Versuch aufhören, machen Sie dem Kunden klar, dass Ihnen etwas an ihm und seiner guten Entscheidung liegt. Freundliche Hartnäckigkeit ist eine Verkäufertugend, die sich auszahlt;
- **zuverlässig:** Sie halten sich an die Regeln, stehen zu Ihrem Wort und sind jemand, auf den Ihr Kunde bauen kann. Das ist eine der wichtigsten Voraussetzung für Vertrauen und damit für Kaufentscheidungen;
- **positiv:** Sie schaffen eine angenehme Atmosphäre. Ihre Tatkraft und Ihr Optimismus übertragen sich auf Ihren Kunden. Wenn Sie mit Ihrem Kunden gemeinsam etwas zu lachen haben, dann zahlt sich das für Sie aus;

L

Limbeck-Tipp

Wer lacht, verkauft!

- **offen:** Wer sich auf einer Veranstaltung in die hinterste Ecke drückt, der braucht sich nicht zu beschweren, dass er keine Gelegenheit für Gespräche findet. Geben Sie Ihren Kunden die Chance, Ihre großartige Marke kennenzulernen – und zwar aktiv und freudig. Wenn Sie sich dafür erst Mut in Form von ein oder zwei Bier zuführen müssen, dann arbeiten Sie an Ihrer Einstellung – oder wechseln Sie den Beruf. Zum offenen Auftritt gehört auch, dass Sie den Augenkontakt mit Ihrem Gesprächspartner suchen. Statt auf den Boden oder in die Ferne zu starren, schauen Sie ihn an: So signalisieren Sie Ihre Aufmerksamkeit und Bereitschaft und fesseln seine;

L

Limbeck-Tipp

Augenkontakt schafft Kontakt.

- **vorbereitet:** Auch eine gute Vorbereitung ist ein Zeichen von Wertschätzung. Bringen Sie zumindest die vollständigen Namen Ihrer Kunden und gute Unternehmensinformationen in Erfahrung. Wenn Sie kein gutes Namensgedächtnis haben, dann trainieren Sie es. »Kein Talent« ist eine Ausrede, die Sie sich schenken sollten (vgl. Kap. 9.1).

Zum wertschätzenden Verhalten gehört darüber hinaus, dass Sie dem Kunden Ihren Dank ausdrücken. Doch Achtung: Danken Sie Ihren Kunden dann, wenn es angebracht ist. Bedanken Sie sich für sein Vertrauen, für eine Reklamation, die Ihnen hilft, Ihren Service zu verbessern, für eine Empfehlung – also für alles, was nur Sie voranbringt.

Bedanken Sie sich niemals für einen Termin oder einen Auftrag. Davon profitiert Ihr Kunde ja mindestens genauso viel wie Sie! Das hat nichts mit Höflichkeit, sondern mit Augenhöhe zu tun: Die verlassen Sie, sobald Sie im falschen Moment »Danke« sagen.

4. Stimme und Sprache

Nicht nur am Telefon, sondern auch bei Ihrer direkten persönlichen Begegnung hinterlassen Sie mit dem, was Sie sagen und wie Sie es sagen, Eindruck. Auch wenn dieser Anteil oft überschätzt wird, weil Ihr Kunde Ihre Ausstrahlung und Ihre Körpersprache tatsächlich im ersten Moment stärker wahrnimmt: Patzer fallen auf.

Der Klang Ihrer Stimme hängt sowieso ganz extrem von Ihrer inneren und äußeren Haltung ab. Das ist die erste und wichtigste Einflussmöglichkeit, die Sie haben.

Haltung gibt Stimme

Machen Sie folgenden kleinen Versuch: Legen Sie Ihr Handy für die Aufnahme bereit. Jetzt nehmen Sie vier verschiedene Körperhaltungen ein:

1. Sie stehen mit eingezogenem, gebeugtem Kopf, die Arme eng am Körper, die Füße eng nebeneinandergestellt. Jetzt sprechen Sie laut: »Guten Tag, Herr Müller. Wie schön Sie zu treffen!«
2. Dann lassen Sie Ihre Schultern bewusst fallen, schütteln die Arme und Beine aus und nehmen einen entspannten, sicheren Stand ein, die Füße etwa schulterbreit auseinander. Wiederholen Sie den Satz in der gleichen Lautstärke.
3. Jetzt setzen Sie sich an Ihren Schreibtisch und lümmeln sich so richtig in den Bürostuhl. Legen Sie ruhig die Beine auf den Tisch. Wiederholen Sie den Satz.
4. Nun setzen Sie sich in dem Stuhl auf, richten sich freudig gespannt auf, holen tief Luft, lächeln und sprechen ein letztes Mal: »Guten Tag, Herr Müller. Wie schön, Sie zu treffen!«

Spielen Sie die Aufnahme ab: Hören Sie einen Unterschied?

Wenn Sie von Haus aus keine angenehme Stimme haben, dann arbeiten Sie daran, eine zu bekommen: Das geht! Gleiches gilt für einen auffälligen Sprachfehler: Der wirkt im besten Fall am Anfang niedlich, danach nervt er in der Regel.

Sprechen Sie einen Dialekt? Wenn Ihre Kunden Sie dennoch gut verstehen, ist das sogar klasse: Es gibt Ihnen eine persönliche, individuelle Note. Doch seien Sie kritisch mit sich: Sobald Sie merken, dass ein Kunde Mühe hat, Ihnen zu folgen, wechseln Sie ins Hochdeutsche. Machen Sie es Ihrem Kunden so angenehm wie möglich.

Dabei hilft auch, wenn Sie für Abwechslung beim Intonieren sorgen: Sprechen Sie nicht monoton vor sich hin, das schläfert Ihren Kunden bestenfalls ein und Sie verlieren seine Aufmerksamkeit, sondern achten Sie darauf, auch Höhen und Tiefen zu nutzen. Das macht Ihre Rede lebendig.

Lebendig macht auch ein Wechsel der Sprechgeschwindigkeit: Wenn Sie zum Maschinengewehrtempo neigen, bremsen Sie sich ab und an. Wenn Sie dagegen eher von der bedächtigen Sorte sind: Legen Sie absichtlich auch mal einen Zahn zu. Das Sahnehäubchen in Sachen Sprechgeschwindigkeit ist, wenn Sie sich zunächst im Tempo an Ihren Gesprächspartner anpassen, um ihn dann sachte auf die von

Ihnen beabsichtigte Geschwindigkeit zu bekommen – das ist Pacing und Leading pur (vgl. Kap. 5.3).

Achten Sie in Ihrer Sprache auf Klarheit und Positivität, also die Grundregeln des Formulierens im Verkaufsgespräch (vgl. Kap. 14.3). Denn Sie wissen ja:

L

Limbeck-Tipp

Grundsätzlich ist jedes Gespräch ein Verkaufsgespräch. Gehen Sie es auch bewusst so an.

Das heißt, auch in einer scheinbar unverbindlichen Plauderei mit einem Kunden am Rande einer Veranstaltung brauchen Sie ein Ziel, eine Strategie, eine gute Frage- (vgl. Kap. 5.8) und vor allem Hinhörkompetenz (vgl. Kap. 5.7). Wenn nur Sie reden und Ihren Kunden nicht zu Wort kommen lassen, dann hinterlassen Sie trotz angenehmer Stimme und geschickter Formulierungen nie einen guten Eindruck. Deshalb sind absichtliche Sprechpausen von Ihrer Seite Teil der Technik.

5. Äußeres

Ein gepflegtes Erscheinungsbild ist die Pflicht, nicht die Kür eines guten Verkäufers. Was das im Einzelfall heißt, ist ganz maßgeblich von Ihren Kunden abhängig (vgl. Kap. 9.4).

L

Limbeck-Tipp

Grundsätzlich gilt: Wenn Sie mit Ihrem Outfit einen Tick über Ihrem Kunden liegen, ist es perfekt. Darunter geht gar nicht, wenn Sie auf Augenhöhe ankommen wollen.

Einen Punkt möchte ich hier noch extra erwähnen: Für die allermeisten Branchen ist die gedruckte Visitenkarte immer noch von großer Bedeutung. Das Ritual, wenn Sie mit dem ersten Offizier die Visitenkarten tauschen, hat mehr verbindenden

Charakter, als Sie denken. Sie geben ihm etwas von sich, das er annimmt. Das tief in uns verwurzelte Reziprozitätsprinzip sorgt dafür, dass er sich verpflichtet fühlt, Ihnen ebenso etwas zu geben (vgl. Kap. 5.5). Das schafft unterbewusst eine gegenseitige Abhängigkeit und Verflechtung, die festigend auf Ihre Beziehung wirkt. Und diese gefühlte »Schuld« ist mit dem Zurückreichen der eigenen Visitenkarte noch nicht getilgt.

Ein Hauch von Asien

Haben Sie einmal beobachtet, wie Asiaten eine überreichte Visitenkarte entgegennehmen? Die wird nicht achtlos eingesteckt, sondern auf ausgestreckten Händen empfangen, bewundernd von allen Seiten betrachtet und wie ein Schatz behandelt. Das wirkt in westlichen Augen übertrieben, und doch empfehle ich Ihnen, sich ein bisschen was davon abzuschauen: Nehmen Sie die Visitenkarte Ihres Kunden bewusst entgegen und widmen sie ihr einen Augenblick Ihrer Aufmerksamkeit. Das kommt als wertschätzende Geste durchaus rüber.

Das ist auch ein Argument dafür, dass Sie nicht mit irgendeinem Billig-Visitenkarten-Set arbeiten, sondern mit einer geschmackvollen, zu Ihrer Marke passenden Variante. Seien Sie kreativ und suchen Sie sich etwas Besonderes.

L

Limbeck-Tipp

Eine ungewöhnliche Visitenkarte hat Aufmerksamkeitspotenzial und bleibt besser im Gedächtnis als eine 08/15-Karte. Die Investition lohnt sich.

Ich habe zum Beispiel eine aus doppelt geklebtem Karton: Die fühlt sich in der Hand gleich ganz anders an und sorgt allein dadurch für zusätzliche Aufmerksamkeit.

Der Last-minute-Check

Die Qualität Ihres persönlichen Auftritts setzt sich also aus fünf Eckpfeilern zusammen. Damit Sie sie alle im Blick behalten, finden Sie hier eine Last-minute-Checkliste. Gehen Sie sie durch, bevor Sie Ihren Kunden treffen. Jedes Mal. Solange, bis sie Ihnen in Fleisch und Blut übergegangen ist. Denn mit Ihrem persönlichen Auftritt steht oder fällt Ihr Verkaufserfolg!

Last-minute-Checkliste für meinen persönlichen Auftritt

- ☐ **Vorbereitungscheck:** Ich habe einen Überblick, wer mich da erwartet und was der von mir erwartet.
- ☐ **Visitenkartencheck:** Ich habe genügend davon eingesteckt.
- ☐ **Haltungscheck:** Ich fühle mich selbstsicher und freue mich auf den nächsten Kunden.
- ☐ **Pünktlichkeitscheck:** Ich erscheine im richtigen Moment.
- ☐ **Spiegelcheck:** Ich trage ein angemessenes Outfit und biete einen angenehmen Anblick.
- ☐ **Stimmcheck:** Ich räuspere mich, trinken vielleicht noch einen Schluck Wasser oder Tee.
- ☐ **Freudecheck:** Ich kann meinen Auftritt kaum noch erwarten.

Download: verkaufen.limbeckgroup.com

Nachjustieren inbegriffen

Auch die beste Vorbereitung wird nicht dazu führen, dass Sie jeden Kunden auf Anhieb zu 100 Prozent überzeugen. Denn am größten sind Ihre Erfolgsaussichten nicht dann, wenn Sie den Kunden so behandeln, wie Sie selbst behandelt werden möchten. Perfekt ist Ihr Auftritt dann, wenn Sie den Kunden so behandeln, wie er behandelt werden möchte.

Was genau jedoch dieser Kunde, der gerade vor Ihnen steht, in dieser Situation wünscht, das verrät er Ihnen oft erst in diesem Moment. Er sendet Ihnen pausenlos Signale dazu – und wenn Sie aufmerksam sind, dann empfangen Sie die auch und justieren Ihr Verhalten entsprechend nach.

Die erste Voraussetzung dafür ist, dass Sie sich ganz auf Ihren Kunden konzentrieren. Die zweite ist, dass Sie in der Lage sind, Ihr Verhalten anzupassen. Das geht dann, wenn Sie sich Ihres Verhaltens bewusst sind und auch über ein Repertoire an alternativen Strategien verfügen. Investieren Sie die nötige Zeit in deren Entwicklung und ins Üben (vgl. Kap. 5) – es lohnt sich!

AUF EINEN BLICK

- Ihr persönliches Auftreten bestimmt den ersten Eindruck und damit die Basis Ihrer Kundenbeziehung.
- Legen Sie viel Wert auf Ihre positive Ausstrahlung und Haltung, Ihrem angemessenen Benehmen und dem passenden Verhalten.
- Seien Sie aufmerksam, dann wissen Sie, welchen Auftritt sich Ihr Kunde von Ihnen wünscht, und können sich darauf einstellen.

9.4 Welches Outfit wählen

Alles, was Sie tragen, womit Sie sich umgeben, womit Sie vorgefahren kommen – all das fließt in das Gesamtbild Ihrer Marke ein. Machen Sie sich das zunutze, indem Sie eine gezielte und kluge Auswahl treffen.

Mit einem sorgfältigen Outfit signalisieren Sie Ihrem Kunden gegenüber auch Wertschätzung: Er ist Ihnen die Mühe der gepflegten Erscheinung wert.

Die Kleidung

Die richtige Kleidung ist Ihr Aushängeschild. Sie vermittelt viel von dem, wie Sie Ihren Job verstehen, wie Sie Ihren Kunden sehen und welche Werte Sie vertreten. Und auch, mit welchem Anspruch Sie antreten.

Dabei entsteht eine spannende Wechselwirkung zwischen Ihrem Ziel und dessen Ausdruck in Form von Kleidung: Eine Studie aus den USA hat nachgewiesen, dass sich die Denkprozesse von Versuchsteilnehmern veränderten, sobald sie andere Kleidung trugen. Hatten sie formalere Kleidungsstücke wie einen schicken Anzug an, glichen ihre Denkstrukturen mehr denen von erfolgreichen Geschäftsleuten, als wenn sie abgewetzte Freizeitkleidung trugen. Sie fühlten sich auch mächtiger und besser in der Lage, abstrakt zu denken, und hatten entsprechend ein messbar stärkeres Selbstvertrauen.

Limbeck-Tipp

Wählen Sie bewusst Kleidung, die zu Ihrem beruflichen Anspruch passt.

Und nicht nur nach innen machen Sie es sich nicht leicht, wenn Sie Ihre Kleidung nicht nach Ihrem Leistungslevel wählen: Denn mit Ihrem Anblick bahnen Sie auch die Erwartungen Ihrer Kunden. Wenn Sie schlampig gekleidet ankommen, dann hängt der Kunde seine Erwartung an Ihre Fähigkeiten erst mal niedrig. Und Sie müssen schon sehr überzeugend sein, um in seinen Augen wieder an Vertrauen zu gewinnen. Das kann funktionieren – muss aber nicht.

Seien Sie deshalb mutig und selbstbewusst in der Wahl Ihrer Kleidung. Und halten Sie sich an folgende Faustregel:

Limbeck-Tipp

Seien Sie immer einen Tick besser angezogen als Ihr Kunde.

Wenn Sie zum Beispiel an Topentscheider im oberen Preissegment verkaufen, dann sieht Ihr Dresscode ziemlich sicher so aus:

- Auf Terminen tragen Sie einen edlen Anzug. Optimalerweise ist es ein Maßanzug, bei dem die Längen stimmen, der nirgendwo Falten wirft oder spannt.
- Unter dem Anzug tragen Sie ein hochwertiges Anzugshemd. Früher war weiß die einzig richtige Farbe, heute ist ein hellblaues Hemd als Ausdruck

von Seriosität und Ruhe mindestens genauso empfehlenswert. Was Ihr Hemd auf jeden Fall zu etwas Besonderem macht: Tragen Sie Hemden, auf deren Kragenumschlag dezent Ihr Firmenlogo aufgestickt ist. Oder einen entsprechend dezenten Pin an Ihrem Sakko. In Abhängigkeit von Ihrer Klientel sollten es auch ausschließlich Manschettenknopfhemden sein. Auch damit können Sie einen Akzent setzen: wenn Sie Manschettenknöpfe mit Firmenlogo tragen.

- Gürtel und Schuhe sind farblich aufeinander abgestimmt. Verzichten Sie auf protzige Schnallen oder übertriebene Verzierungen.
- Lederschuhe sind ein Muss, denn Gummisohlen quietschen, wirken billig und zu sportiv.

L

Limbeck-Tipp

Wenn Sie kein Fan von engen Anzughosen sind: Tragen Sie weiterhin Kniestrümpfe zum Anzug, denn so ein haariges Männerbein ist nie ein schöner Anblick.

Im Büro dürfen Sie Krawatte und Jackett übrigens auch mal abgelegen, wenn kein Kunde im Haus ist. Im Kundenkontakt dagegen sollten Sie, selbst wenn es sommerlich heiß ist, nie vor Ihrem Gesprächspartner das Jackett ablegen.

Die Accessoires

Die richtige Kleidung ist die Pflicht, die besonderen Accessoires sind die Kür. Damit können Sie Akzente setzen, Ihre individuelle Note einbringen und Ihre Marke unterstreichen. Mit ihrer Hilfe können Sie Ihren Auftritt im Gedächtnis Ihrer Kunden noch besser verankern.

Ich kenne einen Verkäufer, der wirkt gediegen, wenn auch ein bisschen langweilig. Bis er dann zur Unterschrift mit einer großen Geste aus seiner Anzug-Innentasche einen schwarzen Montblanc-Füller hervorholt. Auf dem steht geschmackvoll eingraviert »Peter Müller. Verkäufer aus Leidenschaft!«. Er überreicht diesen Füllfederhalter wie ein Zeremonienmeister seinem Kunden. Es ist immer wieder erstaunlich, wie stark sich dieser Moment ins Gedächtnis des Kunden einbrennt.

Welches für Sie die richtigen Accessoires sind? Eigentlich ganz einfach: Es sind die, die zu Ihrer Marke und zu Ihren Kunden passen. Und der Rest ist Ihrer Kreativität überlassen: ob es die Manschettenknöpfe mit Ihren Initialen sind oder der passende Seidenschal, ein besonders edler Schreibblock oder ein cooles elektronisches Gadget. Es gibt aus meiner Sicht nur einige wenige komplette No-Gos wie Piercings, übermäßigen Schmuck oder auch einen legeren Cityrucksack statt einer guten Businesstasche. Auch Rollkoffer finde ich eher peinlich als prickelnd.

L

Limbeck-Tipp

Kleidung und Accessoires wirken doppelt gut, wenn sie aufeinander abgestimmt sind.

Die Räume für Kundenkontakt

Falls Sie bei sich auch Kunden empfangen, dann sehen Sie diese Räume auch als Teil Ihrer Marke: Welchen Eindruck soll Ihr Kunde mitnehmen? Wie sollten Sie sein Erlebnis vor Ort gestalten?

Denn es gehören nicht nur die festen Einrichtungsgegenstände dazu: Auch das, was Sie Ihrem Kunden anbieten – zu trinken oder zu essen – sollte Ausdruck Ihrer Marke sein. Wenn Sie Premium ausstrahlen möchten, dann sollten Sie zum Beispiel zum Kaffee nicht abgegriffene Zuckertütchen, sondern eine elegante Zuckerdose reichen. Und wenn Sie besonders stark in der Bestandskundenpflege sein wollen, dann servieren Sie ungefragt den Cappuccino so, wie Ihr Kunde ihn am liebsten trinkt – weil Sie das in Ihrer Datenbank notiert und abgerufen haben (vgl. Kap. 4.2).

Nutzen Sie auf jeden Fall die Chance, Ihre Wertschätzung auszudrücken und gleichzeitig den Priming-Effekt zu nutzen (vgl. Kap. 5.4).

Das Auto

Das Auto ist so ein Thema: Es heißt immer, ein Verkäufer sollte nie zu protzig auftreten. Das ist auch vollkommen richtig: Wenn Sie mit Ihrem Auto protzen wollen, dann hat es auf dem Kundenparkplatz nichts verloren. Wenn Sie jedoch – so wie ich – bekanntermaßen Auto-Liebhaber sind und auch wenn Ihre Lieblingsmarke eine aus dem teuren Preissegment ist, dann ist das etwas anderes. Dann ist dieses Auto Ausdruck Ihrer persönlichen Leidenschaft und fällt damit aus der Kategorie »Protz« gefühlt für die Kunden raus.

Limbeck-Tipp

Kunden haben ein gutes Gespür dafür, ob Sie mit einem teuren Gegenstand wie einem Auto angeben wollen oder es Ihrer Leidenschaft entspricht.

Gehen Sie deshalb sensibel und gleichzeitig selbstbewusst mit dem Thema um.

Sind Sie nicht persönlich einer Automarke verpflichtet, dann richten Sie die Wahl danach, was am besten zu Ihrer eigenen Marke passt. Für einen Zwischenhändler aus dem Bereich der Jugendmode ist ein spritziges Modell aus einer europäischen Autoschmiede sicher stimmiger als der gutmütig-zuverlässige Mittelklasse-Japaner. Und als seriöser Finanzvermittler steht Ihnen ein Audi mit gedeckter Lackfarbe eher zu Gesicht als ein schreiend bunter, mit Blümchen verzierter Smart.

Beim Auto ist es übrigens wie bei Ihrer Kleidung: Egal, was Sie wählen, gepflegt muss Ihr Auto auf jeden Fall daherkommen. Eine rollende Rumpelkammer steht keinem Verkäufer gut. Kaufen Sie sich lieber die Zehnerkarte bei der Autopflegestation Ihrer Wahl und legen Sie auch noch was für die Innenreinigung drauf: Es lohnt sich.

Eine vernünftige Freisprechanlage halte ich inzwischen auch für Pflicht, selbst wenn Kundentelefonate aus dem Auto heraus nicht Ihre Regel sein sollten. Denn der Kunde bekommt ja mit, dass Sie unterwegs sind – Sie sollten es ihm sogar von sich aus sagen. Dann wundert er sich nicht, wenn die Verbindung zwischendrin mal abreißt. Auf jeden Fall müssen Sie sich doppelt so gut konzentrieren, dass Sie nicht den Hauch des Verdachtes aufkommen lassen, dass Sie den Anruf so nebenbei absolvieren.

L

Limbeck-Tipp

Auch beim Telefonat aus dem fahrenden Auto heraus steht der Kunde im Mittelpunkt. Wenn Sie das nicht sicherstellen können, dann telefonieren Sie lieber später vom Rastplatz, vom Büro oder von zu Hause aus.

AUF EINEN BLICK

- Mit Ihrem Outfit signalisieren Sie sich selbst und dem Kunden gegenüber Ihren Anspruch.
- Kleiden Sie sich immer einen Tick besser als Ihr Kunde.
- Ihre Accessoires und Ihr Auto sind Ausdruck Ihrer Marke: Setzen Sie passende Akzente.

9.5 Wie am Telefon auftreten

Am Telefon ist der Spot an auf Ihre Stimme und Sprache. Alles, was in Bezug auf diese beiden Komponenten beim persönlichen Auftreten gilt (vgl. Kap. 9.3), gilt am Telefon doppelt und dreifach. Schließlich hat Ihr Kunde keine zusätzlichen Eindrücke, die ihn davon ablenken.

Doch Achtung: Auch wenn Ihr Kunde Sie nicht sieht, hört er Ihre Haltung – sowohl die innere wie die körperliche (vgl. Kap. 9.3 und 13.3).

L

Limbeck-Tipp

Nehmen Sie beim Telefonieren immer die Körperhaltung ein, die Sie auch einnehmen würden, wenn Ihr Kunde vor Ihnen sitzen oder stehen würde.

Und genauso fein eingestellt sind die Antennen Ihres Kunden darauf, ob Sie wirklich mit Ihrer Aufmerksamkeit komplett bei ihm sind. Seien Sie also immer mit Ihrer vollen Konzentration bei ihm. Das heißt, schalten Sie am besten alle Ablenker aus:

- Schließen Sie Ihr Mailprogramm.
- Schalten Sie auch das Browser-Fenster Ihres Social-Media-Accounts aus.
- Lassen Sie keine Youtube-Videos nebenher laufen, auch wenn sie auf »stumm« geschaltet sind.
- Schalten Sie Ihr Handy auf »stumm« und legen Sie es mit dem Display nach unten.
- Sperren Sie gegebenenfalls die Kinder, den Hund und die Katze aus.
- Suchen Sie sich einen möglichst ruhigen Platz.

Wenn es schon Ihnen, der ja ein Ziel vor Augen hat, nicht ganz leichtfällt, die Konzentration beim Telefonat hochzuhalten: Wie geht es dann erst Ihrem Kunden, der im Zweifelsfall noch gar nicht weiß, dass er unbedingt mit Ihnen zusammenarbeiten möchte? Machen Sie es ihm also so leicht wie möglich.

Klar und deutlich

Leicht fällt Ihrem Kunden das Telefonieren mit Ihnen dann, wenn er Sie gut versteht. Das heißt für Sie: Sprechen Sie klar und deutlich. Kaum etwas vermiest Ihrem Gesprächspartner schneller die Lust am Telefonat mit Ihnen, als wenn er bei jedem zweiten Satz nachfragen muss. Achten Sie darauf, dass Sie weder nuscheln noch stammeln.

Wenn Sie Dialekt sprechen (vgl. Kap. 9.3), überprüfen Sie besonders kritisch, ob Ihr Gesprächspartner Sie wirklich versteht – das ist am Telefon noch heikler, weil keine zusätzlichen Informationsträger da sind, die Ihrem Kunden auf die Sprünge helfen können. Im Zweifelsfall wechseln Sie lieber gleich ins Hochdeutsche.

L

Limbeck-Tipp

Üben Sie deshalb auch ganz bewusst, Ihren Namen samt Vornamen glasklar sprechen zu können. Den sollte Ihr Kunde auf jeden Fall auf Anhieb verstehen.

Klar und deutlich bezieht sich auch auf Ihre Sprache:

- Sprechen Sie lieber in kurzen als in langen Sätzen.
- Verschachteln Sie Ihre Sätze nicht.
- Wählen Sie einfache statt komplizierte Wörter.
- Nutzen Sie eine bildhafte Sprache, um das Kopfkino des Kunden anzuwerfen.
- Vermeiden Sie Fachchinesisch, wenn Sie nicht sicher sind, dass es Ihrem Kunden geläufig ist.
- Erzählen Sie keine umständlichen Geschichten, sondern kommen Sie auf den Punkt – und zwar zügig (vgl. Kap. 14.3).

Deutlich heißt auch, dass Stimme und Sprache eindeutig auf Ihre Marke verweisen. Meiden Sie Floskeln, prägen Sie das Gespräch auch mit Ihrer »Marken-Sprache«.

Bereiten Sie deshalb nicht nur für Ihre Einstiegssätze bei der Telefonakquise und der Einwandbehandlung ein Repertoire an pfiffigen Formulierungen vor, sondern für alle voraussehbaren Gesprächssituationen. Und: Üben Sie sie ein!

L

Limbeck-Tipp

Der Kunde soll Sie auch über Ihre Sprache wiedererkennen können.

Halten Sie sich dabei stets an das KISS-Prinzip: Keep it simple und stupid – mach es einfach und supereinfach.

KISS-Prinzip

Die Abkürzung KISS steht für:

Keep
It
Simple and
Stupid.

Sie wurde angeblich von dem Flugzeug-Ingenieur Clarence Johnson geprägt, als der Ende der 1930er-Jahre die Aufgabe an seine Mitarbeiter ausgab, ein Triebwerk zu konstruieren, das mit einfachen Werkzeugen auch unter widrigen Kriegsbedingungen zu reparieren sei. Seither hat es sich als Designprinzip für alle möglichen Bereiche durchgesetzt, eine möglichst einfache, minimalistische und leicht verständliche Lösung für ein Thema zu finden.

Telefonieren heißt verkaufen

Ich empfehle ganz dringend, dass Sie jedes Gespräch bewusst als Verkaufsgespräch angehen (vgl. Kap. 9.1). Und das gilt auch für jedes Telefonat.

Machen Sie sich deshalb vor jedem Telefonat Ihr Ziel und Ihre Strategie bewusst, legen Sie sich alles bereit, erinnern Sie sich an Ihre verschiedenen Formulierungen für Einstieg, Argumentation, Fragestellung und Abschluss. Denken Sie an die verschiedenen Techniken, die Sie sich angeeignet haben (vgl. Kap. 5). Und dann machen Sie auch noch Ihre Stimme startklar (vgl. Checkliste: Vorbereitung der Telefonstimme).

Checkliste: Vorbereitung der Telefonstimme

- Kurz einen Weinkorken oder Ähnliches zwischen die Zähne nehmen und ein paar Sätze sprechen → deutliche Artikulation ist startklar
- Einmal herzhaft gähnen, um den Kehlkopf zu entspannen → Stimmapparat ist startklar
- Ein paarmal laut summen, sodass die Lippen vibrieren und einander nur leicht berühren → Stimmvolumen ist startklar
- Einmal aufstehen und den Körper durchschütteln → Haltung ist startklar
- Los geht es!

Download: verkaufen.limbeckgroup.com

Klingt das kompliziert? Nun, höchstens am Anfang. Mit der Übung kommt auch die Routine. Und der Erfolg gibt Ihnen recht.

Ein Wort noch zum Schluss

Wenn Sie Ihr Telefonat bis zum Ende gut gestaltet haben, dann – bitte – machen Sie es nicht zu guter Letzt durch eine Nachlässigkeit kaputt: indem Sie auflegen, bevor Ihr Kunde auflegt.

Das »Klack« von der anderen Seite zu hören, vermittelt immer den Eindruck, abgewürgt worden zu sein. Auch wenn alles besprochen ist, bleibt das Gefühl, der andere sei froh, dass das Gespräch endlich vorbei ist. So schütten Sie nachträglich Wasser in den schönen Wein des Gesprächs.

L

Limbeck-Tipp

Gewöhnen Sie sich bei Telefonaten an, am Ende immer auf das »Klack« Ihres Kunden zu warten, das Ihnen signalisiert: Er hat die Leitung zufrieden verlassen.

AUF EINEN BLICK

- Im Telefonat rücken Ihre Stimme und Ihre Sprache als Markenvehikel in den Vordergrund.
- Richten Sie beides so aus, dass Ihr Gesprächspartner das Gespräch als angenehm empfindet.
- Sehen Sie jedes Kundentelefonat als Verkaufsgespräch, das Sie gezielt und konzentriert angehen wollen.

9.6 Wie im schriftlichen Kontakt auftreten

Im schriftlichen Kontakt gibt es zwei Grundregeln:

1. Machen Sie es richtig.
2. Machen Sie es persönlich.

Wenn Sie es richtig machen, dann fallen Sie nicht negativ auf. Wenn Sie es darüber hinaus auch noch persönlich machen, dann fallen Sie positiv auf. Achten Sie also auf beides.

1. Es richtig machen

Richtig heißt zunächst einmal ganz simpel: keine Rechtschreibfehler, keine schräge Grammatik, keine wilde Satzzeichensetzung. Das war schon immer ein Zeichen von Nachlässigkeit und das ist es erst recht heute, da jede Menge Korrekturprogramme Ihnen das Schreibleben leicht machen.

Richtig machen heißt auch, die richtige Sprache wählen. Beim Schreiben gilt das Gleiche wie beim Reden (vgl. Kap. 9.3):

- Kommunizieren Sie klar, deutlich und auf den Punkt.
- Kommunizieren Sie auf Augenhöhe.
- Kommunizieren Sie wertschätzend.

2. Es persönlich machen

Jeder Kunde wird täglich mit Hunderten, wenn nicht Tausenden schriftlichen Ansprachen bombardiert. Das meiste läuft inzwischen elektronisch, aber auch auf Papier flattert ihm nach wie vor jede Menge auf den Schreibtisch. Der größte Teil davon ist standardisierte 08/15-Kommunikation. Und die nervt.

Wenn Sie nicht in diese Kategorie fallen wollen – und das können Sie nicht wollen –, dann heben Sie sich davon ab, indem Sie eben sichtbar nicht das Standardschreiben versenden, sondern sich damit mehr Mühe geben.

Das heißt nicht, dass Sie für jedes Anschreiben bei null anfangen sollen. Es spricht gar nichts dagegen, dass Sie für sich einen Satz an Textbausteinen entwickeln und die dann individuell zusammensetzen oder je nach Kunde leicht modifizieren. Wichtig ist der Eindruck, der beim Kunden hängen bleibt: Findet er sich darin wieder oder eben nicht?

Um diese Leistung hinzukriegen, hilft Ihnen Ihre gut gepflegte Datenbank (vgl. Kap. 4.2). Sammeln Sie dort all die persönlichen Informationen über den Kunden, dann können Sie sie jederzeit einbauen.

L

Limbeck-Tipp

Das gilt für E-Mails wie für Briefe gleichermaßen: Was wie Standard klingt, landet standardmäßig gerne im Papierkorb.

Das ist übrigens auch bei Ihren Abschiedsgrüßen so: Wenn Sie immer noch »mit freundlichen Grüßen« verbleiben, dann können Sie dem Kunden auch bald gestohlen bleiben. Lassen Sie ein bisschen Spielfreude einkehren und üben Sie sich in netten Variationen: Es reicht schon so etwas wie »... mit freundlichen Grüßen nach Düsseldorf«.

Auf eines sollten Sie jedoch immer achten: auf Höflichkeit als Zeichen von Wertschätzung. Abkürzungen wie »MfG« am Briefende gehen gar nicht: Das signalisiert nämlich, dass Ihnen der Kunde nicht einmal die zusätzliche Sekunde für das Ausschreiben wert ist.

In innovativ geprägten Branchen oder an Kunden, die Sie besser kennen, können Sie auch individuellere Abschiedsworte formulieren. Wünschen Sie »noch eine erfolgreiche Restwoche« oder »ein schönes Wochenende« oder auch »einen erholsamen Urlaub«. Oder grüßen Sie Frau und Kinder Ihres Kunden im Schlusssatz, je nachdem, wie gut Sie einander kennen.

Vorsprung durch Haptik

Wir schreiben in den letzten Jahren auch verstärkt wieder Briefe, weil wir gerne den haptischen Eindruck nutzen, den wir so prägen können.

Das fängt beim fühlbar qualitativ hochwertigen Papier an. Das können Sie durch Produktmuster oder ein kleines Geschenk ergänzen.

Der Bezug zum Gegenstand und damit auch zu Ihrer Marke und zu Ihnen erhöht sich mit dem Erlebnis, das der Kunde hat, wenn er etwas von Ihnen in der Hand hält und das als angenehm empfindet. Ganz abgesehen vom Reziprozitätsprinzip kommt dazu, dass ein Beschenkter sich immer ein Stück weit verpflichtet fühlt (Kap. 5.5).

AUF EINEN BLICK

- Lassen Sie auch im schriftlichen Kontakt Ihre Marke spürbar werden.
- Achten Sie darauf, dass Ihre Korrespondenz immer den persönlichen Zuschnitt hat.
- Nutzen Sie die Haptik der Postsendung.

9.7 Wie im Netz auftreten

Ein Profil im Internet ist heute wie eine Visitenkarte: Ohne geht es nicht. Sorgen Sie also dafür, dass Sie im Netz gefunden werden. Allein die Vorstellung, dass ein Kunde Sie googelt und keinen einzigen professionellen Fußabdruck von Ihnen findet, wird ihn misstrauisch machen.

Und das, was Ihr Kunde über Sie findet, sollte natürlich positiv sein und Ihrer Marke entsprechen. Direkten Einfluss haben Sie dabei auf die Einträge, die Sie selbst gestalten, also Ihre eigenen Auftritte auf Ihrer Website, in den verschiedenen Netzwerken, auf Ihrem Youtube-Kanal, in Foren etc.

Doch darüber hinaus taucht Ihr Name oder Ihr Bild im Internet auch auf, wenn jemand anderes Sie zum Beispiel in einem Post erwähnt oder auf Kununu oder einem der anderen vielen Portale eine Bewertung über Sie abgibt. Auf diesen Inhalt haben Sie nur indirekt Einfluss – außer der Eintrag ist so ehrenrührig, dass Sie beim Betreiber des Portals die Löschung beantragen können. Ist eine Bewertung »nur« schlecht, selbst wenn sie ungerechtfertigt ist, haben Sie keine Chance, dagegen vorzugehen. Antworten Sie auf diese Bewertung auch nicht mit einem wütenden Kommentar, denn das bringt nichts: Das negative Urteil ist in der Welt und das Netz vergisst nichts. Und ein Abstreiten oder eine Rechtfertigung wirkt noch unprofessioneller.

Dagegen hilft nur eines: Bleiben Sie sauber in Ihrem verkäuferischen Verhalten. Das war schon immer gut und gilt heute doch noch mehr als früher. Nicht nur, weil Sie mit dem Handeln nach Wert langfristig erfolgreicher sind (vgl. Kap. 2.2), sondern auch, weil sich unsauberes Verhalten inzwischen viel schneller und viel weiter herumspricht (vgl. Kap. 1.2).

L

Limbeck-Tipp

Werteorientiertes Verkaufen ist die beste Versicherung gegen negative Einträge über Sie im Netz.

Doch nun zu dem, was Sie aktiv für Ihren Auftritt dort tun sollten.

Pflichtprogramm

Aus meiner Sicht ist es Pflicht, dass Sie zumindest in einem der beiden großen beruflichen Digitalnetzwerke, XING und LinkedIn, ein Profil angelegt haben (zur Auswahl der richtigen Plattform vgl. Kap. 11.5). Allein eine Erwähnung Ihres Namens irgendwo auf Ihrer Unternehmenswebsite reicht schon lange nicht mehr.

Ihr Profil muss professionell und gepflegt wirken: Das heißt, ein gut gemachtes Foto und eine aktuelle Vita sind das Mindeste. Es darf jedoch gerne auch ein bisschen mehr sein:

- eine Beschreibung Ihrer Fachkompetenz
- ein kurzer Blick auf Ihre Hobbys, damit Sie als Mensch zugänglich wirken
- ein paar Gruppenzugehörigkeiten als Ausdruck Ihrer beruflichen Wissens- und Fortbildungsinteressen

Kür

Ob und wie Sie in den übrigen sozialen Netzwerken auftreten wollen, ist von Ihrer Strategie abhängig. Wenn Sie sich für einen Auftritt entscheiden, sollten Sie den nämlich auch gut und regelmäßig bespielen. Ausführliches zur Strategie lesen Sie in Kap. 11.5.

L

Limbeck-Tipp

Wählen Sie Ihre Plattformen sorgsam und entsprechend Ihren Ressourcen, denn ein verstaubtes oder dürftig gestaltetes Social-Media-Profil ist schlechter als kein Profil.

Wenn Sie sich von der breiten Konkurrenz abheben wollen, dann achten Sie auch auf Content, der Ihnen im Google-Ranking Vorteile bringt, wie zum Beispiel Videos und andere Beiträge mit hohen Klickraten. Guter Content ist sowieso die beste Methode, sich einen guten Namen zu machen – auch und gerade im Netz.

Guter Content definiert sich darüber, was Ihre Wunschkunden interessiert, was sie lustig, anregend, spannend oder nützlich finden. Finden Sie den richtigen Ton für Ihre Marke, damit Ihre Kunden Sie in jedem Ihrer Einträge auch wiedererkennen.

Unterstützung willkommen

Wenn Sie sich dafür entschieden haben, mehrere Kanäle mit Ihrer Marke gut zu bespielen, dann unterschätzen Sie den Aufwand nicht, den diese Entscheidung erfordert. Denn hier ist kontinuierliche Arbeit angesagt. Suchen Sie sich deshalb ruhig Unterstützung: Motivieren Sie zum Beispiel Ihre Mitarbeiter, in Ihrem Sinne aktiv zu werden. Das trägt auch zur Abwechslung und damit zur Attraktivität bei.

Und legen Sie viel Wert auf Interaktion: Geben Sie Denkanstöße, stellen Sie Ihren Usern Fragen, kommentieren und informieren Sie. Je mehr Sie dabei in den Austausch mit Ihren Kunden kommen, umso besser. Dabei bleiben Sie immer konform mit Ihrer Marke, versteht sich.

Sie können auch durchaus ein gewisses Maß an persönlichen Informationen einstreuen. Das kommt je nach Zielgruppe sogar großartig an, wenn Ihre Kunden Ihre menschliche Seite erleben können. Dabei brauchen Sie allerdings ein gutes Fingerspitzengefühl.

L

Limbeck-Tipp

Alles, was nach Protz und Angeberei aussieht, straft die Netzgemeinde und damit Ihre Kundschaft gnadenlos ab.

Überlegen Sie deshalb gut, was Sie im Netz platzieren und was nicht. Weil alles, was Sie posten, auf Ihre Marke wirkt – im Negativen wie im Positiven.

Was gar nicht geht

Was immer negativ auf Sie zurückfällt, ist, wenn Sie verächtliche, nicht wertschätzende oder bissige Kommentare abgeben. Lassen Sie sich nicht dazu hinreißen, sich an solchen Kampagnen zu beteiligen. Selbst wenn Sie Opfer von unfreundlichen oder sogar unverschämten Kommentaren oder Bewertungen sind: Bleiben Sie in Ihrem Ton in der Antwort immer höflich und respektvoll.

Wenn Sie es einmal an Respekt und Wertschätzung haben mangeln lassen, dann vermuten Ihre Kunden, dass Sie das öfter tun: vielleicht nur im Stillen, doch Sie tun es. Da wird ein Kunde schnell misstrauisch.

Ich empfehle Ihnen auch, bei politischen Debatten neutral zu bleiben. Denn Sie haben mit Sicherheit ein breites Meinungsspektrum in Ihrem großen Kundennetzwerk – wollen Sie wirklich die Hälfte davon vor den Kopf stoßen mit solchen öffentlichen Äußerungen? Denn das Internet ist so ziemlich der öffentlichste Platz dieser Erde. Verwechseln Sie ihn nicht mit Ihrem Stammtisch.

Suchen Sie sich lieber die Themen, zu denen Sie sich äußern wollen – nämlich die positiven!

AUF EINEN BLICK

- Kein Verkäufer kommt heute mehr ohne eigenes Profil im Netz aus.
- Egal, ob Sie nur das Pflichtprogramm laufen oder die Kür: Treten Sie da, wo Sie auftreten, bewusst mit einem sauberen und gepflegten Profil auf.
- Beteiligen Sie sich nie an negativen Diskussionen.

TEIL IV

Stra

Deine

tegie

Das Wichtigste in Kürze

10. Deine Märkte kennen

Wenn alle jammern, dass sich die Märkte verändern, seien Sie derjenige, der weiß, wie der Hase läuft. Weil Sie nämlich erkannt haben, wie und wo Sie die nötigen Informationen sammeln können (vgl. Kap. 10.1). Und Sie verfolgen nicht nur die äußeren Veränderungen: Sie kennen auch die Veränderungen bei den Bedürfnissen Ihrer Kunden. Das tiefgreifende Verständnis für Ihre Kunden ist das Geheimnis Ihres dauerhaften Erfolgs (vgl. Kap. 10.2).

11. Dein Medium wählen

Die Strategie, die Sie zum Erfolg führt, ist niemals festgeschrieben: Bleiben Sie am Ball und wägen Sie kontinuierlich ab, welcher Akquisekanal für Sie und Ihr Produkt oder Ihre Dienstleistung aktuell von Vorteil ist. Die gute alte Türklinken-Strategie – richtig übersetzt – bringt Ihnen heute wieder große Chancen, weil kaum noch einer sich diese Mühe macht (vgl. Kap. 11.1). Auch Messen können für Sie durch eine geschickte Auswahl und eine gute Herangehensweise attraktiv sein (vgl. Kap. 11.2). Und um das Telefon als Akquiseinstrument kommt meines Erachtens praktisch kein ambitionierter Verkäufer herum (vgl. Kap. 11.3). Ebenso sind analoge Netzwerke für so ziemlich jeden Verkäufer sinnvoll (vgl. Kap. 11.4). Ähnliches gilt für die sozialen Netzwerke: Hier kommt es ganz besonders auf die kluge Auswahl an (vgl. Kap. 11.5). Und doch hat am Ende des Tages eine goldene Verkäuferregel immer noch Bestand: Weil Akquise vor allem eine Sache der Einstellung ist, geht Akquise immer und überall (vgl. Kap. 11.6). Wie Sie aus der

Palette der Möglichkeiten für sich den richtigen Mix zusammenstellen, lesen Sie in Kap. 11.7.

12. Deinen Kunden erkennen

Ihre Strategie kann nur so gut sein, wie Sie Ihren Kunden damit erreichen. Dafür ist es extrem wichtig, dass Sie Ihren Kunden lesen können (vgl. Kap. 12.1). Wenn Ihnen schon der erste Blick ins Gesicht Ihres Kunden Hinweise gibt, dann gelingt Ihnen bereits die Ansprache wesentlich typgerechter (vgl. Kap. 12.2). Noch viel entscheidender für die weitere Gestaltung des Verkaufsgesprächs ist es, dass Sie die Kennzeichen des dominanten Kaufmotivs Ihres Kunden erkennen (vgl. Kap. 12.3). Anhand seiner Sprachmuster gelingt Ihnen leicht die Zuordnung des Kunden zu einem Sinnestyp – und damit wissen Sie, auf welchem Kanal Sie ihn direkt erreichen (vgl. Kap. 12.4). Auch seinen Farbtyp und damit seine Bedürfnisse in der Ansprache verrät Ihnen Ihr Kunde ungefragt, wenn Sie die Zeichen zu deuten wissen (vgl. Kap. 12.5).

10. Deine Märkte kennen

10.1 Up to date bleiben

So schnell wie heute haben sich Ihre Märkte noch nie verändert (vgl. Kap. 1.1). Nicht nur die Produkte, die Ihre Kunden wollen, ändern sich noch schneller als früher. Der gesamte Puls des Marktes ändert sich rasant. Deshalb wird das Verkaufen rein aus dem Bauch heraus immer schwieriger. Umso wichtiger ist es, dass Sie eine Strategie entwickeln, welche Kunden Sie wie am überzeugendsten ansprechen, kriegen und halten. Ohne einen guten Plan in der Richtung geht heute nichts mehr.

Und um einen guten Plan zu entwickeln, müssen Sie wissen, was läuft. Sonst haben Sie keine Chance, hinterherzukommen oder gar vorauszudenken. Deshalb muss das A und das O Ihrer Strategie sein, zu erfahren: Wer ist morgen mein Kunde? Was hat er vor? Was braucht er? Wie stellt er sich auf? Das ist es, was ich meine, wenn ich »up to date« sage: dass Sie nicht nur wissen, wo Sie heute Ihren Markt haben und wie der aussieht. Es ist schön, wenn Ihnen das klar ist und Sie so Erfolg haben. Ausruhen auf diesem Erfolg können Sie sich nicht. Zumindest nicht, wenn Sie morgen noch im Geschäft sein wollen.

L

Limbeck-Tipp

Up to date zu bleiben ist mehr denn je die Voraussetzung für Ihren Erfolg von morgen.

Investieren Sie deshalb genügend Zeit und Aufmerksamkeit – es lohnt sich.

Pulsveränderungen

Der Puls der Wirtschaft, der Sie als Verkäufer interessiert, bildet sich aus verschiedenen Fakten – und alle sind in den letzten Jahren in Bewegung gekommen:

- Wünsche der Kunden an die Produkte oder Dienstleistungen, etwa an ein lösungsorientiertes statt einzelproduktorientiertes Angebot
- Anspruch der Kunden an den Verkaufsprozess, etwa die Schnelligkeit und die Rundumversorgung
- Informationsstand der Kunden, zum Beispiel durch eigene Internetrecherche vorab
- Offenheit von Kunden, auch neue Verkaufskanäle zu nutzen
- Unternehmensinterne Organisation der Kunden und damit auch der Entscheidungsbefugnisse und Laufwege, was beispielsweise dazu führt, dass Sie heute mit dem Geschäftsführer einen Preis aushandeln und morgen trotzdem noch einen Anruf aus dem Einkauf bekommen, der nachverhandeln möchte
- Projektgeschäft als besonderes Metier des Verkaufens tritt immer mehr auf den Plan; gleichzeitig verändern sich gerade hier die Abläufe in den Unternehmen rasant, zum Beispiel durch die Einführung von agilen Managementmethoden
- Neue Möglichkeiten, das Einzelkämpfertum im Verkauf hinter sich zu lassen und schlau im Verbund zu arbeiten

Die Liste lässt sich branchenspezifisch noch beliebig verlängern. Was passiert in Ihrer Branche gerade?

Infos sammeln – gewusst wo

Ein Arzt kriegt auch nur mit, ob und wie sich Ihr Puls verändert hat, wenn er an Ihrem Handgelenk danach tastet. Und nicht dadurch, dass er in die Einträge in Ihrer Akte vom letzten Mal schaut. Das heißt, Sie sollten nicht darauf warten, dass Ihr Kunde Ihnen die Veränderung zuruft: Bleiben Sie aktiv an seinem Puls.

Wo Sie den spüren können? Am besten immer noch im direkten Kontakt mit dem Kunden. Reden Sie, fragen Sie nach, zeigen Sie sich interessiert: Nicht jeder Kunde wird Ihnen explizit erzählen, was hinter den Kulissen seines Unternehmens abgeht. Doch mindestens zwischen den Zeilen erfahren Sie so sehr viel.

Limbeck-Tipp

Im Gespräch erfahren Sie oft auch vieles, was Sie auf anderem Weg nicht mitbekommen.

Dafür ist Voraussetzung, dass Sie gut hinhören – diese Verkäufertugend kommt Ihnen auch hier zugute (vgl. Kap. 5.7). Deshalb bin ich immer noch ein Fan davon, dass Verkäufer Branchenveranstaltungen wie Fachmessen, Kongresse und andere Events besuchen. Beim Reden mit den Menschen erfahren Sie immer noch das meiste.

Das heißt nicht, dass die anderen Wege heute nicht mehr wertvoll sein können: Nach wie vor sind die Informationen oft hilfreich, die Sie über die Kammern und andere berufsständische Organisationen, über Verbände oder Genossenschaften und so weiter erhalten. Überfliegen Sie regelmäßig die Fachpresse oder den Bundesanzeiger – da stecken immer noch spannende Hinweise drin. Sucht ein Unternehmen zum Beispiel nach einem neuen Geschäftsführer, können Sie sich eine Wiedervorlage einrichten: In zwei oder drei Monaten kann es sich lohnen, mit dem neuen MAN, also dem Menschen, der über die **M**ittel und die **A**utorität im Unternehmen verfügt und auch der ist, der die **N**otwendigkeit für die Entscheidung sieht, ins Gespräch zu kommen (vgl. Kap. 14.1).

Keine Bedeutung mehr haben klassische Adress- oder Telefonverzeichnisse: Die sind in der Regel schon veraltet, wenn sie rauskommen. Deshalb sterben sie auch langsam aus.

Dafür sind die ganzen digitalen Möglichkeiten wie LinkedIn, Firmenwebsites, Facebook und wie sie alle heißen nicht nur gut für Ihre Vorbereitung auf ein konkretes Kundengespräch (vgl. Kap. 14.1). Sie kriegen eine Menge mit, wenn Sie verfolgen, wie Ihre Kunden sich selbst darstellen und was sich bei ihnen tut. Denn damit ändert sich wohl auch ihr Bedarf. Vielleicht brauchen sie ganz dringend eine neue Lösung, die Sie ihnen anbieten können.

Gerade im digitalen Bereich ändern sich die Plattformen, die Sie verfolgen sollten, schnell. Waren es gestern noch die Kundengruppen auf WhatsApp, sind es morgen vielleicht die neuen Zirkel auf SnapChat oder ganz neue Kanäle. Was da hilft, ist, wenn Sie sich auch mit jungen Leuten umgeben: Die wissen meist als Erstes, welche neue spannende Social-Media-Idee bald alle mitreißt.

Limbeck-Tipp

Die Frage ist immer: Wo sind Ihre Kunden? Denn da sollten Sie auch sein.

Die Informationen über Ihre Kunden finden Sie übrigens nicht nur draußen: Wenn Sie eine gut gepflegte Datenbank haben (vgl. Kap. 4.2), dann gibt die Ihnen auch tagesaktuell Auskunft. Sie müssen nur wissen, wonach Sie fragen: Wir zum Beispiel sehen uns inzwischen intensiv an, aus welchen Quellen unsere Neukunden kommen. Und versuchen aktiv, aus diesen Quellen noch mehr rauszuholen. Ganz nach dem Motto »Stärken stärken« legen wir noch mehr Power da hinein, wo es eh schon gut läuft.

Nicht zu Tode sammeln

Gerade Farmer neigen dazu, sich im Sammeln genauso zu verlieren wie in der Vorbereitung (vgl. Kap. 2.5 und 14.1). So können Sie jede Menge Zeit verplempern, ohne zu einer besseren Strategie oder gar zur Akquise zu kommen.

Die Veränderungen bedeuten nicht nur, dass neue Kanäle dazukommen und die Gesamtzahl immer größer wird. Oft verlieren alte Kanäle gleichzeitig an Bedeutung. Passen Sie also gut auf, dass Sie nicht ein totes Pferd reiten, sondern steigen Sie rechtzeitig ab.

Machen Sie deshalb immer wieder den Selbst-Check (auch zum Download unter verkaufen.limbeckgroup.com.

Selbst-Check: Informationsstrategie

Erstellen Sie eine Liste der Kanäle, die Sie in den letzten drei Monaten systematisch für Ihre Informationen genutzt haben. Gehen Sie jeden einzelnen Punkt nach folgenden Fragen durch:

Habe ich über diesen Kanal in der letzten Zeit gute Informationen ziehen können?

☐ ja ☐ nein

Hat sich die investierte Zeit gelohnt?

☐ ja ☐ nein

Zusatzfrage, falls die Antwort auf die beiden ersten Fragen »Nein« ist: Gibt es Hinweise, dass sich bei diesem Kanal in den nächsten drei Monaten etwas positiv verändern wird?

☐ ja ☐ nein

Wiederholen Sie diesen Check alle drei Monate. Wenn ein Kanal dreimal hintereinander drei »Neins« kassiert, dann stecken Sie ab sofort keine Zeit mehr hinein.

Wenn Sie die Liste durchhaben, ergänzen Sie noch:

Könnte ich einen neuen Kanal in den nächsten drei Monaten ausprobieren?

☐ ja, nämlich: ______________________ ☐ nein

Download: verkaufen.limbeckgroup.com

Überprüfen Sie auf diese Weise Ihre eigene Informationsstrategie immer wieder kritisch: Ist sie noch up to date? Oder braucht sie eine Überholung, um maximal effektiv zu sein?

Und dann: TOTE

Zu sehen, was die anderen machen, sowohl Ihre Kunden als auch Ihre Mitbewerber, ist gut. Noch besser ist es, selbst aktiv die vielversprechenden Möglichkeiten durchzutesten.

Denn mit jeder Veränderung im Markt tut sich auch Neues auf, was Sie für Ihre Kundenansprache, Ihr Geschäftsmodell, Ihre Verkaufsmethode – sprich: Ihre Strategie – nutzen können. Ob das, was da an Neuem auftaucht, für Sie funktioniert, wissen Sie jedoch erst, wenn Sie es für sich getestet haben. Ich empfehle Ihnen deshalb, immer wieder Testballons steigen zu lassen – und zwar lieber früher als später. Dann haben Sie nämlich schon die wirklich lohnenden Optionen in Ihrer Pipeline für morgen.

L

Limbeck-Tipp

Nutzen Sie für Ihre Testballons das TOTE-Modell:
Test – Operate – Test – Exit.

Hat ein befreundeter Weinhändler zum Beispiel gerade gute Erfahrungen gemacht, indem er die Adressen von Existenzgründern gekauft hat? Die haben nämlich, solange sie in der Förderung sind, noch Geld. Das könnte einen Versuch wert sein für Ihr exklusives Büroleuchtenangebot.

Probieren Sie immer wieder neue Methoden, Techniken und Instrumente aus, die Ihnen spannend erscheinen. Damit entwickeln Sie nicht nur sich persönlich (vgl. Kap. 6), sondern auch Ihre Strategie weiter – und bleiben up to date mit Ihren Märkten.

AUF EINEN BLICK

- Ihre Märkte ändern sich schneller denn je.
- Beobachten Sie intensiv die Veränderungen in Ihren aktuellen und potenziellen Märkten, und zwar sowohl die Produkte als auch die Kunden und deren Kaufverhalten.
- Investieren Sie ausreichend Zeit und Aufmerksamkeit: Es lohnt sich.

10.2 In den Mokassins deiner Kunden gehen

Für praktisch jedes Produkt, jede Dienstleistung findet jeder Käufer seine ganz eigenen Gründe: Der eine wählt dieses Auto, weil es so viele Sicherheitsfeatures bietet, die andere, weil die Innenausstattung so chic ist, der dritte, weil die Leistung Spitze ist, und der vierte, weil sein Kumpel das gleiche Modell, nur eine Version kleiner, fährt. Und auch bei Unternehmenskunden sind die Entscheidungsgründe bei ein und demselben Produkt komplett unterschiedlich: Für die einen steht die intuitive Bedienung durch die Mitarbeiter im Vordergrund, für die anderen die gute Erfahrung, die sie mit der Vorgängerlösung gemacht haben, und für die dritten ist es die Vorgabe der Geschäftsleitung, dass die Lieferung noch dieses Jahr erfolgen muss.

Auch wenn die Gründe dem Kunden nicht immer bewusst sind: Sie geben den Ausschlag für Auftrag oder Nichtauftrag. Und die Herausforderung für uns Verkäufer ist, diese Beweggründe kennenzulernen.

Dabei reicht es oft nicht, den Kunden einfach danach zu fragen: Denn oft sagt er Ihnen nicht direkt, warum er etwas kaufen möchte. Und oft ist er sich über seine eigenen Kaufmotive überhaupt nicht voll im Klaren.

Und gleichzeitig haben es die reinen Produktverkäufer zunehmend schwer (vgl. Kap. 1.1). Die Kunden stehen lieber Schlange bei dem Verkäufer, der ihnen eine gute Lösung anzubieten hat.

L

Limbeck-Tipp

Verkaufen Sie keine Produkte, verkaufen Sie Lösungen.

Die können Sie allerdings nur bieten, wenn Sie wissen, was für Ihren Kunden eine gute Lösung ist. Das erfahren Sie nicht über Fragen allein.

Hineinschlüpfen

Für eine richtig gute Lösung brauchen Sie die Vorstellung von dem, was Ihr Kunde als Problem empfindet. Die kriegen Sie am besten, wenn Sie sich in seine Situation hineinversetzen, also in seine Schuhe schlüpfen.

Um da hineinzukommen, lassen Sie sich immer als Erstes den Istzustand Ihres Kunden schildern. Fragen Sie so lange nach, bis Sie seine Situation verstanden haben (vgl. Kap. 5.8). Und zwar die objektive wie auch und besonders die subjektive Situation: Wie empfindet er sie? Was stört ihn?

Denn ob Ihr Kunde hinterher mit Ihrem Produkt oder Ihrer Dienstleistung zufrieden ist, hängt mehr davon ab, dass sein gefühltes Problem gelöst ist, als dass es alle objektiven Probleme beseitigt.

Sobald Sie dank guten Fragens und noch besseren Hinhörens (vgl. Kap. 5.7) über den Istzustand Bescheid wissen, springen Sie mit Ihrem Kunden in die Zukunft. Lassen Sie sich schildern, wie sein Traumzustand aussieht. Was wünscht er sich am meisten? Wie fühlt sich das an, wenn es so weit ist? Aus der Schilderung, was dann anders ist, können Sie oft schließen, was die eigentliche Kaufmotivation ist.

Fragen Sie auch bei der Zielkonstellation des Kunden so lange, bis Sie seine Wünsche verstanden haben: »Was ist Ihnen darüber hinaus noch wichtig? Wenn Geld und Zeit keine Rolle spielen würden: Was wäre da noch?«

Doch fragen Sie Ihren Kunden ja nicht, wie er glaubt, dass er in diesen Zustand kommt: Denn dann veranlassen Sie ihn, darüber nachzudenken, was er für machbar hält. Und schon ist er in seiner Traumvorstellung eingeschränkt. Und außerdem ist das Ihr Part, ihm dafür den besten Lösungsweg anzubieten.

L

Limbeck-Tipp

Je überraschender für Ihren Kunden der Weg zu seinem Zielzustand ist, desto besser. Denn dann ist ihm klar: Auf diese coole Lösung wäre er ohne Sie nicht gekommen. Dann weiß er Ihre Leistung als Verkäufer besser zu schätzen.

Lösungen, Lösungen, Lösungen

Wie gesagt: Ihr Kunde will von Ihnen heute kein Produkt, er will eine Lösung. Damit setzt sich ein Trend fort, der sich schon seit den 1980er-Jahren aufbaut.

Definition: Solution Selling

Der Begriff »Solution Selling« wurde 1975 vom US-Amerikaner Frank Watts geprägt und von Mike Bosworth Anfang der 1980er-Jahre weiterentwickelt und verbreitet. Sie beschrieben damit den Verkaufsansatz, nicht vorrangig ein existierendes Produkt an den Mann zu bringen, sondern sich zunächst das Problem des Kunden anzusehen, um dafür adäquate Angebote machen zu können.

Und er will heute von Ihnen Lösungen, auf die er von allein nicht kommt. Das heißt, Sie müssen Ihren Kunden und seine Welt besser verstehen, als er sie selbst versteht.

Definition: Challenger Sale

Im 2011 erschienenen gleichnamigen Buch propagieren die US-amerikanischen Vertriebsprofis Matthew Dawson und Brent Adamson den aus ihrer Sicht erfolgreichsten Verkäufertyp: den Challenger. Der steckt seine Energie nicht in die harmonische Kundenbeziehung, sondern in die beste Lösung für den Kunden. Dafür fordert er den Kunden durchaus auch heraus.

Dafür lohnt es sich, alle Ihre Verkäufertugenden einzusetzen: fachlich Bescheid zu wissen, geduldig zu fragen sowie hinzuhören, und zwar auch zwischen den Zeilen. Denn da steckt Ihre beste Verkaufschance.

AUF EINEN BLICK

- Produkte waren gestern, Lösungen sind heute.
- Es ist deshalb noch wichtiger geworden, dass Sie Ihren Kunden und seine Situation verstehen.
- Nur dann entwickeln Sie Lösungen, auf die er selbst nicht kommt – das macht Sie erfolgreich.

11. Dein Medium wählen

11.1 Türklinke

Viele Verkäufer halten den persönlichen Besuch für old school: »Bringt nichts mehr«, »Der Kunde hat keine Zeit mehr für so was« und »Ich habe auch keine Zeit dafür«, sagen sie. Und meinen: »Wie gut, dass ich mir das nicht mehr antun muss.«

Denn tatsächlich steckt hinter ihren Worten oft mehr die Angst. Die Akquise vor Ort ist die ehrlichste von allen, denn Sie bekommen auch mal die Tür vor der Nase zugeschlagen. So direkt und persönlich erleben Sie Erfolg und Misserfolg sonst nie. Da geht es im gemütlichen Büro doch kuschliger zu. Nur: Verkäufer, die nur zum Kuscheln geboren sind, tun sich mit dem Erfolg in Direktvertrieben nun mal schwerer und sind besser im »Key Account« aufgehoben.

Verkäufer, die Erfolg haben wollen, freuen sich auf den Moment, wenn die Tür aufgeht. Denn da wartet auf jeden Fall die nächste Erfahrung. Und in ganz vielen Fällen auch der nächste Kunde.

L

Limbeck-Tipp

Gerade weil es kaum noch einer macht, sind Ihre Erfolgschancen mit der Türklinkenstrategie größer geworden.

Nicht erst Jeb Blount in seinem Buch »Fanatical Prospecting« sagt: Wenn Sie eine Stunde Akquise pro Tag machen, können Sie Ihren Erfolg gar nicht verhindern.

Das gilt übrigens nicht nur für die Neukundenakquise. Es geht genauso darum, dass Sie Ihre Bestandskunden pflegen (vgl. Kap. 17.1). Bei denen können Sie auch mal einen Kuschelbesuch ohne Vorankündigung machen: Schauen Sie einfach vorbei und erkundigen Sie sich, wie es so läuft. Sie werden staunen, wie positiv überrascht Ihre Kunden sind. So bringen Sie sich in Erinnerung und legen die Angel für den nächsten Auftrag aus.

Wie sagen die Amerikaner so schön: »You can't email a handshake.« Ein persönlicher Händedruck ist durch nichts zu ersetzen.

Die Vorteile

Klar, Zeit ist Geld und beim Kunden vorbeizuschauen, kostet Zeit – doch ein persönliches Gespräch von Angesicht zu Angesicht kann meiner Ansicht nach nichts toppen und zahlt sich aus. Denn beim Verkaufen geht es nicht nur um Geld und Produkte, sondern im ersten Schritt um zwischenmenschliche Beziehungen und Vertrauen. Und beides können Sie per E-Mail kaum aufbauen, im persönlichen Kontakt jedoch schon.

Wenn Sie einfach so hereinschneien, ist es gut möglich, dass Sie den Entscheider persönlich kennenlernen. Selbst wenn es dann beim freundlichen Händeschütteln und einem kurzen Austausch bleibt: Ihr direkter Kontakt macht die Sache viel leichter, wenn Sie sich beim nächsten Mal melden. Je kürzer Ihre Begegnung ist, desto zeitnäher sollten Sie an Ihre Begegnung anknüpfen – sonst ist die Erinnerung an Sie beim Entscheider wieder weg.

L

Limbeck-Tipp

Wenn Sie als prägnante, wiedererkennbare Marke auftreten, bleiben Sie stärker im Gedächtnis des Kunden haften.

Ein zwischengeschobener, spontaner Kundenbesuch kann Ihnen ein zusätzliches Umsatzplus eröffnen, wenn Sie zum Beispiel die tote Zeit zwischen zwei Terminen damit füllen, ein anderer Termin kürzer als geplant gedauert hat oder gar geplatzt ist. Das hat etwas mit Fleiß zu tun, wenn Sie diese Zeit dann nutzen und noch eine ungeplante Stippvisite bei dem Bestandskunden um die Ecke in Ihren Tagesplan hineinschieben: Doch dafür sind Sie ja ein guter Verkäufer, nicht wahr (vgl. Kap. 2.9)?

Was haben Sie schon groß zu verlieren? Bestenfalls ein paar Minuten. Und die werden aufgewogen durch das Echtzeitfeedback des Kunden. Sie wissen ziemlich schnell, woran Sie sind, und um diese Erfahrung reicher können Sie beim nächsten Kunden klingeln.

Etwas dalassen, etwas mitnehmen

Idealerweise lassen Sie bei Ihrem Besuch etwas da, und zwar nicht nur Ihre markengerechte Visitenkarte. Denken Sie dabei nicht in erster Linie an ein Give-away. Das ist nett, jedoch nicht entscheidend. Viel mehr Wert sollten Sie darauf legen, einen guten Eindruck zu hinterlassen – das sollte Ihr primäres Ziel sein.

Sie sollen darüber hinaus auch etwas mitnehmen. Sperren Sie Augen und Ohren auf, denn Sie erfahren viel über Ihren Kunden, wenn Sie ihn vor Ort besuchen. Sie sehen, was bei ihm im Schaufenster steht, wie er sich gibt, was seine Umgebung ausstrahlt, Sie hören, wie sein Ton ist, Sie bekommen ein Gefühl dafür, wie er tickt. Das sind wertvolle Informationen, die Ihnen im weiteren Umgang sehr hilfreich sein werden.

Wann es sinnvoll ist

Für einige Branchen, Produkte und Dienstleistungen ist die Kaltakquise vor Ort immer noch eine gute Möglichkeit, um neue Kunden zu gewinnen und die Beziehung zu Bestandskunden zu festigen.

Eine günstige Voraussetzung ist es, wenn Sie davon ausgehen können, dass Sie den Entscheider mit großer Wahrscheinlichkeit antreffen werden – wenn Sie zum Beispiel Krankenhausausstattungen vertreiben oder für den Elektro-Großhandel arbeiten. Oder Sie haben etwas anzubieten, was Ihr Kunde am liebsten sofort haben möchte. Das kann ein Produkt zum Anfassen sein, wie der fehlende Rauchmelder, der umgehend Sicherheit vermittelt. Oder die neuen Fenster, die sofort das gute Gefühl geben, heute schon mit dem Energiesparen anfangen zu können, und auch noch den Wert des Hauses steigern.

Überlegen Sie für sich, ob und wie Ihre Türklinkenstrategie Sinn machen könnte. Und lassen Sie sich selbst keine Ausrede durchgehen, nur weil Sie noch nicht die richtige Einstellung zur Kaltakquise gefunden haben (vgl. Kap. 13.1).

Sinn-Check: Türklinke

Können Sie spontan drei Haken setzen? Dann kann die Türklinkenstrategie für Sie funktionieren.

- ☐ Ich treffe meinen Kunden vor Ort meist an.
- ☐ Der Entscheider kann sich spontan kurz Zeit für mich nehmen.
- ☐ Mein Produkt, meine Dienstleistung ist etwas, was der Kunde gerne sofort haben möchte.
- ☐ Das Vertrauen meines Kunden ist ein wichtiges Kriterium, überhaupt in Kaufüberlegungen einzusteigen.
- ☐ Ich kann im persönlichen Kontakt auf Anhieb überzeugen.

Download: verkaufen.limbeckgroup.com

Die Vorbereitung

Bei der Akquise vor Ort passiert vieles spontan und deshalb ist sie eine Domäne des Hunters (vgl. Kap. 2.5). Ganz ohne Vorbereitung sollten Sie allerdings nicht losmarschieren. Versuchen Sie, neben der genauen Adresse auch den Namen des Entscheiders, der für Ihre Dienstleistung die Budgetverantwortung hat, im Vorfeld herauszufinden. Sie fragen sich leichter zu ihm durch, wenn Sie seinen Namen nennen können und nicht nur seine Funktion.

Vor Besuchen bei Bestandskunden ist es hilfreich, wenn Sie eine Ahnung kriegen, was er bei den früheren Bestellungen bei Ihrem Unternehmen so geordert hat. Ich weiß schon, dass manche Organisationen es ihren Außendienstmitarbeitern in diesem Punkt nicht leicht machen, weil sie sich keinen guten Innendienst mehr leisten. Doch selbst wenn Sie viele Admin-Aufgaben selbst übernehmen müssen: Nehmen Sie sich die Zeit. Und lernen Sie Ihre Datenbank für solche Informationen lieben (vgl. Kap. 4.2).

Die wichtigste Vorbereitung ist jedoch – wie bei jedem Gesprächstermin – die Arbeit an Ihrer inneren Haltung. Freuen Sie sich auf die Begegnung und stellen Sie sich immer vor, dass auch der Kunde sich auf Sie freut: entweder weil er Sie endlich einmal kennenlernen darf oder weil er sich nach einem Wiedersehen sehnt.

L

Limbeck-Tipp

Besuchen Sie Ihren Kunden mit dem guten Gefühl, dass auch er sich auf Sie freut.

Streichen Sie deshalb Einstiegsfloskeln wie »Wie schön, dass Sie sich Zeit für mich nehmen …« oder »Ich freue mich, Sie besuchen zu dürfen …« komplett aus Ihrem Repertoire. Wenn Sie schon zur Begrüßung auf Ihren Kunden zurobben, wird er Sie nicht als Geschäftspartner auf Augenhöhe wahrnehmen. So hinterlassen Sie bei ihm einen Eindruck, den Sie nicht wollen.

Setzen Sie stattdessen voll auf Ihre Persönlichkeit und Ihre Marke (vgl. Kap. 8). Auch oder gerade weil Sie in der Türklinkensituation noch ein bisschen frecher sein sollten als sonst: Wer wagt, gewinnt den Auftrag.

AUF EINEN BLICK

- Die Kundenakquise vor Ort kann heute noch besser funktionieren als früher, weil es nur noch wenige machen.
- Prüfen Sie, ob die Türklinkenstrategie für Sie und Ihr Angebot sinnvoll ist. Die Veränderungen am Markt machen Kaltakquise in Branchen attraktiv, die früher gar nicht an diese Chance gedacht haben.
- Ihr Nahziel: einen guten Eindruck hinterlassen und viele Informationen über Ihren Kunden mitnehmen.

11.2 Messen

Die Zahl der großen und kleinen Messen ist im deutschsprachigen Raum nach wie vor hoch – trotz Internet und Globalisierung haben sie immer noch ihren Reiz.

Die Vorteile von Messen

Der Hauptvorteil von Fachmessen ist nach wie vor: Sie finden den kompletten Markt an einem Ort. Die sonst mehr oder weniger weit verteilten Kunden versammeln sich. Mit vielen von ihnen persönlich Kontakt aufzunehmen mit nur einmaliger An- und Abreise kann Ihnen viel Zeit sparen. Deshalb sind Messebesuche in vielen Branchen interessant, um neue Kontakte zu akquirieren und bestehende zu pflegen.

Sie können allerdings auf einer Messe auch jede Menge Zeit versenken, ohne die erhofften Akquiseerfolge zu erreichen. Das passiert meist dann, wenn Sie es entweder nicht richtig machen (lesen Sie dazu auf jeden Fall Kap. 13.11) oder die falsche Messe besuchen. Denn das herausragende Merkmal bei dieser Art der Akquise ist, dass Sie dahin gehen, wo Sie erst einmal Masse machen können.

L

Limbeck-Tipp

Ziel eines Messebesuchs ist zunächst immer, in wenig Zeit möglichst viele Kontakte zu knüpfen.

Wenn die Voraussetzungen dafür bei der Veranstaltung nicht gegeben sind, dann sollten Sie sich den Besuch dort lieber sparen.

Die erste Hälfte der Miete: die richtige Messe auswählen

Bei der Wahl der richtigen Messe geht es nicht um die Gesamtzahl der anwesenden Besucher und Aussteller. Nicht immer sind die großen Messen die besten für Sie: Wenn sich die Interessenten für Ihr Nischenangebot auf einer Riesenmesse verteilen, macht Ihr Auftritt dort wenig Sinn. Oder wenn Ihr Angebot nur ein Randthema ist, während das größte Interesse einem ganz anderen Schwerpunkt gilt.

Etwas anderes ist es, wenn Ihr Thema innerhalb eines großen Ganzen ein konzentrierter Teilbereich ist. Oder im Mittelpunkt einer kleineren Veranstaltung steht. Oder Sie wissen, dass sonst kaum einer mit Ihrem Angebot dort unterwegs ist: Wir suchen uns zum Beispiel ganz absichtlich auch immer wieder Messen heraus, zu denen wenige unserer Zunft hingehen, so wie eine Messe für landwirtschaftliche Maschinen.

L

Limbeck-Tipp

Je genauer die Messe das Interesse Ihrer potenziellen Kunden trifft, umso mehr Kontakte werden Sie dort machen.

Je umrissener Ihr Angebot ist, umso fachspezifischer sollten auch die Messen sein, auf die Sie gehen, und umgekehrt. Wie Sie dann auf Messen konkret akquirieren, das finden Sie in Kap. 13.11.

Die andere Hälfte der Miete: Nachakquise

Auf der Messe viele Kontakte machen ist eine gute Sache. Doch diese allein bringen Ihnen noch wenig. Denn Ihre Gespräche auf der Messe sind kurz, Ihre Gesprächspartner haben am gleichen Tag noch zig andere Begegnungen. Das gilt für viele Erstkontakte, für die auf der Messe jedoch ganz besonders.

L

Limbeck-Tipp

Ihr Messekontakt ist nur so viel wert wie Ihre Nachakquise.

Ich empfehle Ihnen daher dringend, alle Gespräche und die Informationen daraus umgehend zu notieren. Bauen Sie nicht darauf, dass Sie sich das alles merken können. Nehmen Sie sich den Augenblick, um sich vor allem die Namen, die gefallen sind, und die wichtigsten Informationen in Stichworten zu notieren. Dann haben

Sie den Kopf sofort wieder frei für den nächsten Kontakt. Denn auf der Messe selbst sind Sie ja auf Masse aus. Die akribische Nacharbeit kommt erst, wenn die Messe vorbei ist.

Planen Sie für die Nachakquise genug Zeit ein, denn sonst war Ihr Messebesuch ziemlich umsonst.

Sinn-Check: Messen

Können Sie spontan drei Haken setzen? Dann kann die Messestrategie für Sie funktionieren.

- ☐ Es gibt Messen, bei denen ein ausreichend hoher Anteil der Besucher oder Aussteller potenzielle Kunden für mein Angebot sind.
- ☐ Die Entscheider sind dort zumindest zeitweise vor Ort.
- ☐ Ich bin in der Lage, erst mal Masse statt Klasse zu machen.
- ☐ Ich bin bereit, mir die Zeit für die Nachakquise zu nehmen.
- ☐ Ich kann im persönlichen Kontakt auf Anhieb überzeugen.

Download: verkaufen.limbeckgroup.com

AUF EINEN BLICK

- Auf Messen können Sie in kurzer Zeit viele kurze Kontakte machen.
- Wählen Sie die Messen, die Sie besuchen, danach aus, ob ein ausreichend hoher Anteil der Aussteller oder Besucher potenzielle Kunden sind und auch danach, wie viele oder wenige Ihrer Konkurrenten hingehen.
- Planen Sie genug Zeit für die Nachakquise ein.

11.3 Telefon

Wenn Sie mich fragen, wann die Telefonakquise sinnvoll ist, dann kann ich Ihnen nur sagen: immer. Zumindest fast.

Ich war kürzlich bei einem Unternehmen, das Werbung in Supermarktwagen verkauft. Einer der Verkäufer sagte mir: »Vor Ort habe ich immer noch die besten Quoten.« In solchen Fällen fahren Sie tatsächlich besser hin. Doch selbst dieses Unternehmen setzt zusätzlich auf das Telefon, denn manche Kundenbesuche gehen einfach nicht. Entweder zum Beispiel weil die Strecke zu weit ist oder die Kunden nicht mit den Verkäufern vor Ort reden wollen. So teilen sie sich die Woche auf: drei Tage fahren sie raus, zwei sind sie am Telefon. Dann ist das Telefon die zweite Wahl. In den allermeisten anderen Situationen ist es jedoch die erste und die wichtigste.

Die Vorteile der Telefonakquise

Im Vergleich zu Kaltakquisebesuchen liegen zwei Vorteile klar auf der Hand: Sowohl der finanzielle als auch der zeitliche Aufwand betragen nur einen Bruchteil. So schaffen Sie über die Telefonakquise nicht nur zwei, drei oder vier Kontakte pro Tag, sondern viele.

Und da der Erfolg von Direktmailingaktionen, egal ob analog oder digital, extrem nachgelassen hat, weil sich die Kunden damit überflutet fühlen, sind die auch keine Alternative mehr. Ganz abgesehen davon, dass Sie selbst bei den teuersten Direktmailings nicht ohne aktives Nachtelefonieren auskommen.

Der größte Vorteil aus meiner Sicht ist, dass Sie mit der telefonischen Akquise sofort auch Informationen über Ihre potenziellen Kunden einsammeln können. Die sind nicht ganz so vielfältig und klar, wie wenn Sie selbst vor Ort sind (vgl. Kap. 11.1). Und doch bekommen Sie schon direkt eine Reaktion – auf die Sie auch gleich wieder einwirken können. Wenn Sie mit dem Kunden telefonieren, setzen Sie sich auf den Fahrersitz – und warten nicht auf dem Beifahrer- oder gar Rücksitz ab, ob und wie Ihr Kunde auf Sie zukommt. Sie bestimmen Richtung und Tempo.

Und je weiter oben Sie verkaufen, umso unwahrscheinlicher ist es, dass Sie auf andere Weise in Kontakt kommen als über eine telefonische Terminvereinbarung. Wenn Sie heute in eine Landesbank marschieren und einfach so mal den Chef sprechen wollen, dann ist die Wahrscheinlichkeit gering, dass das gelingt.

L

Limbeck-Tipp

Unter dem Strich ist das Telefon das schnellste, effizienteste und flexibelste Instrument der Neukundengewinnung.

Weiter hinten in diesem Buch erfahren Sie ausführlich, wie Sie die Telefonakquise optimal vorbereiten und durchführen (vgl. Kap. 13).

Sinn-Check: Telefon

Können Sie spontan drei Punkte mit »Ja« beantworten? Dann kann die Telefonstrategie für Sie funktionieren.

- ☐ Ich will in überschaubarer Zeit viele Kontakte machen.
- ☐ Meine Entscheider sitzen größtenteils in den höheren Führungsebenen.
- ☐ Meine Entscheider sitzen größtenteils räumlich weit von mir entfernt und auch untereinander weit verstreut.
- ☐ Ich muss nicht zwingend beim ersten Kontakt den Auftrag schreiben.
- ☐ Ich habe realistische Chancen, dass mein Gesprächspartner auch erreichbar ist.

Download: verkaufen.limbeckgroup.com

AUF EINEN BLICK

- Die Kaltakquise per Telefon ist über viele Branchen hinweg der Goldstandard geworden.
- Sie können damit in kurzer Zeit viele Kontakte herstellen.
- Mit jedem Anruf erfahren Sie etwas über Ihren Kunden und haben die erste Möglichkeit, Einfluss zu nehmen.

11.4 Analoges Netzwerk

Beim analogen Netzwerk für Verkäufer ist für mich nicht die Frage, ob Sie eins brauchen, sondern nur, welche und wie viel Sie davon brauchen. Denn ich bin fest davon überzeugt, dass Sie sonst auf keinen grünen Zweig kommen.

Die Vorteile analoger Netzwerke

Vertrauen bauen Sie am einfachsten und schnellsten durch eine persönliche Begegnung auf. Bei der Kaltakquise auf der grünen Wiese fangen Sie bei null an. Wenn Sie sich jedoch innerhalb eines Netzwerks vorarbeiten, dann sind Sie mit Vorvertrauen ausgestattet: Das Vertrauen der Netzwerkmitglieder, die Sie da reingelassen haben, ist ein wichtiges Argument für die restlichen Mitglieder, dass Sie wohl vertrauenswürdig sind.

Außerdem sind Netzwerke wie Interessengemeinschaften: Da ist offensichtlich etwas, was alle Teilnehmer verbindet – und gegen alle anderen da draußen abgrenzt. Auf diesem Gefühl der Gemeinsamkeit und auch der tatsächlichen fachlichen Überschneidung kommt es zu wesentlich mehr Austausch.

Auf die Auswahl kommt es an

Zum analogen Netzwerk gehört ein breites Feld. Ob Sie jetzt beim IHK-Empfang oder auf der Messe, beim Branchentreff oder beim Verkäuferstammtisch unterwegs sind: Überall gibt es Menschen, die Sie voranbringen und die Sie voranbringen können.

Gerade weil es so viele Möglichkeiten gibt, können Sie sich in dem Bereich auch leicht verzetteln. Nichts gegen Zufallsbekanntschaften, denn Netzwerken ist eine Grundeinstellung (vgl. Kap. 11.6). Darüber hinaus sollten Sie sich jedoch auch ganz gezielt überlegen, an welchem Kreis Sie andocken wollen: Wo sind Ihre Kunden, wo sind gute Empfehler, wo sind Ihre Vorbilder unterwegs, welche Menschen sollen Ihren Namen kennen?

Und wenn Sie überlegen, wo Sie hinwollen, dann überlegen Sie auch gleich, was Sie den Menschen in diesem Netzwerk geben können. Denn beim Wie ist das wichtigste, dass Sie nicht davon ausgehen, dass Sie reinkommen und absahnen. Analoge wie digitale Netzwerke reagieren allergisch auf die, die nur zum Saugen kommen. Das Stichwort ist 70 – 20 – 10 (vgl. Kap. 5.10).

Zur Strategie gehört, dass Sie Ihr aktuelles Netz immer wieder abchecken, ob es

Ihnen noch das bringt, was Sie sich wünschen. Denn sowohl das Netzwerk als auch Sie entwickeln sich ja ständig weiter – das hoffe ich zumindest für Sie (vgl. Kap. 6).

Sinn-Check: Analoges Netzwerk

Können Sie spontan drei Haken setzen? Dann kann die Analoges-Netzwerk-Strategie für Sie funktionieren.

- ☐ Ich will persönliches Vertrauen aufbauen zu potenziellen Kunden und Empfehlern.
- ☐ Ich will Menschen finden, die mich persönlich pushen und mich auf meinem Weg nach oben unterstützen.
- ☐ Es ist mir viel wert, dass ich Leute habe, die ich auch mal schnell um Hilfe bitten kann.
- ☐ Ich bin bereit, Zeit und Know-how in mein Netzwerk zu geben.
- ☐ Ich habe Geduld und muss nicht beim ersten Mal gleich verkaufen.

Download: verkaufen.limbeckgroup.com

L

Limbeck-Tipp

Analoges Netzwerken ist praktisch immer sinnvoll, denn es gibt immer Menschen, von denen Sie noch was lernen können und deren Hilfe Sie ab und an brauchen.

AUF EINEN BLICK

- Kein erfolgreicher Verkäufer ohne analoges Netzwerk.
- Ihr analoges Netzwerk ist dann gut, wenn Sie darüber mit Menschen in Kontakt kommen, die Sie voranbringen.
- Treffen Sie eine gezielte Auswahl, denn erfolgreiches Netzwerken kostet einiges an Zeit und Energie.

11.5 Soziale Netzwerke

Für soziale Netzwerke gilt Ähnliches wie für die analogen Netzwerke: Ich denke, dass heute kaum noch ein Verkäufer ohne auskommt. Eine Voraussetzung für Ihren Erfolg ist nämlich, dass Sie dort präsent sind, wo auch Ihre Kunden es sind. Und weil heute (fast) die ganze Welt sich auch in irgendeinem digitalen Netzwerk trifft, können Sie es sich nicht leisten, sich nicht mit dazuzustellen.

Deshalb gehören die sozialen Netzwerke auf jeden Fall in Ihre Strategieüberlegungen hinein.

Die Vorteile sozialer Netzwerke

Auch wenn die massenhafte Kaltakquise, wie sie ein paar Jahre vor allem in den beruflichen Netzwerken gelaufen ist, heute kaum noch funktioniert: Sie kommen auf keinem Weg direkter und schneller mit Entscheidern in Kontakt. Wenn Ihnen heute einer Ihrer Kunden sagt: »Sprechen Sie doch mal den Chef des Unternehmens XY an und sagen Sie ihm einen schönen Gruß von mir«, dann können Sie sich direkt über XING oder LinkedIn an denjenigen wenden.

L

Limbeck-Tipp

Gerade für die Empfehlungsschiene ist der kurze Draht über die beruflichen Netzwerke perfekt geeignet.

Voraussetzung ist, dass Ihr entsprechendes Netzwerkprofil auch etwas hermacht – denn trotz aller Empfehlung wird der Angesprochene wahrscheinlich kurz prüfen, wer Sie denn sind und ob er den Eindruck hat, dass es ihm etwas bringt, Ihnen zu antworten.

Denn das ist der Vorteil, den die Netzwerke bieten: Jeder kann sich über jeden unverbindlich ein Bild machen.

Das ist auch der vorrangige Zweck der offenen sozialen Netzwerke: Sie sind ein lebendiges Schaufenster, in dem Sie Ihre Marke vorstellen und ins beste Licht rücken können. Während das direkte Verkaufen über soziale Netzwerke nur in Ausnahmefällen funktioniert, haben Sie mit Ihrem Markenauftritt kaum irgendwo anders solche Reichweiten. Noch viel mehr als in den analogen Netzwerken geht es hier darum, dass Sie Ihre Marke in der Breite bekannt machen.

Auf die Auswahl kommt es an

Die Zahl der sozialen Netzwerke ist groß. Wenn Sie auch noch Zeit für das Verkaufen haben möchten, kommen Sie nicht darum herum, eine Auswahl zu treffen. Denn wie bei den analogen Netzwerken gilt: Es richtig zu tun, kostet Zeit und Energie. Nur gucken bringt nichts und nur ab und zu aktiv werden auch nicht: Ein müder Facebook-Post alle halbe Jahre verpufft, ein Tweet im Jahr ist sogar peinlich. Sie werden wahrgenommen, wenn Sie in Aktion treten und dranbleiben, sonst nicht. Und ein verstaubtes XING-Profil ist sogar geschäftsschädigend.

Für die Auswahl gilt ganz klar der Grundsatz: Seien Sie da, wo Ihre Kunden sind. Jedes Netzwerk hat da so seine Schwerpunkte. Bei den beruflichen Netzwerken war XING lange Zeit für den nationalen Bereich und die Entscheider aus der mittleren Ebene wichtig und LinkedIn für die höheren Ebenen mit einem internationalen Anspruch. Ob XING an Bedeutung verliert oder neue Business-Plattformen sich etablieren, wird sich zeigen. Da ist einiges in Bewegung.

Noch viel mehr Bewegung ist im Bereich der rein sozial orientierten Netzwerke. Sah es einige Zeit so aus, als wäre Facebook auf dem absteigenden Ast, haben die Betreiber sich geschickt wieder neu positioniert und gerade aus den älteren Generationen Nutzer dazugewonnen. Die ganz Jungen dagegen tummeln sich zurzeit nur noch auf WhatsApp und Snapchat. Da auch diese Netzwerke immer wieder ihr Geschäftsmodell nachjustieren, kann hier in kurzer Zeit viel passieren.

Wenn sich neue Kanäle auftun, müssen Sie als Verkäufer nicht schon vor Ihren Kunden da sein. Es ist jedoch gut, wenn Sie nicht der Letzte sind, der erfährt, dass Ihre Klientel schon lange abgewandert ist.

L

Limbeck-Tipp

Die Landschaft der sozialen Netzwerke ist lebendig und ändert sich ständig. Bleiben Sie auch hier up to date.

Und bei der Frage, ob und welcher der alten und neuen Kanäle für Sie gut funktioniert, gibt es eh nur die eine Empfehlung: Probieren Sie es aus, und zwar nach dem TOTE-Modell: Test – Operate – Test – Exit (vgl. Kap. 5.10).

Ich habe so zum Beispiel herausgefunden, dass für mich die bezahlten sozialen Netzwerke nicht so funktionieren wie die offenen. Und ich teste auch immer wieder Neues: zum Beispiel mit »Facebook Live« oder mit dem Podcast »Leaders Cafe«.

Denn wie im analogen Netzwerk brauchen Sie etwas, das Sie den anderen anbieten können. Etwas, das den Nutzern, die Sie ansprechen wollen, gefällt oder sie voranbringt. Dann werden Sie positiv wahrgenommen.

Sinn-Check: Soziale Netzwerke

Können Sie spontan drei Haken setzen? Dann kann die Soziale-Netzwerke-Strategie für Sie funktionieren.

- ☐ Meine Kunden bewegen sich in sozialen Netzwerken.
- ☐ Ich bin am Puls meiner Kunden und weiß, was meine Kunden interessiert.
- ☐ Ich weiß, was für einen Namen ich mir machen möchte.
- ☐ Ich bin bereit, mir die Zeit zu nehmen, die ausgewählten Kanäle regelmäßig zu bespielen.

Download: verkaufen.limbeckgroup.com

AUF EINEN BLICK

- Über soziale Netzwerke haben Sie eine potenziell große Reichweite für die Kommunikation Ihrer Marke.
- Sie kommen schnell und direkt mit hochrangigen Entscheidern in Kontakt.
- Wählen Sie die Netzwerke, in denen Sie aktiv sein wollen, bewusst, denn die regelmäßige Pflege ist eine Voraussetzung für die Wirkung

11.6 Akquise geht überall

Akquise ist aus meiner Sicht weder an einen Kanal noch an einen Ort, einen Anlass oder eine Uhrzeit gekoppelt. Denn erfolgreiche Akquise ist kein Aufgabenbereich, sondern eine Einstellungssache. Und genau deshalb tun es so wenige richtig: Weil sie mit der Einstellung rangehen, dass Akquise ein notwendiges Übel ist. Das führt dazu, dass sie mit den vielen Neins nur schlecht zurechtkommen, ihre Ergebnisse schlecht sind und sie Akquise erst recht für ein hartes Geschäft halten. Es entsteht eine Negativspirale: Die negativen Erwartungen und Erfahrungen verfestigen sich zu Glaubenssätzen und hindern diese Verkäufer erst recht daran, erfolgreich zu werden (vgl. Kap. 11.4).

Schauen Sie sich um: Der, der Spaß an Akquise hat, ist auch der, der damit erfolgreich ist. Auch das ist eine Spirale, nur geht sie in die positive Richtung: Wenn Sie Ihre Erfolge sehen, macht Ihnen die Akquise gleich noch mal mehr Freude.

Und Erfolge stellen sich unweigerlich ein.

Die Vorteile der Spontanakquise

Wenn Sie aus dem Moment heraus akquirieren, dann können Sie jede noch so kleine Gemeinsamkeit als Anknüpfungspunkt nutzen. Und wenn es nur der Ort ist, an dem Sie gerade mit jemandem zusammensitzen. Denn es sitzt immer jemand neben Ihnen: in der Bahn, im Café, im Flieger, im Kino, an der Bar des Urlaubshotels. Wann immer Sie unterwegs sind, treffen Sie Menschen. Und jeder Mensch hat potenziell Interesse an dem, was Sie zu bieten haben. Solange er nicht weiß, was das ist, wird er Ihnen auch nicht sagen können, ob es ihn interessiert oder nicht. Und Sie wissen nicht, ob er vielleicht etwas hat, was Sie interessiert: Bedarf, Informationen, Kontakte, Erfahrungen und so weiter.

L

Limbeck-Tipp

Jeder, den Sie treffen, ist ein potenzieller Schatz und es wert, erkundet zu werden.

Auf diese Weise erschließen Sie sich scheinbar im Vorbeigehen Kunden, an die Sie vielleicht sonst nie gekommen wären: entweder weil Sie sie nicht auf dem Schirm hatten oder weil sie auf den normalen Akquisewegen nicht erreichbar sind.

Überall und immer

Wann immer Sie wach und unter Menschen sind, werden sich Gelegenheiten zur Spontanakquise bieten. Die werden Sie auch erkennen, wenn Sie die richtige innere Einstellung haben.

L

Limbeck-Tipp

Die richtige Einstellung haben Sie, wenn Sie es kaum erwarten können, dass sich die Chance ergibt anzuspringen. Und nicht darauf warten, dass die Chance Sie anspringt.

So staune ich zum Beispiel jedes Wochenende wieder, wenn ich zum Fußballspiel ins Stadion gehe, wie achtlos alle Verkäufer an der Wand mit den Visitenkarten vorbeigehen. Das sind die Karten aller Logenbesitzer. Die können Sie alle am Montag kontaktieren und haben dafür einen genialen Aufhänger: »Ich war am Samstag im Stadion und habe gesehen, dass Sie auch eine Loge dort haben …«

Sinn-Check: Spontanakquise

Können Sie spontan drei Haken setzen? Dann kann die Spontanakquise-Strategie für Sie funktionieren.

- ☐ Ich will alle Chancen nutzen, die sich mir bieten.
- ☐ Ich bin Verkäufer durch und durch.
- ☐ Ich freue mich auf jeden neuen Kontakt.
- ☐ Ich will Erfolg statt starre Bürozeiten.

Download: verkaufen.limbeckgroup.com

AUF EINEN BLICK

- Akquise ist nicht an einen Kanal, sondern an Ihre Einstellung gebunden.
- Jede noch so kleine Gemeinsamkeit kann Ihnen einen Top-Anknüpfungspunkt liefern.
- Anknüpfungspunkte ergeben sich überall und jederzeit.

11.7 Die beste Kombination

Über welchen Kanal Sie nun am besten an Ihre (Neu-)Kunden herankommen, können nur Sie feststellen, und zwar auf einem bestimmten Weg: durch Ausprobieren, Prüfen – nach dem TOTE-Modell (vgl. Kap. 5.10).

Dabei wird sich ziemlich sicher herausstellen, dass Sie sich nicht auf einen einzigen Kanal beschränken sollten. Es gilt für fast alle Branchen heute, dass Sie eine Multichannel-Strategie brauchen.

Vorteilsmix

Ein guter Mix gibt Ihnen mehr Möglichkeiten, mehr Reichweite und mehr Präsenz. Limitiert wird das Ganze durch die Ressourcen, mit denen Sie Ihre verschiedenen Kanäle bedienen können. Denn welches Medium Sie auch wählen: Tun Sie es richtig. Ein bisschen von dem einen, eine Prise von dem anderen – so wird das nichts.

Machen Sie sich also Gedanken und suchen Sie sich lieber die drei vielversprechendsten Kanäle aus. Dabei haben Sie den Fokus ganz klar immer auf Ihren Kunden: Wo die sind, wollen Sie sein. Was die wollen, wollen Sie ihnen geben.

Dann gehen Sie in die ausgewählten Kanäle mit voller Power rein und beobachten die Ergebnisse: Wie viel tut sich wo? Welcher Kanal bleibt hinter Ihren Erwartungen zurück und woran könnte das liegen? Und welcher Kanal funktioniert richtig gut? Könnte da sogar noch mehr gehen, wenn Sie dort noch mehr machen?

Schauen Sie ruhig, was sich bei anderen bewährt. Halten Sie jedoch auch nach eigenen Ideen Ausschau, auf die sonst noch keiner gekommen ist. Was Ihnen dabei helfen kann, auf diese Ideen zu kommen, ist das laterale Denken. Mit dieser Methode überwinden Sie eingefahrene Denkgewohnheiten und betrachten die vorhandene Information mit anderen Augen. Dadurch lockern Sie Ihre gewohnte Sichtweise und öffnen sich für andere Erkenntnisse.

Definition: Laterales Denken

Den Begriff des lateralen Denkens prägte der Kreativitätsforscher Edward de Bono schon 1967. Er meint damit ein bewusstes »Um-die-Ecke-Denken«. Das hört sich zunächst unlogisch und unkonventionell an. Es geht ganz absichtlich nicht von bestimmten festgesetzten Prinzipien aus und kommt deshalb nicht – wie das logische, vertikale Denken – zu nur einem richtigen Schluss, sondern zu anderen, zu »unerhörten« Lösungen.

Eine Möglichkeit ist dabei, dass Sie die üblichen rationalen Fragen einfach auf den Kopf stellen, wie:

- Wie kann ich verhindern, neue Kunden zu gewinnen?
- Muss ich mein finanzielles Angebot wirklich zusammen mit meinem sachlichen Angebot abgeben?
- Wie würde meine Lösung aussehen, wenn ich nicht Verkäufer, sondern Techniker, Einkäufer oder Projektmanager wäre?

So kommen Sie zu überraschenden Ansätzen, die Sie allen anderen voraushaben.

Wenn Sie dann aus Bestehendem und Eigenem eine gute Mischung gefunden haben, glauben Sie nicht, dass Sie sich jetzt zurücklehnen können: Bei der aktuellen Geschwindigkeit der Veränderungen kann Ihre Welt morgen schon ganz anders aussehen und der schöne Mix von heute hat ausgedient.

L

Limbeck-Tipp

Bleiben Sie an Ihrem Mischpult stehen, immer bereit, an den Knöpfen zu drehen, alte abzustellen und neue dazuzunehmen. Richtig ist, was funktioniert.

Gemeinsam stark?

In dem Dilemma, dass mehr Kanäle sinnvoll wären, als Sie alleine bespielen können, stecken nicht nur Sie. Wir alle sind von mehr und mehr Komplexität umgeben. Das wird und muss zu Veränderungen führen. Eine Antwort wird aus meiner Sicht sein, dass sich Verkäuferteams etablieren.

Der Gedanke ist nicht neu, bei der ehemaligen Dresdner Bank gab es zum Beispiel schon sogenannte »Client Action Teams«. Da hat der Relationshipper bei Bedarf die Fachspezialisten mit zum Kunden genommen. Das wird in Zukunft in den verschiedensten Spielarten kommen.

Bleiben Sie auch in diesem Punkt offen und veränderungsbereit. Dann haben Sie auch in Zukunft als Verkäufer Erfolg.

AUF EINEN BLICK

- In fast allen Branchen brauchen Sie heute einen Multichannel-Mix.
- Prüfen Sie, ob Sie sich als Team Kanäle und Kompetenzen clever aufteilen können.
- Bleiben Sie in Ihrer Kombination flexibel und veränderungsbereit.

12. Deinen Kunden erkennen

12.1 Kunden lesen

Jeder Mensch, jeder Kunde ist anders. Durch gute Menschenkenntnis, aufmerksames Beobachten, Fragen und Hinhören erfahren Sie mit der Zeit viel über ihn. Doch wie viel Zeit haben Sie wirklich mit dem Kunden? Kommt es überhaupt zu einem oder mehreren langen Gesprächen, die Ihnen die Gelegenheit geben, ihn besser kennenzulernen?

In aller Regel muss der Kunde nicht mit Ihnen reden, sondern er kann. Er kann das Gespräch auch jederzeit abbrechen, wenn Sie ihn nicht da abholen, wo er gerne abgeholt werden möchte. Wenn Sie ihn vom ersten Moment an in eine Richtung pushen, mit der er sich nicht wohlfühlt. Wenn Sie mit ihm auf Ebenen kommunizieren, auf denen er Sie nicht verstehen kann.

Sicher können Sie durch gutes Hinhören und schnelle Reaktion Ihre Kundenansprache immer wieder nachjustieren. Doch auf diese Weise hecheln Sie dem Gespräch immer hinterher, weil Sie nur reagieren. Effektiver ist es, wenn Sie proaktiv mit Ihrem Kunden umgehen, und zwar vom ersten Moment an.

Doch woher sollen Sie wissen, welche Ansprache er braucht und was ihm grundsätzlich wichtig ist, wenn Sie noch nicht ein Wort mit ihm gewechselt haben? Oder auch wenn er Ihnen nicht von sich aus sagt, welchen Argumentationsketten er am ehesten zugänglich ist?

Dafür gibt es verschiedene Methoden, die Ihnen helfen, Ihren Kunden mithilfe äußerer Merkmale und Verhaltensweisen zu erkennen, bevor Sie ihn kennenlernen. Vier davon kann ich empfehlen:

- Erkennen nach »Face Communication« (vgl. Kap. 12.2)
- Erkennen nach Kaufmotiven (vgl. Kap. 12.3)
- Erkennen nach Sprachmuster (vgl. Kap. 12.4)
- Erkennen nach Farben (vgl. Kap. 12.5)

Jede der Methoden hat ihre Vorteile. Testen Sie für sich durch, welche für Sie gut funktioniert. Die Methoden lassen sich auch hervorragend kombinieren. Zum Lernen sollten Sie sich jedoch nicht sofort alle gleichzeitig vornehmen.

L

Limbeck-Tipp

Konzentrieren Sie sich anfangs jeweils auf nur eine der Methoden. Üben Sie diese, bis sie sitzt, bevor Sie sich die nächste aneignen.

Erkennen ist nicht urteilen

Eines trifft für alle diese Methoden gleichermaßen zu: Egal, was sie ergeben, ist das keine Grundlage für eine Wertung. Das ist für mich eine Voraussetzung für die Anwendung. Das hat etwas mit Wertschätzung zu tun (vgl. Kap. 3). Und das hat gleichzeitig etwas mit Verkaufserfolg zu tun. Wenn Sie innerlich ein mieses Urteil über einen Kunden fällen, dann wird er es merken, selbst wenn Sie Ihre Zunge im Zaum halten. So gut können Sie gar nicht schauspielern, dass bei ihm nicht ein unangenehmes Gefühl entsteht.

L

Limbeck-Tipp

Sie machen sich das Verkaufen selbst schwer, wenn Sie sich über Ihren Kunden stellen.

Seien Sie also streng mit sich: Wenn Sie Ihren Kunden erkennen, erlauben Sie sich kein Urteil, sondern erkennen Sie den Kunden auch an. Er ist, wie er ist – und das ist gut so.

Erkennen ist nicht festnageln

Und noch etwas gilt für alle Methoden: Wenn Sie glauben, Ihren Kunden eindeutig erkannt zu haben, ruhen Sie sich nicht auf dieser Erkenntnis aus. Die Gefahr ist groß, dass Sie sich in Gedanken nicht mehr mit Ihrem Kunden, sondern schon mit dem Abschluss oder dem nächsten Kunden beschäftigen. Und gar nicht bemerken, dass Ihr Gesprächspartner doch nicht so reagiert, wie Sie erwarten.

Bleiben Sie deshalb aufmerksam, hören Sie hin, was er sagt, beobachten Sie, wie er reagiert. Oft entdecken Sie mit der Zeit noch weitere aufschlussreiche Facetten, die Ihr Bild von ihm bereichern und Ihnen einen noch besseren Umgang mit ihm erlauben.

Die fortwährende Aufmerksamkeit verstärkt auch den Trainingseffekt.

L

Limbeck-Tipp

Durch die Aufmerksamkeit, die Sie über die Methoden Ihrem Kunden als Mensch widmen, schulen Sie auch Ihre Menschenkenntnis und Ihr Fingerspitzengefühl ganz allgemein.

AUF EINEN BLICK

- Wenn Sie Ihren Kunden erkennen lernen, finden Sie schneller die richtige Ansprache und die richtige Argumentationslinie.
- Verbinden Sie mit der Erkenntnis nie eine Bewertung Ihres Kunden.
- Auch wenn die Einordnung Ihres Kunden eindeutig scheint: Bleiben Sie ihm gegenüber aufmerksam und offen, denn vielleicht haben Sie noch nicht alle Facetten erfasst.

12.2 Nach »Face Communication«

Was ich an der Erkennung von Kunden über deren Gesichtszüge genial finde, ist, dass Sie sich schon von Weitem ein erstes Bild von jemandem machen können. Noch bevor Sie auch nur ein Wort mit ihm gewechselt haben, können Sie das richtige Sprachmuster für Ihren ersten Satz finden.

Die Zuordnung von Merkmalen von Gesicht, Schädel und Körper zu Charaktereigenschaften von Menschen und ganzen Völkern ist im letzten Jahrhundert ziemlich in Verruf gebracht worden, weil einige Anwender sie für übelste Wertungen missbraucht haben. Dafür ist die Methode weder da noch geeignet – für sie gelten die Grundsätze des Kundenlesens ganz besonders. Für eine erste Einschätzung Ihres Kunden kann sie Ihnen jedoch einen klasse Ansatz bieten.

Gesichter sprechen Bände

Der Wunsch, das Gegenüber schnell einzuschätzen, ist wahrscheinlich schon so alt wie die Menschheit.

Psycho-Physiognomik

Schon seit der Antike befassen sich die Menschen mit dem Thema, wie die Gesichtszüge auf den Charakter eines Menschen schließen lassen. Die älteste Schrift dazu stammt von Aristoteles selbst. Im Mittelalter und in der Renaissance galt die Physiognomik dann als Geheimwissenschaft aus dem Bereich der okkulten Künste.

In der Neuzeit wurde sie von verschiedenen Autoren popularisiert. Nachhaltig beeinflusst hat die Überlegungen der deutsche Autodidakt Carl Huter. Ihm zufolge sind die Körper- und Schädelform des Menschen das Ergebnis eines Zusammenspiels aus genetischen Faktoren und Umwelteinflüssen. Er geht von einem ständigen Energieaustausch zwischen dem Inneren eines Menschen und dem Äußeren aus. Und je nach Energiestrom prägt sich so das Erscheinungsbild des Menschen. Wissenschaftlich anerkannt ist die von ihm entwickelte Psycho-Physiognomik jedoch nicht.

Angeblich sind es über 200 Areale im Gesicht und am Schädel, die Ihnen Hinweise auf bestimmte Charaktereigenschaften geben. Eine Auswahl davon finden Sie in der folgenden Tabelle.

Auswahl bedeutungstragender Elemente bei der »Face Communication«		
• waagerechte Gesichtsaufteilung • senkrechte Gesichtsaufteilung • Gesichtsform • Haaransatz • Stirnform • Stirnhöhe • Form der Augenbrauen • Höhe der Augenbrauen • Augenabstand • Augenform • Ausprägung der Augenlider • Höhe der Wangenknochen • Ausprägung der Wangenknochen • Nasengröße • Nasenform	• Form des Nasenrückens • Ausprägung des Nasenhügels • Ausprägung der Nasenspitze • Form der Nasenflügel • Ausprägung der Nasenflügel • Ausprägung der Falte zwischen Nasenflügeln und Mundwinkel (Nasolabialfalte) • Form der Oberlippe • Ausprägung der Oberlippe • Form der Unterlippe • Ausprägung der Unterlippe • Breite der Kieferknochen	• Ausprägung der Kieferknochen • Kinnstärke • Kinnform • Ohrengröße • Ohrenform • Abstand der Ohren zum Kopf • Freiheit der Ohrläppchen • Ausprägung der Ohrläppchen • Aufteilung des seitlichen Schädels • Form des seitlichen Schädels • Ausprägung des seitlichen Schädels

Richtig kompliziert wird es dann, wenn Sie einzelne, teilweise kleine Gesichtspartien den verschiedensten Sinnen und Talenten zuordnen wollen. Sie können sich also richtig intensiv mit dem Thema befassen, es gibt auch einige gute Bücher dazu, wie das von Wiebke Lüth (»Kunden lesen«).

L

Limbeck-Tipp

Für den Einstieg und für die ersten Erfolge genügen schon einige wenige Kriterien. Mit den Erfolgen kommt auch der Spaß am Tun.

Erste Schritte der »Face Communcation«

Konzentrieren Sie sich bei der »Face Communication« für den Anfang auf folgende drei Kriterien:

- Gesichtsform
- Nasenflügel
- Kinn

Das haben Sie schnell drauf und können damit testen, ob »Face Communication« Ihr Ding ist.

> **Einstieg in die »Face Communication«**
>
> Schauen Sie Ihrem Gesprächspartner ins Gesicht und registrieren Sie seine Gesichtsform, die Ausprägung seiner Nasenflügel und die Form seines Kinns. Und daraus ziehen Sie Ihre Schlüsse.

Kriterium	Form / Ausprägung	Bedeutung	Wie gehen Sie diesen Kunden am besten an?
Gesichtsform	schmal	• tendiert zur Vorsicht • hasst Risiken • fühlt sich schnell überrumpelt • braucht Verständnis	• Geben Sie ihm Sicherheit. • Treten Sie freundlich und zurückhaltend auf. • Sorgen Sie dafür, dass er sich bei Ihnen wohlfühlt. • Ermutigen und unterstützen Sie ihn.
	breit	• mutig und forsch • entscheidet gern und schnell • steht gerne im Mittelpunkt • denkt gerne groß	• Achten Sie auf Augenhöhe. • Betonen Sie das große Ganze anstatt der Details. • Halten Sie sich mit Einwänden zurück. • Kommen Sie schnell zum Punkt. • Lassen Sie den Kunden gefühlt so viel wie möglich an den Entscheidungsschritten teilhaben.

Kriterium	Form / Ausprägung	Bedeutung	Wie gehen Sie diesen Kunden am besten an?
Nasenflügel	schmal	• anpassungsfähig • unsicher • bespricht sich gern • braucht Zeit	• Geben Sie Empfehlungen und Orientierung. • Werden Sie nie ungeduldig. • Bestätigen Sie positive Aussagen. • Üben Sie keinen Druck aus.
	breit	• hat eigene Vorstellungen • trifft intuitive Entscheidungen • ist unabhängig von der Meinung anderer	• Treten Sie selbstbewusst auf. • Akzeptieren Sie die Meinung Ihres Kunden. • Fachsimpeln Sie mit ihm. • Dieser Kunde hat immer recht. • Verzichten Sie bewusst auf das Wort »aber«. • Sprechen Sie auch Anerkennung aus.
Kinn	zurückliegend	• flexibel • locker, solange er sich gehört fühlt • zurückhaltend • entscheidet zögerlich	• Gehen Sie höflich und behutsam auf ihn zu. • Zeigen Sie Respekt, auch gegenüber den Zweifeln des Kunden. • Geben Sie ihm Unterstützung. • Signalisieren Sie, dass Sie seine Wünsche ernst nehmen.
	vorstehend	• hartnäckig • beständig • kennt sein Ziel und will dahin – am besten sofort • sammelt gern	• Halten Sie die Begrüßung kurz. • Sprechen Sie klar und direkt. • Geben Sie ihm das, wonach er fragt. • Heben Sie die Qualität und die Langlebigkeit Ihres Produkts hervor.
Download: verkaufen.limbeckgroup.com			

AUF EINEN BLICK

- Die »Face Communication« gibt Ihnen wertvolle Hinweise schon für den ersten Satz in Ihrem Kundengespräch.
- Es gibt sehr viele Kriterien für die Einordnung, für den Anfang bringen Ihnen schon einige wenige gute Erfolge.
- Steigen Sie ein mit der Deutung von Gesichtsform, Nasenflügel und Kinn.

12.3 Nach Kaufmotiven

Jeder Kunde kauft aus einem ganz bestimmten Motiv heraus. Sobald er den Eindruck hat, dass ein Angebot mit diesem Motiv im richtigen Verhältnis steht, schlägt er zu. Es sind also nur zum Teil die Eigenschaften Ihres Angebots, die ihn dazu bewegen. Wichtig ist vor allem, inwieweit es das abdeckt, was den Kunden zum Kauf treibt.

Ihre Kunst als Verkäufer ist es, diese Abdeckung sichtbar zu machen. Das können Sie dann zielgerichtet tun, sobald Sie das dominierende Kaufmotiv Ihres Kunden erkannt haben. Dann können Sie Ihren Verkaufsprozess genau darauf ausrichten und nach der MONA®-Technik arbeiten (**MO**tivorientierte **N**utzen-**A**rgumentation, vgl. Kap. 14.5).

Deshalb ist es so wertvoll, wenn Sie schon sehr früh wissen, was den Kunden, der gerade vor Ihnen steht, bewegt.

Limbeck-Tipp

Kunden kommunizieren ihr Kaufmotiv von Anfang an – nur nicht bewusst und explizit. Lernen Sie diese unbewusste Kommunikation lesen.

Die glorreichen Sieben

Die Zahl der Grundkaufmotive ist übrigens überschaubar. Sie schwankt ein bisschen je nach Quelle, doch immer wieder kristallisieren sich diese sieben heraus:

1. Sicherheit
2. Wirtschaftlichkeit
3. Prestige
4. soziale Gründe
5. Interesse an Neuem
6. Bequemlichkeit
7. Umwelt / Gesundheit

Dieses Kaufmotivspektrum gilt für den B2B- genauso wie für den B2C-Bereich.

Kaufmotive – die glorreichen Sieben

Kaufmotiv	Was der Kunde will (Beispiele)
1. Sicherheit	Virenprogramme, Nebel-Warnhinweise, Schließanlagen, Rentenzusatzversicherung, altersgerechtes Wohnen
2. Wirtschaftlichkeit	niedrige Verbrauchswerte, Energiesparmaßnahmen, Sonderangebote
3. Prestige	teure Optik, Markenware, exklusive Sondereditionen, hochwertige Schmuckobjekte, edle Verpackung
4. soziale Gründe	Förderung von sozial Benachteiligten, z. B. durch Bezug aus Behindertenwerkstatt, Unterstützung lokaler Anbieter, soziales Engagement des Unternehmens
5. Interesse an Neuem	ausgefallene Lebensmittel, coole technische Gadgets, ungewöhnliches Design, innovative Bürolösungen
6. Bequemlichkeit	alles aus einer Hand, 1-Klick-Käufe, E-Bike, Liefer- und Installationsservice, Treppenlift, Wartungsverträge, Smart-Home-Angebote
7. Umwelt / Gesundheit	ökologische Baustoffe, Allergikerangebote, Feng-Shui-Beratung, Fair-Trade-Kaffee, Wellnessangebote

Die angegebene Reihenfolge steht dabei nicht für die Bedeutung der einzelnen Motive, denn die variieren je nach Branche, Produkt und Vertriebsweg. Sie sind auch zeitgeistabhängig. So sind die Motive Bequemlichkeit, Sicherheit und Preis in den letzten Jahren stark in den Vordergrund gerückt. Denn wir leben im Age of Save®.

The Age of Save®

- **S**icherheit ist das dominierende Thema der Zeit. Ob Altersvorsorge, Geldanlage, Sicherheitsfeatures im Auto, Alarmanlagen oder Security-Services – alles voll im Trend. Für etliche Unternehmen steht das Stichwort Sicherheit ganz oben im Kaufmotivranking ihrer Kunden.
- **A**ktionen in Lichtgeschwindigkeit: Die Bereitschaft zu warten geht in Richtung null, und zwar auf allen Ebenen. So wie kein Kunde sich mehr drei Wochen geduldet, bis Ihr Angebot eintrifft, erwarten die Kunden auch immer mehr die prompte Lieferung. »I like Genuss sofort« ist das Motto.
- **V**ernetzung in Form von Markttransparenz über das Internet hat dazu geführt, dass Ihre Preise noch viel mehr dem Vergleich und damit dem Konkurrenzdruck unterliegen als früher. Viele Kunden wittern hier ein Potenzial für Verhandlungen.
- **E**motionale Entscheidungen sind noch deutlicher in den Vordergrund gelangt. Über alle Kaufmotive hinweg entscheidet der »Bauch« des Kunden, ob ihm ein Angebot attraktiv erscheint oder nicht. Für uns Verkäufer heißt das, das wir den emotionalen Aspekt noch wesentlich mehr als früher in unsere Verkaufsstrategie mit einbeziehen müssen.

Download: verkaufen.limbeckgroup.com

L

Limbeck-Tipp

Selten kommt ein Kunde nur mit einem einzigen Kaufmotiv zu Ihnen. Es gibt jedoch immer eines, das alle anderen schlägt. Auf dieses dominante Kaufmotiv kommt es an.

Wie du das Kaufmotiv erkennst

Ihr Kunde gibt Ihnen auf verschiedenen Ebenen Hinweise zu seinem Kaufmotiv:

- Er erkundigt sich nach bestimmten Aspekten.
- Er verwendet richtungsweisende Worte (vgl. Kap. 12.4).
- Sein Blick bleibt bei bestimmten Punkten hängen.
- Er zeigt ein charakteristisches Verhalten (vgl. Kap. 12.5).
- Seine Wünsche gehen in eine bestimmte Richtung.

Das Ganze will ich Ihnen an einem Beispiel verdeutlichen: Stellen Sie sich vor, Sie sind Mercedes-Verkäufer und ein Kunde fragt Sie nach einem S-Klasse-Modell:

- Der Kunde mit dem Sicherheitsmotiv fragt Sie nach diesen neuen Radarsensoren, die eine Vollbremsung vorbereiten sollen, und klopft mit den Fingerknöcheln auf den Kotflügel, ob der sich auch stabil anhört.
- Der mit dem Wirtschaftlichkeitsmotiv spricht vom Wiederverkaufswert und studiert eingehend die Tabelle mit den Angaben zum Spritverbrauch.
- Der Prestigekäufer stellt sich breitbeinig vor das dickste Ausstellungsfahrzeug, nickt zufrieden und will die Auswahl an Felgen sehen. Danach wünscht er sich eine Probefahrt, am liebsten direkt in seiner Nachbarschaft.
- Der mit den sozialen Gründen quetscht Sie danach aus, ob wirklich die meisten Teile noch in Baden-Württemberg gefertigt werden, und lobt das firmeneigene Tafel-Sponsoring-Projekt.
- Der mit dem Interesse an Neuem sucht am Fahrzeug nach den Kameras für das innovative Fahrassistenzsystem und zeigt seiner Begleiterin die ungewöhnlichen Ideen bei der Innenausstattung.
- Der, dem die Bequemlichkeit wichtig ist, möchte sich als Erstes auf den Fahrersitz setzen, testet die automatische Spiegelausrichtung und erkundigt sich, ob das Auto für die Inspektion abgeholt wird.
- Und der mit dem Gesundheitsmotiv lässt sich von Ihnen die Vorzüge der BlueTec-Technik für die Umwelt erklären und schnüffelt an den Autositzen nach chemischen Ausdünstungen.

So können Sie – wenn Sie die sieben Kaufmotive parat haben – so ziemlich jeden Kunden recht schnell einem Kaufmotiv zuordnen.

L

Limbeck-Tipp

Wenn Sie mehrere Motive wahrnehmen, achten Sie darauf, welches Ihr Kunde mit dem größten Nachdruck und / oder mit der größten Häufigkeit äußert. Das ist sein dominantes Kaufmotiv.

Voraussetzung ist, dass Sie genau beobachten und gut hinhören. Wie Sie das hinkriegen, lesen Sie in Kap. 5.7.

Motive und Farben

Auch wenn die verschiedenen Methoden an unterschiedlichen Punkten ansetzen: Ihre Ergebnisse zu ein und demselben Individuum decken und ergänzen sich. So sind die Überschneidungen zum Beispiel mit der Einordnung nach Farbtypen (vgl. Kap. 2.4) spannend.

- So haben die Kunden mit dem Prestigemotiv oft einen hohen Rotanteil: Die wollen das Einzigartige, die wollen die Ersten sein, die es bekommen.
- Der Grüne hat eher ein Sicherheitsmotiv: Gibt es genug Platz im Kofferraum, wenn die Familie in Urlaub fährt?
- Der Blaue interessiert sich für den Spritverbrauch und die Versicherungsklasse, denn sein Antrieb ist häufig die Wirtschaftlichkeit.
- Und nach dem Bauchgurt für den fünften Mitfahrer erkundigt sich der sozial engagierte gelblastige Kunde.

Wie du das Erkennen übst

Sie können sich speziell zu Ihrem Produkt oder Ihrer Dienstleistung für die typischen Kaufmotivcharakteristika Ihrer Kunden sensibilisieren. Denn es sind häufig ähnliche Stichworte, Gesten und Verhaltensmuster, mit denen Ihre Kunden auf Ihr Angebot reagieren. Wenn Sie die bewusst registrieren und sammeln, dann bekommen Sie immer schneller die Verbindung hin zwischen dem, was Ihr Kunde kommuniziert, und seinem Kaufmotiv.

Limbeck-Tipp

Schneller ist besser: Je früher Sie mit Ihrer zielgerichteten MONA®-Technik einsteigen können, desto größer sind Ihre Abschlusschancen.

Erarbeiten Sie deshalb Ihre persönliche Kaufmotiverkennungsliste (auch zum Download unter verkaufen.limbeckgroup.com).

Ihre Kaufmotiverkennungsliste

Überlegen Sie sich, wie Ihre Kunden ihr Kaufmotiv äußern. Gehen Sie die einzelnen Motive durch und notieren Sie sich: Wie verhalten sie sich? Was fragen sie? Welche Wünsche äußern sie?

Kaufmotiv	So verhalten sich meine Kunden	Das fragen meine Kunden	Diese Wünsche äußern meine Kunden
1. Sicherheit	________ ________ ________ ________	________ ________ ________ ________	________ ________ ________ ________
2. Wirtschaftlichkeit	________ ________ ________ ________	________ ________ ________ ________	________ ________ ________ ________
3. Prestige	________ ________ ________ ________	________ ________ ________ ________	________ ________ ________ ________

Kaufmotiv	So verhalten sich meine Kunden	Das fragen meine Kunden	Diese Wünsche äußern meine Kunden
4. soziale Gründe	______________ ______________ ______________ ______________	______________ ______________ ______________ ______________	______________ ______________ ______________ ______________
5. Interesse an Neuem	______________ ______________ ______________ ______________	______________ ______________ ______________ ______________	______________ ______________ ______________ ______________
6. Bequemlichkeit	______________ ______________ ______________ ______________	______________ ______________ ______________ ______________	______________ ______________ ______________ ______________
7. Umwelt / Gesundheit	______________ ______________ ______________ ______________	______________ ______________ ______________ ______________	______________ ______________ ______________ ______________

Machen Sie die Übung einmal aus dem Gedächtnis. Und dann nehmen Sie sich für eine ganze Woche vor, in Ihren Verkaufsgesprächen darauf zu achten. Ergänzen Sie Ihre Liste – sie hilft Ihnen, aufmerksam zu werden. Erarbeiten Sie sich Ihre eigene Kaufmotivstichwortliste.

Download: verkaufen.limbeckgroup.com

AUF EINEN BLICK

- Es gibt sieben grundsätzliche Kaufmotive.
- Das dominante Kaufmotiv Ihres Kunden erkennen Sie über sein Verhalten, seine Fragen und Äußerungen und seine Wünsche.
- Je früher Sie es erkennen, umso eher können Sie die MONA®-Technik anwenden.

12.4 Nach Sprachmuster

Die Worte, die Kunden wählen, wenn sie mit Ihnen sprechen, sind nicht zufällig. Sie sind geprägt von seiner Erziehung, Bildung und Herkunft. Sie geben Ihnen als Verkäufer also eine Menge Informationen über den Hintergrund Ihres Kunden preis. Und die Worte verraten Ihnen darüber hinaus noch etwas ganz Grundlegendes: Sie sagen Ihnen, welchen Sinnestyp Sie vor sich haben.

Die Sinnestypen

Die Idee der unterschiedlichen Sinnestypen stammt aus dem NLP. Sie definieren die fünf Sinne Sehen, Hören, Fühlen, Riechen, Schmecken als VAKOG.

VAKOG

Das Neuro-Linguistische Programmieren (kurz NLP) ist eine Sammlung von Kommunikationstechniken und Methoden zur Veränderung psychischer Abläufe. Begründet wurde das NLP von dem Psychologen Richard Bandler und dem Linguisten John Grinder Anfang der 1970er-Jahre. Eine der grundlegenden Annahmen des NLP ist, dass es fünf Sinnestypen (auch Repräsentationssysteme genannt) gibt:

- **V**isuell (sehen)
- **A**uditiv (hören)
- **K**inästhetisch (fühlen)

- Olfaktorisch (riechen)
- Gustatorisch (schmecken)

Jeder Mensch verfügt über diese fünf Sinne, doch sind diese unterschiedlich ausgeprägt. Bei den meisten ist einer der Kanäle besonders stark ausgeprägt und damit führend.

Der Sinn, der bei Ihrem Kunden am stärksten ausgeprägt ist, bestimmt, wie er sich und die Welt wahrnimmt. Denn die Ausprägung gilt sowohl für die innere wie für die äußere Wahrnehmung, also zum Beispiel für seine inneren Bilder und das, was er im Außen sieht.

Limbeck-Tipp

Sehen, Hören und Fühlen sind die drei Hauptsinne, weil die meisten Menschen eher visuell, eher auditiv oder eher kinästhetisch orientiert sind. Riechen und Schmecken dominieren ziemlich selten.

Für alles, was Sie Ihrem Kunden auf seinem bevorzugten Kanal präsentieren, ist er deutlich empfänglicher als für Dinge, die ihn über einen anderen Sinn erreichen. Die muss er nämlich erst für sich übersetzen: Das ist anstrengend und fehleranfällig – das macht keinen Spaß. So kann es auch leicht zu Missverständnissen kommen.

Es macht Ihnen also das Verkaufen deutlich leichter, wenn Sie wissen, was für ein Sinnestyp Ihr Kunde ist. Darauf können Sie sich einstellen: Sie wissen, mit welcher Wortwahl Sie ihn am besten erreichen. Sie wissen, welches Erlebnis ihn am besten überzeugt. Sie wissen, welche Erfahrung Sie ihn machen lassen sollten.

Ihr Kunde wird genau die Worte verwenden, die seinem Sinnestyp entsprechen – denn die prägen seine Wahrnehmung der Welt. Er kann also gar nicht anders, als Ihnen aus seiner Sicht die Welt auch zu beschreiben. Das heißt:

- der visuelle Typ benutzt Worte des Sehens,
- der auditive Typ verwendet Worte des Hörens,

- der kinästhetische Typ spricht in Worten des Fühlens und Erlebens,
- der olfaktorische Typ redet in Worten des Riechens und
- der gustatorische Typ baut Worte des Schmeckens ein.

Viele Beispiele, welche Worte welcher Typ verwendet, finden Sie in der Checkliste VAKOG-Sprachmuster (auch zum Download unter verkaufen.limbeckgroup.com).

Checkliste: VAKOG-Sprachmuster

visuell	auditiv	kinästhetisch	olfaktorisch / gustatorisch
☐ sehen	☐ sagen	☐ greifen	☐ riechen
☐ zeigen	☐ sprechen	☐ halten	☐ schmecken
☐ erscheinen	☐ diskutieren	☐ bewegen	☐ stinken
☐ Vorsicht	☐ artikulieren	☐ begreiflich	☐ süß
☐ Fokus	☐ laut	☐ konkret	☐ sauer
☐ Überblick	☐ schrill	☐ drehen / wenden	☐ delikat
☐ Optik	☐ hören	☐ erfahren	☐ mild
☐ beobachten	☐ lauschen	☐ spannend	☐ scharf
☐ offensichtlich	☐ vernehmen	☐ berührend	☐ mit Beigeschmack
☐ betrachten	☐ erzählen	☐ verrückt	☐ muffig
☐ absehbar	☐ erwähnen	☐ Grundlage	☐ abgestanden
☐ schauen	☐ Geräusch	☐ Basis	☐ verrottet
☐ funkeln	☐ Lärm	☐ befallen	☐ genüsslich
☐ glänzen	☐ kreischend	☐ emotional	☐ betörend
☐ sichtbar	☐ klingend	☐ bedrückend	☐ dumpf
☐ vorstellen	☐ in Ruhe	☐ Veto einlegen	☐ bitter
☐ imaginieren	☐ zustimmen	☐ anfassen	☐ gallig

visuell	auditiv	kinästhetisch	olfaktorisch / gustatorisch
☐ malen	☐ widersprechen	☐ erfreuen	☐ beißend
☐ zeichnen	☐ besprechen	☐ ablehnen	☐ lieblich
☐ sich ein Bild machen	☐ ganz Ohr sein	☐ ein Gefühl haben	☐ Duftmarke setzen
☐ ...	☐ ...	☐ ...	☐ ...
Download: verkaufen.limbeckgroup.com			

Mit der Liste können Sie hervorragend üben: Drucken Sie sie aus und setzen Sie Haken, sobald der Gesprächspartner solche Worte verwendet. Das sollten Sie natürlich nicht während Ihres Gesprächs mit einem Kunden machen. Nutzen Sie Kundengespräche, die Sie mithören, oder Gespräche, die Ihnen noch gut im Gedächtnis sind. Die Übung trainiert Ihre Aufmerksamkeit für die entsprechenden Signalworte – und gleichzeitig Ihre Hinhörkompetenz (vgl. Kap. 5.7).

L

Limbeck-Tipp

Sobald Ihre Aufmerksamkeit für solche Worte geschärft ist, sortieren Sie Ihren Kunden mühelos dem einen oder anderen Sinnestyp zu.

Die Liste lässt sich auch noch erheblich erweitern. Ergänzen Sie sie, wenn Ihnen weitere Worte auffallen.

Wie du mit den VAKOG-Typen arbeitest

Mit jedem Sinnestyp können Sie erfolgreich umgehen, indem Sie sich auf seinen dominanten Kanal einstellen und konzentrieren. Das gilt sowohl für Ihre Worte als auch für Ihre Taten.

Wenn Sie Ihren Kunden ansprechen, ihm antworten oder Fragen stellen: Verwenden Sie gezielt Worte aus seinem bevorzugten Sinneskreis. Das ist in allen Gesprächen zielführend. Ganz besonders effektiv ist diese Strategie

- beim Einstieg ins Verkaufsgespräch (vgl. Kap. 14.2),
- bei der Einwandbehandlung (vgl. Kap. 14.7),
- bei der Formulierung Ihrer Fragen für die Bedarfsanalyse (vgl. 14.4),
- bei der Argumentation (vgl. Kap. 14.5),
- beim Preisgespräch (vgl. 14.10) und
- bei der Präsentation (vgl. 14.9).

In den entsprechenden Kapiteln finden Sie auch Beispiele dafür, wie Sie jeweils sinnestypengerecht formulieren.

Doch mit Reden alleine bewegen Sie Ihren Kunden oft noch nicht zur Tat. Dazu können Sie selbst durch Taten beitragen. Welche es sind, die Sie näher ans Ziel bringen, ist wiederum vom Sinnestyp abhängig:

- Den visuell geprägten Kunden können Sie mit großartigen Bildern begeistern, die Sie ihm zeigen. Auch die Kopfkinomethode funktioniert bei ihm prächtig: Lassen Sie ihn sich vorstellen, welch wunderbarer Anblick es ist, wenn er Ihr Produkt in der Hand hat / fährt / bei sich zu Hause stehen hat.
- Den Auditiven lassen Sie den Motor des Wunschautos hören oder den Sound der edlen Lautsprecher oder auch die Flüstergeräusche der neuen Maschine.
- Der kinästhetische Typ braucht das haptische Erlebnis: Der will es selbst machen, fühlen, spüren.
- Auch beim olfaktorischen und beim gustatorischen Kunden gilt: Wenn Ihr Produkt auch etwas für diese Sinne anzubieten hat, führen Sie Ihren Kunden gezielt an diesen Punkt. Für diesen Kunden fließt übrigens der Geruch in Ihrem Showroom genauso in die Entscheidung mit ein wie das aufdringliche Rasierwasser, das Sie heute Morgen benutzt haben.

L

Limbeck-Tipp

Der Einfluss des Sinnestyps auf die richtige Kundenansprache ist größer, als die meisten Verkäufer denken. Nutzen Sie diesen Vorsprung.

AUF EINEN BLICK

- Über das Sprachmuster erkennen Sie den Sinnestyp Ihres Kunden.
- Wenn Sie den Sinnestyp kennen, können Sie sich in Ihrer Kommunikation zielgerichtet auf seine Bedürfnisse einstellen.
- Ihre Erfolgschancen sind höher, weil Sie Ihren Kunden auf diese Weise direkt erreichen.

12.5 Nach Farben

Das INSIGHTS-Farbmodell hat sich sehr bewährt, sowohl um sich selbst als Verkäufer besser einschätzen zu können (vgl. Kap. 2.4) als auch um die richtige Mitarbeiterzusammenstellung zu finden. Das zugehörige Diagnostiktool INSIGHTS MDI® (shop.limbeckgroup.com) gibt detailliert Auskunft über die jeweiligen Stärken und Lernfelder. Es ist dafür auch entsprechend aufwendig. Es fällt also für das schnelle Erkennen Ihres Kunden flach.

Doch das Farbmodell an sich lässt sich hervorragend dafür verwenden. Denn allein mit den Informationen, die Sie auf den gängigen Wegen über Ihren Kunden erfahren, können Sie eindeutige Rückschlüsse auf seinen Farbtyp ziehen.

Kurzer Farbüberblick

Bei INSIGHTS gibt es vier Haupttypen von Persönlichkeiten, die durch bestimmte Farben bezeichnet werden. Es gibt den blauen, den roten, den grünen und den gelben (eine Karte mit einer Kurzübersicht dazu können Sie bei uns anfordern unter kontakt@limbeckgroup.com).

Die Blauen und die Grünen haben gemeinsam, dass sie eher introvertiert sind, die Roten und die Gelben sind beide extrovertiertere Typen. Gleichzeitig sind die Blauen und die Roten beide sachlich orientiert, die Grünen und die Gelben dagegen ticken emotional. Jeder Farbtyp hat darüber hinaus viele kennzeichnende Eigenschaften, mit denen er sich von den anderen abhebt.

Mehr Informationen zum INSIGHTS-Modell, zu den Grundlagen und den Details finden Sie in Kap. 2.4.

Die verschiedenen Typen zeigen ganz verschiedene Verhaltensweisen und fällen nicht zuletzt ihre Kaufentscheidungen ganz unterschiedlich. Je besser Sie den Farbtyp Ihres Kunden kennen, desto besser können Sie sich und Ihre Kommunikation darauf einstellen.

Kriterien

In drei großen Bereichen gibt Ihnen Ihr Kunde unbewusst Auskunft über seinen Farbtyp. Das sind seine Darstellung nach außen, sein Verhalten und seine sprachliche Kommunikation.

Die Darstellung nach außen umfasst sowohl die Gestaltung des direkten Umfelds als auch die der äußeren Erscheinung und des Auftritts. Da ist Ihre Beobachtungsgabe gefragt. Stellen Sie sich Fragen wie:

- Wie ist das Vorzimmer des Kunden eingerichtet?
- Wie empfängt Sie die Assistentin?
- Trägt der Kunde einen piekfeinen Maßanzug oder abgetragene Cordhosen?
- Lässt er Sie absichtlich warten oder werden Sie auf die Minute vorgelassen?
- Erscheint er oder schlüpft er möglichst unauffällig durch die Tür?

Viele von diesen Punkten können Sie auch schon bei Ihrer Vorbereitung auf das erste Gespräch überprüfen:

- Mit welchem Foto lässt sich Ihr Kunde in der Branchenpresse oder auf der Unternehmenswebsite abbilden?
- Klingt seine Vita vom Ton her bescheiden oder heldenhaft?
- Wie ist sein XING- oder LinkedIn-Auftritt gehalten?

L

Limbeck-Tipp

Beim Blick ins Gesicht ergänzen sich Farbdiagnostik und »Face Communication« hervorragend.

Für das Verhalten widmen Sie Ihre Aufmerksamkeit zum Beispiel solchen Fragen:

- Wie agiert Ihr Kunde? Höflich, zurückhaltend oder ruppig-aggressiv?
- Wirkt er unsicher oder souverän?
- Wie ist sein Händedruck?
- Wie ist sein Blick?
- Versteht er schnell oder fragt er dreimal nach?
- Hat er eine lange oder eine kurze Aufmerksamkeitsspanne?
- Scheint er kurz entschlossen oder zögerlich?

Beachten Sie sowohl das, was Ihr Kunde sagt, als auch, wie er es sagt.

L

Limbeck-Tipp

Bei der Analyse der Wortwahl Ihres Kunden ergänzen sich Farbdiagnostik und VAKOG-Typisierung hervorragend.

Und beobachten Sie auch seine ersten Reaktionen auf Ihre Kommunikation:

- Hört er gerne Geschichten oder langweilen sie ihn? Hört er stattdessen bei Fakten konzentriert zu?
- Braucht er es auf den Punkt oder in aller Breite?
- Hasst er Small Talk oder taut er erst nach vielen Höflichkeitsfloskeln auf?

Teilausschnitte

Auch wenn der Farbtyp eines Menschen sich nicht grundsätzlich wandelt: Sie bekommen situationsabhängig in der Regel nicht alle Facetten zu sehen. Beobachten Sie Ihren Kunden deshalb möglichst in verschiedenen Situationen. Nur ganz selten sind Menschen nämlich ein Farbtyp in Reinform. Die meisten haben noch den ein oder anderen Anteil mindestens einer weiteren Farbe in sich, den Sie bei Bedarf auch ansprechen können.

So ordnest du die Farbtypen zu

	Der Blaue	Der Rote	Der Gelbe	Der Grüne
Charakter	• introvertiert • sachlich • vorsichtig • besonnen • rational • schwierig	• extrovertiert • sachlich • fordernd • entschlossen • willensstark	• extrovertiert • emotional • umgänglich • enthusiastisch	• introvertiert • emotional • vertrauensvoll • geduldig
Darstellung nach außen	• hoch korrekt • fachlich kompetent • akkurate Kleidung • Gürtelfarbe passt zur Schuhfarbe • äußerste Ordnung auf dem Schreibtisch	• selbstbewusst bis zur Arroganz • Machtaura • teure Kleidung • glänzend polierte Schuhe • auffälliges Auto	• strahlend • offen • modisch gekleidet • Chaos auf dem Schreibtisch • viele Bilder an der Wand	• eher nachlässig-bequeme Kleidung • Bilder der Kinder auf dem Schreibtisch • viele Pflanzen • lächelt viel und begütigend
Verhalten	• distanziert • kühl • steif • analytisch • penibel • beobachtend	• liebt Herausforderungen • liebt Neues • neigt zum Drängeln • ist auch mal ruppig	• immer freundlich • gesellig • optimistisch • anpassungsfähig • fantasievoll	• bewahrt lieber, als dass er erneuert • beständig • mitfühlend • zögerlich
Kommunikation	• kurz und bündig • trocken • stellt kritische Fragen • will alle Details wissen • hasst Small Talk	• klare Ansagen • bis zur Unhöflichkeit direkt • sehr auf den Punkt • sehr bestimmt • schlechter Zuhörer	• redegewandt • redet viel • schweift aus, kommt nicht auf den Punkt	• braucht Zeit zum Verstehen • braucht Zeit zum Entscheiden • fragt lieber einmal mehr nach • hört auch gerne zu

Wie du mit den Farbtypen arbeitest

Jeder Farbtyp hat seine eigenen Bedürfnisse, wenn es darum geht, Kaufentscheidungen zu treffen. Deshalb ist es so spannend, wenn Sie wissen, zu welchem Typ der Kunde gehört, der Ihnen gerade gegenübersitzt:

- Ist es ein Blauer, der Kompetenz und umfassende Informationen schätzt, Sicherheit will und nüchtern auf der Suche nach dem besten Preis-Leistungs-Verhältnis ist?
- Ist es ein Roter, der zu Machtspielchen neigt und immer versuchen wird, als Erster noch mehr für noch weniger Geld zu bekommen?
- Ist es ein Gelber, dessen Begeisterungsfähigkeit Sie wecken müssen und der ein Einkaufserlebnis schätzt?
- Ist es ein Grüner, der zuerst Vertrauen zu Ihnen aufbauen muss und von sich aus kaum sagt, was er will?

Wenn Sie die Eigenheiten jedes Farbtyps im Hinterkopf haben, können Sie zum Beispiel typengerecht

- ins Verkaufsgespräch einsteigen (vgl. Kap. 14.2),
- mit Einwänden umgehen (vgl. Kap. 14.7),
- in die Bedarfsanalyse gehen (vgl. 14.4) und
- argumentieren (vgl. Kap. 14.5).

In den entsprechenden Kapiteln finden Sie auch Beispiele dafür, wie Sie jeweils farbtypengerecht vorgehen.

AUF EINEN BLICK

- Anhand des Äußeren, des Verhaltens und der Kommunikation können Sie jeden Kunden den Farbtypen des INSIGHTS-Modells zuordnen.
- Reine Farbtypen sind sehr selten, in der Regel dominieren ein oder zwei Farbanteile.
- Die Farbtypen geben Ihnen Auskunft, welche Bedürfnisse der Kunde hat und welche Verkaufsstrategie bei ihm erfolgversprechend ist.

TEIL V

Meth

Deine

oden

Das Wichtigste in Kürze

13. Wie kommst du ran?

Die Neukundenakquise ist die Königsdisziplin im Verkauf. Dazu sollten Sie einiges an Grundsätzlichem wissen (vgl. Kap. 13.1), um erfolgreich zu sein. Die häufigste Form der Kaltakquise geht heute über das Telefon: Auch dazu erhalten Sie wichtige Basisinformationen (vgl. Kap. 13.2) und lernen das Handwerkszeug dazu kennen (vgl. Kap. 13.3). Bevor Sie dann den Hörer in die Hand nehmen, sollten Sie die richtige Vorbereitung getroffen haben (vgl. Kap. 13.4). Oft erreichen Sie den Entscheider nicht direkt, also brauchen Sie Strategien, um mit ihm verbunden zu werden (vgl. Kap. 13.5). Und wenn Sie ihn dann dran haben: Finden Sie den richtigen Einstieg (vgl. Kap. 13.6). Mit Einwänden können und dürfen Sie immer rechnen: Seien Sie sowohl technisch (vgl. Kap. 13.7) als auch typgerecht vorbereitet (vgl. Kap. 13.8). Dann ist es ein Leichtes, zum Abschluss den Termin fest zu vereinbaren (vgl. Kap. 13.9) und mit einer kleinen Potenzialanalyse Ihr Gespräch perfekt zu machen (vgl. Kap. 13.10). Zusätzlich zur Akquise am Telefon lesen Sie noch wichtige Hinweise, wie Sie auf Messen (vgl. Kap. 13.11) und im Showroom neue Kunden gewinnen (vgl. Kap. 13.12). Und auch, wie Sie Social Media heute gekonnt zur Akquise nutzen (vgl. Kap. 13.13).

14. Wie kommst du rein?

Jeder Verkaufserfolg basiert auf einer guten Vorbereitung, so auch beim ersten Treffen (vgl. Kap. 14.1). Mit einer Reihe von Grundregeln legen Sie dann die Basis für den Abschluss (vgl. Kap. 14.2). Mit der BAP®-Technik arbeiten Sie im Gespräch zielorientiert und stets mit Zug auf Ihr Ziel hin (vgl. Kap. 14.3). Der Dreh- und Angelpunkt für den Abschluss ist die Bedarfsanalyse, bei der Sie mit dem Fragetrichter gezielt und tief bohren (vgl. Kap. 14.4). Auf dieser Grundlage gestalten Sie mithilfe der MONA®-Technik eine Nutzenargumentation, die Ihren Kunden überzeugt (vgl. Kap. 14.5). Schärfen Sie Ihre Nutzenargumentation zusätzlich, indem Sie sie auf Ihren individuellen Kunden hin optimieren (vgl. Kap. 14.6). Wie im Akquisegespräch auch wird Ihr Kunde Einwände haben, auf die Sie sich vorbereiten sollten, um souverän zu reagieren (vgl. Kap. 14.7). Damit Sie auch überzeugen, wenn Ihnen einmal nur eine extrem kurze Zeitspanne für Ihre Überzeugungsarbeit zur Verfügung steht, brauchen Sie eine sehr gute Elevator-Pitch-Technik (vgl. Kap. 14.8). Gewusst wie, machen Sie Ihre Verkaufspräsentation zum überzeugenden Erlebnis für Ihren Kunden (vgl. Kap. 14.9). Und dann gehen Sie stolz und selbstbewusst in Ihr Preisgespräch, denn Sie wissen, wie Sie Ihren Preis durchsetzen (vgl. Kap. 14.10). Auch wenn es in diesem Gespräch noch nicht zum Abschluss gekommen ist, arbeiten Sie sauber nach und arbeiten Sie damit weiter mit voller Zielorientierung (vgl. Kap. 14.11).

15. Wie bleibst du drin?

Um Verhandlungen zu einem guten Ende zu führen, brauchen Sie nicht nur eine gute Portion Stehvermögen, sondern auch das richtige Instrumentarium (vgl. Kap. 15.1). Dabei sichern Sie sich Ihren Erfolg auch mit Ihrem Wissen, wie Sie typengerecht verhandeln (vgl. Kap. 15.2). Eine Situation mit besonderen Regeln ist es, wenn Sie mit Buying-Centern verhandeln (vgl. Kap. 15.3). Mit Ihrem individuell gestellten Angebot und dem richtigen Nachfassen setzen Sie den vorletzten Stein für Ihr Erfolgsgebäude (vgl. Kap. 15.4). Und dann machen Sie den Sack zu, indem Sie Ihren Kunden mit der geeigneten Technik zum Abschluss führen (vgl. Kap. 15.5).

16. Wie steigst du aus?

Wenn es mal nicht zum Abschluss kommt, finden Sie einen eleganten Weg für den Ausstieg (vgl. Kap. 16).

17. Wie bleibst du dran?

Der Aufwand, einen Bestandskunden auf Dauer zu begeistern und damit zu halten, ist ungleich kleiner als der, den Sie in der Neukundenakquise betreiben müssen. Nutzen Sie dieses riesige Potenzial (vgl. Kap. 17.1). Auch der richtige Umgang mit Fehlern und Reklamationen verschafft Ihnen die Chance, aus unzufriedenen nicht nur zufriedene, sondern sogar begeisterte Kunden zu machen (vgl. Kap. 17.2). Und noch eine dritte Goldgrube sollten Sie als Verkäufer systematisch nutzen, um dauerhaft Ihren Erfolg zu steigern: das Empfehlungsmanagement (vgl. Kap. 17.3).

13. Wie kommst du ran?

13.1 Grundsätzliches zur Neukundenakquise

Ohne Neukundenakquise werden Sie langfristig keinen Erfolg haben. Punkt. Daran hat sich nichts geändert, selbst wenn sich sonst so vieles in rasanter Geschwindigkeit umwälzt (vgl. Kap. 1.1).

Eines hat sich jedoch auch bei der aktiven Neukundengewinnung verändert: Mehr denn je sind Sie nur dann erfolgreich, wenn Sie wissen und können, was Sie tun.

Das DIANA®-Prinzip

Die Zahl der Kanäle und die Formenvielfalt, über die Sie heute Kaltakquise betreiben können, ist explodiert. Sie alle mit der gleichen Intensität zu bespielen, schafft kein Verkäufer alleine. Die gute Nachricht ist: Das müssen Sie auch nicht. Dafür gibt es DIANA®.

DIANA® steht für

Die
Intelligente
Art der
Neukunden-
Akquise

Intelligent machen Sie Ihre Neukundengewinnung dann, wenn Sie so viel Erfolg haben, wie Sie sich vorgenommen haben, in der Zeit und mit dem Aufwand, den Sie sich vorgenommen haben. Das erreichen Sie, wenn Sie die richtige Strategie entwickeln und die richtigen Methoden anwenden. Und die richtigen sind die, die für Sie Sinn machen, weil sie sowohl zu Ihrer Branche, zu Ihren Kunden, zu Ihrem Produkt als auch zu Ihnen passen. Dann können Sie die unterschiedlichen Akquiseformen effektiv und Ihrer unternehmensstrategischen Ausrichtung entsprechend einsetzen und die daraus resultierenden Ergebnisse strategisch und zielorientiert verwerten.

Die Strategie, die für Sie richtig ist, entwickeln Sie, indem Sie

- Ihre Ziele definieren (vgl. Kap. 1.3),
- Ihre Märkte kennen (vgl. Kap. 10),
- Ihre eigene Marke entwickeln (vgl. Teil III),
- abschätzen können, welche Kanäle für Ihr Geschäft funktionieren (vgl. Kap. 11) und
- Ihre Kunden kennen (vgl. Kap. 12).

Daraus ergibt sich dann auch, welche Fähigkeiten Sie brauchen (vgl. Teil II) und welche Methoden die richtigen sind (vgl. Teil V). Wählen Sie mit Sinn und Verstand aus, was für Sie und Ihre Kunden passt. So ist es offensichtlich, dass Sie als Key-Accounter für Software nicht beim Versicherungskonzern spontan an den Empfang stolpern und fragen sollten, ob der Vorstandsvorsitzende gerade mal Zeit hat. Aber gezielt zum Abendempfang bei der IHK zu gehen, um den Geschäftsführer Ihres Wunschkundenunternehmens anzusprechen – damit haben Sie gute Erfolgsaussichten. Im Zweifelsfalle probieren Sie es aus. Nur Versuch macht wirklich klug.

Neben Strategie und Methoden brauchen Sie für Ihren Erfolg dann nur noch eines: die richtige Einstellung.

»Das macht man heute nicht mehr!«

Früher war viel klarer, dass Neukundenakquise für einen Verkäufer unverzichtbar ist. Dementsprechend ist die Leistung in diesem Bereich auch wertgeschätzt worden. Heute heißt es oft genug: »Bringt eh nichts mehr. Außer Frust.« Und alle, die sich schon immer vor der Kaltakquise drücken wollten, nicken begeistert: Endlich haben sie einen guten Grund, den sie vorschieben können, um nicht auf Neukundenfang gehen zu müssen. Denn in Wahrheit hassen sie Kaltakquise. Weil sie sich nämlich eigentlich nicht trauen. Weil es sie so viel Überwindung kostet. Weil sie Angst haben vor den vielen Neins.

Doch warum haben sie Angst davor? Weil sie mit der falschen Einstellung an die Sache rangehen. Weil sie die Ablehnung als persönliche Kränkung statt als Ansporn nehmen. Weil sie sich lieber mit ihrem Bestandskunden einkuscheln statt an neuen Türen zu klopfen.

Dabei macht Kaltakquise heute noch mehr Spaß. Gerade weil es kaum noch einer macht. Sie verschaffen sich selbst einen Riesenvorteil, wenn Sie es trotzdem oder wieder machen. Sie haben den Überraschungseffekt auf Ihrer Seite, wenn Sie sich persönlich vor Ort oder am Telefon vorstellen – und der Kunde Sie als Mensch erlebt. Denn nach wie vor geht es beim Verkaufen nicht nur um Geld und Produkte, sondern vor allem um zwischenmenschliche Beziehungen. Und die können Sie via E-Mail nur schlecht aufbauen.

Limbeck-Tipp

Weil es kaum noch einer macht, können Sie mit Kaltakquise in vielen Bereichen sogar erfolgreicher arbeiten als früher.

Das ist überhaupt ein Erfolgsrezept: Machen Sie es nicht so wie alle anderen in Ihrer Branche, sondern machen Sie das Besondere! Das, was Sie von anderen unterscheidet. Probieren Sie immer wieder neue Wege, die noch keiner oder keiner mehr geht. Arbeiten Sie nach der TOTE-Methode: Test – Operate – Test – Exit (vgl. Kap. 5.10).

Einstellungsfolgen

Wie die richtige Einstellung aussieht und wie Sie sich die aneignen, das finden Sie ausführlich in Kap. 1.3. Diese Einstellung hat verschiedene Auswirkungen auf Ihre Neukundenakquise.

So geben Sie ihr zum Beispiel die Priorität, die sie verdient.

Limbeck-Tipp

Mit der richtigen Einstellung machen Sie Neukundengewinnung zur Chefsache: in Ihrem Kopf und in Ihrem Terminkalender.

Dann kennen Sie keine Ausrede und kein Verschieben. Dann akquirieren Sie einfach. Sie sind dran. Jeden Tag.

Mit dieser Einstellung denken Sie auch nicht darüber nach, ob jetzt gerade der richtige Ort und der richtige Zeitpunkt dafür ist, sondern nur, ob sie in Ihre Strategie passt. Dann ist klar: Akquise geht überall (vgl. Kap. 11.6). Und wenn das klar ist, dann laufen Ihnen auch ständig die Ideen und Gelegenheiten über den Weg. Dann reden Sie mit dem Nachbarn über seine Versicherungen und mit dem Verkäufer vom Nachbarstand auf der Handwerkermesse über seine Archivierungssoftware.

Sie entwickeln auch das nötige Maß an Biss und Hartnäckigkeit für den Kontaktsport Kaltakquise: Je mehr gute Kontakte Sie knüpfen, desto mehr verkaufen Sie. Viele gute Kontakte bekommen Sie aber nur, wenn Sie immer weitermachen.

Und nicht zuletzt führt die richtige Einstellung dazu, dass Sie sich nicht ausruhen, weder auf Ihren Erfolgen noch auf Ihrem Jammern über Misserfolge. Denn Sie bleiben dran:

- Sie trainieren viel, denn auch im Verkauf macht Übung den Meister (vgl. Kap. 2.9).
- Sie überprüfen Ihre Strategie in regelmäßigen Abständen. Bleiben Sie dabei immer bereit für Neues auf allen Ebenen, auch hinsichtlich Ihrer eigenen Arbeitsorganisation (vgl. Kap. 6). Vielleicht macht auch mal ein Verkäuferteam Sinn. Oder eine Kooperation. Oder ein Netzwerk.
- Sie halten auch bei den Methoden die Augen offen nach immer neuen Entwicklungsmöglichkeiten.

L

Limbeck-Tipp

Arbeiten Sie nach dem DIANA®-Prinzip und bleiben Sie diszipliniert, fleißig und zielstrebig – dann können Sie es gar nicht vermeiden, in der Neukundenakquise erfolgreich zu sein.

AUF EINEN BLICK

- Ohne Neukundenakquise kein Erfolg! Das gilt auch und besonders in der Verkäuferwelt von heute.
- Je weniger es machen, desto größer werden Ihre Erfolgsaussichten.
- Auf Ihre gute Strategie kommt es an. Und auf Ihre Bereitschaft, immer wieder neu zu denken.

13.2 Grundsätzliches zur Telefonakquise

Das Kontakten über das Telefon ist über praktisch alle Branchen hinweg unverzichtbar. Es ist unbestritten das schnellste, effizienteste, flexibelste und kostengünstigste Instrument der Neukundengewinnung (vgl. Kap. 11.3). Das Telefon ist eines der wichtigsten Kommunikationsmittel überhaupt, die Visitenkarte Ihres Unternehmens und auch Ihre eigene (vgl. Kap. 9.5).

In einem Telefonat können Sie als Verkäufer über die Reaktion Ihres Gesprächspartners unmittelbar die potenziellen Umsatzchancen einordnen und auch sofort darauf einwirken. Über kein anderes Medium haben Sie größere und spontanere Einflussmöglichkeiten, bevor es zu einem persönlichen Kontakt kommt. Sogar teure Direktmailingaktionen sind ohne Ihr aktives Nachtelefonieren sinnlos.

Diese überragende Bedeutung steht im Gegensatz zum Ansehen, das die Telefonakquise bei vielen Verkäufern genießt.

Niederer Dienst oder Königsdisziplin?

Unternehmen, die die Telefonakquise an Callcenter abschieben, machen ihren Mitarbeitern klar: Telefonieren kann jeder. Und viele Verkäufer widersprechen ihrer Geschäftsleitung da gar nicht, denn insgeheim sind sie froh, diese Aufgabe nicht übernehmen zu müssen. Sie wissen nämlich, dass die erfolgreiche Telefonakquise so ziemlich die anspruchsvollste Aufgabe im Verkauf überhaupt ist.

Gute Telefonakquisiteure sind die stärksten Verkäufer, weil sie ihre Kunden allein an ihrer Wortwahl, ihrem Tonfall und an ihrer Stimme genau einschätzen können. Sie erkennen auch am Telefon, was ihren Kunden bewegt, wie er tickt und worauf er anspringt – nur anhand der Stimmfarbe und -modulation. Sie sehen es sogar dann, wenn die Leitung schlecht ist und deshalb nicht einmal alle Informationen über die Stimme ihrer Kunden rüberkommen.

L

Limbeck-Tipp

Werden Sie gut im Telefonieren. Denn wer gut ist im persönlichen Umgang und am Verhandlungstisch, muss noch lange nicht gut am Telefon sein. Wer aber Telefonakquise kann, der beherrscht auch den Rest.

Wenn Sie als Verkäufer jedoch Ihre Telefonakquise nur halbherzig machen, sie delegieren oder gar auf sie verzichten, dann verzichten Sie auf Erfolg. Doch warum tun viele Verkäufer genau das?

Ausnahmezustand Akquisetelefonat

Wenn zwei wildfremde Menschen sich begegnen, tun sie instinktiv erst einmal Folgendes: Sie checken sich gegenseitig ab. Ist das ein Feind? Will der mir was Böses? Oder ist das ein Guter?

Sie prüfen möglichst schon von Weitem, wie der andere so drauf ist: anhand seines Aussehens, anhand seiner Bewegungen, anhand seines Umfelds. Das ist wohl der Grund, warum bei einer ersten persönlichen Begegnung die Körpersprache in ihrer Wirkung weit vor dem Rest liegt. Und genau die fällt weg beim Telefonat.

Sie haben keine Ahnung, wie Ihr potenzieller Kunde, der da abnimmt, gekleidet ist, ob er ein aufdringliches Rasierwasser benutzt, ob er gerade hochrot im Gesicht ist, ob er bequem in einem ledernen Chefsessel sitzt oder gerade zur Produktionshalle hetzt. Wenn Sie sich gut vorbereitet haben, dann haben Sie wenigstens schon ein Foto von ihm gesehen und seine Vita überflogen. Immerhin. Aber mehr wissen Sie nicht.

Doch. Eines wissen Sie auf jeden Fall: Der, der da abnimmt, ist ein Mensch. Und das sollten Sie auch nie vergessen.

Limbeck-Tipp

Am anderen Ende der Leitung ist immer ein Mensch mit einem zutiefst menschlichen Bedürfnis: Er will sich wohlfühlen. Ein wichtiger Baustein zu Ihrem Erfolg Ihres Akquisetelefonats ist es, dass Sie ihm das ermöglichen.

Weil also der persönliche Eindruck wegfällt, ist es für Sie als Verkäufer die größere Herausforderung, Ihren Kunden zu erkennen. Gleichzeitig ist es für Ihren Kunden schwerer, Sie einzuschätzen. Er ist also von Haus aus beim Ersttelefonat zurückhaltender und ist auch schneller mit einer Abwehr bei der Hand. Ein schroffes Nein sagt sich durch das Telefon viel leichter als von Angesicht zu Angesicht. Die Zahl der Absagen ist beim Telefonat potenziell daher noch viel höher als beim Kaltakquisebesuch.

Beides macht Verkäufer unsicher. Die Folge ist, dass sie vor jedem Anruf zurückschrecken. Selbst noch während sie wählen, spüren sie die innere Bremse.

Limbeck-Tipp

Ein Kunde spürt Ihre Unsicherheit, sobald er abnimmt. Es ist deshalb für Ihren Erfolg wichtig, dass Sie die Hemmer bei sich abbauen.

Die Hemmer und ihre Überwindung

Die sieben häufigsten inneren Bremser und die Strategie dagegen finden Sie im Kasten (auch zum Download unter verkaufen.limbeckgroup.com).

Die sieben wichtigsten Telefonakquisehemmer und ihre Überwindung

Hemmer	Auslöser	Gegenstrategie
1. Unsicherheit wegen der fehlenden Information	Ihnen fehlen beim Telefonat die Wahrnehmung von Mimik, Gestik und Körpersprache sowie der Blickkontakt.	• Konzentrieren Sie sich nicht auf das, was fehlt, sondern auf das, was Ihnen zur Verfügung steht. Nehmen Sie intensiv Stimme, Tonfall und Wortwahl Ihres Gesprächspartners wahr. • Ergreifen Sie die Chance, die Ihnen der gezielte Einsatz Ihrer Stimme und Ihrer Wortwahl bieten. • Lächeln Sie am Telefon und sorgen Sie bei sich für eine entspannte Gesprächssituation.
2. Unsicherheit wegen der fehlenden Materialien	Sie können keine schriftlichen Materialien zur Unterstützung Ihrer Nutzenargumentation heranziehen.	• Seien Sie besonders gut vorbereitet, auch mit einer guten Gesprächsstrategie. • Lassen Sie Ihre positive Einstellung zu Ihrem Gesprächspartner wirken. • Spielen Sie Ihre Kreativität mit originellen Aufhängern aus.
3. Ihre eigene negative Stimmung	Sie stellen sich von vornherein auf ein Scheitern ein.	• Machen Sie sich frei von sich selbst erfüllenden Prophezeiungen. • Schon eine gute Vorbereitung hilft, die negative Selbstprogrammierung zu überwinden. • Aktivieren Sie Ihr positives Selbstbild, indem Sie sich klarmachen, welche wertvollen Informationen Sie für den Kunden bereithalten und was für ein Experte, Ideengeber und kompetenter Partner Sie für ihn sind.
4. Angst vor Ablehnung	Ein Telefonat ist schneller abzuwimmeln als ein persönlicher Besuch. Ausreden sind leichter möglich oder der Angerufene legt einfach auf.	• Nehmen Sie Ablehnung oder Desinteresse nie persönlich. Schließlich kennt Sie Ihr Gesprächspartner nicht. • Machen Sie sich vor dem Anruf klar, welchen großen Nutzen Sie Ihrem Kunden bieten und welche Freude Sie ihm damit machen. • Erinnern Sie sich an die erfolgreichen Telefonate und an die vielen Kontakte, die Sie dadurch gewonnen haben.

Hemmer	Auslöser	Gegenstrategie
5. Angst, im falschen Moment anzurufen	Sie wissen nicht, in welcher Situation sich Ihr Kunde im Moment Ihres Anrufs befindet.	• Gehen Sie davon aus, dass ein Kunde, der Ihren Anruf entgegennimmt, neugierig ist – und Sie diese Neugier für einen pfiffigen Gesprächseinstieg nutzen können. • Durch diesen Einstieg vermitteln Sie das Selbstbewusstsein, ein nützliches Angebot für Ihren Kunden zu haben.
6. Angst vor dem Vorzimmer	Sie fürchten, nicht an der Assistentin vorbeizukommen.	• Auch ein Vorzimmer ist eine berechenbare Größe in Ihrer Gesprächsstrategie. • Mit der entsprechenden Vorbereitung und höflicher Hartnäckigkeit nehmen Sie diese Hürde leicht.
7. Ihr Groll nach einer Absage	Sie haben eine Abfuhr bekommen und rechnen deshalb auch beim nächsten Anruf mit einer.	• Machen Sie sich klar, dass jede Absage nichts anderes ist als ein Wegweiser zum nächsten Kunden. • Verzichten Sie darauf, es jedem Kunden recht machen zu wollen. Denn wer es jedem recht macht, macht es keinem wirklich recht.
Download: verkaufen.limbeckgroup.com		

Weil die Hemmer ziemlich stark sind, überwinden heute immer weniger Verkäufer die Schwelle zur guten Telefonakquise.

L

Limbeck-Tipp

Je weniger Verkäufer sich trauen, über das Telefon zu akquirieren, desto mehr stechen Sie aus der Masse heraus, wenn Sie es tun.

Voraussetzung für Ihren Erfolg ist dann nur noch, dass Sie wissen, was Sie dafür brauchen (vgl. Kap. 13.3) und wie Sie es richtig tun (vgl. Kap. 13.9).

Frechheit siegt

Wenn Ihr Gesprächspartner an irgendeiner Stelle einfach auflegt: Seien Sie mutig und rufen Sie ihn einfach noch mal an. Oft ist er dann so verblüfft über Ihre Hartnäckigkeit, dass er Ihnen auf einmal ganz anders begegnet. Er kann schon ganz gut abschätzen, wie viel Mut und auch Gelassenheit dazu gehört, dass Sie sich – obwohl er Sie abgewürgt hat – noch mal melden. Meiner Erfahrung nach lächeln oder lachen die meisten sogar über die charmante Frechheit. Mit diesem Lachen gestaltet sich die Gesprächsatmosphäre gleich deutlich lockerer und positiver. Und Sie kommen Ihrem Gesprächsziel deutlich näher.

Erfolg kommt von Folge

Mit dem einmaligen Tun ist es übrigens nie getan und in der Telefonakquise schon gleich gar nicht. In kaum einen anderen Bereich wird deutlicher, was Ihr Erfolg mit Folge zu tun hat. Das ist ganz einfach:

1. Akquirieren!
2. Akquirieren!
3. Akquirieren!

Und das jeden Tag.

Deshalb empfehle ich Ihnen auch ein Tool, mit dem Sie sich täglich in Position bringen: das Akquisetagebuch.

Damit kommen Sie morgens superleicht in die Puschen und an den Hörer. Denn Sie wissen ja schon am Vorabend exakt, wen Sie anrufen werden. Und Sie sind am Ende des Tages stolz auf sich, weil Sie Schwarz auf Weiß Ihre Ergebnisse sehen. Das ist Motivation pur (vgl. Kap. 2.3).

Telefon-Erfolgs-Checkliste

Datum	Wie viele Tele-fonate, bis Ent-scheider erreicht?	Name des Kunden/ Funktion	Unter-nehmen	Termin am	Nächster Schritt	Wieder-vorlage
Download: verkaufen.limbeckgroup.com						

AUF EINEN BLICK

- Das Kontakten über das Telefon ist die Basis für Ihren Erfolg.
- Telefonakquise ist die Königsdisziplin im Verkauf: Wenn Sie die können, können Sie alles.
- Erkennen Sie Ihre Hemmer und gehen Sie sie an. Und führen Sie ein Akquisetagebuch.

13.3 Das Handwerkszeug der Telefonakquise

Für jedes Meisterwerk brauchen Sie ein bestimmtes Rüstzeug, damit Sie Ihre Fähigkeiten richtig zur Geltung bringen können. Das ist bei der Telefonakquise nicht anders. Um hier erfolgreich zu sein, brauchen Sie Werkzeuge aus vier Bereichen:

- Ziel und Strategie
- Stimme und Sprechweise
- Formulierung
- Organisation und Setting

1. Ziel und Strategie

Kein Verkaufsgespräch ohne Strategie und schon gar nicht ohne Ziel – das gilt ganz besonders für Ihre Telefonakquisegespräche. Machen Sie sich beides klar, und zwar am besten vor jedem Anruf:

- Warum akquirieren Sie?
- Warum soll der Kunde Sie treffen?
- Warum soll der Kunde bei Ihnen und bei Ihrem Unternehmen kaufen?

Mit klaren Zielen können Sie auch eine klare Gesprächsstrategie für sich entwickeln. Ich empfehle Ihnen, sich dafür einen Zielleitfaden zu erarbeiten. Den können Sie als Orientierung während Ihrer Telefonate sichtbar vor sich hinlegen.

Eine Vorlage finden Sie folgend. Passen Sie sie entsprechend Ihrer Branche, Ihren spezifischen Anforderungen und den Wünschen Ihrer Kunden an. Und gestalten Sie sie so, dass auch Sie sich damit wohlfühlen.

L

Limbeck-Tipp

Wenn Sie sich mit Ihrer Verkäuferpersönlichkeit in dem Leitfaden wiederfinden, dann können Sie Ihre Gespräche noch erfolgreicher führen.

Zielleitfaden für die Telefonakquise

1. Vorbereitung: Namen des Entscheiders ermittelt

▽

2. Einstieg bei Assistenz bzw. Zentrale

▽

3. Einwandbehandlung Assistenz bzw. Zentrale

▽

4. Einstieg Entscheider

▽

5. Einwandbehandlung Entscheider

▽

6. Erreichen des gewünschten Ziels (Termin, Auftrag)

▽

7. Bei Terminvereinbarungsgespräch: Potenzialanalyse

▽

8. Gute Verabschiedung

▽

9. Dokumentation

Download: verkaufen.limbeckgroup.com

Egal wie Ihr individueller Zielleitfaden dann aussieht, ein Grundsatz gehört auf jeden Fall hinein: Streit mit Kunden lohnt sich nicht. Gehen Sie an keiner Stelle im Gespräch auf Konfrontation. Das heißt nicht, dass Sie dem Kunden in allem recht geben – schließlich sprechen Sie auf Augenhöhe miteinander und ständiges Rechtgeben macht den Eindruck von Unterwürfigkeit. Bestätigen Sie einfach, was Sie gehört haben. Und nehmen Sie nichts persönlich. Alles andere zahlt sich nicht aus.

Das gelingt Ihnen, indem Sie sich Ihre eigenen Muster bewusst machen (vgl. Kap. 2.1). Was regt Sie auf? Auf welchen Auslöser reagieren Sie wie? Sobald Ihnen solche Trigger bewusst sind, können Sie wesentlich souveräner agieren – denn dann müssen Sie nicht mehr re-agieren.

2. Stimme und Sprechweise

In jedem persönlichen Verkaufskontakt spielt das, was Sie sagen und – fast noch mehr – wie Sie es sagen, eine sehr große Rolle. Es gibt ganze Bücher darüber, wie zum Beispiel das von Arno Fischbacher (»Voice sells. Die Macht der Stimme im Business«).

Das gilt doppelt und dreifach, wenn Sie Telefonakquise machen. Ihr Kunde geht einzig und allein über Stimme und Sprache mit Ihnen eine Beziehung ein – oder eben nicht.

Je nach Telefonakquiseziel bleibt Ihnen nur wenig Zeit, Ihren Gesprächspartner zu überzeugen. Beim Terminvereinbarungsgespräch sind es meist nur drei bis fünf Minuten. Das ist deutlich kürzer als bei einem persönlichen Treffen. Lassen Sie sich von der Kürze der Zeit nicht beeindrucken und bleiben Sie locker, freundlich und gleichzeitig bestimmend. Was das mit Ihrer Stimme zu tun hat? In dieser Haltung gelingt Ihnen das mit der Stimme schon fast von alleine. Denn Ihre innere Haltung wird zu Ihrer äußeren Haltung.

L

Limbeck-Tipp

Ob Sie es glauben oder nicht: Kunden können Ihre Körpersprache hören. Sitzen, stehen oder gehen Sie deshalb entspannt während Ihres Gesprächs.

Um am Telefon akquisestark zu sein, brauchen Sie echtes Selbstvertrauen. Ihr Kunde hat ein feines Gespür dafür, ob Sie verkrampft und mit zusammengekniffenen Beinen dasitzen, weil Ihnen Ihr Herz in die Hose gerutscht ist. Oder ob Sie am Telefon lächeln, weil Sie sich auf den Anruf gefreut haben, und mit fester Stimme sprechen, weil Sie sicher sind, dass Sie ein unwiderstehliches Angebot für Ihren Kunden haben.

Achten Sie auch darauf, dass Sie nicht immer wieder die typischen Akquisehemmer beschleichen (vgl. Kap. 13.2). Ganz besonders, wenn sich Ihr Kunde partout nicht von Ihren guten Argumenten für einen persönlichen Termin überzeugen lässt: Bedanken Sie sich freundlich, legen Sie auf und wählen Sie die nächste Nummer! Denn Sie können ihm dankbar sein: Jedes klare Nein bewahrt Sie davor, sich in einem aussichtslosen Kampf aufzureiben, anstatt sich schneller einem tatsächlich interessierten Kunden zuzuwenden.

Geben Sie dann noch Ihrer Stimme Klang, indem Sie auf Ihren Tonfall, Ihre Stimmfarbe und Ihre Satzmelodie achten. Sprechen Sie mit Höhen und Tiefen. Eine monotone Sprechweise ist extrem öde für Ihren Zuhörer.

Und noch etwas: Beim Telefonieren kommt es ganz besonders darauf an, dass Ihr Gesprächspartner sich sofort mit Ihnen wohlfühlt (vgl. Kap. 13.2). Wenn er Sie nicht versteht, fühlt er sich nicht wohl. Sprechen Sie deshalb immer klar und deutlich – das gilt nicht nur für das, was Sie sagen, sondern auch dafür, wie Sie es sagen.

Klar und deutlich klingen

Lesen Sie folgende Sätze laut vor und ergänzen Sie dabei die Lücken:

I__ E_o_ _ei _e_ _e_e_o_a_ui_e _ä___ au__ _o_l_ _e_ ___e____ei_e a_.

_hr _rf_lg b__ d__ T_l_f_n_kqu_s_ h_ngt __ch v_n _hr_r Spr_chw__se _b.

Sie merken: Die erste Zeile ist wesentlich schwerer zu entziffern als die zweite. Das liegt daran, dass sich die deutsche Sprache viel mehr an den Mitlauten (Konsonanten wie d, r, f etc.) orientiert als an den Selbstlauten (Vokale wie a, e, i etc.).

Wenn Sie lauter sprechen, hat das nur Auswirkungen auf die Vokale. Die Konsonanten, die den größeren Anteil an der Bedeutung übermitteln, werden dadurch nicht deutlicher. Konzentrieren Sie sich also statt auf die Lautstärke auf die klare Aussprache der Konsonanten.

3. Formulierung

Das mit der Klarheit gilt auch für Ihre Sprache. Egal ob es um eine Terminvereinbarung, den direkten Telefonverkauf oder Zusatzverkäufe geht: Es ist von entscheidender Bedeutung, dass Sie den Nutzen und die Lösung für Ihren Gesprächspartner präzise, konkret, eindeutig, anschaulich und verständlich darstellen.

Davor bauen Sie eine Kontaktbrücke zum Kunden auf. Durch Ihren klar und ausreichend langsam gesprochenen Einstieg, bei dem Sie auch Ihren Namen deutlich nennen, senden Sie bereits ein Signal an seine Gefühlsebene.

Danach führen Sie das Gespräch sachlich und entspannt weiter. Was eine solche Gesprächsführung kennzeichnet, finden Sie folgend (auch zum Download unter verkaufen.limbeckgroup.com).

Kennzeichen von sachlich-entspannter Sprache

- Sie formulieren kundenorientiert und persönlich. Sie verwenden die Sie-Ansprache, anstatt von »ich« oder »wir« zu sprechen.
- Sie vermeiden Floskeln, Detail-Litaneien und Monologe.
- Sie lassen Pausen zu.
- Sie bauen die richtigen Fragen ein, um einen Dialog anzuregen und so von den Bedürfnissen Ihres Kunden zu erfahren.
- Sie behaupten nicht, Sie fragen. Sie sagen also nicht »Unser Archivierungssystem wird Ihnen Kosten sparen«, sondern Sie fragen »Was wünschen Sie sich von einer systematischen Archivierung?«.
- Sie vermeiden Konjunktive wie »wäre«, »hätte«, »würde«. Das macht Ihre Aussagen schwammig und unklar.
- Sprechen Sie in kurzen, schnörkellosen Sätzen.

Download: verkaufen.limbeckgroup.com

Bauen Sie den Namen Ihres Kunden häufig, jedoch nicht penetrant ein. Achten Sie dabei sehr genau darauf, dass Sie ihn richtig aussprechen. Wenn Sie nicht sicher sind, fragen Sie lieber nach – das ist kein Problem, solange Sie ihn hinterher richtig beherrschen. Lassen Sie sich den Namen auch ruhig buchstabieren und die Schreibweise bestätigen.

Es hilft übrigens, wenn Sie Humor einstreuen. Sarkasmus oder Zynismus sollten Sie dagegen lassen, vor allem wenn Ihr Kunde eh schon aggressiv reagiert. Lassen Sie auch private Themen von Ihrer Seite aus: Darauf können Sie vielleicht bei einem persönlichen Besuch zu sprechen kommen, bei der Telefonakquise sind sie tabu.

Wenn Sie übrigens bereits mit anderen Personen im Unternehmen in Kontakt waren und Verabredungen getroffen haben, bevor Sie erstmals mit dem eigentlichen Entscheider sprechen konnten: Informieren Sie ihn darüber. Das Letzte, was Sie erreichen wollen, ist der Eindruck, dass Sie ihn in seiner Entscheidungsgewalt nicht anerkennen. Wenn Sie also drauf und dran sind, zum ersten Mal mit diesem Entscheider zu sprechen, dann bereiten Sie sich gut vor: Lesen Sie aufmerksam Ihre Aufzeichnungen zu den vorherigen Gesprächen durch. Sie wollen schließlich einen professionellen Eindruck hinterlassen.

Womit Sie bei der Telefonakquise ganz besonders punkten können, ist, wenn Sie Ihren Kunden über seine Sprache erkennen: Sei es über die Wortwahl, die Sie zu seinen Kaufmotiven führt (vgl. Kap. 12.3). Oder über die Sprachmuster, die Ihnen über den VAKOG-Typ des Kunden Auskunft geben (vgl. Kap. 12.4). Oder über die Art und Weise, wie er spricht, woraus Sie auf seinen Farbtyp schließen können (vgl. Kap. 12.5).

Sobald Sie hier Erkenntnisse gesammelt haben, können Sie sich in Ihrer Sprache auf seine Bedürfnisse, seinen Kanal und/oder seinen Typ einstellen.

Limbeck-Tipp

Wenn Sie sich auf diese Weise Ihrem Kunden individuell annähern können, wird er das Gespräch umso lieber mit Ihnen fortführen.

Damit können Sie auch Ihre Fragen über die Grundregeln der Fragetechnik hinaus noch individueller zuschneiden (vgl. Kap. 5.8) und die Einwände Ihres Kunden noch effektiver entkräften (vgl. Kap. 13.8).

Ihr Akquisegespräch gelingt bei aller Redekunst nur unter einer Voraussetzung: Dass Sie nicht nur sprechen, sondern insbesondere gut hinhören (vgl. Kap. 5.7).

Zum Hinhören gehört, dass Sie für die Zeit Ihres Gesprächs alle anderen Aufgaben bewusst beiseitelassen, auch in Ihrem Kopf. Sie konzentrieren sich ganz und gar auf den Austausch und sind ganz Ohr. Deshalb ist es so wichtig, dass Sie im

Vorfeld schon für eine möglichst ablenkungsfreie Gesprächssituation gesorgt haben (s. u.).

Um voll beim Gespräch zu bleiben, hilft Ihnen Folgendes: Nehmen Sie dieselbe Körperhaltung ein, als wenn Ihr Partner Ihnen gegenübersitzen würde. Lassen Sie ihn aussprechen und bestätigen Sie ihn immer wieder verbal. Denken Sie immer daran, dass er Ihr zustimmendes Kopfnicken nicht sehen kann. Verwenden Sie also kleine, aktive Bestätigungslaute wie »ja«, »mmhh« oder »aha«. Daraus kann er schließen, dass Sie konzentriert hinhören. Dieser Eindruck, dass das Gegenüber wirklich hinhört, schafft große Akzeptanz bei dem, der spricht.

Fassen Sie auch immer wieder das Gehörte in Ihren eigenen Worten kurz zusammen, um diesen Eindruck zu verstärken und Ihr eigenes Verständnis abzusichern: »Habe ich Sie richtig verstanden, dass …?«

Und unterbrechen Sie Ihren Gesprächspartner nicht abrupt, auch wenn er etwas ausschweift. Führen Sie ihn sanft durch Zwischenbemerkungen wieder zurück auf den Pfad, den Sie geplant haben.

Keep calm

Der Spruch des britischen Informationsministeriums von 1939 gilt auch für uns Verkäufer: Selbst wenn Ihr Kunde am Telefon noch so unfreundlich, aggressiv oder sogar beleidigend wird, sollten Sie ruhig bleiben. Ihr Kunde merkt jede Verkrampfung. Legen Sie sich für solche Härtefälle Entspannungsrituale zu: Stellen Sie zum Beispiel beide Füße fest auf den Boden und spüren Sie durch die Schuhsohlen hindurch den Untergrund. Oder konzentrieren Sie sich für ein paar ruhige Züge auf Ihren Atem. Oder reagieren Sie die Spannung ab, indem Sie aufstehen. Alles ist gut, was Ihnen hilft, weiterhin freundlich und kooperativ zu bleiben.

4. Organisation und Setting

Telefonakquise ist eine wichtige und anspruchsvolle Aufgabe. Und solche Aufgaben sind nicht so nebenbei zu erledigen. Machen Sie sich das bewusst und blocken Sie sich feste Zeiten dafür in Ihrem Terminkalender. Planen Sie Akquise genauso verbindlich, wie Sie Kundentermine und Ihre Urlaube planen.

Der beste Anrufzeitpunkt

Der günstigste Zeitpunkt für einen Anruf ist von Branche zu Branche unterschiedlich. Handwerker sind spätestens ab acht Uhr morgens unterwegs und deshalb eher vorher zu erreichen. Bei Entscheidern in größeren Unternehmen haben Sie dagegen am späten Freitagnachmittag oft gute Chancen – und profitieren von einer entspannten Wochenendvorfreude. Doch genau genommen gilt: Akquise geht nicht nur überall, Akquise geht auch immer. Denn meiner Beobachtung nach bleiben die günstigsten Zeiten für Akquiseanrufe oft ungenutzt.

Arbeiten Sie möglichst mehrere Anrufe am Stück ab. Es erfordert Zeit, sich innerlich auf die Akquise einzustellen. Jedes Mal, wenn Sie unterbrechen, brauchen Sie einige Minuten, um wieder ganz bei der Sache zu sein.

L

Limbeck-Tipp

Telefonakquise, die Sie unkonzentriert angehen und lustlos abarbeiten, ist verlorene Zeit und der Garant für Frust. Nehmen Sie sich die Zeit und fokussieren Sie sich.

Zu einer guten Organisation gehört auch, dass Sie eine klare, strukturierte Vorgehensweise haben. Machen Sie ruhig ein Ritual daraus. Eine Checkliste kann Ihnen helfen, dass Sie nichts vergessen (s. u).

Sorgen Sie auch für das optimale Setting:

- Richten Sie sich eine ruhige Umgebung beim Telefonieren ein. Vermeiden Sie Störungen und Ablenkungen wie Straßenlärm, laute Kollegen, Radio, Essensgeräusche usw.
- Schirmen Sie sich auch von visuellen Ablenkern möglichst ab.
- Schaffen Sie die Möglichkeit für Notizen.
- Und – aus meiner Sicht – ganz wichtig: Besorgen Sie sich ein Headset. Gerade, wenn Sie beim Telefonieren gerne umhergehen, mit Händen und

Füßen sprechen oder Notizen machen, werden Sie es schätzen, den Hörer nicht mehr mühsam zwischen Schulter und Ohr einklemmen zu müssen. In so einer verkrampften Haltung leidet Ihre Stimme und damit Ihre Überzeugungskraft.

L

Limbeck-Tipp

Im Stehen und in der Bewegung können Sie besser und kreativer telefonieren. Sie klingen entschlossener, Ihre Telefonate werden kürzer. Probieren Sie es aus!

Ob Telefonhörer oder Mikrofon des Headsets: Der Abstand zu Ihrem Mund sollte etwa eineinhalb Zentimeter betragen, um die beste Qualität zu erzeugen.

Ihre gute Organisation endet auch nicht mit dem Auflegen. Bereiten Sie jeden Anruf nach, indem Sie ihn dokumentieren. Halten Sie auf jeden Fall fest: den Namen, vor allem den des Entscheiders, die Adresse und die Telefonnummer, besonders die Durchwahl des Entscheiders. Legen Sie darüber hinaus alle Hinweise, Aspekte, Fakten nieder, die Sie erfahren haben. Dokumentieren Sie auch Ideen, die im Gespräch entstanden sind – auch Ihre eigenen.

Sorgen Sie dafür, dass Sie diese Aufzeichnungen verfügbar halten. Wenn Sie mit einer Datenbank arbeiten, dann tragen Sie die wichtigsten Stichworte unbedingt dort ein. Sie werden sich selbst und die Datenbank zu einem späteren Zeitpunkt dafür lieben (vgl. Kap. 4.2).

L

Limbeck-Tipp

Betrachten Sie die Dokumentation nicht als lästiges Übel, sondern als Teil Ihres Erfolgs. Bauen Sie sie in Ihr Telefonakquiseritual ein. Es lohnt sich.

Checkliste: Vorbereitung Akquisetelefonat

Überprüfen Sie vor einem Telefonblock anhand der Checkliste, ob Sie startklar sind.

- ☐ ruhige Umgebung geschaffen
- ☐ positive innere Einstellung gefunden
- ☐ entspannte Körperhaltung eingenommen
- ☐ Schreibzeug und -unterlagen in Griffnähe bereitgelegt
- ☐ Namens- und Telefonnummernliste bereitgelegt
- ☐ ggf. weitere Informationen zum potenziellen Kunden recherchiert
- ☐ Kalender bereitgelegt
- ☐ Zielleitfaden bereitgelegt
- ☐ an Einstiegssatz erinnert
- ☐ an Argumente für die Einwandbehandlung erinnert
- ☐ Telefon bzw. Headset bereitgelegt
- ☐ lächeln
- ☐ Los geht es!

Für den direkten Telefonverkauf zusätzlich:

- ☐ Auftragsformular bereitgelegt
- ☐ Argumentationsleitfaden bereitgelegt
- ☐ Produkt- und Angebotsinformationen bereitgelegt
- ☐ Preislisten bereitgelegt
- ☐ Bestell- und Sortimentsübersicht bereitgelegt
- ☐ Notizblock für hausinterne Mitteilungen bereitgelegt

Download: verkaufen.limbeckgroup.com

Telefonakquise will gelernt sein

Sie können richtig gut werden in Telefonakquise. Dafür gibt es nur eine Voraussetzung: dass Sie üben. Und zwar nicht nur ein-, zwei- oder dreimal, sondern Hunderte Mal, Tausende Mal. Da helfen keine Fachbücher, keine Rhetorikseminare, keine YouTube-Videos, keine Podcasts. Bis zur Telefonexzellenz ist es ein hartes Stück Arbeit.

Und wenn Sie denken, Sie sind gut, dann geht es bestimmt noch ein Stückchen besser.

Dabei empfehle ich gar keine Trockenübungen, sondern reflektiertes »Training on the Job«. So können Sie hart an der Praxis Ihre Strategie und Fähigkeiten optimieren. Dazu finden Sie unten eine Checkliste (auch zum Download unter verkaufen.limbeckgroup.com), mit der Sie die vielen Punkte, auf die es ankommt, einzeln bewerten können.

Das können Sie für sich tun, indem Sie Ihre Akquisetelefonate immer wieder anhand der Checkliste selbst bewerten. Oder noch besser: Sie veranstalten gemeinsam mit Ihren Kollegen Telefonpartys und geben sich gegenseitig Feedback. Das bringt Ihr ganzes Team voran.

Checkliste: Feedback Telefonakquise für

____

Telefonat am _______ um ________

Bewerten Sie den jeweiligen Punkt auf einer Skala von 1 (stark verbesserungsfähig) bis 10 (großartig), indem Sie die jeweilige Zahl ankreuzen.

Kriterium	Wie war's?
wichtige Informationen vorbereitet	① ② ③ ④ ⑤ ⑥ ⑦ ⑧ ⑨ ⑩
zielgerichtete Strategie entwickelt	① ② ③ ④ ⑤ ⑥ ⑦ ⑧ ⑨ ⑩
eigene angenehme Gesprächshaltung eingenommen (lächeln)	① ② ③ ④ ⑤ ⑥ ⑦ ⑧ ⑨ ⑩

Kriterium	Wie war's?
Hörer richtig gehalten / Headset richtig eingerichtet	① ② ③ ④ ⑤ ⑥ ⑦ ⑧ ⑨ ⑩
positiv auf das Gespräch eingestimmt	① ② ③ ④ ⑤ ⑥ ⑦ ⑧ ⑨ ⑩
Telefonzentrale / Vorzimmer	
Begrüßung freundlich und bestimmt gestaltet	① ② ③ ④ ⑤ ⑥ ⑦ ⑧ ⑨ ⑩
Gesprächspartner mit Namen angesprochen	① ② ③ ④ ⑤ ⑥ ⑦ ⑧ ⑨ ⑩
Einstiegssatz gelungen	① ② ③ ④ ⑤ ⑥ ⑦ ⑧ ⑨ ⑩
richtiges Maß an Information gegeben	① ② ③ ④ ⑤ ⑥ ⑦ ⑧ ⑨ ⑩
ggf. Entscheider zügig ermittelt	① ② ③ ④ ⑤ ⑥ ⑦ ⑧ ⑨ ⑩
Einwände überzeugend behandelt	① ② ③ ④ ⑤ ⑥ ⑦ ⑧ ⑨ ⑩
überzeugend zum Verbinden mit dem Entscheider aufgefordert	① ② ③ ④ ⑤ ⑥ ⑦ ⑧ ⑨ ⑩
Telefonat effektiv und effizient dokumentiert	① ② ③ ④ ⑤ ⑥ ⑦ ⑧ ⑨ ⑩
Entscheider	
Begrüßung freundlich	① ② ③ ④ ⑤ ⑥ ⑦ ⑧ ⑨ ⑩
bewusst auf den Stimmklang des Entscheiders geachtet	① ② ③ ④ ⑤ ⑥ ⑦ ⑧ ⑨ ⑩
Grußerwiderung abgewartet	① ② ③ ④ ⑤ ⑥ ⑦ ⑧ ⑨ ⑩
Gesprächspartner mit Namen angesprochen	① ② ③ ④ ⑤ ⑥ ⑦ ⑧ ⑨ ⑩
Einstiegssatz gelungen	① ② ③ ④ ⑤ ⑥ ⑦ ⑧ ⑨ ⑩

Kriterium	Wie war's?
klar, freundlich und bestimmt gesprochen	① ② ③ ④ ⑤ ⑥ ⑦ ⑧ ⑨ ⑩
Konjunktive vermieden	① ② ③ ④ ⑤ ⑥ ⑦ ⑧ ⑨ ⑩
Sie- statt Ich-/Wir-Formulierungen benutzt	① ② ③ ④ ⑤ ⑥ ⑦ ⑧ ⑨ ⑩
mit Aufhänger Neugier geweckt	① ② ③ ④ ⑤ ⑥ ⑦ ⑧ ⑨ ⑩
Sprachmuster des Gesprächspartners erkannt und gespiegelt	① ② ③ ④ ⑤ ⑥ ⑦ ⑧ ⑨ ⑩
aktiv hingehört	① ② ③ ④ ⑤ ⑥ ⑦ ⑧ ⑨ ⑩
hörbar bestätigt	① ② ③ ④ ⑤ ⑥ ⑦ ⑧ ⑨ ⑩
richtiges Maß an Information gegeben	① ② ③ ④ ⑤ ⑥ ⑦ ⑧ ⑨ ⑩
alle wichtigen Informationen erfragt	① ② ③ ④ ⑤ ⑥ ⑦ ⑧ ⑨ ⑩
Einwände überzeugend behandelt	① ② ③ ④ ⑤ ⑥ ⑦ ⑧ ⑨ ⑩
Potenzialanalyse gelungen	① ② ③ ④ ⑤ ⑥ ⑦ ⑧ ⑨ ⑩
Terminangebot überzeugend unterbreitet	① ② ③ ④ ⑤ ⑥ ⑦ ⑧ ⑨ ⑩
vereinbarten Termin bestärkend bestätigt	① ② ③ ④ ⑤ ⑥ ⑦ ⑧ ⑨ ⑩
sympathisch, freundlich und bestimmt verabschiedet	① ② ③ ④ ⑤ ⑥ ⑦ ⑧ ⑨ ⑩
Telefonat effektiv und effizient dokumentiert	① ② ③ ④ ⑤ ⑥ ⑦ ⑧ ⑨ ⑩
Download: verkaufen.limbeckgroup.com	

Und dann los! Immer wieder

Wenn Sie alle Werkzeuge beieinander und damit trainiert haben, sind Sie perfekt ausgestattet für die Telefonakquise. Dann brauchen Sie nur noch eines – Disziplin:

- Disziplin, sich die Akquisetermine einzutragen
- Disziplin, die Termine einzuhalten
- Disziplin, sich gut vorzubereiten
- Disziplin, nie aufzugeben, sondern immer weiterzumachen

Dann ist Ihr Erfolg garantiert (vgl. Kap. 2.9).

AUF EINEN BLICK

- Handwerkszeug Nr. 1 der Telefonakquise ist Ihr klares Ziel samt Ihrer Strategie.
- Handwerkszeuge Nr. 2 und 3 sind, dass Sie wissen, was Sie sagen und wie Sie es sagen.
- Handwerkzeug Nr. 4 ist Ihre gute Arbeitsorganisation.
- Wenn Sie dann noch Disziplin und Fleiß ergänzen, ist Ihr Erfolg unausweichlich.

13.4 Bevor du den Hörer in die Hand nimmst

Bei allen erklärungsbedürftigen Produkten und Dienstleistungen, die Sie verkaufen, ist klar, dass der Kunde Sie erst einmal kennenlernen will. Das gilt heute mehr denn je. Sicher gelingt es auch mal, dass Sie einen großen Auftrag am Telefon verkaufen, weil der Kunde einen dringenden Bedarf hat – es gibt ja auch Sechser im Lotto. Doch gerade wenn die Kosten die Portokasse Ihres Kunden übersteigen, will er vorher mit Ihnen persönlich gesprochen haben. Und Sie wollen das auch.

In keiner anderen Situation können Sie Ihren Kunden besser erfassen und ihn entsprechend führen, als wenn Sie ihm direkt gegenübersitzen. Um jedoch dahin zu kommen, ist Ihr erstes und bestes Medium das Telefon. Ihr allererster Kontakt zu Ihrem zukünftigen Kunden geht also über das Terminvereinbarungsgespräch.

Machen Sie das gut, dann haben Sie den Grundstein für den erfolgreichen Abschluss gelegt. Deshalb gehe ich in diesem Buch so ausführlich auf diese spezifische Form der Telefonakquise ein.

Nur noch eine Bemerkung vorab: Kein Entscheider wartet darauf, dass Sie ihn anrufen. Im Gegenteil, er kann es kaum erwarten, wieder aufzulegen. Machen Sie sich nichts vor, das ist so. Ihr Anruf stört ihn in seiner Konzentration auf seine E-Mails, sein Meeting oder seine Social-Media-Posts. Also, welche Fragen schießen ihm blitzartig durch den Kopf, sobald er Ihre Stimme hört? Folgende:

- »Wie heißt der?«
- »Was will der?«
- »Wann haut der wieder ab?«

Und nur wenn Sie einen guten Einstieg hinkriegen, fragt er sich vielleicht noch:

- »Hat er aufrichtiges Interesse an mir?«
- »Welchen Nutzen habe ich davon, wenn ich mit ihm jetzt spreche?«

Das heißt für Sie: Ein paar wenige Worte entscheiden darüber, ob Sie ins Gespräch kommen oder schon verloren haben.

Zu den grundsätzlichen Regeln der Telefonakquise finden Sie mehr in Kap. 13.2. Die Besonderheiten des Terminvereinbarungsgesprächs kommen jetzt.

Mache dir Ziel und Strategie klar

Zuallererst brauchen Sie ein Ziel! Das ist einfach und hat sechs Buchstaben: T. E. R. M. I. N.

Es geht also darum, zügig zu dem Punkt zu kommen, an dem Sie ein Terminangebot machen können, und den dann konsequent zu verfolgen. Machen Sie sich dieses Ziel immer und immer wieder klar. Vor jedem Anruf!

Aus diesem Ziel heraus wird auch Ihre Strategie klar, wie Sie dahin kommen. Legen Sie sich einen individuellen Zielleitfaden speziell für Ihre Terminvereinbarungsgespräche an.

Wenn Sie die große Linie klar haben, dann gehen Sie anhand der Checkliste jeden der Schritte durch (s. u. und auch zum Download unter verkaufen.limbeck-group.com): Haben Sie alles parat? Im Kopf, als Unterlagen und in Form Ihres Kalenders?

Checkliste: Vorbereitung Terminvereinbarungsgespräch

- ☐ Ich habe ausreichend recherchiert.
- ☐ Falls Zwischenstation Vorzimmer: Ich habe verschiedene Einstiege im Kopf und bin auf Einwände vorbereitet.
- ☐ Beim Entscheider: Ich habe verschiedene Einstiege im Kopf.
- ☐ Beim Entscheider: Ich bin auf Einwände vorbereitet.
- ☐ Ich habe ein Terminangebot parat.
- ☐ Ich habe Fragen für eine kleine Potenzialanalyse parat.
- ☐ Ich habe gute Verabschiedungsvarianten parat.

Download: verkaufen.limbeckgroup.com

Die Checkliste ist eine Basisliste, die Sie erst einmal anwenden können, wie sie ist. Sammeln Sie Erfahrungen damit, um dann Ihre persönliche Checkliste für Ihre Terminvereinbarungsgespräche zu entwickeln und laufend zu verbessern. Welche Abwandlung passt für Ihre Branche? Ihre Kunden? Und nicht zuletzt: Was passt für Sie? Jedes gute Gespräch ist auch durch Ihre Verkäuferpersönlichkeit geprägt. Wie zeigen Sie Ihre (vgl. Kap. 9.5)?

Recherchieren? Nicht mehr als ausreichend

Wie viel Sie vorab recherchieren sollten, hängt davon ab, ob Sie Hunter oder Farmer sind (vgl. Kap. 2.5).

Der Hunter: Er freut sich auf die Kaltakquise. Er hat schon die nötige positive Grundstimmung und bringt sie auch rüber. Am besten dann, wenn er direkt zum Hörer greift. Vorbereitung? Ist für ihn eher lästig. Deshalb wird sich der Hunter die Recherche weitgehend sparen. Eines jedoch sollte sogar er vorab in Erfahrung bringen: Das ist der Name des Entscheiders.

Limbeck-Tipp

Der Name des Entscheiders ist das Startkapital, auf das Sie auch als Hunter nicht verzichten sollten.

Die dafür notwendige Recherchezeit hat sich in Zeiten von Google und Co. auch erheblich verkürzt: In vielen Fällen reichen wenige Klicks und ein Blick auf die Webseite des Unternehmens und Sie haben ihn. Es gibt auch gute Tools wie zum Beispiel Echobot (www.echobot.de) und Salesviewer® (www.salesviewer.com). Wenn die Zuständigkeiten innerhalb des Unternehmens nicht so eindeutig sind, dann helfen Ihnen immer noch die Fach- und Branchenpresse, Messeverzeichnisse oder auch Business-Netzwerke weiter.

Früher habe ich dem Hunter auch mal empfohlen, einfach draufloszutelefonieren – das tue ich heute nicht mehr. Dadurch, dass die Recherche einfacher und die Chancen weniger geworden sind, ist das gut investierte Zeit.

Der Farmer: Er muss sich für ein Akquisegespräch erst einmal eine gute Atmosphäre schaffen. Er braucht die Recherche, denn damit baut er sich innere Sicherheit auf. Er sieht sich nicht nur die Website an, sondern möglichst alles, was er mithilfe von Google über den Kunden findet.

Ihre Herausforderung als Farmer ist es, nicht zu viel Zeit mit der Recherche zu verbringen. Blick auf die Website und in die aktuelle Presse sollten genügen, Sie müssen nicht jedes Thema ansprechen, das in den Medien kursiert. Beschränken Sie Ihre Recherche auf zehn Minuten. Ansonsten besteht die Gefahr der »analytischen Lähmung«: Vor lauter Recherchen kommen Sie gar nicht mehr zu Telefonieren.

Limbeck-Tipp

Investieren Sie nicht mehr als drei Minuten in die Recherche – es sei denn, Sie verhandeln Projektgeschäfte über Millionenbeträge und brauchen nur zwei Abschlüsse pro Jahr.

AUF EINEN BLICK

- Machen Sie sich Ihr Ziel und Ihre Strategie klar.
- Arbeiten Sie für Ihre Vorbereitung mit einer Checkliste.
- Machen Sie als Hunter immerhin die minimale und als Farmer nicht zu viel Recherche.

13.5 Wie du den Entscheider erreichst

Ihre Zielperson ist der Entscheider. Ich nenne ihn MAN, weil die Bedeutung des Wortes »Entscheider« so erst richtig deutlich wird. Der MAN ist der Mensch im Unternehmen, der die **M**ittel und die **A**utorität hat und der die **N**otwendigkeit der Entscheidung sieht.

Er steht im Zentrum Ihrer Recherche in der Vorbereitung: Seinen Namen sollten Sie herausgefunden haben (vgl. Kap. 13.4), selbst wenn Sie als Hunter eher dazu neigen, draufloszuakquirieren. Gerade in großen Unternehmen kann es jedoch passieren, dass Ihre Suche erfolglos bleibt. Bevor Sie dann den halben Tag damit verbringen, nach dem Namen zu suchen, beißen Sie lieber in den sauren Apfel und rufen in der Zentrale an. Mit einer guten Strategie kommen Sie auch von dort aus an den Entscheider ran.

Falls Sie bei Ihrer Recherche vorab den Namen zum Beispiel eines Vorstandsmitglieds herausbekommen haben, fragen Sie gezielt nach dieser Person. Lassen Sie das formelle »Herr …« oder »Frau …« weg und geben Sie nur Vor- und Nachnamen an. Damit erwecken Sie den Eindruck, dass der Kontakt bereits besteht, und der Empfang keine Bedenken zu haben braucht, Sie zu verbinden.

Falls Sie gar keinen vielversprechenden Namen herausfinden konnten, dann verlegen Sie sich auf die Navigationsmethode.

Mit der Navigationsmethode über die Zentrale

Sie wählen also die Nummer des Empfangs. Wenn sich dort jemand mit seinem Namen meldet, registrieren Sie diesen und setzen ihn sofort ein. Allein die Tatsache, dass Sie sich die Mühe machen, sich seinen Namen zu merken, signalisiert dem Betreffenden ein Gefühl von Wertschätzung. Und nach dem Prinzip der Reziprozität (vgl. Kap. 5.5) wird er Ihnen sofort ein größeres Maß an Hilfsbereitschaft entgegenbringen.

Sie sagen also sinngemäß in Ihren Worten: »Guten Tag, Frau Müller. Mein Name ist … Sie können mir doch bestimmt leicht helfen: Wer ist denn heute Mittag noch von der Geschäftsleitung im Haus?«

Appellieren Sie genau an die Hilfsbereitschaft, für die Sie eine Sekunde vorher den Boden bereitet haben.

Fangen Sie bei dieser Art von Einstieg auf jeden Fall ganz oben in der Hierarchie an: beim Geschäftsführer, beim Vorstand, beim Betriebsleiter oder bei kleineren Unternehmen auch beim Inhaber. Wenn Sie tiefer einsteigen, riskieren Sie, dass Sie unterhalb der MAN-Ebene landen und nicht mehr so leicht nach oben kommen. Wenn Sie dagegen von oben nach unten gereicht werden, ist das sogar ein Vorteil: Schließlich werden Sie dann vom Chef weitervermittelt und das verleiht Ihrem Anruf gleich eine ganz andere Bedeutung.

Limbeck-Tipp

Fragen Sie in der Zentrale niemals: »Wer ist bei Ihnen für die Beschaffung von IT-Hardware zuständig?« Irgendwie zuständig sind da im Zweifelsfall viele, entscheiden tut in der Regel nur einer. Fragen Sie also höchstens: »Wer von der Geschäftsleitung befasst sich denn mit dem Thema IT-Ausstattung?«

Ab hier navigieren Sie je nach Antwort aus der Zentrale wie folgt:

Ist die Antwort: »Herr …«, dann antworten Sie mit der Gegenfrage: »Und wie heißt Herr … mit Vornamen?« Nennt Ihnen Ihr Gesprächspartner diesen, notieren Sie ihn und sagen: »Danke. Dann verbinden Sie mich jetzt bitte mit Herrn …«. Kann oder will er Ihnen den Vornamen nicht sagen, erwidern Sie ebenfalls: »Danke. Dann verbinden Sie mich jetzt bitte mit Herrn …«

Ist die Antwort: »Frau … und Herr …«, haken Sie nach: »Und wer von den beiden beschäftigt sich mit der Software?« Nach der Antwort »Frau …«, navigieren Sie wie im ersten Strang über den Vornamen zum Verbinden.

Fehlt in der Antwort ein konkreter Name, weil sie zum Beispiel lautet: »Alle«, dann haken Sie nach: »Wer sind denn alle?« Spätestens dann bekommen Sie Namen. Ist die Antwort jedoch zum Beispiel: »Von denen ist eh keiner da«, dann antworten Sie entspannt: »Wie gut, dass Sie das so direkt sagen. Wann erreiche ich denn wieder jemanden?« Auf die Erwiderung »Am Freitag«, können Sie nachhaken: »Und wen erreiche ich da?« Dann kriegen Sie den Nachnamen, zu dem Sie noch den Vornamen erfragen. Optimal ist es, wenn Sie dann noch nachfragen: »Geben Sie mir noch einen Tipp? Wann erreiche ich ihn / sie denn am Freitag am besten?« Und gleich noch hinterherschieben: »Wie ist denn die Durchwahl von Frau / Herrn …?« Dann dürfen Sie sich freundlich und höflich verabschieden.

Limbeck-Tipp

Ene, mene, muh: Nennt Ihnen die Zentrale auf Ihre Frage hin gleich mehrere Namen, verlangen Sie nach der Person, deren Namen die Dame oder der Herr am Empfang freundlicher ausgesprochen hat. Denn der oder die hat wahrscheinlich den freundlicheren Umgangston – auch mit Ihnen, wenn Sie dann durchgestellt werden.

Die wichtigsten Informationen, die Sie mit der Navigationsmethode erhalten, sind der Name sowie der Vorname. Werden Sie verbunden, ist das gut. Werden Sie nicht verbunden, haben dafür jedoch die Durchwahl, ist das auch gut.

Auf die Frage nach der direkten Durchwahl erhalten Sie diese erfahrungsgemäß in knapp der Hälfte der Fälle. Je größer die Unternehmen, desto wahrscheinlicher erhalten Sie nur die Durchwahl des Vorzimmers – aber immerhin.

Limbeck-Tipp

Wenn Sie selbstbewusst genug sind, fragen Sie auch noch: »Mal angenommen, Sie müssten genau jetzt Herrn ... erreichen – unter welcher Mobilnummer würden Ihnen das gelingen?« Das klappt nicht oft, aber die wenigen Male sind es wert, dass Sie es versuchen.

In großen Unternehmen können Sie dafür oft von der Durchwahl der Assistentin auf die Durchwahl des Chefs schließen. Ist ihre Durchwahl -311, dann lautet seine mit einiger Wahrscheinlichkeit -310.

Liegen Sie mit Ihrer Annahme daneben, ist das auch nicht schlimm: Sagen Sie ein bisschen treuherzig, dass Sie eigentlich den Herrn … erreichen wollten – was ja auch stimmt – und dass Sie wohl falsch verbunden worden sind im Sinne der erweiterten Wahrheit (s. u.). Bitten Sie den, der das Gespräch angenommen hat: »Sind Sie so nett und verbinden mich richtig?« Wenn Sie das freundlich sagen, dann ist die Chance groß, dass der Mensch Ihnen den Gefallen tut.

Erweiterte Wahrheit

Es gibt absolute Lügen und absolute Wahrheit. Und dazwischen gibt es eine Zone der erweiterten Wahrheit: Sie ist gekennzeichnet dadurch, dass Sie durch Formulierungen oder durch Ihr Verhalten bei Ihrem Gesprächspartner eine Assoziation erwecken, die so nicht 100 Prozent stimmt. Diese Art der Wahrheit ist aus meiner Sicht für Verkäufer erlaubt. Doch Achtung: Sobald Sie damit jemanden übervorteilen oder ihm gar persönlichen Schaden zufügen, haben Sie die erweiterte Wahrheit verlassen. Und das wird Ihnen auf lange Sicht immer schaden.

Mit Strategie durchs Vorzimmer

Selbst wenn Sie den vollen Namen des Entscheiders und sogar seine Durchwahl haben, landen Sie ganz häufig zunächst bei der Assistentin, seiner weiblichen Firewall. Um hier erfolgreich durchzukommen, brauchen Sie eine positive Haltung und die richtige Strategie.

Betrachten Sie die Assistentin nie als Feind, den Sie bekämpfen müssen: Sie macht nur ihren Job. Und wenn sie ihn gut macht: Machen Sie Ihren Job noch besser und entwickeln Sie die richtige Strategie.

Denken Sie sich Formulierungs- und Taktikvarianten aus. Die müssen insgesamt passen, und zwar

- sowohl zu Ihnen als auch zu Ihrer Branche,
- sowohl zur Situation als auch zu Ihrem Standing in der Branche,
- sowohl zu Ihrem Expertenstatus als auch zu Ihren Vorlieben und so weiter.

Mit fünf beispielhaften Strategien möchte ich Ihnen Anregungen geben, Ihre individuellen Vorgehensweisen zu entwickeln.

Der erste Satz ist immer derselbe: »Schönen guten Tag, Frau …, hier spricht …« Dann warten Sie ganz entspannt die Grußerwiderung ab, bevor Sie fragen: »Ist der … (Vorname des Entscheiders), der … (sein Vor- und Nachname) im Haus?« Mit dieser Art der Namensnennung erwecken Sie den Eindruck einer persönlichen Beziehung (im Sinne der erweiterten Wahrheit, s. o.). Das allein wirkt bereits ziemlich unwiderstehlich auf viele Assistentinnen.

Kommt ein Ja, sagen Sie einfach: »Dann verbinden Sie mich bitte. … ist mein Name.« Wenn sie das tut, können Sie die folgenden Abschnitte für den Moment überspringen. Tut sie es nicht, lesen Sie weiter. Denn dann brauchen Sie eine Strategie.

Strategie 1: Die beste Gelegenheit

Fragen Sie die Assistentin nach der besten Zeit, um den Chef zu erreichen. Lassen Sie dabei keinen Zweifel aufkommen, dass es bei dem Gespräch um eine extrem wichtige Sache geht, die nicht warten kann.

Und wenn sie dann eine ungefähre Angabe macht wie »Morgen Nachmittag«, dann machen Sie ein konkretes Angebot:

- »Prima, dann melde ich mich morgen um 16 Uhr. Passt das?«

Sie geben der Angelegenheit auch durchaus Dringlichkeit, indem Sie in entschlossenem Ton sagen:

- »Frau Wehr, bitte legen Sie Otto Quast doch eine Notiz auf den Schreibtisch, dass ich angerufen habe. Martin Limbeck ist mein Name, Martin Limbeck vom Autohaus Düse. Es geht um sein neues Auto.«

Strategie 2: Du und ich

Wenn Ihr MAN richtig schwer zu erreichen ist, dann gewinnen Sie seine Assistentin für sich: Solidarisieren Sie sich mit ihr, loben Sie sie als Zeitmanagementexpertin ihres Chefs. Machen Sie die Terminfindung zur gemeinsamen Sache:

- »Frau Wehr, Sie wissen doch im Terminkalender von Herrn Quast besser Bescheid als er selbst, stimmt's? Bevor wir jetzt noch ein paar Mal hin- und hertelefonieren, lassen Sie uns gemeinsam einen Termin finden, der für uns beide passt. Wie sieht es denn bei ihm am kommenden Dienstag, 16 Uhr, aus?«

Oder bieten Sie von sich aus einen Anruf in den Randzeiten an:

- »Frau Wehr, der Quast macht doch abends sicher auch immer lang. Was meinen Sie: Bekomme ich ihn so um 19 Uhr? Dann klingele ich noch mal durch.«

Wenn sie darauf eingeht, wird sie Ihnen auch seine Durchwahl geben, dann haben Sie gleich zwei Fliegen mit einer Klappe geschlagen.

Strategie 3: Verbinden, bitte!

Wenn Sie genügend Selbstbewusstsein mitbringen, dann kann die folgende Strategie funktionieren. Sie sprechen zügig, ohne Umschweife und Gestammel, fordernd, klar und unmissverständlich – aber gleichzeitig freundlich und verbindlich im Ton:

- »Guten Tag, Frau Wehr. Verbinden Sie mich bitte mit Otto. Otto Quast. Seien Sie so nett und sagen Sie, dass der Martin Limbeck am Telefon ist.«

Dieser Einstieg beeindruckt die Assistentin, denn Sie kommen ohne Umschweife mit Ihrem Anliegen auf den Punkt. Keine weitere Erklärung notwendig.

> **Die Durchwahl, bitte**
>
> Mit der selbstbewussten Art kriegen Sie auch ganz oft die Durchwahl, falls der Entscheider aktuell nicht im Haus ist. Wenn die Assistentin sagt: »Die darf ich nicht rausgeben«, antworten Sie einfach fest und fröhlich: »Mir schon!« Sie werden nicht glauben, wie oft das funktioniert. Die zweite Möglichkeit, zielsicher an die Durchwahl zu kommen, ist, die erweiterte Wahrheit zu nutzen. Sagen Sie: »Liebe Frau Assistentin, ich sitze gerade im Homeoffice und habe keinen Zugriff auf unsere Datenbank. Geben Sie mir die Durchwahl Ihres Chefs noch mal kurz?«

Strategie 4: Die Kompetenzfrage

Ganz raffiniert ist die Methode, die Assistentin so anzusprechen, als sei sie die Entscheidungsperson. Platzieren Sie eine Kompetenzfrage, die eigentlich nur der Entscheider beantworten kann, weil eine Menge Know-how dafür nötig ist. Da sie Ihre Frage nicht beantworten kann, wird sie Sie wohl oder übel durchstellen:

- »Wir erarbeiten gerade für Otto Quast die nötigen Hintergrundinformationen für die Konfigurationen der neuen Controlling-Software im Headquarter. Dafür müsste ich mehr über die Rahmenbedingungen wissen: Welche Schnittstellen sind zu berücksichtigen, um wie viel Terabytes geht es, soll es nur im Intranet laufen oder denken Sie an eine Cloudlösung? Welche Überlegungen bestehen da für die Zukunft? Kennen Sie die Themen oder ist es besser, ich spreche direkt mit Otto Quast? Dann verbinden Sie mich bitte!«

Strategie 5: »Wow, sind Sie hartnäckig«

Wenn die Assistentin stur weiter nachfragt, machen Sie eine elegante Wendung:

- »Wow, ich bin beeindruckt: So eine Assistentin wie Sie hätte ich auch gerne. Sie fragen so was von hartnäckig nach. Sagen Sie, wann ist Ihr Chef denn am besten zu erreichen?«

Limbeck-Tipp

Egal, welche der genannten Strategien Sie bei der Assistentin anwenden: Fragen Sie immer nach der Durchwahl des Chefs! Meiner Erfahrung nach haben Sie mit der direkten Frage nach der Durchwahl eine Erfolgsquote von mindestens 50 Prozent.

Die typischen Einwände der Assistenz

So wie Sie von Ihren Kunden nicht tausend verschiedene, sondern in der Regel nur eine Handvoll Einwände hören, haben auch die Assistentinnen meist nur Standardeinwände. Und auf die können Sie sich einstellen.

Der klassische Einwand ist: »Worum geht es?«

Geben Sie daraufhin möglichst wenig Informationen preis. Sagen Sie zum Beispiel:

- »Gern, Frau Weber. Es geht um einen Termin auf Geschäftsleitungsebene. Bitte verbinden Sie mich.«
- »Es handelt sich um das Terabyte-Projekt. Bitte verbinden Sie mich.«
- »Na klar, sage ich Ihnen gerne. Ich bräuchte gerade mal die Managementkompetenz vom Otto Quast. Bitte verbinden Sie mich.«

Sprechen Sie freundlich, klar und entschlossen. Bleiben Sie dabei entspannt, sonst klingen Sie herrisch, und das kommt nicht gut an.

Wie Sie mit diesen Einwänden umgehen, können Sie auch hervorragend trainieren, und zwar mit dem elektronischen MEIK von SalesRanger® (www.salesranger.de), der mit meinem persönlichen Know-how entwickelt worden ist.

Auch wenn die Dame nachfragt: Bleiben Sie ruhig und antworten Sie ebenso hartnäckig wie freundlich. Bleiben Sie mit Ihren Angaben so unkonkret wie möglich:

- »Es geht um eine spezifische Lösung für … (Vor- und Nachname des Entscheiders). Bitte verbinden Sie mich.«
- »Um Fragen der … von … (Vor- und Nachname des Entscheiders). Bitte verbinden Sie mich.«

- »Um eine Klärung von Marktperspektiven für … (Vor- und Nachname des Entscheiders). Bitte verbinden Sie mich.«

Oder, besonders schön:

- »Wir möchten … (Vor- und Nachname des Entscheiders) gerne persönlich einladen. Bitte verbinden Sie mich.«

Die Erfahrung zeigt: Sobald die Assistentin weiß, worum es geht, wird sie Sie abwimmeln.

Limbeck-Tipp

Führen Sie nie mit der Assistentin ein Verkaufsgespräch. Sie können nur verlieren, vor allem wenn Ihr eigentliches Ziel ein erster Gesprächstermin ist.

Vielleicht verweist sie Sie auch an einen Mitarbeiter, der sich fachlich mit dem Thema befasst. Das klingt im ersten Moment gut, doch Sie landen damit beim Frosch und nicht beim Froschkönig. Solange nur der Froschkönig die Entscheidungen trifft, sind Sie auch nur bei ihm an der richtigen Adresse.

Vermitteln Sie der Assistentin durch Ihre bestimmte Art, dass Sie genauso wichtig sind wie ihr Chef. Dann wird sie Sie verbinden, selbst wenn Sie in Ihren Angaben unkonkret geblieben sind.

Manche der resoluten Vorzimmerdamen blocken Ihre Anrufe grundsätzlich ab mit dem Hinweis: »Die Geschäftsleitung will vor einem Termin immer schriftliche Unterlagen haben.« Bleiben Sie genauso verbindlich und resolut und antworten Sie: »Sehr gern. Nach einem kurzen persönlichen Gespräch bestätigen wir den Termin sehr gerne mit den entsprechenden schriftlichen Unterlagen. Bitte verbinden Sie mich!«

Welche Einwände der Assistenz sind für Ihre Branche typisch? Sammeln Sie diese systematisch und entwickeln Sie Ihre perfekten Antworten.

Einwände der Assistenz

Notieren Sie die Einwände, die Ihnen in den Vorzimmern begegnen, und formulieren Sie gute Antworten darauf.

Einwände	Meine perfekte Antwort

Download: verkaufen.limbeckgroup.com

Wenn Sie mit keiner Ihrer Strategien und Einwandbehandlungen durchdringen, dann empfehle ich noch zwei Sonderschlüssel.

Die Sonderschlüssel

Wenn die Assistentin dauerhaft hartnäckig ist, greifen Sie zum Verkäuferschlüssel. Erfragen Sie über die Telefonzentrale einen der Key-Account-Manager. Den rufen Sie an und nutzen die magischen Eingangsworte:

- »Mal von Verkäufer zu Verkäufer: …

Und dann fragen Sie:

- »Wer ist bei Ihnen denn das Maß aller Dinge auf Geschäftsleitungsebene, wenn es um das wichtige Thema Aus- und Weiterbildung im ›Key Account‹ geht? Können Sie mir auch dessen Durchwahl geben? Sie wissen ja selbst, dass es heute nicht mehr so leicht ist, die ans Telefon zu bekommen.«

Das Erfolgsrezept: Sie begeben sich auf Augenhöhe mit ihm.

Meist wird er Ihnen sagen:

- »Okay, doch die Nummer haben Sie nicht von mir bekommen.«

Sagen Sie ihm das zu, bedanken Sie sich und legen Sie auf. Um gleich darauf die Durchwahl des Entscheiders ins Telefon zu tippen.

Wenn Sie dagegen die direkte Durchwahl des Entscheiders schon haben, ihn dort jedoch nie erreichen oder von der Assistentin geblockt werden, dann nutzen Sie den Freitagsschlüssel: Rufen Sie an einem Freitagnachmittag gegen 17 Uhr an. Da hat die Assistentin ihr wohlverdientes Wochenende bereits angetreten, während der oder die MAN noch in Ruhe die Woche aufarbeitet.

Und noch einen Vorteil hat der Freitagsschlüssel: Der gröbste Trubel der Woche hat sich auch für den Entscheider gelegt, er ist in der Regel entspannter und offener als zu den übrigen Zeiten.

AUF EINEN BLICK

- Sehen Sie weder die Zentrale noch die Assistentin als Feind.
- Erarbeiten Sie sich ein Arsenal an Strategien: einbinden, überspringen, verbrüdern und so weiter.
- Im Notfall: Zücken Sie einen Sonderschlüssel.

13.6 Wie du den Einstieg schaffst

Jetzt wird es wirklich spannend, denn schon der erste Satz kann entscheiden, ob Sie Ihr Ziel erreichen werden oder nicht. Sie schaffen damit den ersten Eindruck, für den es gerade am Telefon keine zweite Chance gibt.

Rufen Sie sich noch mal die Grundregeln für Kundentelefonate ins Gedächtnis:

- Sie konzentrieren sich vollkommen auf das Gespräch.
- Sie sprechen deutlich, freundlich und bestimmt.
- Sie begrüßen Ihren Gesprächspartner freundlich.

- Sie stellen sich prägnant und eindeutig vor.
- Sie nennen den Namen des anderen immer wieder.
- Sie hören aktiv hin.

Der Entscheider hebt also ab, Sie melden sich (zum Melden am Telefon vgl. Kap. 9.5), Sie haben seinen Gegengruß abgewartet und dabei aktiv zugehört. Sie achten besonders auf die Stimme und den Ton des Kunden sowie auf Hintergrundgeräusche.

Diese ersten Sekunden und Worte geben Ihnen bereits wertvolle Informationen. Sie können die räumliche Situation des Kunden erahnen, Sie können seine Stimmung einschätzen, Sie können vielleicht auch schon seinen Typ erkennen (vgl. Kap. 12). Aufgrund dieser Informationen wählen Sie Ihren Einstiegssatz. Das heißt, Sie haben verschiedene Varianten vorbereitet und nehmen aus diesem Set die passendste.

Dafür gibt es ein Erfolgsrezept: Sie wecken Aufmerksamkeit, indem Sie ehrliches Interesse zeigen. Lassen Sie Ihren Kunden spüren, dass Sie eine ehrliche Haut sind und es gut mit ihm meinen. Es gibt Formulierungen und Floskeln, die zeigen ihm genau das Gegenteil. Meiden Sie solche No-Gos wie der Teufel das Weihwasser.

NO-GOs bei der Einstiegsformulierung

Der sicherste Abschlusskiller ist der Konjunktiv. Das gilt besonders beim Einstieg. Vermeiden Sie Formulierungen wie die folgenden:

- »Ich würde gerne ...«
- »Hätten Sie gerade Zeit ...«
- »Vielleicht würden Sie einmal überlegen wollen ...«

Weitere No-go-Worte und -Formulierungen sind Suggestivsätze wie:

- »Wir wollen Ihnen mal zeigen ...«
- »Das wird Ihnen gefallen ...«
- »Ich bin sicher, dass Sie da begeistert sein werden ...«
- »Sie werden doch auch daran interessiert sein, dass ...«

Oder Sätze, die nach Überheblichkeit oder Arroganz klingen:

- »Sie wollen doch auch mit den Besten arbeiten, oder?«
- »Sie haben noch nicht mit uns gearbeitet? Das verstehe ich gar nicht.«

Oder den Wettbewerber schlechtmachen:

- »Ach, Sie sind das, der mit der Firma ABC zusammenarbeitet.«

Oder völliger Blödsinn sind wie:

- »Das müssen Sie sich unbedingt anschauen.«

(Kein Mensch muss müssen!)

Download: verkaufen.limbeckgroup.com

Legen Sie sich stattdessen Einstiegssätze an, die funktionieren. Das tun Ihre Sätze dann, wenn sie Aufmerksamkeit und Neugier erwecken. Wenn Ihr Kunde mehr von Ihnen hören will.

Limbeck-Tipp

Verwenden Sie viel Mühe auf Ihren Einstiegssatz – er ist Ihre Eintrittskarte beim Entscheider.

Es gibt unzählige Varianten. Jede kommt mit eigenen Merkmalen daher, die Sie in Abhängigkeit vom Angerufenen und auch von Ihnen einsetzen können. Lassen Sie sich von den folgenden Beispielen inspirieren.

Die launige Sorte

> Verkäufer: »Mensch, Herr Kunde, Sie stehen auf meiner Wunschkundenliste ganz oben.«
> Kunde: »Warum das denn?«

An dieser Stelle lacht der Kunde meist schon.

> Verkäufer: »Weil Sie zu den führenden Unternehmen in Sachen Gartengestaltung gehören und wir einmal mit Ihnen persönlich herausfinden wollen, ...«

Oder:

Verkäufer: »Sie sind selbst einer der führenden Anbieter von Duschkabinen und wir sind führender Anbieter im Bereich Oberflächenveredelung. Und deshalb dachte ich, wir zwei passen gut zusammen. Wie sieht es denn bei Ihnen nächste Woche aus? Dann können wir direkt auf Termin gehen.«

Die direkte Sorte

Verkäufer: »Herr Kunde, besteht die Möglichkeit, Sie einmal persönlich kennenzulernen? Ich denke, wir sind der geeignete Partner im Bereich Facility-Management.«

Entweder er sagt ja und Sie machen einen Termin, oder er will erst wissen, worum es geht. Dann antworten Sie:

Verkäufer: »Ich möchte in einem kurzen persönlichen Gespräch herausfinden, ob wir für die Zukunft oder heute schon geeignete Partner sind für Ihre Personalengpässe.«

Wichtige Stichworte sind »kurz« und »für die Zukunft oder heute schon«.

Reagiert Ihr Kunde ablehnend, haben Sie auch hier verschiedene Möglichkeiten, zu reagieren. Zum Beispiel:

Verkäufer: »Aha, Sie gehören also zu den Menschen, die sehr zurückgezogen leben?«

Wichtig: Lachen Sie an dieser Stelle!

Oder:

Verkäufer: »Sie wollten jetzt sicher erst einmal testen, ob ich ein guter Verkäufer bin und an Ihnen dranbleibe. Ich kann Ihnen versprechen, ich bin einer der besten und bleibe an Ihnen dran. Wie wäre es denn nächsten Mittwoch auf eine Tasse Kaffee mit uns zweien?«

Die toughere Sorte

Verkäufer: »Herr Kunde, wo sind Sie nächste Woche Mittwoch um 12.00 Uhr?«
Kunde: »Im Office.«
Verkäufer: »Gut, dann komme ich Sie besuchen!«

Die lustige Sorte

Verkäufer: »Herr Kunde, beim Überprüfen Ihres Datensatzes habe ich gemerkt, dass da was fehlt, und deshalb rufe ich an.«
Kunde: »Was fehlt denn?«
Verkäufer: »Das Häkchen für Kunde, und das wollte ich gerne ändern.«

Die selbstbewusste Sorte

Verkäufer: »Herr Kunde, in Ihrem Industriegebiet haben wir inzwischen einen hohen Marktanteil. Wir beliefern 40 Prozent der Unternehmen mit Kaffee. Heute bin ich auch an Ihrem Unternehmen vorbeigefahren und dachte mir, diesen Kunden rufe ich heute an. Vielleicht hat er auch Interesse, mal einen ordentlichen Kaffee zu probieren. Lust dazu nächste Woche Donnerstag?«

Die provokante Sorte

Verkäufer: »Herr Kunde, wenn Sie an meiner Stelle wären und wollten sich als Kunden für Fuhrparkmanagement im Leasingbereich begeistern: Wie würden Sie das an meiner Stelle anfangen?«
Kunde: »So nicht!«
Verkäufer: »Okay, wie dann?«

Die exklusive Sorte

Verkäufer: »Herr Kunde, wir erweitern dieses Jahr unseren Kundenstamm nur um zehn neue Kunden – und wir haben uns gedacht, Sie sollten dabei sein.«

Die lobende Sorte

Verkäufer: »Ich bin der verantwortliche Key-Account-Manager für Coca-Cola für das Gebiet Hessen und ich habe mir zum Ziel gesetzt, die 100 besten Gastronomen in den nächsten drei Monaten einmal persönlich kennenzulernen. Da stehen Sie natürlich auch auf meiner Liste. Und ich wollte mal hören, wie das nächste Woche am Mittwoch um 15.30 Uhr bei Ihnen aussieht.«

Die Sorte für die ruppigeren Entscheider

Verkäufer: »Für Sie bringe ich es direkt auf den Punkt: Wenn Sie das nächste Mal eine Neuanschaffung im Bereich IT-Infrastruktur tätigen, dann wollen wir bei Ihnen auf Platz 1 stehen. Wie sieht es mal mit einem persönlichen Kennenlernen am nächsten Montag aus?«

Die persönliche Sorte

Verkäufer: »Herr Malke, wir beide kennen uns noch nicht persönlich und das wollte ich heute mal ändern. Denn mit wem machen wir Menschen am liebsten Geschäfte? Mit Menschen, die wir kennen. Deshalb wollte ich Sie gerne mal treffen, zum Beispiel nächsten Mittwoch.«

Der Empfehlungsanrufsatz

Verkäufer: »Herr Maier, der Hans Kuschinsky bat mich, Sie anzurufen. Der sagt, wenn es um das wichtige Thema Grafikbearbeitung geht, dann hätten Sie immer ein offenes Ohr und suchen immer nach guten Lösungen. Hat der Herr Kuschinsky Sie da richtig beschrieben?«

Das geht natürlich nur, wenn der Hans Kuschinsky Sie tatsächlich empfohlen hat. Wie Sie vorgehen, um so eine Empfehlung zu kriegen, lesen Sie in Kap. 17.3.

Baue einen Satz an Sätzen

Entwickeln Sie für sich ein individuelles Repertoire an Einstiegssätzen für verschiedene Kundentypen und Situationen. Behalten Sie dabei immer Ihr Ziel, den Termin, im Auge. Bleiben Sie dran und optimieren Sie Ihre Sätze immer weiter und steigern Sie Ihre Sensibilität, welcher Satz wann und bei wem passt.

Liste meiner Einstiegssätze für das Terminvereinbarungsgespräch

Ausgangssituation	Mein Einstiegssatz
Kunde klingt brummig.	....
Kunde klingt gestresst.	....
Kunde klingt aggressiv.	....
Umgebung ist laut.	....
....	....
....	....
....	....

Download: verkaufen.limbeckgroup.com

Fehlerfallen

Der Einstiegssatz ist extrem entscheidend. Bleiben Sie sich selbst gegenüber deshalb immer wachsam, damit sich keiner der folgenden fünf typischen Fehler einschleicht:

- Sie hören nicht aktiv hin.
- Sie holen Ihren Kunden nicht sauber ab.
- Sie wollen Ihr Ding schnell durchziehen.
- Sie wecken kein Interesse.
- Sie wirken abgelenkt.

Der allergrößte Fehler jedoch ist: Sie wirken wenig wertschätzend gegenüber den Kunden. Ablenkende Hintergrundgeräusche auf Ihrer Seite sind zum Beispiel ein Zeichen geringer Wertschätzung. Deshalb darf es bei Ihnen im Hintergrund auf keinen Fall laut sein, egal ob Sie im Auto unterwegs sind oder neben Ihnen der Bär tobt. Sorgen Sie für Ruhe um sich herum (vgl. Kap. 13.2).

AUF EINEN BLICK

- Hören Sie in den ersten Sekunden auf Ihren Kunden und wählen Sie danach Ihren Einstiegssatz.
- Ein guter Einstiegssatz erregt Aufmerksamkeit und vermittelt Ihr ehrliches Interesse.
- Erarbeiten Sie sich ein Set von Einstiegssätzen.

13.7 Wie du mit Einwänden umgehst – Techniken

Der natürliche Impuls jedes potenziellen Kunden ist, einen neuen Verkäufer erst mal abzuwimmeln. Es werden also auf Ihren Einstieg hin Einwände kommen – so sicher wie das Amen in der Kirche. Die typischsten Beispiele finden Sie folgend.

Typische Einwände

- »Kein Interesse.«
- »Keine Zeit.«
- »Kein Budget.«
- »Kein Bedarf.«
- »Wir kaufen nur online.«
- »Überleg ich mir noch mal.«
- »Rufen Sie später noch mal an!«
- »Schicken Sie mir die Unterlagen!«
- »Wir haben bereits einen Lieferanten.«
- »Wir haben eine Rahmenvereinbarung mit einem festen Partner.«

- »Was kostet das denn?«
- »Das wird bei uns in der Zentrale entschieden.«
- »Wir sind bestens versorgt – haben gerade neu abgeschlossen.«
- »Sie wollen mir sowieso nur etwas verkaufen!«
- »Wir haben da schlechte Erfahrungen gemacht.«

Obwohl diese Vor- und Einwände vollkommen berechenbar und austauschbar sind, sind die meisten Verkäufer schlecht auf sie vorbereitet. Die wenigsten sind in der Lage, sie spontan, locker und spielerisch zurückzuspielen. Dabei ist genau diese Fähigkeit entscheidend für den weiteren Gesprächsverlauf.

Da gerade im Terminvereinbarungsgespräch die Zeit extrem knapp ist, trainieren Sie sich in zwei Dingen – beide sollten Sie so oft üben, bis sie ganz automatisch einsetzen, sobald der erste Einwand kommt:

1. Konzentrieren Sie sich bewusst auf die telefonische Grundhaltung. Damit bleiben Sie emotional stabil genug, um auf die Einwände selbstsicher einzugehen.

Meine telefonische Grundhaltung

- Ich behalte die angenehme Gesprächsatmosphäre bei, die ich bei der Begrüßung geschaffen haben.
- Ich lächle weiter am Telefon, egal wie gehetzt, genervt oder müde ich bin oder mein Gesprächspartner klingt.
- Ich konzentriere mich auf die positiven Aspekte des Gegenübers (zum Beispiel auf seine sympathische Stimme, seinen schönen Namen, seine freundliche Begrüßung).

Download: verkaufen.limbeckgroup.com

2. Wenden Sie eine der vier Einwandtechniken an (s. u.). Falls die angewandte Technik wider Erwarten einmal nicht zieht, dann zücken Sie einen der fünf Zentralschlüssel (s. u.) oder sogar den Dietrich, um zum Termin zu kommen.

Limbeck-Tipp

Eignen Sie sich mehrere der Techniken und Schlüssel an: Je breiter Ihr Repertoire ist und je häufiger Sie es einüben, umso flexibler können Sie agieren und umso souveräner werden Sie.

Ich stelle Ihnen zunächst die vier wichtigsten Techniken vor und dann die Schlüssel.

Technik 1: Die Umkehrtechnik

Kunde: »Keine Zeit!«

Drehen Sie den Spieß um und sprechen Sie von dem Fall, in dem er doch Zeit hätte.

Verkäufer: »Das heißt, wenn Sie Zeit hätten, dann würden Sie sich schon mit mir an einen Tisch setzen, Herr Müller, und das genauer anschauen? Prima, dann lassen Sie uns doch gleich mal in den Kalender schauen, zum Beispiel in die erste Januarwoche … Wie wär's mit Mittwoch, dem 5.?«

Technik 2: Die Schlüssel-Schloss-Technik

Benutzen Sie den Einwand des Kunden als den Schlüssel fürs Weiterkommen, nehmen Sie ihn auf und untermauern Sie damit die Berechtigung Ihres Anrufs:

Kunde: »Keine Zeit!«
Verkäufer: »Gerade deswegen / genau deshalb rufe ich Sie an, Herr Müller, damit wir einen Termin finden, an dem wir beide Zeit haben. Wie wär's denn mit …«

Technik 3: Die Nein-Ja-Technik

Stellen Sie das Nein des Kunden auf den Prüfstand, indem Sie eine Hypothese formulieren, in der er nicht mehr Nein sagen kann. Bauen Sie auf die Worte »generell«, »wenn«, »mal angenommen«, »gesetzt den Fall« auf:

> Kunde: »Keine Zeit!«
> Verkäufer: »Herr Kunde, gut, dass Sie es direkt ansprechen. Gerade bei meinem Angebot ist es wichtig, dass sich der Kunde Zeit nimmt, um alle Vorteile zu erkennen. Deshalb dauert unser erstes Kennenlernen auch nur sieben bis zwei Minuten. Danach entscheiden Sie, wann, wo und wie wir weitermachen. Wie sieht es denn nächste Woche Mittwoch aus?

L

Limbeck-Tipp

Wiederholen Sie nie, nie, nie eine negative Aussage des Kunden. Finden Sie immer den positiven Dreh. Das ist vor allem bei der Einwandbehandlung ausgesprochen wichtig.

Technik 4: Die DAF-Formel

Lassen Sie Ihren Kunden seinen Einwand selbst entkräften! DAF steht dabei für:

> **D**ezente Anerkennung (1)
> **A**ntwort (2) bzw. Aussage
> **F**rage (3)

Das geht zum Beispiel so:

> Kunde: »Keine Zeit!«
> Verkäufer: »Ich verstehe, Herr Kurz, dass Sie jetzt keine Zeit haben (1). Gerade bei meinem Angebot ist es wichtig, dass sich der Kunde Zeit nimmt, um alle Vorteile für sich zu erkennen (2). Wie sieht's denn nächste Woche Mittwoch aus (3)?«

Wenn bei einem besonders hartnäckigen Kunden die beschriebenen Techniken nicht helfen, dann greifen Sie zu einem der fünf Zentralschlüssel oder sogar zum Dietrich. Einer davon öffnet garantiert auch dieses Kundenschloss.

Zentralschlüssel 1: Der Oma-Schlüssel

> Verkäufer: »Herr Müller, meine Oma hat schon immer gesagt: ›Ich prüfe jedes, jedes Angebot! Es könnte das Angebot meines Lebens sein.‹ Lassen Sie uns uns doch mal beiderseits die Chance geben, bei einem persönlichen Gespräch die für Sie erarbeitete Idee anzuschauen. Wie sieht's denn mal nächste Woche Donnerstag aus?«

Zentralschlüssel 2: Der Universal-Schlüssel

> Verkäufer: »Herr Maier, unser Gespräch hat für Sie in jedem Fall zwei Vorteile! Entweder bekommen Sie die Bestätigung, momentan eine akzeptable Schreibsoftware zu haben, oder Sie bekommen die bessere für die Zukunft. Wann wollen wir uns denn nächste Woche mal in die Augen schauen?«

Gerade diesen Schlüssel können Sie immer spielen. Je nachdem, aus welcher Branche Ihre Kunden sind, können Sie ihn adaptieren und abwandeln.

Zentralschlüssel 3: Der Spezial-Schlüssel

> Verkäufer: »Herr Hinze, das wär ja auch wie ein Sechser im Lotto gewesen, wenn Sie gesagt hätten, auf den Müller und seine Software hätten Sie ein Leben lang gewartet. Nach einem Gespräch mit mir kennen Sie die richtigen Zahlen und die beste Software. Wie sieht's denn mit einem Termin nächsten Donnerstag aus?«

Die humorvolle Variante zieht erstaunlich oft.

Zentralschlüssel 4: Der Spiegel-Schlüssel

> Verkäufer: »Mensch, Herr Müller, nehmen wir mal an, einer Ihrer besten Verkäufer würde Ihnen jetzt gegenübersitzen. Und der würde Ihnen sagen, er hätte auch so einen interessanten Wunschkunden, wie ich ihn jetzt mit Ihnen

habe. Und der wolle partout keinen Termin machen. Was würden Sie dem empfehlen: Aufgeben oder höflich-hartnäckig dranbleiben? Sehen Sie, Herr Müller, ich hab mich bei Ihnen jetzt für Letzteres entschieden. Lassen Sie uns doch mal eine Tasse Kaffee nächsten Mittwoch trinken!«

Der Schlüssel ist ideal, wenn Sie den Vertriebsgeschäftsführer dran haben. Für alle anderen adaptieren Sie ihn ein wenig.

Zentralschlüssel 5: Der Referenz-Schlüssel

Verkäufer: »Herr Krause, genauso wie Sie jetzt reagieren, so haben meine heute begeisterten Kunden früher auch gedacht. Und jetzt freuen die sich, mit dem Ulf Moser von der Sonnenschein KG zusammenzuarbeiten. Wie sieht's denn mal nächste Woche Donnerstag aus?«

Dieser Schlüssel ist ein bisschen frech, er zieht trotzdem.

Der Dietrich

Wenn Ihnen nach mehreren Anläufen nichts mehr einfällt, dann setzen Sie den Dietrich ein:

Verkäufer: »Herr Lehmann, Sie machen's mir nicht leicht! Sie sind 'ne richtig harte Nuss. Das ist auch gut so! Sie wollten bestimmt nur mal testen, ob ich ein wirklich guter Verkäufer bin und aufrichtiges Interesse an Ihnen habe. Zwei Sachen kann ich Ihnen bestätigen. Erstens: Ich bin einer der Besten bei uns im Haus. Und zweitens: Ich hab aufrichtiges Interesse an Ihnen. Und den Test, den habe ich jetzt bestanden, stimmt's? Wie sieht's denn mal nächste Woche … aus?«

L

Limbeck-Tipp

Bleiben Sie auch hier positiv: Sagen Sie nicht: »Sie machen mir's richtig schwer!« Das Wort »schwer« macht es Ihnen sonst nur noch schwerer. Formulieren Sie besser: »Sie machen's mir nicht leicht!«

So, und nun sind Sie dran. Welche Einwände bringen Ihre Kunden? Und wie wenden Sie die Techniken und Schlüssel für sich an? Wie hört sich das bei Ihnen an? Erarbeiten Sie sich eine individuelle Liste (Vorlage auch zum Download unter verkaufen.limbeckgroup.com).

Meine Liste der Einwandbehandlungen beim Terminvereinbarungsgespräch nach Techniken und Schlüsseln

Überlegen Sie, welche Einwände Sie typischerweise zu hören bekommen und wie Sie darauf gemäß der verschiedenen Techniken und Schlüssel antworten wollen. Machen Sie es wirklich schriftlich, sodass Sie auch später noch an Ihren Sätzen feilen können.

Typischer Einwand	Technik / Schlüssel	Meine Formulierung
1.	Umkehrtechnik	....
	Schlüssel-Schloss-Technik	....
	Ja-Nein-Technik	....
	DAF-Formel	....
	Oma-Schlüssel	....
	Universal-Schlüssel	....
	Spezial-Schlüssel	....
	Spiegel-Schlüssel	....
	Referenz-Schlüssel	....
	Dietrich	....
2.	Umkehrtechnik	....
	Schlüssel-Schloss-Technik	....
3.	....	....

Download: verkaufen.limbeckgroup.com

Üben Sie Ihre Sätze intensiv ein: Je selbstverständlicher Sie sie bringen können, desto wirkungsvoller sind sie.

Limbeck-Tipp

Trainieren Sie zu jedem Einwand mindestens zwei verschiedene Antworten ein, sodass Sie sie wie aus der Pistole geschossen sagen können.

Sätze zur Einwandbehandlung gehören zum Grundwortschatz Ihrer Verkaufsvokabeln. Haben Sie die einfach drauf!

Zeit zum Aussteigen?

Bleiben Sie hartnäckig, auch nach mehreren Einwänden. Erst wenn Sie merken, dass der Kunde die Stimme und die Sprache verändert, schalten Sie um. Das ist das Zeichen, dass er jetzt sauer wird. Dann steigen Sie aus, indem Sie sagen: »Herr Gruber, vielen Dank für die Botschaft!«

Wenn Sie zu den ganz Harten gehören, machen Sie noch einen allerletzten Versuch:

> Verkäufer: »Herr Gruber, damit ich Sie jetzt nicht jährlich, monatlich, täglich anrufe: Was sagen Sie denn, wann der richtige Zeitpunkt ist, dass ich noch mal mit Ihnen das Gespräch suche?«

Limbeck-Tipp

Wenn keine Technik, kein Schlüssel zieht, dann bedanken Sie sich beim Kunden, legen auf und tun dann Folgendes: Brust raus, Zähne auseinander und den nächsten Kunden anrufen! Der freut sich nämlich auf Sie!

AUF EINEN BLICK

- Die Zahl der Einwände Ihrer Kunden ist überschaubar.
- Bereiten Sie für jeden Einwand mindestens zwei Antworten vor: je eine Technik und einen Schlüssel.
- Bleiben Sie in Ihrer Reaktion locker und freundlich.

13.8 Wie du mit Einwänden umgehst – nach Typen

Zu jedem Einwand eine passende Technik parat zu haben, ist Verkäuferpflicht (vgl. Kap. 13.7). Ohne geht es nicht. Die Kür ist, den Kunden als Typ zu erkennen und damit seine Bedürfnisse einschätzen zu können. Denn dann können Sie sogar individuell auf seine Einwände eingehen.

L

Limbeck-Tipp

Eine typengerechte Einwandbehandlung erhöht Ihre Erfolgschancen noch.

Unter all den verschiedenen Typisierungsschemata haben sich für mich das INSIGHTS-Farbenmodell und die Einordnung nach Wahrnehmungstyp (VAKOG) am meisten bewährt.

Einwandbehandlung nach Farbtyp

Mit dem INSIGHTS-Farbenmodell (vgl. Kap. 2.4) können Sie schon nach den ersten Worten des Kunden deuten, was für einen Typen Sie gerade am Telefon haben (vgl. Kap. 12.5). Eine Karte mit einer Kurzübersicht über die Farbtypen können Sie bei uns unter kontakt@limbeckgroup.de anfordern.

Die Farbenlehre ist zwar eine Wissenschaft für sich, aber schon mit einigen einfachen Zuordnungen können Sie starten. Als grobe Daumenregel gilt:

- Wenn einer seinen Einwand mit vielen Worten darstellt, ist er gelb.
- Ist einer eher zackig und barsch, dann ist das ein Roter.
- Der Blaue fragt präzise nach.
- Der Grüne sucht noch im Einwand den Dialog mit Ihnen.

Sobald Sie einen dominanten Farbanteil erkennen, wissen Sie, welche Art der Antwort für diesen Kunden passt – denn jeder Typ hat da so seine Vorlieben (s. u.). Je genauer Sie die treffen, desto direkter ist Ihr Draht zu ihm und umgekehrt.

Farbtypengerechte Einwandbehandlung

Farbtyp	Was braucht er?	Wie kann das klingen? (Beispieleinwand »Kein Interesse«)
Gelb	Er braucht seine Bühne, er möchte Ihnen viel erzählen. Lassen Sie das zu.	»Herr Gelb, dass Sie sich natürlich erst mal ein Bild davon machen wollen, welche Möglichkeiten Sie haben, wie schnell und einfach das geht, ist mir ja klar! Bei einem persönlichen Treffen können Sie mir ausführlich Ihre spezielle Situation schildern.«
Rot	Als »Entscheidertyp« will er dominant abgeholt werden und auch bleiben. Geben Sie ihm das Gefühl der Augenhöhe.	»Herr Rot, dass Sie natürlich selbst entscheiden und einen guten Return of Investment brauchen, das kann ich total nachvollziehen. Genau das sollen Sie sich ja nächste Woche mal anschauen.«
Blau	Er will von Ihnen wissen, was er davon hat, wenn er sich mit Ihnen zusammensetzt. Das braucht er noch stärker als der Rote.	»Herr Blau, vielen Dank für Ihre Offenheit. Dass Sie natürlich die Fakten und die Zahlen genau prüfen müssen, ist mir klar – dazu wollte ich Ihnen ja mal Gelegenheit bei einem ersten Kennenlernen geben. Wie sieht's denn aus mit einem Treffen nächsten Mittwoch?«

Farbtyp	Was braucht er?	Wie kann das klingen? (Beispieleinwand »Kein Interesse«)
Grün	Der will Ihnen vertrauen. Ihn lassen Sie auf jeden Fall selbst testen, wie super es ihm mit Ihrem Produkt gehen wird, und weisen schon mal auf die Qualität hin.	»Herr Grün, dass Sie das erst einmal für sich selber testen und unter die Lupe nehmen müssen und dann mal eine Zeit damit gearbeitet haben wollen, um selbst für sich festzustellen, wie schnell, einfach und zuverlässig die neue Software funktioniert – Sie wollen ihr ja vertrauen können –, das ist mir klar! Und dazu wollte ich Ihnen eben mal die Gelegenheit geben, nächste Woche Donnerstag.«

So, und nun sind Sie dran. Wie formulieren Sie für welchen Farbtyp? Spielen Sie Ihre Antworten zunächst an dem genannten Beispiel durch. Und dann ergänzen Sie weitere Einwände, die speziell Ihre Kunden oft bringen.

Meine Liste der Einwandbehandlungen beim Terminvereinbarungsgespräch nach Farbtyp

Nehmen Sie zunächst das Beispiel »Kein Interesse« und formulieren Sie gute Antworten. Dann ergänzen Sie die Einwände, die Sie typischerweise zu hören bekommen und wie Sie auf diese antworten wollen. Machen Sie es wirklich schriftlich, dass Sie auch später noch an Ihren Sätzen feilen können.

Typischer Einwand	Farbtyp	Meine Formulierung
1. »Kein Interesse«	Gelb	....
....	Rot	....
....	Blau	....
....	Grün	....
2.	Gelb	....
....	Rot	....
....	....	....

Download: verkaufen.limbeckgroup.com

L

Limbeck-Tipp

Kombinieren Sie Ihr wachsendes Farbwissen mit Ihrem gesunden Menschenverstand. So kommen Sie immer schneller zu einer intuitiven Einordnung.

Einwandbehandlung nach Sinnestyp

Im NLP werden die Menschen einem Sinnestyp zugeordnet (vgl. Kap. 12.4). Gemeint sind die fünf Sinne Sehen, Hören, Fühlen, Riechen, Schmecken. Dabei steht die Abkürzung VAKOG für die fünf Typen entsprechend der fünf Sinne:

- **V**isuell (sehen)
- **A**uditiv (hören)
- **K**inästhetisch (fühlen)
- **O**lfaktorisch (riechen)
- **G**ustatorisch (schmecken)

Bei jedem Menschen ist in der Regel einer dieser Sinne besonders ausgeprägt. Das heißt, er ist auf diesem Kanal besonders empfänglich. Sehen, Hören und Fühlen gelten als die drei Hauptsinne, weil die meisten Menschen eher visuell, eher auditiv oder eher kinästhetisch orientiert sind.

Erkennen können Sie den Sinnestyp Ihres Kunden über seine Sprachmuster:

- Benutzt er zum Beispiel viele auditive Worte (wie »hören«, »klingen«, »in Ruhe«, »zustimmen« und so weiter), ist er ein auditiver Typ.
- Sagt er »Schauen wir mal« oder »Das kann ich mir nicht vorstellen«, ist er ein visueller Typ.
- Spricht er von seinem Gefühl, ist er gern in Bewegung oder ein Fan von »Learning by doing«, ist er ein kinästhetischer Typ.
- »Stinkt« ihm etwas oder »schmeckt ihm gar nicht«, dann haben Sie einen olfaktorischen oder gustatorischen Typ vor sich.

Sobald Sie wissen, auf welchem Kanal Ihr Kunde empfänglich ist, können Sie sich mit Ihrer Antwort darauf einstellen: Sie holen den Kunden auf seinem Kanal ab, indem Sie ihn und seinen Sinnestyp spiegeln. Sie verwenden also gezielt Worte aus diesem Sinneskreis in Ihrer Antwort.

Sinnestypengerechte Einwandbehandlung

Sinnestyp	Was braucht er?	Wie kann das klingen? (Beispieleinwand »Keine Zeit«)
visuell	Dieser Typ braucht eine bildhafte Sprache und die Aussicht, etwas sehen zu können. Werfen Sie möglichst sein Kopfkino an.	»Herr Müller, das kann ich total gut verstehen. Das heißt, anschauen würden Sie sich das schon, wenn Zeit da wäre, richtig? Wie sieht's denn dann mal in der ersten Februarwoche aus?«
auditiv	Dieser Typ reagiert besonders gut auf Worte, die sich um das Hören drehen.	»Wie ich raushöre, lieber Herr Mayer, ist es Ihnen wichtig, dass Sie sich das in Ruhe anschauen können. Und dafür brauchen Sie ein bisschen Zeit, richtig? Wie wäre es denn, wenn wir uns das im Februar gemeinsam anschauen, zum Beispiel am ...?«
kinästhetisch	Appellieren Sie an sein Gefühl oder locken Sie ihn mit einem haptischen Erlebnis.	»Herr Lehmann, mein Gefühl ist, dass Sie gerade unter Druck sind. Sie wollen sich aber Zeit dafür nehmen. Wie sieht's denn mal mit nächste Woche Mittwoch aus?«
olfaktorisch	Dieser Typ springt besonders auf Worte aus dem »Riechspektrum« an.	»Okay, Herr Schmidt, das verstehe ich: Unter Zeitdruck ist es schwierig für Sie, sich mit dem Thema zu beschäftigen. Aber wenn wir einen Termin finden, an dem Sie mal in Ruhe in das Thema reinschnuppern können, dann sieht das schon anders aus. Wie wär's denn mit nächste Woche Donnerstag?«
gustatorisch	Bei diesem Typ klappt der Zugang über Worte aus dem Geschmacksumfeld oder noch besser: Sie können ihm eine geschmackliche Erfahrung anbieten.	»Herr Krause, habe ich das richtig verstanden, dass Sie das lieber in Ruhe genießen wollen, wenn wir uns zusammensetzen und die unterschiedlichen Kaffeesorten geschmacklich probieren wollen? Ist doch klar! Wie sieht's denn aus, wenn wir dafür einen Termin vereinbaren für nächste Woche ...«

So, und nun sind Sie dran. Wie formulieren Sie für welchen Sinnestyp? Spielen Sie Ihre Antworten zunächst an dem genannten Beispiel durch. Und dann ergänzen Sie Einwände, die speziell Ihre Kunden oft bringen.

Liste meiner Einwandbehandlungen beim Terminvereinbarungsgespräch nach Sinnestyp

Nehmen Sie zunächst das Beispiel »Keine Zeit« und formulieren Sie gute Antworten. Dann ergänzen Sie die Einwände, die Sie typischerweise zu hören bekommen und wie Sie auf diese antworten wollen. Machen Sie es wirklich schriftlich, sodass Sie auch später noch an Ihren Sätzen feilen können.

Typischer Einwand	Sinnestyp	Meine Formulierung
1. »Keine Zeit«	visuell	....
....	auditiv	....
....	kinästhetisch	....
....	olfaktorisch	....
....	gustatorisch	....
2.	visuell	....
....	auditiv	....
.....	......	....

Download: verkaufen.limbeckgroup.com

L

Limbeck-Tipp

Auch die schnelle Einordnung nach Typen, egal ob nach Farben oder nach Sinnen, geht nur mit Üben. Tun Sie es! Es lohnt sich.

AUF EINEN BLICK

- Nach dem INSIGHTS-Farbmodell bzw. nach den Sinnesschwerpunkten aus dem NLP lassen sich Menschen bestimmten Typen zuordnen.
- Jeder Typ ist bestimmten Einwandbehandlungen besonders zugänglich.
- Sie erkennen die Typen an dem, was sie sagen und wie sie es sagen.

13.9 Wie du den Termin festklopfst

Verkaufen bedeutet nichts anderes, als Menschen zu Taten zu bewegen. Was ist also Ihr Ziel bei der Einwandbehandlung? Dass Ihr Kunde alle seine Zweifel ausräumt und aktiv wird. Den nächsten Schritt geht.

Und was braucht er dafür?

Den Termin finden

Nein, er braucht keinen Terminvorschlag. Bei aller Lust am Verkaufen: Ihren Kunden zu schlagen ist nie eine gute Idee, und sei es auch nur mit Worten. Deshalb sollten Sie mit ihm lieber einen Termin vereinbaren. Und zwar mit einem Terminangebot!

Das klingt dann so:

> »Mein Terminangebot für ein persönliches Kennenlernen, Herr Kunde, ist der 17. Januar um 9 Uhr.«

Oder so:

> »Wie sieht es nächste Woche Donnerstag bei Ihnen aus?«

Oder Sie wählen eine Formel, mit der Sie erahnen lassen, dass Sie gut im Geschäft sind und für den Kunden Ihre letzte freie Lücke nutzen wollen:

»Wie sieht es nächste Woche Mittwoch um 9 bei Ihnen aus – so kriege ich die Tourenplanung gut hin.«

Wenn Ihr Gesprächspartner den ersten Termin ablehnt, dann schieben Sie am besten gleich noch zwei Alternativtermine hinterher. Wichtig ist, dass Sie die Führung behalten und auch den Zeitraum nicht ausufern lassen. Ihr Termin sollte im Normalfall nicht länger als ein bis zwei Wochen nach Ihrem Telefonat liegen, damit das Interesse Ihres Gesprächspartners nicht schon wieder komplett erlahmt ist.

Was ich an dieser Stelle gar nicht empfehle, ist, dem Kunden den Aufschlag beim Termin zu überlassen. Sagen Sie also nicht: »Herr Kunde, wie wäre es denn im Januar?« Diese Frage klingt so, als ob Sie den ganzen Monat lang nichts zu tun hätten. Noch schlimmer ist es, wenn Sie Ihrem Kunden sagen: »Herr Kunde, bei mir ist in der nächsten Woche noch alles frei.« So disqualifizieren Sie sich selbst.

L

Limbeck-Tipp

Wahren Sie auch bei der Terminvereinbarung Augenhöhe. Je mehr Ihr Kunde den Eindruck hat, dass Sie auf diesen Auftrag angewiesen sind, desto geringer sind Ihre Chancen auf einen Termin.

Selbst wenn Ihr Kalender leer ist und der Kunde sagt: »Diese Woche geht gar nicht, aber nächste Woche hätte ich Mittwoch Zeit«, sagen Sie: »Wann genau am Mittwoch?« Kunde: »Lassen Sie mich schauen.« Sie: »Was wäre besser? Vormittags, nachmittags?« Kunde: »Vormittags nicht, eher nachmittags. So um 16 Uhr.« Sie: »Aaa … 16 Uhr geht nicht, aber 16.15 ist gebongt.«

Achten Sie darauf, dass Sie bis zum Ende des Gesprächs die Führung in der Hand behalten. Sie wollen Ihren Kunden zur Tat bewegen. Dazu braucht er Vertrauen in Sie und Ihre Führung – das lernt er schon in diesem ersten Gespräch. Jedoch nur dann, wenn Sie souverän und stets der Aktive bleiben. Es bewahrheitet sich der alte Verkäuferspruch: Loser bekommen Termine, Gewinner vereinbaren Termine.

Den Termin festklopfen

Wenn Ihr Gesprächspartner angebissen hat, bestätigen Sie sofort den vereinbarten Termin:

> »Herr Kunde, bei mir ist es jetzt fest notiert. Notieren Sie es auch: 17. Januar, 9 Uhr.«

Bringen Sie Ihren Kunden auf jeden Fall dazu, dass er den Termin in seinen Kalender einträgt. Nur schriftlich fixierte Termine sind fixe Termine. Und damit verbindliche Termine.

L

Limbeck-Tipp

Wenn Sie Ihrem Kunden den Termin zum Mitschreiben diktieren, setzen Sie in einem Atemzug auch Ihren Namen mit Vornamen sowie Ihr Unternehmen dazu. Das sorgt für mehr Erinnerung sowohl für den Termin als auch für Ihren Markennamen.

Outlook-Termine: Ja oder nein?

Sollen Sie Ihrem Kunden anschließend noch eine Outlook-Terminanfrage hinterherschicken? Gute Frage. Ich kenne Entscheider, für die sich so etwas übergriffig anfühlt. Zumindest wenn sie ohne Ankündigung kommt. Andere Entscheider finden es sehr praktisch. Meine Empfehlung ist deshalb: Seien Sie ehrlich und direkt. Fragen Sie Ihren Kunden, ob es eine Arbeitserleichterung für ihn ist, wenn Sie ihm eine Termineinladung über Outlook senden. Ihr Kunde wertet diese Frage als Serviceangebot, das er annehmen oder ablehnen kann. Das ist immer in Ordnung.

Speeddating

Jetzt kann es auch sein, dass Sie gar nicht so weit kommen. Zum Beispiel, weil Ihr Gesprächspartner den Anruf zwar angenommen hat, jedoch gerade wirklich keine Zeit oder Lust hat, mit Ihnen zu sprechen. In diesem Fall lassen Sie sich nie auf »irgendwann« vertrösten, sondern gehen Sie immer um mindestens eine Information schlauer aus dem Gespräch heraus, als Sie reingegangen sind.

Testen Sie also ab, ob er grundsätzlich Interesse hat. Das hat er, wenn er bereit ist, mit Ihnen ein anderes Mal ausführlicher zu telefonieren:

> Sie: »Mensch, Herr Kunde, wenn ich das richtig raushöre, sind Sie gerade mächtig unter Dampf.«
> Kunde: »Ja, bin kurz davor zu gehen.«
> Sie: »Wie sieht es aus, wollen wir einen Termin ausmachen für nächste Woche? Nächste Woche Mittwoch?«

Oder Ihr Kunde sagt:

> Kunde: »Jetzt geht es gar nicht, bin gerade im Meeting.«
> Sie: »Herr Kunde, vielen Dank erst mal für Ihre Offenheit. Wann wollen wir heute telefonieren?«
> Kunde: »Heute geht gar nicht.«

Bleiben Sie trotz der Eile Ihres Gesprächspartners auch hier hartnäckig-freundlich dran:

> Sie: »Morgen?«
> Kunde: »Nee, rufen Sie mich im neuen Jahr an.«
> Sie: »Herr Kunde, mal angenommen, im neuen Jahr rufe ich Sie an. Machen wir dann einen Termin?«

Wenn Ihr Kunde dann immer noch ausweichend, zum Beispiel mit »Weiß ich nicht …« antwortet, bringt es nichts, weiter zu insistieren. Das einzig Sinnvolle ist die Wiedervorlage. Was Sie für Ihren Anruf im neuen Jahr jedoch noch sicherstellen sollten, ist, dass Sie Ihren Kunden auch erreichen können:

> Sie: »Ok, ich melde mich im neuen Jahr. Wie ist denn Ihre Handynummer? 01 …«

Limbeck-Tipp

Bei aller lobenswerten Hartnäckigkeit bleiben Sie achtsam, wann Sie das Gespräch lieber vertagen sollten. Lieber lassen Sie hier und heute ein freundliches Verabschieden stattfinden und notieren sich, wann Sie es wieder versuchen. Und wählen die nächste Nummer.

AUF EINEN BLICK

- Machen immer Sie das Terminangebot.
- Hinterlassen Sie immer den Eindruck eines gefüllten Terminkalenders.
- Sorgen Sie dafür, dass sich auch Ihr Kunde den vereinbarten Termin notiert – samt Ihrem Namen.

13.10 Die kleine Potenzialanalyse zum Schluss

Wenn der Termin nun festgeklopft ist, ist das sehr gut. Und doch fehlt noch ein letzter Schritt, damit Sie bei dem vereinbarten Termin auch wirklich erfolgreich sind. Ergreifen Sie die Chance zu erfahren, wo der größte Kittelbrennfaktor des Kunden liegt und welches Umsatzpotenzial er hat. Mit diesen Eckdaten können Sie Ihr Gespräch um Klassen besser vorbereiten und Ihre Erfolgsaussichten steigern.

Darum: Legen Sie an dieser Stelle auf keinen Fall auf! Bleiben Sie in Führung, indem Sie locker und fokussiert die wichtigsten Infos erfragen. Konkret bedeutet das: Machen Sie eine Potenzialanalyse.

L

Limbeck-Tipp

Selbst wenn Sie trotz aller Technik einmal keinen Termin vereinbaren konnten, führen Sie dennoch mit diesem Kunden eine Potenzialanalyse durch. So qualifizieren Sie ihn und nehmen von diesem Gespräch doch noch etwas mit.

Nie mehr als drei

Die wichtigste Regel dabei ist: Fassen Sie sich kurz. Stellen Sie maximal drei Fragen. Egal, wie kurz das Gespräch bisher war: Beschränken Sie sich auf diese geringe Zahl. Sparen Sie sich und dem Kunden die Zeit für lange Plaudereien: Dafür haben Sie ja schließlich den Termin vereinbart.

An dieser Stelle konzentrieren Sie sich auf die wenigen Informationen, die Sie brauchen, um Potenzial und Bedarf grob einzuschätzen.

Das heißt auch, dass Sie sich genau diese drei Fragen gut überlegt und jetzt parat haben. Wie sehen Ihre Fragen aus? Wenn Sie sie noch nicht haben, dann entwickeln Sie sie möglichst umgehend und optimieren Sie sie regelmäßig (Vorlage auch zum Download unter www. verkaufen.limbeckgroup.com).

Liste meiner Fragen zur Potenzialanalyse

Formulieren Sie genau drei knackige Fragen.

1. ____________________

2. ____________________

3. ____________________

Download: verkaufen.limbeckgroup.com

Der Ablauf

Gehen Sie Ihre Potenzialanalyse sehr strukturiert an.

1. Sie fangen immer mit einer Begründung für Ihre Fragen an. Zum Beispiel so:

   Sie: »Damit für uns beide, Herr Kunde, der Termin am 17. Januar so effizient und effektiv wie möglich wird: ...«

2. Dann platzieren Sie Ihre erste Frage:

   Sie: »Welche Schreibsoftware setzen Sie denn derzeit ein?«
   Kunde: »Dragon Dictation.«

3. Bestätigen Sie die Antwort und stellen Sie Ihre zweite Frage:

   Sie: »Dragon, ok. Sagen Sie: Sind es mehr als 20 oder mehr als 50 Schreibplätze bei Ihnen im Haus?«
   Kunde: »Es sind ziemlich genau 50.«

4. Bestätigen Sie die Antwort und stellen Sie Ihre dritte Frage:

   Sie: »Verstehe, 50. Und kaufen Sie oder leasen Sie?«
   Kunde: »Wir leasen.«

Setzt Ihr Kunde dann noch dazu »Zumindest ab jetzt. Wir haben gerade einen neuen Vertrag abgeschlossen. Der läuft noch für die nächsten zwei Jahre«, dann wissen Sie spätestens jetzt, warum eine Potenzialanalyse an dieser Stelle Sinn macht. Sie wissen, dass dieser Kunde zwar gerade gar nichts kauft, dass er jedoch in einem guten Jahr neu überlegen wird. Und da es sich um einen größeren Auftrag handelt, bleiben Sie unbedingt bei dem vereinbarten Kennenlerntermin.

Limbeck-Tipp

Erste Kennenlerngespräche sind immer sinnvoll. Denn wenn Sie das nächste Mal anrufen und der Kunde dann vor einer Entscheidung steht, hat er Ihr Bild vor Augen. Dann haben Sie die große Chance, nicht in einer Ausschreibung zu landen, sondern bereits den direkten Draht zu haben.

Sorgen Sie in diesem Fall gleich für Verbindlichkeit auf lange Sicht:

> Sie: »Prima! Herr Kunde, damit wir direkt beim Termin auch kaufmännisch korrekt rechnen, wäre es klasse, wenn Sie den Leasing-Vertrag da haben.«

Verstärken Sie zum Abschluss dann noch einmal den vereinbarten Termin:

> Sie: »Herr Kunde, dann habe ich für Sie nun fest notiert: Am 17. Januar um 10 Uhr kommt der Julius Hart zu Ihnen.«

Nun schließen Sie das Gespräch zügig und positiv ab:

> »Herr Kunde, ich wünsche Ihnen frohe Weihnachten und einen guten Rutsch. Und ich freue mich auf unser Gespräch im neuen Jahr.«

Oder, falls Sie einen konkreten Termin fixiert haben:

> »… und ich freue mich auf unseren Termin am 17. Januar.«

An dieser Stelle machen viele Verkäufer noch zu guter Letzt ihre Augenhöhe kaputt, die sie – hoffentlich – im Gespräch gewahrt haben. Das tun sie mit einem einzigen kleinen Wort: Sie bedanken sich für den Termin.

Wenn Sie das sagen, dann gehen Sie in die Bittstellerrolle: So als müssten Sie dankbar sein, dass der Kunde Ihnen seine Zeit schenkt. Das spricht von einer falschen inneren Haltung. Schließlich sorgen Sie dafür, dass Ihr Kunde in den Genuss eines Nutzens kommt. Eigentlich müsste der Kunde sich bei Ihnen bedanken.

L

Limbeck-Tipp

Was Sie zum Abschied ausdrücken dürfen und sollen, ist Ihre Vorfreude auf den vereinbarten Termin – das signalisiert Wertschätzung.

AUF EINEN BLICK

- Beschränken Sie Ihre Potenzialanalyse auf drei Fragen.
- Arbeiten Sie diese Fragen zügig und strukturiert ab.
- Bedanken Sie sich nie für einen Termin, sondern geben Sie nur Ihrer Freude darüber Ausdruck.

13.11 Wie du auf Messen akquirierst

Bei der Akquise auf Messen gibt es einen kritischen Faktor, und das ist die Zeit. Egal ob Sie einen eigenen Stand haben oder nur über die Messe gehen, ob Sie ausschließlich Kontakte suchen oder direkt verkaufen wollen: Erste Verkäuferpflicht auf der Messe ist die Masse (vgl. Kap. 11.2).

Die zwei Messe-Schlüssel

Damit Sie die Masse machen können, sorgen Sie dafür, dass Sie über die zwei entscheidenden Schlüssel für den Erfolg verfügen: die perfekte Vorbereitung und den Willen, den Marathon zu laufen.

Denn eine Messe ist wie ein Marathon: Ohne viel Motivation und Durchhaltevermögen kommen Sie nicht ans Ziel. Und wie der Marathon ist der Messeerfolg Einstellungssache: indem Sie sich zum Beispiel darauf einstellen, die Messetage voll zu nutzen, auch die Randzeiten. Indem Sie sich Schuhe suchen, in denen Sie nicht nur gut aussehen, sondern auch viele Stunden am Stück schmerzfrei gehen oder stehen können. Wer sich nur gemütlich an seinen Stand setzt und darauf wartet, dass die Kunden zu ihm kommen, braucht nicht auf Erfolg zu hoffen.

Limbeck-Tipp

Auch bei der Akquise auf Messen sind es diese drei Faktoren, die Sie als Verkäufer erfolgreich machen: Ziele, Fleiß und Disziplin.

Zu der richtigen Einstellung gehört auch, dass Sie Ihre Chancen nutzen, wo immer Sie auf der Messe sind: Sind Sie zum Beispiel Aussteller von Armaturen, dann haben Sie nicht nur die Messebesucher als potenzielle Kunden im Blick. Sie schauen sich auch unter den anderen Ausstellern um. Ist vielleicht neben Ihnen der Stand eines innovativen Badewannenherstellers, mit dem Sie über eine Kooperation sprechen wollen (vgl. Kap. 11.6)? Wie ist dessen Verkaufsverhalten? Wie sollten Sie den ansprechen?

Die perfekte Vorbereitung

Vor jede Vorbereitung »mit den Händen« gehört die Vorbereitung im Kopf: Legen Sie Ihre Ziele für diese Messe fest. Was wollen Sie erreichen? Wie wollen Sie es erreichen?

Wie bei allen Zielfestlegungen empfehle ich Ihnen die SMART-Formel: Geben Sie sich Ziele vor, die spezifisch, messbar, akzeptierbar, realistisch und terminierbar sind (vgl. Kap. 2.9, SMART-Formel). Damit stellen Sie sicher, dass Sie konkret wissen, wo Sie hinwollen, und dass Sie nach der Messe auch auswerten können, ob Sie Ihre Ziele erreicht haben. Denn nach der Messe ist vor der Messe: Nur mit einer guten Auswertung und Reflexion Ihrer Ergebnisse von diesem Mal können Sie es beim nächsten Mal noch besser machen.

Wenn Sie also wissen, was Ihre Ziele sind, wird es handfester, denn dann geht es um Ihre »Hardware«: Sie treten als Person in Erscheinung, also sollte Ihre Erscheinung Ihrer Marke Ausdruck verleihen (vgl. Kap. 9.3).

L

Limbeck-Tipp

Alles, was Sie tragen, wie Sie gestylt sind, wie Sie auftreten: Das alles hinterlässt einen Eindruck. Sorgen Sie dafür, dass es der richtige ist.

Dazu gehört natürlich auch alles, was Sie gegebenenfalls überreichen: die Visitenkarte (vgl. Kap. 9.3), der Produktflyer oder Ähnliches.

Ihre Kontaktzeiten sind in Ihrem eigenen Interesse kurz: Dafür brauchen Sie die richtige »Software« in Form von

- einem Repertoire von knackigen Einstiegssätzen, die Neugier erwecken,
- Fragen, mit denen Sie in hochkomprimierter Form den Bedarf bei dem Angesprochenen abklopfen,
- einer komprimierten Unternehmens- oder Produktvorstellung, deren Kern der besondere Nutzen ist, und
- einem Set von Fragen, die Sie schnell ans Ziel bringen.

Welche Fragen das sind, hängt von Ihrem Ziel ab, zum Beispiel: Wollen Sie Namen von Entscheidern erfahren? Wollen Sie einen Termin vereinbaren? Oder wollen Sie hier und jetzt einen Abschluss erzielen?

Diese »Software« sollte bei Ihnen extrem gut sitzen, weil Sie für das Abspulen jeweils nur wenige Sekunden bis Minuten Zeit haben.

Legen Sie sich deshalb zur Vorbereitung Ihr persönliches Messe-Memo an, auf dem Sie Ihr Ziel und die drei Etappen dahin formulieren (Vorlage auch zum Download unter verkaufen.limbeckgroup.com).

Mein Messe-Memo

Ziel	
Einstiegssätze	1. .... 2. .... 3. .... 4. .... 5. ....
Fragen zum Bedarf	1. .... 2. .... 3. .... 4. .... 5. ....
komprimierte Unternehmens-/ Produktvorstellung	....
Zielfragen	1. .... 2. .... 3. .... 4. .... 5. ....

Download: verkaufen.limbeckgroup.com

Sowohl die »Hardware« wie die »Software« gleichen Sie nicht nur mit Ihrer Marke ab, sondern auch mit den Kunden, die Sie auf dieser Messe erwarten. Wer das ist, haben Sie bei Ihrer Auswahl der Messe schon ermittelt (vgl. Kap. 11.2).

Von der Art der Messe, Ihrer Branche, Ihrem Produkt oder Ihrer Dienstleistung, Ihrem Ziel auf der Messe und der Aussteller- und Besucherstruktur hängt es ab, ob

Sie ein bis zwei Wochen vor der Messe bereits Kontakt mit Ihren Wunschgesprächspartnern aufnehmen. Ist es Ihr Ziel als Key-Accounter, dass Sie die Chance auf einen persönlichen Kontakt nutzen wollen, um sich im Gedächtnis zu halten, dann vereinbaren Sie einen Termin. Haben Sie klare Vorstellungen, welche Neukunden Sie dort gezielt ansprechen wollen: Auch dann macht es Sinn, sich vorab zu verabreden. Ist Ihre Zielgruppe breiter und weniger umrissen, investieren Sie besser in eine breitere Messeankündigung in der entsprechenden Presse oder einem Mailing.

L

Limbeck-Tipp

Stimmen Sie auch schon Ihre vorbereitende Kommunikation konsequent auf Ihre Messeziele ab, um dann vor Ort so effizient wie möglich zu arbeiten.

Die richtigen Methoden

Bei allen Gesprächen gelten grundsätzlich die Regeln, die auch für ein Verkaufsgespräch gelten (vgl. Kap. 14.2). Sie wissen ja: Jedes Ihrer Gespräche als Verkäufer ist ein Verkaufsgespräch (vgl. Kap. 9.1), doch kommt auf der Messe der enorme Zeitdruck dazu: Hier gilt es, in möglichst kurzer Zeit möglichst viele von diesen Verkaufsgesprächen zu führen. Das heißt, dass der erste Eindruck, den Sie hinterlassen, großes Gewicht hat und Ihr persönliches Auftreten stimmen sollte (vgl. Kap. 9.3). Und das heißt auch, dass Sie ganz besonders sicher die nötigen Fragetechniken (vgl. Kap. 5.8) und die BAP®-Technik beherrschen sollten (vgl. Kap. 14.3).

L

Limbeck-Tipp

Für den Gesprächseinstieg auf der Messe ist eine geschlossene Frage noch sträflicher als sonst. Ihr Kunde kann nämlich noch schneller als sonst Nein sagen und fliehen.

Die Kunst ist es, in kürzester Zeit den Bedarf zu ermitteln und gegebenenfalls bereits Verbindlichkeit zu schaffen, möglichst schon einschließlich eines »moralischen Vorvertrags« (vgl. Kap. 14.4). Seien Sie auch vorbereitet auf die komprimierte Nutzenargumentation (vgl. Kap. 14.5) und die typischen Einwände, damit Sie souverän damit umgehen können (vgl. Kap. 14.7).

Auch brauchen Sie über Ihr Messe-Memo hinaus noch Varianten für Ihre ganz besondere Zielsetzung. Wenn Sie zum Beispiel auf den Kontakt mit Entscheidern aus sind, dann sind die selten die gesamte Zeit an ihrem Unternehmensstand anzutreffen. Da funktioniert die Von-Verkäufer-zu-Verkäufer-Methode sehr gut: Sie zielen auf eine Person am Stand, die einen professionellen Eindruck macht, und fragen sie nach einer kurzen Vorstellung: »Sagen Sie, Sie kennen sich doch bestimmt hier aus. Wer ist denn bei Ihnen im Unternehmen verantwortlich für …?«

Wenn Sie einen Namen – am besten mit Vornamen – bekommen, dann haben Sie Ihr wichtigstes Ziel schon erreicht. Wenn Sie dann noch fragen, ob er oder sie denn auch auf der Messe ist, und ein persönliches Treffen vereinbaren können, ist das eine super Dreingabe.

Limbeck-Tipp

Wenn Sie den Entscheider selbst vor Ort nicht treffen: Notieren Sie sich auch den Namen desjenigen, der Ihnen am Stand den Namen genannt hat, damit Sie sich auf ihn berufen können, wenn Sie nachakquirieren.

Natürlich lassen Sie auch Ihre Visitenkarte da, doch meiner Erfahrung nach ist es viel wichtiger, welchen Eindruck Sie hinterlassen.

Zu welcher Zeit Sie am besten zu den Unternehmensständen gehen sollten, ist stark branchenabhängig. Als Faustregel gilt: Nutzen Sie lieber den ersten oder zweiten als den letzten Messetag, nutzen Sie die »Randzeiten«, wenn der Stand nicht so stark von deren eigenen Kunden frequentiert ist. Der Verband der deutschen Messewirtschaft AUMA bietet auf seiner Website zu vielen Messen Besucherstatistiken, mit denen Sie sich vorab über günstige Zeiten informieren können.

Wenn Sie dagegen Interessenten an Ihren Stand lotsen möchten, dann ist Ihr erstes Bestreben, gezielt Messebesucher mit Potenzial anzusprechen. Entwickeln Sie ein Gespür dafür, wer da infrage kommt. Dabei kann Ihnen zum Beispiel die »Face

Communication« schon von Weitem Hinweise geben (vgl. Kap. 12.2). Spätestens mit Ihrer ersten Frage sollten Sie gezielt filtern. Fragen Sie zum Beispiel: »In welchem Bereich arbeiten Sie denn?« oder »Wie lösen Sie in Ihrem Unternehmen das Thema ...?«

Je früher Sie herausbekommen, dass dieser Besucher weder ein echtes Interesse noch ein Verkaufspotenzial hat, desto eher können Sie sich dem nächsten zuwenden.

L

Limbeck-Tipp

Verlieren Sie keine Zeit mit Kontakten ohne Potenzial.

Beenden Sie freundlich und gleichzeitig bestimmt das Gespräch mit demjenigen. Die typischen Beuteltiere auf Messen ziehen sowieso weiter, sobald Sie sie mit einem Flyer gefüttert haben.

Verschwenden Sie auch keine Zeit mit potenziellen Kunden, die erst in fernerer Zukunft Bedarf haben. Bedanken Sie sich für das Interesse, lassen Sie sich die Kontaktdaten geben und wünschen Sie ihnen viel Erfolg in der Orientierungsphase. Die Messe ist nicht der Ort für lange, rein informierende Beratungsgespräche.

Dokumentation ist erste Messepflicht

Tun Sie sich einen Gefallen: Notieren Sie akribisch alle Gespräche, die Sie führen. Selbst die, die Sie nicht weitergeführt haben, weil der Angesprochene keinen Bedarf hatte oder nicht interessiert war: Machen Sie sich eine kurze Notiz. Sie können umso besser Ihre nächste Messe planen, je klarer Ihre Datenlage zur abgelaufenen ist. Notieren Sie sich neben dem Namen auf jeden Fall die Interessenslage, gegebenenfalls die Ablehnungsmotive, Namen von weiteren Entscheidungsträgern und auch – besonders wichtig – Zusagen, die Sie Ihrem Gesprächspartner gegeben haben. Von der Einhaltung dieser Versprechen hängt eine Menge Vertrauen ab, das Sie in Ihre Zuverlässigkeit schaffen können – oder eben auch nicht.

Über diese Situationen hinaus gibt es einige grundlegende Spielregeln für die Akquise auf Messen, gerade wenn Sie dort einen Stand betreuen.

Spielregeln für den Messestand

- Zeigen Sie sich in jedem Moment hilfsbereit, freundlich und höflich.
- Präsentieren Sie sich mit positiver Körpersprache und offenem Auftreten.
- Gehen Sie aktiv auf Besucher zu.
- Schärfen Sie Ihren »Kundenradar«, doch erlauben Sie sich keine Vorurteile.
- Sätze wie »Da bin ich nicht zuständig« sind verboten, gegebenenfalls vermitteln Sie den Kunden an den kompetenten Kollegen.
- Signalisieren Sie stets, dass Sie ansprechbar sind.
- Stehen Sie, statt zu sitzen.
- Schreiben Sie keine Handy- oder E-Mail-Nachrichten am Stand.
- Bilden Sie keine hermetischen Gesprächsgrüppchen mit Ihren Kollegen.
- Rauchen oder Essen am Stand ist tabu.
- Kauen Sie nicht Kaugummi.
- Meiden Sie Alkohol am Tag – die Messe fordert Ihre ganze Aufmerksamkeit.
- Konzentrieren Sie sich im Gespräch ganz auf den Kunden, auch wenn es um Sie herum turbulent zugeht.
- Signalisieren Sie Ihr Hinhören.
- Lassen Sie keine Frage unbeantwortet.
- Seien Sie im Verkaufsgespräch auf die Nutzenargumentation genauso gut vorbereitet wie auf die Einwandbehandlung.
- Falls andere Besucher warten: Bitten Sie Ihren aktuellen Gesprächspartner um Verständnis, wenden Sie sich ganz kurz den Wartenden zu und geben diesen einen zeitlichen Ausblick. Je nach Reaktion lassen Sie sich deren Visitenkarten geben, um später Kontakt aufzunehmen, verabreden sich für später und geben ihnen eine Beschäftigung für die Wartezeit.

Messegefahren

Die größte Gefahr ist, dass Sie sich verquatschen. Machen Sie sich immer wieder klar: Sie sind nicht auf der Messe, um zu plaudern, sondern um Masse zu machen. Das verträgt sich nicht damit, dass Sie sich mit jedem hinsetzen und einen Kaffee trinken. Verschieben Sie das auf den Tag, an dem Sie den Kunden bei sich besuchen.

Eine ähnliche Gefahr ist, dass Sie sich mit Kontakten aufhalten, die Ihnen nichts bringen: also die, die gar nichts bei Ihnen kaufen wollen, weil sie keinen Bedarf haben. Je schneller Sie die identifizieren, umso besser.

Die dritte Gefahr unterschätzen vor allem Messeneulinge gern: wie stark Ihr Durchhaltevermögen gefragt ist. An diesem ständigen Anlaufnehmen im Sekundentakt mit immer neuen Absagen können Sie Ihre Kondition erheblich schulen. Eine einzige abfällige Geste nach einer Abfuhr kann Ihnen auch eine ganze Reihe von weiteren Kontakten kaputtmachen. Denn Sie zeigen damit eine geringe Wertschätzung, und das schreckt auch alle anderen potenziellen Kunden ab.

Niemals ohne

Was Sie nie, nie unterlassen sollten, ist, dass Sie für sich einen guten Messebericht schreiben. Notieren Sie insbesondere die eingesammelten Kontaktdaten und gegebenenfalls weitere Informationen, die Ihnen für die gezielte Nachakquise nützlich sein können. Warten Sie damit nicht bis zum Abend, denn sonst haben Sie die Hälfte vergessen und Ihren Messeerfolg um die Hälfte geschmälert.

L

Limbeck-Tipp

Nehmen Sie sich spätestens nach zwei oder drei Kontakten Zeit, sich die wichtigsten Informationen aufzuschreiben.

Halten Sie dafür genügend Notizmöglichkeiten bereit einschließlich eines Stiftes. Oder nutzen Sie lieber die Voice-Recorder-Funktion Ihres Smartphones? Egal womit Sie Ihre Gesprächs-Memos festhalten: Planen Sie auf jeden Fall nach der Messe ausreichend Zeit ein, diese in Ihr CRM-System zu übertragen. Blocken Sie sich dafür fest einen Termin in Ihrem Kalender. Denn nur dadurch ernten Sie die Früchte, die Sie mit Ihrem Messebesuch säen.

Die Nachakquise

Messekontakte sind naturgemäß kurz. Sie erfordern also eine ganz besonders akribische Nachakquise, um wirksam zu werden. Und doch heißt es, dass 50 Prozent der Besucher nie wieder etwas von dem Aussteller, mit dem sie Kontakt hatten, hören. So fahrlässig gehen Verkäufer mit dem Schatz, den sie auf Messen ausgegraben haben, um: Sie sind nicht fleißig genug, ihn zu heben.

Machen Sie es besser und gehen Sie dabei systematisch und diszipliniert vor. Nutzen Sie dabei die Vorteile Ihres gut gepflegten CRM-Systems.

Die Gesprächsregeln beim Einstieg ins Nach-Messe-Gespräch folgen denen des Terminvereinbarungsgesprächs (vgl. Kap. 13) mit einem Unterschied: Sie haben einen klaren Anknüpfungspunkt. Betonen Sie diesen auch in Ihrem Einstieg. Am leichtesten gelingt das, wenn Sie Namen nennen können. Sagen Sie zum Beispiel:

> »Herr Kruse aus Ihrem Haus hatte mich auf der Messe gebeten, Frau Walter im Nachgang anzurufen. Bitte stellen Sie mich durch.«

Oder:

> »Ich bin mit Herrn Schmidt auf der Messe so verblieben, dass ich mich diese Woche direkt bei ihm melde. Bitte stellen Sie mich durch.«

So kommen Sie praktisch auf Empfehlung, Ihr Weg ist bereits geebnet. Doch von allein geht er sich nicht: Planen Sie ausreichend Zeit für Ihre Nachakquise ein.

Die Auswertung

Nehmen Sie sich nicht nur Zeit für die Nachakquise, sondern auch für die Analyse Ihres Messeerfolgs. Dafür nutzen Sie Ihre eigenen Aufzeichnungen genauso wie die des Veranstalters. Die meisten bieten Ihnen ebenfalls jede Menge Daten, Zahlen und Fakten über die abgelaufene Messe.

Stellen Sie sich folgende Fragen:

- Entsprechen die erreichten Erfolge den Zielen, die Sie sich gesteckt haben?
- Wenn Sie mehrere Teilziele hatten: Wie sieht es in den verschiedenen Bereichen aus?
- Vergleichen Sie die Ergebnisse auch mit Ergebnissen von vorangegangenen

Messen, sowohl der gleichen Messe aus den Vorjahren als auch anderer Messen, die Sie besucht haben – was sehen Sie?

- Welche Schlüsse ziehen Sie daraus?
- War es die richtige Messe?
- War es die richtige Strategie?
- War es die richtige Umsetzung?
- Was hat sich bewährt, was nicht?
- Was machen Sie beim nächsten Mal besser?

L

Limbeck-Tipp

Dokumentieren Sie Ihre eigenen Verbesserungsvorschläge auch, damit Sie sie bei der nächsten Messevorbereitung auch wirklich parat haben.

So optimieren Sie kontinuierlich sowohl Ihre Messestrategie als auch Ihre Techniken vor Ort.

AUF EINEN BLICK

- Beim Akquirieren auf Messen ist Zeit ein entscheidender Faktor: Seien Sie deshalb extrem gut vorbereitet.
- Halten Sie bei jedem einzelnen Kontakt zügig auf Ihr Ziel zu: Kontaktdatenermittlung, Potenzial-Check, Produktverkauf.
- Dokumentieren Sie Ihre Kontakte sauber, damit Sie die unbedingt notwendige Nachakquise gut erledigen können.

13.12 Wie du im Showroom akquirierst

Wenn jemand zu Ihnen in Ihre Verkaufsräume kommt, dann hat er dafür einen guten Grund gehabt. Sei es, weil

- es draußen regnet und er keinen Schirm dabei hat,
- er auf der Flucht ist,
- er auf die Toilette muss,
- er Ladendiebstahl begehen möchte,
- er etwas Anziehendes in Ihrem Schaufenster gesehen hat oder
- er den festen Vorsatz hat, bei Ihnen etwas zu kaufen – vorausgesetzt, er wird nicht durch einen Verkäufer gestört.

Weil die Gründe so verschieden sind, ist es wichtig, dass Sie zügig erkennen, was er eigentlich möchte und wie Sie ihn – so oder so – für eine Kaufentscheidung begeistern können.

Kunden nicht mit Floskeln abschrecken

Die sicherste Art, selbst Kunden mit fester Kaufabsicht zu vergraulen, ist es, wenn Sie sich sofort nach seinem Eintreten vor ihm aufbauen und mit einer Standardfloskel empfangen: »Kann ich Ihnen helfen?«

Die Forscheren unter Ihren Kunden erwidern »Nee, ich bin schwierig« und versuchen so, Ihrer gefühlten Umklammerung zu entkommen. Die Introvertierteren schütteln den Kopf und treten gleich den Rückzug an.

Lassen Sie sich deshalb etwas Besseres einfallen, wie zum Beispiel:

- »Kann ich Ihnen etwas zeigen?«
- »Hat Sie in unserem Schaufenster etwas besonders angesprochen?«
- »Wenn Sie möchten, helfe ich Ihnen gerne. Sagen Sie einfach Bescheid.«

Die letzte Variante ist bei den meisten Kunden die beste. Bleiben Sie locker und lassen Sie sie erst mal selbst schauen. Wer wird schon gerne überfallen?

Halten Sie sich jedoch in Sichtweite auf, sodass Sie den ersten suchenden Blick auffangen können.

Entwickeln Sie mindestens fünf verschiedene Einstiegssätze (Vorlage auch zum Download unter verkaufen.limbeckgroup.com). Üben Sie sie gründlich ein, feilen

Sie sowohl an der Formulierung als auch daran, wie Sie es sagen. Testen Sie auch bewusst, bei welchem Kundentyp welcher Satz am besten funktioniert.

Meine Einstiegssätze im Showroom

1. ....

2. ....

3. ....

4. ....

5. ....

Download: verkaufen.limbeckgroup.com

Trainieren Sie auch die verschiedenen Methoden, Ihren Kunden zu erkennen. Anhand der »Face Communication« (vgl. Kap. 12.2) bekommen Sie schon beim Eintreten Anhaltspunkte, wie dieser Kunde wohl gerne angesprochen werden möchte – ob aktiv-einladend oder freundlich-zurückhaltend.

Und schon die ersten Worte geben Ihnen Hinweise auf sein Kaufmotiv (vgl. Kap. 12.3), auf seinen Sinnes- (vgl. Kap. 12.4) und seinen Farbtyp (vgl. Kap. 12.5).

Haptisch verkaufen

Ihr ganz großer Vorteil im Showroom ist, dass Sie Ihrem Kunden ein Erlebnis über alle Sinne bieten können. Wie es bei Ihnen riecht und schmeckt, wie es bei Ihnen aussieht, wie es sich bei Ihnen anhört: Das alles haben Sie weitgehend in der Hand.

Wenn Sie alle Sinne nutzen, haben Sie einen wesentlich größeren Einfluss, als wenn Sie nur die Bild- oder die Tonspur bespielen. Und vor allem können Sie Ihren Kunden gezielt haptische Erfahrungen machen lassen. Denn die Haptik ist ein erheblich unterschätztes Element im Verkauf.

Limbeck-Tipp

Die meisten Verkäufer machen sich viel zu wenig Gedanken über Haptik. Nutzen Sie sie gezielt und Sie heben sich ab.

Das gilt nicht nur in den Showrooms, die Kleidung, Accessoires oder Kleingeräte im B2C-Bereich zeigen, das gilt ganz genauso für Produkte und Dienstleistungen im B2B (vgl. Kap. 14.9).

Das haptische Erlebnis zieht nicht nur beim kinästhetischen Sinnestyp (vgl. Kap. 12.4): Selbst etwas zu fühlen, selbst etwas mit der Hand zu tun, überzeugt jeden Kunden stärker als eine noch so gute Vorführung.

Das haptische Verkaufen hat auch viel mit dem Priming von Kunden gemeinsam (vgl. Kap. 5.4). Geschickt kombiniert und eingesetzt schaffen Sie so beim Kunden eine unbewusst positive Stimmung und bahnen damit den Weg zur Kaufentscheidung.

Limbeck-Tipp

Wenn Ihr Kunde Ihr Produkt oder auch nur ein Muster davon in der Hand hat: Nehmen Sie es ihm nie weg. Wenn Sie ihm etwas daran zeigen wollen, dann nehmen Sie selbst ein zweites Exemplar in die Hand. Sorgen Sie deshalb dafür, dass Sie immer zwei Muster dabeihaben.

AUF EINEN BLICK

- Schrecken Sie eintretende Kunden nicht mit Standardfloskeln ab.
- Bleiben Sie locker, signalisieren Sie Ihre Hilfsbereitschaft und lassen Sie Ihre Kunden ansonsten erst schauen.
- Beziehen Sie die Chancen des haptischen Verkaufens aktiv mit ein.

13.13 Wie du Social Media nutzt

Als die Social-Media-Welle vor vielleicht zehn Jahren so richtig anrollte, da sahen viele Verkäufer darin die große Chance, potenzielle Kunden zu identifizieren und direkt und kalt zu akquirieren. Das hat in der Frühzeit noch annähernd funktioniert, weil alles neu und eine solche Ansprache für die Nutzer noch ungewöhnlich und spannend war. Doch mit der Angebotsflut, die sich daraufhin entwickelt hat, hat sich das komplett gewandelt.

L

Limbeck-Tipp

Kalte Anfragen über Social Media können Sie als Akquiseinstrument vergessen. Damit haben Sie heute keinen Erfolg mehr.

Und doch ...

Das heißt jedoch nicht, dass Sie auf einen gut gemachten Auftritt in den sozialen Medien verzichten sollen oder dürfen: Früher war allein die Visitenkarte Ihr Aushängeschild, also der Ausdruck, wofür Sie stehen und was Sie tun. Heute steht Ihr Fußabdruck im Netz mindestens gleichrangig daneben (vgl. Kap. 9.7).

Achten Sie also in der Grundausstattung zumindest

- auf ein aussagekräftiges, gut gepflegtes Profil,
- auf ein professionelles Businessbild,
- darauf, dass alle Ihre Kommentare und Äußerungen »sauber« sind: Beteiligen Sie sich also zum Beispiel nicht an negativen Kampagnen.

Damit machen Sie auch bei potenziellen Kunden, die mehr oder weniger zufällig über Sie stolpern, einen guten Eindruck. Seien Sie deshalb auf jeden Fall in den sozialen Medien präsent, in denen Ihre Kunden sich bewegen – und zwar mit einem vorzeigbaren Profil.

Angewärmte Kontakte

So ein ordentliches Profil im Netz ist auch für den Fall unverzichtbar, dass Sie die sozialen Medien für die Nachakquise nutzen. Haben Sie einen Kontakt auf eine andere Weise »angewärmt«, zum Beispiel über Ihr analoges oder digitales Netzwerk, dann können Sie diesen Kunden auch direkt anschreiben. Und ich wette: Egal wie der erste Kontakt zustande gekommen ist, wird er nachsehen, mit wem er es da zu tun hat. Er sieht sich also Ihre digitale Visitenkarte, Ihr Social-Media-Profil, gut an, bevor er entscheidet, ob er Ihnen antwortet oder Ihre Anfrage im Spam-Ordner entsorgt.

Wie du gefunden wirst

Die beiden bisher genannten Möglichkeiten, Ihren Social-Media-Auftritt für die Akquise zu nutzen, sind eher passiv: Die Nutzer finden Sie dann, wenn sie gezielt nach Ihrem Namen oder dem Ihres Unternehmens suchen oder aus Versehen auf Sie stoßen. Sie können Ihren Social-Media-Auftritt über die »passive« Akquise hinaus aber auch für die aktive Akquise nutzen. Die funktioniert nicht über die Push-, sondern über die Pull-Schiene.

L

Limbeck-Tipp

Die Kaltakquise über Social Media funktioniert dann, wenn die Nutzer freiwillig zu Ihnen kommen, weil Sie sie anziehen.

Finden Sie also Ihre Kunden nicht, sondern werden Sie von ihnen gesucht und gefunden. Es gibt zwei Voraussetzungen dafür, dass Sie gefunden werden: Erstens, Sie haben etwas zu bieten, was Ihre Kunden interessiert, und zweitens, Sie stechen aus der Masse der Angebote heraus.

Für den ersten Punkt brauchen Sie eine gute Vorstellung davon, wer denn Ihre Wunschkunden sind, was die spannend finden und wie sie angesprochen werden wollen. Einen technischen Vorstand machen Sie mit anderen Angeboten neugierig als den Geschäftsführer eines Modelabels. Ein junger Familienvater sucht nach anderen Finanzierungsthemen als ein Silver-Surfer.

Und für Punkt zwei ist Ihre Kreativität gefragt: Liefern Sie das Besondere. Machen Sie das, was sonst keiner macht. Wie zum Beispiel der Versicherungsmakler, der regelmäßig amüsante Blogtexte aus der Sicht seiner Französischen Bulldogge schreibt – und dezent einfließen lässt, wie gut sich der Hund für alle Hundelebenslagen versichert fühlt.

L

Limbeck-Tipp

Für Ihren attraktiven Social-Media-Auftritt brauchen Sie einen pfiffigen Aufhänger – einen, der zu Ihrem Produkt und zu Ihrer Zielgruppe passt.

Formulieren Sie einfallsreiche Posts, delivern Sie guten Content, der von Ihrer Fachexpertise zeugt, machen Sie ungewöhnliche Videos, gehen Sie live auf Facebook: Die Spielwiese ist groß – nutzen Sie sie!

Fleißig sein

Die Vorstellung, dass allein Ihr cooler Auftritt im Netz Interessenten zu Ihren Kunden machen kann, ist schön, nur leider falsch. Meiner Erfahrung nach werden aus Followern nur dann Käufer, wenn Sie ihnen aktiv etwas verkaufen. Und das geht nur, wenn Sie mit ihnen in direkten Kontakt treten.

Besinnen Sie sich also auf Ihre Erfolgsfaktoren als Verkäufer (vgl. Kap. 2.9) und seien Sie fleißig und diszipliniert.

L

Limbeck-Tipp

Ruhen Sie sich nicht auf der schönen Zahl Ihrer Leads aus, sondern akquirieren Sie sorgfältig und gründlich nach.

AUF EINEN BLICK

- Direkte Kaltakquise über Social Media funktioniert nicht.
- Ein gut gepflegtes Profil ist ein wichtiges Instrument bei der Nachakquise.
- Über den Pull-Faktor können Sie sehr erfolgreich Kaltakquise auf die indirekte Art betreiben – vorausgesetzt, Sie akquirieren sauber nach.

14. Wie kommst du rein?

14.1 Das erste Treffen – Vorbereitung

Der 2006 verstorbene geniale Verkaufstrainer Heinz Goldmann hat einmal zu mir gesagt: »Martin, bei neun von zehn Misserfolgen liegt es nur an der mangelnden Vorbereitung.« Und er hatte recht damit.

Schon von der ersten Minute an machen Sie sich durch eine gute Vorbereitung den Abschluss leicht. Stellen Sie sich vor, Sie haben die Kunden Maier und Fischer, mit denen Sie zum ersten Mal einen Termin haben, vorab gegoogelt und sich ihre Gesichter gemerkt. Dann können Sie direkt und schon mit erwartungsvoll ausgestreckter Hand auf sie zugehen und sagen: »Guten Tag, Herr Maier. Guten Tag, Herr Fischer.«

In aller Regel sind die Kunden dann verblüfft und fragen Sie: »Woher wissen Sie das?« Und Sie können unbefangen erwidern: »Sie wissen doch: Ein guter Verkäufer ist vorbereitet.«

Bei diesen Kunden haben Sie den Verkäuferkompetenzcheck dann bereits bestanden und sind eine Runde weiter. Aus diesem Grund sage ich: Eine gute Vorbereitung ist die halbe Miete.

Die Vorbereitung besteht aus vier Teilen:

1. Recherche
2. Klarziehen von Ziel und Strategie
3. Entwicklung von Fragen- und Formulierungskatalog für alle Stationen des Verkaufsgesprächs
4. Mentale Vorbereitung

Damit Sie im Eifer des Gefechtes nichts davon vergessen: Legen Sie sich eine Checkliste für Ihre Vorbereitung an. Am Ende dieses Kapitels finden Sie eine Vorlage dafür.

1. Recherche

Für ein qualifiziertes Erstgespräch fangen Sie mit der ZDF-Recherche (vgl. Kap. 15.1) da an, wo Sie nach dem Terminvereinbarungsgespräch aufgehört haben: Sie gehen also von dem aus, was Sie vor und während dieses Gesprächs erfahren haben, und tauchen tiefer ein. Dafür sollten Sie sich ausreichend Zeit und Mühe geben, auch wenn Sie ein Hunter sind (vgl. Kap. 2).

Die absoluten Basics sind zunächst die Informationen zu Raum und Zeit: Wo findet das Gespräch statt? Wie kommen Sie dahin? Welches Transportmittel? Welche Route? Wie lange brauchen Sie, um dorthin zu kommen – und zwar pünktlich?

Pünktlichkeit ist aus meiner Sicht ein Muss für einen guten Verkäufer – das hat etwas mit Benehmen und auch mit Wertschätzung für den Kunden zu tun (vgl. Kap. 9). Das heißt, Sie checken nicht nur die Strecke, sondern auch die Wetter- und Straßenverhältnisse. Und legen sich einen ausreichend frühen Startzeitpunkt fest. Zum Thema Zeit gehört auch ganz dringend, dass Sie wissen, wie viel Zeit Ihrem Kunden und Ihnen für dieses Gespräch zur Verfügung steht.

L

Limbeck-Tipp

Fahren Sie nur zu einem Termin, bei dem klar ist, wie viel Zeit Sie haben.

Das haben Sie in der Regel schon beim Terminvereinbarungsgespräch bei Ihrem Kunden in Erfahrung gebracht. Wenn nicht: Fragen Sie nach!

Als Nächstes nehmen Sie sich die Informationen zum Unternehmen vor:

- Wie sehen die betriebswirtschaftlichen Kennzahlen aus?
- Welche Rechtsform hat das Unternehmen?
- Wie viele Mitarbeiter hat es?
- Wie groß ist es?
- Welche Standorte hat es?
- Welche Führungskräfte bzw. welche Verantwortlichkeiten gibt es?
- Wie ist das Unternehmen am Markt positioniert?
- Wer sind die Wettbewerber?
- Welche Produkte und Dienstleistungen bietet es an?

- Was sind die Stärken und wo sind die Schwächen des Unternehmens?
- Was schreibt die Fachpresse aktuell über das Unternehmen? Ist vielleicht gerade ein Deal geplatzt? Oder steht eine Fusion an? Ist ein großer Durchbruch in der Produktforschung angekündigt?
- Gibt es Geschäftsbeziehungen zu Wettbewerbern von Ihnen?

Anschließend sammeln Sie Informationen zum Gesprächspartner:

- Wie ist sein vollständiger Name?
- Wie ist seine Ausbildung?
- Welche Titel hat er?
- Wie ist seine Position, seine Kompetenz?
- Welchen Entscheidungsspielraum hat er?
- Welche Zielsetzung hat er wohl für diesen Termin?
- Welche Erwartungen hat er?
- Gibt es Informationen zum privaten Umfeld, zu Familienstand, Hobbys?

Und wie gesagt: Schauen Sie sich auf jeden Fall die verfügbaren Bilder von ihm an.

L

Limbeck-Tipp

Fragen Sie nicht nur Google, sondern überlegen Sie auch, wer in Ihrem Netzwerk Sie mit wertvollen Informationen versorgen kann und möchte.

Wenn ich zum Beispiel weiß, dass zu einem Verkaufsgespräch neben dem Kunden, den ich bereits kenne, noch weitere Vertreter seines Unternehmens dazukommen, dann bin ich schon so frei und frage denjenigen: »Wie sind die denn so? Eher dominant, eher zurückhaltend? Mit welchen Erwartungen kommen sie zu diesem Gespräch?« Besonders die Frage nach der Erwartungshaltung kann Ihnen bei der richtigen Vorbereitung enorm helfen. Wenn Sie eine ordentliche Beziehung zu diesem einen haben, dann gibt er Ihnen in der Regel dazu auch bereitwillig Auskunft.

Bei Bestandskunden erweitern Sie Ihre Recherche um die Suche in Ihrer internen Datenbank. In die haben Sie hoffentlich auch bereits Ihre eigenen Notizen von früher eingepflegt, ansonsten müssen Sie sich jetzt auf Zettelsuche begeben (vgl. Kap. 4.2).

Überfliegen Sie alles, was Sie darin über den Kunden finden: Hat er alle Rechnungen bezahlt? Wann hat er das letzte Mal reklamiert? Sind noch Bestellungen offen? Hat Ihr Unternehmen für ihn bereits einmal etwas auf Kulanz gemacht? Wo steht Ihr Unternehmen bei dem Kunden gerade?

Und legen Sie bei Ihrer Suche über Google besonderes Augenmerk auf Fragen wie: Wie ist sein letztes Geschäftsjahr gelaufen? Hat sich an den Unternehmenskennzahlen etwas verändert? Haben sich die Köpfe im Unternehmen verändert? Gibt es vielleicht einen neuen Geschäftsführer oder einen neuen Vorstand? Sehen Sie sich auch die Gesichter dazu an!

L

Limbeck-Tipp

Gerade bei Bestandskunden können Sie die Gesprächsatmosphäre innerhalb von Sekunden zerstören, wenn Sie hier Informationslücken zugeben müssen. Da läuft dann unter Umständen gar nichts mehr.

Der Klassiker ist, wenn der Vertriebschef samt Begleitung beim Bestandskunden vor Ort erst erfährt, dass immer noch eine Reklamation läuft, die für viel Ärger sorgt, und dass noch keine zufriedenstellende Lösung in Sicht ist. Ein gestammeltes »Das müssen wir intern klären« hilft Ihnen dann auch nicht mehr aus der Bredouille. Eigentlich können Sie nur noch einpacken und gehen. Und sich erst einmal um die Reklamation kümmern, bevor Sie an einen neuen Abschluss denken dürfen.

Wenn Sie alle diese Informationen gesammelt haben, dann gehen Sie an die Verwertung. Daraus ergeben sich nämlich Ihr Ziel und Ihre Strategie für das Gespräch.

2. Klarziehen von Ziel und Strategie

Definieren Sie zunächst Ihre Ziele und auch Teilziele für dieses Gespräch. Wenn es zum Beispiel noch nicht zum Auftrag kommt: Welchen Meilenstein auf dem Weg dahin wollen Sie auf jeden Fall erreichen? Denken Sie daran: Sie sollten zumindest mit einer verbindlichen Vereinbarung des weiteren Vorgehens und eines Folgetermins aus dem Gespräch herausgehen (Kap. 14.2).

Die nächste Frage ist: Auf welchem Weg erreichen Sie diese Ziele? Welche Strategie scheint Ihnen auf Grundlage der gesammelten Informationen die zielführendste? Wie wollen Sie zum Beispiel den Bedarf des Kunden ermitteln? Wie wollen Sie seine Kaufmotive und darunter das dominierende herausfinden? Wie wollen Sie die notwendige Vertrauensbasis schaffen?

Haben Sie hier klare Vorstellungen entwickelt, ergeben sich die Antworten auf die folgende Fragen von selbst: Welches Outfit wählen Sie für diesen persönlichen Auftritt? Welche Unterlagen brauchen Sie vor Ort? Und vor allem: Welche Fragen und Formulierungen bereiten Sie vor?

3. Fragen- und Formulierungskatalog

Auch wenn Sie ein spontaner Typ sind: Machen Sie sich vor dem Gespräch schon klar, was Sie sagen wollen und wie Sie es sagen wollen. Und zwar für jede der Gesprächsstationen, die Sie im Verkaufsgespräch durchlaufen.

Das heißt: Welchen Einstieg wählen Sie? Ihr erster Satz prägt Ihren Eindruck beim Kunden. Verwenden Sie deshalb nie abgegriffene Floskeln oder so müde Anfänge wie: »Herr Kunde, wir hatten ja am Telefon gesprochen.« Das ist wahrscheinlich nur ein paar Tage her und Ihr Kunde denkt sich: »Hält der mich für blöd?« Geben Sie sich Mühe und denken Sie sich etwas Spannenderes für Ihren Einstieg aus (vgl. Kap. 14.2).

Und: Welche Themen werden Sie im Gespräch ansprechen? Mit welchen gut begründeten offenen Fragen (vgl. Kap. 5.8) analysieren Sie den Bedarf oder die Motive des Kunden? Der Beginn des Termins könnte dann folgendermaßen aussehen: »Lieber Herr Kunde, in unserem Telefonat haben Sie drei für Sie wichtige Themenpunkte genannt.«

L

Limbeck-Tipp

Haben Sie beim Terminvereinbarungsgespräch Ihre Hausaufgaben in Form der Potenzialanalyse gemacht, dann haben Sie eine Basis für Ihren Fragenkatalog, der schon perfekt auf Ihren Kunden abgestimmt ist.

Folgendes ist wichtig:

- Was wollen Sie genau verkaufen?
- Wie ist Ihre Nutzenargumentation aufgebaut (vgl. Kap. 14.5)?
- Welchen Preis und welche Konditionen werden Sie anbieten (vgl. Kap. 14.10)?
- Wie werden Sie Ihre Präsentation aufbauen (vgl. Kap. 14.9)?
- Mit welchen Einwänden rechnen Sie und wie werden Sie darauf reagieren (vgl. Kap. 14.7)?
- Wie reagieren Sie auf Preisdruck (vgl. Kap. 15.1)?
- Wie sieht Ihre Abschlussstrategie aus (vgl. Kap. 15.5)?

Rufen Sie sich für Ihre Vorbereitung alle Ihre Kommunikationstechniken in Erinnerung: Haben Sie noch alle drauf (vgl. Kap. 5)? Welche setzen Sie in welcher Situation geschickt ein?

Und zum Schluss gehen Sie an den wichtigsten Teil Ihrer Vorbereitung: die für Ihren Kopf.

4. Mentale Vorbereitung

Für die mentale Vorbereitung empfehle ich entweder die 3-Sterne-Strategie (vgl. Kap. 1.4) oder – in dem Fall noch besser – die Drehbuchstrategie.

Die Drehbuchstrategie

Visualisieren Sie das bevorstehende Verkaufsgespräch wie einen Film, für den Sie das Drehbuch selbst schreiben und als Regisseur hinter der Kamera stehen. Sie drehen diesen Film in Ihrem Kopf am Tag vor dem Gesprächstermin. Ihr Film trägt den Titel: »Wie ich das Verkaufsgespräch optimal führe und erfolgreich zum Abschluss bringe«.

Sehen Sie sich selbst, wie Sie das Firmengebäude des Kunden betreten, wie Sie Ihren Kunden begrüßen, mit welchem Satz Sie auf ihn zugehen. Stellen Sie sich vor, wie sich der Händedruck des Kunden anfühlt. So gehen Sie Szene für Szene durch: Eröffnungsphase, Bedarfsanalyse, Nutzenargumentation, Einwandbehandlung, Preisgespräch, Zahlungsmodalitäten, Abschlussfrage, Unterschrift, Händeschütteln und Verabschiedung.

Sie müssen nicht jede Szene bis ins kleinste Detail planen und sich in der Umsetzung sklavisch daran halten. Doch gehen Sie durch alle Ihre Sinneskanäle: Sehen Sie das Geschehen, hören Sie es, fühlen Sie es, schmecken Sie es, spüren Sie, wie es sich anfühlt, wenn Sie den Kunden zum Abschluss führen.

Dieser Film in Ihrem Kopf dient dazu, Ihnen die nötige Sicherheit zu geben, um für Überraschungen im Verkaufsgespräch gewappnet zu sein. Zum Beispiel, wenn Ihr Kunde Sie warten lässt, beim Termin plötzlich ein anderer Entscheider vor Ihnen sitzt oder weniger Zeit für das Gespräch zur Verfügung steht als zunächst veranschlagt. Da können Sie flexibel und souverän reagieren, weil Sie nämlich ein Drehbuch haben, das die Handlungsstränge vorgibt, zu denen Sie mit Ihrer Improvisation in einzelnen Szenen immer wieder zurückfinden.

Zusätzlich zu Ihrem Drehbuch arbeiten Sie vorab an Ihrer positiven Einstellung Ihrem Kunden gegenüber. Das erhöht die Wahrscheinlichkeit, dass Sie die richtige Gesprächsstrategie wählen und den richtigen Ton treffen. Mehren Sie dafür das Pluspunktekonto Ihres Kunden (vgl. Kap. 3.3), indem Sie sich auf seine guten Seiten konzentrieren. Die finden Sie bei jedem, wirklich jedem Kunden – und wenn es nur die schöne Farbe seiner Krawatte ist.

Zum Ende Ihrer Vorbereitung erinnern Sie sich auch noch mal an das Vier-Ohren-Modell (vgl. Kap. 5.7): Es ist Ihre Wahl, mit welchem Ohr Sie Ihren Kunden hören. Wählen Sie bewusst dasjenige, das Sie Ihrem Erfolg näher bringt.

Gehen Sie vor jedem Gespräch zumindest in Gedanken Ihre Checkliste durch (auch zum Download unter verkaufen.limbeckgroup.com): Sind Sie rundherum gut vorbereitet? Na, dann los – denn damit sind Sie auf Ihren Erfolg bestens eingestellt.

Checkliste: Gesprächsvorbereitung

1. Meine Recherche

Zu den Rahmenbedingungen:

- ☐ Ich weiß, wo das Gespräch stattfindet.
- ☐ Ich weiß, womit und wie ich dahin komme.
- ☐ Ich weiß, wann ich starten muss, um unter den aktuellen Gegebenheiten pünktlich dort zu sein.
- ☐ Ich weiß, wie viel Zeit der Kunde und ich für das Gespräch haben.
- ☐ Ich weiß, wie viele Teilnehmer das Gespräch haben wird.

Zum Unternehmen:

- ☐ Ich habe einen Eindruck von den betriebswirtschaftlichen Kennzahlen, der Rechtsform, der Mitarbeiter- und Standortzahl.
- ☐ Ich habe einen Überblick über die Führungskräfte bzw. die Verantwortlichkeiten.
- ☐ Ich kenne die Positionierung am Markt, die schwächeren Stärken und stärkeren Stärken des Unternehmens, seine Angebotspalette und seine Wettbewerber.
- ☐ Ich weiß, ob es Geschäftsbeziehungen zu meinen Wettbewerbern gibt.
- ☐ Ich habe einen Überblick über das, was in der Fachpresse dazu steht.

Zur Person:

- ☐ Ich kenne den vollständigen Namen und Titel.
- ☐ Ich kenne seinen beruflichen Hintergrund.
- ☐ Ich kann einschätzen, was seine Position, seine Kompetenz und sein Entscheidungsspielraum sind.
- ☐ Ich habe eine Vorstellung von seiner Zielsetzung und seinen Erwartungen ans Gespräch.
- ☐ Ich habe seine Präsenz in den beruflichen und sozialen Netzwerken gecheckt, um einige Informationen zu ihm als Privatperson zu finden.

2. Mein Ziel und meine Strategie

- ☐ Ich kenne mein Ziel.
- ☐ Ich kenne auch meine Teilziele.
- ☐ Ich kenne die Strategie, mit der ich dahin komme.
- ☐ Ich habe das richtige Outfit dafür, und alles daran sitzt.
- ☐ Ich habe alle Unterlagen vorbereitet.

3. Meine Fragen und Formulierungen

- ☐ Ich weiß meine Einstiegssätze.
- ☐ Ich weiß, wie ich meine Präsentation aufbaue.
- ☐ Ich habe zusätzlich gute offene begründete Fragen vorbereitet.
- ☐ Ich kenne die richtige Nutzenargumentationskette und -strategie.
- ☐ Ich weiß, welchen Preis und welche Konditionen ich anbiete und wie ich mit Preisdruck umgehe.
- ☐ Ich bin auf Einwände vorbereitet.
- ☐ Ich habe eine Abschlussstrategie.

4. Meine mentale Vorbereitung

- ☐ Ich habe mein Drehbuch von diesem Gespräch fertig.
- ☐ Ich bin bereit, die positiven Seiten an meinem Kunden zu entdecken.
- ☐ Ich achte bewusst darauf, mit welchem Ohr ich meinen Kunden höre.

Download: verkaufen.limbeckgroup.com

AUF EINEN BLICK

- Eine gute Vorbereitung ist beim Verkaufsgespräch schon die halbe Miete.
- Bereiten Sie sich nicht nur mit Zahlen, Daten und Fakten vor, sondern auch mit einem klaren Ziel, einer passenden Strategie sowie einem Katalog an Fragen und Formulierungen für alle Stationen des Verkaufsgesprächs.
- Ihr Erfolg entsteht zwischen Ihren Ohren – mit Ihrer mentalen Vorbereitung.

14.2 Grundsätzliches zum Verkaufsgespräch

Das ist die Stunde der Wahrheit: Sie treffen sich mit dem MAN – das ist der, der die Mittel sowie die Autorität hat und die Notwendigkeit in der Entscheidung sieht, also ein sogenannter Decision-Maker. Egal ob Sie hier und heute zum Abschluss kommen können oder ob Sie sowieso mit mehreren Gesprächsrunden rechnen, weil Sie im Key-Account oder in Branchen arbeiten, in denen es nicht ohne geht: Wenn Sie Ihr Ziel für heute erreichen, schaffen Sie auch den Rest. Wenn Sie es heute vermasseln, dann sind Sie raus. Also, was tun Sie? Sie erreichen Ihr Ziel.

Das setzt also voraus, dass Sie Ihr Ziel für dieses Verkaufsgespräch festgelegt haben (kein Gespräch ohne Ziel!) und sich konsequent daran orientieren: Beenden Sie das Gespräch nicht, bevor Sie sich und Ihren Gesprächspartner nicht zumindest einen Schritt in diese Richtung bewegt haben und den darauffolgenden Schritt konkret mit ihm vereinbart haben. Gerade wenn Sie als Key-Accounter an einem langfristigen Plan arbeiten, ist es wichtig, dass Sie jedes Gespräch mit dem Kunden mit dieser Orientierung führen und den Pflock für das nächste Gespräch setzen.

Als guter Verkäufer haben Sie ja schon für die halbe Miete gesorgt, weil Sie sich gut und gründlich vorbereitet haben (vgl. Kap. 14.1). Sie wissen ja: Nicht die letzten drei Minuten vor dem Termin sind dafür entscheidend, sondern die letzten drei Stunden, in denen Sie sich auch im Kopf auf Erfolg programmiert haben.

L

Limbeck-Tipp

Lassen Sie den Kunden ruhig gleich am Anfang spüren, dass Sie gut vorbereitet sind. Das signalisiert Wertschätzung im Sinne von: Ich habe mir nicht nur jetzt für den Termin mit dir Zeit genommen, lieber Kunde, sondern auch für die Vorbereitung. Das bist du mir wert.

Er merkt, dass Sie vorbereitet sind, zum Beispiel daran, dass Sie ihn mit seinem Namen begrüßen, sobald Sie ihn sehen, obwohl Sie sich vorher noch nie getroffen haben.

Der erste Eindruck

Schon seit den Studien des US-amerikanischen Psychologieprofessors Albert Mehrabian in den 1960er-Jahren ist bekannt: Der allererste Eindruck ist zu mehr als der Hälfte geprägt von Ihrer Körpersprache, zu einem guten Drittel von Ihrer Stimme und nur zu weniger als einem Zehntel von dem, was Sie sagen. Lange Zeit ist daraus verallgemeinernd die 7-38-55-Regel gemacht worden und der Eindruck entstanden, dass der Inhalt unwichtig ist. Doch so hat es Mehrabian nie gemeint. Er sagte vielmehr, dass alle drei Kommunikationsarten »deckungsgleich« sein müssen, um gemeinsam eine positive Wirkung zu erzeugen. Schon ihm war klar: Die reine Verpackung ohne Inhalt ist vielleicht hübsch, doch ganz sicher unverkäuflich.

Gerade wenn zwei fachlich gebildete Gesprächspartner aufeinandertreffen, zum Beispiel zwei Ingenieure, dann bekommt der Inhalt von Anfang an einen größeren Stellenwert. Doch selbst dann spielt Ihr Äußeres eine Rolle. Es gibt keine zweite Chance für den ersten Eindruck! Bereiten Sie sich darauf also vor Ihrem Verkaufsgespräch genauso sorgfältig vor wie Ihre Inhalte. Das betrifft Ihre Körperhaltung und Ausstrahlung sowie Ihr Benehmen und Ihr Outfit gleichermaßen (vgl. Kap. 9.3).

Vergessen Sie auch während des Termins Ihre Wirkung nicht – denn Sie wissen ja seit Paul Watzlawick: Sie wirken immer. Weil Sie immer kommunizieren, ob Sie wollen oder nicht. Achten Sie also lieber darauf, was Sie vermitteln.

Wenn Sie sich zum Beispiel dem Kunden gegenübersetzen mit verschränkten Armen und grimmigem Gesicht, dann versteht der sehr wohl: Sie haben zwar hier und jetzt einen Termin mit ihm, doch Lust auf ein Verkaufsgespräch mit ihm als Kunden haben Sie nicht. Sie wollen eigentlich gar nicht hier sitzen. Da vergeht selbst dem willigsten Kunden die Motivation, mit Ihnen ins Geschäft zu kommen.

Schon für Ihr Terminvereinbarungsgespräch haben Sie Ihre Stimme anhand einer Checkliste fit gemacht (vgl. Kap. 9.5). Nutzen Sie diese Checkliste auch kurz vor Ihrem Termin, damit Ihre Stimme einen angenehmen Klang hat.

Sie können ein und denselben Inhalte entweder so präsentieren, dass Ihr Kunde dadurch positiv motiviert wird, mit Ihnen ins Geschäft zu kommen, oder so, dass er Sie in die Schublade »umständlicher, selbstverliebter Schleimer« steckt und das Gespräch so schnell wie möglich beenden möchte.

Wenn Sie einige entscheidende Grundregeln bei Ihrer Sprache beachten, dann schaffen Sie eine Gesprächsatmosphäre, in der Ihr Kunde sich wohl fühlt und Sie Ihr Ziel erreichen.

1. Erfolgsregel: Formuliere präzise und eindeutig

Machen Sie Ihrem Kunden das Zuhören so leicht wie möglich. Vermeiden Sie also alles, was Ihre Sprache umständlich, unverständlich und/oder schwammig wirken lässt. Kurz gesagt: KISS – **K**eep **I**t **S**imple and **S**tupid – Halten Sie es einfach (vgl. Kap. 9.5). In der Praxis heißt das:

- Verwenden Sie kurze Sätze: Neun Wörter genügen in der Regel, um eine klare Botschaft zu übermitteln. Schachtelsätze mit diversen Nebensätzen gehen gar nicht.
- Verzichten Sie auf Fachchinesisch, außer Sie sind sicher, dass der Kunde es versteht und auch als Zeichen Ihrer Fachkompetenz von Ihnen erwartet.
- Streichen Sie das Wörtchen »man« aus Ihrem Wortschatz. Wer »Man kann«, »Man sollte« sagt, der sollte eine Geißelung bekommen – denn von wem sprechen Sie, wenn Sie »man« sagen? Von sich selbst. Jedes »man« entpersonalisiert den Inhalt. Das ist im Verkauf extrem gefährlich, weil Kaufen immer eine Sache des persönlichen Vertrauens ist. Wenn da keine Person sichtbar ist, baut sich auch kein Vertrauen auf.
- Gleiches gilt für das Wort »eigentlich«: Es relativiert jede Ihrer Aussagen und lässt den Kunden verunsichert zurück. Doch für seine Kaufentscheidung braucht er Sicherheit – geben Sie sie ihm.

2. Erfolgsregel: Nutze eine kraftvolle Sprache

Diese zweite Regel ist meine persönliche Lieblingsregel, denn sie ist außerordentlich wichtig: Mit Konjunktiven und anderen kraftlosen Sprachformen machen Sie sich klein. Sie verraten Ihre Unsicherheit. Dabei kaufen Kunden nur von Siegern – die sind nicht unsicher. Wer im Konjunktiv spricht, vermittelt: »Ich glaube nicht an das, was ich sage.« Vermeiden Sie dieses saft- und kraftlose Stilmittel.

L

Limbeck-Tipp

Konjunktive vermitteln keine Höflichkeit, sondern Unterwürfigkeit und Schwäche.

Die entsprechenden Wendungen sind jedoch oft tief eingeschliffen. Deshalb brauchen Sie ein richtiggehendes Training, um sie erstens bewusst bei sich zu erkennen und zweitens ab heute in aktive Formulierungen zu verwandeln.

Übung: Kraftloses in Kraftvolles verwandeln

Verwandeln Sie die Sätze aus der linken Spalte in kraftvolle Formulierungen. Immer wenn Sie sich selbst dabei beobachten, dass Sie gewohnheitsmäßig in den Konjunktiv oder andere schwammige oder kriecherische Formulierungen rutschen: Notieren Sie diese Wendung und arbeiten Sie an der kraftvollen Alternative!

Kraftloser Konjunktiv	Kraftvolle Alternative
Wir würden uns freuen, wenn Sie uns bald mitteilen könnten, für welches Angebot Sie sich entscheiden würden.	Bis wann haben Sie entschieden, welches Angebot für Sie infrage kommt?
Unser Terminangebot wäre der 3. März.	....
Das Hauptproblem könnte sein, dass möglicherweise die Umstellung auf eine neue Softwareversion Schnittstellen-workarounds nötig machen würde.	....
Wären Sie damit einverstanden, wenn unser Monteur am Montag vorbeikommen würde?	....
Dürfte ich fragen, ob Sie eventuell schon in unsere digitale Produktbroschüre hineinklicken konnten?	....
Hielten Sie es für möglich, uns bis nächste Woche Ihre Entscheidung zukommen zu lassen?	....
Ihre Wünsche bezüglich des Lieferzeitraums würden uns interessieren.	....
Könnte unser elektronisches Produkt vielleicht interessant für Sie sein?	....
Sollten Ihnen Änderungen wichtig sein, würden wir uns liebend gerne darum kümmern.	....

Kraftloser Konjunktiv	Kraftvolle Alternative
Wir wären Ihnen sehr dankbar, wenn Sie uns einen Folgetermin einräumen würden.	....
Wir könnten uns vorstellen, dass Sie von unserem digitalen Angebot der Bestellungsverfolgung eventuell profitieren würden.	....
Schön wäre es, wenn Sie direkt über unsere neue App bestellen würden.	
....	....
Download: verkaufen.limbeckgroup.com	

Kraftvoll wirken übrigens auch Wortwiederholungen. Unbewusst halten wir Worte, die wir mehrfach hintereinander hören, für glaubwürdiger. Der Effekt ist unter der Formel »D = 3W« schon seit dem griechischen Philosophen und Rhetoriker Demosthenes bekannt: **D**oppelung sorgt für **3**-fache **W**irkung.

Diese Technik wird auch im Rahmen des Primings eingesetzt (vgl. Kap. 5.4).

Nutzen Sie diesen Effekt, um wichtige Informationen stärker im Gedächtnis Ihres Kunden zu verankern. Überlegen Sie für Ihr Produkt oder Ihre Dienstleistung, welche Schlüsselaussagen sich für eine solche rhetorische Doppelung eignen.

3. Erfolgsregel: Sprich positiv

Zielen Sie mit allem, was Sie sagen, in eine positive Richtung. So vermeiden Sie ein »Nein«. Dieses Wort bedeutet immer Ablehnung und Zurückweisung – die verträgt kein Mensch und damit auch kein Kunde gut. Konzentrieren Sie sich stattdessen immer auf das Positive: Sagen Sie, was Sie alles können, und nicht, was Sie nicht können. Es sind die positiven Formulierungen, die Ihren Kunden in Richtung einer positiven Entscheidung führen.

Respektieren Sie die Gefühle Ihres Gesprächspartner: Ein harscher Widerspruch wie »Das sehen Sie falsch« oder »Das geht nicht« klingt immer nach Ohrfeige. Sie verletzen den anderen damit, er fühlt sich belehrt und nicht für voll genommen. Das bringt Sie einem Abschluss nicht näher.

Achten Sie überhaupt auf Ihre Wortwahl: Selbst Wörter mit positivem Inhalt können negativ verpackt sein. Beispiele sind »störungsfrei« oder »kostenlos«. Denn der Wortfetzen, der im Gedächtnis des Kunden hängen bleibt, ist »Störung« oder »Kosten«.

Suchen Sie sich deshalb Wörter mit positiven Assoziationen. Denken Sie immer daran: Ihre Sprache ist der Spiegel Ihrer inneren Einstellung. »Ich bereite mich gut vor, um mich nicht zu blamieren« klingt doch ganz anders als »Ich bereite mich gut vor, um erfolgreich zu sein«.

Nutzen Sie bei Wörtern, die fast synonym sind, immer die Variante, die positiver besetzt ist: Sprechen Sie nicht von einem Vertrag, sondern von einer Vereinbarung oder einem Auftragsformular. Und statt um die Unterschrift bitten Sie um ein Autogramm oder die Unterzeichnung.

Diese positiven Formulierungen sollten Sie intensiv üben, denn erstaunlicherweise gehen den meisten Verkäufern negative Formulierungen leichter über die Lippen als positive. Arbeiten Sie also ganz bewusst an Ihrer positiven Sprache.

Übung: Negativ in Positiv verwandeln

Verwandeln Sie die negativ formulierten Sätze aus der linken Spalte in positive Formulierungen. Immer wenn Sie sich selbst dabei beobachten, dass Sie gewohnheitsmäßig negative Wendungen nutzen: Notieren Sie sie und arbeiten Sie an der positiven Alternative.

Negative Formulierung	Positive Formulierung
Unsere telefonische Serviceannahme ist nach 18 Uhr nicht besetzt.	Nach 18.00 Uhr nutzen Sie die Chat-Funktion unserer Website ...
Die Kosten betragen ...	Ihre Investition beläuft sich auf ...
Dafür sind wir nicht zuständig.	....
Sie müssten erst einmal den Vertrag unterschreiben.	....
Ja, aber ...	....
Leider haben wir dieses Modell nicht da.	....
Da erwarten wir folgendes Problem.	....
Da haben Sie mich missverstanden.	....

Negative Formulierung	Positive Formulierung
Das kriegen wir nicht genehmigt.	....
Das können wir Ihnen nicht vor dem 20.11. sagen.	....
Wie kommen Sie denn darauf?	....
Rabatte gibt es bei uns nicht.	....
Das haben wir noch nie so gemacht.	....
Das ist unrealistisch.	....
Sie werden diesen Kauf nicht bereuen.	....
Wenn ich auch mal was sagen darf ...	....
Warum regen Sie sich so auf?	....
Kein Grund zur Panik!	....
....	....
Download: verkaufen.limbeckgroup.com	

Das geht sogar noch weiter: Nicht die Bedeutung der Worte allein bestimmt die Assoziation. Schon allein ihr Klang macht einen Unterschied. Das demonstriere ich gerne an zwei Kunstworten: Sprechen Sie für sich einmal laut das Wort »Patzke« aus. Wie klingt das? Angenehm und weich? Oder hart und eckig? Und nun machen Sie das gleiche mit dem Wort »Vaiola«. Das klingt anders, oder?

Das liegt daran, dass alle Vokale fließen, Konsonanten wie »p«, »k«, »t« oder »z« jedoch einen aggressiven Klang haben. Der erzeugt ganz automatisch eine Abwehrreaktion.

L

Limbeck-Tipp

Vermeiden Sie nach Möglichkeit Wörter und Formulierungen, die von harten Konsonanten dominiert werden.

Das gilt ganz besonders für Wörter, die einen doppelt abstoßenden Klang haben, wie zum Beispiel »Kosten«: Das klingt nicht nur hart, sondern erweckt auch immer negative Assoziationen. Besser sind Formulierungen wie »Sie investieren ...«, »Sie erhalten für den Betrag X ...«, »Sie bekommen ...«

Gehen Sie die Übung noch einmal durch: Haben Sie auch alle Patzkes in Vaiolas verwandelt?

4. Erfolgsregel: Verwende Bilder

Mit einer bildreichen Sprache wecken Sie das Kopfkino und damit die Emotionen Ihres Gesprächspartners. Die sind ein wichtiger Aspekt in Ihrer Kommunikation, denn jede Kaufentscheidung ist eine emotionale Entscheidung – selbst bei den größten Aufträgen und bei extrem nüchtern erscheinenden MANs. Es geht am Ende immer um Vertrauen, und das ist nun mal ein Gefühl.

Die deutsche Sprache hat unglaublich viele bildhafte Worte und Wendungen zu bieten:

Ein paar Beispiele gefällig?

- Hand aufs Herz
- Farbe bekennen
- auf Herz und Nieren prüfen
- den Nagel auf den Kopf treffen
- die Zunge verbrennen
- das Pferd von hinten aufzäumen
- eine Situation mit links meistern
- mit der Faust auf den Tisch hauen

L

Limbeck-Tipp

Sammeln Sie solche rhetorischen Bilder, die zu Ihnen und Ihrem Produkt passen, auf Vorrat, um sie im richtigen Moment parat zu haben.

---

5. Erfolgsregel: Verwende keine »Ich«-Formulierungen

Jeder Kunde spricht am liebsten über sich. Allein schon dadurch, dass Sie häufig Sätze mit »ich« oder »wir« oder »unser Unternehmen« verwenden, vermitteln Sie ihm den Eindruck, dass Sie nicht über ihn, sondern über sich sprechen. Er fühlt sich nicht beachtet.

Achten Sie deshalb darauf, dass Ihr Kunde explizit in dem Satz vorkommt, indem Sie verstärkt auf Formulierungen mit »Sie« und »Ihr« einsetzen. Der Inhalt ist der Gleiche, nur die Verpackung gefällt Ihrem Kunden besser. Das heißt: Formulieren Sie so, dass sein Nutzen, sein Vorteil genannt ist und seine Wünsche mit dem Angebot verknüpft sind. Sagen Sie also nicht: »Ich kläre das bis morgen ab«, sondern »Morgen wissen Sie da Bescheid«.

Auch diese Sprachregel ist Übungssache – legen Sie am besten gleich los.

Übung: Verkäufer- in kundenzentrierte Sätze verwandeln

Verwandeln Sie die mit Ich oder Wir formulierten Sätze aus der linken Spalte in kundenzentrierte Formulierungen. Immer wenn Sie sich selbst dabei beobachten, dass Sie gewohnheitsmäßig verkäuferzentrierte Wendungen nutzen: Notieren Sie sie und arbeiten Sie an ihrer Verwandlung.

verkäuferzentrierte Formulierung	kundenzentrierte Formulierung
Wir empfehlen die Nutzung des Online-shops.	Nutzen Sie doch einfach den Onlineshop.
Wir schicken Ihnen das Angebot heute raus.	....
Ich empfehle Ihnen ...	....
Wir freuen uns auf Ihre Nachricht.	....
Unserer Erfahrung nach ...	....
Ich kann Ihnen nur sagen ...	....
Wir melden uns in Kürze.	....
Ich kann Ihnen fünf Prozent nachlassen.	....
Unser Haus bedankt sich für das Interesse.	....

verkäuferzentrierte Formulierung	kundenzentrierte Formulierung
Ich erkläre Ihnen das.	....
Wir erkundigen uns da mal.	....
Mein Angebot lautet ...	....
Unser Produkt wird Sie begeistern.	....
....	....
Download: verkaufen.limbeckgroup.com	

Worauf es ankommt

Wenden Sie die genannten fünf Erfolgsregeln an, dann tun Sie nichts anderes, als auf Ihre Sprachhygiene beim Kunden zu achten. Lassen Sie die Regeln ganz tief in sich sacken und üben Sie sie bewusst. Kleben Sie sich die Regeln gut sichtbar zum Beispiel an Ihren Schreibtisch.

Die Erfolgsregeln für meine Sprache im Verkauf

1. Ich formuliere präzise und eindeutig.
2. Ich nutze eine kraftvolle Sprache.
3. Ich spreche positiv.
4. Ich arbeite mit rhetorischen Bildern.
5. Ich verwende »Sie«- statt »ich«-Formulierungen.

Download: verkaufen.limbeckgroup.com

Mit gekonnter Verkaufssprache wecken Sie die richtigen Emotionen beim Kunden. Nutzen Sie auch die haptischen Möglichkeiten, die sich Ihnen dafür bieten: Geben Sie Ihrem Kunden zum Beispiel wenn möglich etwas in die Hand, damit er selbst fühlen oder etwas tun kann.

Der besondere Clou: Pencil-Selling

2012 hat eine Studie der Universität St. Gallen bei Verkaufsgesprächen in der Finanzdienstleistungsbranche nachgewiesen, dass das sogenannte Pencil-Selling großartig funktioniert: Nach dieser Methode erklären Sie Ihrem Kunden Ihr Produkt oder Ihre Dienstleistung und den Nutzen nicht anhand eines Prospektes oder anderer vorbereiteter Präsentationsmaterialien. Stattdessen skizzieren Sie alles Nötige mit der Hand auf ein einfaches Blatt Papier. Laut Studienergebnissen bewirkt die Methode zwar nicht, dass der Kunde den Verkäufer für kompetenter hält. Der hinterlässt jedoch einen signifikant positiveren Eindruck sowohl in Sachen Kooperationsfähigkeit und Kundenorientierung als auch bei der Empathie. Und dieser Eindruck hat Folgen: Nur 45 Prozent der Kunden, denen der Verkäufer das Produkt anhand einer vorgefertigten Folie erklärt hatte, sagten Ja zum Vorschlag für ein weiteres Gespräch. Bei den Kunden, bei denen der Verkäufer mit Pencil-Selling gearbeitet hatte, waren es 57 Prozent.

Nun hängt der Erfolg im Verkaufsgespräch jedoch nicht nur von Ihrer gekonnten Verkaufssprache ab, sondern auch und vor allem davon, dass Ihr Kunde ausreichend und mit den richtigen Dingen zu Wort kommt. Sie sollten in einem Verkaufsgespräch immer mehr Informationen erhalten, als Sie geben. Das ist an sich eine leichte Aufgabe, denn der Kunde spricht sowieso am liebsten über sich. Damit er jedoch auch über das spricht, was für Sie wichtig ist, gibt es die BAP®-Technik. Die ist so zentral für Ihren Erfolg, dass ihr ein ganzes Kapitel gewidmet ist (vgl. Kap. 14.3). Denn sie führt Sie vom Monolog über den Dialog zum Abschluss.

Das Vor-Abschlussgespräch

In einigen Branchen und Bereichen, speziell im Key Account, ist von vornherein klar, dass Sie weder im ersten noch im zweiten Gespräch zu einem Abschluss kommen. Vom ersten bis zum eigentlichen Preis- und Abschlussgespräch liegen unter Umständen ein oder zwei Jahre mit vielen Zwischenstationen. Und doch arbeiten Sie sich mit jeder Station zielgerichtet an den Abschluss heran. Betrachten Sie deshalb jedes Verkaufsgespräch auch gleichzeitig als Vor-Abschlussgespräch.

In einem solchen Gespräch haben Sie folgende Punkte im Auge:

- Sie stellen eine Beziehungsebene her.
- Sie zeigen Interesse.
- Sie sammeln Informationen (Sie ermitteln also bereits den Bedarf).
- Sie bieten Alternativen.
- Sie bringen Zusatzverkauf ins Spiel (Up-Selling, Cross-Selling).
- Sie klären auf jeden Fall den Nachfasszeitpunkt.
- Sie testen bereits vorsichtig die Preissensibilität.
- Sie schaffen Verbindlichkeit über den »moralischen Vorvertrag«.

Auf diese Weise bereiten Sie Ihrem Abschluss einen sicheren Boden.

Die Stationen des Verkaufsgesprächs

Über die Grundregeln der Sprache hinaus hat jede Station des Verkaufsgesprächs ihre eigenen Gesetze. Die finden Sie in folgenden Kapiteln:

- Begrüßung und Gesprächseinstieg (Kap. 14.3)
- Bedarfsanalyse (Kap. 14.4)
- Nutzenargumentation (Kap. 14.5)
- Verkaufspräsentation (Kap. 14.9)
- Einwandbehandlung (Kap. 14.7)
- Preisgespräch (Kap. 14.10)
- Vorbereitende Abschlussfragen (Kap. 14.3 und 15.5)

Bevor Sie allerdings in das Gespräch mit dem Kunden einsteigen, sollten Sie – wenn irgend möglich – noch etwas geklärt haben: nämlich die Sitzordnung und die Getränkefrage.

Platzwahl

Wenn Sie die Möglichkeit haben: Suchen Sie sich Ihren Platz selbst. Wenn Sie in das Büro oder in den Besprechungsraum geführt werden und die Sitzordnung ist noch nicht durch äußerliche Zeichen festgelegt wie vorbereitete Unterlagen, dann wählen Sie die Position, die günstig für Sie ist.

Limbeck-Tipp

Fragen Sie nie danach, wo Sie sich hinsetzen dürfen.

Die günstigste Position ist immer die

- mit dem Fenster im Rücken,
- mit der Tür im Auge und
- mit dem Kunden über Eck zu Ihrer Rechten.

Das Fenster in Ihrem Rücken ist günstig, weil Sie nicht in die Gefahr geraten, von der hereinscheinenden Sonne geblendet zu werden und dauernd blinzeln zu müssen. Oder im unrechten Moment Ihr Gespräch unterbrechen zu müssen, um die Jalousie herunterzuziehen.

Wenn Sie die Tür im Blick haben, dann brauchen Sie sich nicht jedes Mal umzudrehen, wenn sie sich öffnet: Sie wissen aus dem Augenwinkel immer Bescheid, ohne den Fokus auf Ihren Kunden zu verlieren.

Den Kunden möchten Sie am liebsten nicht frontal gegenübersitzen haben, weil diese Konstellation sich wie eine Konfrontation anfühlt. Viel günstiger ist es, wenn Sie mit ihm über Eck sitzen, denn das erlaubt den gefühlten Schulterschluss. Wenn Sie Rechtshänder sind, dann sitzt Ihr Kunde am besten rechts von Ihnen: Sie präsentieren mit Ihrer Rechten und sorgen so für noch mehr Nähe zu ihm. Für Linkshänder gilt das natürlich spiegelbildlich.

Wenn Sie es genau anders herum machen, hat das allerdings den Vorteil, dass Ihr Kunde leichter mitlesen kann, was Sie sich notieren. Welche Variante Sie wählen, ist Geschmacksache: Wenn ich vor der Entscheidung stehe »mitlesen oder Nähe«, dann ist mir persönlich Nähe das Wichtigere.

Kommen von Kundenseite noch mehr Leute dazu, dann dirigieren Sie den wichtigsten an den oben beschriebenen Platz, den zweiten Ihnen gegenüber und füllen dann (bei Rechtshändern) gegen den Uhrzeigersinn auf. Auf diese Weise haben Sie alle Personen weitgehend im Blick – und bemerken auch, wenn stille Absprachen untereinander laufen.

Das klingt jetzt so, als dürften Sie als Gast die Sitzordnung der Gastgeber bestimmen – und in der Praxis können Sie das auch erstaunlich oft tun. Wenn Sie gleich beim Eintreten Ihre Tasche und Ihre Unterlagen an den für Sie günstigsten Platz ablegen und Ihren Stuhl ein wenig zurückrücken, dann haben Sie diesen Platz »besetzt«. Und wenn Sie dann an die anderen Plätze zum Beispiel Ihre Visitenkarten auslegen oder schon einmal das bereitstehende Kaffeegeschirr verteilen, dann werden Ihre Kunden diesem Arrangement in aller Regel folgen. Wir sind alle dahingehend erzogen, den Platz, der uns angeboten wird, einzunehmen.

L

Limbeck-Tipp

Nutzen Sie die Chance, sich im wahrsten Sinne des Wortes die beste Ausgangssituation zu schaffen.

Die Getränkefrage

In aller Regel wird Ihnen zu Beginn des Gespräches etwas zu trinken angeboten. Ganz unabhängig davon, ob Sie gerade Durst haben oder nicht: Nehmen Sie das Angebot immer an! Dadurch sorgen Sie für eine positive Atmosphäre. Mit einem »Ja, bitte« bringen Sie nämlich Bewegung in die von Förmlichkeit geprägte Anfangszeit, während ein »Nein, danke« die Stimmung eher dämpft.

Gleichzeitig nutzen Sie auf schlaue Weise das Reziprozitätsprinzip (vgl. Kap. 5.5): Sie nehmen etwas von Ihrem Kunden an und treten so in eine Verbindlichkeit ein. Ihr Kunde wird ganz unbewusst darauf vorbereitet, später auch etwas von Ihnen anzunehmen. Am besten Ihr Kaufangebot.

Wenn Sie lieber Kaffee trinken als den angebotenen Tee: Das dürfen Sie gerne sagen. Sie signalisieren damit ein gewisses Selbstbewusstsein im Sinne von: »Lieber Kunde, ich bin da, um dir etwas Gutes zu bringen. Es ist deshalb vollkommen in Ordnung, wenn du mir auch etwas gibst, das für mich gut ist.« Und falls der Kunde anbietet, mit Ihnen eine rauchen zu gehen, obwohl Sie Nichtraucher sind, ist es vollkommen in Ordnung, wenn Sie die Zigarette selbst ablehnen. Wichtig ist nur, dass Sie das Wort »Nein« vermeiden, sondern die Absage nett und wertschätzend verpacken. Das kann zum Beispiel so klingen: »Lieber Herr Kunde, ich begleite Sie gerne nach draußen, wenn es für Sie okay ist, dass ich die Zigarette weglasse.«

AUF EINEN BLICK

- Sorgen Sie für einen guten ersten Eindruck.
- Halten Sie sich an die fünf Erfolgsregeln der Verkaufssprache.
- Wählen Sie eine günstige Sitzposition und nehmen Sie angebotene Getränke immer an.

14.3 Die BAP®-Technik

Das Verkaufsgespräch gekonnt eröffnen, den Kunden souverän hindurchführen und dann zum erfolgreichen Abschluss kommen – das klingt gut, nicht wahr? So darf es laufen.

Das tut es auch, wenn Sie wissen, was Sie dafür zu tun haben. Wenn Sie die richtige Technik draufhaben. Nämlich die BAP®-Technik.

BAP steht für

Bring es
Auf den
Punkt.

Entwickelt haben wir die BAP®-Technik aus der Erfahrung heraus, dass Kunden genau so lange gern mit Verkäufern zusammenarbeiten, wie sie den Nutzen empfinden. Jede Zeit, die Sie darüber hinaus von Ihrem Kunden beanspruchen, schmälert Ihre Abschlusschance. Denn auf eine gefühlte Zeitverschwendung reagieren Kunden heute allergischer denn je.

Die BAP®-Technik bietet sich insbesondere dann an, wenn Sie schon bei Ihren ersten Kontakten den Eindruck gewinnen, dass Ihr Gesprächspartner ein entscheidungsfreudiger MAN ist (MAN steht für »hat die **M**ittel, die **A**utorität und sieht **N**otwendigkeit für Entscheidungen«; vgl. Kap. 13.5). Kann auch sein, dass Sie merken, dass er sich im Vorfeld bereits so gut über Ihr Produkt informiert hat, dass er sich nicht mehr die Frage stellt, ob er mit Ihnen ins Geschäft kommt, sondern nur, wie Ihr entsprechendes Angebot aussehen soll.

Limbeck-Tipp

Der Grundgedanke der BAP®-Technik im Verkaufsgespräch ist, dass Sie ohne Umschweife zum Wesentlichen kommen, sprich direkt mit einer guten Bedarfsanalyse einsteigen. Und wenn Sie dann sehr konkret wissen, was Ihr Kunde will, weil Sie tiefer als tief gebohrt haben, dann bieten Sie ihm die Lösung.

Halten Sie so zügig auf Ihr Ziel zu, wie Ihr Kunde mitgehen kann. Da brauchen Kunden, die hoch grün sind (vgl. Kap. 12.5), länger als zum Beispiel die hoch Roten: Auch wenn die Mehrzahl der MANs vom roten oder gelben Typ sind und es lieben, schnell zur Sache zu kommen: Bleiben Sie bei der Anwendung der BAP®-Technik Ihrem Kunden gegenüber aufmerksam.

BAP®-Technik im Projektgeschäft

Im Key-Account können sich Ihre Verhandlungen teilweise über ein oder sogar zwei Jahre ziehen. Dennoch ist die BAP®-Technik auch hier für Sie hilfreich: Denn genauso, wie Sie bei Geschäften in kleineren Größenordnungen den Abschluss im Auge haben, haben Sie bei solchen langen Verkaufsprozessen bei jedem Gespräch den nächsten Schritt im Blick, den Sie erreichen wollen. Und auf den steuern Sie mit der BAP®-Technik genauso erfolgreich zu wie auf einen Abschluss.

Der Einstieg

Direkt loslegen – genau das trauen sich viele Verkäufer gerade beim Einstieg jedoch nicht. Sie meinen, sie müssten die ersten Minuten im persönlichen Kundenkontakt mit sogenannten »Eisbrecherfragen«, sprich Small Talk füllen. Sie glauben, so für eine lockere und entspannte Atmosphäre zu sorgen. Was dabei herauskommt, sind in aller Regel Killerfloskeln, die dem Kunden sofort signalisieren: Hier kommt ein typischer Verkäufer hereingekrochen.

No-Go-Gesprächseinstiege

- Danke, dass Sie sich für mich Zeit genommen haben!
- Sie haben aber ein tolles Unternehmen!
- Ja, ja: Die Digitalisierung bringt Ihrer Branche wirklich harte Zeiten, nicht wahr?
- Finden Sie es heute auch so kalt?
- Wie laufen die Geschäfte?
- Wie geht's?
- Wie viel Zeit geben Sie mir denn heute?
- Ich sehe, Sie haben hier ein großes Aquarium. Mögen Sie Fische?
- Wie nett Ihr Büro eingerichtet ist.
- So ein schöner Tag, finden Sie nicht?

Kunden wollen jedoch von Siegern kaufen, das heißt, von selbstbewussten, sicheren Verkäufern, denen sie vertrauen. Die Frage ist also, wie Sie als zielorientierter, starker Verkäufer auftreten und gleichzeitig dem Entscheider vermitteln, dass er mit seinem Anliegen bei Ihnen absolut gut aufgehoben ist. Wie verbinden Sie Abschlussstärke mit dem Vertrauen, das für eine langfristige Kundenbeziehung unerlässlich ist?

Genau das gelingt Ihnen beim Gesprächseinstieg mit der BAP®-Technik: Die setzt ein, wenn Sie und Ihr Gesprächspartner am Verhandlungstisch Platz genommen haben. Auf dem Weg zum Büro ist durchaus ein Small Talk möglich, aber bitte mit einem originellen Aufhänger oder einem pfiffigen Gesprächseinstieg. Und fangen Sie auf gar keinen Fall mit einem der sechs »verbotenen« Themen des Small Talks an: Politik, Sexualität, Familie, Sport, Wetter oder Krankheiten.

Wenn Sie Ihren Kunden schon länger kennen, weichen diese harten Grenzen mit der Zeit auf, doch bleiben Sie stets wachsam. Sobald das Gespräch Richtung Glatteis geht: Verlagern Sie das Gespräch geschickt auf ein entspannteres Thema.

Den Small Talk stoppen Sie dann in jedem Fall in dem Moment, in dem Sie sich beide hingesetzt haben. Und dann schweigen Sie!

L

Limbeck-Tipp

Halten Sie das Schweigen aus. Zählen Sie innerlich: 21, 22, 23, 24.

Das erfordert Mut und vier Sekunden des Schweigens fühlen sich wie eine Ewigkeit an, doch nehmen Sie sich bewusst diese Zeit. Dann wird das Schweigen auch nicht peinlich.

Für das, was dann passiert, gibt es drei Möglichkeiten:

1. Ihr Gesprächspartner beginnt selbst mit Small Talk. Darauf gehen Sie höflich ein. Nach gefühlten ein bis zwei Minuten schwenken Sie jedoch mit einer gut begründeten offenen Frage direkt in das eigentliche Gesprächsthema.
2. Ihr Gesprächspartner beginnt von selbst über das Thema zu sprechen. Das begrüßen Sie innerlich, denn das ist für Sie der Startschuss, um mit Fragen das nun folgende Gespräch zu führen.
3. Ihr Gesprächspartner bricht das Schweigen auch nach den vier Sekunden noch nicht: Eröffnen Sie das Gespräch, bevor die Stille peinlich wird, und zwar mit einer begründeten offenen Frage.

Die begründete offene Frage

Aus dem großen Repertoire Ihrer Fragekompetenz (vgl. Kap. 5.8) ist für die BAP®-Technik vor allem die begründete offene Frage wichtig.

Diese Art der Frage begründet aus sich heraus, warum sie überhaupt gestellt wird. Wichtig ist dabei die Reihenfolge: erst Begründung der Frage, dann die Frage selbst. Wenn Sie die Begründung nicht voranstellen, fühlt sich das für Ihren Gesprächspartner gerade zu Beginn eines Gesprächs wie ein Verhör an – das schafft keine gute Gesprächsatmosphäre.

Beispiele für begründete offene Fragen sind:

> »Herr Kunde, damit Sie genau die Informationen bekommen, die für Sie wichtig sind: Worauf legen Sie bei der Implementierung Ihres neuen Warenwirtschaftssystems besonders großen Wert?«

»Herr Kunde, damit wir hier und heute nur über das sprechen, was für Sie wichtig ist: Welche Anforderung stellen Sie an die Logistikpartner Ihres Unternehmens?«

»Um festzustellen, ob wir für Sie die richtigen Partner sind: Was ist Ihnen beim Thema Datensicherheit besonders wichtig?«

Mit einer guten Begründung nehmen Sie auch Einwände geschickt vorweg.

No-Go: »Kennen Sie unser Unternehmen?«

Vermeiden Sie die Frage, ob Ihr Gesprächspartner Ihr Unternehmen kennt. Sie sind für eine weltbekannte Marke tätig, die Frage wirkt schulmeisternd, wenn nicht sogar überheblich. Außerdem bereiten sich professionell arbeitende Entscheider so wie Sie auf den Gesprächstermin vor: Sie besorgen sich Informationen über Ihr Unternehmen, Ihre Produkte und Dienstleitungen, über Ihren Wettbewerb und, wenn möglich, auch über Ihre Person selbst. Und: Antwortet Ihr Gesprächspartner mit Nein, haben Sie auch nichts gewonnen – im Gegenteil: Ein Nein gibt Ihrem Gespräch immer einen negativen Dreh und Sie sind erst mal damit beschäftigt, den wieder ins Positive zu lenken.

Limbeck-Tipp

Bereiten Sie mindestens vier oder fünf situativ begründete offene Fragen so vor, dass sie wirklich sitzen.

Übung: Begründete offene Fragen

Wie können für Ihr Produkt oder Ihre Dienstleistung begründete offene Fragen aussehen? Diese Übung dient nicht dazu, dass Sie sich Standardfragen für alle Ihre Kunden ausdenken: Trainieren Sie zunächst nur die Formulierung. Bereiten Sie nach diesem Muster vor jedem Verkaufsgespräch individuelle Fragen für diesen Kunden vor.

Ihr Fragebeginn	Ihre thematische Frage
Lieber Kunde, damit Sie von uns ein maßgeschneidertes Angebot bekommen:	Worauf legen Sie bei der Arbeitsplatzgestaltung in den einzelnen Abteilungen besonders großen Wert?
....	....
....	....
....	....
....	....

Download: verkaufen.limbeckgroup.com

Deine Notizen

Machen Sie sich auf jeden Fall Notizen. Damit signalisieren Sie Ihrem Kunden, dass Sie seinen Bedarf und seine Wünsche und Anforderungen sehr ernst nehmen. Tun Sie es deshalb ruhig demonstrativ.

Kündigen Sie auch an, dass Sie das tun wollen. So zum Beispiel:

»Herr Kunde, das sind jetzt wichtige Informationen für unsere Zusammenarbeit – da schreibe ich direkt mit.«

L

Limbeck-Tipp

Fragen Sie jedoch nie um Erlaubnis, mitschreiben zu dürfen, sonst verlieren Sie an Augenhöhe.

Schreiben Sie auf einen Notizblock oder auch ein Tablet. Achten Sie darauf, dass das, was Sie schreiben, für Ihren Kunden sichtbar ist: So sieht der Kunde, dass Sie keine Geheimnisse haben. Dann spricht er gerne weiter, denn Sie zeigen sich offen, also ist er es auch.

Es ist ja Ihr Ziel, in dieser Phase des Gesprächs möglichst viele Informationen für die Angebotsargumentation im weiteren Verkaufsprozess zu sammeln. Motivieren Sie deshalb Ihren Kunden auch immer wieder mit Kopfnicken zum Weitermachen. Nicken spornt nämlich an.

Dein Hinhören bekräftigen

Dass ganz besonders in dieser Phase des Gesprächs Ihre Hinhörkompetenz gefragt ist (vgl. Kap. 5.8), versteht sich fast von selbst. Und zu dieser Kompetenz gehört auch, Ihrem Kunden Ihre Aufmerksamkeit deutlich zu machen. Das erreichen Sie zum Beispiel durch aktive Hinhörlaute wie »ah ja«, »mmh«, »ich verstehe«, »interessanter Punkt« usw.

Limbeck-Tipp

Bei den Hinhörlauten macht die Dosis das Gift: Verwenden Sie sie nicht zu üppig, sonst wirkt es übertrieben. Verwenden Sie sie auch nicht zu sparsam, sonst ist Ihr Kunde verunsichert.

Gleiches gilt dafür, dass Sie Ihren Kunden immer wieder mit Namen ansprechen: Tun Sie es, doch tun Sie es in Maßen.

Darüber hinaus setzen Sie hier sehr effektvoll den kontrollierten Dialog ein, indem Sie beispielsweise fragen:

> »Herr Kunde, wenn ich Sie richtig verstanden habe, ist es Ihnen wichtig, dass die Geräte noch im ersten Quartal einsatzbereit sind. Richtig?«

Der kontrollierte Dialog

Der kontrollierte Dialog startet in der Regel mit einer Einführung wie: »Herr Kunde, wenn ich Sie richtig verstanden habe ...«, dann folgt die Zusammenfassung dessen, was Ihrer Meinung nach der Kunde gesagt hat. Anschließend hören Sie gut hin, wie seine Antwort ausfällt.

Mit dieser Kommunikationsform erfahren Sie, ob Ihre Argumente wirklich beim Kunden angekommen sind. Gleichzeitig gewinnen Sie seine Sympathie und sein Vertrauen, weil Ihre Nachfrage ihm Ihr Interesse und Ihr Verständnis signalisieren.

Voraussetzung ist, dass Sie auch zuvor gut hingehört haben und so zielgerichtete Fragen stellen können. Indem Sie dem Kunden mehr Fragen stellen und seine Antworten durch den kontrollierten Dialog reflektieren, erhöhen Sie den Gesprächsanteil Ihres Kunden und den Informationsgehalt für Sie.

L

Limbeck-Tipp

Unterbrechen Sie Ihren Gesprächspartner bei seinen Antworten im kontrollierten Dialog nicht, sonst zerstören Sie den gewünschten Effekt.

In Kombination mit weiterführenden offenen Fragen zum Thema animieren Sie Ihren Kunden zum Weitersprechen, bis Sie ausreichende Ansatzpunkte für Ihre Angebotsargumentation und Ihre Lösung für Ihren Kunden haben.

Wenn Sie so weit sind, dann ist es Zeit für DEA: **DE**zente **A**nerkennung.

An diesem Punkt sollten Sie Ihren Gesprächspartner dafür loben, dass er Ihnen so viele Ansatzpunkte für Ihre Angebotspräsentation geliefert hat. Verpacken Sie Ihr Lob dezent, weil es sonst übertrieben wirkt. Zum Beispiel so:

> »Herr Kunde, ich merke, Sie kennen sich da gut aus. Das macht es uns einfach.«

Entscheiden Sie situativ, ob DEA kürzer oder länger ausfallen sollte. Wichtig ist, dass Ihre Anerkennung ganz natürlich und spontan aus der Gesprächssituation heraus geboren wirkt.

Limbeck-Tipp

Verwenden Sie keine auswendig gelernten Lobformulierungen, denn damit machen Sie sich unglaubwürdig und vergiften die positive Gesprächsatmosphäre.

Und übrigens: Wenn Ihr Kunde Ihnen ein Kompliment macht, und wenn es noch so versteckt ist, lassen Sie dieses Geschenk auf keinen Fall achtlos liegen. 90 Prozent der Verkäufer tun das. Sie sind nämlich in ihr Produkt so verliebt, dass sie das Lob dafür für selbstverständlich halten. Machen Sie es besser: Nehmen Sie den positiven Dreh auf und machen Sie etwas daraus. Verwandeln Sie den kleinen Luftballon, den Ihnen Ihr Kunde auf diese Art reicht, in einen Heißluftballon. Das geht zum Beispiel so:

> Kunde: »Das sieht auf den ersten Blick ganz gut aus.«
> Sie: »Herr Kunde, was genau sieht für Sie daran auf den ersten Blick super aus?«

Führen Sie ihn auf diesem Weg dezent und im richtigen Maß weiter in diese günstige Richtung. So festigen Sie Ihre Beziehung zu ihm und bestärken ihn in seinen positiven Gedanken.

Das Kaufmotiv finden

Sie haben eine ganze Reihe Details erfahren. Welchen Stellenwert die im Einzelnen für den Entscheider haben, ist enorm wichtig, damit Sie seine Kaufmotive herausfiltern. Denn darauf bauen Sie anschließend Ihre Nutzenargumentation auf.

Sie gehen diesen Kaufmotiven also mit weiteren offenen Fragen auf die Spur. Nutzen Sie dafür den Fragetrichter, den ich Ihnen Kap. 14.4 ausführlich beschreibe. Hören Sie auch hier gut hin, denn oft lassen schon die Formulierungen, die Ihr Kunde wählt, viele Rückschlüsse zu (vgl. Kap 12.3).

Fragen Sie so konkret wie möglich:

> »Herr Kunde, Sie sagen, dass die Freundlichkeit und die Kundenorientierung Ihrer zukünftigen Serviceeinheit entscheidend für Sie sind. Welche Punkte in Bezug auf die Kundenorientierung sind für Sie besonders wichtig?«

Hier geben Sie Ihrem Gesprächspartner sehr viel Raum, um sich auszubreiten. Driftet Ihr Kunde in seinen Ausführungen zu sehr ab, dann setzen Sie die Lobtechnik nach DEA ein (vgl. Kap. 14.1), um ihn wieder zurück zum Thema zu bringen.

Zum Beispiel:

> »Herr Kunde, Sie sagten, Zuverlässigkeit ist Ihnen in einer Partnerschaft ein großes Anliegen. Das ist ein weites Feld. Damit ich es gut verstehe: Was konkret ist Ihnen dabei wichtig? Was wünschen Sie sich genau?«

An dieser Stelle müssen Sie unbequem sein: Bohren Sie tief und noch tiefer. Denn erst wenn Sie genügend Informationen in diesem Gespräch bzw. im Vorfeld gesammelt haben, ist es Zeit umzuschalten: Dann erst sind Sie dran.

Die BAP®-Abschlussfrage

Selbst wenn Sie Ihr Produkt oder Ihre Dienstleistung noch gar nicht detailliert präsentiert haben, stellen Sie dennoch die Abschlussfrage. Das ist kein Zeichen von Ungeduld, sondern von Ihrer konsequenten Abschlussorientierung.

Die kann so lauten:

> »Herr Kunde, gesetzt den Fall, Sie erkennen gleich selbst für sich, dass das, was Sie suchen, in unserem maßgeschneiderten Angebot für Sie alles enthalten ist, sagen Sie dann: ›Ja, will ich haben!‹?«

Oder:

> »Mal angenommen, Sie bekommen von uns genau das, was Sie mir gerade geschildert haben, dann …«

Lassen Sie den Satz ruhig in der Luft hängen, meist reagiert Ihr Gesprächspartner von alleine.

Eine zögerliche oder auch gar keine Antwort Ihres Kunden ist kein Hinderungsgrund – im Gegenteil. Die können Sie nutzen, denn Sie erfahren so frühzeitig im Verkaufsprozess, welche Voraussetzungen, die Sie noch nicht erfüllt haben, für Ihren Kunden eine entscheidende Rolle spielen. Es kommt häufig vor, dass der Kunde die vorher noch gar nicht genannt hat. Dann stellen Sie zum Beispiel die Frage:

> »Herr Kunde, welche anderen Punkte müssen Sie denn noch erfüllt sehen, damit wir langfristig Geschäftspartner sind?«

Falls der Kunde auf Ihre erste Abschlussfrage klipp und klar »Nein« sagt, antworten Sie:

> »Okay. Danke für Ihre offene Antwort. Was müssen wir tun, um aus Ihrem Nein ein Ja zu machen?«

Daraufhin gibt Ihnen Ihr Gesprächspartner noch weitere Hintergrundinformationen, die Sie sonst nie erfahren hätten.

Für Mutige: Der Abschluss zum Einstieg

Wenn Ihnen die Situation dafür günstig erscheint, können Sie die Abschlussfrage nach der BAP®-Technik auch als Einstiegsformulierung nutzen:

> »Herr Kunde, gesetzt den Fall, Sie bekommen in unserem Gespräch den Eindruck, dass das Unternehmen XY und ich für Sie der richtige Partner sind, haben wir Sie dann heute als neuen Kunden gewonnen?«

Sollten Sie am Telefon bereits über Produkte gesprochen haben, können Sie auch einsteigen mit:

> »Herr Kunde, mal angenommen, Sie überzeugen sich gleich selbst davon, dass unser Angebot das richtige für Sie ist: Kommen wir heute gleich zusammen?«

Für die Antworten Ihres Kunden darauf gibt es nur vier Varianten:

- »Schauen wir mal!«
- »Vielleicht.«
- »Ja, wenn das Preis-Leistungs-Verhältnis stimmt.«
- »Ja, wenn mir Ihr Angebot gefällt.«

Stellen Sie diese Frage nicht in der Erwartung, dass Ihr Kunde sofort begeistert in Ihr Angebot einwilligt. Dagegen können Sie zwei andere Effekte erwarten:

- Sie stellen sofort eine emotionale Bindung zwischen Ihnen und dem Entscheider her durch die persönliche Ansprache und die Aussicht, Partner zu werden.
- Sie machen ihm klar, dass Sie absolut zielorientiert arbeiten.

Nutzenargumentation mit der MONA®-Technik

Arrangieren Sie eine Nutzenargumentation, die sich vor allem an den Vorteilen – am Nutzen Ihres Angebots – für Ihren Kunden orientiert. Sie konzentrieren sich auf Formulierungen wie: »Das hat für Sie den Vorteil, dass …«. Wie Sie das tun, das lesen Sie ausführlich in Kap. 14.5.

Platzieren Sie vorbereitende Fragen nach der Abschlusstechnik, wie Sie sie in Kap. 15.5 finden.

Abschluss? Gratulation und Weiterführung

Sagt Ihr Kunde ja zu Ihrem Angebot und sei es auch nur zögerlich, dann bestärken Sie ihn positiv darin. Und zwar, indem Sie den Abschluss bereits als Tatsache behandeln und ihm dazu gratulieren. Zum Beispiel so:

> »Herr Kunde, ich freue mich, dass Sie dem Ganzen positiv gegenüberstehen. Ich gratuliere Ihnen zu der Entscheidung, denn Sie haben die richtige Wahl getroffen.«

Oder:

> »Lieber Herr Bestandskunde, ich freue mich, dass Sie mir auch hier wieder Ihr Vertrauen geschenkt haben. Die Zusammenarbeit mit Ihnen macht wirklich Spaß.«

Richten Sie seinen Blick dann umgehend nach vorne, indem Sie seine Aufmerksamkeit bereits auf die Umsetzung richten:

»Wann spätestens möchten Sie denn die neuen Arbeitsplätze installiert haben?«

Nachkaufmotivation nötig?

Die Nachkaufmotivation setzen Sie nur dann ein, wenn Ihr Kunde durch seine Körpersprache oder sein Verhalten Zweifel signalisiert wie: »Mensch, das ging alles schnell. Habe ich wirklich die richtige Entscheidung getroffen oder hätte ich noch mal eine Nacht drüber schlafen sollen?«

Das zeugt von einem gefährlichen Gefühl: Der Kunde fühlt sich irgendwie manipuliert. Das heißt, Sie haben ihn noch nicht zu 100 Prozent abgeholt. Genau dann setzen Sie noch mal eine Nachkaufmotivation, um den Kunden nachhaltig zu begeistern.

L

Limbeck-Tipp

Sorgen Sie für nachhaltige Begeisterung bei Ihrem Kunden, denn der Abschluss ist nicht das Ende Ihrer Geschäftsbeziehung, sondern der Beginn einer langfristigen Kundenbeziehung.

Die Nachkaufmotivation kann mündlich oder schriftlich erfolgen und kann zum Beispiel so lauten:

»Schon nach wenigen Tagen, wenn Sie festgestellt haben, wie gut sich das neue System einsetzen lässt, und Sie dann sehen, wie sich Ihre Produktivität erhöht hat, spätestens dann werden Sie noch einmal erkennen, dass Sie einen guten Kauf gemacht haben.«

Sie erfolgt immer in drei Stufen in dieser Reihenfolge:

1. Zeitachse festlegen
2. These mit »wenn« aufstellen
3. Mit positiver Suggestion mit »dann« abschließen

Formulierungsbeispiele für die drei Stufen finden Sie im Folgenden.

Formulierungen für die Nachkaufmotivation

Stufe 1: Zeitachse festlegen	Stufe 2: These mit »wenn« aufstellen	Stufe 3: Positive Suggestion mit »dann ...«
Schon nach ...	... Sie feststellen ...	... werden Sie glücklich ...
Nach wenigen ...	... Sie sehen ...	... werden Sie rückblickend sagen ...
Unmittelbar nach ...	... Sie erleben ...	... spätestens werden Sie denken ...
Kurz nach ...	... Sie die Erfahrung gemacht haben ...	... wird es so sein, dass Sie ...
Schon bald ...	... Sie begeistert sind von ...	... werden Sie begeistert ...
Nach den ...	... Sie auf die erste ...	... werden Sie zufrieden ...
Direkt nach ...	... Sie in den Genuss gekommen sind ...	... werden Sie überzeugt ...

Bereiten Sie sich verschiedene Kombinationen vor und üben Sie sie ein (Übung auch zum Download unter verkaufen.limbeckgroup.com).

Übung: Nachkaufmotivation

Entwickeln Sie Ihre eigenen Nachkaufmotivationssätze. Achten Sie dabei auf die drei Stufen.

Stufe 1: Zeitachse festlegen	Stufe 2: These mit »wenn« aufstellen	Stufe 3: Positive Suggestion mit »dann ...«
....	....	....
....	....	....

Download: verkaufen.limbeckgroup.com

Auf diese Weise kommen Sie mit der BAP®-Technik zum erfolgreichen Abschluss. Merken Sie sich die einzelnen Schritte gut, sie sollten Ihnen in Fleisch und Blut übergehen.

Die Stufen der BAP®-Technik

1. schweigen
2. wenn nötig: Smalltalk
3. ausreichend lange Bedarfsanalyse mit begründeten offenen Fragen
4. Notizen
5. aktive Hinhörlaute
6. Dezente Anerkennung (DEA)
7. BAP®-Abschlussfrage
8. Lösung mit MONA®
9. Abschlussfrage
10. Gratulation
11. ggf. Nachkaufmotivation

Download: verkaufen.limbeckgroup.com

AUF EINEN BLICK

- Mit der BAP®-Technik kommen Sie vom Monolog über den Dialog zum Abschluss.
- Bringen Sie Ihren Kunden so zügig wie möglich über begründete offene Fragen zum Reden.
- Seien Sie mutig und stellen Sie auch die BAP®-Abschlussfrage.

14.4 Die Bedarfsanalyse

Verkaufen hat sich verändert (vgl. Kap. 1.1). Wenn Sie in Zeiten der Anbieterflut über das Internet, in Zeiten von Kunden, die sich vorab in Foren, Wikis, Blogs, User-Gruppen, auf Testplattformen, Bewertungsportalen, mit Youtube-Videos und so weiter rundherum informieren, langfristig gut und erfolgreich verkaufen wollen, dann genügt es nicht mehr wie früher, dass sich Ihr Produkt oder Ihre Dienstleistung in seinen Eigenschaften, im Preis und im Service von Ihren Wettbewerbern unterscheidet. Heute muss etwas anderes den Unterschied machen: Da sind Sie als Verkäufer gefragt!

Das gilt umso mehr, wenn es sich um große Auftragsvolumen wie im Key-Account oder im Projektgeschäft handelt: Oft tritt da auch der Preis gegenüber Ihrer perfekten Bedarfsanalyse und Nutzenargumentation in der Bedeutung zurück. Gerade in Zeiten, in denen aufseiten der Kunden eine gewisse Verunsicherung herrscht, wie aktuell im Projektgeschäft mit der Einführung von agilen Managementmethoden, können Sie sich durch eine kompetente Unterstützung von Ihren Wettbewerbern abheben.

Sie sind es, der dem Kunden das Gefühl vermittelt, dass da einer echtes Interesse an seinen Wünschen und Bedürfnissen hat. Und das ist das, was er gerade angesichts der Überfülle der Informationen braucht: den Eindruck, dass Sie sich wirklich mit ihm beschäftigen möchten. Dass Sie sich die Zeit nehmen, die Frage- und die Hinhörkompetenz haben und den echten Willen, zu verstehen, was der Kunde will und vor allem (laut Challenger-Sales) was er braucht, ohne dass es ihm selbst bewusst ist.

L

Limbeck-Tipp

Der Kunde wünscht sich volle Aufmerksamkeit, und wenn er die von Ihnen bekommt, dann ist er auch mit seiner Kaufentscheidung bei Ihnen.

Denn Kaufentscheidungen werden nun mal emotional getroffen. Je mehr der Kunde die rationalen Entscheidungsgründe im Netz geliefert bekommt, umso mehr braucht er Ihre Unterstützung, um sich emotional zu entscheiden. Und eine gute Bedarfsanalyse ist dafür der Dreh- und Angelpunkt.

Gleichzeitig ist klar: Sie können Ihr Angebot umso besser gestalten, je mehr Sie über Ihren Kunden in Erfahrung gebracht haben. Nach Ihrer gründlichen Bedarfsanalyse kennen Sie seine aktuelle Istsituation genauso wie seine Zielerwartung, und darüber hinaus haben Sie herausgearbeitet, welche Kaufmotive er hat, welche Bedürfnisse ihn treiben und womit Sie ihn über das erwartete Maß hinaus positiv überraschen können.

Key-Account und Bedarfsanalyse

Entwickelt hat sich das Konzept des Key-Account-Managements in den 1960er-Jahren in den USA, seit den 1970er-Jahren hat es auch in europäischen Unternehmen große Verbreitung gefunden. Der Grundgedanke beim Key-Account-Management ist zunächst die Gestaltung und Abwicklung der laufenden Geschäfte mit den Großkunden eines Unternehmens. Manche Key-Accounter bleiben in dieser Funktion aber stecken. Denn der eigentliche Mehrwert des Key-Accounts ist es, eine Ausweitung der Geschäfte mit diesen (und weiteren) Kunden zu realisieren. Die Voraussetzung dafür ist, dass der Key-Accounter durch die intensive Beschäftigung mit den Kunden und dem Markt ein solch tiefes Verständnis für die Situation erlangt, dass er – mit seinem Außenblick – einen potenziellen Kunden bei seiner Unternehmensentwicklung aktiv unterstützen kann. In diesem Sinne war und ist ein guter Key-Accounter ein »Challenger«, der seinen Kunden herausfordert und fördert, um ihn weiterzubringen.

Um also Ihr Ziel als erfolgreicher Key-Accounter zu erreichen, ist die Bedarfsanalyse Ihr zentrales Thema, und zwar kontinuierlich. Bohren Sie tiefer und tiefer! Und lassen Sie auch nicht nach, denn auch der Markt Ihrer Kunden ändert sich heutzutage in rasender Geschwindigkeit und damit auch deren Herausforderungen.

Die gute Bedarfsanalyse hat heute einen entscheidenden Anteil an Ihrem Verkaufserfolg. Sie legt den Grundstein dafür,

- den Kunden zu begeistern,
- den Kunden zum echten Fan zu machen,
- Ihre Verkaufschancen zu erhöhen,
- den Kunden langfristig zu binden und
- sich vom Wettbewerb abzuheben.

L

Limbeck-Tipp

Gerade weil eine gute Bedarfsanalyse wie eine emotions- und vertrauensbildende Maßnahme wirkt: Führen Sie sie akribisch durch, selbst wenn es Ihnen früh offensichtlich und klar erscheint, welche Leistung Ihr Kunde benötigt.

Was will der Kunde?

Sehr häufig wird Ihnen Ihr Kunde gar nicht so recht sagen können oder wollen, was er eigentlich will. Bei Kaufmotiven ist es nämlich wie beim Eisberg: Auf den ersten Blick ist nur 1/7 sichtbar, 6/7 des Eisberges sind unter der Oberfläche verborgen. Dabei ist es meist genau der Teil, der nicht sichtbar ist, der wesentlich ist für den Verkaufserfolg. Denn in diesem verborgenen Teil sind die Wünsche, Bedürfnisse und die eigentlichen Kaufmotive zu finden (vgl. Kap. 12.3). Auch wenn diese Theorie uralt ist, trifft sie heute im Zeitalter der aufgeklärten und mündigeren Kunden auch – oder sogar mehr denn je – zu.

Das Eisbergmodell

Das Eisbergmodell der Angewandten Psychologie basiert auf der allgemeinen Theorie der Persönlichkeit von Sigmund Freud, mit der er den Anteil des Unbewussten am menschlichen Handeln als ungleich größer als den bewussten erkannte. Das Modell gilt als wesentliche Säule der Kommunikationstheorie. Das Bild des Eisbergs als Vergleich hat in den 1930er- Jahren Ernest Hemingway geprägt, erst in den 1970er-Jahren wurde es als Begriff in die Wissenschaft übernommen.

Um wirklich erfolgreich zu sein in der Bedarfsanalyse, ist es wichtig, dass Sie sich die Welt des Kunden erschließen. Was Sie dafür brauchen, ist die Bereitschaft, Ihren Kunden wirklich kennenlernen zu wollen. Sie brauchen die Bereitschaft, die Motivstruktur des Kunden zu ergründen. Zeigen Sie also Neugier in Ihren Verkaufsgesprächen:

- Was ist die Absicht des Kunden?
- Was ist sein Ziel?
- Wie ist seine Sichtweise bzw. seine Einstellung zu bestimmten Themen?
- Wie ist der Kunde organisiert?
- Welche Herausforderungen hat der Kunde in seiner täglichen Arbeit?

Eines ist sicher: Kunden kaufen immer ein Gesamtpaket aus harten und weichen Faktoren. Und da gehört Ihr gutes Produkt genauso hinein wie Ihre einfühlsame Art der Bedarfsanalyse. Und die mündet dann auch noch in die auf das eigentliche Kaufmotiv ausgerichtete Nutzenargumentation nach MONA® (vgl. Kap. 14.5).

Das macht gute Bedarfsanalyse aus

Entscheidend für eine professionelle Bedarfsanalyse sind folgende Fragen:

- Haben Sie Ihr Ziel vor Augen?
- Haben Sie wirkliches Interesse an Ihrem Kunden?
- Wissen Sie, was Sie erreichen wollen?
- Haben Sie eine passende Fragetechnik?
- Wie ist die Struktur des Kunden?
- Sind Sie in der Lage, die richtigen Fragen zur richtigen Zeit in der richtigen Situation zu stellen, um Ihren Kunden richtig abzuholen?

L

Limbeck-Tipp

Haben Sie vor allen Dingen Geduld bei der Bedarfsanalyse. Seien Sie aufmerksam, seien Sie wachsam und hören Sie auch das, was der Kunde nicht sagt.

Sie benötigen für eine gute Bedarfsanalyse neben einer guten Fragekompetenz (vgl. Kap. 5.8) vor allem eine gute Hinhörkompetenz (vgl. Kap. 5.7).

Vier der wichtigsten Punkte dafür sind:

- Versetzen Sie sich in die Lage Ihres Gesprächspartners.
- Signalisieren Sie Ihrem Gesprächspartner, dass Sie ihn ernst nehmen, auch über Ihre Körpersprache.
- Halten Sie Blickkontakt und vermeiden Sie andere Aktivitäten innerhalb der Kommunikation.
- Schweigen Sie während der Sprechphase Ihres Kunden und geben Sie Aufmerksamkeitssignale wie Nicken.

Denken Sie daran: Es kommt nicht darauf an, dass Ihr Redeanteil hoch ist, sondern der des Kunden.

Unterstützen können Sie den Eindruck des aktiven Hinhörens bei Ihren Kunden durch folgende Maßnahmen (vgl. Kap. 14.3):

- Lassen Sie Ihren Gesprächspartner aussprechen.
- Machen Sie sich Notizen.
- Nutzen Sie aktive Hinhörlaute wie »mmh«, »aha«, »ja«.
- Benutzen Sie den kontrollierten Dialog (vgl. Kap. 14.3).

Bedürfnisse ermitteln über den Fragetrichter

Ihr Kunde zeigt Ihnen nur einen Teil seiner Wünsche und Bedürfnisse und fokussiert sich meistens auf harte Fakten, wie Zahlen, Daten und andere Parameter. Herauszufinden, was seine eigentlichen Kaufmotive sind, das ist Ihre Aufgabe. Denn nur, wenn Sie wirklich wissen, was Ihr Kunde will, können Sie ein 100-prozentiges Angebot generieren, zu dem Ihr Kunde gerne Ja sagt.

Eine perfekte Struktur für Ihre Bedarfsanalyse ist der Fragetrichter, der Sie in sechs konzentrischen Kreisen von ganz breiter Informationsgewinnung hin zu der punktgenauen Essenz führt, die Sie für Ihre Nutzenargumentation und Ihr Angebot brauchen.

Fragetrichter – äußerster Kreis

Im äußersten, sehr weiten Kreis sammeln Sie so viel an Informationen wie möglich über die aktuelle Situation des Kunden.

Limbeck-Tipp

Achten Sie besonders am Anfang des Gesprächs gut darauf, dass keine Verhörsituation entsteht.

Sammeln Sie auf entspannte Art und Weise so viele Zahlen, Daten und Fakten, wie Sie können und es aus der Situation heraus sinnvoll ist.

Wenn Sie Ihre Hausaufgaben in der Vorbereitung gemacht haben (vgl. Kap. 14.1), dann genügt es, wenn Sie viele dieser Fakten nur noch überprüfen.

Dann haben Sie auch schon für sich überlegt: »Welche Informationen sind für mich wirklich wichtig?« Ist es für Sie immer wichtig zu wissen, wie viele Mitarbeiter ein Unternehmen hat? Wenn Sie Arbeitsplatzausstattungen verkaufen, ist diese Frage sicherlich wichtig für Sie. Wenn Sie jedoch eine Marketingagentur sind und Anzeigenplätze verkaufen wollen, ist diese Frage für Sie nicht relevant.

Fragetrichter – nächster Kreis

In diesem bereits etwas engeren Kreis finden Sie heraus, welche Ziele der Kunde kurzfristig, mittelfristig und langfristig verfolgt. Dieser Aspekt in der Bedarfsanalyse ist für Sie besonders wichtig, denn nur wenn Sie die Zielvorstellung des Kunden erfüllen können, wird Ihr Angebot in der Zukunft gerne angenommen.

Zwei Beispiele dafür:

- »Welche Erwartung haben Sie an die neue Lösung?«
- »Was muss die neue Lösung noch besser können als Ihre bisherige Lösung?«

Fragetrichter – dritter Kreis

In diesem Kreis erfragen Sie noch mehr Informationen über die Zielvorstellung des Kunden. Denn nur sehr gut vorbereitete Kunden werden Ihnen die gesamte Zielvorstellung nennen können. Im Regelfall ist es an Ihnen, aktiv zu erfragen, was der Kunde sich darüber hinaus noch vorstellt.

L

Limbeck-Tipp

Egal, was der Kunde im Kreis davor geantwortet hat: Sie fragen weiter, so lange, bis der Kunde keine Antwort mehr hat.

Sie stellen also dem Kunden weiterführende Fragen, die Sie einleiten mit Formulierungen wie:

- »Darüber hinaus ...«
- »Was ist noch wichtig für Sie ...«
- »Was sollte weiterhin erfüllt sein ...«
- »Welche Punkte sind Ihnen noch wichtig ...«

Dieser Teil der Bedarfsanalyse ist sehr sensibel. Der Vorteil für Sie ist, dass der Kunde immer mehr Zeit benötigt, um Antworten zu geben.

Ihr Schweigen spielt an dieser Stelle eine besonders wichtige Rolle. Zeigen Sie Ihr weiter bestehendes Interesse und auch Ihre Geduld durch körpersprachliche Signale, indem Sie sehr offen und erwartungsvoll die Antwort des Kunden abwarten.

Fragetrichter – nächster Kreis

Im nächstengeren Kreis ermitteln Sie die wahren Wünsche und Bedürfnisse des Kunden. Denn wenn der Kunde im dritten Kreis zu Ihnen gesagt hat: »Da fällt mir nichts mehr ein!«, dann ist jetzt genau der richtige Moment, dass Sie dem Kunden die letzte Information entlocken. Und zwar, indem Sie Ihren Kunden in seine Wunschwelt holen, zum Beispiel so:

> »Mal angenommen, Sie hätten jetzt noch drei Wünsche frei, Herr Kunde: Was sollte die neue Lösung für Ihr Unternehmen dann noch beinhalten?«

Eine weitere Möglichkeit dazu ist:

> »Nur mal aus Interesse: Wenn ich ein Zauberer wäre und ich könnte Ihnen jeden Wunsch erfüllen, was würden Sie sich von der neuen Lösung noch wünschen, selbst wenn es unerreichbar scheint?«

Der Kunde wird jetzt wahrscheinlich erst grübeln und dann lächeln. Und genau das ist es, womit Sie noch mehr Sympathie beim Kunden erreichen und gleichzeitig noch mehr Informationen erfragen können, die Sie für Ihr zukünftiges Angebot benötigen.

Fragetrichter – vorletzter Kreis

An der fast schon engsten Stelle des Trichters bringen Sie alle vom Kunden genannten Aspekte, Wünsche und Ziele in eine Priorität. Sie fragen ihn also, was zwingend erfüllt werden muss und welche Punkte »nur« gern gesehen sind.

Trichterspitze mit Verbindlichkeitsanbahnung

Am engsten Punkt des Trichters trennt sich die Spreu vom Weizen. Sind Sie nur ein guter Berater, dann machen Sie hier Schluss: Sie haben alle Informationen, die Sie benötigen, um dem Kunden ein gutes Angebot zu machen.

Wenn Sie dagegen ein guter Verkäufer sind, machen Sie etwas anderes: Sie gehen in den moralischen Vorabvertrag. Das heißt, Sie sorgen für Verbindlichkeit, indem Sie zum Beispiel sagen:

> »Wenn wir Ihnen die Punkte eins, zwei und drei erfüllen und darüber hinaus passgenaue Lösungen für Ihre Wünsche vier, fünf und sechs generieren und anbieten können, wie sehen dann die nächsten Schritte aus?«

Oder:

> »Werden Sie dann langfristig mit uns zusammenarbeiten?«

Es gibt vier Möglichkeiten, wie Ihr Kunde darauf reagiert:

- Er antwortet direkt auf Ihre Fragen und Sie brauchen nur gut hinzuhören.
- Er ignoriert Ihre Fragen und bringt noch weitere Aspekte ein. Hören Sie erneut geduldig hin. Verlieren Sie die Frage jedoch nicht aus dem Blick und stellen Sie sie später noch einmal.
- Er weicht aus. Seien Sie hier sehr sensibel und stellen Sie sich die Frage: »Warum tut er das?« Stellen Sie gegebenenfalls die Frage in abgewandelter Form noch einmal.

- Er stellt Ihre Frage zurück. Entweder hat der Kunde noch zu wenig Vertrauen zu Ihnen oder ein anderer Aspekt ist für ihn aktuell wichtiger. Es ist auch möglich, dass der Kunde Sie fragt: »Warum ist diese Frage für Sie so wichtig?«

Das ist wieder ein Plädoyer für die begründete offene Frage (vgl. Kap. 14.3): Da nehmen Sie solchen Rückfragen von vornherein den Wind aus den Segeln.

Farbtypenspezifische Hinweise zur Bedarfsanalyse

Berücksichtigen Sie bei Ihrem Vorgehen bei der Bedarfsanalyse auch den INSIGHTS-Farbtyp Ihres Kunden. Damit kommen Sie leichter und schneller an Ihr Ziel.

Farbtyp	Besonderheit bei der Bedarfsanalyse
blau	• Hetzen Sie Ihren Kunden nicht. • Finden Sie genau heraus, was er will. • Bieten Sie ihm ausreichend Informationen. • Kommen Sie direkt zur Sache und geben Sie ihm reichlich Fakten und Zahlen. • Bieten Sie ihm darüber hinaus viele schriftliche Unterlagen an.
rot	• Treten Sie selbstbewusst und kompetent auf. • Kommen Sie schnell zur Sache. • Dieser Kunde kennt seinen Bedarf genau. • Hören Sie aufmerksam hin.
grün	• Gehen Sie langsam und behutsam vor. • Fragen Sie oft nach, führen Sie eine partnerschaftliche Kommunikation. • Beziehen Sie die Interessen seiner Familie ein.
gelb	• Lassen Sie Ihren Kunden Ideen spinnen. • Führen Sie ihn immer wieder freundlich auf die konkrete Situation zurück. • Geben Sie ihm eine lange Leine und achten Sie gleichzeitig auf die Einhaltung des roten Fadens.

Die Pflastermethode

Es gibt zwei extrem stark ausgeprägte Emotionen beim Menschen, die zur Kaufmotivation führen. Die eine ist Angst mit dem Wunsch nach Vermeidung und die andere ist Lust mit dem Wunsch nach Befriedigung. Beide Motivationen ringen permanent miteinander. Für Sie als Verkäufer geht es darum, beide Motivstrukturen am Kunden herauszuarbeiten.

Limbeck-Tipp

Gehen Sie, wann immer möglich, über den Lustfaktor, da Angst eher lähmt als fördert.

Ihre Aufgabe als Verkäufer ist es, entweder das eine oder das andere Motiv zu stärken, sprich die Angst oder die Lust. Sie entscheiden, ob Sie den Kunden in die eine oder andere Richtung beeinflussen – und zwar allein durch Ihre Fragen.

Indem Sie Ihren Kunden über angsteinflößende oder lusterregende Situationen nachdenken lassen, versetzen Sie ihn automatisch in die entsprechende Stimmung. Und das können Sie bei der Pflastermethode gezielt nutzen.

Diese Methode hat Ähnlichkeiten mit dem SPIN©-Selling. Dieser Begriff steht für die Abfolge von **S**ituationsfrage – **P**roblemfrage – **I**mplikationsfrage – **N**utzenfrage. Damit packt diese von Neil Rackham eingeführte Methode also noch zwei Fragen um den Kern herum, während Sie sich bei der Pflastermethode ganz auf den Unterschied von Bedarf und Bedürfnis konzentrieren.

Grundlage ist, dass Unternehmen Bedarfe haben, Menschen dagegen haben Bedürfnisse. So kann der Bedarf bei einem Einkäufer beispielsweise sein, dass er 1000 Paletten Verpackungsmaterial einer bestimmten Qualität günstig und mit möglichst geringem Aufwand für die Warenverwaltung einkaufen soll. Für diesen Bedarf gibt es jede Menge Anbieter. Kennen Sie also nur den Bedarf, dann können Sie nur ein Angebot wie alle anderen abliefern und sind austauschbar. Und der Kunde entscheidet sich nach dem einzigen Merkmal, in dem sich die Angebote vielleicht unterscheiden: nach dem Preis.

Nun stellen Sie sich vor, der Einkäufer hat bei vorangegangenen Lieferungen die Erfahrung gemacht, dass es entweder an der Schnittstelle für die Datenübermittlung zwischen Lieferant und Unternehmen gehakt hat oder der vereinbarte Lieferzeitpunkt nicht eingehalten wurde, dann hat er jetzt das starke Bedürfnis nach Sicherheit speziell bei diesen Punkten. Denn er hat Angst, dass es schon wieder schiefgeht.

Wenn Sie Ihr Angebot nun außer auf den Bedarf auch auf dieses Bedürfnis ausrichten, dann heben Sie sich aus der Masse der anderen Anbieter heraus. Und haben viel bessere Chancen.

Nach der Pflastermethode gehen Sie deshalb so vor:

1. Sie bringen nicht nur den Bedarf, sondern auch das Bedürfnis des Kunden in Erfahrung. Sie fragen also den Kunden nicht nur nach dem Ist- und dem Zielzustand, sondern loten aktiv aus, wo darüber hinaus sein persönliches Bedürfnis steckt.

L

Limbeck-Tipp

Stellen Sie die Schmerzfragen.

Fragen Sie Ihren Kunden ganz konkret, wo es weh tut. Beispiele für Schmerzfragen sind:

»Lieber Herr Kunde, welche Erfahrung haben Sie in den letzten Monaten und Jahren genau mit der Pünktlichkeit der Lieferungen gemacht?«

»Wie entscheidend ist für Sie, dass der Datenaustausch zur Warenbewegung zuverlässig vonstattengeht?«

»Wie ist Ihre momentane Bewertung zum Thema Verfolgung des Lieferstatus Ihrer Bestellung?«

So finden Sie heraus, wo der wunde Punkt im Alltagsgeschäft Ihres Kunden liegt.

2. Stellen Sie Auswirkungsfragen. Generieren Sie nun über Auswirkungsfragen entweder Angst oder Lust. In diesem Beispiel könnte das sein:

   »Welche Auswirkung hat ein nicht eingehaltener Liefertermin für Ihr Unternehmen?«

   »Wie viel Aufwand bedeutet die händische Nachbearbeitung der Daten, wenn die automatische Einspielung nicht klappt?«

Der Einkäufer hat hier also die Möglichkeit, entweder zu sagen, es wird keine Auswirkung haben, oder er wird sagen, welche Auswirkung es für ihn und sein Unternehmen haben wird:

> »Dann klingelt bei mir wieder die Produktion Sturm, weil sie ihre Produkte nicht verpackt und auf den Weg zum Kunden kriegt.«

> »Früher wäre das kein Problem gewesen, doch heute muss sich die Sachbearbeiterin erst mühsam durchs System schälen und braucht fast eine halbe Stunde pro Order.«

In dieser Situation werden Lösungsfragen vom Kunden sehr gerne angenommen, denn sie wirken wie ein Pflaster auf eine schmerzende Wunde.

Ihre Aufgabe ist es jetzt, den Kunden davon zu überzeugen und ihm das Vertrauen zu geben, dass Sie in der Lage sind, dieses Pflaster zu liefern.

AUF EINEN BLICK

- Mit einer guten Bedarfsanalyse erwischen Sie zwei Fliegen mit einer Klappe: Sie erwerben das Vertrauen Ihres Kunden und erhalten die Informationen, die Sie für Ihr Angebot und dessen Präsentation brauchen.
- Nutzen Sie den Fragetrichter, um die Bedürfnisse Ihres Kunden zu ermitteln.
- Nutzen Sie auch die Pflastermethode, mit der Sie erst das dominierende Bedürfnis ermitteln und dann Auswirkungsfragen stellen.

14.5 Die Nutzenargumentation

Auch wenn es hart klingt: Ihr Kunde interessiert sich nicht für Ihr Produkt oder Ihre Dienstleistung. Die technischen Details oder die logistische Höchstleistung, die Ihr Unternehmen für ihn als Kunden bietet, sind ihm ziemlich egal. Das Einzige, was ihn interessiert, ist, welchen Nutzen er davon hat: dass die neue Maschine seine Produktivität erhöht oder dass das bestellte Material genau dann eintrifft, wenn er es braucht.

Damit Ihr Kunde also kaufen kann, braucht er eine Vorstellung davon, was ihm der Kauf bringt. Das ist immer eine Projektion in die Zukunft, denn noch hat er das Produkt nicht in Gebrauch und Ihre Dienstleistung noch nicht erlebt.

Bei Ihrer Nutzenargumentation geht es deshalb darum, diese Vorstellung im Kopf Ihres Kunden entstehen zu lassen. Und zwar so deutlich und so positiv wie möglich.

Wenn Sie ihm dagegen »nur« ein Produkt oder eine Dienstleistung verkaufen, hat er genau dieses Gefühl: dass ihm etwas verkauft wird, von dem er gar nicht abschätzen kann, ob es ihm wirklich nutzt. Der Zweifel, ob er die richtige Entscheidung trifft oder getroffen hat, wird an ihm nagen. Die meisten Stornierungen und Rücktritte vom Kauf passieren aus diesem Grund: Der Verkäufer hat verkauft, anstatt den Kunden kaufen zu lassen.

L

Limbeck-Tipp

Hat der Kunde eine Vorstellung vom Nutzen, dann hat er das Gefühl, aktiv zu kaufen. Und das fühlt sich für ihn ungleich besser an und führt zu einer nachhaltigen Kaufentscheidung.

Ihre Aufgabe als Verkäufer ist es also, Ihrem Kunden Ihr Angebot so zu präsentieren, dass er seinen persönlichen Nutzen und Erfolg darin erkennen und sich vorstellen kann: Erst damit wird aus Ihrem Angebot eine ganz persönliche Lösung für ihn.

Die Voraussetzung

Das Fundament Ihrer Nutzenargumentation ist Ihre sauber durchgeführte Bedarfsanalyse (vgl. Kap. 14.4). Nur wenn Sie dabei das dominante Kaufmotiv oder die Motivkombination Ihres Kunden identifiziert haben (vgl. Kap. 12.3), kann Ihre Nutzenargumentation ihre volle Wirkung erzeugen.

Sie argumentieren also über Folgendes:

1. Sicherheit
2. Wirtschaftlichkeit
3. Prestige
4. soziale Gründe
5. Interesse an Neuem
6. Bequemlichkeit
7. Umwelt / Gesundheit

L

Limbeck-Tipp

Wenn Sie merken, dass Sie am Kunden vorbei argumentieren, dann können Sie sicher sein: Da haben Sie Ihre Hausaufgaben in der Bedarfsanalyse nicht gemacht. Was Sie dann tun, lesen Sie weiter unten (siehe »Ehrenrunde«).

Sie können nur erfolgreich kundenorientiert argumentieren, wenn Sie genau – aber wirklich genau – wissen, welchen Bedarf und welche Bedürfnisse Ihr Kunde hat. Stellen Sie sich deshalb immer die Frage, welchen Nutzen Sie dem Kunden wirklich bieten können, oder einfacher formuliert: Aus welchem guten Grund soll der Kunde bei Ihnen kaufen?

Denn diese Frage ist der unterschwellige Dreh- und Angelpunkt jedes Verkaufsgesprächs! Nur wenn Sie der Verkäufer sind, der diese Frage aus Sicht des Kunden am besten und sinnvollsten beantworten kann, haben Sie eine hohe Erfolgschance auf Abschluss und eine langfristige Kundenbindung.

Die feinen Unterschiede

Ich höre in meinen Seminaren oft, dass drei zentrale Begriffe in der Kommunikation mit dem Kunden ziemlich durcheinandergehen. Dabei ist eine saubere Differenzierung ganz wichtig. Es geht um: Merkmale versus Vorteile versus individuellen Kundennutzen.

Merkmal versus Vorteil versus individuellen Nutzen

	Merkmal	Vorteil	individueller Nutzen
Definition	• Sie beschreiben Ihr Produkt. • Das betrifft grundlegende Eigenschaften wie Farbe, Größe, Gewicht, Aroma oder technische Daten. • Es geht um Informationen, Tatsachen und wertfreie Aussagen.	• Alle Ableitungen, die sich aus der praktischen Umsetzung der Merkmale ergeben. • Sie sind allgemeiner Natur und unspezifisch. • Solche Vorteilsargumentationen werden häufig in der Werbung eingesetzt. • Aus den Vorteilen ergeben sich die Kaufmotive.	• Der einzelne Kunde steht im Fokus. • Abhängig von seinem dominanten Kaufmotiv wird der Vorteil mit der Befriedigung des individuellen Bedürfnisses verknüpft. • Somit ist der individuelle Kundennutzen die Übersetzungsformel des Vorteils in die Motivstruktur des Kunden.
Beispiel	• »Das Fahrzeug wird in den Farben gelb, rot oder blau geliefert.« • »Jeder Bestellvorgang ist elektronisch erfasst und nachverfolgbar.«	• »Bei dieser Farbenpalette ist für jeden etwas dabei.« • »Sie können jederzeit in der Datenbank ermitteln, wo Ihre Ware gerade steckt.«	• »Die fröhlichen Farben machen jeden Morgen gute Laune.« • »Mit der digitalen Sendungsüberwachung haben Sie den Auslieferungsstatus Ihrer Waren komplett im Griff.«
Wirkung	Grundsätzlich nimmt der Kunde diese Informationen neutral auf. Hat er solche Basisinformationen noch nicht: Geben Sie sie ihm.	Da die Informationen vom Kunden nicht mit seinen Bedürfnissen direkt in Beziehung gesetzt werden, bleibt er davon unberührt.	Der Kunde erlangt eine positive Vorstellung von dem persönlichen Nutzen.

Und weitere drei Begriffe sind für Ihre Nutzenargumentation wichtig: Mehrwertfaktor, Produkt-Leistungs-Nutzen und Anbieterimage. Über die können Sie nämlich die Vorteile Ihres Angebots gut in individuellen Nutzen übersetzen und damit gut in Szene setzen.

Beispielhafte Elemente der Nutzenargumentation

Mehrwertfaktoren	Produkt-Leistungs-Nutzen	Anbieterimage
Informationen	technisches Leistungspotenzial	Zuverlässigkeit
Beziehungen	Funktionalität der Produkte	Reaktionszeiten
Funktionalität	ökonomischer Nutzen	Service
Zusatznutzen	strategischer Nutzen	Kulanz
Belohnungen	psychologischer Nutzen	Marktposition, Referenzen

Aus dem Key-Account-Bereich stammen die Begriffe des »Value Added« und des »Added Value«:

- »Value Added« bezeichnet einen Mehrnutzen, der das Angebot werthaltiger macht als angedacht.
- »Added Value« steht für den Zusatznutzen, wenn ein Bedürfnis des Kunden befriedigt wird, an das er vorher gar nicht gedacht hat.

Damit Sie diese Elemente geschickt kommunizieren, bedienen Sie sich der MONA®-Technik.

Die MONA®-Technik

Ihr Kunde fragt sich während des Verkaufsgespräch nur eines: »Was habe ich davon?« Wenn Sie ihm auf diese Frage gute Antworten geben, selbst wenn er die Frage gar nicht stellt, dann wird dieses Gespräch für beide Seiten ein Erfolg: für Ihren Kunden, weil er voller Überzeugung eine gute Kaufentscheidung trifft, und für Sie, weil Sie den Abschluss machen.

Je treffsicherer Sie in Ihrer Kommunikation die Motive Ihres Kunden adressieren, umso sicherer kommen Sie zum Ziel. Mit der MONA®-Technik bauen Sie genau diese Kommunikation zu Ihrem Kunden auf.

MONA steht dabei für: **MO**tivorientierte **N**utzen-**A**rgumentation. Mit MONA formulieren Sie die Merkmale und Vorteile Ihrer Produkte bzw. Dienstleistungen als individuellen Nutzen für Ihren Gesprächspartner.

Das Besondere an der MONA®-Technik ist, dass Sie Brückenwörter einsetzen. Diese Brückenwörter platzieren Sie zwischen das Produktmerkmal bzw. den Vorteil und den individuellen Kundennutzen. Ein Beispiel:

> »Die Selbstreinigungsfunktion Ihres neuen Luxus-Brotbackofens erspart Ihnen ab heute das lästige Einweichen und Auskratzen der eingebrannten Teigreste.«

Die Brückenwörter stellen die Verknüpfung zwischen unspezifischem Vorteil und individuellem Nutzen her.

Allgemein verwendbare Brückenwörter sind zum Beispiel:

- ... führt bei Ihnen zu ...
- ... nennt Ihre ...
- ... leistet für Sie ...
- ... minimiert Ihre ...
- ... bringt Ihnen ...
- ... erhöht Ihre ...

Noch besser ist es, wenn Sie kaufmotivspezifische Brückenwörter einsetzen. Werden Sie selbst erfinderisch: Welche Brückenwörter passen besonders gut zu Ihrem Produkt oder Ihrer Dienstleistung (Übung auch zum Download unter verkaufen.limbeckgroup.com)?

Beispiele für kaufmotivspezifische Brückenwörter

Kaufmotiv	Beispiele
Sicherheit	• »... gibt Ihnen die Möglichkeit ...« • »... gibt Ihnen die Sicherheit ...« • »... garantiert Ihnen ...« • »... sichert Sie ab ...« • »... gewährleistet Ihnen ...«
Wirtschaftlichkeit	• »... steigert ...« • »... reduziert ...« • »... maximiert ...« • »... minimiert ...« • »... erspart ...« • »... senkt ...«
Prestige	• »... bringt Ihnen ...« • »... erhöht ...« • »... optimiert ...« • »... sorgt bei Ihnen für ...« • »... fördert Ihre ...«
soziale Gründe	• »... vereint ...« • »... generiert Zugehörigkeit ...« • »... ist bewährt ...«
Interesse an Neuem	• »... gibt Ihnen die Möglichkeit ...« • »... ist auf dem aktuellen Stand der Technik ...« • »... bietet Ihnen ...«
Bequemlichkeit	• »... hilft Ihnen ...« • »... entlastet Sie ...« • »... erleichtert Ihnen ...« • »... vereinfacht Ihnen ...« • »... macht es Ihnen einfacher ...«
Umwelt / Gesundheit	• »... garantiert Ihnen ...« • »... ermöglicht Ihnen ...« • »... senkt ...« • »... steigert ...«

Übung: Produkt- und kaufmotivspezifische Brückenwörter

Erarbeiten Sie sich zu jedem Kaufmotiv mindestens fünf Brückenwörter, die zu Ihren Kunden, Ihrem Produkt und Ihnen passen.

Kaufmotiv	Meine Brückenwörter
Sicherheit	1. ____ 2. ____ 3. ____ 4. ____ 5. ____
Wirtschaftlichkeit	1. ____ 2. ____ 3. ____ 4. ____ 5. ____
Prestige	1. ____ 2. ____ 3. ____ 4. ____ 5. ____
soziale Gründe	1. ____ 2. ____ 3. ____ 4. ____ 5. ____
Interesse an Neuem	1. ____ 2. ____ 3. ____ 4. ____ 5. ____

Kaufmotiv	Meine Brückenwörter
Bequemlichkeit	1. ____ 2. ____ 3. ____ 4. ____ 5. ____
Umwelt / Gesundheit	1. ____ 2. ____ 3. ____ 4. ____ 5. ____

Download: verkaufen.limbeckgroup.com

Ehrenrunde

Stellen Sie fest, dass Ihre MONA-Argumentation nicht vom Kunden akzeptiert wird, das heißt, dass Ihre Bedarfs- und Motivationsanalyse nicht ausreichend war, so führen Sie Ihren Kunden noch einmal zurück zu diesem Punkt des Gesprächs. Fragen Sie ihn, welche Dinge noch fehlen und warum diese so wichtig für ihn sind.

L

Limbeck-Tipp

Auch wenn es nicht leichtfällt: Es zahlt sich aus, wenn Sie hier eine Ehrenrunde drehen und das Gespräch noch einmal auf Bedarf und Motiv lenken.

Nur wenn Sie hier ganz klarsehen, können Sie daraus die entscheidende Nutzenargumentation ableiten. Sonst drohen Ihnen eine zermürbende Einwandbehandlung und eine Abschlussfrage mit langen Preisdiskussionen – und die schmälern Ihre Gewinnaussichten dramatisch.

Die Turbos

Wenn Sie Ihre MONA®-Technik beherrschen, dann können Sie noch vier verschiedene Turbos dazuschalten.

Turbo Nr. 1: Die MONA-1-2-3-Technik

Dies ist eine Erweiterung der MONA®-Technik. Damit verstärken Sie den Dialog mit dem Kunden und überprüfen gleichzeitig die Wirksamkeit Ihrer Argumentation. Wie der Name schon vermuten lässt, durchlaufen Sie dabei drei Schritte:

MONA 1 ist die Übersetzung eines Produktmerkmals in einen allgemeinen Produktvorteil. Zum Beispiel so: »Diese Immobilie bietet Ihnen eine Mietgarantie pro Quadratmeter von 5,57 Euro.«

Bei **MONA 2** entwickeln Sie aus dem Kaufmotiv des Kunden heraus den persönlichen, individuellen Nutzen für Ihren Kunden: »Die Mietgarantie von 5,57 Euro über den Mietpool bedeutet für Sie, dass Sie Ihre Investition auf jeden Fall für sieben Jahre gesichert haben und Sie somit bei Ihrer Kapitalanlage auf der sicheren Seite sind.«

Bei **MONA 3** formulieren Sie eine offene Frage zum persönlichen Nutzen Ihres Gesprächspartners und zu den positiven Auswirkungen, die mit der Kaufentscheidung für Ihren Kunden und sein Unternehmen verbunden sind. Mit dieser Frage schicken Sie ihn in seinen Gedanken in eine Zukunft, die gute Gefühle in ihm hervorruft. Zum Beispiel so: »Welche weiteren Vorteile sehen Sie selbst in einer solch gesicherten Immobilie als Kapitalanlage?«

Wenn Sie nun alle drei Teile miteinander verbinden, haben Sie einen starken Dialog mit dem Kunden. Denn auf die Antwort Ihrer Frage verkauft sich Ihr Gesprächspartner den Nutzen, den er von Ihrem Angebot hat, noch einmal selbst. Er verstärkt dadurch selbst sein Gefühl, dass es sich dabei um eine gute Idee handelt.

Turbo Nr. 2: Die Verknüpfung

Bei dieser Methode kombinieren Sie Sie-Formulierungen, Brückenwörter und ein positives Bild miteinander. Das heißt, Sie kombinieren die Ansprache über eine Verknüpfung mit einer angenehmen Vorstellung: »Herr Kunde, *Sie* erhalten Ihren neuen Akkuschrauber mit dem neuen Schnellschraubaufsatz und der neuen Akkugeneration mit Transportkoffer. *Das bedeutet,* dass Sie durch einen schnelleren Wechsel der Bohrer und eine längere Akkulaufzeit eine längere Nutzungszeit haben. Damit erledigen Sie auf jeden Fall *zwei Fliegen mit einer Klappe*!«

Turbo Nr. 3: Rhetorische Verdoppelung

Dies ist ein sehr wirkungsvolles Tool in der Nutzenargumentation. Es setzt sich aus insgesamt vier Elementen zusammen:

1. zwei Merkmalen,
2. zwei Vorteilen,
3. einen Zeugen,
4. Testabschluss.

An einem Beispiel durchgespielt heißt das:

1. zwei Merkmale: »acht Stufen Automatik und ein sequentielles Schaltgetriebe«,
2. zwei Vorteile: »Sicherheit im Winter und Reduzierung des Verbrauchs«,
3. ein Zeuge: »die Wahl des Autos zum ›Auto des Jahres‹«,
4. Testabschluss: »die Probefahrt«.

Im Zusammenhang hört sich das dann so an: »Herr Kunde, der neue Audi A4 ist für Sie ausgestattet mit Allradantrieb und der neuen Acht-Stufen-Automatik, weil Sie sich dadurch sicherer im Winter auf den Straßen bewegen und gleichzeitig den Verbrauch Ihres Pkw deutlich reduzieren. Das ist sicherlich auch der Grund, warum der neue Audi A4 zum ›Auto des Jahres‹ gewählt worden ist. Sagen Sie, wann wollen Sie den Audi A4 testen?«

Vor allem die Bildung der Mehrwertketten ist Übungssache. Beschränken Sie sich nicht auf nur eine oder zwei Standardnutzenargumentationen – Sie brauchen ein möglichst großes Repertoire davon. Üben Sie deshalb das Muster intensiv ein und entwickeln Sie für Ihr Produkt oder Ihre Dienstleistung immer neue Varianten (Übung auch zum Download unter verkaufen.limbeckgroup.com).

Übung: Rhetorische Verdoppelung

Nehmen Sie ein Produkt oder eine Produktgruppe bzw. eine Dienstleistung aus Ihrem Sortiment und bilden Sie daraus Sätze, die immer mit derselben Einleitung beginnen, die da lautet: »Ein ... ist mehr als ...«

»Ein Koffer ist mehr als ...	... ein einfacher Transportbehälter.«
»Ein Koffer ist mehr als ...	... ein Designerstück!«
»Ein Koffer ist mehr als ...	...
...	...
...	...
...	...

Es kommt bei dieser Übung nicht auf die Sinnhaftigkeit der Sätze an, die Sie bilden, sondern darauf, dass Sie möglichst viele Kombinations- und Assoziationsketten bilden.

Download: verkaufen.limbeckgroup.com

Turbo Nr. 4: Mehr und noch mehr

Die Schlüssel zu diesem Turbo sind die Formulierungen, die dem Kunden die Extraportion Nutzen versprechen. Es handelt sich also um Begriffe wie »zusätzlich«, »des Weiteren« und »darüber hinaus«. Das klingt zum Beispiel so: »Herr Kunde, die neue Archivierungs-App bedeutet für Sie, noch schneller, noch gezielter Dokumente ablegen und verwalten zu können. *Weiterhin* hat es für Sie den Vorteil, dass Sie über die semantische Suche auch Inhalte finden, deren Wortlaut Sie nur noch ungefähr wissen. Und *darüber hinaus* funktioniert das System nicht nur für deutschsprachige Dateien, sondern für Dokumente aller gängigen Weltsprachen.«

Limbeck-Tipp

Reihen Sie so insgesamt mindestens drei Nutzenversprechen hintereinander, damit der Eindruck der Fülle entsteht.

AUF EINEN BLICK

- Der Kunde kauft einen Nutzen und kein Produkt bzw. keine Dienstleistung.
- Bei der MONA®-Technik verbinden Sie den Vorteil mit dem individuellen Nutzen, indem Sie kaufmotivspezifische Brückenwörter einsetzen.
- Zünden Sie zusätzlich einen der vier Nutzenargumentations-Turbos für Ihren Erfolg.

14.6 Die Nutzenargumentation nach Ansprechpartner

Über die dominante Kaufmotivation hinaus gibt es noch eine weitere Spur, mit deren Hilfe Sie die perfekte Nutzenargumentation gestalten können. Und diese Spur heißt: Jeder Kunde empfängt Ihre Botschaft auf verschiedenen Ebenen. Er empfängt sie als Mensch eines dominanten Sinnestyps, als Farbtyp und – nicht zuletzt – als Träger einer bestimmten Funktion.

Auf jeder dieser Ebenen ist Ihr Kunde auf eine ganz bestimmte Weise zugänglicher als auf anderen: Er hat besondere Interessen, er hat besondere Worte, auf die er anspricht.

Wenn Sie diese »Zugangswege« bei Ihrer Nutzenargumentation berücksichtigen, dann verleihen Sie Ihren Worten ungleich mehr Wirkung. Sie treffen den Nerv des Kunden und überzeugen ihn.

Nutzenargumentation nach Sinnestyp

Das VAKOG-Konzept aus dem NLP geht davon aus, dass jeder Mensch über einen der fünf Sinneskanäle am direktesten zu erreichen ist. VAKOG steht für:

- **V**isuell (sehen)
- **A**uditiv (hören)
- **K**inästhetisch (fühlen)
- **O**lfaktorisch (riechen)
- **G**ustatorisch (schmecken)

Eine ausführliche Erklärung dazu lesen Sie in Kap. 12.4.

Je direkter der Kanal ist, mit dem Sie Ihren Kunden ansprechen, desto leichter überzeugen Sie ihn. Voraussetzung ist, dass Sie im Gesprächsverlauf gut hingehört haben, denn dann hat Ihnen Ihr Kunde seinen Sinnestyp bereits verraten: Die Begriffe, die er verwendet, vermitteln Ihnen dieses Wissen.

Verwenden Sie für Ihre Nutzenargumentation die Worte, die genau auf den dominanten Sinneskanal Ihres Gesprächspartners abgestimmt sind. Sammeln Sie ganz bewusst den entsprechenden Wortschatz, damit Sie ihn bei Bedarf einsetzen können. Erweitern Sie also die nebenstehende Liste um Worte, die zu Ihren Kunden, Ihrem Produkt und Ihrer Marke passen (auch zum Download unter verkaufen.limbeckgroup.com).

Nutzenargumentation nach Farbtyp

Das INSIGHTS-Farbmodell (INSIGHTS MDI®) ist ein bewährtes Verfahren, mit dem Sie sich selbst (vgl. Kap. 2.4), Ihre Mitarbeiter (das Diagnostiktool dazu gibt es bei uns im Shop: shop.limbeckgroup.com) und auch Ihre Kunden erkennen (vgl. Kap. 12.5).

Dem INSIGHTS-Konzept nach gibt es vier Grundtypen, die ganz unterschiedliche Verhaltensweisen zeigen, die Welt ganz unterschiedlich sehen und auch ihre Kaufentscheidungen ganz unterschiedlich fällen (eine Karte mit einer Kurzübersicht über die Farbtypen können Sie bei uns anfordern unter kontakt@limbeck-group.com). Auch wenn jeder Mensch Anteile jeder Farbe trägt, ist doch jeder auch von einer Farbe besonders geprägt.

Haben Sie erkannt, welchem Farbtyp Ihr Kunde entspricht, wissen Sie, mit welcher Art der Nutzenargumentation Sie ihn am besten überzeugen:

Wortschatz nach Sinnestyp

Ergänzen Sie die Liste um weitere Begriffe für Ihre Nutzenargumentation.

visuell	auditiv	kinästhetisch	olfaktorisch / gustatorisch
• absehbar • beobachten • betrachten • erscheinen • Fokus • funkeln • glänzen • imaginieren • malen • offensichtlich • Optik • schauen • sehen • sich ein Bild machen • sichtbar • Überblick • Vorsicht • vorstellen • zeichnen • zeigen ...	• artikulieren • besprechen • diskutieren • erwähnen • erzählen • ganz Ohr sein • Geräusch • hören • in Ruhe • klingend • kreischend • Lärm • lauschen • laut • sagen • schrill • sprechen • vernehmen • widersprechen • zustimmen ...	• ablehnen • anfassen • Basis • bedrückend • befallen • begreiflich • berührend • bewegen • drehen / wenden • ein Gefühl haben • emotional • erfahren • erfreuen • greifen • Grundlage • halten • konkret • spannend • verrückt • Veto einlegen ...	• abgestanden • beißend • betörend • bitter • delikat • Duftmarke setzen • dumpf • gallig • genüsslich • lieblich • mild • mit Beigeschmack • muffig • riechen • sauer • scharf • schmecken • stinken • süß • verrottet ...

Download: verkaufen.limbeckgroup.com

- Beim Blauen, dem nüchtern-rationalen, machen Sie mit Kompetenz und umfassenden Informationen Eindruck. Er braucht von Ihnen vor allem die Sicherheit, dass die Lösung seinen Bedarf zu 100 Prozent abdeckt und dass das Preis-Leistungs-Verhältnis stimmt.
- Der Rote dagegen, der fordernd und ungeduldig ist, braucht die Botschaft, dass er das Beste vom Besten bekommt und dass stets er es ist, der die letztgültige Entscheidung trifft.
- Den Gelben reißen Sie am besten mit Ihrer Begeisterung mit. Er liebt jede Erfahrung, die er selbst machen kann: Lassen Sie ihn den Nutzen so hautnah wie möglich erleben.
- Der Grüne braucht Zeit und ein tiefes Vertrauen zu Ihnen. Signalisieren Sie ihm Geduld und beantworten Sie seine viele Fragen auch dann noch freundlich, wenn er sie zum dritten oder vierten Mal stellt.

L

Limbeck-Tipp

Nutzen Sie Ihr Farbtypenwissen nicht nur inhaltlich, sondern auch in Bezug auf das Erleben: Lassen Sie den Blauen selbst nachrechnen, geben Sie dem Gelben etwas in die Hand, damit er den Nutzen »erfühlt«.

Nutzenargumentation nach Funktion

Die Funktion Ihres Kunden im Unternehmen hat entscheidenden Einfluss darauf, welche Punkte Sie in Ihrer Nutzenargumentation besonders herausarbeiten sollten. So springt ein Geschäftsführer beispielsweise auf andere Argumente an als ein Einkäufer oder ein Anwender:

- Der Geschäftsführer interessiert sich mehr für strategische Themen. Er möchte, dass Prozesse innerhalb seines Unternehmens reibungslos laufen und er eine hohe Effizienz und Effektivität auf allen Stufen seines Unternehmens erreicht. Für ihn zählen also beispielsweise wirtschaftliche Faktoren, organisatorische Abläufe und Wettbewerbsvorteile. Und danach gewichtet er Ihre Argumente bei seiner Bewertung.

- Für einen Einkäufer dagegen zählen vielmehr harte Fakten wie Preise, Lieferperformance, die Qualität. Deshalb haben bildhafte Ausführungen für ihn weniger Wert als harte Fakten.
- Der Anwender interessiert sich dagegen für Zusatznutzen, für Aspekte, die seine Arbeitsabläufe vereinfachen und verbessern. Auch die Sicherheit in Bezug auf Service spielt für ihn häufig eine große Rolle. Das heißt, auch nicht messbare Argumente akzeptiert er.

Limbeck-Tipp

Gerade im Key-Account begegnen Sie ständig der Herausforderung, dass Sie mit Ihrer Nutzenargumentation auf Kundenseite ganz verschiedene Funktionsträger optimal abzuholen haben. Deren unterschiedliche Interessen nicht zu berücksichtigen, wäre sträflich.

Die Nutzendifferenzierung Ihrer Argumente spielt also eine große Rolle. Sortieren Sie sie in folgende drei Gruppen:

- Produktnutzen – dies sind alle Argumente, Merkmale und Vorteile des Produktes sowie der individuelle Nutzen, der sich daraus ergibt.
- Anwendernutzen – dies sind alle Argumente und Merkmale, die über die Anwendung Ihrer Produkte Aussagen treffen können.
- Zusatznutzen – alle Argumente und Merkmale, die nichts mit der eigentlichen Anwendung Ihrer Produkte zu tun haben, wie beispielsweise Ihr Service oder die Kommunikation mit Ihrem Kunden.

Limbeck-Tipp

Entscheidend ist, wie Sie Ihre Nutzenargumentation in Einklang mit der Position, dem Wissensstand und der Berufserfahrung Ihres Ansprechpartners bringen.

Überprüfen Sie dafür, ob Ihre Argumente auf rationaler oder auf emotionaler Ebene bewertbar sind: Wenn ein Nutzen messbar ist, dann kann er auch rational bewertet werden. Ist ein Nutzen nicht messbar, so kann er nur emotional bewertet werden.

Können Sie also bei Ihren Produkten und Dienstleistungen Zahlen, Daten, Fakten nennen, dann lassen sich Ihre Argumente rational bewerten, weil Ihre Aussagen messbar und kalkulierbar sind. Das trifft zum Beispiel zu, wenn Sie Prozente, Maßeinheiten und Zeiten aufführen können oder den Nachweis erbringen, dass mit einer neuen Software der Bearbeitungsprozess um 35 Prozent reduziert werden kann. In diese Kategorie gehören auch Referenzkunden.

Können Sie keine solchen Fakten bringen und haben keine Referenzkunden, so sind Ihre Argumente im Regelfall nicht messbar und können nur emotional bewertet werden. Wenn Sie beispielsweise sagen, dass Sie einen 24-Stunden-Service haben und Ihr Kunde so garantiert einen Technikerrückruf erhält, treffen Sie lediglich eine Aussage über Ihren Rückrufservice. Sie können jedoch nicht garantieren, dass Sie das eigentliche Anliegen des Kunden, die Fehlerbehebung, lösen. Das heißt, abhängig vom Vertrauen, das der Kunde zu Ihnen und Ihrem Unternehmen aufgebaut hat, wird er Ihre Aussage bewerten.

Wesentlich für Ihren Verkaufserfolg ist also, welches Bewertungssystem Ihr Kunde für Ihre Nutzenargumentation anwendet. Sind es rationale oder emotionale Parameter?

Funktionsabhängige Einflussfaktoren

Es gibt verschiedene Faktoren, mit denen Sie Einfluss auf das Bewertungssystem Ihres Kunden nehmen können:

- Werte entstehen im Kopf Ihres Kunden. Durch eine stark bildliche Sprache können Sie die Wertestruktur im Kopf Ihres Kunden beeinflussen (vgl. Kap. 14.2)
- Welcher echte Nutzen steht hinter Ihren Produkten bzw. Ihrer Dienstleistung (vgl. Kap. 14.3)? Je klarer Ihre Argumentation in Ihrem Kopf ist, desto klarer werden Sie auch hier in der Kommunikation sein.
- Konzentrieren Sie sich innerhalb des Verkaufsgesprächs auf das Wesentliche (vgl. Kap. 14.3). Je näher Sie beim Thema sind und die Wünsche des Kunden innerhalb der Kommunikation erfüllen, umso schneller kann er Ihnen trauen.

- Nutzen Sie Brückenwörter innerhalb Ihrer Nutzenargumentation (vgl. Kap. 14.3). Je enger Ihre Brückenwörter mit dem dominanten Kaufmotiv Ihrer Kunden verbunden sind, desto stärker kommt Ihre Nutzenargumentation an.
- Unterstützen Sie Ihre Argumente durch Sie-Formulierungen. Häufig reden wir immer nur von »ich, ich, ich, ich«. Doch wer kauft? Ihr Kunde. Nutzen Sie daher Sie-Formulierungen (vgl. Kap. 14.2).
- Erkennen Sie Signale des Kunden. Kunden, die nach Lieferzeiten und Zahlungsbedingungen fragen, senden echte Kaufmotive an Sie (vgl. Kap. 12.3).
- Hinterfragen Sie die Signale des Kunden. Wenn ein Kunde die Lieferzeit anspricht, so hinterfragen Sie dieses Signal deutlich. Warum ist dem Kunden die Lieferzeit gerade jetzt und heute wichtig?

L

Limbeck-Tipp

Je besser Sie den Kunden emotional an Ihr Unternehmen und Ihre Person binden, desto weniger ausschlaggebend sind rationale Faktoren.

AUF EINEN BLICK

- Jeder Ihrer Kunden kauft auch aus seinem Sinnestyp, seinem Farbtyp und seiner Funktion heraus.
- Je besser Sie Ihre Nutzenargumentation auf Typ und Funktion abstimmen, desto erfolgreicher werden Sie damit sein.
- Schenken Sie auch dem Bewertungssystem, das mit der Funktion verbunden ist, besondere Aufmerksamkeit.

14.7 Die Einwandbehandlung

Kunden haben Einwände. So sicher wie das Amen in der Kirche. Gemeinsam mit ihren engen Verwandten namens Vorwand und Bedingung begegnen diese Einwände jedem Verkäufer – ob schlecht oder gut – jeden Tag und in praktisch jedem Verkaufsgespräch. Was den guten vom schlechten Verkäufer in dieser Situation unterscheidet, ist die Vorbereitung auf die Einwände. Der gute Verkäufer hat alle Techniken drauf, um damit gekonnt umzugehen. Entsprechend sieht er der Situation gelassen entgegen.

Und wenn er ein sehr guter Verkäufer ist, dann reagiert er nicht nur gelassen, sondern er freut sich sogar richtiggehend auf den ersten Einwand, der von seinem Kunden kommt. Denn er weiß: Erst wenn der Kunde Nein sagt, beginnt das Verkaufen – alles andere ist nur verteilen. So ist ein Einwand eine positive Herausforderung an die Kunst des Verkaufens.

Doch nicht nur deshalb freut er sich …

Einwand heißt Interesse

Ihnen als sehr gutem Verkäufer ist nämlich klar, dass ein Einwand ein deutliches Signal vom Kunden an Sie ist mit der Botschaft: Ich will bei dir kaufen.

Ist schon der Einwand in der Telefonakquise kein Zeichen der grundsätzlichen Zurückweisung (vgl. Kap. 13.7 und 13.8), so ist er das im Verkaufsgespräch erst recht nicht. Im Gegenteil: Ihr Kunde ist bereit, sich noch mehr mit Ihnen auseinanderzusetzen als bisher schon, indem er Sie mit einem Einwand zum Weiterreden animiert. Gleichzeitig verraten Ihnen seine Einwände, wo seine Kaufmotive liegen: Darauf aufbauend können Sie Ihre Nutzenargumentation noch weiter schärfen (vgl. Kap. 14.6 und 15.5).

Das heißt, dass es mehr als einen guten Grund für Sie gibt, den Einwänden positiv zu begegnen: Genau genommen gibt es sogar sieben.

L

Limbeck-Tipp

Rufen Sie sich die positiven Aspekte immer wieder ins Gedächtnis: Sie helfen Ihnen, mit der richtigen Einstellung an Einwände heranzugehen und auch bei einer guten emotionalen Reaktion.

Die sieben positiven Aspekte von Einwänden

1. Einwände geben mir die Gelegenheit, gezielt herauszufinden, warum der Kunde bei mir kaufen soll.
2. Mit Einwänden testet der Kunde, ob ich aufrichtiges Interesse an ihm habe.
3. Einwände halten mein Verkaufsgespräch in Gang.
4. Einwände geben mir die wirklichen und echten Herausforderungen des Kunden zu erkennen und liefern mir somit neue Ideen für Lösungen.
5. Einwände erlauben mir wichtige Einblicke in die Einstellung und Motivstruktur des Kunden.
6. Einwände sind meine Geheimtür zu den inneren Wünschen meines Kunden.
7. Über Einwände erkenne ich, wie weit wir noch vom Abschluss entfernt sind.

Download: verkaufen.limbeckgroup.com

Einwand versus Vorwand versus Bedingung

Wenn Ihr Kunde Ihnen im Verkaufsgespräch etwas entgegnet, dann lässt sich dies in eine der folgenden drei Kategorien einordnen:

- Einwand
- Vorwand
- Bedingung

Jede Kategorie hat andere Ursachen und erfordert deshalb eine andere Reaktionsstrategie von Ihnen. Aus diesem Grund ist es wichtig, dass Sie die Unterschiede kennen und erkennen.

Charakteristika von Einwänden, Vorwänden, Bedingungen

	Einwände	Vorwände	Bedingungen
Definition	tatsächliche oder empfundene Gründe, warum der Kunde noch nicht Ja zu Ihnen und Ihrem Angebot sagen kann	• »Wände«, hinter denen sich der Kunde verstecken will • Fluchtmanöver • rein emotionale Reaktionen	nachvollziehbare, messbare oder beweisbare Fakten, die mit dem Angebot erfüllt werden müssen
Ursache	• fehlende oder falsche Informationen • falsche oder nicht gut durchgeführte Bedarfsanalyse • Missverständnis innerhalb der Kommunikation	• Angst • Unsicherheit • schlechte Laune • Höflichkeit • Fluchtmanöver (kann oder will die Wahrheit nicht sagen)	• äußere Gegebenheiten • häufig gesetzliche Vorschriften, Normen, Richtlinien oder Compliance-Bedingungen
Signal	Dies ist eindeutiges Kaufsignal.	Es gibt emotionale Hindernisse für den Kauf.	Es gilt herauszufinden, ob eine Bedingung erfüllt werden muss oder nicht.

So lassen sich Vorwände nie durch rationale Argumente lösen, weil sie rein emotionaler Natur sind. Bedingungen gibt Ihr Kunde in der Regel schnell als solche zu erkennen. Ihr Produktwissen sollte auf jeden Fall so gut sein, dass Sie sofort sagen können, ob Ihr Angebot diese Bedingung erfüllt oder nicht.

Limbeck-Tipp

Falls Sie eine Bedingung nicht erfüllen können, bringt Sie eine lange Diskussion darüber nicht weiter. Bestätigen Sie deshalb nur kurz Ihre Kenntnisnahme und lenken Sie dann mit Fragen das Gespräch in eine andere, für Sie positive und günstige Richtung. Denn nicht alle Bedingungen sind kaufentscheidend.

Für das Verkaufsgespräch ist darüber hinaus die Unterscheidung zwischen Vorwand und Einwand wesentlich.

So unterscheidest du zwischen Vorwand und Einwand

Grundsätzlich spielen sowohl bei den Einwänden als auch bei den Vorwänden die Ängste des Kunden eine große Rolle. Diese können beispielweise sein:

- Angst vor Manipulation
- Angst vor späteren Folgekosten
- Angst vor Veränderung
- Angst vor (erneuter) Enttäuschung
- Stressfaktoren wie Ärger, schlechte Stimmung und Sorgen des Kunden

Der Unterschied zwischen beiden ist: Vorwände sind rein emotionaler Natur, während bei Einwänden auch rationale Gründe beteiligt sind. Während bei Einwänden also auch rationale Argumente in die Einwandbehandlung mit einfließen können, bringen die Sie in der Behandlung von Vorwänden überhaupt nicht weiter. Vielmehr gilt es hier ausschließlich, die positiven Emotionen Ihres Kunden zu wecken, indem Sie eine Verbindung zwischen seinen Motiven und seinem Sicherheitsbedürfnis einerseits und dem Vorteil Ihrer Produkte bzw. Dienstleistungen andererseits herstellen.

Gut geeignet zur Unterscheidung zwischen Einwand und Vorwand ist die hypothetische Frage. Mit ihrer Hilfe können Sie die Entgegnung Ihres Kunden als Vorwand oder als Einwand identifizieren. Ein Beispiel:

> Kunde: »Ich kann dieses Multifunktionsgerät nicht kaufen. Dazu fehlt mir das Geld.«

Im Vordergrund steht also das Argument des Kunden, dass er kein Geld hat. Dies kann entweder ein Vorwand oder ein Einwand sein. Hypothetische Fragen zur Unterscheidung könnten lauten:

- »Nehmen wir einmal an, Ihnen stehen die finanziellen Mittel zur Verfügung, dann …«
- »Mal angenommen, wir finden eine Lösung, dann …«
- »Gesetzt den Fall, wir lösen das gemeinsam, dann …«

- »Nur mal als Idee, dass wir eine bessere gemeinsame Basis schaffen, dann ...«
- »Stellen wir uns einmal vor, wir haben den Sachverhalt gelöst, dann ...«

Wichtig: Erwähnen Sie in der Frage auf keinen Fall ein Lösungsangebot!

Darauf antwortet Ihr Kunde entweder mit

- einer Bestätigung, hier im Beispiel, dass er kein Geld für Ihr Angebot hat, dann haben Sie es mit einem Einwand zu tun,
- einem anderen Argument, dann handelt es sich bei seiner ersten Aussage um einen Vorwand und Sie lassen diesen ab jetzt beiseite und konzentrieren sich auf das neue Argument des Kunden, oder
- der Aussage »Genau genommen würde ich mir dann das System auch nicht kaufen ...«, dann wird auch klar, dass die erste Aussage ein Vorwand war und dem Kauf ein anderer Grund im Wege steht.

No-Go: Geschlossene Frage

Fragen Sie Ihren Gesprächspartner nie ganz direkt ohne Filtern nach dem wahren Grund seines Zögerns, wie zum Beispiel: »Überfalle ich Sie wirklich mit dem Angebot?« Denn damit setzen Sie Ihren Kunden unter Rechtfertigungsdruck. Auf diese Bloßstellung kann er nur mit einem Fluchtversuch reagieren. Nutzen Sie stattdessen eine offene Frage. Sie zeigt echtes Interesse an den Vorbehalten Ihres Kunden, sodass er sich Ihnen öffnen und anvertrauen kann.

Mit einer offenen Frage spielen Sie den Ball zurück an den Kunden und gehen ein Stück weit zurück in die Bedarfsanalyse. Sie könnte in diesem Beispiel lauten: »Wie sollte das System genau konfiguriert sein, damit es für Sie richtig ist?«

Warum Einwandbehandlung so viel mit Emotion zu tun hat

Einwände haben also immer einen emotionalen Anteil und Vorwände sind sogar Emotion pur. Deshalb gehört zu Ihrer guten Vorbereitung auch, dass Sie Ihre Emotionen im Griff haben. Gerade in den Gesprächsphasen, in denen Sie mit Einwänden zu rechnen haben, ist es besonders wichtig, dass Sie zwischen der Inhaltsebene und der Gefühlsebene unterscheiden (vgl. Kap. 5.7).

Wenn Sie einen Einwand des Kunden auf der emotionalen Ebene empfangen, besteht die Gefahr, dass Sie ebenso emotional zurückschießen und damit den Kunden treffen. Dann ist sein Vertrauen als Grundlage für Ihren Verkaufserfolg zerstört.

Nehmen Sie den Einwand auf der Inhaltsebene entgegen und betrachten ihn als Bitte des Kunden um eine fehlende Information, damit er Ja zu Ihnen und Ihrem Angebot sagen kann. Damit verhindern Sie, dass Sie sich persönlich angegriffen fühlen, und reagieren sachlich auf den Einwand des Kunden.

Selbst wenn Sie den Eindruck haben, dass der Kunde Sie mit einem unsachlichen Einwand in die Ecke treiben möchte: Bleiben Sie ruhig. Er tut das vermutlich nur, weil zwischen Ihnen zu viele Missverständnisse aufgetreten sind. Korrigieren Sie Ihren Kunden jedoch nicht, sondern rollen Sie lieber das Gespräch möglichst noch mal neu auf und finden Sie einen neuen und positiven Ansatzpunkt.

L

Limbeck-Tipp

Beachten Sie auch die Emotionen Ihres Kunden. Ist der Kunde aufgewühlt oder Sie spüren seine Angst, gilt für Sie, dem Kunden jetzt seine Angst zu nehmen und ihm Ruhe und Entspanntheit zu signalisieren.

Einwandbehandlung nach Farbtyp

Neben allen Techniken hat sich eine weitere Strategie sehr bewährt: die Einwandbehandlung nach Farbtyp. Das INSIGHTS-Farbmodell ist leicht anzuwenden: Sie ordnen Ihren Kunden dabei einem der vier Farbtypen zu und haben damit eine Orientierung, wie er grundsätzlich tickt und wie Sie ihn am besten ansprechen (vgl. Kap. 12.5). Das hat sich auch bei der Einwandbehandlung hervorragend bewährt. Ausführliches dazu lesen Sie im Rahmen der Einwandbehandlung beim Akquisetelefonat in Kap. 13.8.

Diese Prinzipien gelten genauso bei der Einwandbehandlung im Verkaufsgespräch:

- Führen Sie den Blauen bei Einwänden konsequent zu seinen Nutzen zurück. Nennen Sie Daten und Fakten, liefern Sie Beweise und Zeugen.

- Weichen Sie beim Roten nicht zurück, achten Sie hier besonders darauf, dass Sie auf Augenhöhe bleiben.
- Der Gelbe möchte reden. Geben Sie ihm die Gelegenheit, sonst wird er sich zurückziehen.
- Dem Grünen malen Sie immer wieder das Bild, wie gut es sich anfühlen wird, wenn er sich für Ihr Produkt oder Ihre Dienstleistung entscheiden wird. Bestärken Sie ihn in seinem Vertrauen zu Ihnen.

Und: Vermeiden Sie Widerspruch! Auf Gegenargumente bzw. Einwände reagieren viele Verkäufer reflexartig mit Widerspruch, weil sie ihren eigenen Standpunkt oder die eigene Meinung durchsetzen wollen. Doch: »Druck erzeugt Gegendruck.« Das ist in der Physik so und auch in zwischenmenschlichen Beziehungen: Durch Widerspruch baut sich zwischen dem Kunden und Ihnen eine immer kritischere Situation auf. Konzentrieren Sie sich deshalb auf Ihre Techniken der Einwandbehandlung, zum Beispiel die hier besonders gut geeignete Klarstellungstechnik.

Technik 1: Klarstellung

Bei der Klarstellung nehmen Sie den Einwand Ihres Kunden auf, formulieren ihn positiv um und laden über den kontrollierten Dialog (vgl. Kap. 14.3) den Kunden zur Konkretisierung ein. Mit dieser Technik führen Sie den Kunden elegant von der emotionalen Ebene auf die Sachebene zurück. Ein Beispiel:

> Kunde: »Das sieht auf den ersten Blick sehr kompliziert aus.«
> Verkäufer: »Wenn ich Sie richtig verstanden habe, dann wünschen Sie sich eine intuitive Bedienung.«

Leiten Sie also Ihre Antwort immer mit einer rückfragenden Formulierung ein und wiederholen Sie dann das Argument bzw. den Einwand des Kunden mit Ihren Worten positiv. Der Kunde hat nun die Möglichkeit, entweder zu bestätigen oder seinen Einwand noch einmal mit anderen Worten zu wiederholen, sodass Sie es verstehen.

Technik 2: Abfedern und virtuellen Zeugen nennen

Eine weitere Technik zur emotionalen Beruhigung ist das Abfedern der Antwort des Kunden. Wenn Sie dem Kunden signalisieren, dass Sie ihn verstehen, so ist er in aller Regel dazu bereit, eine Lösung mit Ihnen zu schaffen.

Ein Beispiel dafür kann lauten:

> »Herr Kunde, ich verstehe, was Sie sagen. Wie können wir gemeinsam eine Lösung erarbeiten, die für Sie und Ihr Team die Anwendung leicht und einfach macht?«

Unabhängig davon, was Ihr Kunde jetzt antwortet, können Sie in einer Anschlusstechnik den virtuellen Zeugen einführen. Mit ihm vermitteln Sie dem Kunden das Gefühl, dass Sie eine solche Situation schon häufiger erlebt haben und dafür eine Lösung haben.

Eine Formulierung kann sein:

> »Herr Kunde, die gleiche Situation hatten wir bei anderen Kunden und sie wurde von uns folgendermaßen gelöst …«

Jetzt bringen Sie die sinnhaft erscheinende Lösung.

Technik 3: Schwarz-Weiß-Technik

Haben Sie es dagegen mit einem Kunden zu tun, der permanent mit neuen Einwänden kommt, so bietet sich die Schwarz-Weiß-Technik an. Wir sind kulturell so geprägt, dass wir Argumenten, die wir schwarz auf weiß vor uns sehen, mehr trauen als Argumenten, die wir nur hören. Nutzen Sie diese Prägung, indem Sie alle kritischen Punkte, die Ihr Kunde genannt hat, auf einem Blatt Papier oder auf Ihrem Tablet gut sichtbar als Liste notieren. Dann gehen Sie diese Liste mit ihm gemeinsam Punkt für Punkt durch und lösen jeden Punkt auf.

Limbeck-Tipp

Streichen Sie die aufgelösten Punkte nicht durch, denn etwas zu streichen, ist ein negatives Bild. Versehen Sie sie stattdessen mit einem gut sichtbaren »Okay«.

Ihr Kunde hat dadurch das Gefühl, dass Sie alle seine Widerstände aufgenommen haben und für ihn lösen wollen. Er konzentriert sich nun mit Ihnen auf die Lösung und nicht mehr darauf, über weitere Einwände nachzudenken.

Im Beispiel könnte das lauten:

> »Herr Kunde, lassen Sie uns doch einmal alle Punkte, die für Sie wichtig sind, festhalten: Das sind das Budget, die technische Ausstattung, der Servicegrad und die Laufzeit der Vereinbarung. Mit welchem dieser vier Punkte wollen wir beginnen?«

Und diese Technik können Sie mit der folgenden noch krönen.

Technik 4: Die Heirats-Test-Technik

Wenn Sie alle Einwände aufgelistet haben, können Sie Ihrem Kunden eine Frage wie die folgende stellen:

> »Lieber Herr Kunde, wenn wir alle diese Punkte zu Ihrer vollsten Zufriedenheit erfüllen, machen wir es dann zusammen?«

»Heirats-Test« nenne ich diese Technik deshalb, weil Sie auf diese Weise herauskriegen, ob Ihr Kunde bildlich gesprochen nur mit Ihnen ins Bett möchte oder ob er Sie tatsächlich heiraten, also kaufen will. Sagt er ja, hat er tatsächlich Kaufabsichten. Durch sein Ja geht er auch so etwas wie eine moralische Verpflichtung ein: Wenn Sie Ihren Teil des Versprechens erfüllen, ist es für ihn nach dem Reziprozitätsprinzip schwer, seinen nicht zu erfüllen (vgl. Kap. 5.5).

Sagt er dagegen klar Nein, können Sie gleich die nächste Frage hinterherschieben:

»Herr Kunde, was können wir denn tun, damit aus Ihrem Nein ein Ja wird?«

So kommen Sie seinem eigentlichen Einwand beziehungsweise seinem Kaufmotiv auf die Spur.

Neben diesen Grundtechniken empfehle ich Ihnen noch zwei Supertechniken der Einwandbehandlung: die DAF®- und die Schubladentechnik.

Supertechnik 1: DAF®

Eine der stärksten Techniken der Einwandbehandlung ist die DAF®-Methode. DAF steht für drei Stufen:

1. **D**ezente Anerkennung
2. **A**ussage bzw. Antwort
3. **F**rage (möglichst offen)

Durch die dezente Anerkennung loben Sie Ihren Kunden. Gegen Lob wird sich kein Kunde wehren, denn es wertet ihn und seine Person auf. Bei der Aussage bzw. Antwort auf den Einwand des Kunden stellen Sie eine nachvollziehbare Aussage bzw. Antwort in den Raum. Mit der Frage spielen Sie den Ball an den Kunden zurück, damit Sie den Dialog aufrechterhalten. Benutzen Sie daher eine möglichst offene Frage.

Ein Beispiel:

Kunde: »Das ist aber unübersichtlich!«

Verkäufer nach der DAF®-Methode:

1. Dezente Anerkennung: »Gut, dass Sie es so direkt ansprechen …«
2. Aussage: »Sie wünschen sich also eine klar strukturierte Übersicht.«
3. Frage: »Welche Anforderungen stellen Sie an eine solche klare Struktur?«

Mit der DAF®-Methode bringen Sie Ihren Gesprächspartner also dazu, dass er seinen Einwand selbst entkräftet.

L

Limbeck-Tipp

Lassen Sie sich nicht reizen, sondern führen Sie Ihren Kunden freundlich und bestimmt durch die Gesprächssituation.

Supertechnik 2: Schubladentechnik

Stellen Sie sich einen soliden, stabilen, stapelbaren Büroschrank mit fünf Schubladen übereinander vor. Jede dieser Schubladen ist eindeutig und gut lesbar beschriftet, sodass Sie mit einem Griff das Gewünschte herausziehen können. In der Regel arbeiten Sie sich von oben nach unten durch die einzelnen Schubladen, bei Bedarf können Sie jedoch jederzeit auch in die vorherige oder vorvorherige Schublade greifen.

1. In Schublade 1 haben Sie die Frage zur Eingrenzung des Motivs bereitgelegt. Sie lautet zum Beispiel: »Was heißt das konkret?«
2. In der nächsten Schublade befinden sich Ihre Sätze zur Bestätigung bzw. zur bedingten Zustimmung, zum Beispiel: »Das kann ich gut nachvollziehen …!«
3. Die dritte ist die Drei-Fragezeichen-Schublade, mit der Sie den Einwand isolieren. Dafür brauchen Sie jeweils drei aufeinander abgestimmte Fragen:
   - »Gibt es noch andere Stellen, an denen Ihnen der Schuh drückt?«
   - »Prinzipiell haben Sie sich jedoch bereits für unser Angebot und für mich entschieden?«
   - »Angenommen das Thema wäre erledigt: Machen wir dann heute schon Nägel mit Köpfen?«

L

Limbeck-Tipp

Antwortet Ihr Kunde an dieser Stelle mit einem Ja, dann öffnen Sie die Schublade 4. Wenn nicht, kehren Sie zu Schublade 1 zurück.

4. In der Schublade 4 haben Sie die Sätze zur Einwandbehandlung und zur Argumentation. Erklären Sie die Rücktrittsvorbehalte, doch bezeichnen Sie sie positiv als »zusätzliche Garantie« oder »weitere Sicherheit«, beispielsweise so: »Sollten Sie Ihr Marketingkonzept bei der Konzernleitung nicht durchbekommen, zerreißen wir den Vertrag. Wenn jedoch alles wie erwartet passt, entwickeln wir zusammen Ihre sämtlichen Produktseiten neu und Sie sichern sich jetzt schon alle Preisvorteile, die Ihnen dieses Gesamtpaket bietet, plus die Videoserie, die wir heute vereinbart haben!«
5. Die letzte Schublade öffnen Sie direkt im Anschluss an die Schublade 4. Hier ziehen Sie die Abschlussfrage heraus, zum Beispiel: »Sollen wir das dann jetzt gemeinsam festhalten?«

Ich empfehle Ihnen, sich alle diese Techniken und Supertechniken anzueignen. Wie so vieles in Ihrem Verkäuferleben sind auch sie echte Übungssache: Je fleißiger Sie sich die entsprechenden Antworten erarbeiten und sie trainieren, desto selbstverständlicher und erfolgreicher setzen Sie sie in Ihrem Alltag dann ein. Entwickeln Sie pro Technik mindestens drei Variationen für die häufigsten Einwände Ihrer Kunden (auch zum Download unter verkaufen.limbeckgroup.com).

Techniken zur Einwandbehandlung

Technik	Typischer Einwand meiner Kunden	Meine Antwort
Klarstellung	1.	1. .... 2. .... 3. ....
	2.	1. .... 2. .... 3. ....
	3.	1. .... 2. .... 3. ....

Technik	Typischer Einwand meiner Kunden	Meine Antwort
Abfedern und virtuellen Zeugen nennen	1.	1. .... 2. .... 3. ....
	2.	1. .... 2. .... 3. ....
	3.	1. .... 2. .... 3. ....
Schwarz-Weiß-Technik	1.	1. .... 2. .... 3. ....
	2.	1. .... 2. .... 3. ....
	3.	1. .... 2. .... 3. ....
DAF®-Technik	1.	1. .... 2. .... 3. ....
	2.	1. .... 2. .... 3. ....
	3.	1. .... 2. .... 3. ....

Technik	Typischer Einwand meiner Kunden	Meine Antwort
Schubladentechnik	1.	1. .... 2. .... 3.I .... II .... III .... 4. .... 5. ....
	2.	1. .... 2. .... 3.I .... II .... III .... 4. .... 5. ....
	3.	1. .... 2. .... 3.I .... II .... III .... 4. .... 5. ....
Download: verkaufen.limbeckgroup.com		

Prinzipien für die branchenspezifische Einwandbehandlung

Über die beschriebenen breit anwendbaren Techniken hinaus sollten Sie auf die in Ihrer Branche typischen Einwände spezifische Reaktionen und Antwortstrategien entwickeln. Wie die aussehen können, richtet sich nach

- den Gegebenheiten in Ihrer Branche,
- dem Image Ihres Unternehmens,
- Ihren Produkten und Dienstleistungen und natürlich auch
- Ihrer individuellen Verkäuferpersönlichkeit.

Ich stelle Ihnen hier noch fünf Prinzipien vor, die Sie auf Ihre Situation übertragen können. Darüber hinaus ist Ihrer Kreativität und Ihrer Experimentierfreude kaum eine Grenze gesetzt. Nur eines gilt immer: Bleiben Sie in jeder Verkaufssituation standfest und konsequent sowie gleichzeitig ruhig, freundlich und bestimmt.

Das Schlüssel-Schloss-Prinzip

Dabei formulieren Sie aus dem Einwand des Kunden den Vorteil oder sogar einen individuellen Nutzen für Ihren Kunden. Meist ist der Kunde überrascht und wird neugierig auf Ihr Angebot. Mit dieser Methode haben Sie besonders bei den klassischen »Abblockern« zu Anfang eines Gesprächs sehr guten Erfolg. Deshalb hat diese Methode auch in der Telefonakquise ihre Berechtigung (vgl. Kap. 13.7 und 13.8).

Ein Beispiel:

> Kunde: »Das Geschäft läuft schlecht.«
> Verkäufer: »Gerade deswegen sitzen wir ja heute hier zusammen, um herauszufinden, inwieweit die neue Lösung für Ihr Geschäft von Vorteil ist.«

Noch ein Beispiel:

> Kunde: »Ich habe kein Geld.«
> Verkäufer: »Gerade deswegen haben wir Ihnen ein vorteilhaftes Angebot erstellt, das für Sie und Ihre Verkaufspreise einen hohen Ertragswert darstellt.«

Und noch eines:

> Kunde: »Unsere Systeme laufen noch.«

Verkäufer: »Genau deshalb ist es wichtig, einen Blick in die technologische Zukunft zu werfen, um für das Kommende gerüstet zu sein.«

Die entscheidenden Wörter sind »gerade deswegen« oder »genau deshalb«. Damit greifen Sie den Einwand des Kunden mit Ihren Worten auf und signalisieren so Verständnis. Gleichzeitig wandeln Sie den negativen Aspekt in sein Gegenteil: Sie münzen ihn in ein Sprungbrett hin zum Nutzen für den Kunden um.

Das Korkenzieherprinzip

Manchmal ist es für Sie nicht leicht nachzuvollziehen, wie ein Kunde zu den Einwänden, die er aufführt, kommt. In diesen Fällen ist es wichtig herauszufinden, welches Kaufmotiv, das vielleicht noch nicht erkannt und identifiziert worden ist, hinter dem Einwand verborgen ist.

Ein Beispiel:

Kunde: »Das ist die falsche Farbe ...«
Verkäufer: »Aus welchem Grund ist genau dieser Punkt für Sie so wichtig?«

An dieser Stelle bringen Sie Ihren Kunden ausnahmsweise absichtlich in eine Rechtfertigungssituation. Entscheidend ist, dass Sie vorher verschiedene andere Techniken eingesetzt haben, um das Motiv hinter dem Einwand zu ermitteln und dem Einwand so den Wind aus den Segeln zu nehmen. Wenn der Kunde weiterhin auf seinem Standpunkt bzw. seinem Einwand beharrt, dann fragen Sie direkt nach: Bohren Sie wie mit einem Korkenzieher in das verschlossene Behältnis hinein, um es endlich zu öffnen. In so einer Situation kommen Sie nur weiter, wenn Sie den eigentlichen Grund für den Einwand herausfinden. Denn vielleicht haben Sie sogar eine Bedingung vor sich, die zwingend in Ihr Angebot hineingehört.

Das Werteprinzip

Ziel ist es beim Werteprinzip, dass der Kunde Ihnen die Punkte nennt, die er als Einwandbehandlung akzeptiert, also für welche Lösung er zugänglich ist. So gelingt es Ihnen, Ihre Antwort mit den Argumenten, die der Kunde Ihnen genannt hat, zu formulieren. So erkennt er seine eigene Meinung wieder und Sie steigern den Erfolg Ihrer Argumentation.

Ein Beispiel:

Kunde: »Die letzte Maschine hatte zu viele Anfangsschwierigkeiten.«
Verkäufer: »Wenn Sie an der Stelle des Produzenten wären, welche Punkte hätten Sie verändert, um diese Situation in den Griff zu bekommen?«

Nun nennt Ihnen der Kunde die Punkte, die ihm wichtig sind. Und genau die greifen Sie im Anschluss für die Einwandbehandlung auf. Damit sind Sie sicher, dass Sie den Vorstellungen Ihres Kunden nahekommen. Und weil er seine Vorstellungen dadurch gespiegelt und positiv erfüllt sieht, motivieren Sie ihn dazu, sich das Angebot »selbst zu verkaufen«.

Das Visualisierungsprinzip

Bei der Einwandbehandlung geht es zu einem sehr großen Teil um die Beeinflussung von Emotionen. Und mit nichts ist das menschliche Gehirn direkter emotional anzusprechen als mit Bildern, die im eigenen Kopf entstehen.

Mit der richtigen Wortwahl unterstützen Sie das Kopfkino Ihres Kunden und seine positive emotionale Hinwendung zur Kaufentscheidung. Deshalb ist es so wichtig, dass Sie stets positiv und bildreich formulieren. Je bildhafter Sie sprechen, desto einfacher ist es für Ihren Kunden, Ihnen zu folgen. Das gilt für das Verkaufsgespräch allgemein (vgl. Kap. 14.2, dort finden Sie auch etliche Beispiele) wie für die Einwandbehandlung im Besonderen.

Bauen Sie sich deshalb eine ganze Sammlung von rhetorischen Bildern auf, die Sie situativ nutzen können.

Ein Beispiel:

Kunde: »Ich habe kein Budget.«
Verkäufer: »Das trifft den Nagel auf den Kopf … auch wir streben eine langfristige Kundenbeziehung an und dazu gehört es, dass wir heute schon klären, was in der Zukunft für Ihre Budgetvergabe wichtig ist.«

Das Nutzen-Maximierungs-Prinzip

Bringen Sie besonders bei Preisgesprächen diese Form der Einwandbehandlung, das Nutzen-Maximierungs-Prinzip, zum Einsatz. Zählen Sie die persönlichen Vorteile und Nutzen auf, die der Kunde von Ihrem Angebot hat, und lassen Sie sich diese vom Kunden bestätigen. So entsteht eine Kette von Mehrwert, die mehr Gewicht hat als der Einwand gegenüber dem Produkt.

Kunde: »Ihr Angebot für diese cloudbasierte Lösung ist zu hoch.«

Stellen Sie daraufhin die Vorteile und Nutzen Ihres Angebotes nochmals heraus und fragen Sie dann:

»Lieber Herr Kunde, glauben Sie nicht auch, dass all die genannten Punkte für Sie so viel Flexibilität und Sicherheit für Ihre Daten bieten, dass dies eine lohnende Anschaffung für die Zukunft ist?«
Kunde: »Ja, aber trotzdem erscheint mir der Preis zu hoch.«
Sie: »Unserer Philosophie folgend beraten wir unsere Kunden zukunftsorientiert. Das heißt, was Ihnen heute an Austauschgeschwindigkeit und Serverleistung ausreicht und in der Anschaffung billiger erscheint, ist morgen schon zu schwach und muss dann aufwendig erweitert werden. Solchen Schwierigkeiten gehen wir von vornherein aus dem Weg, denn wir bieten unseren Kunden für ihre Investition die optimale und zukunftsorientierte Lösung an.«
Kunde: »Na ja …«
Sie: »Ist es bei solch einer Entscheidung nicht besser, ein bisschen mehr zu investieren als zu wenig?! Wenn Sie jetzt etwas mehr investieren, dann ist das, was Sie vielleicht verlieren, sehr gering. Wenn Sie heute dagegen nicht genug investieren, dann laufen Sie Gefahr, alles zu verlieren. Sie sollten sich also entscheiden: Möchten Sie lieber das Risiko eingehen, eine Kleinigkeit zu verlieren, oder die gesamte Investition verlieren?«

Wie sieht die Anwendung dieser Prinzipien konkret in Ihrem Verkaufsalltag aus? Spielen Sie sie alle durch, trainieren Sie sie gründlich (auch zum Download unter verkaufen.limbeckgroup.com).

Prinzipien für die branchenspezifische Einwandbehandlung

Prinzip	Typischer Einwand meiner Kunden	Meine Antwort
Schlüssel-Schloss-Prinzip	1.	1. .... 2. .... 3. ....
	2.	1. .... 2. .... 3. ....
	3.	1. .... 2. .... 3. ....
Korkenzieherprinzip	1.	1. .... 2. .... 3. ....
	2.	1. .... 2. .... 3. ....
	3.	1. .... 2. .... 3. ....
Werteprinzip	1.	1. .... 2. .... 3. ....
	2.	1. .... 2. .... 3. ....
	3.	1. .... 2. .... 3. ....

Prinzip	Typischer Einwand meiner Kunden	Meine Antwort
Visualisierungs-prinzip	1.	1. .... 2. .... 3. ....
	2.	1. .... 2. .... 3. ....
	3.	1. .... 2. .... 3. ....
Nutzen-Maximie-rungs-Prinzip	1.	1. .... 2. .... 3. ....
	2.	1. .... 2. .... 3. ....
	3.	1. .... 2. .... 3. ....
Download: verkaufen.limbeckgroup.com		

Denken Sie immer daran: Einwände sind eine Aufforderung des Kunden an Sie, ihm etwas zu verkaufen. Und ausgestattet mit der richtigen Haltung und den richtigen Techniken tun Sie das auch.

Stellen Sie aufgrund der Einwände Ihres Kunden jedoch fest, dass Ihr Angebot nicht optimal zu seinen Bedürfnissen passt und Sie ihm besser ein anderes Produkt oder eine andere Dienstleistung anbieten, dann haben Sie in der Bedarfsanalyse nicht sauber genug gearbeitet (vgl. 14.4). Holen Sie das nun nach und berücksichtigen Sie diese Punkte in Ihrem neuen Angebot.

Limbeck-Tipp

Wenn Sie Ihrem Kunden zu viele verschiedene Angebote vorlegen, fühlt er sich überfordert und sogar schlecht beraten. Das ist noch ein Argument für eine gründliche Bedarfsanalyse.

AUF EINEN BLICK

- Ein Einwand oder Vorwand ist ein gutes Zeichen, denn der Kunde zeigt Ihnen damit, dass er grundsätzlich willig ist, bei Ihnen zu kaufen.
- Auf Einwände können und sollen Sie sich vorbereiten.
- Eignen Sie sich eine Bandbreite an Techniken an und wenden Sie auch die Prinzipien auf die spezifischen Bedürfnisse Ihrer Kunden an.

14.8 Der Elevator Pitch

Nicht jedes Ihrer Verkaufsgespräche läuft ruhig, gesittet und mit einem ausreichenden Zeitbudget ab. Das empfinden gerade Sie als Vollblutverkäufer so, denn Sie haben erkannt, dass Akquise immer und überall geht (vgl. Kap. 11.6): ob auf dem Parkplatz oder im Flur, ob an der Hotelbar oder eben im Aufzug. Dann haben Sie für Ihr schönes Gespräch nicht 10, 20 oder 30 Minuten, sondern 30 Sekunden. Lassen Sie sich von dieser Vorstellung abschrecken?

Sicher nicht, vor allem dann, wenn Sie gut vorbereitet sind. In guter alter Pfadfindermanier sind auch Sie als guter Verkäufer allzeit bereit, weil Sie parat haben, was Sie in dieser Situation brauchen: Ihren Elevator Pitch.

Elevator Pitch

Geprägt hat den Begriff Elevator Pitch in den 1990er-Jahren die amerikanische Modejournalistin Ilene Rosenzweig: Sie und ihr Kollege Michael Caruso waren Angestellte bei Vanity Fair unter der mehr als vielbeschäftigten Herausgeberin Tina Brown. Caruso hatte ständig neue Storyideen, die er seiner Chefin schmackhaft machen wollte, nur leider war die gute Frau ständig unterwegs. Die einzige Chance, sie zumindest für 30 Sekunden am Stück sprechen zu können, war, wenn sie den Aufzug bestieg, um die vier Stockwerke zu ihrem Auto in der Tiefgarage zu fahren. Also passte Caruso diese Momente ab, sprang zu ihr ins Aufzugabteil und unterbreitete ihr jeweils kurz und knapp seine Idee. Als er eines Tages wieder nach oben gefahren kam, fragte ihn Ilene Rosenzweig: »So, how was your elevator pitch today?« Der Begriff war geboren, die Story gekauft.

Was einen Elevator Pitch ausmacht

Um in 30 Sekunden so viel zu sagen, dass Sie Ihren Gesprächspartner neugierig genug gemacht haben, damit er das Verkaufsgespräch jetzt oder später fortsetzen möchte, müssen Sie nicht schneller reden als sonst, sondern noch schneller auf den Punkt kommen. Der Elevator Pitch ist BAP®-Technik in höchster Vollendung (vgl. Kap. 14.3).

Nur geht es bei diesem Ultraverkaufsgespräch zunächst nicht so sehr um Ihr Produkt, sondern in erster Linie um Sie selbst. Denn in praktisch allen Gesprächen, die Sie mit bislang unbekannten Personen führen, ist es unerlässlich, dass Sie sich am Anfang kurz vorstellen: mit wem es Ihr Gegenüber da zu tun hat und was Ihr Job ist. So einfach und schnell verständlich wie möglich – KISS eben (**K**eep **I**t **S**imple and **S**tupid, vgl. Kap. 9.5). Ein guter Elevator Pitch leistet vor allem Folgendes:

- Er begeistert, statt zu informieren.
- Er erregt Aufmerksamkeit.
- Er hebt Sie vom Wettbewerber ab.
- Er hält Sie nachhaltig in Erinnerung.
- Er lässt Sie Ihre Chancen besser abschätzen.
- Er steigert Ihren Marktwert.

Deshalb hat der US-amerikanische Verkaufstrainer Michael Goldberg in meinen Augen recht, wenn er sagt: Ein Elevator Pitch ist nichts anderes als ein kurzes Positionierungsstatement, Ihr persönliches Positionierungsstatement. Denn es geht nicht in erster Linie darum, dass Ihr Gesprächspartner an etwas Interesse finden soll, was Sie ihm unterbreiten, sondern in erster Linie muss er an Ihnen Interesse finden. Und nur falls er in dieser kurzen Zeit Vertrauen zu Ihnen fasst, dann ist er bereit, sich auch dem zuzuwenden, was Sie anbieten.

Deshalb müssen Ihre ersten Sätze absolut passgenau sitzen, damit der andere bei Ihrem letzten Satz noch hinhört: bei Ihrem Call-to-Action. Denn auch das betont Michael Goldberg: Am Ende Ihres Elevator Pitches brauchen Sie eine klare Aussage zu dem, was Sie wollen.

Wie dein Elevator Pitch aussieht

Je kürzer Ihre Redezeit, desto passgenauer sollten Ihre Worte sein. Deshalb brauchen Sie nicht nur einen, sondern mehrere verschiedene Elevator-Pitch-Varianten. Denn es ist ein großer Unterschied, ob Ihr Gesprächspartner der Finanzchef oder der Creative Director ist. Den einen interessieren Zahlen, den anderen die gute Idee. Beiden den gleichen Text vorzutragen, kann nicht funktionieren. Überlegen Sie gut, wen Sie überzeugen wollen, und erarbeiten Sie Formulierungen, die perfekt passen.

Diese Formulierungen sollten gleichzeitig so einfach wie möglich sein: Ihr Zuhörer soll die Information ja schnell aufnehmen können. Lassen Sie also jegliches Fachchinesisch außen vor. Erregen Sie lieber Aufmerksamkeit, indem Sie Bilder, Vergleiche und Sätze verwenden, die hängen bleiben. Beispielsweise: »Wir sind wie WhatsApp – nur besser!«

Angeregt von Michael Goldberg haben wir eine dreiteilige Methode für einen gelungenen Elevator Pitch entwickelt: die G^3-Methode. G^3 steht für:

- **G**enau ich!
- **G**enau Sie!
- **G**enau das!

Die Elemente der G³-Methode

Element	Das ist drin
Genau ich!	Hier beschreiben Sie, wer Sie sind und was Sie können.
Genau Sie!	Sie machen klar, warum Sie sich an genau den Menschen wenden, der gerade vor Ihnen steht, und warum gerade er Sie unbedingt braucht.
Genau das!	Sie bieten einen konkreten Termin zur Vereinbarung an.

Download: verkaufen.limbeckgroup.com

Ein Elevator Pitch nach der G³-Methode hört sich dann beispielweise so an:

> »Leopold Münster von der Rainbow AG, Deutschlands erfolgreichstem Anbieter für sichere Business-Cloudlösungen. Unser vielfach ausgezeichnetes Verschlüsselungssystem ist mehrfach abgesichert, sodass garantiert nur befugte User auf die gelagerten Daten zugreifen können.
> Sie als Geschäftsführer eines großen medizinischen Labors sind ja in besonderer Weise auf ein 100-prozentig verlässliches Datenhandling angewiesen.
> Damit auch Sie mit Ihren sensiblen Kundendaten bald auf Deutschlands sicherster Seite sind, biete ich Ihnen einen persönlichen Besuch an.
> Was halten Sie von Mittwochnachmittag nächster Woche?«

Ich bin sicher, Sie können zu jedem einzelnen Punkt einen Roman erzählen. Doch beim Elevator Pitch dürfen Sie genau das nicht. Seien Sie schnell, kommen Sie sofort auf den Punkt und halten Sie Ihren Zuhörer mit jedem Wort gefangen. Der Elevator Pitch muss ein einziger Höhepunkt sein und darf keine Millisekunde Langeweile aufkommen lassen: Kommen Sie genau auf den Punkt. Nutzen Sie auch rhetorische Fragen, um Ihren Gesprächspartner zu involvieren.

Wie Sie dann damit den perfekten Auftritt gestalten, ist – wie immer – reine Übungssache. Lassen Sie sich Ihren Text zunächst vorlesen, um die Wirkung zu testen. Und dann sprechen Sie ihn, bis er perfekt sitzt. 30 Sekunden lassen keine Zeit für Fehler.

L

Limbeck-Tipp

Ein toller Pitch sorgt für leuchtende Augen und für Gänsehaut. Das geht nur, wenn Sie selbst von der Idee begeistert sind. Also zeigen Sie Begeisterung!

Was in deinen Elevator Pitch gehört

Sie beantworten im Prinzip nur diese eine Frage: Warum braucht Sie die Welt? Beschreiben Sie vor allem sich und warum Sie mit Ihrem Thema, Ihrem Produkt, Ihrer Dienstleistung die Welt retten werden.

L

Limbeck-Tipp

Geben Sie so viele Infos zur Ihrem Angebot raus, dass Ihr Zuhörer neugierig wird. Ziel ist nicht, dass er schon alles weiß, sondern dass er mehr wissen will.

Erklären Sie, was Sie von anderen unterscheidet. Geben Sie noch ein Beispiel dazu. Und sorgen Sie am Ende dafür, dass Ihr Zuhörer aktiv wird. Der Call-to-Action muss unüberhörbar sein. Sagen Sie zum Beispiel: »Ich biete jungen Start-ups wie dem Ihren Büroflächen, die Sie von Tag zu Tag flexibel an Ihr Wachstum anpassen können: heute zwei, morgen zehn Arbeitsplätze. Bei einem persönlichen Gespräch ermitteln wir Ihren genauen Bedarf und die beste Lösung. Wie wäre es mit Freitag um 9 Uhr?«

Kurz, kürzer, perfekt

Nach wie vor einer meiner Lieblings-Elevator-Pitches stammt von dem Schauspieler Götz Otto. Er kam zum Casting für den James-Bond-Film »Der Morgen stirbt nie« und hatte eine Minute Zeit. Er sagte: »Ich bin groß, ich bin böse, ich bin kahlköpfig, ich bin Deutscher. Das waren 5 Sekunden, behalten Sie die anderen 55.« Wie Sie wissen, hat er die Rolle bekommen.

Gestalten und verfeinern Sie Ihre Elevator Pitches in verschiedenen Varianten immer weiter (auch zum Download unter verkaufen.limbeckgroup.com). Sie werden sehen, dieses Verkaufs-Speed-Dating macht richtig Spaß.

Meine Elevator Pitches

Entwickeln Sie für jede der drei Varianten drei eigene Möglichkeiten.

Die Variante	Mein Elevator Pitch
humorvoll	1. .... 2. .... 3. ....
seriös	1. .... 2. .... 3. ....
abschlussorientiert	1. .... 2. .... 3. ....
nach der G^3-Methode	1. Genau ich! .... 2. Genau Sie! .... 3. Genau das! ....
	1. Genau ich! .... 2. Genau Sie! .... 3. Genau das! ....
	1. Genau ich! .... 2. Genau Sie! .... 3. Genau das! ....

Download: verkaufen.limbeckgroup.com

AUF EINEN BLICK

- Mit Ihren Elevator Pitches wecken Sie in kürzester Zeit Neugier.
- Nach der G^3-Methode beschließen Sie Ihren Elevator Pitch immer mit der Terminvereinbarung. Das macht ihn noch wirkungsvoller.
- Entwickeln und üben Sie verschiedene Varianten.

14.9 Die Verkaufspräsentation

Rein sachlich betrachtet soll Ihre Verkaufspräsentation nur Ihr Produkt oder Ihre Dienstleistung mithilfe von entsprechenden Medien, Unterlagen, Daten, Zahlen, Fakten und Bildern darstellen. Doch Präsentieren heißt immer auch Verkaufen – und Verkaufen geht nur über Emotionen. Wenn Sie also eine Präsentation halten, dann ist Ihr Ziel, Ihren Gesprächspartner auch und vor allem emotional zu überzeugen. Wenn es Ihnen um die reine Faktenvermittlung geht, dann verteilen Sie lieber ein Datenblatt.

Ihre Verkaufspräsentation ist das Schlüsselelement im gesamten Verkaufsprozess und Sie sollten entsprechend viel Energie in die Gestaltung und Ihren Vortrag investieren. Damit der Funke dann auch überspringt, nutzen Sie nicht nur die nachfolgenden Grundregeln für Ihre Präsentation, sondern bauen Sie auf ein weiteres, ganz wesentliches Element: Sie selbst.

L

Limbeck-Tipp

Nur wenn Sie selbst überzeugt sind von dem, was Sie präsentieren, überzeugen Sie mit Ihrer Präsentation auch Ihre Kunden.

Die organisatorischen Voraussetzungen

Eine gute Präsentation kommt nie von der Stange, sondern ist immer individuell auf Ihren Kunden zugeschnitten. Damit Sie das leisten können, brauchen Sie genau die Informationen, die Sie vorher akribisch gesammelt haben: Sie haben mit gezielten Fragen und aktivem Hinhören den Bedarf und die Kaufmotive Ihres Kunden ermittelt (vgl. Kap. 14.4). Und zusammen mit den Hintergrundinformationen, die Sie bereits in der Vorbereitung für das Terminvereinbarungsgespräch (vgl. Kap. 13.4) und Ihrem Erstbesuch (vgl. Kap. 14.1) gesammelt haben, formen Sie daraus die individuelle Nutzenargumentation (vgl. Kap. 14.5). Die Qualität Ihrer Arbeit vorher ist also entscheidend für die Qualität Ihrer Verkaufspräsentation.

L

Limbeck-Tipp

Nur wenn der Schlüssel passt, lässt sich die Tür öffnen. Und Ihr Schlüssel ist die Darstellung Ihres Angebots, das Schloss ist der Bedarf und das Motiv des Kunden.

Und noch eine Voraussetzung gibt es für eine rundherum gelungene Verkaufspräsentation: dass Sie nämlich möglichst alle, die für die Entscheidung relevant sind, mit am Tisch haben. Dafür sollten Sie vorab in Erfahrung gebracht haben, wer alles dazugehört. Und Sie sollten darauf hinarbeiten, dass alle bei diesem Termin dabei sind. In diesem Fall ist nämlich die halbe Miete noch gar keine Miete: Wenn ein oder mehrere Entscheider Ihre Verkaufspräsentation verpassen, dann kann es sein, dass Sie beim nächsten Mal ganz von vorne anfangen. Oder – und das ist noch schlimmer – Ihre Zuhörer geben das, was sie behalten haben, in Stille-Post-Manier an die anderen Entscheider weiter: mit den halben Fakten und null Emotion.

Zu einer guten Vorbereitung gehört auch, dass Sie sicherstellen, dass der angesetzte Termin ausreichend lang ist, damit Sie Ihre Präsentation komplett halten können. Dass Sie bei Ihrem Vortrag nicht unnötig Zeit verschwenden, ist eh klar – doch wegen Zeitmangels nach der Hälfte abbrechen zu müssen, geht gar nicht. Machen Sie Ihrem Kunden klar: Sie wollen seinen Wünschen und Bedürfnissen gerecht werden, also schenkt der Kunde eigentlich nicht Ihnen seine Zeit, sondern sich. Das hat auch etwas mit Augenhöhe zu tun. Vereinbaren Sie lieber einen neuen Termin, wenn sich herausstellt, dass der geplante Termin zu kurz ist.

Um die Augenhöhe geht es auch, wenn Ihr Gesprächspartner sich laufend von Anrufen unterbrechen lässt. Das ist respekt- und taktlos Ihnen gegenüber und Sie machen sich selbst klein, wenn Sie dieses Verhalten wortlos tolerieren. Weisen Sie deshalb spätestens bei der dritten Unterbrechung darauf hin, dass auch Ihre Zeit kostbar ist, und fordern Sie eine störungsfreie Restzeit ein. Bieten Sie gegebenenfalls auch einen neuen Termin an, zu dem Ihr Gesprächspartner weniger beansprucht ist.

Die Vorbereitung

Zuallererst gilt: Nehmen Sie sich genug Zeit für die Vorbereitung Ihrer Präsentation. Unterschätzen Sie nicht, was für einen schlechten Eindruck Sie bei Ihrem Kunden machen, wenn Sie mit einer nicht ausreichend ausgearbeiteten Präsentation ankommen. Und ganz zu schweigen vom zusätzlichen Maß an Lampenfieber, das Sie dann plagt.

L

Limbeck-Tipp

Eine gute Vorbereitung ist das beste Mittel gegen übermäßiges Lampenfieber.

Entwickeln Sie Ihre Präsentation in fünf Stufen:

Stufe 1: Stoffsammlung

Sammeln Sie alles, was auch nur annähernd in Verbindung mit Ihrem Thema steht. Zeitungsausschnitte, Zitate, Sprichworte, Skizzen – alles, was Sie bekommen. Fragen Sie auch Kollegen, Familie und Freunde, denn gerade, wenn jemand nicht direkt mit dem Thema zu tun hat, kommen aus dieser Richtung neue Aspekte. Jede Idee stößt eine neue Idee an. Versetzen Sie sich auch in die Rolle des Zuhörers:

- Was interessiert diesen Kunden?
- Welche Fragen hat er?
- Welche Einwände wird er wahrscheinlich haben?

Schreiben Sie alle Gedanken auf, am besten gleich auf kleine Karteikarten. Notieren Sie pro Karte nur einen Gedanken. So lässt es sich später besser sortieren.

Stufe 2: Der Rohling

Gehen Sie dann daran, das Gesammelte zu überprüfen, zu ordnen und zu ergänzen. Breiten Sie Ihre Kärtchen auf einer großen Fläche aus. Versuchen Sie eine erste grobe Zuordnung nach dem weiter unten beschriebenen Gestaltungsprinzip. Auf diese Weise haben Sie nun mehrere kleinere Stapel vor sich liegen, die Sie dann jeweils inhaltlich sortieren.

So ergibt sich eine erste logische Ordnung. Formulieren und sprechen Sie laut für sich dann diese erste Vortragsversion. Immer dann, wenn Sie nicht mehr weiterwissen oder Ihnen eine Überleitung fehlt, schieben Sie ein Platzhalterkärtchen ein, damit Sie dazu im Anschluss noch Ideen sammeln können.

L

Limbeck-Tipp

Mit dieser ersten gesprochenen Übung machen Sie sich mit dem Fluss der Präsentation vertraut. Damit wächst in Ihrem Unterbewusstsein Ihre Sicherheit für den Auftritt.

Stufe 3: Das Drehbuch

Schreiben Sie Ihr Drehbuch vom Auftakt bis zum effektvollen Abschluss, dem BASS – doch schreiben Sie es nur in Stichworten! Die Gefahr bei ausformulierten Manuskripten liegt darin, dass die geschriebenen Sätze zu lang und kompliziert geraten. Als Folge davon »kleben« Sie am Manuskript, Langeweile und Frust beim Zuhörer sind vorprogrammiert.

Nehmen Sie in Ihr Drehbuch neben Ihren Stichworten auch die Medien und Hilfsmittel, die Sie einsetzen wollen, und die Zeitangaben auf.

Limbeck-Tipp

Im stillen Kämmerlein sind Sie langsamer als auf der Bühne: Das Adrenalin wird Sie beschleunigen. Wenn Sie also eine 30-minütige Präsentation halten wollen, schreiben Sie sie so, dass Sie zu Hause 35 Minuten dafür brauchen.

Schreiben Sie groß genug, damit Sie Ihre Stichworte aus etwas Entfernung noch lesen können. Lassen Sie Lücken für Kommentare und Ergänzungen.

Stufe 4: Feinabstimmung

Sprechen Sie Ihren Vortrag nun laut mit Ihrem Drehbuch als Leitfaden. Merken Sie sich die Stellen, an denen Sie ins Stocken geraten: Das ist jeweils ein Zeichen dafür, dass Sie hier den Zusammenhang besser definieren oder noch an der Formulierung für sich arbeiten müssen. In dieser Phase können Sie auch noch Streichungen oder Ergänzungen vornehmen.

Achten Sie in diesem Durchgang auch auf Ihre Zeiteinteilung! Notieren Sie in Ihrem Drehbuch, wie lange Sie tatsächlich für einen Baustein gebraucht haben.

Limbeck-Tipp

Achten Sie besonders darauf, dass Ihr Einstieg nicht zu lang gerät. Der Hauptteil ist die Hauptsache!

Schreiben, sortieren und nummerieren Sie abschließend Ihre Stichwortkarten für die endgültige Version und üben Sie vor einem Spiegel.

Stufe 5: Hauptprobe

Üben Sie jetzt mit allen Medien und Hilfsmitteln, die Sie einsetzen. Idealerweise bitten Sie einen Vertrauten, sich in die Rolle des Zuhörers zu begeben und Ihnen im Anschluss Feedback zu geben.

Nehmen Sie sich selbst auch mit der Video-, Tablet- oder Handykamera auf. Achten Sie auf Ihre Haltung, Gestik, Mimik und Ihre Stimme, also auf Ihre gesamte Körpersprache.

L

Limbeck-Tipp

Selbst Stichworte zur Körpersprache lassen sich im Drehbuch einbauen, zum Beispiel: Blickkontakt.

Mit diesen fünf Schritten sind Sie gut vorbereitet und haben den Grundstein für Ihren Präsentationserfolg gelegt.

Grundregeln der Gestaltung

Orientieren Sie sich bei der Vorbereitung und Ausgestaltung Ihrer Präsentation an folgenden fünf Grundregeln:

- Klare Gliederung mit gut gewähltem Aufbau
- Einfache und positive Formulierungen
- Anschauliche und lebendige Sprache
- Prägnante Darstellung
- Ganzheitliche Wirkung

Grundregel 1: Klare Gliederung

Führen Sie Ihren Kunden in Ihrer Präsentation über sechs Gliederungspunkte zur Begeisterung. Dieses Gerüst hilft Ihnen sicherzustellen, dass Sie Ihr Ziel von Anfang an im Auge haben und alles danach ausrichten. Ordnen Sie am besten wie im Punkt »Vorbereitung« beschrieben Ihre Gedanken diesen einzelnen Bausteinen zu, bevor Sie mit dem Formulieren beginnen.

L

Limbeck-Tipp

Fesseln Sie gleich zu Beginn die Aufmerksamkeit Ihres Kunden. Mit einem langweiligen Einstieg haben Sie schon fast verspielt.

Stellen Sie sich für die sechs Gliederungspunkte folgende Fragen:

1. Warum rede ich? Was hat der Zuhörer von meinen Ausführungen? Welchen Nutzen hat er?
2. Wie ist die Lage? Schildern Sie in Ihren eigenen Worten, welches Verständnis für Anforderungen und Ziele Ihres Kunden Sie entwickelt haben und wie Sie seinen Bedarf und seine Bedürfnisse einschätzen. Fragen Sie nach, ob Ihr Kunde Ihre Einschätzung teilt.
3. Was ist das Ziel? Beschreiben Sie die Zielvorstellung und den dazu gehörenden Nutzen für Ihren Kunden.
4. Welchen Lösungsweg empfehlen Sie? Beschreiben Sie genau, was Sie anbieten, und betonen Sie dabei immer wieder den Nutzen, den Ihr Kunde davon hat. Lassen Sie ihn den traumhaften Zustand förmlich fühlen, der eintritt, wenn der Kunde Ihre Lösung implementiert hat. Streuen Sie auch Referenzbeispiele ein: Überzeugen Sie über Zeugen!
5. Fordern Sie Ihren Kunden zur Tat auf! Welche konkrete Aufgabe stellen Sie ihm? Geben Sie ihm einen eindeutigen Call-to-Action.
6. BASS: Ihr **B**eifall **A**uslösender **S**chluss-**S**atz. Finden Sie für den krönenden Abschluss für Ihre Präsentation eine knackige Schlussformulierung, die den Funken der Begeisterung endgültig überspringen lässt. Verbinden Sie Ihren BASS am besten auch gleich mit der Abschlussfrage.

Auf diese Weise zünden Sie Ihre Vortragsrakete wie bei einem Countdown rückwärts in drei Stufen:

- In Phase III entbrennen Sie das Feuer mit Baustein 1, dem Einstieg.
- In Phase II stellen Sie mit Baustein 2 bis 4 den Spannungsbogen her.
- In Phase I geht die Rakete endgültig durch die Decke.
- Und in Phase 0 genießen Sie mit dem BASS gemeinsam Ihr Feuerwerk.

Dieses Schema ist extrem hilfreich: Legen Sie diese Vorlage allen Ihren Präsentationen zugrunde, dann wird jede davon zum Erfolg (Vorlage auch zum Download unter verkaufen.limbeckgroup.com).

Gliederungsschema: Erfolgreiche Verkaufspräsentation

Zündstufen	Gliederungspunkt	Ihre Gedanken und Stichworte
Phase III	Warum reden Sie?	• …… • …… • …… • …… • ……
Phase II	Wie ist die Lage?	• …… • …… • …… • …… • ……
	Was ist das Ziel?	• …… • …… • …… • …… • ……
	Welchen Lösungsweg empfehlen Sie?	• …… • …… • …… • …… • ……

Zündstufen	Gliederungspunkt	Ihre Gedanken und Stichworte
Phase I	Sie fordern zur Tat auf!	• .... • .... • .... • .... • ....
Phase 0	BASS und Abschlussfrage	• .... • .... • .... • .... • ....
Download: verkaufen.limbeckgroup.com		

Checken Sie bei Ihrer fertigen Präsentation zum Abschluss immer noch einmal, ob Sie die sechs Schritte auch sauber eingearbeitet haben.

Checkliste: Gliederung Verkaufspräsentation

- ☐ Meine Präsentation hat einen fesselnden Einstieg, der dem Kunden Nutzen verspricht.
- ☐ Ich stelle die Kundensituation dar.
- ☐ Ich stelle das Ziel des Kunden dar.
- ☐ Ich beschreibe sehr konkret die individuelle Lösung, verbunden mit dem Nutzen.
- ☐ Ich fordere den Kunden zur Tat auf.
- ☐ Mein BASS begeistert und zieht die Abschlussfrage gleich nach sich.

Download: verkaufen.limbeckgroup.com

Notfall-Fahrplan für Spontanpräsentationen

»Können Sie mal schnell übernehmen?« Präsentieren Sie auch dann souverän, wenn Sie keine Möglichkeit zur Vorbereitung haben. Mit dem Notfall-Fahrplan zaubern Sie aus dem Stand einen überzeugenden Vortrag.

Merken Sie sich einfach die Formel:

3 + TAT + BASS

Die steht für:

3	Beantworten Sie die drei Fragen: Wie ist die Lage? Was ist das Ziel? Welche Lösung empfehle ich?
TAT	Ihr »Call-to-Action« für den Kunden
BASS	Ihr **B**eifall **A**uslösender **S**chluss-**S**atz

Damit haben Sie alle Punkte für eine begeisternde Präsentation garantiert berücksichtigt und sind auch ganz spontan gerüstet.

Grundregel 2: Einfache und positive Formulierungen

Halten Sie sich an das KISS-Prinzip: **K**eep **I**t **S**imple and **S**tupid (vgl. Kap. 9.5). Das heißt zum Beispiel:

- Ziehen Sie einfache Formulierungen und Satzkonstruktionen den komplizierten vor.
- Bauen Sie keine Schachtelsätze.
- Wenn Sie Ihre Rede ausformuliert haben, überprüfen Sie sie noch einmal auf diese beiden Punkte.

Und: Vermeiden Sie Fachchinesisch. Dabei geht es nicht nur um technische Begriffe rund um Ihr Produkt. Es geht auch um Fremdwörter oder Slangbegriffe, die Ihrem Kunden nicht zu 100 Prozent sicher bekannt sind. Denn was tut der wahrscheinlich, wenn er Sie nicht versteht? Er nickt höflich und kann Ihnen nicht folgen: Und so verlieren Sie ihn.

Chinesisch-Test

Testen Sie es selbst, wie Ihre Kunden auf fachchinesisch wirkende Begriffe reagieren, deren Bedeutung sie nicht kennen. Sprechen Sie in Ihrer nächsten Präsentation zum Beispiel von der »analytischen Innovationsdeterminante« – die Wahrscheinlichkeit, dass niemand Sie um eine Erklärung bittet, ist sehr hoch. Das können Sie auch mit jeder beliebigen Wortkombination aus den nachfolgenden drei Spalten probieren. Wählen Sie aus jeder Spalte einen Begriff, und schon haben Sie eine neue Variante, die imposant klingt und doch jeden Zuhörer abschreckt.

Spalte 1	Spalte 2	Spalte 3
Indifferente	Aktivitäts-	komponente
Heuristische	Interaktions-	determinante
Pluralistische	Delegations-	hypothese
Ambivalente	Fluktuations-	präferenz
Plebiszitäre	Innovations-	akzeleration
Analytische	Interpretations-	tendenz
Reziproke	Koalitions-	relevanz
Dialektische	Äquivalenz-	propaganda
Regressive	Investitions-	liberalisierung
Pragmatische	Organisations-	systematik

L

Limbeck-Tipp

Eine gute Präsentation errechnet sich nicht aus der Zahl der Buzz-Worte oder unverständlichen Worthülsen, sondern daraus, wie direkt Sie Ihren Kunden erreichen.

Bleiben Sie übrigens – wie in jedem guten Verkaufsgespräch – stets positiv in Ihren Formulierungen. Selbst wenn Sie einen negativen Begriff zum Beispiel mit einem »nicht« oder »kein« verneinen: Im Kopf hängen bleibt der negative Begriff.

Grundregel 3: Anschauliche und lebendige Sprache

Arbeiten Sie mit Vergleichen und rhetorischen Bildern, denn so lassen Sie Bilder im Kopf Ihres Kunden entstehen. Und Sie wissen ja: Ein Bild sagt mehr als 1000 Worte, denn es erzeugt Emotionen. Das passiert auch, wenn es ein Bild ist, das der Kunde in seinem Kopf selbst malt. Oder was passiert, wenn Sie jetzt lesen: Nicht an einen kleinen rosa Elefanten denken, sich nicht vorstellen, wie er gerade auf Rollschuhen um Ihr Haus herumfährt. Haben Sie ihn gesehen? Niedlich, nicht wahr?

Sobald wir eine Information hören, sucht unser Gehirn nach dem dazu passenden Bild. Wir sind nicht in der Lage, diesen Prozess zu unterbinden – er geschieht unterbewusst. Genau diesen Mechanismus nutzen Sie, um Ihre sachlichen Aussagen mit Bildern und damit Emotionen zu unterfüttern. Da eine Kaufentscheidung immer eine emotionale Entscheidung ist, gewinnen Sie damit an Vorsprung. Ihre Aussagen wirken dadurch markanter, glaubwürdiger und vor allem einprägsamer.

L

Limbeck-Tipp

Bilder können auch negative Emotionen wecken: Achten Sie deshalb genau darauf, dass Sie nur Bilder einsetzen, die Ihren Kunden in seiner Entscheidung für Sie bestärken.

Sammeln Sie solche positiven rhetorischen Bilder »auf Vorrat«, um diese dann punktgenau im Vortrag einzusetzen.

Erzählen Sie auch Ihre konkreten Beispiele und Geschichten möglichst bildreich.

Grundregel 4: Prägnante Darstellung

Prüfen Sie immer wieder, ob Ihre Präsentation in Form, Umfang, Geschwindigkeit und sachlichem Gehalt für Ihre Kunden passt. Und auch, ob es nicht noch ein Stück klarer geht.

Dazu gehört auch, dass Sie sich auf Kernaussagen für Ihre Verkaufspräsentation festlegen. Ihre Leitfragen dabei sind: Was soll auf jeden Fall im Gedächtnis Ihres Gesprächspartners hängen bleiben? Mit welchen Informationen kann er hier und heute eine Kaufentscheidung treffen?

Klares Ziel ist, dass Ihr Kunde nach Ihrer Präsentation genau den Mehrwert für sich erkennt. Er steht also in Form von Kernaussagen im Mittelpunkt. Darum herum bauen Sie eine geschickte und spannende Präsentationsdramaturgie, mit der Sie insbesondere die emotionale Ebene bei Ihrem Gesprächspartner ansprechen.

Grundregel 5: Ganzheitliche Wirkung

Die Wirkung, die Sie mit Ihrer Präsentation erreichen möchten, erzielen Sie bei Weitem nicht nur mit Ihrem gesprochenen Wort. Sie kommunizieren gleichzeitig über weitere Kanäle, die Sie bewusst nutzen können und sollen. Denn die höchste Wirkung erzielen Sie, wenn Sie über alle Kanäle auf Ihr Ziel einzahlen: den Abschluss.

Betrachten Sie deshalb im Wirkungsspiegel umfassend alle Faktoren, die Ihre Wirkung ausmachen:

- Der Ankerplatz: Besonders zu Anfang Ihres Vortrags hat Ihre Körperhaltung einen wichtigen Anteil am Eindruck. Ihr Kunde findet idealerweise Ruhe und Sicherheit bei Ihnen.
- Der erste Blickkontakt: Suchen Sie vor Ihren ersten Worten Blickkontakt zu Ihren Zuhörern. So schaffen Sie Aufmerksamkeit und Konzentration.
- Der Einstieg: Starten Sie statt mit umfangreichen Einstiegsfloskeln zum Beispiel mit einer offenen oder auch rhetorischen Frage an Ihren Kunden. Fesseln Sie von Beginn an die Aufmerksamkeit und das Interesse.
- Die Handschellen: Suchen Sie beständig den Blickkontakt zu Ihren Zuhörern und binden Sie damit deren Aufmerksamkeit. Über den Augendialog erkennen Sie an den Reaktionen der Zuhörer die Wirkung Ihrer Worte. Augenkontakt schafft wirklichen Kontakt!
- Die Power der Begeisterung: Nur wenn Sie selbst begeistert sind und an das, was Sie sagen, wirklich glauben, schaffen Sie es, Ihren Kunden zu begeistern.

- Körpersprache: Sprache und Körpersprache sind unmittelbar miteinander verbunden. Ihre Körpersprache ist der Spiegel Ihrer Seele: Sind Sie souverän und sicher, so vermittelt das Ihre Körpersprache auch. Natürliche Gestik schafft Vertrauen.
- Einprägsame Worte: Ersetzen Sie theoretische Ausführungen durch praxisnahe Darstellungen (vgl. Grundregel 5). Formulieren Sie statt langer Schachtelsätze kurze Sätze mit klarer Botschaft (vgl. Grundregel 3).
- Das Entertainment: Lockern Sie Ihre Präsentation mit einem passenden Spruch, einem »großen« Zitat oder einem kleinen Spiel auf und schaffen Sie so eine positive Atmosphäre. Achtung: Übertreiben Sie nicht, auf die Dosierung kommt es an!
- Die Bildersprache: Unterstreichen Sie Ihre Ausführungen mit rhetorischen Bildern. So entstehen bei Ihrem Kunden Gefühle und Emotionen, die ihn in seiner Entscheidung emotional beeinflussen. Ihre Aussagen werden auf diese Weise markanter, glaubwürdiger und vor allem einprägsamer.
- Die Sie-Botschaften: Ersetzen Sie Ich- oder Wir-Formulierungen durch Sie-Botschaften. So stellen Sie Ihren Kunden in den Mittelpunkt.
- Fragen statt Aussagen: Langweilen oder provozieren Sie Ihren Kunden nicht mit Behauptungen oder Feststellungen. Schlimmstenfalls schaffen Sie auf diese Art sogar Fronten. Mehr Aufmerksamkeit erreichen Sie mit Fragen statt mit Aussagen. Regen Sie Ihren Zuhörer zum Mitdenken an, und für Sie bleiben mehr Reaktionswege offen.
- Die Kunst der Pause: Bauen Sie bewusste Sprechpausen von einigen Sekunden ein und Sie erzielen eine dreifache Wirkung: 1. Sie steigern die Spannung auf das Kommende. 2. Was Sie sagen, prägt sich besser ein. 3. Störer fallen allen auf und verstummen dann.
- Der Call-to-Action: Mit Ihrer gesamten Präsentation verfolgen Sie nur ein einziges Ziel – Sie wollen Ihren Kunden zur Tat bewegen. Führen Sie ihn deshalb mit Ihrem »Aufruf zur Tat« in die positive Zukunft nach dem Abschluss.
- Ihr BASS: Der erste Eindruck entscheidet – und der letzte bleibt. Lassen Sie Ihre Präsentation deshalb nie am Ende ausfransen, sondern beenden Sie Ihre Präsentation immer mit Ihrem **B**eifall **A**uslösenden **S**chluss-**S**atz – kurz, knapp, den Aufruf zur Tat ergänzend und zur Abschlussfrage hinführend.

L

Limbeck-Tipp

Machen Sie den Wirkungscheck: Halten Sie Ihre Präsentation vor einer vertrauten Person. Bitten Sie sie um detaillierte Rückmeldung anhand der Checkliste.

Checkliste: Feedback Präsentation

Bitte bewerten Sie den jeweiligen Punkt auf einer Skala von 1 (stark verbesserungsfähig) bis 10 (großartig), indem Sie die jeweilige Zahl ankreuzen bzw. lassen Sie dies machen.

Kriterium	Wie war's?
Ankerplatz	① ② ③ ④ ⑤ ⑥ ⑦ ⑧ ⑨ ⑩
erster Blickkontakt	① ② ③ ④ ⑤ ⑥ ⑦ ⑧ ⑨ ⑩
Einstieg	① ② ③ ④ ⑤ ⑥ ⑦ ⑧ ⑨ ⑩
Handschellen	① ② ③ ④ ⑤ ⑥ ⑦ ⑧ ⑨ ⑩
Power durch Begeisterung	① ② ③ ④ ⑤ ⑥ ⑦ ⑧ ⑨ ⑩
Körpersprache	① ② ③ ④ ⑤ ⑥ ⑦ ⑧ ⑨ ⑩
einprägsame Worte	① ② ③ ④ ⑤ ⑥ ⑦ ⑧ ⑨ ⑩
Entertainment	① ② ③ ④ ⑤ ⑥ ⑦ ⑧ ⑨ ⑩
Bildersprache	① ② ③ ④ ⑤ ⑥ ⑦ ⑧ ⑨ ⑩
Sie-Formulierungen	① ② ③ ④ ⑤ ⑥ ⑦ ⑧ ⑨ ⑩
Fragen statt Aussagen	① ② ③ ④ ⑤ ⑥ ⑦ ⑧ ⑨ ⑩
Kunst der Pausen	① ② ③ ④ ⑤ ⑥ ⑦ ⑧ ⑨ ⑩

Kriterium	Wie war's?
Call-to-Action	① ② ③ ④ ⑤ ⑥ ⑦ ⑧ ⑨ ⑩
BASS mit Abschlussfrage	① ② ③ ④ ⑤ ⑥ ⑦ ⑧ ⑨ ⑩
Download: verkaufen.limbeckgroup.com	

Die volle Storypower

Bilder und Geschichten wirken wie ein Film im Kopf Ihres Kunden: Sie sind mächtiger als jedes gedruckte Wort und auch mächtiger als jede Zahl auf einer Folie. Aus diesem Grund genügt für eine gute Verkaufspräsentation meist ein Flipchart als Medium. Der Effekt ist ähnlich wie beim Pencil-Selling (vgl. Kap. 14.2): Sie und Ihre Inhalte wirken deutlich kundenorientiert und empathischer.

Die Kunst der Flipchart-Präsentation

Üben Sie, einfach nur mit dem Flipchart zu präsentieren. Das können nur wenige und deshalb wirkt es ganz groß, wenn Sie es tun.

Voraussetzungen sind, dass Sie folgende drei Dinge haben:

- eine gute Handschrift,
- dicke Flipchart-Stifte (ich arbeite am liebsten mit den 800ern, die haben eine Strichbreite von bis zu 12 mm),
- Mut.

Haben Sie alles? Prima, dann los!

Wenn Sie gut im Storytelling sind, können Sie damit mehr bewirken als Hochglanzbroschüren, Videofilme oder aufgemotzte Powerpoint-Präsentationen. Dann haben Sie das, was wir Storypower nennen.

Limbeck-Tipp

Mit Storypower erreichen Sie, dass Ihre Kunden mit ihren Ohren sehen und fühlen und so ganz großes Kino erleben.

So können Sie erzählen, wie Sie ähnliche Aufgaben wie die Ihres Kunden gelöst haben oder wie glücklich diese anderen Kunden mit Ihrer Lösung am Ende waren. Das können konkrete Beispiele sein oder aber auch »Was-wäre-wenn«-Hypothesen (vgl. Kap. 5.9) – Hauptsache, die Geschichte ist plausibel. Storys aktivieren die Emotionen des Zuhörers und können so direkt bei den Kaufmotiven Ihres Kunden ansetzen.

Führen Sie deshalb Ihren Gesprächspartner in Gedanken zu Ihrer Lösung: Am besten nutzt er in seiner Vorstellung schon Ihr Produkt oder Ihre Dienstleistung und malt sich die Vorteile selbst aus. Mit dieser positiven Vorstellung verkauft er sich Ihr Angebot dann selbst.

Dazu beginnen Sie Ihre Story mit einer Formulierung wie: »Stellen Sie sich einmal vor, Herr Kunde …« Aktivieren Sie die Vorstellung zusätzlich, indem Sie Ihren Zuhörer am Ende der Geschichte fragen: »Welches Potenzial sehen Sie für sich in Ihrem Angebot?«

Garnieren Sie Ihre Präsentation ruhig mit weiteren Sinneseindrücken: Werfen Sie Ihr Produkt an die Wand, wenn es um den Beweis seiner Bruchsicherheit geht, oder tauchen Sie es vor allen Augen ins Wasser. Wenn Sie ein haptisch angenehmes Produkt haben, lassen Sie die Kunden ein Muster fühlen. Je mehr Erlebnis Sie bieten können, umso besser.

Limbeck-Tipp

Die haptische Komponente beim Verkaufen wird chronisch unterschätzt. Lassen Sie Ihren Kunden so viele haptische Eindrücke mitnehmen wie möglich: Sie prägen sich sehr stark ein.

Farbtypenspezifische Hinweise zur Verkaufspräsentation

Beachten Sie bei der Konzeption Ihrer Verkaufspräsentation auch den INSIGHTS-MDI®-Farbtyp Ihres Kunden (Erklärung dazu in Kap. 12.5). Damit verleihen Sie ihr noch mehr Wirkung.

Farbtyp	Besonderheit bei der Verkaufspräsentation
Blau	• Bereiten Sie sich gut vor. • Kommen Sie direkt zur Sache und verwenden Sie viele Fakten und Zahlen. • Führen Sie die Technik vor, zeigen Sie Ihrem Kunden Muster und Einzelteile. • Betonen Sie Vor- und Nachteile. • Bieten Sie ihm viel Schriftliches an.
Rot	• Präsentieren Sie alternative Angebote. • Konzentrieren Sie sich auf die wesentlichen Aspekte, • Betonen Sie Prestige, Neues, Herausforderungen, Effizienz, Einzigartigkeit und USP.
Grün	• Sprechen Sie die Sinne des Kunden an • Stellen Sie seine persönlichen Vorteile heraus. • Betonen Sie besonders, wenn das Produkt Sicherheit und Wertbeständigkeit bietet. • Achten Sie darauf, dass Sie alle seine Fragen beantworten. • Sprechen Sie über Referenzen.
Gelb	• Vermeiden Sie zu viele Details. • Gehen Sie nur auf die herausragenden Punkte ein. • Lenken Sie die Aufmerksamkeit Ihres Kunden auf mehrere Dinge gleichzeitig. • Führen Sie neue Produkte vor. • Lassen Sie ihn selber »spielen«.

Der Vortrag

Klar ist Ihr Gesprächsanteil bei der Präsentation höher als sonst im Verkaufsgespräch. Doch wenn Sie sich an die Grundregeln halten, wird Ihren Kunden dabei nicht langweilig. Sie sollten Ihre Präsentation auch auf keinen Fall länger als auf 20 oder höchstens 30 Minuten anlegen. Stoppen Sie Ihre Zeit beim Probevortrag: Wenn er sich auch nur annähernd dieser kritischen Zeitmarke nähert: Kommen Sie noch zielorientierter auf den Punkt (vgl. BAP®-Technik in Kap. 14.3).

Denn Sie sollten auch genug Puffer und Flexibilität haben, um Zwischenfragen Ihres Kunden knapp und präzise zu beantworten. Bewerten Sie solche Fragen zum Verständnis und zu Details für sich positiv: Offensichtlich hat Ihr Gesprächspartner ein gesteigertes Interesse und eine grundsätzliche Kaufbereitschaft – und Sie haben seine ganze Aufmerksamkeit.

L

Limbeck-Tipp

Sprechen Sie immer frei, egal mit welchem Medium Sie arbeiten. Nur wer frei spricht, kann mit seinen Zuhörern Blickkontakt halten. Das ist ein extrem wichtiges Instrument, Ihre Kunden zu fesseln und zu überzeugen.

Es wird nur dann funktionieren, wenn Sie sich vorher ein Storyboard geschrieben haben und Ihre Verkaufspräsentation mehrfach auch eingeübt haben. Wenn Sie stammelnd oder stockend präsentieren, machen Sie alle Mühe zunichte.

Lampenfieber? Klasse!

Ein gewisses Maß an Lampenfieber oder innerer Spannung ist normal. Heinz Rühmann hat mal gesagt: »Lampenfieber ist der Respekt vor dem Publikum.« In diesem Sinne sollten Sie sogar dankbar dafür sein, denn es hilft Ihnen, die Signale Ihrer Kunden sensibel wahrzunehmen. Das bringt Ihnen Energie und macht Sie menschlich!

Die Gründe für übermäßiges Lampenfieber, das Sie behindert, verunsichert oder sogar in den Blackout treibt, sind vielfältig. Zwei davon können Sie auf jeden Fall gut bearbeiten: Das ist einmal eine negative Grundhaltung sich selbst gegenüber (»Ich kann das nicht!«) sowie eine mangelnde Vorbereitung.

Ansonsten helfen gegen Lampenfieber zum Beispiel

- Entspannungstechniken, wie Meditation oder autogenes Training,
- kurze körperliche Aktivitäten vor dem Auftritt, wie Seilspringen, Treppensteigen, isometrische Übungen,
- Gähnen und Strecken,
- Augengymnastik,
- persönliche »Stimmungsmusik« hören.

Lernen Sie, Ihr Lampenfieber so zu beherrschen, dass es nicht zu groß wird oder Sie lähmt. Das bedeutet in erster Linie, dass Sie sich mit sich selbst und den eigenen Ängsten auseinandersetzen. Doch denken Sie daran: Es ist nicht das Ziel, die völlige Gelassenheit und Ruhe zu erreichen – das würde Ihrer Präsentation auch das Feuer der Begeisterung nehmen.

Präsentationen mit Präsentationsprogrammen

Ich bin kein großer Freund von den üblichen Präsentationsprogrammen mit ihrer Folienstruktur. Aus meiner Sicht fahren Könner mit einem simplen Flipchart und ein paar Stiften besser. Wenn Sie jedoch aus bestimmten Gründen Folien nutzen wollen oder müssen, dann möchte ich Ihnen ein paar Empfehlungen dazu geben. Denn mit kaum etwas können Sie Ihren Kunden mehr nerven als mit schlecht gemachten Powerpoint-Folien und einer Vorlesestunde dazu.

L

Limbeck-Tipp

Selbst bei einer Verkaufspräsentation mit Folien stehen nicht die, sondern Sie als Redner im Mittelpunkt.

Versuchen Sie nie, sich hinter Ihren Folien zu verstecken: Sie sind der Star dieser Show, und nur wenn Sie performen, klappt das mit Ihrem Verkaufserfolg. Darüber hinaus sollten Ihre Folien so gestaltet sein, dass Sie Ihre Kunden damit weder überfordern noch zu Tode langweilen. Letzteres passiert garantiert, wenn Sie eine der vielen, vielen standardisierten Powerpoint- oder Keynote-Vorlagen verwenden. Die meisten Ihrer Kunden sind selbst Präsentationsprofis und erkennen diese sofort.

L

Limbeck-Tipp

Gestalten Sie Ihre Folien stets selbst.

Beachten Sie folgende Punkte:

- Verzichten Sie auf Soundeffekte: Die wirken meist unpassend bis lächerlich.
- Lassen Sie auch effekthaschende Übergangseffekte sein: Schließlich soll sich der Kunde auf Ihren Vortrag konzentrieren und nicht auf hüpfende oder sich drehende Gimmicks.
- Aus dem gleichen Grund sollten Sie sogar die beliebten Einblendeffekte für einzelne Zeilen außen vor lassen. Das Publikum schaut sonst ständig mit dem Auge auf die Leinwand, um nicht zu verpassen, wenn der nächste Text eingeblendet wird. Das jedoch mindert ebenfalls die Konzentration auf Ihren Vortrag.
- Halten Sie sich an die Zen-Regeln der Präsentation von Garr Reynolds:
  - Arbeiten Sie lieber mit Bildern als mit Worten. Wenn möglich, beschränken Sie sich auf ein Wort.
  - Verwenden Sie kein Logo.
  - Nutzen Sie keine Websites.
- Beschränken Sie sich bei einem Vortrag von 30 Minuten auf zehn bis zwölf Folien. Haben Sie mehr: Kürzen Sie!

Beachten Sie auch die Schreibregeln für Folien (auch zum Download unter verkaufen.limbeckgroup.com).

Schreibregeln für Präsentationsfolien

- Weniger ist mehr
- Nicht mehr als sechs Zeilen Text pro Folie
- Maximal sechs Wörter pro Zeile
- Auf Stichwörter und kurze, klare Aussagen beschränken
- Keine langen, ausformulierten Sätze
- Schriftgröße: mindestens 30, besser sogar 40 Punkt
- Nüchterne, schlanke Standardschriftarten
- Keine reine Großschreibung, besser normale Groß- und Kleinschreibung
- Keine Experimente bei der Wahl der Farben
- Sparsam mit Grafiken und Bildern umgehen (können die Aussage der Präsentation verwischen)
- Wenn Diagramme, dann möglichst einfach und klar verständlich, sodass Ihre Aussagen auf den ersten Blick erkennbar sind

Download: verkaufen.limbeckgroup.com

Limbeck-Tipp

Lesen Sie nie, nie vor, was auf Ihren Folien steht: Das ist nichts anderes als betreutes Lesen und ich bin sicher, Ihre Kunden können selbst lesen. Sie fühlen sich entsprechend bestenfalls gelangweilt oder aber sogar verhöhnt.

Außerdem sollten Sie auch bei einer Präsentation mit Folienunterstützung frei und mit möglichst viel Blickkontakt zu Ihrem Publikum sprechen. So wirken Sie wesentlich vertrauenerweckender. Vergessen Sie deshalb auch die Notizfunktion, sondern lernen Sie Ihre Präsentation auswendig. Wenn das gar nicht geht, verwenden Sie Karteikarten mit Ihren Stichpunkten.

Wie auch immer: Üben Sie Ihren Vortrag am Stück und kurz vorher auch noch mal in Stichpunkten.

Oder für die, die Keynote nutzen: Verwenden Sie die Remote-Control, dann haben Sie Ihr Handy in der Hand und sehen Ihre Notizen auf dem Display – während die Zuschauer denken, Sie nutzen es nur als Presenter.

L

Limbeck-Tipp

Eine gute Verkaufspräsentation ist sehr wichtig: Lassen Sie sie nie an Ihrer mangelnden Vorbereitung scheitern.

AUF EINEN BLICK

- Ihr Erfolg bei der Verkaufspräsentation hängt direkt von Ihrem Erfolg bei der Bedarfsanalyse ab.
- Ihre gute Verkaufspräsentation besteht aus sechs Punkten und zeichnet sich durch einfache, prägnante und bildreiche Sprache und Storys aus, die begeistern.
- Reden Sie immer frei.

14.10 Das Preisgespräch

Der Preisdruck ist gestiegen – keine Frage (vgl. Kap. 1.1). Das hat verschiedene Gründe: Die Kunden sind anspruchsvoller, der Markt ist transparenter, die Produkte und Dienstleistungen vermeintlich austauschbar. Deshalb suchen etliche Unternehmen ihr Heil in Rabattschlachten, sodass die Kunden sich des Eindrucks kaum erwehren können: »Geiz ist geil, und ich bin der Dumme, wenn ich den Verkäufer nicht im Preis drücke.«

Zweiter Trend: Die Schere zwischen billig und premium geht immer weiter auseinander, alles, was dazwischenliegt, hat mehr denn je zu kämpfen (vgl. Kap. 1.2).

Und die Rettung in diesem Zwischenraum liegt meiner Erfahrung nach nie in ständigen Preisnachlässen. Im Gegenteil: Mit so einer Taktik graben Sie sich selbst das Wasser ab, denn der Kunde wird beim nächsten Mal noch mehr Nachlass verlangen. Wenn Ihr stärkstes Argument für die Kaufentscheidung des Kunden der Preis ist, dann ordnen Sie sich aus freien Stücken diesem Diktat unter. Denn wenn Sie aus Ihrer Bedarfsanalyse keine bessere Nutzenargumentation zustandebekommen und nicht standhafter bei Ihrer Preisgrenze bleiben, dann dürfen Sie sich auch nicht als guten Verkäufer betrachten – und nur die werden heute und in Zukunft noch gebraucht (vgl. Kap. 1.1). Denn Sie als guter Verkäufer machen den Unterschied durch

- Ihre Marke (vgl. Teil III),
- Ihre Art der Gesprächsführung und Präsentation (vgl. Kap. 14),
- Ihre verkäuferischen Fähigkeiten (vgl. Teil II).

Die machen Sie unersetzlich, auch und ganz besonders in Zeiten des Internets.

Limbeck-Tipp

Wer über den Preis verkauft, macht sich selbst als Verkäufer überflüssig.

Bei vielen Verkäufern hat sich jedoch die Vorstellung eingenistet: »Wenn ich meinen Preis hochhalte, werde ich gar nichts verkaufen. Wenn ich mit dem Preis runtergehe, dann geht wenigstens mein Umsatz hoch und ich kann meine Zahlen doch erreichen.« Das ist in doppelter Hinsicht eine gefährliche Illusion. Haben Sie schon einmal ausgerechnet, wie Ihr Gewinn schrumpft, wenn Sie auch nur fünf oder zehn Prozent Rabatt geben? Die Idee dazu stammt von Simon-Kucher & Partners.

Rabatt in Höhe von ...	Bei einem ursprünglichen Bruttogewinn von ...		
	5 %	10 %	15 %
	... führt zu einem Verlust von ...		
2,00 %	40 %	20 %	13,30 %
3,00 %	60 %	30 %	20,00 %
4,00 %	80 %	40 %	26,60 %
5,00 %	100 %	50 %	33,30 %
7,50 %	Verlust	75 %	50,60 %
10,00 %		100 %	66,60 %
12,50 %		Verlust	83,30 %
15,00 %			Verlust

Und so viel Mehrumsatz brauchen Sie, um diesen Verlust auszugleichen:

Rabatt in Höhe von ...	Bei einem ursprünglichen Bruttogewinn von ...		
	5 %	10 %	15 %
	... verlangt Mehrumsatz von ...		
2,00 %	67 %	25 %	15,00 %
3,00 %	150 %	43 %	25,00 %
4,00 %	400 %	66 %	36,00 %
5,00 %	nicht möglich	100 %	50,00 %
7,50 %		200 %	100,00 %
10,00 %		nicht möglich	200,00 %
12,50 %			500,00 %
15,00 %			nicht möglich

Limbeck-Tipp

Rechnen Sie diese Werte für Ihr Angebot aus, und zwar schriftlich. Und werfen Sie immer wieder einen Blick auf Ihre Rechnung, bevor Sie in ein Preisgespräch gehen!

Neben dieser wirtschaftlichen Auswirkung haben diese Gedanken noch eine weitere verheerende Folge: Damit sind alle Versuche, den hohen Preis durchzusetzen, zum Scheitern verurteilt. Der Verkäufer wird seinen Preis nur halbherzig verteidigen und innerlich bereits kapitulieren.

Limbeck-Tipp

Nur wenn Sie von Ihrem Preis wirklich überzeugt sind, können Sie Ihren Kunden davon überzeugen.

Jede Unsicherheit von Ihrer Seite wird den Kunden bestärken, nachzubohren (vgl. Kap. 14.7) und Sie mit der Totschlagaussage »zu teuer« zu provozieren. Dabei sollte Ihnen eines immer klar sein: Es gibt keinen objektiven Preis! Die Höhe des Preises für ein Produkt oder eine Dienstleistung ist immer nur eine Frage der persönlichen Vorstellung.

Auch ist der Preis nur einer unter vielen Faktoren, die einen Kunden in seiner Kaufentscheidung beeinflussen. Eine herausragende Bedeutung erhält er oft erst dadurch, dass der Verkäufer sich innerlich scheut, den angemessenen Preis zu nennen und mit dem Kunden in eine Preisverhandlung zu gehen. Gerade erfahrene Entscheider haben dafür ein hervorragendes Gespür und setzen dann gnadenlos am Preis an.

L

Limbeck-Tipp

Im Key-Account und im Umgang mit Buying-Centern sprechen Sie in der Regel mit besonders versierten und geschulten Ansprechpartnern: Ihre innere Überzeugung, dass Ihr Preis dem Wert Ihres Produktes für den Kunden mehr als entspricht, ist Ihr wichtigstes Rüstzeug.

Kein Haus ohne Dach

Für Sie als guten Verkäufer gehört der Preis genauso selbstverständlich zu Ihrem Verkaufsgespräch wie das Dach zum Haus. Sobald die Mauern stehen, ist die Zeit dafür gekommen. Das dauert im Key-Account unter Umständen deutlich länger, doch wenn Sie die Vorangebotsgespräche gut geführt haben (zum Vorangebotsgespräch vgl. Kap. 14.2), dann kennen Sie den richtigen Moment für die Nennung des Preises und haben alles perfekt vorbereitet: Warum sollten Sie sich davor drücken wollen? Natürlich möchte der Kunde erfahren, was Ihr Angebot kostet, und genauso natürlich nennen Sie ihm den Preis. Diese Natürlichkeit ist eines der Erfolgskriterien dafür, dass Sie diesen Preis auch durchsetzen können.

Denn der Preis ist für den Kunden zunächst nur einer unter verschiedenen mindestens gleichrangigen Entscheidungsfaktoren. Wenn Sie den Kosten durch Ihre eigene Unsicherheit so viel Aufmerksamkeit geben, dann heben Sie sie künstlich hervor, sie stehen nicht mehr in einer Reihe mit allem anderen. Wenn Ihnen dagegen Ihre Bedarfsanalyse (vgl. Kap. 14.4) und Ihre Nutzenargumentation (vgl. Kap. 14.5) vorher gut gelungen sind und Sie dann ganz entspannt den gerechtfertigten Preis dafür nennen, dann rutscht der in seiner Bedeutung gegenüber dem Nutzen sogar deutlich nach hinten.

Die Situation des Einkäufers verstehen

Zur Berufsehre eines guten Einkäufers gehört, dass er erst dann eine Kaufentscheidung befürwortet, wenn er sicher ist, dass er den bestmöglichen Preis bei Ihnen als Wunschlieferanten erzielt hat und dass er Ihre Verhandlungsreserven restlos ausgeschöpft hat. Seinem Selbstverständnis nach muss er dafür sorgen, dass er alle Mittel eingesetzt hat, um Sie als Anbieter an die letzte Grenze zu führen. Für alle anderen Aufgaben können die Fachabteilungen selbst sorgen, doch hier sieht er seine Berechtigung.

Schlägt er also ein, bevor Sie im Brustton der Überzeugung gesagt haben »Das ist unser letzter Preis. Entweder Sie nehmen den oder wir sind raus«, dann muss er sich selbst oder seinem Chef gegenüber zugeben, dass er einen schlechten Job gemacht hat.

Helfen Sie dem Einkäufer, seinen Job gut zu machen: Signalisieren Sie zu einem bestimmten Punkt im Gespräch Ihre unterste Preisgrenze und bleiben Sie dann standhaft.

Ob der Preis für Ihr Produkt oder Ihre Dienstleistung also hoch ist oder einfach nur seinem Wert angemessen, ist vor allem eine Frage Ihrer persönlichen Vor- und Einstellung. Wie schon gesagt: Es gibt keinen objektiven Preis, die Höhe des Preises ist immer eine Ermessenssache und steht in Relation zum Nutzen. Die Größe des Nutzens haben Sie dem Kunden ja in der Nutzenargumentation bereits klargemacht – und nicht nur ihm, sondern auch sich. Deshalb können Sie dann voller Überzeugung dem Kunden diesen Preis kommunizieren und dahinterstehen: Gemessen an der Leistung, die den Kunden erwartet, machen Sie ihm hier das für ihn günstigste Angebot.

L

Limbeck-Tipp

Freuen Sie sich auf den Moment, in dem Sie der Kunde nach dem Preis fragt: In aller Regel ist das ein klares Signal für echtes Kaufinteresse.

Nicht immer ist die Preisfrage eine Frage des Preises

Bei Weitem nicht jeder Kunde, der nach einem Preis fragt, ist automatisch ein Schnäppchenjäger. Ein ganz großer Teil der Kunden fragt, weil er entweder auf der Suche nach dem besten Preis-Leistungs-Verhältnis ist. Oder es stecken hinter seiner Frage ganz andere Motive als das reine Geldthema.

Beispiele für Motive, warum Ihr Kunde den Preis in Frage stellt

- »Ich will nicht teurer einkaufen als mein Wettbewerber.«
- »Keine Ahnung, ob ich das wirklich brauche.«
- »Ich muss im Unternehmen einen Verhandlungserfolg vorweisen können.«
- »Mal schauen, wie standhaft er bei seinem Preis bleibt und wie ernst sein Angebot ist.«
- »Wenn er mich schon mit meinen anderen Einwänden nicht hört, dann soll er wenigstens im Preis nachlassen.«
- »Ich will nicht von anderen ausgelacht werden, wenn ich ihnen den Preis erzähle, auf den ich mich eingelassen habe.«
- »Ich will nicht über den Tisch gezogen werden.«
- »Ich will den Sieg über den Verkäufer in Form eines Preisnachlasses davontragen.«
- »Ich will an einigen anderen Punkten eigentlich mehr.«
- »Der letzte Verkäufer hat ja auch mit sich reden lassen.«
- »Dieser Preis scheint mir für die versprochene Leistung zu hoch.«
- »Ich kitzele einen niedrigeren Preis raus, dann kann ich den Wettbewerber des Verkäufers damit unter Druck setzen.«
- »Ich teste aus, wo der ›wahre‹ Preis liegt.«
- »Ich habe mich längst für ein anderes Angebot entschieden, brauche aber noch ein gutes Angebot als Alibi.«

Hören Sie deshalb auch hier sehr aufmerksam hin (vgl. Kap. 5.7) und hinterfragen Sie das Gehörte: Was steckt hinter der Frage des Kunden? Haben Sie seine Kaufmotive wirklich schon ausreichend erkannt? Denn wenn andere Gründe als das Geld dahinterstehen, dann können Sie das nicht mit Preisnachlässen heilen. Ihr Kunde wird die zwar mitnehmen, doch zu einem begeisterten Kunden wird er deshalb nicht werden. Im Zweifelsfall gehen Sie den wahren Kaufmotiven noch mal auf den Grund (vgl. Kap. 14.4).

L

Limbeck-Tipp

Nur wenn Sie Ihrem Kunden etwas verkaufen, was seine Bedürfnisse trifft, lösen Sie nachhaltige Begeisterung aus, nicht mit noch mehr Rabatt.

Überzeugend überzeugen

Wann immer es um das Thema Überzeugen geht, also auch im Preisgespräch, sind immer noch die sechs Prinzipien extrem hilfreich, die Robert Cialdini in seinem Buch »The Psychology of Persuasion« 1984 zum ersten Mal zusammengestellt hat. Diese Prinzipien beeinflussen die menschliche Entscheidungsfindung.

- Reziprozitätsprinzip: Wenn wir etwas erhalten, haben wir den Drang, etwas von gleichem Wert zurückzugeben. Gehen Sie als Verkäufer also in eine gefühlte Vorleistung, schaffen Sie eine gewisse Verpflichtung.
- Konsistenzprinzip: Haben wir einmal eine Entscheidung getroffen, haben wir die Tendenz, daran festzuhalten. Wenn Ihr Kunde einmal Ja zu Ihrem Angebot gesagt hat, neigt er dazu, dabei zu bleiben.
- Prinzip des sozialen Beweises: Wenn wir sehen, dass andere etwas tun, wollen wir das Gleiche tun. Auf dieser Basis funktioniert Empfehlungsmarketing.
- Sympathieprinzip: Wir machen lieber Geschäfte mit Menschen, die wir nett finden. Begegnen Sie Ihrem Kunden freundlich, zugewandt und interessiert, findet der Sie gleich viel sympathischer.

- Autoritätsprinzip: Wir glauben gerne jemandem, der kompetent und souverän auf uns wirkt. Arbeiten Sie deshalb in diesem Sinne an Ihrer Wirkung und Ihrer Marke.
- Knappheitsprinzip: Unser Wunsch, etwas zu besitzen, wächst in dem Maß, in dem es schwerer verfügbar ist. Begrenzen Sie also Ihr Angebot und es wird begehrenswerter.

Wie du den Preis im Baguette erfolgreich servierst

Der Punkt im Verkaufsgespräch ist also gekommen, an dem Sie den Preis nennen wollen oder der Kunde aktiv nach dem Preis fragt. Verlassen Sie sich nie darauf, dass Ihr Kunde Ihre gut gebaute Nutzenargumentation noch von vorne bis hinten parat hat. Gerade wenn Sie sie etwas ausführlicher oder detaillierter vorgestellt haben, ist ihm das ein oder andere vom Anfang schon nicht mehr präsent.

Nennen Sie in dieser Situation einfach so den Preis, dann steht dem Kunden vor seinem inneren Auge diesem Preis nicht der volle Nutzen gegenüber. Und damit scheint ihm der Preis tendenziell immer zu hoch.

Gehen Sie also kein Risiko ein: Kommunizieren Sie den Preis immer mit den wesentlichen Eigenschaften und dem individuellen Nutzen, den Ihr Kunde davon hat. Servieren Sie deshalb den Preis immer im Baguette zwischen ein bis zwei Lagen Kundennutzen.

Das Preisbaguette hat vier Lagen:

- 1. Lage: einer der persönlichen Nutzen des Kunden, Beispiel: »Herr Kunde, Sie erhalten Ihre beiden neuen Produktionsmaschinen mit dem übersichtlichen LED-Display ...«
- 2. Lage: noch ein persönlicher Nutzen, Beispiel: »... und den ermüdungsfrei zu bedienenden Greifarmen ...«
- 3. Lage: die Investition, Beispiel: »... für nur 19 814,78 Euro.«
- 4. Lage: der stärkste persönliche Nutzen, Beispiel: »Sie können damit die doppelte Stückzahl pro Schicht produzieren und ein einziger Mitarbeiter kann gleichzeitig beide Maschinen überwachen.«

Achten Sie darauf, dass Sie das Argument, das den stärksten Bezug zum dominanten Kaufmotiv Ihres Kunden hat, immer zum Schluss nennen. Damit packen Sie ihn mit großer Sicherheit auf der emotionalen Ebene und erzielen deshalb die eindrücklichste Wirkung.

Limbeck-Tipp

Achten Sie geraden beim Preisbaguette auf Ihre Sprache: Wörter wie »Kosten« oder »inklusive« wirken negativ. Verwenden Sie positive Synonyme wie: »Sie bekommen …«, »Sie erhalten …« oder »Sie investieren …«.

Genau genommen hat das Preisbaguette noch eine fünfte Lage: Ihre Abschlussfrage. Trainieren Sie diese Verknüpfung wie auch die Gestaltung Ihres Preisbaguettes gründlich ein. Auch wenn Sie für jeden Kunden ein individuelles Baguette gestalten: Das Muster sollte Ihnen in Fleisch und Blut übergegangen sein, damit Sie es mit großer Selbstverständlichkeit servieren können.

Übung: Preisbaguette

Bauen Sie exemplarisch mindestens drei verschiedene Preisbaguettes, die für Ihr Produkt oder Ihre Dienstleistung und Ihre Kunden passen.

Baguette-Nr.	Lage	Meine Formulierung
1	1. Erster Nutzen	…………………………………………
	2. Zweiter Nutzen	…………………………………………
	3. Preis	…………………………………………
	4. Wichtigster (emotionaler) Nutzen	…………………………………………
	5. Abschlussfrage	…………………………………………

Baguette-Nr.	Lage	Meine Formulierung
2	1. Erster Nutzen	....
	2. Zweiter Nutzen	....
	3. Preis	....
	4. Wichtigster (emotionaler) Nutzen	....
	5. Abschlussfrage	....
3	1. Erster Nutzen	....
	2. Zweiter Nutzen	....
	3. Preis	....
	4. Wichtigster (emotionaler) Nutzen	....
	5. Abschlussfrage	....
Download: verkaufen.limbeckgroup.com		

Die Preis-Platin-Methode

Wenn Sie Ihre Bedarfsanalyse, Ihre Nutzenargumentation und Ihr Preisbaguette gut gestaltet und serviert haben, dann kann der Kunde zu Ihrer Abschlussfrage entweder Ja sagen oder er möchte mit Ihnen über den Preis sprechen. Sehen Sie beiden Antworten mit Freude und Gelassenheit entgegen.

L

Limbeck-Tipp

Auch eine Nachfrage beim Preis ist immer ein Kaufsignal. Diese positive Einstellung macht eine souveräne Preisverhandlung erst möglich.

Bringen Sie so viel Gelassenheit mit, dass Sie mindestens 60 Minuten mit Ihrem Kunden über das Thema Preise sprechen können, ohne unsicher oder ungeduldig zu werden. Kunden haben ein gutes Gespür dafür, wann Sie zu wackeln beginnen.

Ihr Körper verhandelt mit

Wie in allen Phasen des Verkaufsprozesses verrät die Körpersprache auch in der Preisverhandlung vieles – sowohl Ihre eigene als auch die des Kunden. Achten Sie deshalb darauf, dass Ihre nonverbale Kommunikation immer Begeisterung, Aufrichtigkeit, Glaubwürdigkeit, Entschlossenheit und Abschlusswillen vermittelt.

Einige Tipps dazu:

1. Suchen Sie schon durch Ihre Sitzposition den Schulterschluss mit Ihrem Kunden: Setzen Sie sich ihm nie frontal gegenüber, sondern möglichst neben oder schräg neben ihn.
2. Sitzen Sie gerade, stets ruhig und entspannt.
3. Sprechen Sie mit fester Stimme und in einem warmen und verbindlichen Tonfall, auch und gerade wenn Sie den Preis zum ersten Mal nennen.
4. Signalisieren Sie, dass Sie stets konzentriert hinhören.
5. Zeigen Sie Ihre offenen Hände.
6. Spielen Sie nicht mit einem Kugelschreiber oder Ähnlichem.
7. Wenn Sie mitschreiben, egal ob auf Papier oder auf einem Notepad: Legen Sie es so hin, dass Ihr Kunde mitlesen kann.

Ihre Sicherheit, auch die Langstrecke durchhalten zu können, können Sie hervorragend in Ihre Strategie für die Preisverhandlung einbauen. Denn selbst wenn Sie wissen, dass Sie fünf Prozent nachlassen können und wollen, weil Ihr Kunde dann kaufen wird: Was für einen Eindruck hinterlassen Sie beim Kunden, wenn Sie sofort diese fünf Prozent zugeben? Er wird enttäuscht sein. Ein kampfloser Sieg fühlt sich nicht nach Sieg an. Und weil er doch auf einen zumindest kleinen Sieg aus ist, wird er weiter verhandeln wollen.

Limbeck-Tipp

Auch wenn es zunächst nicht so aussieht: Sie kommen Ihrem Kunden entgegen, wenn Sie mit einer gewissen Hartnäckigkeit verhandeln.

Nutzen Sie deshalb die Salamitaktik: Fangen Sie doch mal mit 0,3 oder 0,75 Prozent an und hangeln Sie sich über 1,2 oder 3,3 Prozent weiter. Und runden Sie den Betrag, der sich aus dem prozentualen Rabatt ergibt, nie auf glatte Beträge ab. Die Stelle hinter dem Komma ist psychologisch wichtig für das Siegergefühl Ihres Kunden.

Halten Sie in der Preisverhandlung auch durch, wenn Ihr Kunde die üblichen Verunsicherungstaktiken einsetzt. Seien Sie gefasst auf

- Erpressungsversuche (besonders gerne angewandt, wenn der Kunde ahnt, dass Sie auf den Auftrag angewiesen sind),
- kleine oder große Provokationen, die nur zum Ziel haben, Sie im Preis zu drücken,
- verbale Entgleisung bis hin zur persönlichen Beleidigung, wenn nicht Ihr Unternehmen, sondern Sie als Verkäufer persönlich für den Preis verantwortlich gemacht werden,
- Versprechungen – Kunden locken Sie gerne über zukünftige Volumen und Abnahmemengen; bleiben Sie vorsichtig, solange Sie nicht sehr sicher sind, dass sie sich an die Abmachungen halten werden,
- unzulässige Vergleiche mit Ihrem Wettbewerber; sorgen Sie dafür, dass Sie sattelfest sind in der Darstellung Ihrer Qualität und der Differenzierung.

Lassen Sie sich auch nicht durch die angeblich so viel besseren Angebote der Wettbewerber ins Bockshorn jagen. Die Preis-Platin-Methode ist eine bewährte Strategie, um Preisdiskussionen über einen längeren Zeitraum zu führen.

Sie besteht aus neun Elementen (auch zum Download unter verkaufen.limbeckgroup.com).

Die Elemente der Preis-Platin-Methode mit dem Plus

1. Sie schildern die Situation, um dem Preis seinen Wert zu geben.
2. Sie strahlen den Wert aus, der den Preis wert ist.
3. Sie bleiben verbal stark.
4. Sie zeigen Preis- und Konditionsstolz.
5. Sie entgiften den Preis.
6. Sie bieten weniger für weniger.
7. Sie drehen den Spieß um.
8. Sie nutzen das Storytelling.
9. Sie haben den Ankereffekt vorbereitet.

Das Plus: Die ultimative Einwandbehandlung auf »Die anderen sind billiger.«

Download: verkaufen.limbeckgroup.com

1. Situation und Preis

Wenn Sie durch die Wüste wandern, Ihr Durst sich über Stunden aufgebaut hat und jetzt unerträglich ist: In dieser Situation würden Sie vermutlich so ziemlich jeden Preis für eine Flasche Wasser zahlen, denn Ihr Bedürfnis verleiht diesem Getränk einen enorm hohen Wert. Wenn Sie dagegen gerade überhaupt keinen Durst haben und höchstens vorsorglich überlegen, ob Sie die angebotene Flasche kaufen sollen, wäre Ihre Zahlungsbereitschaft wohl erheblich geringer.

Sie arbeiten also das Bedürfnis des Kunden, das Sie ja in der Bedarfsanalyse ermittelt haben, noch einmal deutlich heraus und mehren so den Wert, den Ihr Produkt oder Ihre Dienstleistung für den Kunden hat.

2. Der verkörperte Wert

Den Spruch »Kunden kaufen nur von Siegern« hat Dr. Hans Christian Altmann vor vielen Jahren geprägt. Und Sieger sehen auch wie Sieger aus. Das heißt, dass Sie und alles, womit Sie auftreten, diesem Siegerbild entsprechen sollten (vgl. Kap. 9).

Oder würden Sie Ihr Geld einem Finanzberater anvertrauen, der mit Piercings im Gesicht und abgewetzter Jacke bei Ihnen aufkreuzt? Strahlen Sie stets den Wert aus, den Sie Ihrem Kunden vermitteln wollen. Wer an das Geld anderer Leute will, muss auch nach Geld aussehen – immer angemessen, immer auf den Kunden hin ausgerichtet und immer einen Tick besser als er.

3. Verbale Stärke

Begegnen Sie dem Widerstand Ihres Kunden auf charmante Art und Weise. Dafür brauchen Sie ein gutes Fingerspitzengefühl, denn nicht jede Antwort passt zu jedem Kunden. Entwickeln Sie Ihr individuelles Repertoire an passenden Antworten. Beispiele sind:

»Wenn wir vorne kein Geld einnehmen, können wir hinten auch keines in den Service für Sie investieren.«
»Qualität hat seinen Preis, und zu diesem Preis bekommen Sie mich noch dazu.«
»Preis ist nicht alles.«
»Für weniger bin ich nicht zu haben.«
»Bei hohen Preisen können Sie hohe Erwartungen haben!«
»Herr Kunde, wir beide wissen doch: Wer billig kauft, kauft meistens doppelt!«
»Wer billig bauen kann, um Geld zu sparen, kann auch die Uhr anhalten, um Zeit zu sparen.«
»Qualität hat ihren Preis – und zu diesem Preis bekommen Sie sogar mich dazu.«
»Wollen Sie die Besten haben?«
»Was halten Sie von einem guten Geschäft für uns beide? Sie erhalten die Leistung, wir die Mittel dazu.«
»Geiz ist Geil. Leistung ist geiler.«
»Wollen Sie mit den Adlern fliegen oder mit den Hühnern picken?«

Ihre Sätze der verbalen Stärke

Entwerfen Sie mindestens 15 dieser Sätze, die für Sie und Ihr Produkt passen und die Ihre verbale Stärke vermitteln. Üben Sie sie ein.

1. ....
2. ....
3. ....
4. ....
5. ....
6. ....
7. ....
8. ....
9. ....
10. ....
11. ....
12. ....
13. ....
14. ....
15. ....

Download: verkaufen.limbeckgroup.com

4. Preisstolz zeigen

Ein schlechter Verkäufer verteidigt und rechtfertigt seinen Preis, der gute dagegen überrascht seinen Kunden, indem er zustimmt. Die Formulierungen dafür sind:

- »Stimmt, Herr Kunde! Wir sind teuer und gut. Gut, weil ...«
- »Sie haben recht: Wir haben ein hohes Preis-Leistungsverhältnis ... Dieses einmalige Verhältnis bietet Ihnen ...«

- »Ganz richtig, Herr Kunde: Wir sind für Sie wertvoll. Unser Wert liegt für Sie in …«.

Damit zeigen Sie Preis- und Konditionsstolz und führen Ihren Kunden zurück auf das, was ihm wichtig ist.

5. Entgiftung

Freuen Sie sich, wenn Ihr Kunde sagt: »Das ist mir *zu* teuer.« Das heißt nämlich, dass er Ihr Produkt sehr gerne kaufen würde – es ist ihm teuer. Dabei steht teuer für hochwertig, vielversprechend, werthaltig. Der Giftstachel sitzt nur im »zu«.

Der Auftrag des Kunden an Sie ist, das »zu« von dem »teuer« zu trennen und den Satz auf diese Weise zu entgiften. Beispielhafte Einstiege für das Entgiften sind:

> »Stimmt, wir sind teurer, weil …«
> »Richtig, Sie investieren bei uns mehr, weil …«
> »Genau, Sie erhalten bei uns mehr, weil…«.

Nutzen Sie die Brückenformulierungen und die Nutzenketten der MONA®-Technik (vgl. Kap. 14.5).

Pencil-Selling im Preisgespräch

Nutzen Sie diese Technik, bei der Sie nicht mit vorgefertigten Listen oder Flyern arbeiten, sondern alles mit der Hand auf ein Blatt Papier skizzieren. Alles, was Sie darauf notieren, muss für den Kunden gut sichtbar sein. Achten Sie gerade beim Pencil-Selling darauf, dass Sie Posten, die zu Ihrem Vorteil sind, groß rechnen. Ein Beispiel – die gefetteten Zahlen schreiben Sie auf das Blatt:

> »Bei diesem Mobiltarif sparen Sie in Zukunft **17,50 Euro** pro Monat. Das heißt, bei zwölf Monaten reden wir über einen Betrag von **210 Euro**. Und bei einer Laufzeit über 24 Monate sind wir schon bei **480 Euro**.«

Posten, die zu Ihrem Nachteil sind, rechnen Sie dagegen klein:

> »Für nur **1 Euro** mehr pro Woche kriegen Sie alle zwei Jahre das allerneueste Handy. Wie klingt das für Sie?«

Zeigen Sie auch immer den Best Case und den Worst Case, zum Beispiel:

»Im besten Fall spart Ihnen die neue Maschine 50 Prozent Ihrer Druckkosten. Und selbst im schlechtesten Fall reduzieren Sie sie um 25 Prozent, also immer noch die Hälfte.«

Und denken Sie immer daran: Ihr Kunde kann sich gegen jede Zahl wehren, die Sie ihm nennen. Gegen Zahlen, die er von sich aus nennt, wird er sich im Nachhinein nicht wehren – die sind für ihn viel leichter annehmbar. Fragen Sie ihn deshalb ganz konkret nach seinen Zahlen und arbeiten dann mit diesen weiter:

»Was investieren Sie hier?«

»Was, glauben Sie, kommt raus?«

6. Verzicht auf Nutzen

Machen Sie Ihrem Kunden klar, dass ein günstigerer Preis nur machbar ist, wenn er sich mit einem geringeren Leistungsumfang zufriedengeben möchte. Beispiel:

»Herr Kunde, günstiger könnten wir es dann anbieten, wenn …«

Dafür sollten Sie im Vorfeld für sich die Leistung definiert haben, die Sie in Ihrem Angebot weglassen können. Geht das nicht, so arbeiten Sie mit allgemeinen Faktoren wie zum Beispiel dem Service.

7. Den Spieß umdrehen

Sie machen dem Kunden deutlich, was Sie alles nicht leisten könnten, wenn Sie beim Preis nachgeben und beispielsweise billig produzieren würden:

»Herr Kunde, billiger könnten wir es dann anbieten, wenn wir nicht in Deutschland, sondern in Polen fertigen lassen würden.«
» … wenn wir uns kein gutes Qualitätsmanagement leisten würden.«
»… wenn wir zu Abstrichen beim Service für unsere Kunden bereit wären.«

Sie behalten den Preis also bei und drehen den Spieß um, indem Sie über die Qualität oder das »Wenn wir es nicht tun würden« argumentieren. Manchmal gibt Ihnen Ihr Kunde in allen Punkten recht und schiebt dennoch hinterher: »Wir benötigen einen anderen Preis, wenn wir bei Ihnen kaufen sollen.« Wenn Sie mutig genug sind und Ihren Kundenkontakt für ausreichend belastbar halten, dann antworten Sie ihm mit der einfachen Frage: »Warum?«

Eine »Warum«-Frage ist immer konfrontativ und wird leicht als Aufforderung zur Rechtfertigung verstanden (vgl. Kap. 5.8). Legen Sie deshalb viel Wert darauf, dem Kunden das Gefühl zu vermitteln, dass es das Normalste der Welt für Sie ist, über Preise zu verhandeln. So nehmen Sie Ihrer Gegenfrage die Schärfe.

8. Die Geschichte von der Kaufreue

Lassen Sie Ihren Kunden Kaufreue erleben, indem Sie über eine entsprechende Story sein Kopfkino anwerfen. Die Methode besteht aus drei Schlüsselsätzen:

Leiten Sie sie ein mit einem Satz wie:

> »Herr Kunde, Sie sagen, dass Sie schon billigere Angebote für Einbauküchen gesehen haben. Ich weiß, dass jeder Vergleich hinkt, doch nur mal so als Beispiel …«.

Nun erzählen Sie eine Geschichte, von der Sie glauben, dass sie zu diesem Kunden passt. In der Geschichte gibt es immer eine billige und eine hochwertige Lösung:

> »Sie haben mir erzählt, dass Sie ambitionierter Läufer sind und viele Halbmarathons laufen. Deshalb brauchen Sie alle vier bis sechs Monate neue Schuhe. Jetzt haben Sie die Möglichkeit, die einfach online zu bestellen – und die sind auch wirklich günstiger – oder Sie gehen in ein Sportgeschäft. Dort lassen Sie eine Laufanalyse machen und ermitteln so, wie Ihr Laufverhalten derzeit ist. Daraufhin bekommen Sie einen Schuh, der genau zu Ihren aktuellen Laufgewohnheiten passt und Ihren Laufstil optimal unterstützt. Der ist natürlich etwas teurer.«

Am Ende fassen Sie die Geschichte noch zusammen und fragen dann:

> »Was denken Sie? Ist diese Geschichte nicht allgemein anwendbar? Oder kennen Sie Situationen, auf die sie nicht zutrifft?«

Anschließend fügen Sie an:

> »Und genauso verhält es sich doch auch bei uns! Sie können einem Küchenanbieter nicht auf den ersten Blick ansehen, ob er für Sie ein reeller Partner ist oder ob er versucht, erst einen Kampfpreis zu bieten und dann still und heimlich den verloren gegangenen Gewinn durch die Hintertür über andere Maßnahmen wieder abzukassieren.«

Danach schweigen Sie oder fügen noch hinzu:

> »Wir beide wissen doch, dass es eine Illusion ist, für wenig Geld viel Leistung zu bekommen.«

Und schließen dann auch gleich noch die Abschlussfrage an:

> »Wann sollen wir denn die neue Küche spätestens bei Ihnen installiert haben?«

Starker Satz plus Storytelling

Spielen Sie ruhig mit den verschiedenen genannten Elementen: Wenn Sie den Satz mit einer guten Story kombinieren, erweitern Sie Ihr Portfolio noch. Dazu können Sie auch Sätze verwenden, die für sich allein heute nicht mehr gehen. Ein Beispiel:

»Wissen Sie, lieber Herr Kunde, ich bin ja noch mit dem alten Hardselling groß geworden. Das mache ich heute nicht mehr, doch wissen Sie, was mir damals gut gefallen hat? Nur so als Beispiel: Wenn mir früher Kunden gesagt haben, dass sie es von anderen billiger bekommen, dann habe ich sie gefragt: ›Würden Sie sich auch von einem zweitklassigen Herzchirurgen operieren lassen, nur weil er billiger ist?‹ Na ja, das bringe ich heute nicht mehr, aber irgendwie stimmt's doch. Oder, Herr Kunde?«

Wenn Sie die letzte Frage mit einem Lachen rüberbringen, dann platzieren Sie Ihre Botschaft, ohne dass der Kunde sich auf den Schlips getreten fühlt.

9. Anker geworfen?

Ein guter Verkäufer hat der Preisverhandlung bereits vorgebaut: Er hat gleich zu Beginn des Preisgesprächs eine oder mehrere hohe Zahlen fallen lassen. Es genügt tatsächlich eine beiläufige Erwähnung, damit sich diese Zahlen unbewusst beim Kunden verankern und so etwas wie eine Preismarke setzen. Studien belegen, dass Ihr Kunde dadurch toleranter gegenüber der Höhe Ihres Preises wird, solange er darunter liegt.

Das Plus der Preis-Platin-Methode

Wenn Ihr Kunde sagt »Die anderen sind billiger«, dann haben Sie eine ultimative Antwort darauf. Das ist die kürzestmögliche aller Einwandbehandlungen beim Preis, denn sie hat nur vier Worte. Sie sagen ganz ruhig und gelassen, frei von jeglicher Arroganz:

> »Müssen die auch sein.«

Sagen Sie ganz bewusst nicht »sie«, sondern wirklich »die«. Und dann schweigen Sie, damit Ihre Worte wirken können.

Sie werden verblüfft sein, wie Ihr Kunde reagiert!

Mit der Preis-Platin-Methode haben Sie gute Aussichten, Ihren Preis unverändert durchzusetzen. Vorausgesetzt, Sie bleiben hartnäckig und leisten Widerstand.

Der Preis für den Preiswiderstand

Weil es keinen objektiven Preis gibt, erkennt Ihr Kunde Ihre Untergrenze einzig und allein an einem Punkt in Ihrem verkäuferischen Verhalten: am Widerstand.

Erst Ihre klare Aussage »... dann müssen wir auf den Auftrag verzichten« zeigt Ihrem Kunden: Hier ist Schluss. Es liegt also an Ihnen, wo Sie den Schlussstrich ziehen: Ob Sie die rote Linie erst an der Schmerzgrenze ziehen oder bei dem Preis, den Sie erreichen möchten. Wichtig ist nur, dass Sie voll innerer und äußerer Überzeugung signalisieren: Hier ist wirklich Schluss.

Die letzte Rettung

Wenn jedoch gefühlt gar nichts mehr geht, haben Sie noch zwei Möglichkeiten: Entweder Sie ziehen die letzte, die Gewinnerkarte und legen sie auf den Tisch, indem Sie sagen:

> »Lieber Herr Kunde, lassen Sie uns doch beide hier und heute den Tisch als Gewinner verlassen.«

Und dann machen Sie noch mal deutlich, wie Ihr Angebot den Kunden zum Gewinner macht.

Für die zweite, noch wirkungsvollere Möglichkeit brauchen Sie zwei Karten: eine rote Karte für den Preis (Euro-Zeichen) und eine grüne Karte für den Nutzen. Diese Kartenmethode halte ich für so nützlich, dass ich Ihnen als Leser dieses Buches diese beiden Karten auch schenke: Fordern Sie sie einfach an unter kontakt@limbeckgroup.com.

Und so gehen Sie vor: Wenn sich in Ihrem Gespräch also nichts mehr bewegt, dann holen Sie Ihren Kunden in eine andere Emotion. Sie schauen ihn an und sagen:

> *»Lieber Herr Kunde,«*

Jetzt legen Sie die rote Karte auf den Tisch. Diese Karte bewegen Sie auch nicht mehr. Sie visualisieren damit: Der Preis steht fest.

Dann fragen Sie:

> »... worüber reden wir denn eigentlich noch?«

Ihr Kunde wird erwidern: »Na, über den Preis.«

Jetzt holen Sie die grüne Karte mit dem Wort »Nutzen« heraus und legen neben die Preiskarte. Dann fahren Sie fort:

> »Ich weiß: Jedes Beispiel hinkt. Doch nur mal so als Idee: Wenn Sie jetzt diese beiden Kärtchen anschauen, welche von beiden ist auf den ersten Blick größer: die grüne oder die rote?«

Ihr Kunde antwortet: »Na, die rote.« Und Sie erwidern:

»Lieber Herr Kunde, dann ist doch hier und heute meine Aufgabe als guter Verkäufer bei Ihnen, den Preis ins richtige Verhältnis zum Nutzen zu setzen.«

Nun schieben Sie die grüne Karte ein gutes Stück weg von der roten Karte und sagen:

»Denn uns beiden ist klar: Ein gutes Geschäft ist für beide Seiten nur dann ein gutes Geschäft, wenn auch für uns beide der Preis …«

Dann nehmen Sie die Nutzenkarte auf. Halten Sie sich ruhig einen Moment hoch, bevor Sie fortfahren:

»… und der Nutzen übereinstimmen.«

Mit diesen Worten legen Sie die Nutzen-Karte exakt über die rote, sodass der Nutzen den Preis sichtbar abdeckt. Sie öffnen Ihrem Kunden im wahrsten Sinne des Wortes über die Preis-Nutzen-Karten die Augen für die Deckungsgleichheit der beiden.

Schauen Sie sich auch mein Video dazu an, das Sie neben vielen anderen in meinem Youtube-Kanal finden (http://bit.ly/limbeck-verkaufen). Und nutzen Sie mein Angebot und fordern Sie Ihre Preis-Nutzen-Karten an unter kontakt@limbeckgroup.com.

Die perfekte Ergänzung zur Preis-Platin-Methode: Die Mauertestfrage

Einer meiner Lieblingstrainerkollegen, Tim Taxis, hat eine geniale Methode entwickelt: Damit testen Sie, wie Ihr Kunde wirklich zu Ihrem letzten Preisangebot steht.

Dafür gehen Sie so vor:

1. Sie geben den Preis an, den Sie erreichen wollen. Tun Sie es mit der inneren Überzeugung, dass dieser Preis genau der richtige ist und durch Ihr Angebot mehr als gerechtfertigt ist.
2. Ihr Kunde erwidert mit seiner ersten Forderung: »Damit sind Sie eindeutig zu teuer. Ich frage deshalb: Welchen Preis können Sie uns anbieten?«

3. Sie antworten mit Ihrem ersten Nein: »Lieber Herr Kunde, das ist gut, dass Sie das so offen sagen. Der Preis ist allerdings schon das beste Angebot, das wir Ihnen machen können. Abgesehen vom Preis: Wie können wir zusammenkommen?«
4. Der Kunde erneuert seine Forderung: »Es geht jetzt nur noch um den Preis. Wie kommen Sie uns da entgegen?«
5. Sie betonen Ihr Interesse und platzieren gleich danach Ihr zweites Nein: »Es ist uns sehr wichtig, Sie als Kunden zu gewinnen. Nur über den Preis haben wir keine weitere Möglichkeit, da haben Sie unser bestes Angebot bereits vorliegen. Wie finden wir auf dieser Basis eine Einigung?«
6. Der Kunde setzt die Mauer, indem er sagt: »Keine Chance. Entweder Sie machen noch was am Preis oder Sie sind raus!«
7. Und hier kommen Sie mit Ihrer zweiteiligen Mauertestfrage: »Lieber Herr Kunde, Sie haben unseren besten Preis, da ist kein Spiel mehr. Lassen Sie die Verhandlung jetzt daran scheitern?« Im ersten Teil der Frage sind Sie frei, die passende Formulierung für sich zu finden. Halten Sie sich jedoch sklavisch an den Wortlaut des zweiten Teils.

Und dann: Volle Konzentration auf Ihren Kunden, denn an seiner spontanen Reaktion erkennen Sie, ob er geblufft hat oder nicht. Zögert er keine Sekunde mit seinem »Ja«, dann hat er nicht geblufft und der Weg zum Auftrag geht tatsächlich nur noch über den Preis. Jedes noch so kleine Zögern verrät Ihnen: Der Kunde kommt im Prinzip mit dem Preis klar. Bleiben Sie also dabei und suchen Sie mit dem Kunden gemeinsam einen Weg, damit er sein Gesicht wahren kann, indem Sie ihm in einem anderen Bereich noch ein wenig entgegenkommen. Gut möglich, dass Sie ihm so die »Siegestrophäe« ermöglichen, die er für seine Entscheidung braucht, jedoch bei Ihnen über den Preis nicht holen konnte.

Am Ende: Prinzip Leistung und Gegenleistung

Wenn Sie Ihrem Kunden dennoch auch ein Stück entgegenkommen wollen, achten Sie auf das Prinzip von Leistung und Gegenleistung: Machen Sie zum Beispiel den Rabatt davon abhängig, dass Ihr Kunde Sie weiterempfiehlt. Dann verliert Ihr Angebot nicht an Wert, denn Ihren Preisnachlass hat sich der Kunde ja mit einer Gegengabe »erkauft«.

Diese Gegenleistung können Sie auf vielen verschiedenen Ebenen spielen, auch auf der humorvollen – wie die Niederschrift im Buch der guten Taten.

Das Buch der guten Taten

Setzt Ihnen der Kunde trotz allem am Ende die Pistole auf die Brust und sagt »Schön und gut, was Sie sagen, aber entweder Sie reduzieren den Preis oder Sie sind aus dem Spiel«, dann machen Sie das Beste aus der Situation: Zücken Sie Ihr Buch der guten Taten!

Würden Sie jetzt nämlich sagen »Na gut, wir machen das so!«, dann machen Sie den Eindruck, als würden Sie klein beigeben. Wahren Sie Ihre Verkäufergröße, indem Sie Ihrem Kunden sagen: »Okay, Herr Kunde, heute komme ich Ihnen einmalig entgegen. Ich schreibe es in mein ›Buch der guten Taten‹. Eines Tages werde ich diese gute Tat einlösen. Einverstanden?« Ziehen Sie auch wirklich ein kleines Büchlein heraus und notieren Sie die Vereinbarung vor den Augen des Kunden.

Doch überlegen Sie unbedingt vorher, ob Ihre Preisreduzierung tatsächlich etwas an der Kaufentscheidung Ihres Kunden ändern wird, und richten Sie Ihre Fragetechnik darauf aus. Orientieren Sie sich bei Ihrer Überlegung an folgendem Schema.

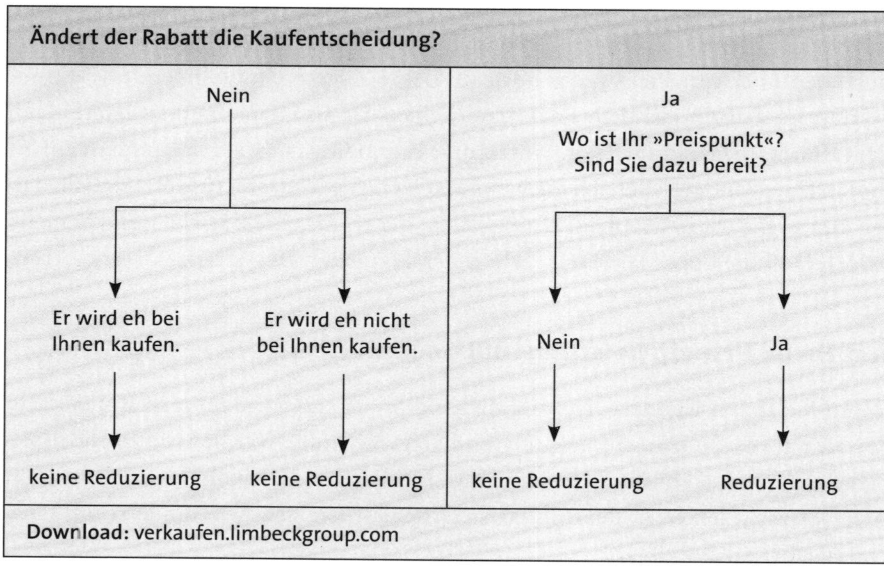

AUF EINEN BLICK

- Entscheidende Voraussetzung für Ihr erfolgreiches Preisgespräch ist, dass Sie selbst von Ihrem Preis-Leistungs-Verhältnis überzeugt sind.
- Nennen Sie Ihrem Kunden den Preis immer mit der Preisbaguettetechnik, also eingebettet in drei Lagen Nutzen.
- Mit den neun Elementen der Preis-Platin-Methode fangen Sie die Preiseinwände Ihres Kunden auf.

14.11 Die professionelle Nachbereitung

Die professionelle Nachbereitung von Verkaufsgesprächen ist ein absolutes Muss! Das fängt vor Ort beim Kunden schon an und geht später in Ihrem Büro weiter.

Vor Ort

Vereinbaren Sie das weitere Vorgehen gemeinsam mit dem Kunden, noch bevor Sie sein Büro verlassen. Fixieren Sie die besprochenen Punkte auch schriftlich mit einem konkreten Termin für das Folgetreffen.

Stellen Sie also Fragen, die eine genaue Ziel- und Terminvereinbarung nach sich ziehen:

- »Herr Kunde, was ist der nächste Schritt, was kann ich zusätzlich tun, damit Sie hier im Haus schnell alles einkippen über den Einkauf, die Projektabteilung und so weiter, damit wir für Sie zu einer positiven Entscheidung kommen?«
- »Herr Kunde, was brauchen Sie ganz konkret, um das Ganze bei Ihnen im Haus jetzt anzustoßen? Wie machen wir am besten weiter?«

Damit kennt auch Ihr Gesprächspartner seine Hausaufgaben, die er bis zum nächsten Termin zu erledigen hat. Dabei geht es in erster Linie darum, Daten zu liefern, die Sie zur Erstellung eines individuell abgestimmten Angebotes brauchen.

Limbeck-Tipp

Verlassen Sie keinen Termin, ohne den Folgetermin und die jeweiligen Hausaufgaben vereinbart zu haben. So können Sie sich lästiges Nachtelefonieren sparen.

Gerade im Key-Account, bei dem Ihre Gespräche mit dem Kunden in einem ständigen Kreislauf vor dem Abschluss und nach dem Abschluss stehen können, ist es extrem wichtig, dass Sie Ihren großen Plan nie aus den Augen verlieren: Am Ende jedes (!) Gesprächs setzen Sie den nächsten Pflock in Richtung Ihres großen Ziels.

In Ihrem Büro

Nach der Rückkehr in Ihr Büro werten Sie Ihre Notizen aus und schicken Ihrem Gesprächspartner per Brief, Fax oder E-Mail eine Terminbestätigung, in der Sie noch einmal das weitere Prozedere – insbesondere die Ziele des nächsten Termins – festhalten.

Limbeck-Tipp

Behalten Sie stets die Initiative.

Die Terminbestätigung nutzen Sie auch für Hinweise auf Referenzkunden, die Ihr Kunde vor dem nächsten Termin kontaktieren kann. Das schafft weiter Vertrauen in Ihr Angebot, Ihr Unternehmen und letztendlich auch in Sie selbst als Verkäufer.

Schicken Sie dagegen niemals ein Standardangebot oder Standardanschreiben raus. Wenn Sie ein Angebot schicken wollen, dann gestalten Sie es so, dass es auf Ihren Kunden wie ein maßgeschneidertes Angebot wirkt. Heben Sie dabei auch niemals Preise und Konditionen hervor – weder fett, kursiv noch unterstrichen. Wenn Ihrem Kunden etwas ins Auge fallen soll, sind es Ihre Leistungen und die Vorteile für ihn.

Und dann wenden Sie sich Ihrer Datenbank zu: Übertragen Sie alles Wichtige, was Sie sich notiert haben: neue Aspekte, Vereinbarungen etc. Sie wissen ja: Ein guter Verkäufer hat sein CRM-System lieben gelernt, weil es ihn in seinem Erfolg unterstützt (vgl. Kap. 4.2).

Mit vielen modernen CRMs können Sie sogar vor Ort beim Kunden Ihre Notizen mit einem Tablet direkt in das entsprechende Feld eintragen. Dann können Sie sich diese Nacharbeit und damit viel Zeit sparen.

Nach dem Gespräch ist vor dem Abschluss

Nutzen Sie die Pause zwischen dem Erst- und Folgetermin dafür, Ihr mittlerweile umfassendes Wissen zu ordnen und möglichst auch noch aktiv zu erweitern:

- das Hintergrundwissen zu Ihrem Gesprächspartner und seinem Unternehmen,
- Ihre Kenntnis über seinen Bedarf,
- Ihre Einschätzung zu seinen Kaufmotiven.

Ergreifen Sie jede Chance, für Ihren Kunden die Extrameile zu gehen, und lassen Sie es ihn auch wissen. Denn in den Extrameilen erkennt der Kunde den Unterschied zwischen Ihnen und Ihren Wettbewerbern.

Extrameile für Orangen

Von Randall L. Ridd habe ich folgende Geschichte, die genau das wiedergibt, was ich mit den Extrameilen in der Nachbereitung von Verkaufsgesprächen meine:

Es war einmal ein junger Mann, der bekam einen Job bei einem bestimmten angesehenen Unternehmen und wollte dort Karriere machen. Er arbeitete brav und fleißig. Und er sorgte dafür, dass sein Chef stets mitbekam, wenn er Überstunden machte. Endlich wurde eine Stelle als Abteilungsleiter frei. Doch ein anderer Mitarbeiter, der erst sechs Monate für das Unternehmen tätig war, bekam sie.

Der junge Mann suchte erbost seinen Chef auf und verlangte eine Erklärung. Der kluge Vorgesetzte entgegnete: »Bevor ich Ihre Frage beantworte, würden Sie mir einen Gefallen tun?« »Ja, natürlich«, erwiderte der Angestellte. »Würden Sie in den Supermarkt hinübergehen und ein paar Orangen kaufen? Meine Frau braucht welche.« Der junge Mann erklärte sich einverstanden und ging.

Als er wiederkam, fragte der Chef: »Welche Sorte haben Sie gekauft?« »Orange«, erwiderte der junge Mann. »So wie Sie es gesagt haben. Hier sind sie.« »Wie viel haben sie gekostet?«, fragte sein Chef. »Das weiß ich nicht genau«, gab er zur Antwort. »Hier sind Beleg und Wechselgeld.« »Vielen Dank«, erwiderte sein Chef. »Bitte setzen Sie sich.«

Der Vorgesetzte rief daraufhin den beförderten Mitarbeiter herein und trug ihm die gleiche Aufgabe auf. Als der wiederkam, fragte der Chef: »Welche Sorte haben Sie gekauft?« »Nun ja«, erwiderte er. »Es gab ziemlich viele Sorten. Ich wusste nicht, welche ich kaufen soll. Sie haben ja gesagt, dass Ihre Frau welche braucht, und so habe ich sie angerufen. Sie hat erzählt, dass sie eine Party plant und Orangensaft machen möchte. Also habe ich den Verkäufer gefragt, welche Sorte den besten Saft gibt. Er erklärte mir, dass die Blondorangen besonders süß und saftig sind, also habe ich diese Sorte gekauft. Ich habe sie auf dem Rückweg bei Ihnen zu Hause abgeliefert. Ihre Frau hat sich sehr darüber gefreut.«

»Wie viel haben sie gekostet?«, fragte sein Chef. »Tja, das war auch so eine Sache. Da ich nicht wusste, wie viele ich kaufen soll, habe ich Ihre Frau gefragt, wie viele Gäste sie erwartet. 20, erfuhr ich. Dann habe ich den Verkäufer gefragt, wie viele Orangen man braucht, um Saft für 20 Leute zu machen. Es waren ziemlich viele. Daraufhin habe ich um einen Mengenrabatt gebeten und diesen auch bekommen. Eigentlich kostet so eine Orange 75 Cent, aber ich habe nur 65 Cent bezahlt. Und bitte nicht wundern, ich habe dem Verkäufer erlaubt, auch noch ein kleines Stückchen Ingwer beizulegen, denn mit einer hauchfeinen Note Ingwer soll der Orangensaft noch etwas besser schmecken und gesünder sein. Hier sind das Wechselgeld und der Beleg.«

Der Chef sagte lächelnd: »Danke. Sie können gehen.« Er sah zu dem jungen Mann, der das alles beobachtet hatte. Der nickte und sagte: »Ich verstehe, was Sie meinen.«

Extrameilen drücken den Fokus und die Leidenschaft für eine Tätigkeit aus. Das sind die Extrameilen, die auch Ihr Kunde spürt – und mit dem Abschluss honoriert.

Gerade im Key-Account, wenn Ihre Gespräche nicht nur über Monate, sondern teils über Jahre gehen: Bleiben Sie dran. Bleiben Sie auf dem Laufenden, was Ihren Kunden und seinen Markt betrifft. Achten Sie auch auf Presseartikel. Haben Sie etwas Positives über Ihren Kunden gelesen: Schicken Sie ihm den Artikel zu, gratulieren Sie ihm dazu. Halten Sie sich auf jeden Fall in Erinnerung bei ihm. Lesen Sie auch das Kapitel »Langfristige Kundenbindung« mit seinen vielen Tipps dazu (vgl. Kap. 17.1).

Mit Ihren aktuellen Informationen können Sie auch die nächsten Gespräche und folgende Angebotspräsentationen optimal am Nutzen des Kunden orientiert aufbereiten. Und für mögliche Einwände sowie Preisverhandlungen sind Sie damit ebenfalls gerüstet. Seien Sie vorbereitet auf die heiße Abschlussphase, in der Sie Ihren Kunden über die Ziellinie führen!

AUF EINEN BLICK

- Wenn es noch zu keinem Abschluss gekommen ist, legen Sie auf jeden Fall noch vor Ort gemeinsam mit Ihrem Kunden das weitere Vorgehen und den Folgetermin fest.
- Fixieren Sie die Vereinbarungen schriftlich.
- Bereiten Sie die gewonnenen Informationen auf, damit Sie sie für Ihre nächsten Schritte optimal nutzen können.

15. Wie bleibst du drin?

15.1 Grundsätze der Verhandlungsführung

Verhandlungsmodelle gibt es wie Sand am Meer. Aus meiner Sicht müssen Sie die nicht alle kennen. Was Sie allerdings unbedingt kennen sollten, sind die grundsätzlichen Regeln und Fallen. Wenn Sie die gut intus haben, dann haben Sie den Grundstein für Ihren Verhandlungserfolg bereits gelegt. Alle noch so komplexen und durchdachten Modelle haben nämlich einen kritischen Faktor, der immer mit am Verhandlungstisch sitzt und die schönen Voraussagen regelmäßig durchkreuzt: Das ist der »Faktor Mensch«, und auf den können Sie nur individuell reagieren.

Limbeck-Tipp

Konzentrieren Sie sich auf die wenigen Grundregeln der Verhandlungsführung und reflektieren Sie Ihre eigenen Erfahrungen damit regelmäßig, um Ihre persönliche Verhandlungserfolgstechnik zu verfeinern.

Nur wenn Sie zum Beispiel im Key-Account arbeiten und mit Unternehmen aus China und Südostasien verhandeln, dann lege ich Ihnen noch zusätzlich die 36 chinesischen Strategeme ans Herz. Die werden in diesem Kulturraum schon in der Schule gelehrt und gehören damit zum selbstverständlichen Basiswissen. Und nur wenn auch Sie sie kennen, können Sie souverän damit umgehen.

Die typischen Fehler

Sie verhandeln täglich. Und nicht immer fühlen Sie sich danach wirklich gut. Denn wenn das Ergebnis nicht so ist, wie Sie es erwartet haben, dann beschleichen Sie Gedanken wie »Da habe ich mich über den Tisch ziehen lassen« und »Ich hätte viel mehr rausholen müssen«.

Die Ursache für ein unbefriedigendes Verhandlungsergebnis ist in neun von zehn Fällen ein und dieselbe: schlechte Vorbereitung. Und wenn Sie ehrlich zu sich sind, dann wissen Sie ziemlich genau, dass Sie sich solche Niederlagen selbst zuzuschreiben haben.

Die schlechte Vorbereitung kann auf zwei Ebenen stattgefunden haben: der mentalen und der sachlichen. Auf der mentalen Ebene hindern sehr oft Glaubenssätze den Verkäufer daran, eine Verhandlung erfolgreich zu führen. Sätze, die in seinem Kopf vor dem Gespräch kreisen, sind zum Beispiel:

- »Der Erfolg in Verhandlungen lässt sich eh nicht vorprogrammieren. Ich muss es nehmen, wie es kommt.«
- »Der Kunde entscheidet sich am Ende eh für seinen langjährigen Geschäftspartner und nicht für mich.«
- »Ich weiß schon: Der eigentliche Schlüssel zum Erfolg ist nur der Preis.«

L

Limbeck-Tipp

Wenn Sie es nehmen, wie es kommt, dann bleibt am wenigsten übrig.

Wenn Sie solche Sätze von sich kennen, empfehle ich Ihnen dringend, dass Sie sich neue Glaubenssätze, nämlich Glaubenssätze eines guten Verkäufers erarbeiten (vgl. Kap. 1.4).

Zur guten Vorbereitung gehört auf der mentalen Ebene auch, dass Sie Ihren Film zur Verhandlung bereits in Ihrem Kopf abgedreht haben, der den Titel trägt »Wie ich dieses Ding erfolgreich geführt und abgeschlossen habe«. Setzen Sie die Drehbuchstrategie ein (vgl. Kap. 14.1): Damit haben Sie jederzeit vorgegebene Handlungsstränge, mit denen Sie nach Ihrer Improvisation in einzelnen Szenen immer wieder zurückfinden zum Happy End.

Dann lassen Sie sich übrigens auch von autoritären Auftritten von Kunden nicht aus Ihrer vorbereiteten Rolle des souveränen professionellen Verkäufers bringen. Rechtfertigungsmodus? Gar kein Thema.

L

Limbeck-Tipp

Bleiben Sie in der Verhandlung immer auf Augenhöhe, machen Sie sich nie klein. Sie wissen ja: Einmal Hausmeister, immer Hausmeister. Da kommen Sie nie mehr raus.

Es ist mir unverständlich, warum so viele Verkäufer die sachliche Vorbereitung immer wieder unterschätzen. Es gehört zu den Standardhausaufgaben der Verhandlungsführung, dass Sie in Erfahrung gebracht und parat haben,

- welche Kaufmotive Ihren Geschäftspartner antreiben,
- welche Entscheidungsstrukturen in dieser Sache vorliegen,
- welche Handlungsoptionen Ihr Kunde hat,
- welche Zahlen, Daten und Fakten es zum Unternehmen des Kunden gibt,
- wie seine Situation am Markt aktuell ist.

Alle diese Angaben gehören zu Ihrer Grundausstattung für eine erfolgreiche Verhandlungsführung.

L

Limbeck-Tipp

Für eine schlechte Vorbereitung ist nur einer verantwortlich: Sie selbst. Verhandlungserfolg fällt nicht vom Himmel, sondern ist der Lohn der klassischen Verkäufertugenden: Ziele, Fleiß, Disziplin.

Vorbereitung auf eine erfolgreiche Verkaufsverhandlung

Wenn Sie folgende neun Punkte gut vorbereitet haben, dann können Sie voller Vorfreude in die Verhandlung gehen:

1. **Ihre Ziele:** Definieren Sie für jede Verhandlung genau drei Ziele:
   - Als Erstes formulieren Sie das Ergebnis, das einfach perfekt ist: So fühlt sich Erfolg an! Das ist Ihr eigentliches, Ihr Maximalziel.
   - Als Nächstes machen Sie sich klar, was das absolut Mindeste ist, mit dem Sie aus diesem Termin herauskommen. Darunter? No way.
   - Und als drittes Ziel definieren Sie das Ergebnis, mit dem Sie gut leben können und zufrieden sind.

L

Limbeck-Tipp

Formulieren Sie alle drei Ziele nach der SMART-Formel: Spezifisch, Messbar, Akzeptierbar, Realistisch, Terminierbar.

---

2. **Ziel Ihres Verhandlungspartners:** Überlegen Sie, was wahrscheinlich das Ziel Ihres Gegenübers ist. Aus der Gesprächsphase davor haben Sie hoffentlich viele Informationen mitgenommen, so auch zum Kaufmotiv (vgl. Kap. 12.3): Was treibt Ihren Geschäftspartner an?

3. **Der / die Verhandler:** Rekapitulieren Sie, wer Ihr/-e Verhandlungspartner ist / sind. Gibt es da unterschiedliche Interessen und Bedürfnisse zu berücksichtigen? Welche Typen sitzen Ihnen da gegenüber (vgl. Kap. 12.5)? Bringen Sie auf jeden Fall in Erfahrung, wer der MAN ist, also der in der Runde, der die **M**ittel und die **A**utorität hat und der die **N**otwendigkeit in der Entscheidung sieht. Kann der allein entscheiden oder braucht er noch jemand dazu? Wer ist in diese Runde der Anwender, wer ist ein Beeinflusser? Dieses Wissen ist ausschlaggebend für Ihre Strategie und kann verhandlungsentscheidend sein.

4. **ZDF:** Sammeln Sie spätestens jetzt alle **Z**ahlen, **D**aten und **F**akten rund um Ihren Gesprächspartner und sein Unternehmen. Dazu gehören unbedingt

Punkte wie der Umsatz, der Ertrag, die Tradition des Unternehmens, aktuelle Entwicklungen und Position im Markt und so weiter.

5. **Philosophie:** Fragen Sie sich, mit welcher Verhandlungsphilosophie Ihnen der andere wohl gegenübertreten wird. Welche grundsätzliche strategische Ausrichtung prägt ihn?

6. **Ihre Strategie:** Nun machen Sie sich Gedanken, welche Strategie Sie für die Verhandlung wählen wollen. In diese Überlegungen fließen sowohl Ihre Ziele als auch die mutmaßlichen Ziele und die Situation Ihres Partners mit ein.

7. **Gegenstrategie:** Wenn Sie also Ihre Strategie ausspielen, überlegen Sie, wie der andere wohl darauf reagieren wird. Welchen Plan hat er sich wohl für dieses Gespräch gemacht und wie passt der zu Ihrem? Hat er Handlungsalternativen und wird Sie daher erst mal kommen lassen? Oder ist er im Grunde auf Sie angewiesen?

8. **Ihre Argumentation:** Legen Sie sich zurecht, welche Nutzenargumentation mit der gewählten Strategie und der vermuteten Gegenstrategie am besten zieht (vgl. Kap. 14.5). Arbeiten Sie auch Ihre Preisargumentation entsprechend aus (vgl. Kap. 14.10).

9. **Ihr Erfolg:** Sehen Sie Ihren Erfolg voraus. Drehen Sie Ihren Film mit Ihnen in der Hauptrolle und sehen Sie sich hochzufrieden den Besprechungsraum verlassen. Spüren Sie, wie stolz Sie auf sich sind?

Ich kann nicht oft genug betonen, wie wichtig Ihre Vorbereitung ist. Gehen Sie deshalb die Checkliste am besten vor jeder Verhandlung Punkt für Punkt durch (auch zum Download unter verkaufen.limbeckgroup.com).

Checkliste Verhandlungsvorbereitung

- ☐ Ich habe mein persönliches Verhandlungsziel, mein Mindestziel und eines, mit dem ich leben kann, konkret formuliert.
- ☐ Ich habe eine gute Vorstellung vom Ziel und vom Kaufmotiv meines Verhandlungspartners.
- ☐ Ich weiß, wer meine Verhandlungspartner sind und welche unterschiedlichen Interessen und Bedürfnisse sie haben.
- ☐ Ich habe die nötigen Hintergrundinformationen parat.
- ☐ Ich kenne die strategische Ausrichtung meines Gegenübers.
- ☐ Ich habe meine Verhandlungsstrategie gewählt.
- ☐ Ich habe eine Vorstellung, welche Verhandlungsstrategie mein Verhandlungspartner wählen wird.
- ☐ Meine Argumentationsketten für Nutzen und Preisargumentation sitzen.
- ☐ Ich bin sicher: Ich werde erfolgreich verhandeln und habe auch das passende Drehbuch dafür geschrieben.

Download: verkaufen.limbeckgroup.com

Die Bestandskundenfalle

Gerade wenn Sie zu guten Bestandskunden fahren, mit denen Sie sich ausgezeichnet verstehen und mit denen Sie seit Jahren eine gute Geschäftsbeziehung pflegen, ist es sehr verführerisch, auf eine gründliche Vorbereitung zu verzichten.

Lassen Sie sich in Ihrem professionellen Verkäuferverhalten nicht einschläfern: Sonst erleben Sie eines Tages eine böse Überraschung. Gehen Sie in jede Verhandlung mit einem alten Kunden so gut vorbereitet hinein, als wäre er ein neuer Kunde, der all Ihre Aufmerksamkeit braucht. Tun Sie es Ihrer langfristigen Kundenbeziehung zuliebe, denn die ist es, die Ihnen Ihren Erfolg sichert.

Das Ziel bestimmt den Weg

Genau genommen gibt es nur vier verschiedene Kategorien von Verhandlungsergebnissen:

1. Sie haben Ihr Ziel sowohl auf der Beziehungs- als auch auf der Sachebene zu 100 Prozent erreicht.
2. Sie haben nur auf einer Ebene Ihr Ziel erreicht, entweder auf der Beziehungs- oder auf der Sachebene.
3. Sie haben die Verhandlung ohne Ergebnis beendet. Sie haben also abgebrochen, weil Sie entweder nicht einmal Ihr Mindestziel erreichen konnten oder Sie ansonsten die Beziehung gefährdet hätten.
4. Sie und Ihr Verhandlungspartner haben sich aufeinander zubewegt und haben einen Kompromiss geschlossen.

Welches Ergebnis streben Sie an? Danach wählen Sie die beste Strategie für den Einstieg in die Verhandlung. Doch halten Sie nicht sklavisch daran fest: Bleiben Sie aufmerksam und flexibel. Es ist gut möglich, dass Sie während der Verhandlung die Strategie anpassen sollten, damit Sie zu Ihrem Ziel gelangen.

An grundsätzlichen Verhandlungsstrategien stehen Ihnen zur Verfügung

- Vermeidungsstrategie,
- Beziehungsstrategie,
- rein zielorientierte Strategie,
- Kompromissstrategie.

Bei der Vermeidungsstrategie umschiffen Sie die eigentliche Verhandlung. Es ist aus Ihrer Sicht vielleicht noch nicht der richtige Zeitpunkt oder die richtige Situation.

Bei der Beziehungsstrategie haben Sie eine klare Priorität: Die Beziehung zu Ihrem Kunden ist Ihnen mehr wert als so ziemlich jeder sachliche Vorteil. Sie sind also zum Nachgeben in vielen Punkten bereit, um die Beziehung zu festigen.

Bei der rein zielorientierten Strategie steht dagegen ausschließlich das sachliche Ergebnis im Vordergrund. Rücksicht auf die Beziehungsebene nehmen Sie nicht. Diese Strategie wird häufig bei einmaligen Verhandlungen gewählt. Wenn klar ist: Es wird keine zukünftige Beziehung geben oder sie ist nicht wichtig. Wenn Sie mit dieser Strategie auftreten, bringen Sie sich schnell in den Ruf ein, ein »harter Hund« und »nicht ehrlich« zu sein. Für eine langfristige Kundenbeziehung ist diese Strategie daher nie zu empfehlen.

Bei der Kompromissstrategie zählen die Ergebnisse sowohl auf der Beziehungs- als auch auf der Sachebene. Sie als Verkäufer sind dann bereit, Ihrem Kunden entgegenzukommen, wenn auch er Ihnen entgegenkommt. Ein Ausgleich wird angestrebt.

L

Limbeck-Tipp

Viele verbinden mit dem Begriff »Kompromiss« etwas Negatives: Keiner bekommt wirklich, was er will. Doch wenn Sie wissen, was Ihnen am wichtigsten ist, und Sie das bekommen, wenn Sie im Gegenzug etwas dafür geben, dann ist das auch in einer Verhandlung ein gutes Ergebnis.

Auf schlechte Kompromisse sollten Sie sich natürlich nicht einlassen. Mein Lieblingsbeispiel für einen schlechten Kompromiss ist folgendes: Für den gemütlichen Abend zu zweit sind leider nur noch ein Glas Rotwein und ein Glas Weißwein da. Sie trinkt lieber Weißwein, er lieber Rotwein. Da keiner von beiden jedoch die eigenen Wünsche äußert, verzichtet jeder zugunsten des anderen auf seinen Lieblingswein. Am Ende trinkt sie den Rotwein und er den Weißwein. Und glücklich ist damit keiner.

Der Klassiker für eine gute Kompromissstrategie dagegen ist das Harvard-Konzept.

Das Harvard-Konzept

1979 rief Roger Fisher, Professor an der Harvard Law School, mit einigen Studenten das »Harvard Negotiation Project« ins Leben. Sie wollten herausfinden, wie in Verhandlungen statt suboptimaler Ergebnisse Win-win-Situationen erreicht werden können. Aus ihren Erkenntnissen entstanden ist das Harvard-Konzept des sachbezogenen Verhandelns.

Als Anwender des Konzepts sind Sie darauf aus, eine konstruktive und friedliche Einigung zu erzielen, und zwar mit einem Ergebnis, das für beide Seiten von größtmöglichem Nutzen ist. Damit gehen Sie über die klassische Kompromissfindung auf der sachlichen Ebene hinaus und wahren gleichzeitig die persönliche Beziehung.

Der Weg führt dabei unter anderem über die Wertschätzung und ein tiefes Verständnis für die Position des anderen (inklusive guter Bedarfsanalyse) und die Trennung von Sach- und Beziehungsebene, wie das berühmte Orangenbeispiel zeigt, das Roger Fisher dazu gerne erzählt: Zwei Kinder streiten sich um eine Orange. Die Mutter teilt kurzerhand, um das Gezeter loszuwerden und den Streit mit einem Kompromiss zu beenden, die Frucht in zwei Hälften. Doch hätte es eine viel bessere Lösung gegeben: Denn das eine Kind will das Fleisch der Orange essen – und das andere die Schale abreiben, um damit einen Kuchen zu backen. Hätten die Kinder oder spätestens die Mutter Sach- und Beziehungsebene getrennt und eine saubere Bedarfsanalyse durchgeführt, hätten sie nicht einen faulen Kompromiss, sondern eine echte Win-win-Lösung erreichen können.

Welche der Strategien Sie für Ihre Verhandlung wählen, hängt von zwei Punkten ab: davon, wie wichtig Ihnen das Verhandlungsergebnis ist, und davon, wie wichtig Ihnen die Beziehungen zu Ihren Verhandlungspartnern sind.

Zwischen diesen beiden Polen bewegen Sie sich bei der Wahl. Dabei kann auch eine Mischung aus den aufgeführten Strategien sinnvoll sein: Sie entscheiden über den Härtegrad der eingesetzten Strategie, welche Strömung gerade zielführender ist.

Die Phasen deiner Verhandlung

Unabhängig von Ihrer Strategie sollten Sie sich an das 5-Phasen-Modell der erfolgreichen Verhandlungsführung halten. Es hilft Ihnen, stets klar und abschlussorientiert zu bleiben.

Die 5 Phasen der erfolgreichen Verhandlung

1. Justierungsphase
2. Kontaktphase
3. Lösungsphase
4. Abschlussphase
5. Rückblickphase

Download: verkaufen.limbeckgroup.com

Die Phasen sehen im Einzelnen so aus:

1. **Die Justierungsphase:** In dieser Einstiegsphase sichern Sie ab, dass die Informationen, die Sie vorab zu Ihrem Verhandlungspartner gesammelt haben, auch zutreffend sind. Sondieren Sie also zügig:
   - Welcher Gesprächspartner hat welchen Einfluss auf das Ergebnis?
   - Welche Interessen und Ziele verfolgen die einzelnen Gesprächspartner?
   - Was für ein Typ Mensch ist Ihr Gesprächspartner?
   - Wie können Sie einzelne Gesprächspartner für sich gewinnen?
   - Welchen Verhandlungsspielraum haben die einzelnen Gesprächspartner?
   - Wie ist die Atmosphäre vor der Verhandlung, in der Verhandlung und welche Konsequenz ergibt sich aus Ihrem Verhandlungsstil?

   In dieser frühen Phase können Sie Ihre Strategie noch ohne Weiteres an die Gegebenheiten anpassen, wenn Sie die Voraussetzungen für Ihren ursprünglichen Plan so nicht vorfinden.

2. **Die Kontaktphase:** Schaffen Sie eine positive Atmosphäre für ein gutes Gesprächsklima. Setzen Sie dafür die BAP®-Technik ein (vgl. Kap. 14.3). Achten Sie darauf, dass stets Sie die Führung im Gespräch behalten.

3. **Die Lösungsphase:** Hier entwickeln Sie für Ihren Kunden die Lösung, die Sie ihm anbieten wollen. An dieser Stelle kommen Ihnen Ihre saubere Bedarfsanalyse (vgl. Kap. 14.4) und Ihre gut vorbereitete Nutzenargumentation (vgl. Kap. 14.5) besonders zugute. Dann konnten Sie nämlich im Vorfeld kreative Ideen erarbeiten und können sie jetzt für Ihren Kunden passend vortragen. Dazu gehört auch, dass Sie sich vorab bereits über die Zugeständnisse und deren Grenzen genauso Gedanken gemacht haben wie über die Frage, wie Sie sie Ihrem Kunden am besten kommunizieren.

4. **Abschlussphase:** Hier fixieren Sie die Lösungen, die Sie mit dem Kunden vereinbaren. Arbeiten Sie noch einmal den Nutzen für Ihren Kunden heraus. Machen Sie, wenn überhaupt, jetzt letzte kleinere Zugeständnisse.

L

Limbeck-Tipp

Achten Sie an dieser Stelle ganz besonders auf den Verhandlungsstil Ihres Gesprächspartners: Verhandelt er fair oder versucht er Tricks?

Prüfen Sie sich immer selbst kritisch: Über welchen Abschluss werden Sie sich noch freuen? Gehen Sie im Abschluss niemals unter Ihr Minimalziel. Halten Sie sich deshalb auch offen für Ihr Ausstiegsszenario.

Wenn Sie jedoch mit dem Abschluss hochzufrieden sind oder zumindest leben können, dann fixieren Sie den Abschlussvertrag. Erstellen Sie im gleichen Atemzug einen engen Handlungsplan für die weitere Vorgehensweise.

5. **Rückblickphase:** Verzichten Sie nie auf diese Phase: Sie ist der Grundstein für Ihre zukünftigen Verhandlungserfolge. Wenn Sie also aus dem Termin draußen sind und zurückblicken, fragen Sie sich:
   - Wie waren Aufwand und Nutzen?
   - Wie bewerte ich den kompletten Termin?
   - Wie bewerte ich die Verhandlung?

Reflektieren Sie sowohl Ihr eigenes Vorgehen wie das Ergebnis. Bewerten Sie auch die jetzige Kundenbeziehung: Ist sie in der Verhandlung stärker oder schwächer geworden? Hier kann sehr gut die SWOT-Analyse helfen.

SWOT-Analyse

Die SWOT-Analyse wurde in den 1960er-Jahren an der Harvard Business School zur Anwendung in Unternehmen entwickelt. Sie ist ein Instrument der strategischen Planung. SWOT steht für

Strengths (Stärken)
Weaknesses (Schwächen)
Opportunities (Chancen)
Threats (Bedrohungen)

Das Prinzip selbst ist wesentlich älter und war schon im alten China bekannt.

Sie machen sich dafür Ihre eigenen Stärken und Schwächen bewusst und analysieren Chancen und Risiken oder Gefahren, die sich Ihnen in dieser Verhandlung geboten haben: Wie hat sich Ihre Kundenbeziehung entwickelt? Wie stellt sich das sachliche Ergebnis dar?

Vorsicht: Manipulationsgefahr

Ja, die Zeiten sind härter geworden und die Zahl der Manipulationsversuche in Verhandlungen ist nicht kleiner, sondern größer geworden. Gerade im Key-Account, wo Sie häufig mit sehr versierten Verhandlern zu tun haben, sind Sie immer wieder mit mehr oder weniger feinen Verhandlungstricks konfrontiert. Ich empfehle Ihnen daher dringend, dass Sie an jeder Stelle einer Verhandlung und zu jedem Zeitpunkt aufmerksam bleiben und sich voll auf diese Situation konzentrieren. Und dass Sie richtig reagieren, sobald Sie unfaire Verhandlungsstrategien bemerken.

Vor allem wenn Sie auf langfristige Kundenbeziehungen setzen, ist es wichtig, dass Sie sich hier nie eine Blöße geben. Machen Sie klar, für welche Werte Sie stehen (vgl. Kap. 2.2) und dass Sie diese Werte auch von Ihren Geschäftspartnern erwarten.

Indem Sie dies klarstellen, räumen Sie auch Missverständnisse aus dem Weg: Nicht immer ist ein scheinbar unfaires Verhandlungsgebaren von Ihrem Partner auch wirklich so gemeint. Sprechen Sie Ihren Eindruck deshalb direkt und freundlich an, dann geben Sie Ihrem Gegenüber die Chance zur Klärung.

Beispiele für unfaire Verhandlungstricks

Trick	Kennzeichen
unfreundliche Behandlung	Ihr Kunde lässt Sie zum Beispiel absichtlich warten, empfängt Sie im miesesten Besprechungszimmer, bietet Ihnen kein Getränk an.
Wir-Gefühl	Ihre Kunde beschwört die Gemeinsamkeiten und pocht auf Ihre Solidarisierung »in diesen harten Zeiten«.
Zeitdruck	Ihr Gesprächspartner versieht die einzelnen Phasen mit Zeitdruck, um so Ihre Handlungsmöglichkeiten zu reduzieren.
Machtgefüge	Der Verhandlungsführer spielt seine größere Macht aus, sodass Sie nur eingeschränktes Mitspracherecht beim Verhandlungsergebnis haben.
Rückzug auf Autorität	Der Kunde verweist auf vermeintliche Vorgaben seines Chefs, die nicht verhandelbar sind.
überzogene Versprechen	Ihr Kunde malt Ihnen ein übertrieben positives Bild von der gemeinsamen Zukunft.
Nebelkerzen	Ihr Kunde kommt Ihnen in einem Nebenpunkt entgehen und fordert vehement dafür ein Entgegenkommen im Hauptpunkt.
verzerrte Darstellung von Fakten	Ihr Verhandlungspartner stellt zum Beispiel Wettbewerbspreise unkorrekt dar.
emotionaler Stress	Durch emotionalen Stress wird versucht, Sie zum Nachgeben zu bringen, etwa • indem Ihre Fachkompetenz infrage gestellt wird, • Ihre Aussagen bestritten werden, • Behauptungen als Tatsachen hingestellt werden, • Ihre Verhaltensweisen aus der Vergangenheit bemängelt werden, • Sie persönlich angegriffen werden. Dazu gehört auch eine Andeutung, dass die Beziehung nachhaltig beschädigt werden kann, wenn Sie jetzt nicht nachgeben.
Infragestellen der Konditionen nach dem Abschluss	Sie werden nach Verhandlungsende mit einem mündlich vereinbarten Abschluss zurückzitiert und sollen unter Zeitdruck zu weiteren Nachlässen bewegt werden.

Erste und wichtigste Verkäuferpflicht in solchen Situationen ist: ruhig und sachlich bleiben. Sobald Sie sich in emotionalen Stress und Unsicherheit hineintreiben lassen, haben Sie verloren. Wenn Sie innerlich gelassen bleiben, wird sich das auch nachdrücklich in Ihrer Körperhaltung widerspiegeln. So halten Sie diesem Angriff gut stand.

Gehen Sie auch, sobald Sie einen solchen Manipulationsversuch bemerken, in die Gegenoffensive: Sprechen Sie die Vorgehensweise direkt und ohne Umschweife an!

Und dann führen Sie das Thema auf die Sachebene zurück, indem Sie Ihre gut vorbereiteten Zahlen, Daten und Fakten auf den Tisch legen. Mit denen belegen Sie Ihren Standpunkt. Tragen Sie Ihre Argumente ruhig vor und wiederholen Sie diese, wenn notwendig, immer wieder.

Stehen Behauptungen im Raum, dann fordern Sie Belege dafür. Fragen Sie zum Beispiel »Damit ich Ihre Gedanken besser nachvollziehen kann: Wie kommen Sie jetzt darauf?« oder »Woran machen Sie das fest?«.

Mit dieser Taktik begegnen Sie erfolgreich allen Manipulationsversuchen.

Ihre Taktik bei Manipulationsversuchen

1. Gelassen bleiben
2. Offen ansprechen
3. Gespräch auf die Sachebene zurückführen
4. Fakten dafür parat haben
5. Argumente ruhig vortragen, gegebenenfalls wiederholen
6. Bei Behauptungen Argumente einfordern

Download: verkaufen.limbeckgroup.com

AUF EINEN BLICK

- Gehen Sie nie ohne gute Vorbereitung in eine Verhandlung, selbst mit guten Bestandskunden.
- Ihr Ziel bestimmt die Strategie, die Sie wählen.
- Begegnen Sie Manipulationsversuchen wachsam und konsequent.

15.2 Farbtypengerechte Verhandlungsführung

Je besser Sie wissen, wie Ihr Verhandlungspartner tickt, desto zielführender können Sie mit ihm kommunizieren. Eine hervorragende Hilfe bei der Einordnung Ihres Kunden ist das INSIGHTS-MDI®-Farbmodell (vgl. Kap. 2.4). Mit dem entsprechenden Diagnosesystem lassen sich sowohl Persönlichkeitsprofile als auch situationsbedingte Anforderungsprofile erstellen (das können Sie gerne auch bei uns machen unter insights.limbeckgroup.com). Doch schon durch reine Beobachtung können Sie Menschen und damit auch Ihre Verhandlungspartner einem vorrangigen Farbtyp zuordnen (vgl. Kap. 12.5).

Mithilfe dieser Einordnung schaffen Sie sich eine sichere Entscheidungsbasis, um mit Ihrem Kunden noch erfolgreicher zu verhandeln.

Rot, blau, gelb, grün

INSIGHTS unterscheidet grundsätzlich zwischen intro- und extrovertierten Charakteren sowie zwischen denen, die eher rational, und denen, die eher intuitiv Entscheidungen treffen. Aufgetragen auf ein Quadrantenmodell ergeben sich daraus vier Farbtypen (eine Übersichtskarte dazu können Sie bei uns anfordern unter kontakt@limbeckgroup.com):

- rot für extrovertiert-rational
- blau für introvertiert-rational
- gelb für extrovertiert-intuitiv
- grün für introvertiert-intuitiv

Diese Eigenschaften werden von weiteren typischen Wesenszügen begleitet, sodass sich ein Persönlichkeitsbild abzeichnet:

- Rote sind fordernd, entschlossen, willensstark, zielgerichtet und sachorientiert.
- Blaue sind vorsichtig, präzise, besonnen, hinterfragend und formal.
- Grüne sind vertrauensvoll, ermutigend, mitfühlend, geduldig und entspannt.
- Gelbe sind umgänglich, enthusiastisch, überzeugend, redegewandt und offen.

In Kap. 12.5 finden Sie ausführlich, wie Sie Ihren Kunden schnell erkennen und welche Herausforderungen die verschiedenen Farbtypen für Sie als Verkäufer darstellen. Denn jeder Typ spricht auf eine besondere und auf ihn abgestimmte Kommunikation besonders gut an:

- Rote Typen benötigen eine kurze und knappe Kommunikation, die direkt auf den Punkt kommt und niemals um den heißen Brei redet.
- Blaue Typen brauchen eine logische Vorgehensweise und klare Strukturen innerhalb der Kommunikation immer mit ausreichend Zahlen, Daten und Fakten.
- Grüne Typen benötigen eine ausführliche und menschenbezogene Kommunikation, die Sicherheit und Vertrauen ausstrahlt.
- Gelbe Typen benötigen eine spannende und abwechslungsreiche Kommunikation ohne langweilige Details.

Wie du mit den verschiedenen Farbtypen verhandelst

Über die Farbtypisierung gelangen Sie zu einer einfachen und strukturierten Verhandlungssystematik, mit der Sie zu einem bestmöglichen Verhandlungsziel kommen und gleichzeitig Rücksicht auf die Beziehung zu Ihrem Kunden nehmen. Das beginnt damit, dass es in der Verhandlungskommunikation mit dem jeweiligen Farbtyp absolute Dos und Don'ts gibt, die Sie beachten sollten (auch zum Download unter verkaufen.limbeckgroup.com).

Farbtypen-spezifische Dos und Don'ts in Verhandlungen

Farbtyp	Dos	Don'ts
Rot	• Antworten Sie ihm auf seine Fragen direkt, prägnant und ohne Umschweife. • Sagen Sie ihm, was getan werden soll, und nicht warum. • Betonen Sie, was bei der Sache rauskommt, also Resultate. • Entscheiden Sie nicht für ihn, stellen Sie ihm Alternativen vor. • Fassen Sie Verhandlungsergebnisse kurz und bündig zusammen.	• Vermitteln Sie nie Unentschlossenheit. • Meiden Sie eine problemorientierte Einstellung. • Zeigen Sie keine übertriebene Freundlichkeit. • Verzichten Sie auf Verallgemeinerungen und zu viele Details. • Sprechen Sie nicht zu viel. • Treffen Sie keine Aussagen, die Sie nicht belegen können.

Farbtyp	Dos	Don'ts
Blau	• Verwenden Sie viel Datenmaterial, also Zahlen, Daten, Fakten, vergleichende Statistiken, Fachartikel oder Literatur. • Seien Sie faktenorientiert und immer logisch. • Konzentrieren Sie sich auf Details. • Klären Sie Einwände gründlich und ausgiebig. • Unterstreichen Sie Qualität, Verlässlichkeit und Sicherheit. • Seien Sie immer bestens organisiert.	• Hüten Sie sich davor, nachlässig zu sein, vor allem in der Beantwortung seiner Fragen. • Treten Sie ihm nicht zu nahe, bevor Sie ihn nicht gut kennen (gilt auch für Privatthemen). • Verzichten Sie auf Berührungen und zu persönliche Gesten. • Sprechen Sie nie laut. • Treten Sie nicht aggressiv und dominant auf. • Beschwatzen Sie ihn nicht. • Seien Sie nicht übertrieben freundlich. • Argumentieren Sie nicht emotional.
Grün	• Zeigen Sie Geduld. • Betonen Sie, wie Sie und er gemeinsam, Schritt für Schritt, zum Ziel gelangen. • Sprechen Sie über die Beziehung und über Verlässlichkeit. • Seien Sie aufrichtig und immer ehrlich. • Investieren Sie die nötige Zeit, eine Beziehung zu ihm aufzubauen. • Hören Sie ihm aufmerksam zu, sprechen Sie leise und entspannt.	• Seien Sie nicht zu forsch. • Seien Sie nicht zu direkt. • Geben Sie nicht zu schnell Gas. • Lassen Sie nie die Details aus. • Seien Sie nie laut. • Treten Sie nicht dominant auf.
Gelb	• Unterstreichen Sie das Neue, Besondere, das Außergewöhnliche, das sonst noch keiner hat. • Betonen Sie den Beitrag, den er für sein Team leistet. • Seien Sie immer freundlich, offen und herzlich. • Zeigen Sie ihm Begeisterung. • Lassen Sie ihn immer mitreden. • Visualisieren Sie eine rosa Zukunft.	• Vermeiden Sie, das Gespräch zu beherrschen. • Sprechen Sie nicht zu viel und ohne Pause. • Weisen Sie nie seine Ideen und Vorschläge zurück. • Seien Sie nicht kurz angebunden, kalt oder verschlossen. • Konzentrieren Sie sich auf Details.
Download: verkaufen.limbeckgroup.com		

Von Typ zu Typ

Das Sahnehäubchen oben auf Ihre Verhandlungskommunikation setzen Sie, indem Sie nicht nur den Farbtyp Ihres Kunden erkennen und berücksichtigen, sondern auch Ihren eigenen (vgl. Kap. 2.4). In der Kombination mit verschiedenen Kundenfarbtypen ergeben sich nämlich noch einmal wertvolle Hinweise (auch zum Download unter verkaufen.limbeckgroup.com).

Kommunikationsregeln von Farbtyp zu Farbtyp

Farbtyp Kunde	Farbtyp Verkäufer			
	Rot	**Blau**	**Grün**	**Gelb**
Rot	• Hier gibt es keine Schwierigkeiten in der Kommunikation. • Gegebenenfalls kann es zu Machtspielen kommen.	• Seien Sie vorsichtig und verlieren Sie sich nicht im Detail. • Betonen Sie vor allem die innovativen Punkte, die Sie haben.	• Seien Sie selbstbewusster. • Lassen Sie sich nicht einschüchtern. • Bereiten Sie sich gut vor, die Kunden haben es auf jeden Fall auch gemacht.	• Lassen Sie Smalltalk und Witze weg. • Keine körperliche Nähe oder Berührungen. • Vergeuden Sie seine Zeit nicht. • Treten Sie geschäftsmäßig auf.
Blau	• Liefern Sie ihm reichlich Zahlen, Daten, Fakten. • Drängen Sie ihn nicht. • Gehen Sie langsam vor. • Beantworten Sie seine Fragen.	• Hier gibt es keine Schwierigkeiten.	• Beantworten Sie sicher alle Fragen. • Präsentieren Sie Zahlen, Daten, Fakten. • Lassen Sie sich nicht von der Skepsis des Blauen einschüchtern.	• Versuchen Sie, sich so zu verhalten wie ein Blauer (schwierig, hohe Konzentration!). • Geben Sie ihm reichlich Zahlen, Daten und Fakten. • Verzichten Sie auf Geschichten und Anekdoten.

Farbtyp Kunde	Farbtyp Verkäufer			
	Rot	**Blau**	**Grün**	**Gelb**
Grün	• Gehen Sie langsamer vor, als Sie es gewohnt sind. • Seien Sie freundlich und behutsam. • Geben Sie dem Kunden Zeit. • Nennen Sie Details.	• Lassen Sie ihm Zeit, die Fakten zu verdauen. • Drängen Sie ihn nicht zu sehr. • Unterhalten Sie sich ein bisschen über Privates. • Bieten Sie ihm Kooperationen an.	• Hier gibt es keine Schwierigkeiten. • Betonen Sie immer Sicherheit und Beständigkeit.	• Seien Sie nicht übertrieben freundlich, bevor Sie das Vertrauen des Grünen gewonnen haben. • Halten Sie sich an Zahlen, Daten und Fakten.
Gelb	• Seien Sie ein bisschen freundlicher als sonst. • Seien Sie weniger »businesslike«.	• Gehen Sie nur auf die herausragenden Punkte ein. • Seien Sie so freundlich wie nur möglich. • Bieten Sie Innovationen an.	• Akzeptieren Sie die übertrieben freundliche Art des Gelben. • Nehmen Sie sich ausreichend Zeit für ihn.	• Hier gibt es grundsätzlich keine Schwierigkeiten. • Achtung: Kommen Sie zum Commitment!
Download: verkaufen.limbeckgroup.com				

Es ist relativ einfach und gleichzeitig hocheffektiv, wenn Sie sich in Ihrer Verhandlungskommunikation auf den Farbtyp Ihres Kunden und Ihren eigenen einstellen.

AUF EINEN BLICK

- Nach dem INSIGHTS-MDI®-Farbmodell können Sie Ihren Verhandlungspartner leicht dem roten, blauen, grünen oder gelben Typ zuordnen.
- Jeder Farbtyp ist einer ganz bestimmten Weise der Kommunikation zugänglich.
- Berücksichtigen Sie auch Ihren eigenen Farbtyp, denn aus der Kombination mit dem Farbtyp Ihres Kunden können Sie weitere Rückschlüsse für Ihre Kommunikation ziehen.

15.3 Verhandeln mit Buying-Centern

Key-Accounter verhandeln heute kaum noch mit Einzelentscheidern. Je größer der Kunde, je größer das Projekt, um das es geht, umso häufiger sieht sich der Verkäufer einem »Buying-Center« gegenüber. Der Begriff »Buying-Center« oder auch »Buying-Team« steht für eine Gruppe von Mitarbeitern eines Unternehmens, die nach außen hin gemeinsam für den Einkauf eines Produkts oder einer Dienstleistung verantwortlich zeichnet. Sie bilden keine feste Abteilung, sondern werden über die Strukturen des Unternehmens hinweg gebildet.

Wer ist dabei?

Typischerweise setzen sich »Buying-Center« aus Mitarbeitern unterschiedlicher Abteilungen zusammen: Sie stammen zum Beispiel aus den Fachabteilungen, die das angeschaffte Produkt einsetzen sollen, aus den Technikern, die für die Betreuung zuständig sind, aus Mitarbeitern aus dem Bereich Finanzen / Controlling, die über die Finanzierung der Kosten wachen, sowie Einkäufern, die die Konditionen und Verträge aushandeln. Bei großen Aufträgen ist oft auch ein Mitglied der Geschäftsführung dabei. Sie alle sollen jeweils ihr Wissen und ihre Erfahrung in den Prozess einbringen, damit das Unternehmen die beste Kaufentscheidung trifft.

Entsprechend gibt es in den Buying-Centern verschiedene Funktionen und Rollen. Diese können längerfristig von den gleichen Personen wahrgenommen werden. Sie können jedoch auch kurzfristig wechseln, zum Beispiel nach einer Kündigung.

Rollen oder Funktionen in einem Buying-Center

Die aufgeführten zentralen Rollen sind beispielhaft. Es gibt keine Vorschriften für die Zusammensetzung eines Buying-Centers, deshalb können sie von Unternehmen zu Unternehmen anders sein. Manche Rollen können von ein und derselben Person übernommen werden, genauso können sich mehrere Mitarbeiter eine Rolle teilen.

Rolle	Aufgabe
Initiator	• stellt den Bedarf fest • löst den Kaufprozess und die Bildung des Buying-Centers aus • Beispiel: Laborleiter, der aufgrund einer Gesetzesänderung ein neues Diagnoseverfahren in der Qualitätssicherung der Lebensmittelproduktion einführen muss und dafür eine neue aufwendige technische Anlage braucht
Anwender	• der, der das zu beschaffende Produkt später verwendet • trägt durch spezifisches Anwenderwissen und seine Anwendererfahrung zur Selektion der Entscheidungsalternativen bei • Beispiel: Teamleiter innerhalb des Labors
Beeinflusser	• Fachmann in seinem begrenzten Gebiet • verfügt dort über wichtige Informationen • stellt die Anforderungskriterien auf • Beispiel: Labormitarbeiter mit Spezialwissen zum neuen Diagnoseverfahren
MAN	• trifft aufgrund seiner hierarchischen Position im Unternehmen schlussendlich die Kaufentscheidung, verfügt über die **M**ittel und die **A**utorität im Unternehmen und sieht die **N**otwendigkeit (MAN) • Hierarchiestufe abhängig z. B. von Investitionsvolumen und strategischer Bedeutung • Beispiel: Geschäftsführer des Unternehmens
Einkäufer	• besitzt die formale Befugnis für den Abschluss von Kaufverträgen • bereitet Kaufvertrag vor • vertritt in den Verhandlungen die kaufmännischen und rechtlichen Aspekte
Fan	• beratende Funktion • oft von Externen besetzt • hat engen Kontakt zu einem Mitarbeiter • Beispiel: Berater der Kammer

Rolle	Aufgabe
Torwächter	• selektiert bewusst Informationen vor der internen Weiterleitung • sortiert aus seiner Sicht irrelevante Alternativen aus • nimmt so indirekt Einfluss auf die Kaufentscheidung • Beispiel: Assistentin des Laborleiters

Die Herausforderung

Die vielen verschiedenen Rollen und Menschen, die dahinterstecken, lassen es schon vermuten: Mit Buying-Centern zu verhandeln ist wesentlich komplexer als mit Einzelentscheidern. Die Bedürfnisse sind je nach Rolle und Person unterschiedlich:

So hat zum Beispiel der MAN den Fokus auf Unternehmens- und Geschäftsergebnis und die langfristigen Ziele im Blick. Er fragt nach Punkten wie

- Return of Invest,
- Innovationsfähigkeit des Produkts oder
- Kalkulierbarkeit der Unterhaltskosten.

Der Einkäufer hat seinen Fokus auf dem angebotenen Produkt oder der Dienstleistung. Er fragt zum Beispiel nach

- erfülltem Anforderungsprofil,
- langfristiger Verlässlichkeit des Partners,
- Gültigkeitsdauer der ausgehandelten Konditionen und Verträge oder
- Höhe des Bestellaufwands und daraus resultierenden Prozesskosten.

Die Fragen des Anwenders konzentrieren sich auf die Aufgabenstellung und welchen Vorteil er davon hat, zum Beispiel auf

- Zahl, Kompetenz und Erreichbarkeit von Ansprechpartnern,
- Umgang mit Reklamationen,
- Verlässlichkeit von Service oder Lieferterminen oder
- Flexibilität bei Bestellungen.

Ein Fan dagegen fokussiert sich auf die Einführung des Produkts oder der Dienstleistung. Seine wichtigste Frage ist: Wie haben wir gemeinsam Erfolg?

Zusätzlich zu ihren Rollen unterscheiden sich die Mitglieder eines Buying-Centers auch durch ihre Haltung zum bevorstehenden Kauf: Es gibt Befürworter und Widersacher. Für Sie als Verkäufer ist es von großer Bedeutung zu wissen, wer für die Entscheidung ist, denn diese treiben in der Regel den Kaufprozess voran. Die Gegner jedoch bremsen oder sabotieren ihn sogar.

Selling-Center

Immer mehr Unternehmen im Investitionsgüterbereich bilden »Selling-Center«. Das macht vor allem dann Sinn, wenn klar ist, dass der Verkaufsprozess langwierig und komplex sein wird und auch auf Kundenseite viele an dem Verfahren beteiligt sein werden. Ziel ist einerseits, die spezifischen Bedürfnisse des Kunden zu verstehen, und andererseits Vertrauen auf Kundenseite aufzubauen.

Deshalb werden Selling-Center nicht nur mit Verkäufern, sondern auch mit Vertretern aus Abteilungen wie Produktion, Entwicklung und / oder Service besetzt. Wie im Buying-Center gibt es auch hier verschiedene Rollen innerhalb des Prozesses.

Hat sich für ein Projekt eine Anbieterkoalition gefunden, dann entstehen inzwischen auch Verkaufsteams über einzelne Unternehmen hinweg, also multiorganisationale Selling-Center.

Grundsätze zur Verhandlung mit Buying-Centern

Bei einem Buying-Center haben Sie es also mit einem Entscheiderkreis zu tun, der sich aus Unternehmensvertretern mit unterschiedlichen Interessen, unterschiedlichen Fragen und unterschiedlichen Haltungen zum Kauf zusammensetzt. Daraus ergeben sich Verflechtungen, die Sie nicht fürchten, sondern nutzen können – wenn Sie es richtig anstellen.

Für eine überzeugende Verkaufsargumentation ist es immer entscheidend, dass Sie das dominante Kaufmotiv des Entscheiders kennen (vgl. Kap. 14.5). Bei den Mitgliedern eines Buying-Centers mit ihren unterschiedlichen Kaufmotiven brauchen Sie also eine vielschichtige Nutzenargumentation, um möglichst jeden Beteiligten oder zumindest die, die maßgeblich Einfluss auf die Entscheidung haben, zu überzeugen.

Limbeck-Tipp

Die größte Herausforderung beim Verhandeln mit Buying-Centern ist, dass Sie alle Beteiligten mit ihren Bedürfnissen und ihren Einflussmöglichkeiten kennen und miteinbeziehen.

Verschaffen Sie sich also möglichst schnell und gründlich einen Überblick über die personelle Zusammensetzung des Buying-Centers.

Sie brauchen einen Fan

Es ist unglaublich wichtig, dass Sie in dieser Verkaufskonstellation einen Fan auf Kundenseite haben. Der Fan führt Sie durch den Prozess innerhalb des Unternehmens. Er hilft Ihnen auch, den ein oder anderen Beteiligten persönlich kennenzulernen. Nur so können Sie sich jeweils optimal einstellen. Begeistern Sie also Ihren Fan, damit er Ihnen die Unterstützung liefert, die Sie brauchen.

Tragen Sie die Rollen, Namen und Funktionen in eine Tabelle ein (auch zum Download unter verkaufen.limbeckgroup.com). Ergänzen Sie alle weiteren relevanten Merkmale, damit Sie die Zusammenhänge besser sichtbar machen.

Übersichtstabelle: Buying-Center

Rolle	Name	Position im Unternehmen	Bedürfnis	Einfluss-grad	Haltung zum Kauf
...	...	...	...	...	...
...	...	...	...	...	...
...	...	...	...	...	...

Download: verkaufen.limbeckgroup.com

Fragen Sie sich:

- Wem sind welche Entscheidungskriterien wichtig?
- Wer hat bei der Entscheidung am Ende welches Gewicht?
- Welche Konflikte sind vorauszusehen und wie verhält sich wer in dieser Situation?

Eine ausgefüllte Tabelle könnte zum Beispiel so aussehen:

Rolle	Name	Position im Unternehmen	Bedürfnis	Einflussgrad	Haltung zum Kauf
MAN	Hans Müller	Geschäftsführer	den Gewinn langfristig steigern	+++	►
Initiator	Egon Meier	Laborleiter	den Umsatz des Labors relativ zum Umsatz des Gesamtunternehmens steigern	++	▲
Anwender	Linus Wank	Spezialist im Labor	eine moderne, verlässliche Methode anwenden zu können und dabei guten Service zu bekommen	+	▲
Einkäufer	Maria Kley	Leiterin Technischer Einkauf	das Gesamtbudget im Einkauf nicht zu sprengen	++	▼
Fan	Dieter Dutt	externer technischer Berater	eigene Beratungsleistung zu krönen durch den Nachweis der Umsatzsteigerung nach Anschaffung	++	▲
Torwächter	Amelie Gans	Assistentin H. Müller	nur das Wichtigste zum Chef durchzulassen	(++)	►

Die Mitglieder von Buying-Centern können durchaus Bedürfnisse haben, die sich gegenseitig widersprechen. Stellen Sie sich deshalb auch die Frage: Welche Konflikte sind vorauszusehen und wie verhält sich wer in dieser Situation?

Die Forschung über gruppendynamische Prozesse in Konfliktfällen hat fünf Strategieoptionen offengelegt:

1. Kämpfen mit der Absicht, dass alle Seiten die eigenen Ziele ohne Rücksicht auf andere durchsetzen
2. Arrangieren, indem eine Partei die Ziele der Gegenseite akzeptiert und auf die Durchsetzung der eigenen Vorstellungen verzichtet, eventuell mit der Aussicht auf langfristigen Ausgleich
3. Zusammenarbeit in der Form, dass durch Ausloten noch unbekannter Aspekte alle Seiten ihre Ziele möglichst vollständig erreichen
4. Konfliktvermeidung, indem die Verhandlung aufgeschoben wird, dadurch erreicht zunächst keine Seite ihre Ziele
5. Kompromiss, indem jede Seite ihre Ziele nur zum Teil erlangt

Diese Möglichkeiten sind den allgemeinen Strategieoptionen der Verhandlungsführung sehr ähnlich.

Limbeck-Tipp

Je größer jedoch die Gruppe ist, desto flexibler agieren Sie als Verkäufer im Vorfeld und in der Verhandlung selbst.

Noch eins drauf

Verhandlungen mit Buying-Centern sind von Haus aus komplexer und intensiver als Verhandlungen mit Einzelentscheidern. Und noch einen Grad härter werden sie, wenn

- Sie als neuer Lieferant auftreten oder ein ganz neues Produkt anbieten,
- der Kauf mit hohen Investitionen oder Risiken für das eigene Unternehmen verbunden ist oder
- Schlüsselpositionen personell neu besetzt wurden.

Das heißt für Sie als Verkäufer nichts anderes als: Bereiten Sie sich noch besser vor, seien Sie noch fleißiger im Erkunden der Rollen und in der rollengerechten Kommunikation. Dann steht Ihnen auch bei diesem Erfolg nichts im Wege.

Der Einstieg

Den richtigen Gesprächspartner für jede Phase im Kaufprozess und die Zusammenhänge zu ermitteln sowie den MAN zu identifizieren, ist nicht immer leicht. Es ist jedoch sehr wichtig, damit Sie sich nicht zu lange mit den falschen Personen aufhalten.

Halten Sie sich für den Anfang an den oder die Einkäufer. Die sind zwar nur selten gleichzeitig auch MAN. Doch sie sind die Spezialisten für die Kosten-Nutzen-Relation, und ihre Einschätzung hat daher in der Regel großes Gewicht. Sie sind oft auch der erste Ansprechpartner für Sie als Verkäufer, daher machen Sie nichts verkehrt, wenn Sie sich zunächst auf die Einkäufer konzentrieren. Versorgen Sie sie mit Informationen über Detailfragen: Die brauchen sie, damit sie ihre Aussagen im Entscheidungsprozess untermauern können.

Wenn Sie in dieser frühen Phase schon Kontakt zum MAN bekommen: umso besser. Doch langweilen Sie ihn nicht mit Einzelheiten, sondern heben Sie ihm gegenüber auf die großen wirtschaftlichen Vorteile Ihres Produkts oder Ihrer Dienstleistung ab.

Erarbeiten Sie sich nach und nach den Einblick in die Entscheidungsstrukturen dieses Buying-Centers und suchen Sie den direkten Kontakt zu allen Akteuren.

Behalten Sie stets die unterschiedlichen Bedürfnisse der einzelnen Mitglieder im Blick und stimmen Sie Ihre Nutzenargumentation streng darauf ab. Dann verhandeln Sie auch mit einem Buying-Center souverän und erfolgreich.

AUF EINEN BLICK

- Mit Buying-Centern zu verhandeln, ist komplex, weil beim Kunden mehrere Personen mit unterschiedlichen Bedürfnissen am Entscheidungsprozess beteiligt sind.
- Die wichtigste Aufgabe ist die Identifizierung der Rollen, der Haltung und des Einflussgrades.
- Der Schlüssel zum Erfolg ist eine vielschichtige Nutzenargumentation, die auf die unterschiedlichen Bedürfnisse abgestimmt ist.

15.4 Das Angebotsmanagement

Viele Verkäufer und Unternehmen unterliegen einem gewaltigen Irrtum, und der kostet sie auf der Zielgeraden des Verkaufsprozesses den sicher geglaubten Erfolg. Sie glauben nämlich, dass das Verkaufen in dem Moment aufhört, in dem der Kunde sie nach dem Angebot fragt. Deshalb schalten sie von Verkaufen auf Verwalten um. Und genauso sehen ihre Angebote dann auch aus – Angebote von der Stange:

> »Sehr geehrte Damen und Herren, wir danken Ihnen für Ihr Interesse an unseren Produkten. Gemäß unseren Geschäftsbedingungen bieten wir Ihnen die nachfolgend aufgeführten Leistungen an …«

Wer standardmäßig Standardangebote versendet, der braucht sich nicht zu wundern, wenn er standardmäßig nicht zum Abschluss kommt.

L

Limbeck-Tipp

Angebote sind nichts anderes als schriftliche Verkaufsgespräche. Gestalten Sie Ihr Angebot entsprechend, sowohl äußerlich wie auch inhaltlich.

So sollte Ihr Angebot in der Optik sichtbar und wiedererkennbar auf der Linie Ihrer Marke liegen (vgl. Kap. 9.6). Das gilt nicht nur für Ihr Logo, eine angenehme Schriftart und ein gekonntes Layout, sondern auch zum Beispiel für die Wahl des Papiers. Schließlich wird der Kunde Ihr Angebot in der Hand halten und einen haptischen Eindruck davon mitnehmen. Ist das Papier labbrig oder angeknittert, reißt es beim ersten Umdrehen ein oder hat es einen angegilbten Farbton, dann spricht das nicht für die Wertigkeit Ihres Angebots. Und auch nicht für Ihre Wertschätzung für Ihren Kunden.

Achten Sie dabei auf die Gepflogenheiten Ihrer Branche und auf die Erwartung Ihrer Kunden.

Dasselbe trifft auf die Formulierungen in Ihrem Angebot zu: Bestehen die aus Floskeln und Wendungen, die so oberflächlich wie nichtssagend sind, dann fühlt Ihr Kunde sich nicht angesprochen. Im Gegenteil, er wird sich von Ihnen sogar schlecht behandelt fühlen: Schließlich haben Sie sich bereits persönlich oder zumindest telefonisch ausführlich unterhalten, Ihr Kunde hat Ihnen für Ihre Bedarfsanalyse individuelle Informationen von sich preisgegeben und hat ein persönliches Vertrauen zu Ihnen aufgebaut. In diesem Vertrauen fühlt er sich im Nachhinein enttäuscht, wenn er davon nun so rein gar nichts in Ihrem Angebot wiederfindet.

Maßgeschneiderte Angebote

Deshalb gelten für die inhaltliche Gestaltung eines Angebots die gleichen Grundregeln wie für die Nutzenargumentation (vgl. Kap. 14.5) und das Preisgespräch (vgl. Kap. 14.10): Im Mittelpunkt steht der Nutzen, den der Kunde von dem Kauf hat. Um ihn dreht sich alles, alle übrigen Informationen werden in direkten Zusammenhang damit gebracht und stets darin verpackt: seien es technische Details oder rechtliche Hinweise, seien es der Preis oder die Konditionen. Wenn der Kunde vor lauter Artikelnummern und offiziellen Produktbezeichnungen, vor Paragrafen und Belehrungen vergisst, warum er gerade bei Ihnen kaufen soll, dann hätten Sie sich Ihr Angebot auch sparen können.

Was der Nutzen für den Kunden ist, das haben Sie als guter Verkäufer in der Bedarfsanalyse glasklar erfragt (vgl. Kap. 14.4): Sie haben das Kaufmotiv ermittelt, Sie haben erkannt, mit was für einem Kundentyp Sie es zu tun haben, Sie haben das Bedürfnis identifiziert, das aus seiner Rolle erwächst. Das heißt, Sie wissen, wie und mit welchen Argumenten und Worten Sie Ihren Kunden erfolgreich ansprechen können. Dann tun Sie das auch.

L

Limbeck-Tipp

Lassen Sie es sich nicht nehmen, das Angebot für Ihren Kunden selbst zu gestalten.

Auch wenn Sie die juristischen Notwendigkeiten nicht vergessen dürfen: Heben Sie die verkäuferischen Aspekte an Ihrem Angebot eindeutig hervor. Bewährt hat sich folgender fünfteiliger Aufbau:

1. Drücken Sie sich in den ersten Sätzen so aus, dass der Kunde sich wiederfindet und er den Eindruck hat, dass Sie ihm ein individuelles Angebot zukommen lassen.
2. Sie fassen zusammen, was Sie an Bedarf bei ihm ermittelt haben.
3. Sie schildern Ihre Lösung und den Nutzen, den Ihr Kunde davon hat.
4. Sie stellen in einem Fazit noch mal den Nutzen und das positive Ergebnis dar, das den Kunden erwartet.
5. Sie zeigen die Schritte auf, die der Angebotsunterzeichnung folgen.
6. Sie kündigen an, dass Sie sich in den nächsten Tagen dazu melden werden.

L

Limbeck-Tipp

Machen Sie Ihrem Kunden niemals einen »Vorschlag« – schon gar nicht bei der Lösung. Denn ein Vorschlag ist wie ein Ratschlag immer ein Schlag ins Gesicht Ihres Kunden.

Mit dieser Richtschnur im Hintergrund liefern Sie Ihrem Kunden ein Angebot, in dem er sich selbst eindeutig wiederfindet. Und falls Ihr Kunde intern seine Kaufentscheidung rechtfertigen muss, liefern Sie ihm eine hervorragende Argumentationskette gleich mit. Sie schaffen ihm so Sicherheit.

Das besondere Angebot

Verblüffen Sie Ihren Kunden und machen Sie ihm ein Angebot ohne Preise. Wenn der Kunde wirklich Interesse an Ihrem Angebot hat, dann wird er sich auch melden. Und dann sagen Sie: »Dann machen wir doch einen Termin und machen die Preise am Tisch.« Das funktioniert nicht nur im Einzelgeschäft, sondern auch im Großkundenbereich.

Das heißt nicht, dass Sie für jeden Kunden ein von Grund auf neues Angebot aufsetzen sollen. Entwickeln Sie für sich einen großen Vorrat an Formulierungen und Modulen, die Sie im Baukastenprinzip jedes Mal neu zusammensetzen.

Limbeck-Tipp

Bleiben Sie bei der Verwendung Ihrer Textbausteine kritisch und wachsam: Entspricht Ihre Zusammenstellung Ihrem Kunden? Fühlt er sich damit persönlich wahrgenommen? Setzen Sie im Zweifelsfall noch einige individuelle Sätze hinzu.

Individuelle Angebote für aussichtslose Fälle

Sicher geben Sie nur ein Angebot ab, wenn der Kunde Sie danach gefragt hat. Alles andere würde bedeuten, dass er den Nutzen noch nicht verstanden hat und deshalb mit großer Sicherheit noch nicht so weit ist, dass er kaufen wird.

Doch hat nicht jeder Kunde, der nach einem Angebot fragt, auch die Absicht zu kaufen. Die Gründe dafür sind unterschiedlich: Der eine Kunde versucht zum Beispiel, auf diese Weise das Verkaufsgespräch möglichst schnell zu beenden, der andere ist nur auf ein Vergleichsangebot aus, mit dem er einen anderen Verkäufer unter Druck setzen kann.

Wenn Sie gut hingehört haben, dann haben Sie seine mangelnde Kaufbereitschaft bereits erkannt. Dennoch sollten Sie ihm das Angebot nicht verweigern. Nur wissen Sie dann, dass Sie nicht übermäßig viel Zeit in dessen Ausgestaltung stecken sollten.

Checken Sie Ihr Angebot abschließend darauf, ob Sie alle wichtigen Eckpunkte berücksichtigt haben (auch zum Download unter verkaufen.limbeckgroup.com).

Checkliste: Angebotsgestaltung

- ☐ Ich habe die Freude über das Interesse an dem Angebot ausgedrückt.
- ☐ Ich habe den ermittelten individuellen Bedarf des Kunden geschildert.
- ☐ Ich habe die Lösung beschrieben und welchen konkreten individuellen Nutzen der Kunde davon hat.
- ☐ Ich habe abschließend das positive Ergebnis dargestellt, das den Kunden nach dem Kauf erwartet.
- ☐ Ich habe die nächsten Schritte nach der Unterzeichnung skizziert.
- ☐ Ich habe angekündigt, dass ich in den nächsten Tagen nachfassen werde.

Download: verkaufen.limbeckgroup.com

Sondersituation der Ausschreibung

Je nach Branche und Produkt werden Sie heute immer häufiger zu einer Ausschreibung oder der internetbasierten Auktionsvariante, einer Online-Option, eingeladen. Öffentliche Auftraggeber sind oft gesetzlich dazu verpflichtet. In den letzten Jahren nutzen jedoch auch zunehmend gewerbliche und private Kunden diese Möglichkeiten für ihr Projektgeschäft. Das Ziel ist in der Regel, die Kosten zu minimieren.

Bei den öffentlichen Ausschreibungen gibt es öffentliche bzw. offene Verfahren, die sich an alle Anbieter richten, oder beschränkte bzw. nicht offene Verfahren, bei denen nur ausgewählte Anbieter sich beteiligen dürfen. Wann welches Verfahren greift, richtet sich nach gewissen Schwellenwerten beim Auftragsvolumen und einigen anderen Kriterien. Bei privatwirtschaftlichen Ausschreibungen gibt es diese Auflagen nicht. Hier haben sich verschiedene Spielarten entwickelt, die sich in Ziel und Form unterscheiden.

Ausschreibungsformen

Beim Thema privatwirtschaftliche Ausschreibungen schwirren verschiedene Abkürzungen durch den Raum. Sie stehen für die unterschiedlichen Ziele, mit denen Ausschreibungen gemacht werden, und stammen aus dem angloamerikanischen Sprachraum.

Abkürzung	Begriff	Deutscher Begriff	Kennzeichen
RFI	Request for Information	Leistungsanfrage	Der Auftraggeber sondiert den Markt: Er fragt bei potenziellen Lieferanten ab, ob sie sich grundsätzlich in der Lage sehen, den beschriebenen Bedarf zu decken. Im Angebot stehen meist Listenpreise.
RFQ	Request for Quotation	Preisanfrage	Der Auftraggeber fragt mit einem Lastenheft bei Lieferanten, die er für fähig hält, die Leistung zu erbringen, den (meist noch unverbindlichen) Preis an.
RFP	Request for Proposal	Aufforderung zur Angebotsabgabe	Das ist die Ausschreibung im klassischen Sinn: Der Auftraggeber versendet eine detaillierte Leistungsbeschreibung bzw. ein Pflichtenheft einschließlich Zusatzvereinbarungen. Abgegebene Angebote sind innerhalb einer Gültigkeitsfrist bindend.
RFF	Request for Feature	Aufforderung zur Angebotserweiterung	Der Auftraggeber stellt Anforderungen zur Erweiterung eines bestehenden Systems oder Angebots.
OO	Online Option	Auftragsauktion	Der Auftraggeber stellt im Internet die beschriebene Anforderung zusammen mit einem Maximalpreis ein. Gebote sollen dann nur unterhalb dieses Werts liegen, die Gebote sind für die anderen Bieter einsehbar.

Unabhängig davon, welche Ausschreibung oder Online-Option Ihnen vorliegt, möchte ich Ihnen dazu folgende Empfehlung geben: Beteiligen Sie sich nur unter drei Bedingungen an so einem Verfahren:

1. Sie kennen den Kunden und haben Ihre Hausaufgaben gemacht: Das, was in der Ausschreibung steht, passt nur auf Sie. Kein Wettbewerber kann ernsthaft mithalten.
2. Sie wollen bei Ihrem Angebot auf jegliche Provision oder Marge verzichten.
3. Sie wollen oder müssen auf das Prinzip Glück, wahlweise das Prinzip Hoffnung vertrauen.

Trifft keine dieser drei Bedingungen auf Sie zu, dann gibt es bei dieser Ausschreibung aus meiner Sicht nur eine einzige richtige Option: Ab in den Schredder damit.

Nachfassen heißt wertschätzen

Haben Sie bis hierher alles richtig gemacht? Dann will ich Ihnen noch nicht gratulieren, sondern Sie im Gegenteil noch mal richtig anfeuern.

L

Limbeck-Tipp

Durch mangelndes Nachfassen können Sie sich die aussichtsreichsten Verkaufschancen kaputt machen. Lassen Sie in Ihrem Fleiß nicht auf dem letzten Meter vor der Ziellinie nach. Ein Angebot ohne Nachfassen grenzt für mich übrigens an Körperverletzung.

Denn wenn ein Angebot einfach so versandet, dann liegt das an Ihnen. Mit dem Versenden sollten Sie schon wissen, wann und wie Sie nachfassen wollen. Halten Sie sich an die Angaben zu der zeitlichen Frist, mit der Sie das Angebot abgeschlossen haben. Wenn Sie hineingeschrieben haben »in den nächsten Tagen«, dann lassen Sie keine Woche verstreichen. Lassen Sie Ihren Kunden erleben, dass Sie sich an Ihre Zusagen halten. Das flößt ihm Vertrauen in Ihre Zuverlässigkeit ein.

Die beste Frist ist branchen- und produktabhängig, in der Regel sollten Sie sich spätestens nach drei bis fünf Tagen melden.

Lassen Sie sich bei der Einhaltung der Frist von Ihrem CRM-System helfen (vgl. Kap. 4.2): Richten Sie sich Erinnerungen ein, machen Sie sich das regelmäßige Nachhaken so einfach wie möglich.

Und: Bleiben Sie in Ihrem Nachfassen hartnäckig. Denn es ist auch ein Zeichen der Wertschätzung von Ihnen als Verkäufer gegenüber Ihrem Kunden: Schließlich hat er schon einiges an Zeit investiert und er hat einen Bedarf, den Sie mit Ihrem Angebot decken können. Verkaufen heißt nichts anderes, als den Kunden zu Taten zu bewegen, von denen er profitiert. Und das tun Sie, indem Sie ihn auch bei diesem letzten Schritt der Kaufentscheidung unterstützen.

Doch tun Sie es richtig! Richtig heißt, dass Sie nicht fragen: »Haben Sie mein Angebot bekommen?« oder »Haben Sie sich schon entschieden?« Sondern Sie fragen: »Was hat Ihnen an unserem Angebot besonders gut gefallen?« Hier hat Ihr Kunde keine Chance, Sie mit einem lapidaren Ja oder Nein abzuspeisen: Er muss erzählen. Läuft es dann auf ein Ja hinaus, dann fragen Sie weitere Details ab, wie Sie das Ganze jetzt in Gang setzen können, damit Ihr Kunde schnellstmöglich das Produkt oder die Dienstleistung bekommt. Für den unwahrscheinlichen Fall, dass er »Nichts« antwortet, dann fragen Sie nach den konkreten Punkten, in denen Ihr Angebot die Erwartungen vielleicht doch erfüllt hat, sodass Sie eine positive Stimmung aufbauen. Dann machen Sie weiter mit einer sauberen Bedarfsanalyse. So haben Sie wenigstens die Chance zum Nachbessern.

Sie sehen: Auch das Nachfassen ist keine reine Verwaltungsaufgabe, sondern kann eine verkäuferische Herausforderung sein.

L

Limbeck-Tipp

Fassen Sie stets selbst und telefonisch nach, denn nur so erfahren Sie, wo es gegebenenfalls noch hakt.

Gleichzeitig zeigen Sie damit ein persönliches Interesse an Ihrem Kunden, das der sehr wohl zu schätzen weiß und mit Vertrauen belohnt. Und das Vertrauen Ihres Kunden ist Ihre beste Erfolgsgarantie.

Keinen Auftrag vorzeitig aufgeben

Zaudert der Kunde trotz positiver Vorgespräche dann angesichts des Angebots, kann das die unterschiedlichsten Gründe haben: personelle Wechsel, Budgetkürzungen oder ein besseres Angebot vom Wettbewerber. Bleiben Sie trotzdem auf jeden Fall dran! Fragen Sie nach den Gründen, reden Sie mit dem Kunden und kommen Sie auch geänderten Kaufmotiven auf die Spur. Ein Auftrag ist erst tot, wenn er tot ist.

Machen Sie Ihrem Kunden jedoch niemals Vorwürfe und geben Sie ihm nie die Schuld für die verfahrene Situation. Halten Sie sich an die alte Verkäuferregel, dass Sie Ihrem Kunden nie widersprechen. Machen Sie deutlich, dass Sie ihn verstehen möchten. Einzige Ausnahme: Wenn Sie den starken Eindruck haben, dass der Kunde Sie absichtlich an der Nase herumführt, sprechen Sie es an. Sagen Sie: »Ich bin sehr verwundert, dass …« Wahren Sie in dieser Situation unbedingt die Augenhöhe mit Ihrem Kunden!

AUF EINEN BLICK

- Ein Angebot ist die schriftliche Verlängerung Ihres Verkaufsgesprächs.
- Geben Sie Ihren Angeboten eine persönliche Note, die sowohl Ihre Marke als auch Ihr Verständnis für Ihren Kunden vermittelt.
- Haken Sie freundlich und hartnäckig nach, bis Sie entweder eine Zusage oder eine Angabe dazu erhalten, wo Sie Ihr Angebot nachbessern sollen.

15.5 Abschlusstechniken

Abschlusstechnik bedeutet mehr, als eine zum richtigen Zeitpunkt richtig formulierte Abschlussfrage zu stellen. Eine echte Abschlussfrage gibt es aus meiner Sicht heute auch gar nicht mehr. Denn ein guter Verkäufer schubst seinen Kunden nicht über die Ziellinie, sondern führt ihn fast unbemerkt hinüber. Die hohe Kunst des Abschlusses ist dabei, dass der Kunde immer das Gefühl hat, selbst die Entscheidung zu treffen. Deshalb ist die alte Abschlussfrage ausgedient und Sie sollten sie durch geschickte Abschlusstechniken ersetzen.

Unter Abschlusstechnik verstehe ich alle Entscheidungshilfen, die Sie dem Kunden geben, damit er sich für Sie und Ihr Angebot entscheidet. Und deshalb besteht ein gutes Verkaufsgespräch genau genommen von vorne bis hinten aus Abschlusstechnik und ist voll von abschlussorientierten und -vorbereitenden Fragen. Denn ein guter Verkäufer hat vom ersten Moment an den Abschluss im Blick und steuert unbeirrt darauf zu. Und wenn Sie bereits zum Einstieg etwas verkehrt machen, dann können Sie das in der Regel am Ende auch nicht mehr rausreißen.

Das heißt jedoch weder, dass Sie mit der Tür ins Haus fallen und den Abschluss so schnell wie möglich erzwingen. Noch heißt das, dass Sie nicht die Schleifen mitgehen, die Ihr Kunde im Gespräch drehen möchte, um zum Beispiel Vertrauen zu Ihnen aufzubauen. Denn mit einer guten Abschlusstechnik schubsen oder zerren Sie Ihren Kunden nicht über die Ziellinie, sondern Sie führen ihn fast unbemerkt hinüber.

Denn das ist die hohe Kunst der Abschlusstechnik: Dass der Kunde zu jedem Zeitpunkt im Gespräch das Gefühl hat, sich frei entscheiden zu können. Sobald er sich gedrängt fühlt, wird er instinktiv in eine Abwehrhaltung gehen. Selbst wenn Sie ihn damit für dieses Mal zum Abschluss zwingen, können Sie sicher sein, dass Sie diesen Kunden nie wiedersehen.

L

Limbeck-Tipp

Nur wenn Sie Ihren Kunden entspannt über die Ziellinie des Abschlusses führen, schaffen Sie die Grundlage für eine langfristige erfolgreiche Geschäftsbeziehung.

Drängen Sie deshalb Ihren Kunden niemals in die Ecke, denn diese Situation zerstört jedes Vertrauen. Und achten Sie auch darauf, sich selbst niemals in die Ecke drängen zu lassen, denn das zerstört Ihre Augenhöhe gegenüber dem Kunden. Beides sind Voraussetzungen für Ihren langfristigen Verkaufserfolg.

Die Scheu vor der Abschlussfrage

Der Abschluss ist das wünschenswerte Ende eines Verkaufsgesprächs. Und doch winden sich viele Verkäufer bei der Vorstellung, die Abschlussfrage zu stellen. Die Erklärung dafür ist ganz einfach: Sie haben Angst vor einem Nein. Sie verstehen das Nein als persönliche Ablehnung, anstatt als Aufforderung in folgendem Sinne:

Noch
Ein
Impuls
Nötig

Es mangelt ihnen also an der richtigen Einstellung (vgl. Kap. 1.3) und deshalb an Erfolg. Meiner Erfahrung nach scheitern viel mehr Abschlüsse daran, dass der Verkäufer den besten Zeitpunkt für die Abschlussfrage verstreichen lässt, als daran, dass er sie zu früh oder zu forsch stellt.

Denn wie wirkt dieses Vermeidungsverhalten auf den Kunden? Der hat schon mehrfach sein Kaufinteresse signalisiert, und der Verkäufer stellt einfach die Abschlussfrage nicht. Also ist der Kunde frustriert, denn er fühlt sich in dieser für ihn schwierigen Situation vom Verkäufer allein gelassen.

L

Limbeck-Tipp

Eine aktive Entscheidung braucht immer Mut. Deshalb braucht Ihr Kunde von Ihnen Motivation statt Frustration.

Diese Motivation erfährt er dadurch, dass Sie als Verkäufer Sicherheit ausstrahlen: die Sicherheit, dass dies eine gute und richtige Entscheidung ist. Denn der Kunde selbst ist unsicher. Er weiß nicht mit Bestimmtheit, dass er den Kauf nicht bereuen wird. Wenn Sie dann ebenfalls Unsicherheit ausstrahlen, weil Sie Angst vor der Abschlussfrage haben: Wie soll der Kunde diese doppelte Unsicherheit überwinden?

Ihr Mut zur Abschlussfrage gibt dem Kunden den Mut zur Kaufentscheidung.

Auch innerer Druck erzeugt Gegendruck

Das Gesetz, dass auch innerer Druck Gegendruck erzeugt, gilt nicht nur in der Situation, in der Sie Ihren Kunden unter Druck setzen. Es gilt auch für die Situation, in der Ihr Kunde merkt, wie stark Sie selbst unter Druck stehen, diesen Abschluss zu machen.

Es gibt zwei Möglichkeiten, wie Ihr Kunde darauf reagiert: Entweder er zieht sich zurück, weil sein Vertrauen in Ihr ehrliches Interesse an seinem Nutzen anstatt an Ihrer Provision bröckelt, oder er geht zum Angriff über, um Sie zu Rabatten zu zwingen.

Beide Reaktionen nehmen kein gutes Ende für Sie: Blenden Sie deshalb Ihren eigenen Druck so weit wie irgend möglich aus. Konzentrieren Sie sich auf den Nutzen, den der Kunde von dem Kauf hat, und darauf, wie zufrieden er mit Ihrem Produkt sein wird (vgl. Strategie des 3-Sterne-Menüs, Kap. 1.4).

Die Grundlage für die Abschlussfrage

Kaufentscheidungen sind immer Vertrauenssache. Achten Sie deshalb während des gesamten Verkaufsprozesses darauf, dass Sie auf der Kundenseite das Vertrauen zu Ihnen aufbauen.

Dafür gibt es vier Eckpfeiler:

1. **Zuverlässigkeit:** Halten Sie alle Zusagen, die Sie dem Kunden geben, penibel ein. Selbst objektiv kleine Abweichungen kratzen an Ihrem Eindruck. Überlegen Sie deshalb immer sehr gut, was Sie versprechen: Sagen Sie nie etwas zu, das Sie nicht einhalten können. Falls es doch einmal passiert, dass Sie nicht »liefern« können: Informieren Sie Ihren Kunden offen und ehrlich von sich aus darüber und geben Sie ihm eine glaubhafte Begründung dafür.
2. **Vorbereitung:** Kunden haben ein gutes Gespür dafür, ob Sie auf das Verkaufsgespräch vorbereitet sind oder nicht. Eine gute Vorbereitung ist ein Zeichen von Wertschätzung und wirkt daher vertrauensbildend.
3. **Aufmerksamkeit:** Schenken Sie Ihrem Kunden Ihre volle Konzentration. Beweisen Sie Ihre Hinhörkompetenz (vgl. Kap. 5.7), dann wird Ihr Kunde Ihnen vertrauen und sich öffnen. Das betrifft den verbalen Anteil wie auch den nonverbalen: Halten Sie Augenkontakt, verdeutlichen Sie mit körper-

sprachlichen Signalen Ihr Interesse. Arroganz, Zeichen von Langeweile oder Abschätzigkeit zerstören dagegen ein vertrauensvolles Verhältnis mit einem Schlag.

4. **Geringer Redeanteil:** Vermeiden Sie Monologe von Ihrer Seite. Es stärkt das Vertrauen auf Kundenseite, wenn Sie ihn reden lassen, statt selbst ständig zu reden. Streben Sie eine Verteilung der Redezeit von 70 zu 30, oder – noch besser – von 80 zu 20 zugunsten des Kunden an.

Mit diesen vier Grundregeln bereiten Sie den Boden für Ihre Abschlussfrage. Prägen Sie sich diese deshalb gut ein (auch zum Download unter verkaufen.limbeckgroup.com).

Checkliste: Vertrauensaufbau

- ☐ Ich bin in allen Zusagen zuverlässig.
- ☐ Ich bin vorbereitet.
- ☐ Ich bin aufmerksam.
- ☐ Ich lasse meinen Kunden sprechen.

Download: verkaufen.limbeckgroup.com

Beachten Sie auch die farbtypenspezifischen Besonderheiten beim Vertrauensaufbau (Erklärung zu INSIGHTS-Farbtypen vgl. Kap. 12.5):

- Nähern Sie sich dem Blauen über Informationen (ZDF, also Zahlen, Daten, Fakten). Ihn überzeugen Sie vor allem durch Ihre Kompetenz und Zuverlässigkeit. Treten Sie ihm jedoch nicht zu nahe und verschwenden Sie keine Zeit mit persönlichen Gesprächen oder Smalltalk.
- Auch für den Roten gilt: Erst Business, dann Smalltalk. Seien Sie deshalb knapp und geschäftsmäßig, vergeuden Sie keine Zeit mit Floskeln, fangen Sie keine persönlichen Gespräche an. Halten Sie freundliche Distanz, auch in Ihrer Körpersprache. Überlassen Sie ihm die Initiative bei der Gesprächsführung.
- Dem Grünen hingegen kommen Sie über kleine menschliche Gesten nahe. Erarbeiten Sie sich sein Vertrauen, indem Sie ihm Unterstützung anbieten

oder etwas Persönliches von sich erzählen. Seien Sie jedenfalls immer nett und freundlich.

- An den Gelben kommen Sie über Gemeinsamkeiten ran. Seien Sie gesellig und unterhaltsam, vermitteln Sie ihm Kontakte. Seien Sie flexibel und humorvoll und sehen Sie ihm seine Sprunghaftigkeit nach. Nennen Sie auch häufiger seinen Namen.

Der richtige Zeitpunkt ist jetzt und immer

Ich werde oft gefragt, welches der perfekte Moment ist, um die Abschlussfrage zu stellen. Dafür gibt es eine einfache Antwort, und die lautet: Es gibt keinen idealen Moment, die Zeit dafür ist jetzt und immer.

Das heißt, es ist allemal besser, Sie stellen sie früher als gar nicht. Alles andere ist eine Sache des Fingerspitzengefühls.

Vertrauen Sie deshalb ruhig auf Ihren Instinkt. Er gibt Ihnen ein sicheres Signal dafür, wann es Zeit ist, in den Abschluss zu gehen. Denn Ihr Kunde gibt Ihnen durchaus unterschwellig zu erkennen, wenn er bereit ist, sich von Ihnen über die Schwelle des Abschlusses führen zu lassen. Diese Erkennungszeichen erkennt Ihr Instinkt schneller als Ihr Bewusstsein.

L

Limbeck-Tipp

Seien Sie einfach bewusst aufmerksam, dann wittern Sie den richtigen Zeitpunkt für Ihre Abschlussfrage.

Und wenn Ihr Instinkt Ihnen sagt »Jetzt«, dann zögern Sie nicht lange, sondern stellen Sie Ihre Abschlussfrage.

Beispiele für typische Kaufsignale des Kunden

Sprachlich

- Ihr Kunde fragt nach konkreten Punkten, die die Durchführung des Auftrags betreffen, wie Service und Lieferzeit. Dann sieht er sich bereits als Benutzer Ihres Produkts.
- Er formuliert die Vorteile selbst: »Ich kann mir gut vorstellen, dass mir Ihr Produkt das Leben erleichtert.« Er spürt schon seine zukünftige Zufriedenheit.
- Er erkundigt sich nach Punkten, die eine langfristige Zusammenarbeit mit sich bringen. So denkt er vielleicht laut darüber nach, wann Sie die erste Schulung – etwa beim Kauf eines neuen Archivierungssystems – im Unternehmen durchführen könnten.

Körpersprachlich

- Die Gesten Ihres Kunden führen weg von seinem Körper hin zu Ihnen. Er sucht den Blickkontakt. Er beugt sich zu Ihnen vor. Mit allen diesen Signalen zeigt er sein Vertrauen zu Ihnen.
- Er nickt, wenn Sie seinen Nutzen schildern. Er hat den individuellen Vorteil für sich erkannt.
- Sein Gesichtsausdruck ist freudig und entspannt, wenn Sie ihm die Situation beschreiben, in die ihn Ihr Produkt versetzt. Auch daran erkennen Sie: Er spürt körperlich seine zukünftige Zufriedenheit.
- Er nimmt eine entspannte Körperhaltung ein. Er hat gefühlt bereits die Qual der Entscheidung hinter sich gebracht.

Formen der Abschlussfrage

Es gibt eine breite Palette von Möglichkeiten, wie Sie Ihre Abschlussfrage gestalten. Einige grundlegende Techniken dazu stelle ich Ihnen hier vor, einige vorbereitende Abschlussfragen wie die des moralischen Vorabverkaufs (vgl. Kap. 14.4) finden Sie in den anderen Kapiteln zum Verkaufsgespräch (vgl. Kap. 14.2). Entwickeln Sie aus Ihrer Fragekompetenz heraus weitere Variationen und Formen, die zu Ihnen, Ihrer Marke und Ihren Kunden passen (vgl. Kap. 5.8).

Limbeck-Tipp

Erarbeiten Sie für sich mindestens drei oder vier verschiedene Optionen für Ihre Abschlussfrage.

Beachten Sie bei allen Formulierungen, dass diese »verkaufsgesprächstauglich« sind: positiv, kunden- und nutzenzentriert, auf den Kunden zugeschnitten (vgl. Kap. 14.2).

1. Alt und bewährt: Die Alternativfrage

Diese Fragetechnik kennen Sie aus jedem besseren Restaurant: Nach dem Essen fragt Sie der freundliche Kellner, ob es Ihnen geschmeckt hat und – weil er ja noch etwas Upselling betreiben will – ob Sie noch einen Espresso möchten. Die meisten wählen die geschlossene Frage: »Einen Espresso?« Und weil der Mensch von Haus aus lieber Ja als Nein sagt, ist seine Erfolgschance etwas besser als 50 Prozent.

Seine Abschlussfrage könnte auch lauten: »Was halten Sie von einem Espresso?« Die Frage ist offener gestellt, die Erfolgschance ist jedoch kaum höher.

Der wirklich gute Verkäufer unter den Kellnern fragt deshalb: »Möchten Sie heute lieber einen Espresso oder haben Sie Appetit auf einen Nachtisch?« Die Chance, dass der Kunde eine der Alternativen wählt, steigt damit auf deutlich über 60 Prozent.

Das heißt, Sie machen dem Kunden mit Ihrer Formulierung klar, dass er nicht zwischen Kaufen oder Nichtkaufen wählt, sondern zwischen Das-eine-Kaufen oder Das-andere-Kaufen. Das suggeriert, dass die eigentliche schmerzhafte Entscheidung, nämlich die grundsätzliche Kaufentscheidung, bereits gefallen ist.

Alternativfrage für Könner: Die Nimm-2-Frage

Das Sahnehäubchen setzen Sie der Alternativfrage auf, wenn Sie die erste Alternative mit dem Wort »nur« und die zweite Alternative mit dem Wort »auch« kombinieren. Im Restaurant würde der Kellner dann sagen: »Lieber Herr Kunde, nehmen Sie nur einen Espresso oder nehmen Sie auch das Tiramisu?«

Die Suggestion ist klar: Sie gehen fest davon aus, dass Ihr Kunde die Entscheidung für die erste Alternative bereits getroffen hat. Mit dem Wörtchen »nur« signalisieren Sie, dass dieser Entscheidungsschmerz bereits überwunden ist. Es folgt ein viel kleinerer Schmerz, nämlich die Entscheidung, ob es zusätzlich die zweite Alternative sein soll.

Dabei stehen die Chancen für die zweite Alternative nicht schlecht, denn das zuletzt genannte Angebot bleibt im Kopf Ihres Kunden am längsten haften und wird dann oft auch gekauft.

2. Modern und wirkungsvoll: Die hypothetische Frage

Wenn Sie in Ihrer Abschlussfrage den Zustand, den sich Ihr Kunde von Ihrem Produkt erhofft, anschaulich schildern, dann bringen Sie seine Emotionen zum Klingen. Sie fragen zum Beispiel:

> »Mal angenommen, Herr Kunde, Sie erkennen gleich selbst für sich, wie viel schneller Ihr neuer Rechner läuft und wie viel zügiger Sie Ihre CAD-Zeichnung erstellen können, sagen Sie dann Ja zu Ihrem neuen System?«

Durch die Hypothese lenken Sie die Vorstellung Ihres Kunden und durch die geschlossene Frage schaffen Sie eine große Verbindlichkeit. Ihr Kunde fühlt sich nicht gedrängt, denn es geht ja »nur« um einen Annahme, und es entsteht gleichzeitig ein großer Sog, der von der angenehmen Vorstellung ausgeht.

3. Die Kröte verpacken: Die Minus-Plus-Technik

Wenn Sie wissen, dass es unvermeidbare Punkte in Ihrem Angebot gibt, die dem Kunden nicht gefallen, dann setzen Sie die Minus-Plus-Technik ein. Dabei sprechen Sie die Kröte direkt an, lenken jedoch danach sofort die Gedanken Ihres Kunden auf die positiven Seiten Ihres Angebots. Sie sagen zum Beispiel:

»Herr Kunde, wenn wir einmal davon absehen, dass Sie eine erneute Gesundheitsprüfung durchlaufen müssen, welcher Vorteil sticht für Sie aus dem Gesamtpaket der neuen Versicherungsleistung besonders heraus?«

Der Kunde wird Ihrer Aufforderung folgen und sich die Vorteile überlegen.

4. Psychologisch stark: Die Verknappungstechnik

Kein Mensch lässt sich eine gute Gelegenheit gerne durch die Lappen gehen. Wenn Ihr Kunde nur noch einen kleinen Motivationsschub braucht, um sich zu entscheiden, dann setzen Sie auf die Verknappungstechnik. Sagen Sie zum Beispiel:

> »Lieber Herr Kunde, leider sind die Lieferfristen derzeit lang. Doch wir haben noch genau zwei Stück von diesem Sondermodell mit den vielen Extras sofort verfügbar. Bis morgen kann ich Ihnen gerne eines davon reservieren. Spätestens dann benötige ich von Ihnen eine Entscheidung.«

Auf diese Weise bauen Sie einen sanften Entscheidungsdruck auf, der vom Kunden mehr als Gelegenheit denn als Drohung verstanden wird.

Nach dem gleichen Prinzip funktionieren Sonderaktionen aller Art.

5. Alles schon entschieden: Die Detailfragen zur Umsetzung

Stellen Sie schon früh Fragen, welche Vorstellungen Ihr Kunde zur Umsetzung hat. Sobald er darüber nachdenkt, verankert sich in seinem Kopf das Bild, dass er das Produkt bereits hat. So stellt sich die Kaufentscheidung gar nicht mehr, das Szenario nimmt den Abschluss vorweg.

Sagen Sie zum Beispiel »Lieber Herr Kunde, wann soll das Ganze denn bei Ihnen installiert sein?« oder »Wie wünschen Sie sich genau die Auslieferung?«.

Nie den Abschluss infrage stellen

Welche Technik Sie auch einsetzen: Verwenden Sie nie Formulierungen, mit denen Sie den Abschluss infrage stellen. Fragen Sie also nie: »Was steht dem Abschluss noch entgegen?«, sondern: »Was können wir noch tun, damit Sie hier und jetzt vollen Herzens Ja sagen?« Strahlen Sie immer die innere Überzeugung aus, dass es zum erfolgreichen Abschluss kommen wird. Auch wenn es ein bisschen länger dauert. Ihre innere Einstellung ist ausschlaggebend!

6. Zeugen überzeugen

Bei immer noch zögernden Kunden helfen Sie mit zusätzlichen Sicherheiten in Form von Referenzen nach. Das können zum Beispiel sein

- Testimonials von langjährigen Kunden,
- Erfahrungen von Kunden in ähnlicher Lage,
- aussagefähige Testberichte oder
- Berichte aus der seriösen Fachpresse.

Hat Ihr Unternehmen einen guten Ruf? Dann legen Sie auch dieses Ass auf den Tisch.

L

Limbeck-Tipp

Sammeln Sie so viele positive Zeugen wie möglich, auf dass Sie damit bei jeder passenden Gelegenheit nachlegen können.

Damit Sie jeweils die richtige Karte ziehen: Hören Sie im Verkaufsgespräch extrem gut hin. So erfahren Sie, welcher Zeuge diesen Kunden wohl am meisten überzeugt.

7. Die Macht des Schweigens

Wenn Sie den Abschlusswillen beim Kunden spüren, alle Details bereits geklärt haben und Ihr Kunde dennoch zögert, dann versuchen Sie Folgendes: Nehmen Sie Ihr Auftragsformular und tragen Sie die vereinbarten Details ein. Dann schieben Sie ihm lächelnd das Formular zum Lesen hin und schweigen.

Limbeck-Tipp

Dieses Schweigen übt einen starken Druck aus, wenden Sie deshalb diese Technik mit Vorsicht an, damit dieser Druck nicht zu Gegendruck führt.

Signalisieren Sie mit Ihrer Körperhaltung Ihre Offenheit, Ihre Zugewandtheit und gleichzeitig Ihre freudige Gewissheit, dass Ihr Kunde jetzt gleich unterschreiben wird.

Vier Techniken für die Extrameile

Lassen Sie sich nicht entmutigen, wenn Sie mit den klassischen Techniken nicht weiterkommen. Für diese Situation empfehle ich Ihnen vier weitere Methoden.

1. Die Columbo-Technik

Die Technik ist nach dem Kommissar aus der amerikanischen Krimiserie benannt, den Peter Falk so unnachahmlich spielte. Seine Erfolgsmasche war, dass er erst dann ganz beiläufig nach dem wunden Punkt fragte, als die Zeugen oder Täter schon glaubten, dass die Befragung sei vorbei. So überwand er mit einer gewissen Überraschungstaktik festgefahrene Muster in deren Köpfen.

Wenn Sie und Ihr Gesprächspartner sich nach einem längeren Verkaufsgespräch mit verschiedenen Abschlussfragen nicht einigen konnten, packen Sie schweigend Ihre Unterlagen zusammen. Dabei sehen Sie Ihrem Kunden in die Augen und verabschieden sich mit den Worten:

»Überlegen Sie sich das Ganze noch einmal in Ruhe.«

Auf dem Weg zur Tür halten Sie kurz, drehen sich noch einmal zu ihm um und sagen so etwas wie:

> »Ich habe da noch eine Idee …«

Jetzt präsentieren Sie einen für Ihren Kunden besonders attraktiven Punkt, den Sie bis jetzt wie ein Ass im Ärmel zurückgehalten haben. Es muss allerdings ein echtes Ass sein, das Sie in der Bedarfsanalyse zuvor entdeckt haben.

2. Die Technik der persönlichen Entschuldigung

Diese Technik setzen Sie immer dann sinnvoll ein, wenn Ihr Kunde innerhalb des Verkaufsgesprächs Ihre Argumente bestätigt hat. Wenn er Sie dennoch um weitere Bedenkzeit bittet, dann gibt es offensichtlich noch ein Hindernis, von dem Sie noch nichts wissen. Solange Sie dieses Hindernis nicht kennen, können Sie mit Ihrem Kunden nicht darüber reden.

Also ist das Ziel dieser Technik, diesen nicht ausgesprochenen Einwand zu entdecken. Dafür sagen Sie zum Beispiel:

> »Lieber Herr Kunde, an dieser Stelle möchte ich mich bei Ihnen persönlich entschuldigen. Nehmen Sie meine persönliche Entschuldigung an?«

Der Kunde wird überrascht reagieren und fragen: »Wofür denn?« Und Sie antworten:

> »Irgendetwas im Verlauf unseres Gespräches ist schiefgelaufen. Bin ich Ihnen vielleicht irgendwie auf die Füße getreten oder habe ich heute den falschen Anzug an?«

Damit öffnen Sie dem Kunden die Tür sperrangelweit, seine noch nicht geäußerten Bedenken auf den Tisch zu legen. Nun können Sie diese bearbeiten und mit etwas Geschick auch ausräumen.

3. Die Gewinner-Karten-Technik

Stockt Ihr Gespräch nachhaltig, sind alle sachlichen Argumente wiederholt ausgetauscht und Sie sind auch mit den verschiedenen Abschlusstechniken nicht weitergekommen, dann ziehen Sie die Gewinner-Karte. Sie sagen:

> »Lieber Herr Kunde, lassen Sie uns doch beide hier und heute
> den Tisch als Gewinner verlassen.«

Sie geben dem Kunden damit die verlockende Aussicht, dass es doch noch die Möglichkeit gibt, dass Sie beide die Verhandlung zu Ihrer Zufriedenheit abschließen werden. So bringen Sie noch einmal positiven Schwung in Ihr Gespräch und gehen mit einer weiteren Abschlusstechnik erneut ran.

4. Die Vertrauensfrage

Kommt Ihr Kunde mit immer neuen, fadenscheinigen Einwänden, dann ist es Zeit, eine der ältesten und doch immer noch wirkungsvollen Abschlussfragen dieser Welt zu stellen – die Vertrauensfrage:

> »Lieber Herr Kunde, mein Vertrauen haben Sie.
> Habe ich auch Ihres?«

Begleiten Sie Ihre Worte mit einer öffnenden Körpersprache, also breiten Sie die Hände aus und schauen Sie Ihren Kunden direkt an. Damit üben Sie sanften Druck aus, denn Ihr Kunde muss sich entscheiden.

Sagt er, egal ob zögernd oder überzeugt, Ja, dann besiegeln Sie das Ganze noch körperlich. Halten Sie ihm die Hand hin, er wird einschlagen.

So lassen Sie ihn noch einmal bestätigen, dass er Ihnen vertraut. Indem er Ihnen dieses Vertrauen ausspricht, bestärkt er sich selbst in diesem Gefühl und verpflichtet sich auch darauf (vgl. Konsistenzprinzip nach Cialdini in Kap. 14.10).

Typenspezifische Besonderheiten

Beachten Sie in der Abschlussphase neben dem dominanten Kaufmotiv Ihres Kunden und dem Sprachmuster, dem er folgt, unbedingt den INSIGHTS-Farbtyp (vgl. Kap. 12.5). Danach ergeben sich einige Besonderheiten.

Farbtyp	Besonderheit in der Abschlussphase
Blau	• Lassen Sie ihm Zeit. • Stellen Sie Nachteile dar, die durch zu lange Verzögerungen entstehen können. • Bieten Sie ihm Anreize für eine schnellere Entscheidung.
Rot	• Kommen Sie schnell zum Abschluss. • Überlassen Sie ihm die Entscheidung. • Lassen Sie ihn in einigen Punkten gewinnen. • Argumentieren Sie in die Zukunft.
Grün	• Lassen Sie ihm Zeit. • Führen Sie ihn behutsam zum Abschluss, übernehmen Sie die Initiative. • Locken Sie ihn mit besonderen Garantievorteilen.
Gelb	• Handeln Sie beharrlich die Bedingungen aus. • Geben Sie ihm Anreize. • Er bringt wenig Einwände und entscheidet aus dem Bauch heraus. • Bieten Sie reichlich persönliche Follow-up-Kontaktmöglichkeiten an.

Wenn gar nichts mehr geht: Nightmare-Selling

Manchmal merken Sie, dass Sie trotz aller Bemühungen heute diesem Kunden nichts verkaufen: Vielleicht weil der Kunde permanent Äpfel mit Birnen vergleicht, Sie ausspielen oder im Preis drücken will oder vielleicht weil der Kunde ständig den Wettbewerb ins Spiel bringt. Dann empfehle ich eine Technik, die ich Nightmare-Selling nenne. Ich gebe zu, dass diese Methode nicht für jeden etwas ist, weil Sie sie beherrschen müssen, damit sie funktioniert. Kennen sollten Sie sie auf jeden Fall.

Mit der rhetorischen Technik des Nightmare-Sellings geben Sie dem Kunden Denkanstöße. Entweder bewegen Sie ihn damit doch noch zum Abschluss oder er kommt vielleicht wenigstens zu einem späteren Zeitpunkt kaufbereiter wieder.

Die Technik besteht aus drei Schritten:

1. **Schritt:** Sie werten den Kunden auf mit der DEA-Technik (**DE**zente **A**nerkennung, vgl. Kap. 14.3).
2. **Schritt:** Sie aktivieren nacheinander drei der schmerzhaftesten Punkte im Kopf des Kunden, in dem Sie in den schwärzesten Farben ausmalen, was passiert, wenn er sich gegen den Kauf entscheidet. Führen Sie auch einen Zeugen dazu auf.
3. **Schritt**: Sie schweigen. Sie lassen den Kunden mit diesen niederschmetternden Vorstellungen in seinem Kopfkino allein.

Das hört sich dann zum Beispiel so an:

1. **Schritt:** »Lieber Herr Kunde, Sie haben wirklich einen guten Überblick über den Markt.«
2. **Schritt:**
   - »Wenn für Sie die Sicherheit des absoluten Datenschutzes nicht so wichtig ist, achten Sie wenigstens darauf, dass der Serverstandort innerhalb der EU ist und nicht in den USA, wo jeder Zugriff darauf hat.«
   - »Allerdings müssen Sie sich darauf einstellen, dass viele Ihrer Kunden Sie auch nach Datenblättern zu den Serverorten fragen werden und dann wird es gefährlich: Denn wenn Sie dann erst die Katze aus dem Sack lassen, dass Ihre Server nicht in Deutschland stehen, orientieren die sich auch schnell um.«
   - »Und von dem Shitstorm ganz zu schweigen, mit dem Ihr Unternehmen überzogen wird, wenn das publik wird.«
3. **Schritt:** Stille.

Entweder Ihr Kunde sagt dann »Oh, da habe ich gar nicht daran gedacht«, dann sind Sie wieder im Gespräch. Oder er sagt »Okay, danke noch mal« und ist endgültig weg. Allerdings wird er, egal bei welchem Wettbewerber er danach sitzt, immer wieder das Kopfkino sehen, das Sie in Gang gesetzt haben. Und kommt vielleicht doch eines Tages wieder zu Ihnen.

L

Limbeck-Tipp

Trainieren Sie dabei auch die Pause!

Wenn Sie diese Technik in Ihr Repertoire aufnehmen wollen, dann bereiten Sie entsprechend drei Varianten der »Nightmares« für Ihr Produkt vor und üben Sie sie (auch zum Download unter verkaufen.limbeckgroup.com).

Übung: Nightmare-Selling

Version	Schritt	Ihre Formulierungen
1	DEA	....
	drei »Nightmares«	....
	Stille	....
2	DEA	....
	drei »Nightmares«	....
	Stille	....
3	DEA	....
	drei »Nightmares«	....
	Stille	....

Download: verkaufen.limbeckgroup.com

Nach der Unterschrift

Als guter Verkäufer haben Sie ein Interesse an einer langfristigen Beziehung zu Ihrem Kunden. Das heißt, nach dem Abschluss ist vor dem nächsten Abschluss. Verhalten Sie sich Ihrem Kunden gegenüber also auch nach der Unterschrift so wie zu Beginn des Verkaufsgesprächs: freundlich, höflich, wertschätzend (vgl. Kap. 17.1).

Unterschätzen Sie die Unsicherheit nicht, die die Bestätigung einer Kaufentscheidung durch Unterschrift bei Ihrem Kunden auslöst: Das sind die Vorboten der Kaufreue. Vermitteln Sie dem Kunden deshalb so viel Sicherheit wie möglich:

- Machen Sie deutlich, dass Sie sich auch weiterhin persönlich für ihn einsetzen werden.
- Gratulieren Sie ihm zu seiner Entscheidung.
- Rufen Sie nochmals die Bilder im Kopf des Kunden hervor, wie positiv sich der Nutzen bei ihm auswirken wird.
- Besprechen Sie die konkreten nächsten Schritte, die nun für die Umsetzung anstehen. Stellen Sie Detailfragen zu den nächsten Schritten – auch damit schaffen Sie Verbindlichkeit und Sicherheit.

Wenn Sie in dieser Phase erfolgreich arbeiten, dann ebnen Sie den Weg für die weitere gute Zusammenarbeit. Denn nach dem Abschluss ist vor dem nächsten Abschluss. Für die langfristige Kundenbindung ist es ganz wichtig, dass Sie jetzt nicht nachlassen, sondern weiterhin die Extrameile gehen – so wie die für die Orangen (vgl. Geschichte in Kap. 14.11. Schlagen Sie dazu auch in Kap. 17.1 nach).

Diesmal keine Unterschrift?

Kommt es einmal trotz guter Gespräche nicht zum Abschluss, ziehen Sie sich nicht beleidigt zurück. Bleiben Sie souverän und halten Sie den Kontakt mit dem Kunden. Melden Sie sich immer wieder mal, geben Sie ihm Informationen, die für ihn interessant sind, laden Sie ihn zu Firmenevents ein.

Signalisieren Sie Ihrem potenziellen Kunden, dass Sie auch weiterhin an einer Zusammenarbeit interessiert sind. Es ist gut möglich, dass ihn Ihre höfliche Hartnäckigkeit beeindruckt und Sie früher oder später doch zu Ihrem Abschluss kommen.

AUF EINEN BLICK

- Zur Abschlusstechnik gehört alles, was Sie tun, um den Kunden bei seiner Kaufentscheidung zu unterstützen.
- Den richtigen Zeitpunkt für die Abschlussfrage können Sie instinktiv ermitteln.
- Erlernen Sie verschiedene Techniken der Abschlussfrage, um für jeden Kunden und jede Situation vorbereitet zu sein.

16. Wie steigst du aus?

Hartnäckigkeit ist der zweite Vorname jedes guten Verkäufers. Doch es gibt immer wieder auch mal Kunden, bei denen kommen Sie ab einem bestimmten Punkt einfach nicht weiter. Und es beschleicht Sie das Gefühl, dass Sie auf einem toten Pferd reiten.

Nach Lebenszeichen suchen

Der Klassiker ist, wenn Sie mit einem Kunden mehrere Male gesprochen haben und gefühlt schon ziemlich weit Richtung Abschluss gekommen sind – und plötzlich reißt der Gesprächsfaden ab. Der Kunde ist nicht erreichbar, ruft nicht zurück oder lässt sich verleugnen. Er verschwindet einfach in der Versenkung.

Zunächst sollten Sie sich davon nicht entmutigen lassen, denn es können auch andere Gründe dahinterstecken: Vielleicht muss sich Ihr Kunde gerade feuerwehrmäßig um ein anderes Thema kümmern oder Ihr Ansprechpartner ist eine Zeit lang krank und hat keine Vertretung.

Doch seien Sie bei der Suche nach Gründen immer auch selbstkritisch: Meiner Erfahrung nach tragen Verkäufer in den meisten Fällen selbst dazu bei, dass es zu so einer Situation kommt: Sie haben zu wenig Verpflichtung auf Kundenseite aufgebaut. Denn ein Kunde, der sich über das Reziprozitätsprinzip an Sie gebunden fühlt (vgl. Kap. 5.5), taucht nicht einfach ab. Selbst wenn er sich – aus welchen Gründen auch immer – gegen den Abschluss entscheidet, wird er Ihnen das wenigstens mitteilen.

Fragen Sie sich also:

- Habe ich im letzten Gespräch ausreichend konkret und deutlich den nächsten Schritt aufgezeigt und verbindlich mit dem Kunden vereinbart?
- Habe ich eine gute Bedarfsanalyse gemacht?
- Habe ich mit ihm einen moralischen Vorvertrag geschlossen?

- Habe ich eine saubere MONA-Nutzenargumentation vermittelt und dabei auch den Typus des Kunden im Blick gehabt?
- Bin ich allen Einwänden souverän begegnet?
- War mein Angebot individuell auf den Nutzen des Kunden zugeschnitten?
- Habe ich hartnäckig genug nachgefasst?
- War ich im gesamten Prozess ausreichend abschlussorientiert?

Wenn Sie sich auch nur in einem einzigen Punkt ein Nein eingestehen müssen, dann fassen Sie sich bitte selbst an die Nase, denn dann haben Sie sich Ihren Verkaufserfolg selbst vermasselt. Und lernen Sie daraus, wie Sie es beim nächsten Mal besser machen.

Doch vielleicht ist das Kind noch nicht ganz in den Brunnen gefallen: Bleiben Sie auf jeden Fall hartnäckig dran, bis Sie Ihren Kunden erreichen. Falls Sie ein Versäumnis bei sich festgestellt haben, dann sprechen Sie es offen und ehrlich an und machen Sie Ihren Fehler gut. Vielleicht lässt sich der Gesprächsfaden dann wieder aufnehmen. Arbeiten Sie danach besonders zuverlässig, damit Sie sich das verlorene Vertrauen zurückholen.

L

Limbeck-Tipp

Wenn Ihr Kunde über längere Zeit nicht erreichbar ist und Sie bei sich keinen Fehler in der Kommunikation ermitteln konnten: Sprechen Sie es, wenn möglich, ihm gegenüber oder auch zum Beispiel gegenüber seiner Assistentin an.

Misstrauisch sollten Sie dann werden, wenn Sie auf Ihre Frage nach den Gründen keine klare Auskunft bekommen. Dann ist es erst recht wichtig, dass Sie sich noch einmal um den direkten Kontakt zum Entscheider bemühen. Und wenn Sie ihn am Telefon haben: Sprechen Sie Ihren Eindruck direkt an. Fragen Sie zum Beispiel:

> »Herr Kunde, mein Gefühl sagt mir: Irgendetwas ist passiert, dass unsere positiven Gespräche ins Stocken geraten sind. Sagen Sie – Hand aufs Herz –, hat das etwas mit mir persönlich zu tun?«

Oder:

> »Herr Kunde, es ist mir in den letzten zwei Wochen nicht gelungen, Sie zu erreichen. Sagen Sie mir einfach, woran ich bin. Dann haben wir auf beiden Seiten Planungssicherheit.«

So sorgen Sie dafür, dass Sie auf Augenhöhe bleiben. Das ist sehr wichtig, egal ob eine Geschäftsbeziehung zustande kommt oder nicht. Bleiben Sie im Ton gleichzeitig offen, freundlich und diplomatisch.

Wie weiter?

Es gibt drei Möglichkeiten, wie Ihr Kunde antwortet:

- Er bekräftigt sein Interesse und Sie können den Verkaufsprozess weiter vorantreiben.

Limbeck-Tipp

Hören Sie genau hin, damit Sie den Grund für die zwischenzeitliche Verzögerung ermitteln können. Dann haben Sie gute Chancen, diesen Grund im weiteren Verlauf anzugehen, sodass er Ihnen nicht noch einmal in die Quere kommt.

- Er gibt Ihnen eine klare Absage. Nutzen Sie die Gelegenheit, nach den Gründen zu fragen: So können Sie für den nächsten Auftrag lernen. Gleichzeitig signalisieren Sie dem Kunden damit, dass er Ihnen wichtig ist.
- Er antwortet ausweichend. Machen Sie noch ein oder zwei Versuche, für Klarheit zu sorgen. Wenn die nichts fruchten, lassen Sie es gut sein. Ob Sie dann noch weiter dranbleiben sollten oder nicht, ob Sie eine Pause bei diesem Kunden einlegen oder ob Sie ihn an einen Kollegen weitergeben, hängt von dem Potenzial ab, das Sie bei diesem Kunden sehen, und von den Gründen, die Sie hinter dem Hinauszögern vermuten.

Limbeck-Tipp

Falls Sie sich entscheiden, den Abschluss nicht mehr weiter zu verfolgen: Informieren Sie den Kunden über Ihre Absicht und über Ihre Gründe.

Tragen Sie beides selbstbewusst und freundlich vor. Achten Sie darauf, dass Sie keinen vorwurfsvollen oder beleidigten Ton anschlagen. Nur dann verschaffen oder wahren Sie die Augenhöhe und können bei der nächsten Gelegenheit wieder gut auf diesen Kunden zugehen.

Wann sich das Dranbleiben lohnt

Selbst wenn es diesmal nicht zum Abschluss gekommen ist, muss das nicht das Ende Ihrer Geschäftsbeziehung sein, die noch gar nicht richtig begonnen hat.

Limbeck-Tipp

Haben Sie mit dem Kunden bereits länger und intensiv gesprochen, dann ist meine Empfehlung, dass Sie diesen guten Kontakt nicht abbrechen oder einschlafen lassen.

Gerade wenn Sie bei ihm weiterhin Potenzial sehen, dann lohnt es sich meiner Erfahrung nach, wenn Sie sich im Gedächtnis dieses Kunden halten. Klingeln Sie immer mal wieder durch, schicken Sie ab und zu eine SMS, schauen Sie auf der Fachmesse bei ihm vorbei. Kunden sind von dieser Art der Hartnäckigkeit beeindruckt und fühlen sich wertgeschätzt. Und werden sich eher von sich aus melden, wenn sie einen neuen Bedarf sehen.

AUF EINEN BLICK

- Wenn Ihr Kunde plötzlich abtaucht, klären Sie die Situation, indem Sie sein Verhalten aktiv ansprechen.
- Entschließen Sie sich von sich aus zum Abbruch, informieren Sie Ihren Kunden freundlich und selbstbewusst über Ihre Gründe.
- Sehen Sie bei dem Kunden weiterhin Potenzial, dann halten Sie den Kontakt.

17. Wie bleibst du dran?

17.1 Langfristige Kundenbindung

Ich bin ein großer Fan von Neukundenakquise und sehr überzeugt, dass viele Verkäufer zu wenig davon machen. Ein noch größerer Fan bin ich davon, Bestandskunden auf Dauer zu binden. Und das machen die meisten Verkäufer definitiv zu wenig. Dabei sprechen die Zahlen eine eindeutige Sprache: Der Aufwand, den Sie betreiben müssen, um einen verloren gegangenen Bestandskunden wiederzugewinnen, ist dreimal größer als der Aufwand, ihn zu halten. Und der Aufwand, um einen neuen Kunden zu akquirieren, ist sage und schreibe siebenmal höher!

Diese Erkenntnis hat vor Jahrzehnten zur Einführung des Key-Account-Konzepts geführt: Der Key-Accounter hat ganz explizit die Aufgabe, seine Kunden nicht nur einmal, sondern proaktiv langfristig zu pflegen und zu begeistern, sodass immer neue und immer mehr Abschlüsse mit ihm zustande kommen. Das heißt, die langfristige Kundenbindung gehört zu den Kernaufgaben im Key-Account, denn in diesem Bereich ist noch klarer: Nach dem Abschluss ist vor dem nächsten Abschluss, und nur durch Vertrauen und Begeisterung auf Kundenseite werden Sie dieses Ziel erreichen.

Doch selbst als Key-Accounter heißt es nicht, dass Sie ab heute die Neukundenakquise ganz aus den Augen verlieren sollten (vgl. Kap. 13.1). Die Ausrede gilt nicht, denn ohne die strategischen Prinzipien zur Begeisterung von Neukunden klappt auch deren langfristige Beziehungspflege nicht. Das heißt vielmehr, dass Sie auch für Ihre Kundenbindung eine Strategie entwickeln sollten, um Ihren Gesamterfolg im Verkauf langfristig auf gesunde Füße zu stellen.

Limbeck-Tipp

Wie so vieles im Verkauf ist Bestandskundenpflege keine Sache des Aufwands, sondern eine Sache der Einstellung.

Warum Kunden abspringen

Es heißt, dass 60 Prozent der Unternehmen in Deutschland in nur fünf Jahren die Hälfte ihrer Kunden wieder verlieren. Die Ursache dafür ist einfach: Offensichtlich haben die Unternehmen diesen Kunden nicht ausreichend Grund gegeben, ihnen treu zu bleiben.

Ich höre an diesem Punkt die Riege der schlechten Verkäufer aufjaulen und jammern: »Die bösen Kunden schauen doch nur nach dem Preis. Und da können wir halt mit dem Wettbewerber nicht mithalten.« Es kann durchaus sein, dass der Kunde bei seinem nächsten Kauf mehr auf den Preis gesehen hat. Doch der Preis ist immer nur ein Faktor in der Kaufentscheidung unter vielen.

Limbeck-Tipp

Wenn Sie es so weit haben kommen lassen, dass Ihr Bestandskunde beim nächsten Kauf nach dem Faktor Preis entscheidet, waren Sie vorher in den anderen Faktoren zu schwach.

Der Kunde richtet dann seine Aufmerksamkeit auf den Preis, wenn ihn alles andere bei seinem Kauf bei Ihnen nicht begeistert hat. Und es braucht Begeisterung, damit er unbedingt wieder bei Ihnen kaufen möchte. Zufriedenheit alleine reicht nicht.

Wenn der Kunde zufrieden ist, dann hat er bekommen, was er erwartet und gefühlt mit dem Kaufpreis bereits abgegolten hat. Begeistert ist er dann, wenn er überraschend mehr erhalten hat. Dieses Quäntchen Mehr macht den Unterschied.

Nur Begeisterung führt zur Loyalität. Das hat etwas mit Reziprozität zu tun (vgl. Kap. 5.5), denn durch dieses Mehr fühlt sich Ihr Kunde Ihnen gegenüber verpflichtet. Das Mehr hat ihm gezeigt, dass Sie ihm gegenüber loyal sind, also ist er es auch Ihnen gegenüber.

Es gibt auch ein Zauberwort für dieses »Mehr« im Verkauf und das heißt: After-Sales-Service.

> **Definition: After-Sales-Service**
>
> Unter dem Begriff After-Sales-Service oder auch After-Sales-Management werden alle Marketing- und Vertriebsmaßnahmen zusammengefasst, die das Ziel haben, einen einmal gewonnenen Kunden nach einem Vertragsabschluss langfristig an das Produkt oder die Dienstleistung, das Unternehmen oder die Marke zu binden.

After-Sales-Service

Der After-Sales-Service beginnt in dem Moment, in dem das Autogramm unter die Vereinbarung gesetzt ist. Und der Kunde weiß den Service ab der ersten Minute zu schätzen. Denn was erlebt er tagtäglich? Kaum dass der Abschluss über die Bühne ist, taucht der Verkäufer unter. Der überlässt die Abwicklung des Auftrags seiner Serviceabteilung und macht sich für den Kunden unsichtbar. Selbst wenn es Schwierigkeiten gibt, erklärt der Durchschnittsverkäufer sich für nicht zuständig und verweist wahlweise an die Beschwerdeabteilung oder den Hersteller des beanstandeten Produkts. Beziehungsweise er lässt den Kunden wissen, dass der den beanstandeten Punkt wohl selbst verursacht hat, weil die Ware bei Auslieferung noch einwandfrei gewesen sei.

So bestätigen Verkäufer immer aufs Neue das Vorurteil, dass es beim Verkaufen nur um die Provision geht, nicht um den Kunden.

Limbeck-Tipp

Wenn Sie sich beim After-Sales-Service vom ersten Augenblick an Mühe geben, heben Sie sich sofort positiv von der Masse ab.

Sie machen fast jede Preisunterbietung durch eine erstklassige After-Sales-Betreuung mehr als wett. Vorausgesetzt, Sie bereiten Ihrem Kunden wirklich ein Rundumglücklich-Erlebnis und kümmern sich kontinuierlich um sein Wohlergehen.

Dazu gehört, dass Sie nicht warten, bis der Kunde sich bei Ihnen meldet, weil er unzufrieden ist. Mit einer wohl überlegten Nachverkaufsstrategie bauen Sie jeder Unzufriedenheit vor und machen Ihren Kunden zu Ihrem Fan, der gerne wiederkommt und Sie gerne weiterempfiehlt.

Limbeck-Tipp

Bemühen Sie sich unbedingt um Ihren Kunden, solange er zufrieden ist. Werden Sie erst aktiv, wenn er bereits unzufrieden ist, nehmen Sie sich die Chance, Begeisterung zu wecken.

Ja, so eine Strategie macht Ihnen ein bisschen Arbeit. Die sieht im ersten Augenblick wie Zusatzarbeit aus. Doch auf lange Sicht lohnt sich diese Extrameile doppelt und dreifach, denn sie beschert Ihnen einen kontinuierlich wachsenden Stamm an Bestandskunden.

After-Sales-Service sofort

Nach dem Abschluss ist vor dem Abschluss – und zwar umgehend. Lassen Sie deshalb die Tinte unter dem Vertrag nicht trocken werden, ohne bereits mit dem Nachverkaufsservice zu beginnen. Denn Ihre Kunden wollen in dieser Phase von Ihnen eines ganz dringend: die Sicherheit, dass sie alles richtig gemacht haben.

Limbeck-Tipp

Vor allem Erstkunden brauchen Sie als Unterstützung ab der ersten Minute nach dem Abschluss: Ihre Zweifel sind noch besonders groß, ob sie wirklich eine gute Entscheidung getroffen haben, ob sie mit Ihnen einen verlässlichen Partner haben oder ob sie nicht doch besser noch einen Rückzieher machen sollen.

Geben Sie ihm diese Sicherheit jetzt nicht, sondern packen möglichst schnell Ihre Siebensachen und verschwinden, dann beweisen Sie Ihrem Kunden, dass Ihre Loyalität ab sofort beendet ist. Und dass der Kunde gut beraten ist, mit seiner Loyalität vorsichtig zu sein, sich seine Entscheidung noch einmal zu überlegen und / oder dem Produkt bzw. der Dienstleistung mit großem Misstrauen zu begegnen.

Warum Dank misstrauisch macht

Ihr Kunde wird nach dem erfolgten Abschluss nicht nur dann misstrauisch, wenn Sie so schnell wie möglich verschwinden. Auch wenn Sie sich überschwänglich für den Auftrag bedanken, beschleichen ihn Gedanken wie: »Entweder verdient sich der Kerl jetzt eine goldene Nase an mir oder an der ganzen Sache ist etwas faul.«

Sagen Sie gerne, dass Sie sich auf die Zusammenarbeit freuen oder darüber, dass der Kunde nun eine hervorragende Lösung für sein Thema erhalten wird. Danken sollten Sie ihm jedoch höchstens für sein Vertrauen. Schließlich hat Ihr Kunde mindestens genauso viel von dem Geschäft wie Sie – also müsste genau genommen er sich bei Ihnen bedanken.

Es sind besonders zwei Aspekte, bei denen Ihr Kunde jetzt Bestärkung braucht. Der erste ist die Frage, ob der erhoffte Nutzen auch wirklich eintreten wird. Die Bedenken, die er in der Abwägung vor der Entscheidung hintangestellt hat, kommen wieder hoch. Deshalb ist es wichtig, dass Sie umgehend noch einmal das Bild beschwören, das Sie bereits im Verkaufsgespräch entwickelt haben: nämlich, wie gut es sich für den Kunden anfühlen wird, wenn er erst Ihr Produkt verwendet. Sie sagen zum Beispiel:

> »Lieber Herr Kunde, schon nach kurzer Zeit werden Sie feststellen, dass sich die Ausschussquote in Ihrer Produktion deutlich vermindert. Spätestens dann werden Sie sich zu Ihrer Entscheidung für unser System selbst beglückwünschen.«

Das heißt, Sie richten die Gedanken Ihres Kunden in die nahe Zukunft und nehmen sein positives Fazit vorweg. Nutzen Sie dabei Ihr Wissen über sein Kaufmotiv, das Sie im Verkaufsgespräch gewonnen haben. Überzeichnen Sie dabei nicht. Wenn Sie übertreiben, schlägt die Wirkung ins Gegenteil um.

Der zweite Aspekt ist, dass Ihr Kunde die Sicherheit braucht, dass Sie weiterhin für ihn da sind. Ein cooler Move ist es, wenn Sie Ihrem Geschäftspartner Ihre Privatnummer auf die Visitenkarte schreiben. Sagen Sie dazu zum Beispiel:

> »Hier, lieber Herr Kunde, Sie werden diese Nummer wahrscheinlich nie brauchen. Doch sollten Sie an irgendeiner Stelle nicht weiterkommen, weder die Hotline noch mich auf der Mobilnummer erreichen: Dann scheuen Sie sich nicht, mich privat anzurufen.«

Der Kunde wird diese Nummer mit großer Wahrscheinlichkeit niemals nutzen, doch das Gefühl, das Sie ihm damit vermitteln, ist unschlagbar. Es sind diese Kleinigkeiten, die einen großartigen After-Sales-Service ausmachen.

L

Limbeck-Tipp

Auch beim Nachverkaufen gilt: Kleinigkeiten bedeuten nicht viel, Kleinigkeiten bedeuten alles.

Deshalb geht es bei After-Sales vorrangig um proaktive, geführte Kommunikation. Der materielle Einsatz ist in der Regel verschwindend gering, es handelt sich vor allem um Gesten der Aufmerksamkeit und der Wertschätzung. Wir legen zum Beispiel jeder ersten Rechnung eine Schachtel »Merci« bei – einfach so. Wir versüßen damit dem Kunden die Rechnung und haben die Erfahrung, dass sie dann meist auch pünktlich bezahlt wird.

Halten Sie deshalb von sich aus auch in der Zeit der Durchführung des Auftrags den Kontakt zum Kunden. Kommunizieren Sie, dass seine Lieferung schnellstmöglich veranlasst worden ist, bestätigen Sie, dass der vereinbarte Liefertermin eingehalten wird, fragen Sie nach, ob zum Beispiel mit der Installation alles zur Zufriedenheit läuft. Haben Sie eine Idee, wie Sie Ihrem Kunden zum Beispiel die Lieferzeit etwas versüßen können? Vielleicht ein schicker Taschenkalender, in dem der Liefertermin handschriftlich markiert ist?

Ein ganz besonderes Instrument bei Kunden, mit denen Sie an größeren und längerfristigen Projekten arbeiten, ist das Review-Gespräch (Checkliste auch zum Download unter verkaufen.limbeckgroup.com). So etwas kennen die meisten Unternehmen nur in der internen Kommunikation mit ihren Mitarbeitern. Wir haben das bei unseren Kunden eingeführt und haben extrem positive Erfahrung damit gemacht.

Frageliste: Review-Gespräch zur Kundenbindung

- ☐ Wo stehen wir gerade?
- ☐ Was brauchen Sie noch?
- ☐ Was läuft aus Ihrer Sicht gut? Was gefällt Ihnen?
- ☐ Was müssen wir verbessern?
- ☐ Sind Sie zufrieden mit unserer Partnerschaft?
- ☐ Was wünschen Sie sich darüber hinaus noch?

Download: verkaufen.limbeckgroup.com

Der Kunde ist im ersten Augenblick zwar überrascht. Er merkt jedoch gleichzeitig, dass wir ein echtes Interesse daran haben, dass er zufrieden ist. Und falls er es nicht ist, haben wir die Chance, unsere Leistung noch zu verbessern, um ihn am Ende doch noch zu begeistern.

Wichtig ist, dass Sie solche Gespräche regelmäßig und während der Durchführung des Projekts führen. Nach Abschluss machen sie nur noch eingeschränkt Sinn, weil Sie dann nichts mehr ändern können, falls der Kunde nicht zufrieden war.

Für alle diese Aktionen ist es extrem hilfreich, wenn Sie alle Informationen stets parat haben. Das betrifft sowohl die vereinbarten harten Fakten wie Produktvarianten, Liefertermine, Konditionen und Serviceleistungen als auch die weichen Fakten wie die individuellen Wünsche und Bedürfnisse des Kunden, die Sie im Verkaufsgespräch erfahren haben. Am besten haben Sie alles in Ihre Datenbank eingetragen (vgl. Kap. 4.2), und zwar unmittelbar nach Ihren Treffen. Mit diesem Detailwissen können Sie für die Begeisterung sorgen, die über Zufriedenheit weit hinausgeht.

Checkliste: Kurzfristiger After-Sales-Service

- ☐ Ich bestärke den Kunden unmittelbar nach dem Abschluss in seiner Kaufentscheidung.
- ☐ Ich bleibe ansprechbar.
- ☐ Ich lasse dem Kunden eine kleine, nette Geste des Dankes für sein Vertrauen zukommen.
- ☐ Ich halte den Kunden in der Zeit der Auftragsabwicklung aktiv auf dem Laufenden.

Download: verkaufen.limbeckgroup.com

Wenn dieser Auftrag abgeschlossen ist, bevor schon ein neuer Abschluss in Gang gekommen ist: Bleiben Sie dran, denn nun beginnt der langfristige After-Sales-Service.

After-Sales-Service auf Dauer

An diesem Punkt beweist sich, ob Sie eine gute und funktionierende Nachverkaufsstrategie entwickelt haben. Die zeichnet sich nämlich dadurch aus, dass Sie Ihren Kunden nicht erst in dem Moment wieder anrufen, wenn Sie ein neues Produkt zu verkaufen haben. Kunden reagieren darauf ziemlich allergisch, denn dann zweifeln sie an Ihrer persönlichen Wertschätzung. Sie entwickeln Ihnen gegenüber eine negative Erwartungshaltung, denn sie glauben, dass Sie sich nur um des Verkaufens willen melden.

L

Limbeck-Tipp

Besonders Erstkunden sind sehr hellhörig, wenn Sie sich gleich mit dem nächsten »unwiderstehlichen« Angebot melden.

Das heißt, Sie sollten sich auch ohne einen solchen verkäuferischen Anlass immer mal wieder melden. Allein damit Ihnen das im Alltagstrubel nicht untergeht und der Kontakt still und leise versandet, brauchen Sie einen guten Plan. Und am besten auch eine gut gepflegte Datenbank, die Sie zum richtigen Zeitpunkt daran erinnert (vgl. Kap. 4.2).

Suchen Sie sich einen netten Anlass für Ihren Anruf oder einen Kurzbesuch, der Ihren Kunden angenehm überrascht. Erkundigen Sie sich zum Beispiel immer wieder mal nach der Zufriedenheit Ihres Kunden mit Ihrem Produkt. Tun Sie das mit ehrlichem Interesse und hören Sie gut hin, was Ihr Kunde dazu zu sagen hat. Viele Verkäufer scheuen sich vor so einer Frage aus Angst vor negativen Rückmeldungen. Dabei stärken Sie damit das Vertrauen Ihres Kunden in Ihr ehrliches Interesse und damit Ihre Chance auf einen nächsten Abschluss enorm. Denn es ist nichts gefährlicher für Ihren zukünftigen Verkaufserfolg als ein unzufriedener Kunde, mit dem Sie nicht sprechen und der deshalb ohne Ihr Wissen zum Wettbewerber abwandert.

Melden Sie sich daher auch absichtlich bei den Kunden, mit denen nicht alles perfekt gelaufen ist. Gerade unzufriedene Kunden können Sie auf diese Weise doch noch zu Fans machen, weil sie Ihre Wertschätzung spüren (vgl. Kap. 17.2).

Machen Sie jedoch auch reine »Kuschel-Calls«: Das sind zum Beispiel Anrufe zum Geburtstag oder einfach mal so. Genial ist auch der Jubiläumsanruf – das ist eine Besonderheit bei mir. Ich überrasche meine Kunden, in dem ich sage: »Lieber Herr Kunde, ich möchte Ihnen heute ganz persönlich zum Jubiläum gratulieren.« Wenn er dann verdutzt fragt: »Zu welchem denn?«, dann antworte ich: »Heute genau vor einem Jahr sind wir zum ersten Mal geschäftlich zusammengekommen. Dazu wollte ich Ihnen einfach gratulieren.«

Es gibt jede Menge persönliche Anlässe, gerade wenn Sie im Kontakt mit dem Kunden bleiben. Erfahren Sie zum Beispiel, dass er umgezogen ist, schicken Sie ihm ein Päckchen mit Brot und Salz als Glücksbringer für das neue Domizil.

Wenn Sie noch Weihnachtsgrüße versenden, dann tun Sie das – doch tun Sie es auf besondere Weise. Über die x-te Flasche Wein freut sich nicht jeder; über ein Präsent, das mit mehr Einfallsreichtum ausgesucht ist, dagegen schon eher. Mit dazu gehört auf jeden Fall eine mit Füller handgeschriebene Karte. Ansonsten suchen Sie sich lieber originellere Gelegenheiten aus, zum Beispiel den Frühlingsanfang oder Nikolaus, und überraschen Ihren Kunden so mit Ihrem Anderssein – denn zu Weihnachten stapeln sich die Karten beim ihm und Ihre geht in der Masse unter.

L

Limbeck-Tipp

Lassen Sie Ihrer Kreativität freien Lauf, wenn es um die kleinen, persönlichen Gesten geht, mit denen Sie Ihre Wertschätzung gegenüber Ihrem Kunden ausdrücken.

Oder bieten Sie eine Information, von der Sie glauben, dass sie nützlich ist für Ihren Kunden. Das ist sowieso ein gutes Motto: Machen Sie sich für Ihren Kunden nützlich, bevor er es verlangt. Damit häufen Sie nach dem Reziprozitätsprinzip Pluspunkte auf Ihrer Seite (vgl. Kap. 5.5).

Wenn Ihr Kunde übrigens etwas für Sie getan hat, indem er Sie zum Beispiel weiterempfohlen hat: Nutzen Sie diesen Anlass unbedingt, um sich persönlich bei ihm zu bedanken (vgl. Kap. 17.3).

Veranstalten Sie auch Kundenevents, die aus dem Rahmen fallen, damit Ihre Kunden gerne kommen und das Ereignis weitererzählen. Solche Events können Sie auch hervorragend in Ihr Empfehlungsmanagement einbauen.

Die Liste der Ideen für weitere Maßnahmen zur Kundenbindung ist lang. Sie können sie noch viel weiter fortsetzen mit Optionen, die speziell zu Ihren Kunden, Ihrem Produkt und Ihrer Marke passen.

Ideen für Maßnahmen zur Kundenbindung

- Versand von persönlichen Mails oder SMS, die auf die speziellen Bedürfnisse des jeweiligen Kunden abgestimmt sind
- Maßgeschneiderte Kundeninformationen über Neuheiten und Weiterentwicklungen, besondere Aktionen usw.
- Bereitstellung elektronischer Verkaufshilfen, Newsletter, Blog, Videopodcasts, Audiofiles usw.
- Informationsveranstaltungen wie Kundenseminare zu neuen Produkten, Verfahren, Presse usw.
- Besondere Events wie Jubiläen, Tage der offenen Tür, Hausmessen
- Kundenclubs: Geselligkeit, Sport, Fitness, Reisen usw.

- Für VIP-Kunden: Vorzugskonditionen, zum Beispiel bessere Sitzplätze, bessere Parkplätze
- Kundenstammtische zu aktuellen Produkt- und Servicethemen
- Usergruppen im Internet oder in WhatsApp zum Erfahrungsaustausch zum Unternehmen und zu seinen Produkten, Services usw.

Halten Sie auf diese Weise kontinuierlich den Kontakt zu Ihrem Kunden, dann hat das mehrere positive Auswirkungen:

- Sie bleiben im Gedächtnis des Kunden.
- Sie festigen Ihr Vertrauensverhältnis.
- Sie bleiben über den Bedarf des Kunden auf dem Laufenden.
- Sie können Unzufriedenheit gegebenenfalls abfangen.
- Ihr Kunde fühlt sich gut betreut.
- Er fühlt sich persönlich wertgeschätzt.
- Er fühlt sich Ihnen verpflichtet, da Sie so viel in die Beziehung investieren.

So entsteht aus einer gelungenen Nachverkaufsphase ein ständiger Kreislauf aus Auftrag, Auftragsdurchführung und verkaufsunabhängiger Kommunikation. Erarbeiten Sie sich also eine individuelle, langfristige After-Sales-Strategie – die brauchen Sie nämlich nicht nur als Key-Accounter.

Beachten Sie dabei die Punkte aus der Checkliste, damit Sie den vollen Erfolg erzielen.

Checkliste: Langfristige After-Sales-Strategie

- ☐ Ich kontaktiere meinen Kunden nicht nur dann, wenn ich etwas verkaufen möchte.
- ☐ Ich zeige persönliche Wertschätzung, indem ich mich zu persönlichen Anlässen wie Geburtstagen oder Jubiläen melde.
- ☐ Ich bleibe auf Dauer ansprechbar und antworte auf Anfragen stets schnell und kundenorientiert.

- ☐ Ich veranstalte außergewöhnliche Kundenevents.
- ☐ Ich biete meinem Kunden weiterhin Nutzen.
- ☐ Ich gehe die Extrameile für meinen Bestandskunden.
- ☐ Ich blicke mit meinem Kunden auf den gemeinsamen Weg zurück und blicke mit ihm nach vorne.

Download: verkaufen.limbeckgroup.com

AUF EINEN BLICK

- Mit einer guten After-Sales-Strategie machen Sie aus zufriedenen Kunden begeisterte Kunden, die Ihnen gegenüber loyal bleiben, auch wenn der Wettbewerber mit Preisdumping lockt.
- Wirkungsvoller After-Sales-Service beginnt direkt mit dem Abschluss.
- Halten Sie dauerhaft den Kontakt zu Ihrem Kunden, auch und gerade ohne unmittelbare Verkaufsabsicht. Überraschen Sie ihn regelmäßig positiv.

17.2 Umgang mit Fehlern und Reklamationen

Kaufen und verkaufen ist ein zutiefst menschliches Geschäft. Das heißt auch, dass im Prozess Fehler passieren und / oder Erwartungen nicht erfüllt werden. Und dass die Reaktionen darauf ganz unterschiedlich ausfallen. Je nachdem, welchen Typen Sie vor sich haben, wird Ihr Kunde mit der Situation anders umgehen.

Reaktionstypen unzufriedener Kunden

Typ	Merkmale	Reaktion auf Enttäuschung
Gorilla	»Mein-Haus-mein Boot-mein Auto«-Typ	• Er motzt lautstark. • Wenn Sie nicht umgehend reagieren, ist er schneller weg, als er gekommen ist.
Wanderer	eher ein Nomade, der überall die Rosinen herauspickt und dann weiterzieht	• Er beschwert sich schnell und ist stets abwanderungswillig. • Den können Sie nur mit erstklassiger Reaktion halten.
Bohrer	der Genaue, der Lösungen verlangt	• Er prüft jede Leistung penibel. • Er moniert auch kleinste Abweichungen. • Er freut sich, wenn er noch etwas rausschlagen kann.
Anpasser	der Enttäuschte	• Wenn er nicht bekommt, was er erwartet, ergibt er sich in sein Schicksal. • Er sagt sich: »Okay, mehr geht bei denen nicht.« • Er beschwert sich nicht, sondern wandert still und heimlich zum Wettbewerber ab.
Fahnenträger	der Zufriedene	• Er ist zufrieden mit dem, was er von Ihnen bekommt. • Er beschwert sich nicht, er empfiehlt sie jedoch auch nicht weiter.
Missionar	der Fan	• Er verzeiht Ihnen Fehler und möchte Ihnen helfen, es in Zukunft besser zu machen. • Er äußert nur konstruktive Kritik. • Sie bleiben sein Held. • Er wird weiterhin aktiv für Sie werben.

In jedem Fall ist eine Beschwerde vonseiten Ihres Kunden kein Grund, sich zu ärgern oder genervt zu reagieren. Wenn Sie das tun, dann vergeben Sie eine großartige Chance, Ihren Verkaufserfolg noch zu steigern.

Das Beschwerdeparadoxon

Auch wenn es unglaublich klingt: Es ist leichter, bei einem unzufriedenen Kunden Begeisterung zu wecken, als dieses Gefühl bei einem zufriedenen Kunden zu erzeugen. Das ist wissenschaftlich gut untersucht und firmiert unter dem Begriff »Beschwerdeparadoxon«.

Beschwerdeparadoxon

Der Begriff wurde 1992 von den US-amerikanischen Wirtschaftswissenschaftlern Michael A. McCollough und Sundar G. Bharadwaj geprägt. Er beschreibt die Beobachtung, dass die Kundenzufriedenheit nach einer gut gelösten Beschwerde signifikant höher ist, als wenn der Kunde sich nie unzufrieden über das Produkt oder die Dienstleistung geäußert hat.

Das Phänomen ist inzwischen durch viele empirische Studien belegt. Die Wissenschaftler erklären den Effekt damit, dass die gelungene Bearbeitung dem Kunden ein Erlebnis bietet, das seinen Glauben an Ihre Verlässlichkeit und sein Vertrauen in Sie beziehungsweise Ihr Unternehmen vertieft.

Äußert der Kunde also seine Unzufriedenheit, ist das wie ein Angebot an Sie als Verkäufer, das Vertrauensverhältnis nicht nur zu retten, sondern sogar auf ein anderes Niveau zu heben. Sie haben die Chance, durch Taten zu beweisen, dass Ihnen Ihr Kunde wirklich wichtig ist.

Freuen Sie sich deshalb, wenn Ihnen Ihr Kunde diese Gelegenheit gibt. Selbst wenn er die Beschwerde emotional heftig, sarkastisch oder ruppig vorträgt, sagt er nichts anderes als: »Ich habe dich noch lieb – bitte, bitte, hilf mir!«

In Zeiten von Social Media und Bewertungsportalen ist es noch viel wichtiger als früher, dass Sie auf seinen Hilferuf gut reagieren (vgl. Kap. 1.2). Unzufriedene Kunden machen ihrem Ärger auf diesen Kanälen lauter und ungehemmter denn je Luft und haben damit eine riesige Reichweite.

Dabei führt der Beschwerdegrund selbst meist gar nicht zu diesem überbordenden Ärger, sondern erst ein unbefriedigender Umgang damit.

Je nachdem, ob der Fehler schon während der Auftragsbearbeitung auffällt oder Sie erst im Nachgang durch eine Reklamation des Kunden aufmerksam werden, gibt es unterschiedliche Vorgehensweisen, die zum Erfolg führen. Beim Umgang mit Fehlern hat sich aus meiner Sicht ISCA sehr bewährt.

Fehlermanagement nach ISCA

Ist Ihnen zum Beispiel ein Fehler bei der Auftragsbearbeitung unterlaufen oder Sie haben Ihrem Kunden etwas versprochen und vergessen, es im vereinbarten Zeitrahmen zu erledigen, dann ist das allein noch kein Grund zu verzweifeln. Entscheidend ist, dass Sie dem Kunden gegenüber mit dem Fehler möglichst professionell umgehen und für sich aus diesem Fehler lernen. Denn einmal einen Fehler zu machen, ist fast unvermeidbar. Den gleichen Fehler noch einmal zu machen, ist dagegen dumm.

Mit ISCA schlagen Sie beide Fliegen mit einer Klappe. Die Abkürzung steht für

I did it.
Sorry.
Correction
Analysis

Und so sieht die Abfolge dann aus:

1. **I did it:** Das ist der scheinbar schwerste und doch auf lange Sicht der leichteste Weg. Wenn Sie sich offen und ehrlich zu einem Fehler bekennen, dann nehmen Sie auch dem größten Ärger beim Kunden erst einmal den Wind aus den Segeln. Es wirkt erstaunlich entwaffnend, wenn Sie einen Fehler eingestehen, anstatt ihn zu leugnen. Wenn Sie also einen Fehler bemerken: Gehen Sie von sich aus so schnell wie möglich auf Ihren Kunden zu, räumen Sie Ihren Fehler ein und gehen Sie auch gleich über zum nächsten Schritt.

Limbeck-Tipp

An Augenhöhe verlieren können Sie nur, wenn Sie einen Fehler leugnen. Zu einem Fehler zu stehen, verschafft Ihnen dagegen Hochachtung.

---

2. **Sorry:** Sobald Sie für sich den Fehler anerkannt haben, geht Ihnen auch die Entschuldigung dafür gut über die Lippen. Und selbst wenn es Ihnen schwerfällt: Bleiben Sie unter allen Umständen ruhig und höflich. Gerade wenn Ihr Kunde extrem wütend auftritt, ist Ihre Gelassenheit umso mehr gefragt. Jede andere Reaktion führt zur Eskalation. Beschimpft er Sie sogar, dann beenden Sie lieber das Gespräch erst einmal an dieser Stelle, anstatt sich mit dem Kunden zu streiten. Das bringt nämlich gar nichts.

3. **Correction:** Schieben Sie ungefragt ein Angebot hinterher, mit dem Sie Ihren Fehler wiedergutmachen können. Lassen Sie den Kunden wissen, dass Sie diese Lösung gemeinsam mit allen Beteiligten in Ihrem Unternehmen entwickelt haben. Damit signalisieren Sie, dass Sie Ihren Kunden wirklich ernst nehmen und sich dafür einsetzen, dass der Fehler ausgebügelt wird. Ist Ihr Kunde mit der vorgeschlagenen Lösung nicht einverstanden, überlegen Sie zusammen mit ihm, welchen anderen Weg es geben könnte, um alle Beteiligten zufrieden zu stellen.

4. **Analysis:** Sehen Sie sich den Fehler genau an. Stellen Sie sich folgende Fragen:
   - Welchen Ausgangspunkt hat der Fehler?
   - Wie wahrscheinlich ist es, dass der gleiche oder ein ähnlicher Fehler noch einmal passiert?
   - Ist der Fehler vielleicht bereits öfter passiert? Wenn ja: Warum ist nichts verändert worden?
   - Was können Sie ändern, damit er nicht noch einmal auftaucht?
   - Gibt es etwas, was Sie für Ihren zukünftigen Umgang mit Fehlern lernen können?

Halten Sie sich an ISCA, dann profitieren Sie von jedem Fehler, den Sie machen. Überprüfen Sie sich selbst immer wieder, ob Sie sich konsequent an den Ablauf halten (Checkliste auch zum Download unter verkaufen.limbeckgroup.com).

ISCA-Checkliste

- ☐ Ich habe mich zu dem Fehler bekannt.
- ☐ Ich habe mich für den Fehler entschuldigt.
- ☐ Ich habe meinem Kunden ein Angebot zur Wiedergutmachung unterbreitet.
- ☐ Dieses Angebot hat ihn nicht zufriedengestellt? Dann habe ich mit ihm gemeinsam eine andere Lösung gefunden.
- ☐ Ich habe den Fehler analysiert und weiß, wie er beim nächsten Mal vermieden werden kann.

Download: verkaufen.limbeckgroup.com

L

Limbeck-Tipp

Ehrlichkeit und Höflichkeit sind das höchste Gebot beim Umgang mit Fehlern.

Reklamationsmanagement

Auch wenn es manchmal anders wirkt: Die meisten Kunden beschweren sich nicht gern. Oft hat sich eine Menge Frust und Ärger angestaut, bevor sie sich melden. Und genauso emotional tragen sie ihre Beschwerde dann auch vor. Deshalb machen so viele Verkäufer einen möglichst großen Bogen um die Reklamationen ihrer Kunden, erklären sich für nicht zuständig und oder suchen gar als Erstes die Schuld beim Kunden. Und genau damit lassen sie die Situation erst richtig eskalieren. Sie sehen weder die Chance noch das Risiko in ihrer Art des Umgangs mit Beschwerden. Offensichtlich wollen sie keinen Erfolg.

L

Limbeck-Tipp

Wenn Sie begeisterte Kunden generieren und das Verbesserungspotenzial Ihres Unternehmens nutzen wollen, dann nehmen Sie sich der Reklamation freudig und aus tiefstem Herzen an.

Mit der richtigen Haltung gelingt es Ihnen auch, Ihrem Kunden mit Gelassenheit zu begegnen, selbst wenn der gerade tobt und schreit oder wenn Sie persönlich keinerlei Verantwortung für den aufgetauchten Mangel tragen. Denn in den Augen Ihres Kunden sind Sie für seine Zufriedenheit verantwortlich, schließlich hat er im Vertrauen auf Sie gekauft.

Machen Sie deshalb eine Reklamation immer zur Chefsache: Aus der Sicht des Kunden sind Sie in diesem Geschäft der Chef, also kümmern Sie sich auch selbst darum. Allein das Gefühl, dass Sie das tun, trägt bereits zur Beruhigung der Lage bei. Denn gerade eine emotional aufgeheizte Situation löst sich nur über emotionale Entspannung.

Dementsprechend liegt ein Großteil der Ansprüche, die ein Kunde Ihnen mit seiner mehr oder weniger laut vorgetragenen Beschwerde übermittelt, auf der emotionalen Ebene:

- Er möchte, dass Sie direkt mit ihm sprechen und ihn nicht an eine Beschwerdeabteilung oder einen Sachbearbeiter abschieben.
- Er möchte, dass Sie höflich und freundlich bleiben – selbst wenn er unfreundlich wird.
- Er möchte, dass Sie ihn ernst nehmen. Aus seiner Sicht hat er einen guten Grund, sich zu beschweren, und kann nur erbost reagieren, wenn Sie diesen Grund nicht achten. Er braucht von Ihnen Signale, dass Sie gut hinhören.
- Er möchte, dass Sie Verständnis zeigen. Schließlich hält er Sie oder Ihr Unternehmen für den Verursacher seiner Unzufriedenheit.
- Er möchte, dass Sie den Missstand schnell und gut beheben.
- Er möchte, dass Sie Ihre Zusagen einhalten.
- Er möchte eine Entschuldigung für die Unannehmlichkeit.
- Er möchte auch in irgendeiner Form eine Wiedergutmachung dafür.
- Er möchte die Zusicherung, dass sich dieser Zustand nicht wiederholt.

Ihre gute Strategie bei der Reklamationsbearbeitung berücksichtigt genau diese Ansprüche Ihres Kunden.

Limbeck-Tipp

Hüten Sie sich vor Gegenangriffen. Diese wertet der emotional aufgewühlte Kunde ganz unabhängig von der sachlichen Richtigkeit als persönliche Attacke und schlägt erst recht zurück.

Die 12 Eckpfeiler der erfolgreichen Reklamationsbearbeitung

1. Hören Sie aktiv und konzentriert hin.
2. Lassen Sie Ihren Kunden erst einmal sprechen, damit er seinen Ärger loswird. Unterbrechen Sie ihn auch nicht. Denn sonst fühlt er sich nicht wahrgenommen. Und was tut ein Mensch, der sich nicht gehört fühlt? Er sagt es noch einmal, und zwar härter und lauter.
3. Machen Sie sich Notizen, um alle Details der Reklamation zu erfassen, um später gezielte Fragen zu formulieren.
4. Zeigen Sie Verständnis für den Ärger Ihres Kunden und lösen Sie so die emotionale Negativität im Gespräch auf. In dieser Phase ist es besonders wichtig, dass Sie positiv reagieren und formulieren. Achten Sie bewusst darauf, alle No-go-Reaktionen und -Sätze zu vermeiden. Bleiben Sie ruhig und geben Sie immer wieder Rückmeldungen wie »Herr Kunde, ich verstehe, was Sie sagen …«.
5. Entschuldigen Sie sich mit einer Formulierung wie: »Es tut mir leid, dass Sie solche Unannehmlichkeiten hatten.« Für einen Fehler von Ihrer Seite entschuldigen Sie sich dagegen erst, wenn klar ist, dass es sich wirklich um einen solchen handelt. Stehen Sie auch für einen Fehler Ihres Unternehmens ein, selbst wenn es nicht Ihr persönlicher Lapsus war. Für den Kunden sind Sie der Repräsentant Ihres gesamten Unternehmens, also tragen Sie auch die Gesamtverantwortung.
6. Bedanken Sie sich bei dem Kunden für die Chance, die er Ihnen bietet, das Thema zu bereinigen. Und dafür, dass er Ihnen überhaupt ein Feedback gegeben hat. Denn nur so verbessern Sie Ihr Unternehmen und Ihren Service.

No-gos im Reklamationsgespräch

No-go-Reaktion	No-go-Formulierungen
Sie spielen den Beschwerdegrund herunter.	• »Das ist doch halb so wild.« • »Die Erfahrung haben andere auch schon gemacht.«
Sie wollen den Kunden beruhigen.	• »Jetzt kommen Sie erst mal runter.« • »Kein Grund, sich so aufzuregen.«
Sie belehren den Kunden.	• »Haben Sie überhaupt die Bedienungsanleitung gelesen?« • »Das war doch klar, dass das nicht geht.«
Sie lassen den Kunden nicht ausreden.	• »Geben Sie mir erst mal die Auftragsnummer.« • »Da kann ich Ihnen gleich sagen, dass das aussichtslos ist.«
Sie widersprechen dem Kunden.	• »Das kann doch gar nicht sein.« • »Unmöglich, dass das an unserem Produkt liegt.«
Sie schieben die Verantwortung ab.	• »Da ist unsere Reklamationsabteilung zuständig.« • »Wir sind nur der Händler.«
Sie schieben die Schuld ab.	• »Da müssen Sie sich an den Hersteller wenden.« • »Für diese Art Schaden muss die Spedition einstehen, damit haben wir nichts zu tun.«
Sie rechtfertigen den Fehler lang und breit.	»Wissen Sie, in dieser Zeit kurz vor Weihnachten haben wir so viele Aufträge, dass wir kaum nachkommen. Wir bemühen uns zwar, allen Wünschen gerecht zu werden, aber Sie müssen es uns nachsehen, falls es doch zu der einen oder anderen Verzögerung oder Fehlauslieferung kommt, noch dazu, da uns jetzt dieses Unwetter große Schwierigkeiten bereitet hat ...«

7. Sobald sich Ihr Kunde beruhigt hat, ermitteln Sie über offene Fragen die eigentliche Sachlage. Fragen Sie so lange nach, bis Sie den Reklamationsgrund wirklich verstanden haben. Sie signalisieren Ihrem Kunden damit, wie wichtig Ihnen seine Beschwerde ist.
8. Erarbeiten Sie gemeinsam mit Ihrem Kunden eine Lösung. Sichern Sie Ihrem Kunden zu, dass Sie gegebenenfalls noch andere Gesprächspartner einbeziehen, um den Mangel zu seiner vollen Zufriedenheit zu beseitigen.

L

Limbeck-Tipp

Achten Sie an dieser Stelle penibel darauf, dass Sie nichts versprechen, das Sie nicht zu 100 Prozent einhalten können.

---

9. Zeigen Sie Ihre Erleichterung, wenn Sie zu einer guten Lösung gekommen sind: »Ich bin froh, dass wir den Fall gemeinsam für Sie geklärt haben.«
10. Bleiben Sie während des gesamten Gesprächs sachlich und verabschieden Sie sich auch freundlich.

L

Limbeck-Tipp

Erst wenn die emotionale Ebene zwischen Ihnen und Ihrem Kunden wieder stimmt, ist er in der Lage, sich sachlich mit Ihnen über eine Lösung zu verständigen.

---

11. Kümmern Sie sich persönlich darum, dass die Reklamation zügig erledigt wird, und halten Sie Ihren Kunden auf dem Laufenden über den Fortgang.
12. Ist alles behoben, dann senden Sie ruhig auch noch ein kleines Dankeschön hinterher: eine Flasche Wein oder eine Schachtel Pralinen zum Beispiel. Damit bekräftigen Sie noch einmal, dass Sie sich über die Beschwerde nicht geärgert, sondern gefreut haben.

L

Limbeck-Tipp

Das Tüpfelchen auf dem i Ihres Reklamationsmanagements setzen Sie, indem Sie den Kunden zwei Wochen später noch einmal anrufen und sich erkundigen, ob nun alles zu seiner Zufriedenheit ist.

Vielleicht ergibt sich auch gleich die Gelegenheit, über einen nächsten Auftrag zu sprechen – da ist Ihr Fingerspitzengefühl gefragt.

Gleichen Sie Ihre Strategie des Reklamationsmanagements immer wieder mit der Checkliste ab.

Checkliste: Reklamationsmanagement

- ☐ Ich höre aktiv hin.
- ☐ Ich lasse meinen Kunden aussprechen.
- ☐ Ich unterbreche ihn nicht, doch ich mache mir Notizen.
- ☐ Ich zeige Verständnis, bleibe ruhig und positiv.
- ☐ Ich entschuldige mich für die Unannehmlichkeiten und gegebenenfalls für meinen Fehler bzw. den Fehler meines Unternehmens.
- ☐ Ich bedanke mich für die Reklamation.
- ☐ Ich erfrage nach der emotionalen Beruhigung die Fakten zur Beschwerde.
- ☐ Ich suche mit dem Kunden gemeinsam eine Lösung.
- ☐ Ich zeige mich erleichtert, wenn wir die Lösung gefunden haben.
- ☐ Ich verabschiede mich freundlich.
- ☐ Ich sorge selbst für die zügige Reklamationsbearbeitung.
- ☐ Ich übermittele nach Abschluss eine Geste der Dankbarkeit.
- ☐ Ich frage zwei Wochen später noch einmal die Zufriedenheit ab.

Download: verkaufen.limbeckgroup.com

Thema unberechtigte Reklamationen

Gehen Sie stets davon aus, dass Ihr Kunde einen guten Grund für seine Reklamation hat. Selbst wenn es sich um ein Missverständnis handelt: Ihr Kunde kommt zu Ihnen in dem festen Glauben, dass er in seiner berechtigten Erwartung enttäuscht worden ist. Und aller Erfahrung nach handelt es sich bei den meisten Reklamationen um echte Reklamationen, die Sie schnell und im Sinne Ihres Kunden bearbeiten sollten.

Und gerade wenn die Beschwerde unberechtigt ist: Reagieren Sie schnell und mit Verständnis. Je länger Sie warten, desto größer wird der emotionale Frust beim Kunden: Denn Ihr Zögern kann ihn in dem Eindruck bestärken, sein Anspruch sei berechtigt.

Gehen Sie mit besonders viel Einfühlungsvermögen und Diplomatie vor, egal welche Konstellation zu dieser Situation geführt hat: Liegt ein echtes Missverständnis vor, schätzt es kein Kunde, wenn Sie ihm das nachweisen. Denn dann verliert er sein Gesicht. Liegt ein Täuschungsmanöver vor, sollten Sie erst recht mit viel Taktgefühl handeln, denn auch diese Kunden geben ihren angeblichen Anspruch nicht ohne Kampf auf.

L

Limbeck-Tipp

Bleiben Sie auch bei notorischen Rechthabern konsequent. Wenn Sie diplomatisch genug vorgehen, dann lassen sich die meisten Kunden davon überzeugen, dass ihre Reklamation unberechtigt ist.

Liegt dagegen eine Überreaktion vor, weil Ihr Kunde bereits schlechte Erfahrungen gemacht hat und deshalb hypersensibel ist: Bauen Sie Vertrauen wieder auf, indem Sie sich in diesem Fall sogar einer unberechtigten Reklamation annehmen und sie mit großer Geduld auflösen.

Die ganz harten Brocken

Es gibt eine kleine Minderheit von Kunden, die beharren auch auf unberechtigten Reklamationen. Sie fühlen sich von Haus aus im Recht und pochen auf ihren Anspruch. Mit denen zu verhandeln, verlangt von Ihnen viel Geduld und Durchhaltevermögen. Das Wichtigste dabei ist, dass Sie in diesem Gespräch Ihre Nerven und Emotionen im Zaum halten. Bleiben Sie hart in der Sache, vermeiden Sie jedoch in Ihren Äußerungen jegliche Konfrontation. Dabei hilft es Ihnen, wenn Sie konsequent das Pluspunkt-Konto Ihres Gesprächspartners füllen und bewusst positive Formulierungen wählen.

AUF EINEN BLICK

- Freuen Sie sich über Kunden, die sich beschweren, denn aus denen können Sie über das Beschwerdeparadoxon echte Fans machen.
- Für das Fehlermanagement setzen Sie am besten auf die ISCA-Technik:
  I did it – **S**orry – **C**orrection – **A**nalysis
- Mit den 12 Eckpfeilern des Reklamationsmanagements führen Sie Ihren Kunden in die Begeisterung.

17.3 Empfehlungen

Empfehlungen können Sie als Verkäufer kaum mit Gold aufwiegen: Denn jede Empfehlung (vor-)verkauft Ihre Person und Ihre Leistung auf eine Weise, wie kaum ein anderer Marketingweg es schafft. Der Vertrauensvorschuss, den Sie damit beim Kunden erhalten, ist enorm.

Deshalb bin ich nach wie vor verwundert, wie wenig Verkäufer aktiv für ihr Empfehlungsmarketing tun. Die meisten haben nicht begriffen, dass ihre Aufgabe nicht nur der Verkauf ihrer Verkäufermarke, ihres Produkts, ihres Preises und ihres Unternehmens ist, sondern dass Empfehlungen genauso Ziel ihrer verkäuferischen Tätigkeit sind – zumindest wenn sie langfristig erfolgreich sein wollen.

Limbeck-Tipp

Eine gut durchdachte Investition in Ihr Empfehlungsmarketing zahlt sich schon nach kurzer Zeit in messbaren Erfolgen aus. Denn Empfehler sind die besten Verkäufer.

Wichtiger denn je

Empfehlungen waren schon immer gut und wichtig im Verkauf. Sie haben jedoch heute noch mehr an Bedeutung gewonnen, sodass ich behaupte, dass heute kein Verkäufer, der Erfolg haben will, ohne eine systematische Strategie dazu auskommt.

Der Grund dafür ist die massive Überflutung jedes Kunden mit Informationen, fachlichen wie werberischen. Er hat genug negative Erfahrungen gesammelt mit übertriebenen Marketingversprechen der Händler und Hersteller. Er kann die Angebote nicht mehr unterscheiden, die Dichte ist zu groß, viele Produkte und Leistungen sind zu komplex, als dass er für sich noch differenzieren kann.

Und weil er die objektiven Unterschiede nicht mehr erfassen kann und seinen subjektiven Eindrücken, die er von der Werbung erhalten hat, misstraut, vertraut er am liebsten nicht mehr sich selbst, sondern den Erfahrungen, die andere mit einer Person, einem Produkt oder einer Dienstleistung gemacht haben. Das ist der Nährboden, auf dem Bewertungsportale aus dem Boden geschossen sind wie die Pilze (vgl. Kap. 1.2): Der Kunde vertraut den Einschätzungen wildfremder Einzelpersonen mehr als den Aussagen von irgendwelchen Verkäufern, Firmenwebseiten oder Werbeprospekten.

Und wenn die Einschätzung dann auch noch von jemandem kommt, den er persönlich kennt und dessen Meinung er schätzt: Dann ist das ein starkes, wenn nicht das stärkste Argument. Und fällt die Einschätzung positiv aus, ist es also eine dezidierte Empfehlung, dann ist es zu fast 100 Prozent sicher, dass sich dieser Kunde den empfohlenen Verkäufer, die empfohlene Leistung zumindest einmal persönlich anschaut.

Sehen Sie sich diese Werte einer Studie von Harris Poll von 2016 an auf die Frage, welchen Empfehlungen die Kunden heute vertrauen:

Empfehlungen von	Deutschland	Großbritannien	USA
Freunden / Bekannten	81 %	81 %	85 %
Online-Bewertungen	65 %	65 %	70 %
Online-Communitys	45 %	47 %	50 %
virtuellen Bekannten	37 %	37 %	47 %
sozialen Medien	29 %	39 %	40 %
klassischer Werbung	29 %	33 %	34 %
VIP-Markenbotschaftern	17 %	21 %	23 %

In dem Moment, in dem Sie persönlich empfohlen werden, treten Sie mit Ihrem Angebot aus der Masse der Angebote heraus und können von dieser Pole-Position aus ganz anders agieren.

L

Limbeck-Tipp

Tun Sie deshalb alles, damit Sie empfohlen werden.

Empfehlungen binden

Ein Aspekt wird bei der Diskussion um das Empfehlungsmarketing oft übersehen: Sie gewinnen durch Empfehlungen nicht nur neue Kunden. Sie festigen auch die Beziehung zu dem Empfehler. Denn die Erfahrung zeigt: Wer Sie weiterempfiehlt, der fühlt sich danach innerlich verpflichtet, dieser Empfehlung selbst auch treu zu bleiben. Das heißt, indem Sie aktives Empfehlungsmanagement betreiben, betreiben Sie gleichzeitig Kundenbindungsmanagement.

Empfehlungen managen

Empfehlungen an sich sind also wertvoll. Noch wertvoller sind sie, wenn Sie an die Richtigen weiterempfohlen werden. Die »Richtigen« sind dabei die Kunden, die Sie sich in Ihrer Strategie als Wunschkunden ausgewählt haben (vgl. Kap. 10.1).

Das können Sie steuern, weil dem ein ganz einfaches Prinzip zugrunde liegt: Menschen bewegen sich immer in denselben Kreisen. Ein Vorstand kennt andere Vorstände, ein Fußballfan andere Fußballfans, ein Geschäftsführer kennt andere Geschäftsführer, eine Mutter andere Mütter, ein Einkäufer kennt andere Einkäufer und so weiter. Und über sechs Ecken kennt jeder jeden. Das ist keine Vermutung, sondern eine Tatsache, bekannt unter dem Begriff »Kleine-Welt-Phänomen«.

Das Kleine-Welt-Phänomen

Der Begriff »Kleine-Welt-Phänomen« stammt von dem US-amerikanischen Sozialpsychologen Stanley Milgram. Er führte 1967 ein Experiment durch, indem er 60 zufällig ausgewählte Amerikaner bat, ein Paket an jeweils eine bestimmte, ihnen persönlich nicht bekannte Person in Boston zu schicken. Sie durften das Paket aber nicht direkt demjenigen schicken, sondern nur an jemanden, den sie selbst persönlich kannten und von dem sie vermuteten, dass er die Person in Boston eher kennen könnte.

Aus der Zahl der angekommenen Pakete errechnete er, dass jeder jeden um sechs Ecken persönlich kennt, und zeigte so, wie eng die soziale Vernetzung in der modernen Welt ist.

Limbeck-Tipp

Wenn Sie wissen, an wen Sie empfohlen werden möchten, dann können Sie sich aktiv um die Empfehler bemühen, die an Ihren Wunschkunden von morgen dran sind. Genau darum geht es beim professionellen Empfehlungsmanagement.

Wann ein Kunde dich empfiehlt

Zufriedene Kunden empfehlen Sie nicht, denn die haben das Gefühl, dass sie genau das bekommen haben, was sie erwartet und bezahlt haben (vgl. Kap. 17.1). Sie fühlen sich Ihnen also nicht verpflichtet, denn sie stehen gefühlt nicht in Ihrer Schuld.

Zum Empfehler wird ein Kunde erst, wenn er mehr bekommen hat als erwartet. Wenn Sie also seine Erwartung übertroffen haben und es auch dauerhaft tun.

Nach dem Reziprozitätsprinzip fühlt er sich damit am Zug (vgl. Kap. 5.5) und kann die Waagschale – wenn er von selbst auf die Idee kommt oder von Ihnen auf die Idee gebracht wird – mit einer Empfehlung wieder ein bisschen in seine Richtung senken.

Limbeck-Tipp

Gutes Empfehlungsmanagement fängt bei einer guten Strategie zur langfristigen Kundenbindung an.

Die Kehrseite der Empfehlungsmedaille

Statistisch gesehen teilt ein begeisterter Kunde von sich aus seine Begeisterung mit drei weiteren potenziellen Käufern. Ein unzufriedener Kunde erzählt seine negative Erfahrung im Durchschnitt an neun mögliche Interessenten weiter. Es lohnt sich also, unzufriedene Kunden in begeisterte zu verwandeln. Denn nach dem Beschwerdeparadoxon liegt hier Ihr Potenzial für echte Fans.

Kümmern Sie sich deshalb gut um die Kunden, die sich mit einer Beschwerde melden. Und mindestens genauso wichtig: Bleiben Sie an Ihren Bestandskunden dran, damit Sie die unzufriedenen aufspüren und sich auch deren Begeisterung erarbeiten können. Wie das geht, lesen Sie in Kap. 16.

Wenn Sie für Ihren Bestandskunden nicht nur vor dem nächsten winkenden Auftrag, sondern kontinuierlich die Extrameile gehen, dann investieren Sie nicht nur in seine Loyalität zu Ihnen. Sie legen auch den Grundstein für eine erfolgreichere Neukundenakquise über Empfehlungen.

Arbeiten Sie dabei immer auch an Ihren persönlichen Sympathiewerten beim Kunden: Selbst wenn er von Ihrem Produkt sehr angetan ist, wird er Sie nur dann empfehlen, wenn er Sie auch menschlich irgendwie gut findet.

Arbeiten Sie deshalb intensiv und durchgängig an Ihrer Kundenbindung. Wählen Sie aus der breiten Palette der Möglichkeiten das Richtige für Sie und Ihre Kunden aus und setzen Sie es konsequent um (vgl. Kap. 17.1).

So generierst du Empfehlungen

Für eine erfolgreiche Akquise von Empfehlern brauchen Sie eine gute Methode, nach der Sie fleißig und diszipliniert arbeiten. Dafür werde ich Ihnen auch gleich noch einige Tipps an die Hand geben.

Doch Sie brauchen noch mehr, und zwar noch vor der Methode: Sie brauchen die richtige Einstellung zum aktiven Empfehlungsmarketing. Das haben bei Weitem nicht alle Verkäufer. Ich habe auch ansonsten sehr gute Verkäufer getroffen, die sich in diesem Punkt schwertun. Sie denken über Fragen nach wie:

- Will mein Kunde überhaupt, dass ich ihn nach einer Empfehlung frage?
- Wird er irritiert reagieren?

- Was denkt er dann über mich?
- Was denkt er über mein Unternehmen?

Das gipfelt in der entrüsteten Feststellung: »Ich bin doch Verkäufer und kein Drücker!« Dahinter steht der Glaubenssatz: »Gute Verkäufer bekommen Empfehlungen, ohne danach zu fragen.« Doch das ist ein Irrtum.

Limbeck-Tipp

Eine Empfehlung müssen Sie sich als Verkäufer genauso erarbeiten wie zum Beispiel das Vertrauen des Kunden, eine gute Nutzenargumentation und den Abschluss.

Wenn Sie also Scheu vor der Frage nach Empfehlung haben, dann schauen Sie sich Ihre Glaubenssätze dazu gut an und tun Sie etwas, um sie zu verändern (vgl. Kap. 1.4). Nutzen Sie auch den R-A-U-S-S®-Test, um Ihren Standort und Ihre Lernfelder zu orten (vgl. »Statt eines Nachworts: Der R-A-U-S-S®-Test«). R-A-U-S-S steht für **R**isikobereitschaft, **A**ntriebsstärke, **U**eberzeugungskraft, **S**elbstdisziplin und **S**elbstbewusstsein. Das sind die Eigenschaften, die Sie beim Verkaufen im Allgemeinen und beim Empfehlungsmanagement überhaupt erst zum Erfolg führen. Denn es ist wichtig, dass Sie Ihre Empfehlungsfrage voller innerer Überzeugung stellen. Tun Sie es nur halbherzig, werden Sie auch nur halbherzige Antworten und Empfehlungen bekommen.

Testimonials

Direkte Empfehlungen sind das beste und wirkungsvollste Instrument zur Neukundenakquise. Doch die 1-zu-1-Weitergabe von Empfehlungen ist naturgemäß auf eine gewisse Zahl beschränkt. Größere Reichweite erlangen Sie mit Testimonials, die Ihre Kunden Ihnen ausstellen und die Sie als Referenzen in Ihren Gesprächen, Ihren Präsentationen und auch zum Beispiel auf Ihrer Website verwenden dürfen.

Diese Referenzen entfalten durchaus Zugkraft, wenn auch nicht so stark. Dennoch sollten Sie auf dieses Instrument auf keinen Fall verzichten. Bitten Sie also Ihre begeisterten Kunden nicht nur um persönliche Empfehlungen, sondern stets auch um anderweitige Referenzen.

Dabei ist die schriftliche Form die einfachste, die auch am leichtesten zu bekommen ist. Deren Wirkung lässt sich jedoch deutlich steigern, wenn zu den Worten ein Gesicht, eine Körpersprache und eine Stimme dazukommen. Deshalb haben sich in den letzten Jahren Video-Testimonials von Kunden als wirksames Empfehlungsinstrument etabliert. Nutzen auch Sie diese Chance.

Mit der richtigen Einstellung bauen Sie mühelos Ihr Empfehlungsmanagement in Ihren Verkaufsalltag ein. Eine gute Methode dafür besteht aus den sieben folgenden Schritten.

Schritt 1: Empfehlungen systematisch generieren

Bei diesem Schritt gibt es zwei Stufen, von denen viele Verkäufer, darunter auch gute, nur die erste nutzen.

Diese erste ist nämlich die passive Generierung. Das heißt, Sie arbeiten treu und brav an Ihrer langfristigen Kundenbindung, tun Ihren Bestandskunden immer wieder etwas Gutes und sorgen so für Begeisterung. Sie hoffen darauf, dass Ihre Kunden dann selbstständig diese Begeisterung weitertragen und immer wieder einmal ein neuer Kunde von selbst an Ihre Tür klopft.

Die Datenbank als Empfehlungshelfer

Wenn ein neuer Kunde aufgrund einer Empfehlung von sich aus auf Sie zukommt, ist es extrem wichtig, dass Sie Ihre Datenbank gut gepflegt haben. Dann genügt nämlich ein Blick auf die Einträge zum Empfehler, damit Sie zum Beispiel über dessen letzten Kauf Bescheid wissen. Dann können Sie etwa sagen: »Hat Herr Müller Ihnen schon erzählt, wie begeistert er von seiner neuen Telefonanlage ist? Das freut mich wirklich, dass er Sie an uns weiterempfohlen hat!« Damit erlebt Ihr neuer Kunde sofort, wie individuell und serviceorientiert Sie aufgestellt sind.

Dieses Vorgehen der passiven Generierung kann funktionieren, doch warum sollten Sie sich damit zufriedengeben? Wenn Sie schon ordentlich in Ihre Kundenbindung investiert haben, warum sollten Sie dann nicht auch die volle Ernte einfahren? Ein bisschen müssen Sie für diese aktive Generierung von Empfehlungen tun. Doch das lohnt sich!

Zunächst suchen Sie sich gezielt diejenigen Kunden heraus, die Sie auf Empfehlungen ansprechen möchten. Fragen Sie sich:

- Was weiß ich über den potenziellen Empfehlungsgeber?
- Bewegt er sich in den Kreisen meiner Wunschkunden?
- Ist er Mitglied in interessanten Verbänden, Vereinigungen oder Organisationen?
- Welche Unternehmen bzw. Personen aus seinen Kreisen sind für mich interessant?
- Wer sind seine Lieferanten und Kunden?

Wenn Sie so ermittelt haben, wen Sie ansprechen möchten, dann müssen Sie nur noch diesen begeisterten Wunschempfehler im richtigen Moment nach Empfehlungen fragen.

Der richtige Moment für die Empfehlungsfrage

Bei der Empfehlungsfrage ist das wie bei der Akquise und bei der Abschlussfrage: Die richtige Zeit dafür ist jetzt und immer, solange eine gewisse Ruhe und eine gute Atmosphäre herrschen. Stellen Sie die Frage also nicht zwischen Tür und Angel, sondern dann, wenn Sie zum Beispiel mit Ihrem Kunden noch am Tisch sitzen und noch mal Kaffee nachgeschenkt haben.

Vertrauen Sie auf Ihren Instinkt. Und dann ist das Einzige, was Sie noch zögern lässt, fehlender Mut.

Es hat sich für mich bewährt, mir schon sehr früh in einer Geschäftsbeziehung das Commitment für Empfehlungen abzuholen. So kann ich jederzeit auf diese Bereitschaft zurückkommen. Arbeiten Sie deshalb an Ihrer Einstellung, dann ergibt sich der richtige Zeitpunkt für Ihre Empfehlungsfrage von selbst.

Entscheidender als der Moment, in dem Sie die Empfehlungsfrage stellen, sind die richtigen Formulierungen. Dafür gibt es verschiedene Varianten der Begeisterungsfrage, die Sie üben können. Fünf Varianten davon stelle ich Ihnen hier vor. Entwickeln Sie auf dieser Grundlage weitere, die zu Ihrer Marke, Ihren Kunden und Ihrem Produkt passen.

1. **Die Standardvariante:** Suchen Sie sich zunächst aus Ihrer Datenbank das Datum des Beginns Ihrer Zusammenarbeit mit Ihrem Kunden heraus. Wenn Sie dann mit dem Kunden am Tisch sitzen, fragen Sie ihn:

   »Lieber Herr Kunde, wissen Sie, wie lange wir zwei schon zusammenarbeiten?«

Er antwortet so etwas wie: »So zwei Jahre?« Dann erwidern Sie:

> »Herr Kunde, ich habe mal ganz genau nachgeschaut: Das erste Mal haben Sie mir am 27. August 2016 vertraut. Und heute habe ich mal eine ganz persönliche Frage an Sie.«

Nun stellen Sie Ihre Begeisterungsfrage:

»Was waren die drei Hauptgründe, warum Sie sich für mich und mein Unternehmen entschieden haben?«

Wenn Sie in der Vergangenheit schon richtig gut waren, haben Sie die Spuren für diese Gründe schon gelegt, indem Sie immer wieder auf Stichworte wie zum Beispiel Sicherheit, Verlässlichkeit und Leistungsniveau abgehoben haben.

Nennt Ihnen also Ihr Kunde drei Gründe, dann fragen Sie direkt nach Empfehlungen:

»Lieber Herr Kunde, es freut mich, dass Sie von so guten Erfahrungen berichten. Auch wir arbeiten sehr gerne mit Ihnen zusammen. Sagen Sie, welchem Ihrer Geschäftspartner würden Sie denn eine ähnliche Erfahrung wünschen? Wem würden Sie auch einmal die Freude machen wollen, indem er in den Genuss unserer Dienstleistung kommt?«

Limbeck-Tipp

Geben Sie dem Kunden bei der Begeisterungsfrage nur eine oder höchstens zwei Richtungen vor. Das kann zum Beispiel sein Umfeld sein, seine Region, sein Freundeskreis, sein Unternehmen oder sein Kollegenkreis. Das führt zu besseren Ergebnissen.

Wichtig: Lassen Sie dem Kunden nach Ihrer Frage ausreichend Bedenkzeit. Schweigen Sie, halten Sie die Stille, die entsteht, aus.

Der entscheidende Punkt ist, dass Sie den Kunden mit Ihrer Begeisterungsfrage zweimal positiv lenken: Erstens, indem Sie seine Gedanken in die Richtung seiner guten Erfahrung mit Ihnen und damit der Richtigkeit seiner damaligen Entscheidung führen. Und zweitens, indem Sie ihm die Gelegenheit eröffnen, als Gönner einem Geschäftspartner diese gute Erfahrung ebenfalls zu ermöglichen.

2. **Die XXL-Variante:** Wieder suchen Sie sich zunächst aus Ihrer Datenbank das Datum des Beginns Ihrer Zusammenarbeit heraus. Diesmal sagen Sie:

   »Lieber Herr Kunde, wir arbeiten jetzt schon seit dem … erfolgreich zusammen. Sie sagen selbst: Unser Service ist hervorragend, die Zuverlässigkeit ist prima und die persönliche Betreuung entspricht ganz Ihren Wünschen. Herr Kunde, Sie kennen doch eine Menge Leute – sagen Sie, wem möchten Sie denn aus Ihrem persönlichen Umfeld mal eine Freude machen? Wer ist auch daran interessiert, eine verlässliche Versicherung an der Seite zu haben bzw. von unserem Top-Service oder meiner individuellen Betreuung zu profitieren, sodass Sie denken, er sollte unbedingt mal davon erfahren? Dabei bieten wir das ja nicht nur hier vor Ort, sondern bundesweit. Gibt es jemanden, den Sie von früheren Stationen Ihrer Karriere, von Messen und so weiter kennen? Für wen könnte das ein Thema sein? Wer fällt Ihnen da spontan ein?«

Geben Sie Ihrem Klienten nach dieser langen Rede auch hier genug Zeit zum Nachdenken.

3. **Die XL-Variante:** Die klingt so:

   »Lieber Herr Kunde, so wie Sie in den letzten sechs Monaten unsere strategische Vorgehensweise kennen- und schätzen gelernt haben, was denken Sie? Gibt es den einen oder anderen Geschäftspartner aus Ihrem Netzwerk, der von dieser Methode noch nichts weiß, geschweige denn sie bereits einmal ausprobieren durfte? Stellen Sie sich vor, es geht nur darum, jemandem einen Gefallen zu erweisen und ihn über diese Methode zu informieren – an wen denken Sie da spontan?«

Auch an diese Frage schließen Sie eine Pause an.

4. **Die XS-Variante:** Je nach Kunde kann auch die Kurzversion angebracht sein:

   »Lieber Herr Kunde, wer aus Ihrem persönlichen Umfeld ist in der gleichen Situation wie Sie, sodass er davon profitieren könnte, dass er von Ihnen ein Gespräch mit uns vermittelt bekommt? Wer fällt Ihnen spontan ein, dem Sie damit eine Freude machen wollen?«

Und: Pause.

5. **Die Austauschvariante:** Setzen Sie diese Variante ausschließlich dann ein, wenn Sie meinen, was Sie sagen. Jeder innere Zweifel daran lässt Ihre Worte beim Kunden wie Ironie klingen – und das ist extrem gefährlich.

»Lieber Herr Kunde, ich staune stets von Neuem über Ihre klugen Ideen und Ihren Weitblick. Heute habe ich mal eine ganz persönliche Frage: Mit wem tauschen Sie sich denn zu diesen Themen aus? Mit wem entwickeln Sie diese Gedanken? Wollen Sie dieser Person eine Freude machen und ein gemeinsames Gespräch anstoßen? Wer kommt Ihnen da spontan in den Sinn?«

Für diese Fragenvariante braucht Ihr Gesprächspartner vielleicht noch mehr Bedenkzeit als für die anderen – lassen Sie sie ihm.

Limbeck-Tipp

Empfehlungen entstehen in der Zeit des Schweigens nach der Frage und nicht, wenn Sie in dieser Zeit munter weiterreden. Geben Sie Ihrem Kunden so viel Zeit, wie er braucht.

Übung: Varianten der Begeisterungsfrage

Erarbeiten Sie sich für alle Varianten eigene Formulierungen und üben Sie sie. Denken Sie daran, auch beim Üben schon die Pause nach der Frage einzubauen. Erweitern Sie Ihr Repertoire um eigene Abwandlungen.

Variante	Meine Formulierung
Standard	...
XXL	...
XL	...
XS	...
Austauschvariante	...
...	...

Download: verkaufen.limbeckgroup.com

Ein Tipp für wirklich Mutige

Haben Sie einen begeisterten Kunden, der Ihnen dennoch nie eine Empfehlung gibt, können Sie diesen frechen Versuch starten: Auf sein Lob hin zeigen Sie sich enttäuscht und sagen:

»Herr Kunde, wenn Sie wirklich so begeistert sind: Wieso hat mich dann noch nie einer angerufen und gesagt, dass er die Empfehlung von Ihnen bekommen hat, dass wir im Bereich des Anlagenbaus genau der richtige Partner sind? Sie kennen doch auch Gott und die Welt ...«

Lachen Sie in diesem Moment, und wenn Ihr Kunde auf das Lachen einsteigt, dann schieben Sie hinterher: »Wer fällt Ihnen da spontan dazu ein?«

Der Kunde wird Ihnen die Bemerkung nicht krummnehmen. Und vielleicht überlegt er sich das mit der Empfehlung dann doch einmal.

Gibt Ihnen Ihr Kunde einen oder mehrere Namen: Sehr gut, dann gehen Sie zu Schritt 2. Fällt seine Reaktion anders aus, dann empfehle ich Ihnen Folgendes:

- Verweigert sich Ihr Kunde Ihrer Anfrage völlig, dann haken Sie noch einmal kurz nach. Falls er bei seiner grundsätzlichen Verweigerung bleibt, dann akzeptieren Sie seine Aussage für diesmal. Das heißt nicht, dass Sie ihn für alle Zeiten von Ihrer Empfehlerliste streichen sollten, doch lassen Sie eine Zeit lang Gras über die Sache wachsen und ihn weiter gute Erfahrungen mit Ihnen sammeln.
- Bittet Ihr Kunde Sie um Bedenkzeit, dann haken Sie zwei Tage (oder um eine vereinbarte Frist) später nach. Gibt er Ihnen dann immer noch keinen Namen, dann stellen Sie die Anfrage erst einmal zurück und verfahren Sie wie beim Verweigerer.
- Antwortet Ihr Kunde dagegen mit einem »Ja, aber ...«, dann konzentrieren Sie sich auf das »Ja« und absolvieren die Einwandbehandlung. Denn die haben Sie – wie Sie das für ein Verkaufsgespräch tun – längst passend zu dem, was typischerweise von Ihren Kunden kommt, vorbereitet. Ein Standardschlüssel für diese Situation lautet: »Hm, lieber Herr Kunde, da gibt es zwei Möglichkeiten. Sie wollen nicht, dass ein anderer Geschäftspartner so wie Sie die interessanten Möglichkeiten unserer Plattform kennenlernt. Das kann ich

mir gar nicht vorstellen! Also ist da bestimmt noch ein Punkt, der für Sie erst positiv geklärt sein sollte, damit Sie eine Empfehlung abgeben. Sagen Sie ganz offen, welcher Punkt ist das?«

Die Situativvariante

Wenn Sie die richtige Einstellung haben, dann nutzen Sie auch spontan geeignete Situationen für Ihr aktives Empfehlungsmanagement. Erkennen Sie im Gespräch mit einem begeisterten Kunden, bei dem es um etwas ganz anderes gehen kann, eine Chance, dann stellen Sie ihm die Situativvariante Ihrer Begeisterungsfrage. Erzählt Ihr Kunden Ihnen zum Beispiel von einem Freund, der ein ähnliches Unternehmen hat, dann sagen Sie: »Mensch, lieber Herr Kunde, wollen Sie dem nicht auch mal eine Freude machen, damit er auch – wie Sie – praxisnahe und erfolgreiche Anwenderschulungen bekommt?«

Oder in der lockeren Version: »Lieber Herr Kunde, Sie reden die ganze Zeit von einem Freund, der 300 Mitarbeiter hat – wieso kenne ich den noch nicht? So könnten Sie dem auch was Gutes tun.«

Schritt 2: Empfehlungen qualifizieren

Geben Sie sich nicht mit dem Namen des Empfohlenen zufrieden. Überlegen Sie:

- Welche Angaben helfen Ihnen, die Kontaktaufnahme mit ihm vorzubereiten?
- Welche Qualifikationen hat er aufzuweisen?
- Welche Hintergrundinformationen brauchen Sie?

Stellen Sie Fragen wie diese:

- »Lieber Herr Kunde, was hat Sie ausgerechnet an diesen Herrn Hinz denken lassen?«
- »Was macht Herr Hinz denn genau?«
- »Wie groß ist das Unternehmen, bei dem er arbeitet?«
- »Wie sind denn seine Durchwahl und seine E-Mail-Adresse?«

L

Limbeck-Tipp

Auf diese Weise können Sie oft nicht nur harte Fakten erfragen, sondern auch so spannende Informationen wie zum Beispiel, was für ein Typ der Empfohlene ist und welche Vorlieben er hat.

Schritt 3: Kontakt mit der Empfehlung aufnehmen

Nehmen Sie auf jeden Fall mit dem, den Ihnen Ihr Kunde empfohlen hat, Kontakt auf. Tun Sie es nicht, belasten Sie Ihre Beziehung unnötig – ganz abgesehen davon, dass Sie eine Chance nicht nutzen.

Warten Sie jedoch mit Ihrem Anruf zwei, drei oder maximal vier Tage ab. Damit geben Sie dem Empfehler die Möglichkeit, Ihren Anruf anzukündigen.

L

Limbeck-Tipp

Ermutigen Sie Ihren Kunden sogar zu diesem Anruf. Ihr Vorteil ist, dass der Empfohlene bereits vorab positiv informiert wird.

Nutzen Sie die Zeit, sich noch weitere Informationen über die Person zu besorgen (vgl. Kap. 13.2).

Wenn Sie dann telefonisch Kontakt aufnehmen, um einen Termin zu vereinbaren, vermeiden Sie der Zentrale oder der Assistentin gegenüber das Wort »Empfehlung« – das hört sich sofort nach einem Verkaufsgespräch an. Nutzen Sie besser die erweiterte Wahrheit (vgl. Kap. 13.5) und sagen Sie etwas wie:

> »Herr Kunz von der Firma XY bat mich, Herrn Hinz anzurufen. Es geht um eine persönliche Terminvereinbarung auf Entscheiderebene. Bitte verbinden Sie mich.«

So können Sie darüber hinaus auch abschätzen, wie qualifiziert die Beziehung zwischen den beiden ist.

Die Gleiche gilt übrigens, wenn Sie Herrn Hinz direkt erwischen:

> »Herr Hinz, Herr Kunz von der Firma XY, mit dem Sie im Unternehmerkreis zusammensitzen, bat mich, mit Ihnen Kontakt aufzunehmen. Herr Kunz ist sich sicher, dass Sie genau wie er Interesse an einer maßgeschneiderten Logistiklösung für Ihr Unternehmen haben. Herr Kunz ist jedenfalls ganz begeistert, wie das für seine Transporte funktioniert. Wann wollen wir beide uns dazu mal auf eine Tasse Kaffee treffen?«

An dieser Stelle im Gespräch erweist sich zum ersten Mal, wie wichtig die Informationen sind, die Sie in Schritt 2 erfragt haben.

Schritt 4: Den Empfehler auf dem Laufenden halten

Sobald Sie den Kontakt herstellen konnten: Geben Sie dem Empfehler kurz Bescheid. Es ist ein Zeichen von Wertschätzung, wenn Sie ihn jetzt auf dem Laufenden halten.

> »Herr Kunz, hier ist … Ich wollte Ihnen nur kurz Bescheid geben, dass ich mit Herrn Hinz telefoniert und einen Termin vereinbart habe. Am ... schaue ich bei ihm vorbei.«

Auch wenn Sie keinen Termin fixiert haben: Melden Sie sich kurz. WhatsApp oder SMS sind dafür inzwischen salonfähig geworden, auch wenn ein Anruf immer noch besser ist, weil Sie damit auch gleich einen Kuschel-Call machen.

L

Limbeck-Tipp

Geben Sie jedoch keine Details preis, denn das ist eine Sache zwischen Ihnen und dem Empfohlenen.

Schritt 5: Der Erstbesuch

Gestalten Sie Ihr Gespräch wie Ihre anderen Verkaufsgespräche auch nach der BAP®-Technik (vgl. Kap. 14.3). Gehen Sie auf jeden Fall direkt am Anfang auf die Verbindung zwischen dem Empfehler, Ihrem Gesprächspartner und Ihnen ein.

Achten Sie in dieser Phase besonders bewusst auf die Körpersprache und die sprachliche Reaktion Ihres Gegenübers (vgl. Kap. 12.1). Denn je belastbarer die Beziehung zwischen dem Empfehler und ihm ist, umso höher ist der Vertrauensvorschuss, den Sie durch die Empfehlung erhalten.

Ein Gesprächseinstieg könnte zum Beispiel sein:

> »Herr Hinz, wir haben den heutigen Termin vereinbart, weil Ihr Geschäftspartner, der Herr Kunz, der Meinung war, dass das, was wir für ihn leisten, auch für Sie mehr als spannend ist. Ich frage Sie daher ganz direkt: Welche Erwartung haben Sie an den heutigen Termin?«

Wenn Sie mutig sind, dann sprechen Sie Ihren Gesprächspartner gleich jetzt auf eine Empfehlung an, und zwar mit einer hypothetischen Frage:

> »Herr Hinz, wir arbeiten seit mehr als zwei Jahren höchst erfolgreich mit dem Unternehmen von Herrn Kunz zusammen. Und wie Sie nun selbst erlebt haben, arbeiten wir nach der Devise ›Begeisterte Kunden empfehlen begeisterte Kunden‹. Mal angenommen, Sie sagen nach unserem Gespräch: ›Perfekt! Das ist, was wir brauchen!‹, werden Sie uns später, wenn Sie genug gute Erfahrung mit uns gesammelt haben, ebenfalls – wie Herr Kunz – an drei konkrete Geschäftspartner weiterempfehlen, damit es mit denen zu einem Termin wie diesem hier kommt?«

L

Limbeck-Tipp

Das Schlüsselwort bei der Kontaktaufnahme ist der Name des Empfehlungsgebers. Hier erzielen Sie mit der dreifachen Nennung die neunfache Wirkung.

Schritt 6: Kontakt herstellen zwischen Empfehler und Empfehlung

Kommt ein Empfehler nicht sowieso von sich aus auf die Idee, den Empfohlenen im Vorfeld Ihres Anrufs zu kontaktieren, dann bringen Sie ihn darauf.

Wenn sich das nicht ergibt, dann sollten Sie während Ihres Erstbesuchs diese Chance ergreifen: Bieten Sie Ihrem Gesprächspartner diesen Anruf aktiv an, damit er von einem Zeugen persönlich hört, wie glücklich der mit Ihrer Leistung ist.

Schritt 7: Geben Sie Ihrem Empfehler ein Abschluss-Feedback

Melden Sie sich nach Ihrem Termin noch mal beim Empfehler zurück. Informieren Sie ihn, ob und wenn ja, ganz grob, welche Beziehung zwischen Ihnen und der Empfehlung zustande gekommen ist.

Achten Sie darauf, dass Sie die Schritte stets alle durchlaufen. Vergessen Sie auch Schritt 4 nicht, also informieren Sie Ihren Bestandskunden über den Verlauf Ihrer Kontaktaufnahme.

Checkliste: Empfehlungsmanagement

- ☐ Schritt 1: Ich habe die Empfehlungsfrage gestellt.
- ☐ Schritt 2: Ich habe die Empfehlung qualifiziert.
- ☐ Schritt 3: Ich habe Kontakt mit der Empfehlung aufgenommen.
- ☐ Schritt 4: Ich habe den Empfehler auf dem Laufenden gehalten.
- ☐ Schritt 5: Ich habe den Erstbesuch bei der Empfehlung absolviert.
- ☐ Schritt 6: Ich habe bewirkt, dass der Empfohlene mit dem Empfehler direkt spricht.
- ☐ Schritt 7: Ich habe den Empfehler abschließend über den Stand informiert.

Download: verkaufen.limbeckgroup.com

Kundenveranstaltungen

Planen Sie besondere Kundenveranstaltungen, zu denen Sie Wunschkunden und begeisterte Stammkunden im Verhältnis 50 zu 50 einladen. Geben Sie dabei die Sitzordnung vor: Platzieren Sie Bestandskunden neben Verkäufer neben Wunschkunden. Wiederholen Sie diese Reihenfolge, bis alle versorgt sind.

Und würfeln Sie nach einer kurzen Pause Ihre Gäste nach demselben Prinzip neu zusammen.

L

Limbeck-Tipp

Je häufiger Sie die Konstellationen im Laufe der Veranstaltung gewechselt bekommen, umso besser.

So erreichen Sie, dass jeder Wunschkunde mit mehreren Ihrer begeisterten Kunden ins Gespräch kommt und so gleich mehrere Referenzen mit eigenen Augen und Ohren erlebt.

Der entscheidende Teil Ihres Empfehlungsmanagements kommt einen Tag nach der Veranstaltung. Betreiben Sie eine saubere Nachakquise und rufen Sie Ihren neuen Kontakt an. Dabei gehen Sie nach diesem Schema vor:

1. »Ich wollte mich noch mal bedanken, dass Sie gestern bei uns waren.«
2. »Wie hat es Ihnen denn gefallen?«
3. »Welche konkreten Tipps haben Sie für sich mitgenommen?«
4. »Möchten Sie zu weiteren Veranstaltungen eingeladen werden?«
5. »Sagen Sie, wo ich Sie gerade dran habe …«

Nach dem Reziprozitätsprinzip stehen Ihre Chancen sehr gut, dass er auf Ihr Anliegen eingeht, denn Sie sind bei ihm in Vorleistung getreten.

Das Empfehlungsmanagement systematisch verbessern

Damit Sie Ihr Vorgehen bei der Empfehlungsgenerierung noch gezielter und effektiver gestalten, ist eines unerlässlich: Dass Sie Ihren Erfolg messen. Erarbeiten Sie sich Kriterien, anhand deren Sie beurteilen,

- welche Aktionen von Ihrer Seite die Zahl Ihrer Empfehler steigern,
- welche Empfehlungen Sie zu Ihren Wunschkunden führen und
- welche Empfehlungen Sie in neue Kunden verwandeln können.

Bei Kunden, die auf Empfehlung von sich aus zu Ihnen kommen, sollten deshalb Fragen wie die folgenden zu Ihrem Pflichtprogramm gehören:

- »Wer hat Sie an mich empfohlen?«
- »Wie sind Sie auf mich aufmerksam geworden?«
- »Wie haben Sie mich gefunden?«

Analysieren Sie für sich selbst sehr genau, wie sich Ihre Empfehlungen entwickeln, sowohl die passiv als auch die aktiv generierten Empfehlungen. Einige beispielhafte Fragen dafür finden Sie unten stehend (auch zum Download unter verkaufen.limbeckgroup.com). Ergänzen Sie weitere Fragen, die zu Ihrer Marke, Ihren Kunden und Ihrem Produkt passen.

Beispiele für Fragen zur Empfehlungsanalyse

- Wie hoch ist der Kundenanteil, der mich empfiehlt?
- Welche Gründe sprechen für die Empfehlung?
- Wer genau empfiehlt mich?
- Wie viele Aufträge kamen durch Empfehlungen zustande?
- Wie ist die Entwicklungsphase verlaufen?
- Wie oft wurde ich früher, wie oft werde ich heute empfohlen?
- Wie viele Neukunden habe ich selbst akquiriert, wie viele wurden mir empfohlen?
- Welche Kunden sprechen wirksame Empfehlungen aus?
- Wie viele der empfohlenen Kunden haben mich dann auch wieder weiterempfohlen?
- Welche Zielgruppen empfehlen mich besonders, welche Branchen?
- Gibt es Unterschiede in den Regionen?
- Spielt das Geschlecht eine Rolle?

Download: verkaufen.limbeckgroup.com

Ein gutes Empfehlungsmarketing wird in den nächsten Jahren noch mehr zu dem entscheidenden Faktor werden, der den erfolgreichen Verkäufer vom Verlierer in der Verkaufswelt im Wandel unterscheidet. Entscheiden Sie selbst, zu welcher Fraktion Sie gehören möchten.

AUF EINEN BLICK

- Wenn Sie Erfolg haben wollen, kommen Sie heute nicht mehr ohne ein professionelles Empfehlungsmanagement aus.
- Mit einem systematischen, mutigen Vorgehen akquirieren Sie nicht nur mehr Empfehlungen und Neukunden, Sie stärken auch die Beziehung zu Ihrem begeisterten Kunden.
- Verbessern Sie Ihre Strategie ständig, indem Sie Ihre Erfolge messen und reflektieren.

Statt eines Nachworts: Der R-A-U-S-S®-Test

Statt salbungsvoller Worte möchte ich Ihnen am Ende dieses Buches den R-A-U-S-S®-Test ans Herz legen. R-A-U-S-S steht für

Risikobereitschaft
Antriebsstärke
Ueberzeugungskraft
Selbstdisziplin
Selbstbewusstsein

Das sind die Eigenschaften, die einen erfolgreichen Verkäufer auszeichnen. In den tiefgreifenden Veränderungen, die die Welt des Verkaufens heute schon umwälzen und die noch heftiger werden, werden nur die Verkäufer bestehen, die in diesen Punkten hart an sich arbeiten und sich ständig verbessern.

Anhand dieses Selbsttests ermitteln Sie, wie weit Sie auf dem Weg dahin schon gekommen sind und welchen Entwicklungsbedarf Sie noch haben.

RAUSS-Punkt	Punktzahl (1 = trifft sehr zu, 2 = trifft zu, 3 = trifft mal zu und mal nicht, 4 = trifft selten bis gar nicht zu)
Herausforderungen im Verkaufsalltag belasten mich.	
Ich tue nur das, was mir Spaß macht.	
Ich bin total spontan, alles andere engt mich ein.	
Pläne mache ich eher selten.	
Wenn ich einen Plan habe, dann weiche ich oft davon ab.	
Ich bin leicht ablenkbar.	
Größere Entscheidungen lasse ich lieber etwas liegen.	
Ich erledige vieles auf den letzten Drücker.	
Aufgaben, die ich am Tag nicht geschafft habe, verfolgen mich in der Nacht.	
Ich erledige lieber erst die angenehmen Tätigkeiten.	
Unangenehme Tätigkeiten lasse ich gerne auch mal liegen, denn manchmal erledigen sie sich von selbst.	
Was mir in meinem Verkaufsalltag begegnet, schaffe ich mit links.	
Ich halte meine Herausforderungen im Verkauf lieber klein, damit ich sie auch sicher schaffe.	
Schwierigkeiten sind immer Herausforderungen für mich.	
Der Begriff Selbstdisziplin gefällt mir nicht so.	
Mit Niederlagen kann ich nicht so gut umgehen.	
In Stresssituationen im Verkauf beschleicht mich schnell ein Gefühl der Resignation.	
Dringende Dinge erledige ich sofort.	

RAUSS-Punkt	Punktzahl (1 = trifft sehr zu, 2 = trifft zu, 3 = trifft mal zu und mal nicht, 4 = trifft selten bis gar nicht zu)
Ich habe keine klare Vorstellung davon, wo ich in drei oder fünf Jahren stehe.	
Oft denke ich mir, dass es einfacher wäre, wenn mir jemand sagen würde, was zu tun ist.	
Ich nehme die Dinge, wie sie kommen.	
Ich bewundere Menschen, die wissen, was sie wollen.	
Ich bin ein Macher, kein Stratege.	
Ich kann mich nicht so leicht selbst motivieren.	
Routine langweilt mich.	
Ich lasse die Dinge in meinem Leben lieber so wie sie sind – da weiß ich, was ich habe.	
Ziele stressen mich, deshalb setze ich mir keine.	
Fokussiertes, konzentriertes Arbeiten ist nicht mein Ding.	

Auswertung

Punktzahl	Ergebnis	Empfehlung
28–46	Die konsequente Orientierung an Zielen fällt Ihnen schwer. Sie schieben wichtige Dinge auf. Den Verkaufsalltag mit seinen Sorgen und Pflichten empfinden Sie als mühsam, belastend und wenig anregend. Sie können tagtägliche Konflikte und tiefer sitzende Konflikte schlecht auseinanderhalten. Daraus erwachsen Ihnen regelmäßig Schwierigkeiten, weil Sie die wahre Ursache nicht recht erkennen können.	Gehen Sie aktiv die Themen an, die Sie blockieren. Finden Sie für sich Methoden, wie Sie sich für Ihren Alltag motivieren und seinen Herausforderungen freudig entgegengehen. Arbeiten Sie deshalb besonders intensiv an Ihrem Selbstvertrauen und an Ihrer Selbstverantwortung.

Punkt-zahl	Ergebnis	Empfehlung
47–65	Sie pendeln zwischen planvollem Handeln und Laissez-faire hin und her. Das macht Ihnen oft Schwierigkeiten, wenn Sie Konflikte und Herausforderungen konsequent angehen sollten. Die Unterscheidung zwischen wichtig und unwichtig fällt Ihnen immer wieder schwer, die Beschäftigung mit Nebensächlichkeiten führt zur Überlastung. Deshalb überlassen Sie die Führung oft anderen.	Arbeiten Sie an Ihrer Entscheidungsfähigkeit und Ihrem Selbstvertrauen: Dann können Sie Konflikte besser anpacken und lösen.
66–84	Sie setzen die meisten Ihrer Pläne zügig um. Sie lassen sich nur selten ablenken und handeln meist zielorientiert. Das kostet Sie jedoch noch viel Energie, sodass Sie sich häufig erschöpft fühlen. Auch wünschen Sie sich manchmal eine größere Variabilität im Leben.	Sie sind auf einem guten Weg, ein herausragender Verkäufer zu werden. Arbeiten Sie weiter hart an sich und Ihrer Zielorientierung, denn Übung macht den Meister. Dann lernen Sie auch den Ausgleich zwischen Anspannung und Entspannung und gelangen zu einer größeren Gelassenheit.
85–112	Sie haben klare Ziele und setzen sie auch um. Sie lassen sich von nichts blockieren, Sie widmen sich mit Sorgfalt und Energie Ihren Vorhaben. Sie gehen die wichtigen Herausforderungen, die anstehen, ohne Umschweife an und bringen sie zu einer Lösung. Dabei überfordern Sie sich nicht und bleiben auch in Drucksituationen souverän und entspannt.	Machen Sie weiter so. Sie haben die richtige Einstellung und das nötige Selbstvertrauen, um auf Dauer großen Erfolg im Verkauf zu haben. Doch werden Sie nicht träge: Erfolg will jeden Tag aufs Neue verdient werden.
Download: verkaufen.limbeckgroup.com		

Egal, wie Ihr aktuelles Ergebnis ausfällt: Nehmen Sie es als Ansporn, (noch) besser zu werden! Denn ich kann es nicht oft genug sagen: Als guter Verkäufer werden Sie nicht geboren, die Übung ist es, die Sie zu einem macht. Wenn Sie es noch nicht sind, dann haben Sie noch nicht genug geübt. Und wenn Sie es sind, dann üben Sie weiter, damit Sie es bleiben.

In diesem Sinne wünsche ich Ihnen von ganzem Herzen viel Erfolg!

ANHANG

Literatur

Anastasi, Mark: The Laptop Millionaire. How Anyone Can Escape The 9 to 5 And Make Money Online. John Wiley 2012

Berns, Stefan; Henningsen, Dirk: Der Twitter-Faktor. Business Village 2010

Bierbaum, Georg; Marwitz, Klaus; May, Horst: Happy Selling. Der geniale Verkäufer. 3. Aufl. Junfermann 1993

Böni, Beda: Powerkontakten auf Messen. Böni 2012

Cialdini, Robert B.: Die Psychologie des Überzeugens. Ein Lehrbuch für alle, die ihren Mitmenschen und sich selbst auf die Schliche kommen wollen. 4. Aufl. Huber 2006

Detroy, Erich-Norbert: Abschlußtechniken beherrschen und gekonnt einsetzen. 3. Aufl. mi verlag moderne industrie 1994

Detroy, Erich-Norbert: Sich durchsetzen in Preisgesprächen und Preisverhandlungen. 17. Aufl. mi-Wirtschaftsbuch 2009

Dixon, Matthew; Adamson, Brent: The Challenger Sale. Taking Control of the Customer Conversation. The Corporate Executive Board Company 2011

Ehlers, Michael; Imbimbo, Guglielmo (Hrsg.): Sales Code. Die Erfolgsgeheimnisse von Europas Verkäufer-Elite. Börsenmedien AG 2016

Fink, Klaus-J.: Empfehlungsmarketing: Königsweg der Neukundengewinnung. 6. Aufl. Gabler 2014

Fischbacher, Arno: Voice sells. Die Macht der Stimme im Business. GABAL 2014

Franck, Wolfgang; Linß, Dora: Emotionale Intelligenz im Verkauf. mi verlag moderne Industrie 1997

Gitomer, Jeffrey: Social BOOM!: How to Master Business Social Media to Brand Yourself, Sell Yourself, Sell Your Product, Dominate Your Industry Market, Save Your Butt, ... and Grind Your Competition into the Dirt. FT Press 2011

Greff, Günter: Telefonverkauf mit Power: Kunden gewinnen, betreuen und halten. Gabler 1993

Hartmann, Alexander: Mit dem Elefant durch die Wand. Wie wir unser Unterbewusstsein auf Erfolgskurs bringen. Eine Gebrauchsanweisung. Ariston 2015

Janson, Michael: Psycho-Physiognomik, Profildiagnostik. Ausbildungshandbuch Band I. HEADMAP 2017

Jekel, Thorsten: Digital Working für Manager. Mit neuen Technologien effizient arbeiten. GABAL 2013

Kahnemann, Daniel: Schnelles Denken, langsames Denken. 8. Aufl. Siedler 2011

Koch, Richard: Das 80/20 Prinzip. Mehr Erfolg mit weniger Aufwand. 2. Aufl. Campus 2004

Limbeck, Martin: Das neue Hardselling: Verkaufen heißt verkaufen. So kommen Sie zum Abschluss. 6. Aufl. Springer Gabler 2016

Limbeck, Martin: Limbeck Laws. GABAL 2016

Limbeck, Martin: Nicht gekauft hat er schon: So denken Top-Verkäufer. Redline 2013

Limbeck, Martin: Warum keiner will, dass du nach oben kommst … und wie ich es trotzdem geschafft habe. Redline 2014

Lüth, Wiebke: Kunden lesen. Wie Sie in drei Sekunden wissen, wie Ihr Gegenüber tickt. Redline 2012

Martin, Steve W.: Heavy Hitter Sales Linguistics. 101 Advanced Sales Call Strategies for Senior Salespeople. TILIS 2011

Miller, Robert B.; Heiman, Stephen E.: Strategisches Verkaufen. Die praxiserprobte Miller-Heiman-Methode, um komplexe Verkaufsvorgänge erfolgreich zu bearbeiten. 9. Aufl. mi verlag moderne industrie 1999

Pinczolits, Karl: Der Schlagzahlmanager. Arbeitsleistungen im Vertrieb messen und steigern. Mit wirksamem Vertriebscontrolling zu mehr Umsatz. Campus 1998

Pinczolits, Karl: Was Profi-Verkäufer besser machen. Fünf Faktoren für Ihren Erfolg. Campus 2010

Rackham, Neil: Spin Selling. McGraw-Hill 1988

Rappmund, Eike: Praxis-Handbuch Manipulation. Mentalmagie aus der Welt der Hirnforschung, Psychologie und Hypnose. tredition 2014

Reynolds, Garr: presentation zen. Simple Ideas on Presentation Design and Delivery. New Riders 2008

Schmitz, Karl Werner: berühren – begreifen – kaufen. Haptisches Verkaufen in der Vertriebspraxis. 2. Aufl. mi-Wirtschaftsbuch 2010

Schüller, Anne M.: Touch Points. Auf Tuchfühlung mit dem Kunden von heute. Managementstrategien für unsere neue Businesswelt. 3. Aufl. GABAL 2013

Schwarz, Aljoscha A.; Schweppe, Ronald P.: Praxisbuch NLP. Denk dich nach vorn. südwest 2009

Senner, Peter Josef (Hrsg.): Strategischer Verkauf. Kunden-Coaching in 7 Erfolgsdisziplinen. GABAL 2006

Sidow, Hans: Key Account Marketing & Key Account Selling. Wie Sie Ihr Geschäft mit Schlüsselkunden nachhaltig sichern und ausbauen. Springer 2014

Simon, Herrmann: Preisheiten: Alles, was Sie über Preise wissen müssen. Campus 2013

Taxis, Tim: Die perfekte Preisverhandlung. So machen Sie Schluss mit unnötigen Rabatten und setzen höhere Preise durch. Tim Taxis Trainings 2016

Taxis, Tim: Heiß auf Kaltakquise. So vervielfachen Sie Ihre Erfolgsquote am Telefon. 3. Aufl. Haufe 2017

Vaynerchuk, Gary: Jab, Jab, Jab, Right Hook. How to tell your Story In A Noisy Social Network. Harper Business 2013

Weiss, Alan: Million Dollar Consulting. The Professional's Guide To Growing A Practice. McGraw-Hill 2003

Stichwortverzeichnis

10 000-Stunden-Regel 198

Ablenkung 114
Abschlussfrage 416, 565
Abschlusstechniken 566 ff.
affektives Priming 140
After-Sales-Service 591 ff.
Antrieb, innerer 58
Anzug 220
Arroganz 569
Aufmerksamkeit 199, 225, 413
Augenhöhe 158
Augenkontakt 213
Ausschreibung 561
Ausstrahlung 208
Authentizität 135, 192
Automarke 223
Autoritätsprinzip 508
Autosuggestion 33

BAP®-Technik 407 ff.
Beacons 122
Bedarfsanalyse 422 ff.
Begeisterung 58, 490, 590
Begrüßung 211
Beharrlichkeit 213
Benehmen 210
Beschleunigung 22
Beschwerde 602 ff.
Beschwerdeparadoxon 602
Bestandskunden 535
Bewertungsportale 232
Beziehungsmuster 78
Beziehungsstrategie 536
Bildersprache 491
Blickkontakt 490, 571
Burn-out 88
Buying-Center 549 f., 552

Challenger Sale 249
CRM-System 116

DAF®-Methode 461
Dankbarkeit 89 ff.
Datenbank 116, 230
Dialekt 215, 225
DIANA 299
DISG-Modell 64
Disziplin 83 f., 117
Dramadreieck 77 f.
Drehbuchstrategie 389

Ehrlichkeit 45, 79, 81, 99
Einfühlungsvermögen 125
Einmalverkauf 95
Einstiegssatz 338 ff.
Einwandbehandlung 344 ff., 452 ff.
Eisbergmodell 424
Eisbrecherfragen 408
Elevator Pitch 472 ff.

emotionale Intelligenz 123 f.
Emotionen 456
empathische Kommunikation 128
Empfehlungsmanagement 613 ff.
Empfehlungsmarketing 185
Erfolgspotenzial 103
Erwartungshaltung 386
Extrameile 527

Facebook 263
Face Communication 273 ff.
Fachmesse 255, 366 ff.
Fachwissen 21, 174
Farbtypen 289 ff.
Feedback 80
Fehler 206
Fehlermanagement 603
Fingerspitzengefühl 127, 210
Fleiß 82 f., 118
Fragekompetenz 156 ff.
Fragen 160
Fragetechnik 157
Fragetrichter 426
Fremdbild 190

G^3-Methode 474
Gegenfragen 160
Geld 103
Geld verdienen 93
Generalisierung 148
Gesprächsatmosphäre 394
Gesprächsstrategie 310
Gesprächsverlauf 160
Gestik 152
Give-away 252
Glaubenssätze, negative 36
Glaubenssätze, positive 37
Globalisierung 183
Google-Ranking 233

Händeschütteln 211
Harmonie 132
Hartnäckigkeit 302, 584
Headset 317
Hemd 220
Hilfsbereitschaft 213
Höflichkeit 210
Humor 128, 213, 315
hybride Kommunikation 121

innerer Antrieb 58
INSIGHTS MDI® 63 ff., 495, 544
Interesse 338
Internet der Dinge 122
Internethandel 183
Internetseite 21
ISAC 603

Ja-Kette 140

Kaltakquise 252, 299 f.
Kaufentscheidung 123, 183
Kaufmotiv 247 f., 277 f.
Kaufreue 518, 582
Kernaussagen 490
Key-Account 423
Key-Account-Konzept 589
Klarstellung 458
Kleidung 219 ff.
Kleine-Welt-Phänomen 615
Knappheitsprinzip 508
Knigge 210
Kompetenzstufenmodell 175
Kompromissstrategie 537
Konjunktiv 338
Konsistenzprinzip 507
kontrollierter Dialog 413
Kopfkino 226, 468
Körperhaltung 152, 208, 490
Körpersprache 483, 511

Krawatte 221
Kreativität 204
Kundenbesuch 251
Kundenbindung 26, 185, 582
Kundengespräch 39
Kuschel-Call 597

lächeln 313
Lampenfieber 480, 496
laterales Denken 268
Leading 132 f.
LinkedIn 232, 263
Loyalität 590

Manipulation 129 ff.
Markenbildung 184 ff.
Markenkommunikation 185
Marktkenntnis 189
Marktpräsenz 185
Mehrwert 490
Meinungsverschiedenheit 157
Menschenkenntnis 270
Mentaltraining 31, 61
Messebesuch 255 ff., 366 ff.
Metamodell der Sprache 144
Mimik 152
Missverständnis 144, 457
MONA-Technik 277, 438
Monatsplanung 113
Motivation 58 ff.
Multichannel-Strategie 267
multiple Intelligenzen 123

Nachakquise 257, 374 f.
Nachbereitung 525
Nachhaltigkeit 96
Nachkaufmotivation 419
Nachverkaufsstrategie 596
negative Glaubenssätze 36
Networking 168 ff.
Netzwerke 168 ff., 260
Netzwerkprofil 262
Neugier 339, 424
Neukundenakquise 299 f.
Neuro-Linguistisches Programmieren 284
Newsletter 121
Nightmare-Selling 579
NLP 284
Nutzenargumentation 418, 434

Öffentlichkeit 200 f., 205 f.
Online-Präsentation 121
Optimismus 37, 213
Outfit 219
Outlook 360

Pacing 132 f.
Pencil-Selling 516
persönlicher Kontakt 118, 251
Persönlichkeit 174, 188
Pessimismus 37
Physiognomik 273
Plan B 114
positive Glaubenssätze 37
Potenzialanalyse 64, 362 ff.
Powerpoint-Folien 497
Preisbaguette 508 f.
Preisdruck 500
Preisgespräch 508
Preisnachlass 501
Preisverhandlung 503
Priming 136 ff.
Prinzip des sozialen Beweises 507
Produktflyer 368
Produktpräsentation 120
Provision 95
Psycho-Physiognomik 273
Pünktlichkeit 210, 385

Rabatt 501
R-A-U-S-S®-Test 634
Reaktionsschnelligkeit 111
Referenzkunden 450
Reklamation 602 ff.
Resonanzgesetz 41
Respekt 101, 157
Response Priming 138 ff.
Review-Gespräch 595
Reziprozitätsprinzip 141 f., 507

Salamitaktik 512
Satzmelodie 313
Schleimerei 99
Schlüsselwörter 139
schriftlicher Kontakt 229
Schubladentechnik 462
Schwächen 50
Schwarz-Weiß-Technik 459
Selbstanalyse 46
Selbstbewusstsein 208
Selbstbild 190
Selbstmanagement 111 f.
Selbstmanipulation 131
Selbstreflexion 34
Selbstvertrauen 90
Selbstwertgefühl 80
Selling-Center 552
semantisches Priming 139
Showroom 377 f.
Siegermentalität 208
Sinnestypen 284
Small Talk 408 f.
SMART-Formel 85
SnapChat 263
Social Media 380
Social-Media-Profil 233
Solution Selling 249
soziale Netzwerke 114, 233, 262
Spiritualität 40
Sponsoring 202
Spontanakquise 265 f.
Sprachmuster 289
Standardangebote 557
Stärken 50
Stimme 214 f., 226 f., 313
Storytelling 165 f.
Suggestivsätze 338
SWOT-Analyse 541
Sympathieprinzip 507

Tablet 120
Tagesplanung 113
Taktgefühl 211
Talent 82, 198
Team Selling 22
Telefonakquise 258 f., 303 ff.
Telefonat 224 ff.
Terminvereinbarungsgespräch 324
Tilgung 147
Tonfall 313
Totschlagargumente 148
Training 198
Trigger 127

Umsatz 103
Unterbewusstsein 123
Unzufriedenheit 601

VAKOG 284
VAKOG-Konzept 446
Verhandlungsführung 530
Verhandlungstricks 541
Verkäuferteam 269
Verkäufertypologie 69
Verkaufsgespräch 196 ff.
Verkaufspräsentation 478 ff.
Vermeidungsstrategie 536
Vertrauen 99, 251, 260, 409, 457
Vertrauensvorschuss 613

Verzerrung 148
Visitenkarte 216, 368
Vorlieben 207
Vor-Ort-Akquise 250 ff.
Vorurteil 101 f.
Vorwände 455
Vorwürfe 148
Vorzimmer 331 ff.

Webinar 121
Website 21, 231
Weiterbildung 175
Weiterentwicklung 173
Werte 51 ff.
Wertschätzung 208
WhatsApp 263
Wiedererkennbarkeit 188
Wochenplanung 113
Wortwahl 139

XING 232, 263

Zeitdruck 24
Ziele 85
Zielleitfaden 310
Zufriedenheit 90
Zuverlässigkeit 213
zwischenmenschliche Beziehung 251

Der Autor

Speed, Action, Results – Geschwindigkeit und die richtigen Entscheidungen sind der Schlüssel zum Erfolg. Das verkörpert Martin Limbeck wie kein anderer. Ob in seinen Vorträgen, im Training, seinen Büchern oder in zahlreichen Veröffentlichungen – Limbeck nimmt kein Blatt vor den Mund. Er packt die entscheidenden Themen an, legt den Finger in die Wunde und bietet seinen Kunden wertvolle, sofort umsetzbare Impulse. Er ist der Garant für ein gezieltes Training des Vertriebs und der Führungsebene. Klar, direkt, provokant, polarisierend und motivierend – Martin Limbeck wirkt. Und zwar nachhaltig. Ein Typ mit Ecken und Kanten, der lebt, was er lehrt. Disziplin, Ehrgeiz, ein lebendiges Netzwerk und der absolute Wille zum Erfolg haben ihn dahin gebracht, wo er heute ist.

Vom begeisterten Verkäufer zum europaweit gefeierten Vertriebsexperten: Vorträge und Coachings in rund 30 verschiedenen Ländern, Auftritte als Talkgast bei »Menschen bei Maischberger« in der ARD, als Experte bei »Galileo« auf ProSieben und in »Die große Reportage« bei RTL, über 200 000 Fans auf Facebook, Twitter, Xing und LinkedIn sowie über 1 Million Views auf YouTube – Martin Limbeck ist einer der bekanntesten und reichweitenstärksten Verkaufsspezialisten Deutschlands. Seinen ausgewiesenen Expertenstatus hat er auch in verschiedenen Lehraufträgen unter Beweis gestellt. Limbeck wurde vielfach ausgezeichnet, unter anderem als »Trainer des Jahres« und »Top-Speaker of the Year«. Für seine vorbildliche und effiziente Unternehmensführung erhielt er den »Großen Preis des Mittelstandes« und das Siegel »Wirtschaftsmagnet«. Außerdem errang er mit seinem Team drei Mal den »Internationalen Deutschen Trainingspreis« (inzwischen »Europäischer Preis für Training, Beratung und Coaching«) in Bronze.

30 Jahre im Vertrieb und immer auf »Kurs Zukunft«: Der Kopf der Limbeck® Group ist stets auf der Höhe der Zeit und bildet sich und sein Team kontinuierlich weiter. So kann er seinen Kunden auch in disruptiven Zeiten zur Seite zu stehen und sie auf die Zukunft des Verkaufens vorbereiten. Bereits im Jahr 2015 ging er mit der Martin Limbeck® Online Academy an den Start: eine völlig neue Form des integrierten Lernens, die bereits mehrfach ausgezeichnet wurde und heute zu den Blended-Learning-Vorreitern am Weiterbildungsmarkt gehört. Neben »klassischen« Vertriebstrainings entwickelt Martin Limbeck maßgeschneiderte Lernsysteme für seine Kunden. Sein innovativer LOOP-Prozess® ermöglicht den Teilnehmern größtmögliche Freiheit, geht auf individuelle Bedürfnisse und Vorlieben ein und garantiert eine nachhaltige Steigerung des Vertriebserfolgs. Für Limbeck steht fest: Um in der heutigen Zeit bestehen zu können, brauchen Verkäufer mehr denn je die richtigen Fähigkeiten und das exakte Wissen, wie ihre Kunden ticken und was sie brauchen – am besten, bevor sie es selbst wissen.

Bei allem Erfolg ist Martin Limbeck mit beiden Beinen auf dem Boden geblieben. Seine Familie ist sein Lebenszentrum und er genießt es, sich in sein Haus am See zurückzuziehen, um Kraft und Ideen für neue Projekte zu tanken. Zum Abschalten bevorzugt er die Ruhe in der Natur, die er beim Angeln, Laufen und bei langen Spaziergängen mit seinen Hunden auskostet. Außerdem betreibt Martin Limbeck regelmäßig Fitness- und Boxtraining. Als eingeschworener Bundesliga-Fan ist er samstags häufig in deutschen Fußballstadien anzutreffen.

Mehr Infos unter: **www.martinlimbeck.de** und **www.limbeckgroup.com**

LIMBECK® GROUP

LIMBECK LAWS – Teil 1: Heiß auf Akquise

Ihr Nutzen:
Das Seminar unterstützt Sie dabei, Ihre bestehenden Kenntnisse der verschiedenen Akquise-Methoden bei Medien, Social Media und am Telefon zu perfektionieren. Sie erfahren praxisnah, wie Sie die unterschiedlichen Techniken effektiv und Ihrer unternehmensstrategischen Ausrichtung entsprechend einsetzen. Das Seminar lehrt Sie neue Methoden der Kundenrecherche und -gewinnung. Sie lernen Akquise-Hürden zu überwinden und sind hinterher heiß auf die Neukundenakquise.

LIMBECK LAWS – Teil 2: So kommen Sie zum Abschluss – garantiert!

Ihr Nutzen:
Das Seminar befähigt Sie dazu, mit modernsten Verhandlungsstrategien Ihre Verkaufs- und Preisgespräche erfolgreich umzusetzen, am Schluss mit der richtigen Einstellung den Kunden zum Auftrag zu führen und optimal langfristig zu binden.

LIMBECK LAWS for LEADERS: Management by Sales® – Management by Recruiting

Ihr Nutzen:
Im Seminar bekommen Sie Wissen und Werkzeuge für die strukturierte Vertriebsoptimierung und Managementmethodiken auf höchstem Niveau. Außerdem erfahren Sie, wie Sie die besten Mitarbeiter finden, binden und langfristig für Ihr Unternehmen gewinnen.

FACECODE – Die Macht des Gesichtes

Ihr Nutzen:
Nach Durchführung dieses Seminars sind Sie in der Lage, mit dem Wissen der Psycho-Physiognomik die Bedürfnisse von Gesprächs- und Verhandlungspartnern leichter zu erkennen und für Ihre Strategien positiv zu nutzen.

Think BIG or go HOME Ihr Fahrplan für große Ziele

Ihr Nutzen:
Persönliche und berufliche Ziele finden, formulieren, planen und erreichen ist meist eine große Herausforderung. Negative Glaubenssätze lassen viele denken, dass sie keine Siegermentalität haben. Dieses Seminar eignet sich perfekt für alle Interessierten, die sich eine klare Zielverfolgung und Kompetenzbewusstsein wünschen, Unternehmer zur Förderung des Teambuildings und für Führungskräfte zur Weiterentwicklung der Mitarbeiter.

Weitere Infos und Anmeldung auf www.limbeckgroup.com

LOOP-Prozess® – Maximale Nachhaltigkeit mit LOOP

Training von der Stange war gestern!
Mit LOOP unterstützen wir Ihre Vertriebsführung und Ihr Salesteam mit maßgeschneiderten Maßnahmen auf dem Weg zu Ihren Zielen im Innen- wie Außendienst und in der Führung. Denn LOOP ist nicht einfach ein Standardtraining, sondern ein systematischer Prozess, der ganz auf Ihre Bedürfnisse abgestimmt ist und so das ganze Potenzial Ihres Vertriebsteams zu heben weiß.

Maßgeschneidert statt „One size fits all"

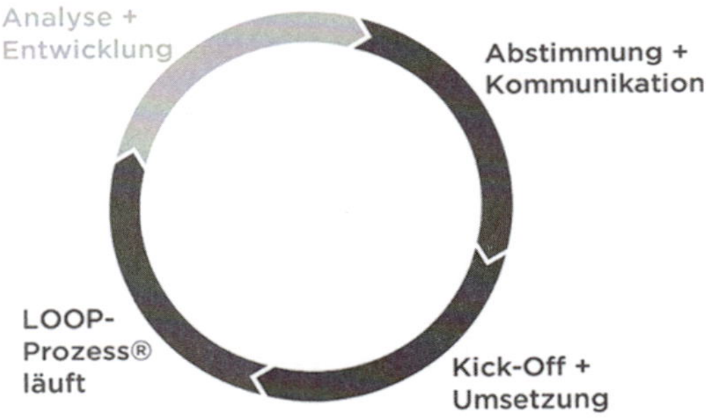

„Der einzige Mensch, der sich vernünftig benimmt, ist mein Schneider. Er nimmt jedes Mal neu Maß, wenn er mich trifft, während alle anderen immer die alten Maßstäbe anlegen in der Meinung, sie passten auch heute noch." Wir halten es ganz genauso wie George Bernard Shaw. Bei uns gibt es kein Trainingsprogramm mit fixen Inhalten, getreu dem Motto „One size fits all". Wir nehmen genau Maß und fertigen für Sie Ihren individuellen Weiterbildungs-Maßanzug an – perfekt abgestimmt auf Ihre Wünsche und Bedürfnisse. Basierend auf einer amerikanischen Hochschul-Studie, von der sich Martin Limbeck selbst vor Ort überzeugt hat, sowie der Langzeitstudie einer renommierten Beratungs-Company, haben wir für Sie den LOOP-Prozess® entwickelt: Einen modular aufgebauten Trainingsprozess, der über einen definierten Zeitraum mit dem Ziel trainiert wird, ein dauerhaftes und effizienzsteigerndes Vertriebs- und Verkaufskonzept zu etablieren, und sich vor allem durch spürbare Nachhaltigkeit und messbare Produktivitätssteigerung auszeichnet.

Langfristige individuelle Begleitung statt 08/15 Wissensdruckbetankung
Jeder Mensch hat sein individuelles Lerntempo. Daher setzen wir bei unserem LOOP-Prozess® auf eine innovative, individuelle Lernanalyse, um den aktuellen Status quo der verkäuferischen Skills zu ermitteln. Um die nachhaltigen Erfolge der Maßnahme für alle Teilnehmer zu sichern, setzen wir auf eine langfristige Zusammenarbeit und immer wiederkehrende Module innerhalb des Prozesses.
Um unter Ihren Mitarbeitern jeden Lerntyp abzuholen und entsprechend seiner didaktischen Neigung optimal zu unterstützen, arbeiten wir mit einem innovativen Blended-Learning-System: Die Teilnehmer erwartet eine Kombination aus Präsenztrainings, Online-Live-Sessions, Telefonkonferenzen und vielem mehr.

LIMBECK®
GROUP

LOOP-Prozess® – Maximale Nachhaltigkeit mit LOOP

Individuell, stark und nachhaltig
Die einzelnen Module des LOOP-Prozesses® orientieren sich an den spezifischen Gegebenheiten der Trainingsteilnehmer und werden vor Trainingsbeginn inhaltlich und thematisch justiert, abgestimmt und ergänzt. Den Anfang machen dabei die LOOP-Prozess® Check-up-Tage: Wir kommen in Ihr Unternehmen, um uns ein Bild von der Verkaufskompetenz und der aktuellen Vorgehensweise Ihrer Mitarbeiter zu machen – on und off the job.

Wir begleiten einige Ihrer Verkäufer zu Kunden, sprechen Inhouse mit den Mitarbeitern und setzen uns außerdem mit den Führungskräften zusammen. So können wir uns ein allumfassendes Bild machen und herausfinden, wo der Schuh drückt und welche Kittelbrennfaktoren in Verkauf und Führung vorliegen. In anschließenden Workshops werden weitere Inhalte, Themen und Ziele identifiziert. Basierend darauf, entwickeln und erarbeiten wir dann zusammen mit Ihnen ein Konzept für Ihren individuellen LOOP-Prozess®.

So können wir die Themen und Inhalte entsprechend der Notwendigkeit gewichten und ein passendes Paket für Sie und Ihr Team schnüren. Egal ob Telefon-Partys, Online-Live-Sessions zur Verbesserung von Abschlusspower und Reklamationsmanagement oder Preisverhandlungstrainings – das alles ist möglich. Sie möchten Ihre Mitarbeiter zu Beginn des Trainings so richtig motivieren? Dann starten Sie Ihren LOOP-Prozess® mit einem Kick-off-Event!

Weitere Infos und Anmeldung auf www.limbeckgroup.com

LeadersCafe Podcast: Unternehmensführung, Mitarbeitermotivation und Strategie

Wie können Führungskräfte von ihrem Wissen gegenseitig profitieren, anstatt sich zu belauern? Im Podcast LeadersCafe interviewe ich regelmäßig Führungspersönlichkeiten aus unterschiedlichsten Branchen.

Aus der Praxis für die Praxis: Hochkarätige Gesprächspartner, die Klartext reden. Der Leadership-Thinktank bietet Austausch, wertvolle Impulse und Tipps.

Jetzt anhören auf www.leaders.cafe

Martin Limbeck® Online Academy

Ein Meilenstein in der Verkaufsschulung

Die Online Academy der LIMBECK® GROUP wurde eigens für Kunden entwickelt, die dem individuellen Online-Lernen – mit und ohne Präsenztage – eine hohe Bedeutung beimessen.

Integriertes Lernen für den Vertriebserfolg: Das Programm richtet sich an alle MDAX-Unternehmen, Mittelständler und auch an kleinere Unternehmen, die im B2B- und B2C-Bereich tätig sind. Ebenso ist es genau das Richtige für Privatpersonen oder Selbstständige, die sich in Sachen Verkauf weiterbilden möchten.

Mit der Anmeldung zu Ihrer Flatrate erhalten Sie Zugang zu 50 Kapiteln, bestehend aus abwechslungsreichen Webinaren, Übungen, Videos und Podcasts. Lernkontrollen helfen Ihnen, Ihr Wissen durch kontinuierliche Übung langfristig anzuwenden. So können Sie Ihr Lerntempo selbst bestimmen. Am Ende können Sie eine Online-Prüfung „Certified Professional Sales" ablegen.

Sie möchten eine Online-Plattform für Ihre Kunden haben oder eine Whitelabel-Plattform mit den Inhalten der LIMBECK® GROUP, Ihrer Corporate Identity und Ihren eigenen Fachthemen für die Schulung Ihrer internen Mitarbeiter? Eigens für Ihr Learning-System produzierte Podcasts und Videos sowie die begleitenden Übungen und Kursunterlagen garantieren ein intensives, speziell auf Ihre individuellen Bedürfnisse zugeschnittenes Vertriebssparring.